"十二五"普通高等教育本科国家级规划教材

普通高等教育"十一五"国家级规划教材

药物合成反应

Organic Reactions for Drug Synthesis

第四版

4th Edition

复旦大学、北京大学、浙江大学、四川大学、山东大学、东南大学、中国药科大学、沈阳药科大学、华东理工大学 合编

闻 韧 主编

Ren WEN Editor-in-Chief

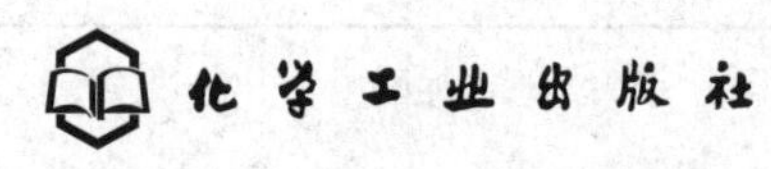

化学工业出版社

·北京·

《药物合成反应》是高等院校药学、化学或生物制药等专业的教学用书。前七章主要介绍卤化、烃化、酰化、缩合、重排、氧化和还原等药物合成中常用有机反应的重要理论及其应用，第八章为合成设计原理。

《药物合成反应》具有以下特色：(1) 每章第一节“反应机理”将该章反应机理进行分类归纳，使读者更好地理解每章的合成反应；(2) 每章按不同官能团化合物的不同反应且按“反应通式、反应机理、影响因素和应用特点”四个层次介绍；(3) 每章最后一节“在化学药物合成中应用实例”，介绍一个化学合成药物的发现、研发到上市过程及其全合成简况，并详细介绍该章反应在此药物合成中的操作实例，以了解“药物合成反应”在化学合成药物研发中的重要地位；(4) 加强工具书特点，每章有100～130实例及其原始文献，便于读者查阅；(5) 章末有不同类型习题，书末附各章习题的参考答案及其文献；(6) 书末附《常用化学英文缩略语及其中译名》、《重要化学试剂和人名反应索引》，供读者参考和检索用。

本书除作教材外，也可作为化学制药、生物医药、有机化学或其他精细化工领域技术人员的参考或培训用书。为方便教学，本书配套课件可向出版社免费索取（songlq75@126.com）。

图书在版编目（CIP）数据

药物合成反应/闻韧主编．—4版．—北京：化学工业出版社，2017.1（2024.2重印）
“十二五”普通高等教育本科国家级规划教材
普通高等教育“十一五”国家级规划教材
ISBN 978-7-122-28686-4

Ⅰ.①药…　Ⅱ.①闻…　Ⅲ.①药物化学-有机合成-化学反应-高等学校-教材　Ⅳ.①TQ460.31

中国版本图书馆CIP数据核字（2016）第304917号

责任编辑：宋林青　　　文字编辑：刘志茹
责任校对：宋　夏　　　装帧设计：关　飞

出版发行：化学工业出版社（北京市东城区青年湖南街13号　邮政编码100011）
印　　装：三河市双峰印刷装订有限公司
787mm×1092mm　1/16　印张27½　字数674千字　2024年2月北京第4版第11次印刷

购书咨询：010-64518888　　　售后服务：010-64518899
网　　址：http://www.cip.com.cn
凡购买本书，如有缺损质量问题，本社销售中心负责调换。

定　　价：49.80元

《药物合成反应》（第四版，2017年）

主编　闻　韧

复旦大学：闻　韧　董肖椿（卤化）

沈阳药科大学：郭　春　赵桂芝（酰化）

山东大学：赵桂森　王如斌（重排）

东南大学：蔡　进（氧化）

华东理工大学：闻　韧　郑剑斌（合成设计）

北京大学：蔡孟深　李中军（烃化）

浙江大学：胡永洲（缩合）

中国药科大学：华维一（氧化）

四川大学：钟裕国　严忠勤（还原）

《药物合成反应》（第一版，1988年）

主编　闻　韧

上海医科大学：闻　韧（卤化、合成设计）

沈阳药科大学：张国梁（酰化）

上海医科大学：孙庆棻（重排）

华西医科大学：钟裕国（还原）

北京医科大学：蔡孟深（烃化）

华东理工大学：段永熙（缩合）

中国药科大学：华维一（氧化）

《药物合成反应》（第二版，2003年）

主编　闻　韧

复旦大学：闻　韧　王　浩（卤化）

沈阳药科大学：赵桂芝（酰化）

山东大学：王如斌（重排）

四川大学：钟裕国　严忠勤（还原）

中科院上海有机所：袁省刚（合成设计）

北京大学：蔡孟深　李中军（烃化）

浙江大学：胡永洲（缩合）

中国药科大学：华维一　姚其正（氧化）

复旦大学：闻　韧（合成设计）

《药物合成反应》（第三版，2010年）

主编　闻　韧

复旦大学：闻　韧　董肖椿（卤化）

沈阳药科大学：郭　春　赵桂芝（酰化）

山东大学：赵桂森　王如斌（重排）

东南大学：吉　民（氧化）

华东理工大学：闻　韧　郑剑斌（合成设计）

北京大学：蔡孟深　李中军（烃化）

浙江大学：胡永洲（缩合）

中国药科大学：华维一（氧化）

四川大学：钟裕国　邓　勇（还原）

前言 PREFACE

《药物合成反应》（第四版）为“十二五”普通高等教育本科国家级规划教材，是高等院校药学、化学或生物制药等专业开设《药物合成反应》、《有机合成反应》、《合成设计》等课程的教学用书或教学参考用书。

回顾《药物合成反应》课程开设及其教材的由来，首先缅怀为此作出开拓性奉献的二位药物化学家：上海医科大学（现复旦大学）原药学系副系主任王振钺教授和朱淬励教授。自上世纪七十年代起他们建议学校在《有机化学》课程后增开一门专门讲述制药有机反应的课程，以使学生学好《药物化学》。王振钺教授在艰苦条件下率先汇总编写了《制药（工业）单元反应》讲义，继后朱淬励教授组织教研室全体教师开设课程并编写了《制药合成反应》（上、下）讲义，也得到了国内医药化工院校的好评和支持。在化学工业出版社和部属医药院校药物化学和有机化学教授的支持下，朱淬励教授主编的《药物合成反应》（全国高等学校试用教材）终于在1982年问世。

1983年，朱淬励教授因病不幸早逝，在王振钺等教授推荐和朱教授生前嘱咐下，1984年刚回国的闻韧接下了《药物合成反应》主编工作。在卫生部和医药局部属院校编委和化学工业出版社支持下，闻韧主编的国家统编教材《药物合成反应》（全国高等学校正式教材）于1988年出版。此版《药物合成反应》为便于教师备课和培养学生独立自学能力，全书统一采用了以《有机化学》分类化合物为底物的单元合成反应的新体系（体裁）；打破了教材不引众多实例参考文献的常规，强调每章有相当数量实例和近150篇原始文献；书末附《常用化学缩略语》和《重要化学试剂和人名反应的中英文对照索引》。2003年《药物合成反应》出第二版，本书在使用中得到了全国众多大专院校和企业中不同领域读者的认可，成为一本严谨的教科书，也被研究生和在职读者作为工具书，对培养当时紧缺的化学制药人才作出了贡献。

随着社会发展，本书也暴露出一些问题，为适应本世纪大学的通识教育模式，2008年《药物合成反应》出第三版，我们希望它成为一本面向互联网时代的学生、内容易读的教学用书。第三版使用了“不同层次小标题”模式，更突出了药物合成反应的“基本概念、基本理论、重要应用”；又将每章反应众多机理中的共性内容归纳成第一节“反应机理”，让学生从有机化学角度来理解该章不同的反应；另外增加了习题和提供文献来源的参考答案。总之，修订后本书提高了条理性和易读性，第三版的字数从第二版的80万字“瘦身”到59万字。据调查和反馈，第三版明显促进了本课程教学，达到了预期效果。

教材必随着时代前进而改进和完善。此次第四版《药物合成反应》的修订宗旨是在第三版基础上尽量满足不同领域读者的要求，主要体现在以下几方面：(1) 在修订基础上，每章再增加最后一节“在化学药物合成中应用实例”，介绍一个目前医学临床上使用的化学药物简况，包括如何被发现、研发成新药和上市的过程，再重点介绍该章反应在此药物合成中的具体应用实例，我们期望通过本书八章介绍的8个不同新药的发现和研发“小故事”以及8个单元合成反应的操作实例，使读者对《药物合成反应》在新药研发实践中的重要地位有更好的了解；(2) 完善参考工具书的元素：每个“反应特点”必有实例及其文献，在“影响因素”中视内容和实例而定，每章引用了100～130篇国外杂志发表的原始文献；增加实用性附录《常用化学英文缩略语及其中译名》和《重要化学试剂和人名反应索引》，便于读者使用化学检索工具和用化学试剂或人名反应来检索本书中相关内容；(3) 完善教学用书的元素：每章有不同类型习题（包括一道实验操作英文题），并提供了习题参考答案及其文献。

本书章节编排和前三版相同，前七章为重要单元合成反应，即卤化、烃化、酰化、缩合、重排、氧化和还原等反应，每章介绍每个合成反应的基本理论和应用，突出反应中有机分子骨架建立、官能团转化和化学、区域和立体选择性控制。第八章为合成设计原理，介绍合成设计的基本原理、方法和应用。每章内容具有相对独立性。前七章第一节为“反应机理”，中间每一节为不同官能团化合物的不同反应，每个反应按“反应通式、反应机理、影响因素和应用特点”四个层次介绍；每章最后一节为该章反应“在化学药物合成中应用实例”；每章末附主要参考书、参考文献和习题。书末附有全书八章习题答案、附录。期望本书的编排方式更有利于该课程的教和学，能满足不同读者的需要。

作为教学用书，本书篇幅控制在72学时之内，约70万字。不同学校或专业可按教学时数选择不同章节进行教学。

参与第四版修订和编写的人员有：北京大学蔡孟深、李中军（第二章烃化反应），沈阳药科大学郭春、赵桂芝（第三章酰化反应），浙江大学胡永洲（第四章缩合反应），山东大学赵桂森、王如斌（第五章重排反应），中国药科大学华维一和东南大学蔡进（第六章氧化反应），四川大学钟裕国、严忠勤（第七章还原反应），复旦大学/华东理工大学闻韧、华东理工大学郑剑斌和复旦大学董肖椿（第一章卤化反应：闻韧、董肖椿，第八章合成设计原理：闻韧、郑剑斌）。《常用化学英文缩略语及其中译名》由郑剑斌整理修订，闻韧担任本书主编。

在此，衷心感谢为本书各版作出贡献的所有编写老师，尤其感谢第四版各位编写老师严谨而辛勤的劳动以及默契合作的精神！感谢化学工业出版社的大力支持和帮助！最后，也深情缅怀第一版编委沈阳药科大学张国梁教授、应邀参与第二版编写的中科院上海有机化学研究所袁省刚研究员和2016年初不幸去世的第一版到第四版编委蔡孟深教授！他们为过去和今天的《药物合成反应》作出的贡献不可磨灭，永远留在本书的字里行间。

最后，生命的本质就是一系列的化学反应，药物合成反应的本质是有机化学反应，犹如深不可测的大海，值得我们去探索。随着科学发展，本书要不断修订，为此，衷心期望广大读者对本书中不足之处提出意见和建议。

闻韧（闻人国楠）

2016年9月1日于上海

目录 CONTENTS

第二章 烃化反应(Alkylation Reaction) 48

第三章 酰化反应(Acylation Reaction) 95

第四章 缩合反应(Condensation Reaction) 141

第五章 重排反应(Rearrangement Reaction) 188

第六章　氧化反应（Oxidation Reaction）　236

第七章 还原反应（Reduction Reaction） 284

第八章　合成设计原理（Principle of Synthesis Design） 332

习题答案 383

附录 403

第一章

卤化反应（Halogenation Reaction）

在有机化合物分子中建立碳-卤键的反应称为卤化反应。引入卤素原子可使有机分子的理化和生理活性发生变化，同时它也容易转化成其他官能团，或者被还原除去，因此，在药物合成中卤化反应的主要目的是：①制备具有不同生理活性的含卤素有机药物；②卤化物作为官能团转化中一类重要中间体；③为了提高反应选择性，卤素原子可作为保护基、阻断基等。

卤化反应机理有：亲电加成（大多数不饱和烃的卤加成反应）、亲电取代（芳烃和羰基α位的卤取代反应）、亲核取代（醇羟基、羧羟基和其他官能团的卤置换反应）以及自由基反应（饱和烃、苄位和烯丙位的卤取代反应、某些不饱和烃的卤加成反应以及羧基、重氮基的卤置换反应等）。另外，不同种类卤素的活性以及碳-卤键稳定性都有差异，氟化、氯化、溴化和碘化也各有其不同特点。

第一节　卤化反应机理

一、电子反应机理

1. 亲电反应

（1）亲电加成

大多数不饱和烃的卤加成反应，包括卤素对不饱和烃、次卤酸及次卤酸酯对烯烃、*N*-卤代酰胺对烯烃和卤化氢对烯烃等加成均属于亲电加成反应机理。

① 桥型卤正离子和离子对两种过渡态

在卤化剂 X—Q 对不饱和烃亲电加成中，有两种过渡态形式：桥型卤正离子 **(1)**，或开放式碳正离子和卤素负离子的离子对形式 **(2)**。若 **(1)** 为主要形式，$Q^{\ominus}$ 从环的背面向缺电子的碳原子作亲核进攻，得到对向（*anti*）加成产物 **(3)**，若 **(2)** 为主要形式，由于 C—C 键的自由旋转，经 $Q^{\ominus}$ 的亲核进攻，常常同时生成相当量的同向（*syn*）加成产物 **(4)**。

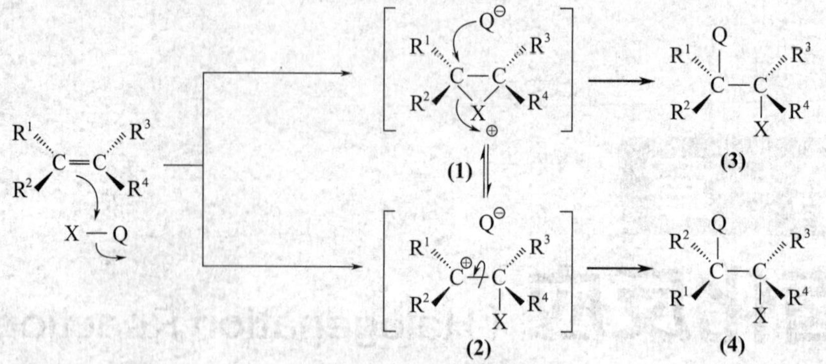

(Q=X、HO、RO、H、RCONH等)

式中，Q 为卤素（X）时，反应为卤素对烯烃的加成；Q 为羟基（OH）或烷氧基（RO）时，反应为次卤酸或次卤酸酯对烯烃的加成；Q 为氢（H）时，反应为卤化氢对烯烃的加成；Q 为酰胺基（RCONH）时，反应为 *N*-卤代酰胺对烯烃的加成。

② 三分子协同亲电加成

三分子协同亲电卤加成，主要存在于卤化氢对烯烃的加成反应中：两分子的卤化氢各以不同的亲电和亲核部分与双键的两个碳原子形成过渡态，然后形成最后的加成产物。加成到烯烃上的氢原子和卤素原子分别来自两个不同的卤化氢分子。

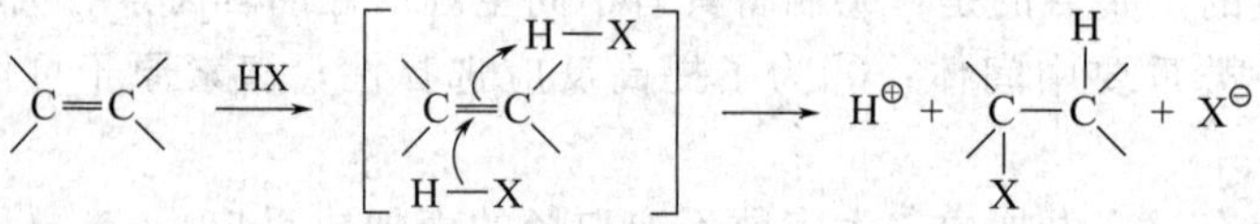

实际上三分子碰撞进行反应的概率极小，一般认为，反应中一分子卤化氢与烯烃首先形成 π 络合物，然后再与另一分子卤化氢发生分子间反应而生成卤化物。

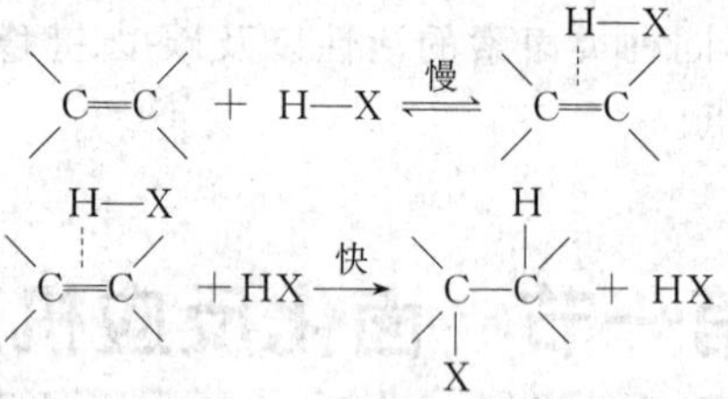

(2) 亲电取代

① 芳烃的卤取代反应

卤化剂在反应中形成卤正离子或偶极分子或带部分正电荷的 LX 偶极分子，再对芳环作亲电进攻、生成 σ-络合物或芳基-X-L 离子对，后失去一个质子或 $L^{\ominus}$，生成稳定的卤代芳烃。

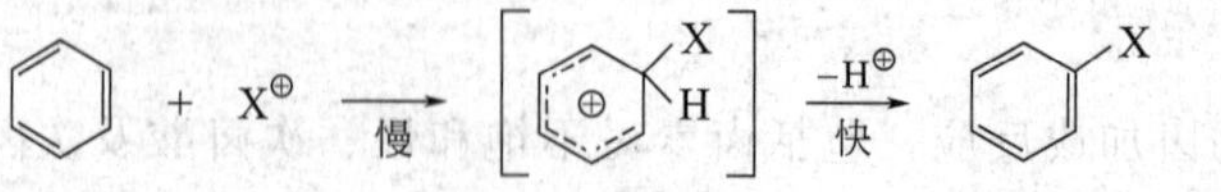

σ-络合物

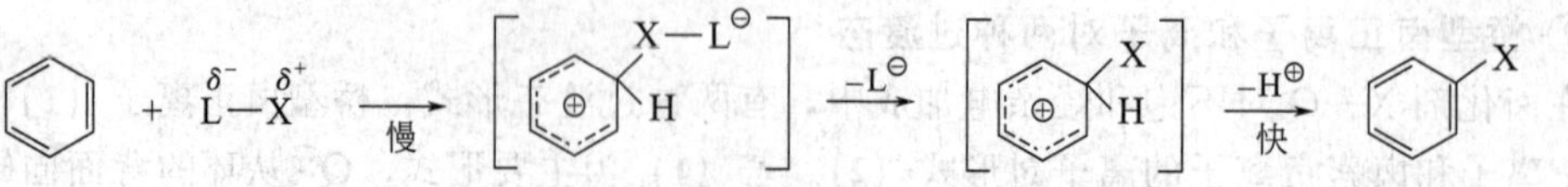

(L=X、HO、RO、H、RCONH等)

② 羰基α位的卤取代反应

由于从定域的σ键拉电子比从大π键拉电子困难，一般饱和碳原子上的卤取代比芳烃的卤取代困难。但在σ、π共轭的C—H超共轭体系中氢原子变成活泼而较易发生卤取代反应。例如在α位有羰基，则羰基α-氢原子的亲电卤取代反应容易发生。一般来说，羰基化合物在酸（包括Lewis酸）或碱（无机或有机碱）催化下转化为相应的烯醇形式，其更易和亲电的卤化剂进行反应。和醛酮性质相似，大多数羧酸衍生物的α-卤代反应也属于亲电取代机理。

③ 炔烃卤的取代反应

具sp杂化轨道的炔烃，因其C—H键较易解离，在碱性下和卤素反应属于亲电取代反应。

2. 亲核反应：亲核取代

醇羟基的卤置换反应、羧羟基的卤置换反应、卤化物的卤素交换反应和磺酸酯的卤置换反应等属于亲核取代反应机理。其亲核取代反应历程主要有单分子亲核取代反应（S_N1）和双分子亲核取代反应（S_N2）等，其中卤化剂均可简单理解为提供卤素负离子的试剂。

单分子亲核取代历程（S_N1）包括两步：醇等反应物首先在适当条件下异裂为离子；所形成的碳正离子与卤负离子迅速反应生成卤化产物。其中第一步是反应速率决定步骤，易形成稳定碳正离子的反应物倾向于按照S_N1机理进行卤置换反应。由于卤负离子能以均等的机会从碳正离子平面的两侧进行亲核进攻，因此主要得到外消旋的卤代产物。

$$\text{R—L} \xrightarrow{\text{慢}} \text{R}^{\oplus} + \text{L}^{\ominus} \qquad (\text{L}=\text{OH、OSO}_2\text{R}'\text{、Cl、Br 等})$$

$$\text{R}^{\oplus} + \text{X}^{\ominus} \xrightarrow{\text{快}} \text{R—X}$$

双分子亲核取代历程（S_N2）为协同反应，即旧键的断裂与新键的形成同时发生。卤负离子作为亲核试剂从离去基团（Z）相反的一面向反应物进攻，同时离去基团逐渐离开R基团，使原有键断裂；从而形成具有高能量的过渡态络合物；然后，离去基团带着一对电子离开中心碳原子，生成构型反转的卤代产物。

$$\text{X}^{\ominus} + \text{R—L} \longrightarrow [\ \text{X}^{\delta-}\cdots\text{R}\cdots\text{L}^{\delta-}\ ] \longrightarrow \text{R—X} + \text{L}^{\ominus}$$

$$(\text{L}=\text{OH、OSO}_2\text{R}'\text{、Cl、Br 等})$$

二、自由基反应机理

1. 自由基加成

某些卤化氢或卤素对不饱和烃的加成反应属于自由基加成的机理。在加热、光照（可见或紫外线）或自由基引发剂的条件下发生的自由基卤加成反应属于链反应历程，分为链引发、链增长和链终止三个阶段，其中引发生成的卤素自由基对不饱和链的一个碳原子进攻，生成C—X键和碳自由基，后者和卤化剂Q—X反应，最终生成卤加成产物。

链引发：

$$\text{Q—X} \xrightarrow{h\nu} \text{Q}\cdot + \text{X}\cdot$$

$$\text{R}\cdot\text{（引发剂产生）} + \text{Q—X} \longrightarrow \text{Q}\cdot + \text{R—X}$$

链增长：

$$\text{X}\cdot + \text{>C=C<} \longrightarrow \text{>C(X)—}\dot{\text{C}}\text{<}$$

$$\text{>C(X)—}\dot{\text{C}}\text{<} \xrightarrow{\text{Q—X}} \text{>C(X)—C(Q)<} + \text{X}\cdot$$

链终止：

$$2\ \text{>C(X)}-\dot{\text{C}}\text{<} \longrightarrow \text{>C(X)}-\text{C}-\text{C}-\text{C(X)<}$$

$$\text{>C(X)}-\dot{\text{C}}\text{<} \xrightarrow{X\cdot} \text{>C(X)}-\text{C(X)<}$$

$$Q\cdot + X\cdot \longrightarrow Q-X$$

$$(Q=H,\ X;\ X=Br,\ Cl)$$

式中，Q为氢时，反应为卤化氢对烯烃的自由基加成；而Q为卤素时，反应为卤素对烯烃的自由基加成。

2. 自由基取代

脂肪烃的卤取代反应特别是烯丙位和苄位碳原子上的卤取代反应、羧酸的脱羧卤置换反应和芳香重氮盐的卤置换反应等属于自由基取代反应机理，也分为链引发、链增长和链终止三个阶段，与上述加成不同的是，卤化剂引发生成的Q自由基向脂肪烃C—H摄取氢自由基而生成一个Q—H和新的碳自由基，后者和卤化剂Q—X中X自由基结合成卤取代产物。

链引发：

$$Q-X \longrightarrow Q\cdot$$

链增长：

$$Q\cdot + -\overset{|}{\underset{|}{C}}-H \longrightarrow Q-H + -\overset{|}{\underset{|}{C}}\cdot$$

$$-\overset{|}{\underset{|}{C}}\cdot + Q-X \longrightarrow -\overset{|}{\underset{|}{C}}-X + Q\cdot$$

链终止：

$$-\overset{|}{\underset{|}{C}}\cdot + -\overset{|}{\underset{|}{C}}\cdot \longrightarrow -\overset{|}{\underset{|}{C}}-\overset{|}{\underset{|}{C}}-$$

$$-\overset{|}{\underset{|}{C}}\cdot + Q\cdot \longrightarrow -\overset{|}{\underset{|}{C}}-Q$$

$$Q\cdot + Q\cdot \longrightarrow Q-Q$$

(X=Br，Cl；Q=X，*t*-BuO，琥珀酰亚氨基(N—)等)

式中，X为卤素，当Q为X时，即为卤素作为卤化剂；当Q为琥珀酰亚氨基、叔丁氧基等时，即为*N*-卤代琥珀酰亚胺（NBS）、叔丁基次卤酸酐作为卤化剂。

第二节　不饱和烃的卤加成反应

一、不饱和烃和卤素的加成反应

1. 卤素对烯烃的加成反应

(1) 反应通式

卤素氟、氯、溴、碘均可与烯烃发生加成反应，得到二卤代烷烃。

$$R^1R^2C{=}CR^3R^4 + X_2 \longrightarrow R^1R^2CX{-}CXR^3R^4$$

氟为最活泼的卤素，和烯烃反应激烈，在卤加成时容易发生取代、聚合等副反应，难以得到单纯的加成产物，因此在合成上，烯烃氟加成反应的使用价值很小。含氟药物中引入氟原子的方法则主要为卤素-卤素交换反应（参见本章第七节中有关内容）。

碘对烯烃的加成，大多属于光引发下的自由基反应，由于生成的C—I键的不稳定性，故碘加成反应是一个可逆反应，在多余的碘自由基存在下可催化碘分子的消除，又回复到原来的烯烃。

氯或溴对烯烃的加成，是合成上最重要的卤素加成反应，有机氯（或溴）化物也常作为重要合成中间体。因此，在卤素对烯烃的加成反应中，主要讨论氯或溴对烯烃的加成。

(2) 反应机理

卤素对烯烃的加成反应属于亲电加成机理，根据不同过渡态而主要生成卤素对向加成或同向加成产物（见第一节）。烯烃的氯或溴加成反应常以对向（*anti*）加成机理为主，但不同卤素或烯烃上取代基的影响，同时发生的同向（*syn*）加成比例也会有较大变化。

$$R^1R^2C{=}CR^3R^4 \xrightarrow{X_2} R^1R^2CX{-}CXR^3R^4\ (anti) + R^2R^1CX{-}CXR^3R^4\ (syn)$$

(3) 影响因素

① 烯烃结构的影响

当双键上有苯基取代时，开放式碳正离子可受苯环共轭效应而稳定，若苯基上具给电子基，则同向加成产物的比例随之增加。例如化合物（**5**）的溴加成反应主要得到对向加成产物（**6**），而其苯环上有甲氧基取代时，同向加成产物（**7**）明显增加。

$$(5) \xrightarrow[2\sim5^\circ C]{Br_2/CCl_4} (6) + (7) \quad [1]$$

(5)	(6)	(7)
X=H	(88%*❶)	(12%*)
X=OCH_3	(63%*)	(37%*)

② 不同卤素的影响

在溴加成反应中，因溴的极化能力强，易形成桥型卤正离子，对向加成产物为主。而氯加成反应中，因氯的极化性比溴小，不易形成桥氯正离子，则同向加成倾向增加。如化合物（*E*）或（*Z*）（**8**）的氯加成反应，除得到对向加成产物外，同向加成产物（**10**）或（**9**）的相对比例明显高于（**5**）（X＝H）溴加成的结果。

注：❶ * 表示不同产物在总产物中所占的比例，非实际收率，全书同。

$$Ph-CH=CH-CH_3 \xrightarrow[CH_2Cl_2/0℃]{Cl_2}$$

(8)

Cl, H, CH_3, C, C, Ph, H, Cl (9) + CH_3, Cl, H, C, C, Ph, H, Cl (10) [2]

	(9)	(10)
E	(55%~56%*)	(28%~29%*)
Z	(62%~63%*)	(21%~23%*)

③ 位阻的影响

i. **无位阻烯烃** 在无位阻的脂肪直链烯烃中，由于双键平面上下方均有可能形成三元环过渡态，卤素离子则优先进攻能使碳正离子更趋稳定的双键碳原子（如连有烷基、烷氧基、苯基的碳原子），最后得到对向加成的外消旋混合物。

ii. **具位阻烯烃** 在脂环烯的卤素加成反应中，卤素首先进攻在双键平面位阻较小的一方而形成桥卤正离子，然后卤负离子从环背面进攻有利于碳正离子的部位，生成反-1,2-双直立键的二卤化物。对于刚性稠环烯化合物来说，这种对向加成的立体和区域选择性更为明显。如 Δ^5-甾体烯与溴反应时，因 10β-甲基位阻而过渡态溴正离子三元环处于 α 位，后溴负离子进攻 C-6，生成反-5,6-双直立键的二溴化合物 **(11)**，属非对映选择加成反应。

Me, $C_{16}H_{30}$, HO $\xrightarrow[AcONa/Et_2O,\ 20\sim25℃]{Br_2/AcOH}$ [Me, $C_{16}H_{30}$, $Br^{\ominus}$, HO, H, $Br^{\oplus}$] → Me, $C_{16}H_{30}$, Br, HO, H, Br (11) [3]

④ 卤加成的重排反应

如以下双键上有季碳取代基的烯烃的反应，除对向加成（a）外，也发生重排（b）：因叔碳正离子稳定性使相邻甲基重排到过渡态碳原子上，后失去质子得到氯代烯烃 **(12)**。

Me_3C, H, C=C, H, CMe_3, Cl—Cl $\xrightarrow[0℃]{CCl_4}$

a: [$Cl^{\oplus}$, H, Me_3C—C—C—CMe_2, H, $Cl^{\ominus}$, CH_3] → H, Cl, Me_3C—C—C—CMe_3, H, Cl (60%*)

b: [$Cl^{\oplus}$, H, Me_3C—C—C—CMe_2, H, CH_3] → [H, Cl, Me_3C—C—C—$C^{\oplus}$, H, CH_3, H, CH_2, Me] → H, Cl, CH_2, Me_3C—C—C—C—Me, H, CH_3 (40%*) (12) [4]

(4) 应用特点

① 制备反式二卤代物

烯烃的卤加成主要用于制备二卤代物。通常以对向加成机理为主，得到反式二卤代产物。具不同取代基的烯烃，生成优势构型的外消旋产物（见第八章中“立体选择性控制”）。例如：

$$\text{cyclohexene} \xrightarrow[\text{-5}\sim\text{-1}℃]{Br_2,\ CCl_4} \text{trans-1,2-dibromocyclohexane}\quad (95\%)$$ [5]

② 亲核性溶剂参与的反应

当卤加成反应在亲核性溶剂（如 H_2O、RCO_2H、ROH 等）中，其亲核性基团 $Nu^{\ominus}$（$HO^{\ominus}$、$RCOO^{\ominus}$或 $RO^{\ominus}$）可进攻桥卤正离子过渡态，反应生成 1,2-二卤化合物和其他加成产物（如 *β*-卤醇或其酯等）的混合物。若在反应中提高卤负离子浓度（如添加 LiBr），则可提高 1,2-二卤化合物的比例。例如：

$$C_6H_5-CH=CH_2+Br_2 \xrightarrow[\substack{25℃ \\ (83\%\sim91\%) \\ LiBr}]{CH_3COOH} C_6H_5-\underset{|}{\overset{Br}{CH}}-CH_2Br + C_6H_5-\overset{OCOCH_3}{CH}-CH_2Br$$ [6]

(68%*) (32%*)

(84%*) (16%*)

相反，若改用 *N*-卤代酰胺作为卤化剂，则不会有卤负离子的反应，上述反应就成为制备 *β*-卤醇的重要方法（见下述“三、2. *N*-卤代酰胺对烯烃的加成反应”）。同样，若用等摩尔的醋酸银和碘以生成亲电性更强的酰基次碘酸酐，则可生成 *β*-碘代醋酸酯。如用 2mol 的醋酸银反应，*β*-碘代醋酸酯可继续反应，最后生成顺式或反式-1,2-二醇（见第六章烯烃氧化反应中“Woodward 及 Prevost 反应”）。

$$\text{cyclohexene} \xrightarrow{I_2/AcOAg/Et_2O} \text{2-iodocyclohexyl acetate (OAc, I)}$$ [7]

③ 双键上具吸电子基的烯烃的自由基卤加成反应

在光照或自由基引发剂催化下，氯或溴与烯烃在气相或非极性溶剂中可发生自由基反应，自由基引发剂为有机过氧化物、偶氮二异丁腈等。光卤加成特别适用于双键上具吸电子基的烯烃。如丙烯腈 **(13)**，直接卤加成很难，在光照下通氯气可顺利得到加成产物 **(14)**。

$$\underset{\mathbf{(13)}}{CH_2=CH-CN}+Cl_2 \xrightarrow[h\nu,\ 10℃]{CCl_4} \underset{\mathbf{(14)}}{ClCH_2\overset{Cl}{CH}-CN}\quad (75\%)$$ [8]

2. 卤素对炔烃的加成反应

(1) 反应通式

卤素对炔烃的加成反应，主要得到反式-二卤代烯烃。

$$R-C\equiv C-R' + X_2 \longrightarrow \overset{R}{\underset{X}{}}C=C\overset{X}{\underset{R'}{}}$$

(2) 反应机理

炔烃的溴加成反应，一般为亲电加成机理，主要得到反式烯烃；炔烃和碘或氯的加成反应，多半为光催化的自由基历程，主要也得到反式二卤烯烃。

(3) 影响因素：溶剂参与副反应

在反应中添加相同卤离子的盐（如溴化锂）提高卤负离子的浓度，可减少溶剂引起的副反应。

$$PhC\equiv CCH_3 \xrightarrow[HOAc/25℃]{Br_2/LiBr} \text{(Ph)(Br)C=C(Br)(CH}_3\text{)} \ (98\%^*) + \text{(Ph)(Br)C=C(CH}_3\text{)(Br)} \ (2\%^*)$$

(4) 应用特点：二卤烯烃的制备

通过烯键上 C—H 的直接卤代来制备二卤烯烃，是很困难的，但可通过炔烃的卤加成反应来制备。如在光催化下丙炔醇的碘加成反应，可得到相应的反式二碘丙烯醇。

$$HC\equiv CCH_2OH \xrightarrow[CCl_4/r.t.,10\sim14h]{I_2/h\nu} \text{(I)(H)C=C(CH}_2\text{OH)(I)} \quad (75\%) \qquad [9]$$

二、不饱和羧酸的卤内酯化反应

1. 反应通式

某些不饱和羧酸与卤素加成时会生成卤代五元或六元内酯（一般优先倾向于生成五元环），称为卤内酯化反应（halolactonization）。例如：

$$CH_2=CHCH_2CH_2COOH + X_2 \longrightarrow \gamma\text{-lactone (5-}CH_2X\text{)}$$

2. 反应机理

某些不饱和羧酸的卤加成反应中，在未受到立体障碍和碱性条件下，亲核性羧酸负离子可优先进攻双键上形成的环状卤正离子而生成稳定的卤代五元或六元内酯。以 γ,σ-不饱和羧酸（环己烯乙酸）的卤内酯化例：X_2 首先从烯双键位阻较小的 α 方向进攻，生成过渡态 **(15)**，后羧基氧负离子从 β 方向对三元环亲核进攻，最后生成具三个手性中心的内酯 **(16)**。

$$\text{cyclohexenyl-}CH_2CO_2H \ (\alpha,\beta,\gamma,\delta) \xrightarrow[H_2O/r.t.,4h]{X_2/KI/NaHCO_3} [\,\textbf{(15)}\,] \longrightarrow \textbf{(16)} \qquad [10]$$

3. 应用特点：将不饱和羧酸转化成内酯或半缩醛

利用这一方法，可将不饱和羧酸转化成用其他方法难以制得的内酯或半缩醛。

$$CH_2=CHCH_2CH_2COOH \xrightarrow[r.t.,36h\ (100\%)]{I_2/KI/NaHCO_3} \text{lactone-}CH_2I \xrightarrow[-72℃\ (99\%)]{DIBAH} HO\text{-lactol-}CH_2I \qquad [11]$$

三、不饱和烃和次卤酸（酯）、N-卤代酰胺的反应

1. 次卤酸及次卤酸酯对烯烃的加成反应

(1) 反应通式

次卤酸（HOX）对烯烃的加成反应，生成 β-卤醇；在亲核性溶剂 NuH（H_2O、ROH、DMF、DMSO 等）下，次卤酸酯对烯烃加成，$Nu^{\ominus}$ 参与反应而生成 β-卤醇或 β-卤醇衍生物。

$$R^1R^3C=CR^3R^4 + HOX \longrightarrow R^1R^3C(X)-C(OH)R^3R^4$$

$$R^1R^3C=CR^3R^4 + ROX \xrightarrow{Nu^{\ominus}} R^1R^3C(X)-C(Nu)R^3R^4$$

(2) 反应机理

次卤酸或次卤酸酯对烯烃的加成，与烯烃卤素加成反应相同（详见第一节），生成对向加成的产物 β-卤醇或其衍生物。按照马氏定位法则，卤素加成在双键的取代较少的一端。

$$R^1R^2C=CR^3R^4 \xrightarrow[H_2O]{XOH} R^1R^2C(OH)-C(X)R^3R^4$$

(3) 应用特点

① 用次卤酸的水溶液，以制备 β-卤醇

次卤酸本身为氧化剂，很不稳定，一般难以保存，需新鲜制备后立即使用。次氯酸和次溴酸常用氯气或溴和中性或含汞盐的碱性水溶液反应而生成。在用同样方法制备次碘酸时，则必须添加碘酸（盐）、氧化汞等氧化剂，以除去还原性较强的碘负离子。另外，也可直接采用次氯酸盐在中性或弱酸性条件下进行烯烃的次氯酸加成反应。例如：

$$\text{环己烯} \xrightarrow[HgCl_2/15\sim20℃]{Cl_2/NaOH/H_2O} \text{2-氯环己醇} \quad (70\%\sim73\%) \qquad [12]$$

② 用次卤酸酯于非水溶液中，以制备 β-卤醇以及 β-卤醇衍生物

最常用的次卤酸酯为次卤酸叔丁酯，它可由叔丁醇和 NaOCl、HOAc 反应而得，或用叔丁醇的碱性溶液中通入氯气后制得。

$$t\text{-BuOH} \xrightarrow[<10℃,5min]{NaOCl/HOAc} t\text{-BuOCl} \quad (99\%\sim100\%)$$

$$t\text{-BuOH} \xrightarrow[15\sim20℃,0.5h]{Cl_2/NaOH/H_2O} t\text{-BuOCl} \quad (72\%\sim99\%)$$

次卤酸酯在非水溶液中进行反应，根据溶剂的亲核基团不同，生成相应的 β-卤醇衍生物。

$$\text{EtO-二氢吡喃} \xrightarrow[-55\sim0℃]{t\text{-BuOCl/EtOH}} \text{3-氯-2,6-二乙氧基四氢吡喃} \quad (76\%)\ (cis/trans=1) \qquad [13]$$

2. *N*-卤代酰胺对烯烃的加成反应

(1) 反应通式

N-卤代酰胺和烯烃在酸催化下于不同亲核性溶剂中反应，生成 β-卤醇或其衍生物，其卤素和羟基的定位也遵循马氏法则。

$$R^1R^2C=CR^3R^4 + R-C(=O)-NH-X \xrightarrow{Nu^{\ominus}} R^1R^2C(X)-C(Nu)R^3R^4$$

(2) 反应机理

反应机理类似于卤素加成反应，详见第一节。

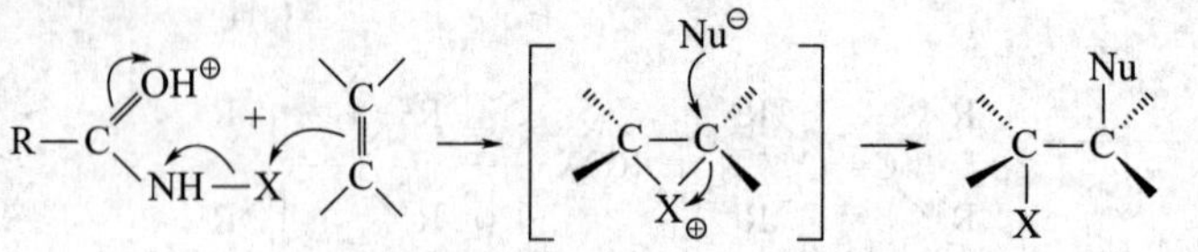

NuH=H_2O、ROH、DMSO、DMF

(3) 应用特点

① 制备 **β**-卤醇以及 **β**-卤醇衍生物

N-卤代酰胺和烯烃在不同亲核性溶剂中反应，生成β-卤醇或其衍生物。例如：

$$PhCH{=}CH_2 \xrightarrow[25^\circ C, 35min]{NBS/H_2O} Ph{-}CH(OH){-}CH_2Br \quad (82\%)$$ [14]

三氯异氰尿酸（TCCA）是一种价廉、稳定的环状卤代酰胺，用于烯烃的卤加成，生成β-卤醇或其衍生物。1/3 化学计量比的 TCCA 和烯烃反应可得到 74%对向加成的反式产物（见下）。

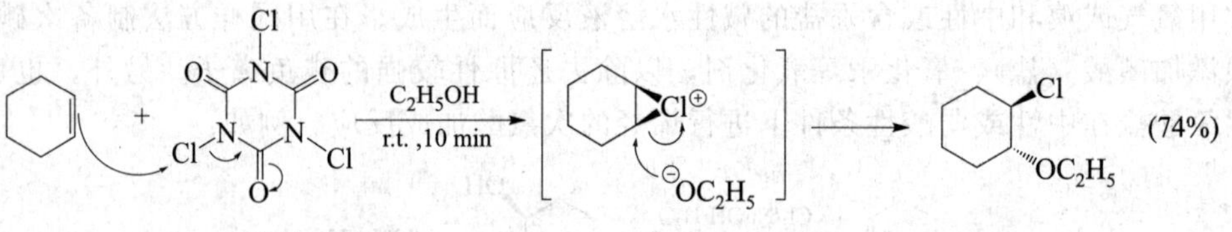

C_2H_5OH, r.t., 10 min; TCCA; $^{\ominus}OC_2H_5$; Cl, OC_2H_5 (74%) [15]

② Dalton 反应及生成 **α**-卤酮

应用 NBS 在含水二甲基亚砜中与烯烃反应，可以得到高收率、高立体选择性的对向加成产物，此称为 Dalton 反应。

反应机理假设为：NBS 中溴正离子对烯烃双键进攻，生成环状溴正离子 **(17)**，二甲基亚砜的氧原子从其背后对其进行亲核进攻，生成 **(18)**，再水解成β-溴醇 **(19)**。若反应在干燥的二甲基亚砜中进行，则 **(18)** 直接消除成酮 **(20)**，这是很好的从烯烃制备α-溴酮的方法。

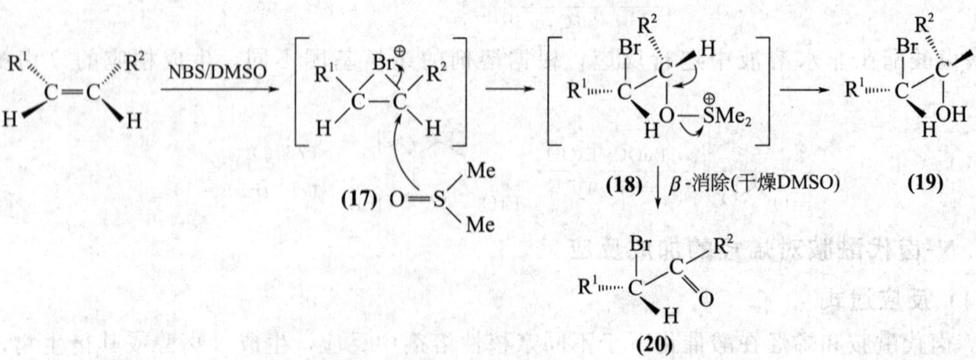

NBS/DMSO; **(17)**; **(18)**; **(19)**; β-消除(干燥DMSO); **(20)** [16]

③ 制备 1,2-不同卤素取代的化合物

用烯烃的卤加成反应，一般很难制备 1,2-不同卤素取代产物，而用 *N*-卤代酰胺对不饱和烃的反应，再添加不同卤负离子作为亲核试剂，则生成 1,2-不同卤素取代的化合物。这个方法可成为卤素加成反应的一个补充形式。例如：

$$CH_3(CH_2)_4CH{=}CH_2 \xrightarrow[\substack{-78℃,4h\\0℃,40min}]{NBA/HF/Et_2O} CH_3(CH_2)_4CHFCH_2Br \quad (60\%\sim77\%)$$ [17]

四、卤化氢对不饱和烃的加成反应

1. 卤化氢对烯烃的加成反应

(1) 反应通式

卤化氢对烯烃加成可得到卤素取代的饱和烃。

$$R^1R^2C{=}CR^3R^4 + HX \longrightarrow R^1R^2CH{-}CXR^3R^4$$

在实际使用时，可采用卤化氢气体或其饱和的有机溶剂，或者用浓的卤化氢水溶液，或者用无机碘化物/磷酸等方法。若反应困难，可加 Lewis 酸催化、或者采用封管加热，可促使反应顺利进行。

(2) 反应机理

详见第一节中“亲电加成”和“自由基反应机理”。

① 离子对过渡态

主要得到同向加成产物 (**22**)，定位按马氏法则。

$$R^1R^2C{=}CR^3R^4 \xrightarrow[X^{\ominus}]{H^{\oplus}} \left[R^1R^2\overset{\oplus}{C}{-}CHR^3R^4 \;\; X^{\ominus}\right]\textbf{(21)} \xrightarrow{(syn)} R^1R^2CX{-}CHR^3R^4\;\textbf{(22)}$$

② 三分子协同机理

卤化氢对烯烃加成后得到对向加成产物 (**23**)，定位按马氏法则。

$$R^1R^2C{=}CR^3R^4 \xrightarrow{HX} \left[H{-}X \cdots R^1R^2C{=}CR^3R^4 \cdots X^{\ominus}\right] \xrightarrow{(anti)} R^1R^2CX{-}CHR^3R^4\;\textbf{(23)}$$

③ 自由基机理

首先溴化氢被自由基引发剂均裂生成溴自由基，然后对烯烃双键进攻，生成溴代碳自由基 (**24**)，再向溴化氢摄取一个氢自由基，生成正常的加成产物 (**25**)。反应的定位主要取决于中间体碳自由基 (**24**) 的稳定性。碳自由基可与苯环、双键或烃基发生共轭或超共轭而得到稳定，故溴倾向于加在含氢较多的烯烃碳原子上，属反马氏法则。

$$H{-}Br \xrightarrow[\text{或其他自由基引发剂}]{h\nu} H\cdot + Br\cdot \qquad RHC{=}CH_2 \longrightarrow R\dot{C}H{-}CH_2Br\;\textbf{(24)} \xrightarrow{HBr} RCH_2{-}CH_2Br\;\textbf{(25)} + Br\cdot$$

(3) 影响因素

① 反应物、卤化剂等影响

卤化氢对烯烃加成的立体选择性，主要取决于烯烃的结构、卤化氢试剂、反应条件（溶剂、温度等）。例如表 1-1 烯烃的加成具不同立体化学性质。

表 1-1　卤化氢对烯烃加成的立体选择性

烯烃	卤化剂	加成方式	烯烃	卤化剂	加成方式
1,2-二甲基环己烯（Me, Me）	HBr	对向	Ph(H)C=C(H)CH₃	HBr	同向/对向＝9/1
1-甲基环戊烯（Me）	HCl	对向	Ph(H)C=C(H)CH₃	HBr	同向/对向＝8/1

② 亲核性溶剂参与的副反应

与卤素对烯烃加成反应类似，当卤化氢对烯烃的加成反应在亲核性溶剂中进行时，也会发生亲核性溶剂参与的副反应。有时，为了减少溶剂分子参与的副反应，可在反应介质中加入含卤素负离子的添加剂。

③ 重排副反应

在某些具季碳取代基的烯烃的卤化氢加成反应中除了溶剂分子参与外，还可能发生重排反应，这是因倾向于生成更稳定的叔碳正离子过渡态而引发的烷基重排。例如：

$$(CH_3)_3C—CH═CH_2 \xrightarrow[AcOH,25℃]{HCl} (CH_3)_3C—CH(Cl)—CH_3\ (37\%^*) + (CH_3)_2C(Cl)—CH(CH_3)_2\ (44\%^*) + (CH_3)_3C—CH(OAc)—CH_3\ (19\%^*)$$ [18]

(4) 应用特点

主要用于以烯烃来制备单卤取代的饱和烃，如果双键在末端的烯烃，则可方便地用溴化氢气体在光照或过氧化物的引发下反应制备 ω-卤代烃。例如：

$$CH_2═CH—(CH_2)_8COOC_2H_5 \xrightarrow[Bz_2O_2/PE/0℃]{HBr\ 气体} Br—(CH_2)_{10}—CO_2C_2H_5\quad (70\%)$$ [19]

2. 卤化氢对炔烃的加成反应

(1) 反应通式

卤化氢与炔烃的加成反应常用于制备卤代烯烃。

$$R^1—C≡C—R^2 + HX \longrightarrow (R^1)(X)C═C(H)(R^2)$$

(2) 反应机理

炔烃和卤化氢的离子型加成反应，其机理及立体化学与烯烃的情况相似，卤原子定位符合马氏法则，氢倾向于加在含氢较多的烯烃碳原子上。

(3) 应用特点

为了减少溶剂分子参与的副反应，在卤化氢加成反应的介质中加入含相同卤素负离子的添加剂（如以下季铵盐氯化物），常可达到较好效果。

$$C_2H_5C≡CC_2H_5 \xrightarrow[AcOH/25℃]{HCl\ 气体} (C_2H_5)(Cl)C═C(H)(C_2H_5) + C_2H_5C(═O)C_3H_7 \ (\longleftarrow C_2H_5—C(OAc)═CH—C_2H_5)$$

(41%～72%*)　(28%～59%*)

$(CH_3)_4N^{\oplus}Cl^{\ominus}$　(95%～98%*)　(2%～5%*)

[20]

第三节　烃类的卤取代反应

一、脂肪烃的卤取代反应

1. 饱和脂肪烃的卤取代反应

(1) 反应通式

由于饱和烃的氢原子活性小，故需用卤素在高温气相条件下、或光照和/或在过氧化物存在下才能进行卤取代反应。

$$R^3-C(R^1)(R^2)-C(R^4)(R^5)-H \xrightarrow{X_2} R^3-C(R^1)(R^2)-C(R^4)(R^5)-X$$

(2) 反应机理

这类反应属于自由基历程，反应的卤素活性越大，反应选择性也越差。

(3) 影响因素

就烷烃氢原子活性而言，若没有立体因素的影响，则随所生成碳自由基稳定性不同而异，即叔 C—H＞仲 C—H＞伯 C—H。

(4) 应用特点

此反应主要用于 C—H 活性较大的饱和烃的直接卤代，生成相应卤代烃。

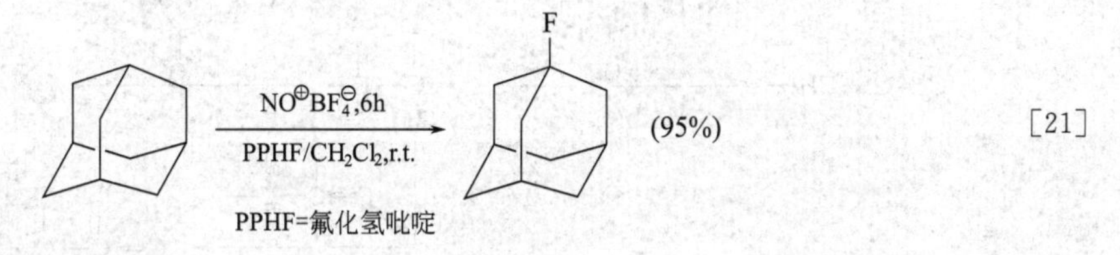

[21]

2. 不饱和烃的卤取代反应

(1) 反应通式

烯键上氢原子活性很小，其直接卤取代或与有机金属化合物发生氢-金属交换反应均少见。但是，含末端氢的炔烃在碱性下和卤素可以直接反应，生成卤代炔烃。

$$R^1-C\equiv C-H \xrightarrow{^{\ominus}B} R^1-C\equiv C^{\ominus} \xrightarrow[H_2O]{X-X} R^1-C\equiv C-X + HX$$

(2) 反应机理

属于亲电取代反应，即末端炔键氢原子比较活泼，在碱性条件下生成炔末端碳负离子，其与卤素可以发生取代反应得到卤取代炔烃。

(3) 应用特点

对于不同的 1-炔烃来说，根据反应难易程度，选用其在碱性水溶液中和卤素直接发生亲电卤取代反应，或采用强碱、格氏试剂，将其转化成活性大的炔烃碳负离子，然后和卤素发生卤素-金属交换，生成 1-卤代炔烃。

$$Ph-C\equiv CH \xrightarrow[r.t.,60h]{NaOH/Br_2/H_2O} Ph-C\equiv C-Br \quad (73\%\sim83\%) \qquad [22]$$

3. 烯丙位和苄位碳原子上的卤取代反应

(1) 反应通式

烯丙位和苄位氢原子比较活泼，在较高温度或存在自由基引发剂（如光照、过氧化物、偶氮二异丁腈等）的条件下，可用卤素、*N*-卤代酰胺、次卤酸酯、硫酰卤、卤化铜等卤化剂于非极性惰性溶剂中进行卤取代反应。在这些卤化剂中，以*N*-卤代酰胺和次卤酸酯效果较好，尤其前者，选择性高，应用广泛。

$$>C=C-\underset{|}{\overset{|}{C}}-H \xrightarrow[h\nu\text{ 或其他自由基引发剂}]{X-L} >C=C-\underset{|}{\overset{|}{C}}-X$$

$$Ar-\underset{|}{\overset{|}{C}}-H \xrightarrow[h\nu\text{ 或其他自由基引发剂}]{X-L} Ar-\underset{|}{\overset{|}{C}}-X$$

(2) 反应机理

烯丙位和苄位碳原子上的卤取代反应大多属于自由基历程。反应机理详见第一节“自由基取代”，其涉及相应的碳自由基（**26**）的生成，再与卤素或 NBS 反应得烯丙位或苄位卤取代产物（**27**）。

$X_2 \xrightarrow{h\nu} 2X\cdot$ 或 N-卤代丁二酰亚胺 $\xrightarrow{h\nu}$ 丁二酰亚胺 N· + X·

$>C=C-CH- \xrightarrow{X\cdot\text{ 或 丁二酰亚胺N}\cdot} >C=C-\dot{C}-$ (**26**) $\xrightarrow{X_2\text{ 或 N-卤代丁二酰亚胺}} >C=C-C(X)-$ (**27**)

(**26**) + $>C=C-\dot{C}-$ → $>C=C-C-C-C=C<$
（副产物）

(3) 影响因素

① 取代基因素：吸电子取代基不利于反应，给电子取代基有利于反应

在自由基反应历程中，（**26**）是引起自由基连锁反应的关键形式，同时它的稳定性程度也直接影响了这个卤取代反应的难易与区域选择性等。若苄位或烯丙位上有卤素等吸电子取代基，则降低此自由基（**26**）的稳定性，使卤取代不容易发生，除非在提高卤素浓度、反应温度或选用活性更大的卤化剂情况下才能进行。如邻二甲苯和 2mol 溴在光照和125℃条件下得苄-单溴取代物；而对二甲苯的双卤取代反应须用 4mol 溴在光照和更高温度（140～160℃）、更长时间条件下才能得到双卤取代物，经水解制得对苯二醛。对于对硝基甲苯，则需采用次氯酸酐（Cl_2O）等强卤化剂来进行反应。与此相反，当苄位、烯丙位上有给电子取代基，则可增加碳自由基的稳定性。

$$\text{邻二甲苯 } (CH_3, CH_3) \xrightarrow[125℃,2h]{2mol\ Br_2/h\nu} \text{邻二(溴甲基)苯 } (CH_2Br, CH_2Br)\quad (48\%\sim53\%)$$ [23]

$$\text{对二甲苯}\xrightarrow[140\sim160℃,6\sim10h\ (51\%\sim55\%)]{4mol\ Br_2/h\nu}\text{1,4-}(CHBr_2)_2C_6H_4\xrightarrow[70\sim110℃\ (81\%\sim84\%)]{H_2O/H_2SO_4}\text{1,4-}(CHO)_2C_6H_4$$ [24]

$$p\text{-}CH_3C_6H_4NO_2\xrightarrow[CCl_4]{Cl_2O}p\text{-}CCl_3C_6H_4NO_2\quad(99\%)$$ [25]

② 烯键 *α* 位亚甲基一般比 *α* 位甲基容易卤代

由于烃基是给电子基，因此，对于开链烯烃（**28**）来说，烯键 α 位亚甲基一般比 α 位甲基容易卤代。

$$\underset{\textbf{(28)}}{CH_3(CH_2)_3CH{=}CH{-}CH_3}\xrightarrow[CCl_4/heat,2h]{NBS/(PhCO)_2O_2}CH_3(CH_2)_2{-}\underset{Br}{CH}{-}CH{=}CH{-}CH_3\quad(58\%\sim64\%)$$ [26]

(4) 应用特点

① 制备烯丙位或苄位的卤化物

烯丙位卤取代反应是合成不饱和卤代烃的重要方法，如醋酸去氢表雄酮（**29**）在 NBS 中以自由基反应得到相应烯丙位溴代产物。

$$\textbf{(29)}\xrightarrow[h\nu,reflux]{NBS/CCl_4}\text{7-溴代产物}\quad(61\%)$$ [27]

而苄位卤取代反应是制备卤甲基取代芳烃的重要方法，如抗凝血药奥扎格雷钠中间体 3-(4-溴甲基苯基)-2-丙烯酸甲酯（**30**）的合成。

$$CH_3{-}C_6H_4{-}CH{=}CH{-}COOCH_3\xrightarrow[Bz_2O_2,reflux]{NBS/CCl_4}\underset{\textbf{(30)}}{BrCH_2{-}C_6H_4{-}CH{=}CH{-}COOCH_3}\quad(41\%)$$ [28]

② 双键移位或重排反应

为了形成更稳定的自由基，在苯基和双键同时存在的化合物的卤取代反应中，可发生双键移位或重排。

$$Ph_3CCH_2CH{=}CH_2\xrightarrow[h\nu/heat,4h]{NBS/CCl_4}Ph_3CCH{=}CH{-}CH_2Br\quad(94\%)$$ [29]

③ NBS（NCS）用于烯丙位和苄位卤取代反应

在用卤代酰胺进行烯丙位和苄位卤取代反应时，NBS（NCS）因具有选择性高、副反应少等优点而被广泛应用。四氯化碳为常用溶剂，反应开始时多为均相状态，反应生成的丁二酰亚胺因不溶于四氯化碳而可滤取回收。对于某些不溶或难溶于四氯化碳的烯烃，则改用氯仿也有较好效果，其他可选用的溶剂还有苯、石油醚等。若反应物为液体，则可以不用溶剂。如下列两个反应中，应用 *N*-卤代酰胺代替卤素作为卤化剂，均无芳核取代或羰基 α 位溴化的副反应。

$$\text{2-甲基吡嗪}\xrightarrow[CCl_4/heat,6h]{NCS/(PhCO)_2O_2}\text{2-}CH_2Cl\text{-吡嗪}\quad(59\%)$$ [30]

$$Ph(CH_2)_4COPh \xrightarrow[h\nu/heat,2h]{NBS/CCl_4} Ph{-}CH(Br){-}(CH_2)_3COPh \quad (66\%)$$ [31]

二、芳烃的卤取代反应

1. 反应通式

$$C_6H_6 \xrightarrow{X{-}L} C_6H_5X$$

（L＝X、HO、RO、H、RCONH 等）

常用氯代试剂有 Cl_2、Cl_2O、S_2Cl_2、SO_2Cl_2、t-BuOCl 等；溴代试剂有 Br_2、NBS、HOBr、AcOBr、CF_3COOBr 等。常用 $AlCl_3$、$SbCl_5$、$FeCl_3$，$FeBr_3$、$SnCl_4$、$TiCl_4$、$ZnCl_2$等 Lewis 酸催化。反应溶剂以极性溶剂为多，常用稀醋酸、稀盐酸、氯仿或其他卤代烃等。若采用非极性溶剂，则反应速率变慢，但在某些反应中，也可用来提高选择性。

2. 反应机理：亲电取代

反应机理详见第一节“亲电取代”中“芳烃的卤取代反应”，涉及σ-络合物中间体（**31**）或芳基-X-L 离子对的生成，后很快失去一个质子，得到卤代产物。

$$C_6H_6 \xrightarrow{\overset{\delta^+}{X}{-}\overset{\delta^-}{X} \text{ 或 } \overset{\delta^+}{X}{-}\overset{\delta^-}{L}} \left[\text{(31)} \right] \xrightarrow{-H^{\oplus}} C_6H_5X$$

例：$X{-}X{\cdots}MX_n$，$X^{\oplus}$；$X{-}N(COR)(COR)$，$H^{\oplus}$

(31)

3. 影响因素

(1) 芳环取代基电子效应的影响

芳烃上取代基的电子效应和卤代定位规律相同于一般芳烃亲电取代反应，选择不同卤化剂及其用量和反应条件，常可影响单或多卤取代物以及位置异构体的比例。

① 给电子取代基有利于卤取代反应

芳环上有给电子基时卤化反应较为容易，常发生多卤代反应，但适当地选择和控制条件，可使反应停止在单、双卤代阶段。例如苯酚在碱性水溶液中卤化时，不论卤素用量多少，均主要得到2,4,6-三卤苯酚。若在二硫化碳中用1mol溴于0～5℃下反应，则可得对溴苯酚，而在甲苯作溶剂和叔丁胺存在下，用2mol溴于－70℃反应，则可得到邻二溴苯酚。

$$C_6H_5OH \xrightarrow[0\sim5℃]{1mol\ Br_2/CS_2} 4\text{-}BrC_6H_4OH \quad (80\%\sim84\%)$$

$$C_6H_5OH \xrightarrow[t\text{-}BuNH_2/-70℃]{2mol\ Br_2/Tol} 2,6\text{-}Br_2C_6H_3OH \quad (87\%)$$ [32]

苯胺在水溶液中卤化，主要产物也是三卤代苯胺。如需得到单卤代产物，可先将苯胺酰化后再进行卤化；或在 DMF 中用 NBS 对苯酚、苯胺以及高级芳烃进行溴化，因无溴化氢产生，且避免多溴代副反应，故得到收率很好的单溴代物。

$$\text{苯胺} \xrightarrow[\text{r.t.},24h]{NBS/DMF} \text{4-溴苯胺} \quad (93\%)$$ [33]

② 吸电子取代基不利于卤取代反应

具吸电子基芳烃的卤取代反应较难发生。一般需用 Lewis 酸催化，反应温度也较高，如硝基苯的溴化，需在 BF_3-H_2O 催化下 100～105℃封管反应，机理是主要由 BF_3-H_2O 与 NBS 生成的活性溴正离子进行亲电取代。

$$\text{硝基苯} \xrightarrow[100\sim105℃\text{封管},6h]{NBS,\ BF_3\text{-}H_2O} \text{间溴硝基苯} \quad (92\%)$$ [34]

$$\text{NBS} \xrightarrow{[BF_3OH]^-\ H^+} \left[\text{O-质子化NBS} \longleftrightarrow \text{N}^{\oplus}\text{-Br}\right][BF_3OH]^- \longrightarrow Br^{\oplus} + \text{琥珀酰亚胺(N-H)} + [BF_3OH]^-$$

但是，选用活性较大的卤化剂常可在较温和的条件下获得较好的效果。例如硝基苯用次氯酸酐（Cl_2O）作氯化剂，在三氟甲磺酸酐和 $POCl_3$ 存在下进行反应［实际亲电试剂为三氟甲磺酰次氯酸酐（trifluoromethanesulfonyl hypochlorite，CF_3SO_2OCl）］，可得收率很好的间氯硝基苯。

$$\text{硝基苯} \xrightarrow[POCl_3/0℃]{Cl_2O/(CF_3SO_2)_2O} \text{间氯硝基苯} \quad (97\%)$$ [35]

(2) 芳杂环化合物的卤取代反应

① 多 π 芳杂环化合物有利于卤取代反应

含多余 π 电子的杂环如吡咯、呋喃和噻吩等的卤代反应甚易，其次序为吡咯＞呋喃＞噻吩＞苯，且 2 位比 3 位活泼。吲哚也属多 π 芳杂环，用分子溴在 DMF 中对 5-甲氧基吲哚进行溴化，可几乎定量地得到 3-单溴代产物。

$$\text{5-甲氧基吲哚} \xrightarrow{Br_2/DMF} \text{3-溴-5-甲氧基吲哚} \quad (98\%)$$ [36]

但是，环上无取代基的五元杂环直接和卤素反应，常常得到多卤代等副产物，一般没有实用价值。对于 2 位具吸电子基的杂环，常可用卤素在温和条件下反应，得到 5-单卤代产物或 4-单卤代产物。

② 缺 π 芳杂环化合物不利于卤取代反应

对于缺 π 电子的芳香性较强的芳杂环如吡啶来说，其卤取代反应相当困难，但选择适当的反应条件，仍能获得较好结果。例如吡啶在过量 $AlCl_3$ 存在下和氯气反应，只得到低收率的氯代吡啶，这是由于 $AlCl_3$ 和吡啶核上氮原子形成络合物，而进一步降低了环上电子云密度之故。但是，在发烟硫酸中用溴反应，因除去了反应中生成的 HBr，结果，可得较好收率的溴代吡啶。具给电子基的吡啶化合物的卤取代反应比较容易，可在较温和的条件下进行。

$$\text{吡啶} \xrightarrow[130℃,7.5h]{Br_2/H_2SO_4/SO_3} \text{3-溴吡啶} \quad (86\%)$$ [37]

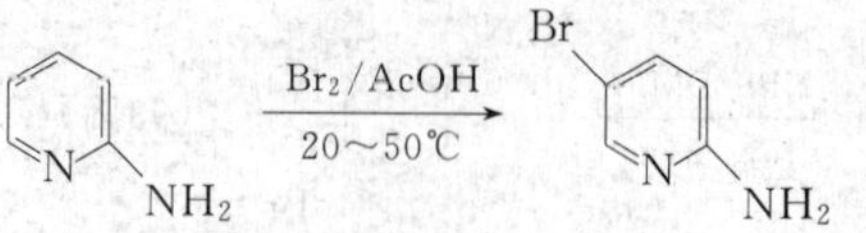

Br₂/AcOH, 20～50℃: 2-氨基吡啶 → 5-溴-2-氨基吡啶 (62%～67%) [38]

4. 应用特点

(1) 用于制备卤代芳烃

芳烃的卤代是制备卤代芳烃的重要方法。如1,3-二氢吲哚-2-酮采用NBS为溴化试剂，可顺利制备5-溴-1,3-二氢吲哚-2-酮。

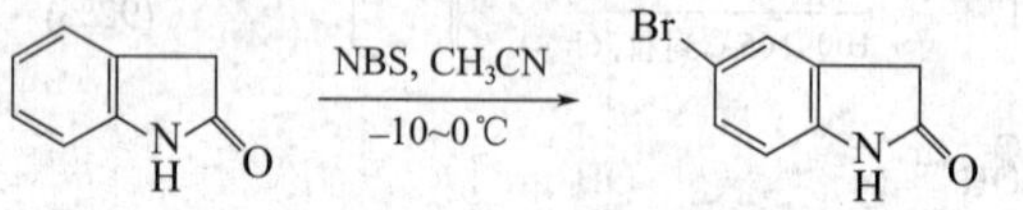

NBS, CH_3CN, −10～0℃ (85%) [39]

(2) 氟取代反应

用氟对芳烃直接氟化，反应十分激烈。一般氟必须在氩气或氮气稀释下，于−78℃通入芳烃的惰性溶剂稀溶液中进行反应，或用酰基次氟酸酐为氟化剂。这类反应机理类似于其他卤素分子的亲电取代反应。但是，该反应在制备氟代芳烃上的应用远不及经典的Schiemann反应（见第七节芳香重氮盐化合物的卤置换反应）。

(3) 氯取代反应

用氯分子直接对芳烃进行卤取代反应比较容易，且对氯分子而言，为一级反应。这是由于氯有足够的电负性，它本身在反应中发生极化而参与反应，若用Lewis酸催化，则反应更快。HOCl和CH_3CO_2Cl也可作为氯化剂，二分子HOCl经失去一分子水而生成的次氯酸酐（Cl_2O）或在酸性下生成的H_2O^+Cl，以及二氯化二硫（S_2Cl_2）、硫酰氯（SO_2Cl_2）、次氯酸叔丁酯（*t*-BuOCl）等，均可以释放氯正离子作为亲电试剂。

(4) 溴取代反应

用分子溴的取代反应，通常在醋酸中进行，对溴分子而言为二级反应，因为必须用另一分子溴来极化溴分子，才能进行正常速率的溴代反应。若在反应介质中加入碘，因I_2Br^-比Br_3^-容易生成，于是提高了反应速率。

$$ArH + 2Br_2 \longrightarrow ArBr + H^{\oplus} + Br_3^{\ominus}$$

$$ArH + Br_2 + I_2 \longrightarrow ArBr + H^{\oplus} + I_2Br^{\ominus}$$

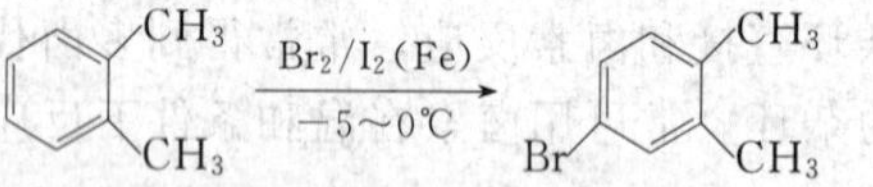

邻二甲苯 → 4-溴邻二甲苯：Br_2/I_2(Fe), −5～0℃ (94%～97%) [40]

其他溴化剂包括NBS、HOBr、酰基次溴酸酐（AcOBr、CF_3CO_2Br等），尤其后者活性较大。一般而言，上述试剂是以整个分子参与反应的，但可以同时生成溴正离子。Lewis酸也可催化溴分子生成溴正离子作为亲电试剂。

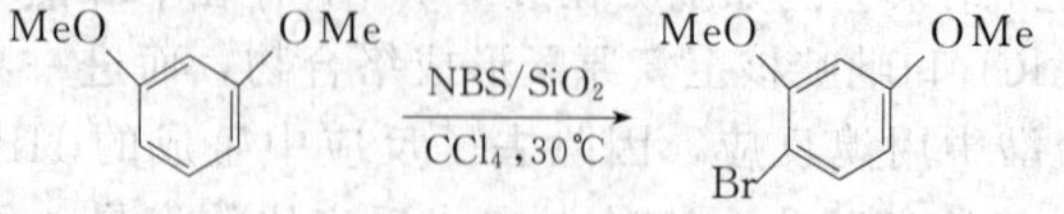

1,3-二甲氧基苯（MeO, OMe）→ 1-溴-2,4-二甲氧基苯：NBS/SiO_2, CCl_4, 30℃ (99%) [41]

(5) 碘取代反应

单独使用碘对芳烃进行碘取代反应效果不好，由于反应中生成的碘化氢具有还原性，可使碘代产物可逆转化成为原料芳烃。在反应介质中加入氧化剂（硝酸、过氧化氢、高碘酸、醋酸汞等），或碱性缓冲物质（如氨水、氢氧化钠、碳酸氢钠等），或某些能和HI形成难溶于水的碘化物的金属氧化物（如氧化汞、氧化镁等）来除去反应中生成的碘化氢，或者采用强的碘化剂（如 ICl，RCO_2I，CF_3CO_2I）来提高反应中碘正离子的浓度，均能有效地进行芳烃的碘取代反应。

$$\text{3,4,5-}(CH_3O)_3C_6H_2CH_2OH \xrightarrow[CH_2Cl_2/r.t.,3h]{I_2/Hg(OAc)_2} \text{2-I-3,4,5-}(CH_3O)_3C_6HCH_2OH \quad (76\%)$$ [42]

NIS 与三氟乙酸可生成 CF_3CO_2I，在较温和条件下以高收率完成芳烃的碘取代。

$$\text{1,3,5-}(CH_3)_3C_6H_3 \xrightarrow[CH_3CN,\ r.t.,\ 4.5h]{NIS,\ CF_3COOH} \text{2-I-1,3,5-}(CH_3)_3C_6H_2 \quad (95\%)$$ [43]

第四节　羰基化合物的卤取代反应

一、醛和酮的 α -卤取代反应

1. 酮的 α-卤取代反应

(1) 反应通式

$$-\overset{O}{\overset{\|}{C}}-\overset{H}{\underset{|}{C}}- \xrightarrow{X-L} -\overset{O}{\overset{\|}{C}}-\overset{X}{\underset{|}{C}}-$$

(L=X，HO，RO，H，RCONH 等)

酮的 α-卤取代反应和卤素对烯烃加成的反应条件相似，所用的卤化剂包括卤素分子、*N*-卤代酰胺、次卤酸酯、硫酰卤化物等，常用溶剂为四氯化碳、氯仿、乙醚、醋酸等。

(2) 反应机理：亲电取代

在大多数情况下，羰基 α-氢原子被卤素取代的反应属于卤素亲电取代历程。一般来说，羰基化合物在酸（包括 Lewis 酸）或碱（无机或有机碱）催化下，转化为烯醇形式才能和亲电的卤化剂进行反应。

① 酸催化机理

$$\text{H}-\overset{|}{C}-\overset{O}{\overset{\|}{C}}- \underset{快}{\overset{H^{\oplus}}{\rightleftharpoons}} \left[\text{B:} + \text{H}-\overset{|}{C}-\overset{\overset{\oplus}{OH}}{\overset{\|}{C}}- \underset{慢}{\overset{B:}{\rightleftharpoons}} \text{X}-\text{X} + >C=\overset{OH}{\overset{|}{C}}- \right] \underset{快}{\overset{X_2}{\longrightarrow}} \text{X}-\overset{|}{C}-\overset{O}{\overset{\|}{C}}-$$

② 碱催化机理

$$\text{H}-\overset{|}{C}-\overset{O}{\overset{\|}{C}}- + {}^{\ominus}OH \underset{慢}{\overset{OH^{\ominus}}{\rightleftharpoons}} \left[\overset{\ominus}{C}-\overset{O}{\overset{\|}{C}}- \longleftrightarrow \text{X}-\text{X} + >C=\overset{O^{\ominus}}{\overset{|}{C}}- \right] \underset{快}{\overset{X_2}{\longrightarrow}} \text{X}-\overset{|}{C}-\overset{O}{\overset{\|}{C}}-$$

(3) 影响因素

① 催化剂的影响

在酸催化的 α-卤取代反应中，也需要适当的碱（B：）参与，以帮助 α-氢的脱去，这是决定烯醇化速率的步骤，未质子化的羰基化合物可作为有机碱发挥这样的作用。例如苯乙酮的溴化在催化量 $AlCl_3$ 作用下，生成 α-溴代苯乙酮，但在过量 $AlCl_3$ 存在下，由于羰基化合物完全形成三氯化铝的络合物而难以烯醇化，结果不发生 α-卤代，而发生苯核卤化反应，得到间溴苯乙酮。

$PhCOCH_3 \xrightarrow[0℃]{Br_2/Cat.\ AlCl_3/Et_2O} PhCOCH_2Br$ (88%～96%) [44]

$PhCOCH_3 \xrightarrow[80 \sim 85℃]{Br_2/2.5mol\ AlCl_3} [Ph(CH_3)C{=}\overset{\oplus}{O}AlCl_3] \longrightarrow$ m-$BrC_6H_4COCH_3$ (70%～75%)

② 氢卤酸的影响

在酸催化反应时，常有一个诱导期，这是由于烯醇化速率较慢，而当反应中生成的氢卤酸浓度增高后，反应速率就加快，为此，在反应初可加入少量氢卤酸来缩短诱导期。光照也常起到明显催化的效果，这可能与开始阶段的自由基机理有关。

在采用溴对酮进行卤取代反应时，虽然反应中生成的溴化氢具加快烯醇化速率的作用，但它又有还原作用，能消除 α-溴酮中溴原子，使 α-溴化反应的收率受到限制。同时，通过烯醇互变异构的可逆过程，还可产生位置或立体异构体，这种情况在不对称酮或脂环酮中尤为明显。例如 α-溴酮化合物 **(32)** 在溴化氢的作用下，发生脱溴、烯醇异构体以及溴的重新加成，主要得到热力学稳定产物 **(33)**。因此，为了得到动力学控制的 α-溴代产物，常在反应介质中添加过量的醋酸钠或吡啶，以中和反应中生成的溴化氢。

$BrCH_2C(=O)CH_2CH_2CH_3$ **(32)** $\xrightarrow[r.t.,\ 4d]{HBr/Et_2O}$ $[Br^{\ominus}\ Br{-}CH_2{-}C(=\overset{\oplus}{O}H)CH_2CH_2CH_3] \xrightarrow{-Br_2}$

$[CH_2{=}C(OH)CH_2CH_2CH_3 \rightleftharpoons CH_3C(OH){=}CHCH_2CH_3\ \ Br{-}Br] \xrightarrow{Br_2}$ $BrCH_2COCH_2CH_2CH_3$ (1.5%*)；$CH_3C(=O){-}CHBrCH_2CH_3$ (58%*) **(33)**

③ 羰基 α 位上取代基的电性效应对反应影响

在酸或碱催化的 α-卤取代反应中，羰基 α 位取代基的影响是不同的。

i. **酸催化 α-卤取代反应** 羰基 α 位上有给电子取代基，卤取代反应容易发生；羰基 α 位上有吸电子取代基，卤取代反应不易发生。对于酸催化的反应来说，若 α 位上具给电子取代基，则有利于烯醇的稳定化，卤取代反应比较容易，如环状和直链的不对称酮 **(34)** 的反应，均主要得到在烷基较多的 α 位上卤取代的酮。

2-甲基环己酮 **(34)** $\xrightarrow[r.t.,\ 2h]{SO_2Cl_2/CCl_4}$ 2-氯-2-甲基环己酮 (83%～85%) [45]

在α位具卤素等吸电子基时，卤代反应受到阻滞，故在同一个α位碳原子上欲引入第二个卤原子相对比较困难。若在α′位具活性氢，则第二个卤素原子优先取代α′位氢原子。如2-丁酮在和2mol溴反应时，只得到α,α′-二溴代丁酮。

$$CH_3CH_2COCH_3 \xrightarrow[<10℃]{2mol\ Br_2/HBr} CH_3CH(Br)COCH_2Br \quad (55\%\sim58\%)$$ [46]

ii. **碱催化α-卤取代反应** 对于碱催化的α-卤取代反应来说，与上述酸催化的情况相反，α-给电子基降低α-氢原子活性，而吸电子基有利于α-氢质子脱去而促进反应。因此在碱催化时，若在过量卤素存在下，反应不停留在α-单取代阶段，易在同一个α位上继续进行反应，直至所有α-氢原子都被取代为止。甲基酮化合物在碱催化下的“卤仿反应”就是一个典型例子。如甲基酮化合物（**35**）在氢氧化钠水溶液中溴化，得到的三溴化物不能分离，很快水解断裂成相应少一个碳原子的酸。

$$\underset{(35)}{(CH_3)_3CCOCH_3} \xrightarrow[2)H^+/heat]{1)Br_2/NaOH/H_2O,\ <10℃,1h} [(CH_3)_3CCOCBr_3] \longrightarrow (CH_3)_3CCO_2H + HCBr_3 \quad (71\%\sim74\%)$$ [47]

(4) 应用特点

① 制备α-卤代酮

如甾体甲基酮化合物（**36**）用碘和CaO或NaOH于有机溶剂中反应，生成α-碘代酮，该中间体不经纯化直接和醋酸钾反应，可得氢化可的松的中间体（**37**）。反应中加入碱性物质可以除去还原性的HI，从而使反应顺利进行。

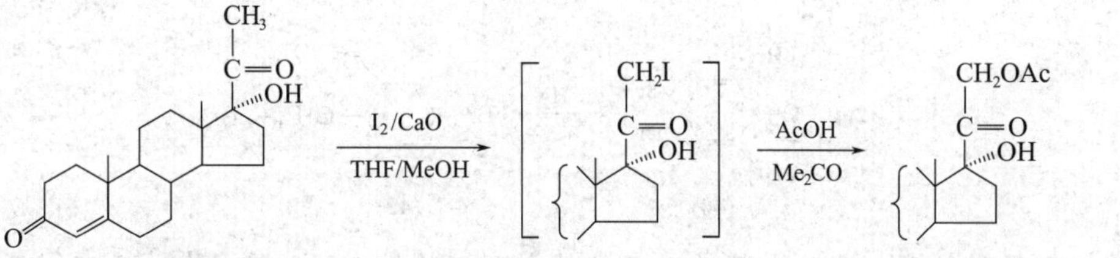

(36) —I_2/CaO, THF/MeOH→ [CH_2I, C=O, OH 中间体] —AcOH, Me_2CO→ CH_2OAc, C=O, OH (37) [48]

② 3-羰基甾体化合物的区域选择性卤代

3-羰基甾体化合物的区域选择性溴代，不仅受到α位取代基的影响，还受到A/B环的构型控制。若A/B为反联的化合物（**38**），则卤代在2位，对于A/B为顺联的化合物（**39**）而言，卤代在4位。这是由于稠环扭曲张力和角甲基位阻等因素影响了在不同A/B构型的甾体中不同位置烯醇双键的稳定性差异之故。

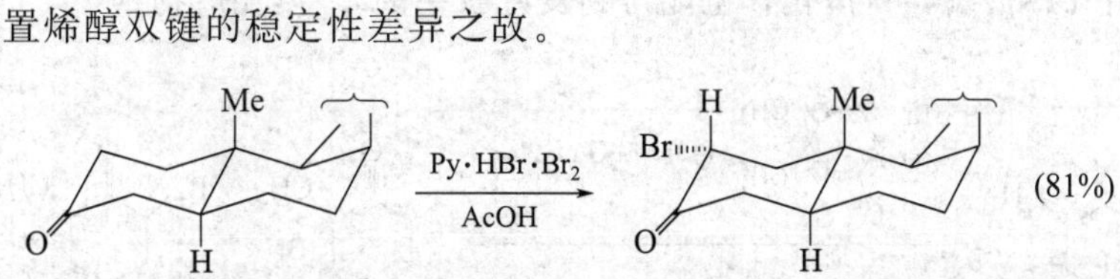

(38) —Py·HBr·Br_2, AcOH→ 2-Br产物 (81%)

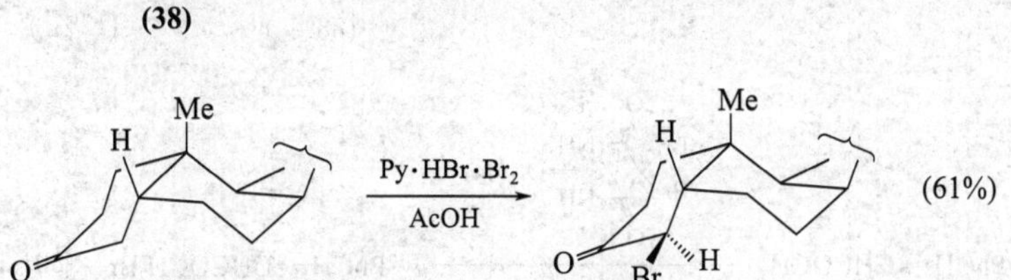

(39) —Py·HBr·Br_2, AcOH→ 4-Br产物 (61%) [49]

③ α,β-不饱和酮的 α'-卤取代

i. 化学选择性

在 α,β-不饱和酮的 α'-卤取代反应中，为了减少双键加成副反应，必须提高“酮的选择性”（ketoselectivity）。虽然烯醇的活性比双键的活性大（约 10^5 倍），但是，烯醇的卤取代反应是可逆的，尤其在溴化氢作用下易还原成原来的酮，或发生烯丙位双键移位等。与此同时，卤素却能与双键慢慢发生不可逆的加成。因此，一方面必须将卤素浓度降低到卤代所需的水平，使其不能与双键发生反应，另一方面需设法加入某些物质来中和卤化氢，但又不影响酮的烯醇化。

ii. 选择性卤化试剂

(a) 四溴环己二烯酮　四溴环己二烯酮（tetrabromohexadienone）**(40)** 就属于选择性卤化的试剂。它在少量 HCl 或 HBr 气体催化下，以生成稳定的三溴苯酚 **(42)** 为动力，促使 4 位碳-溴键异裂，生成的溴正离子向 α,β-不饱和酮的 α'位 C—H 作亲电取代；同时，**(40)** 能有效地消除 X^-，于是可得到收率良好的 α'-溴代-α,β-不饱和酮 **(41)**。

$$RCH=CHCOCH_3 \xrightarrow{(40)/H^+} [R-CH=CH-C(OH)=CH_2 + (40)] \longrightarrow RCH=CHCOCH_2Br\ (41) + (42)$$

$$(40) \xrightarrow{HX} (42) + BrX$$

(b) 5,5-二溴代-2,2-二甲基-4,6-二羰基-1,3-二噁烷　5,5-二溴代-2,2-二甲基-4,6-二羰基-1,3-二噁烷（5,5-dibromo-2,2-dimethyl-4,6-dioxo-1,3-dioxane）**(43)** 及其类似物 5,5-二溴代丙二酰脲 **(44)** 为另一类选择性卤化的试剂，其特点为亲电活性大、不需任何催化剂、反应条件温和，只得到单溴代物，且在反应中不生成卤素分子和卤化氢，故特别适用于对酸、碱敏感的酮；其区域选择性也较高，溴取代主要发生在烷基取代较多的 α 位。另外，α,β-不饱和酮用 **(43)**、**(44)** 溴化，也能得到良好收率的 α'-溴代产物。

2-甲基环己酮 $\xrightarrow[(82\%)]{(43)\ /Et_2O/r.t.,2h}$ 2-溴-2-甲基环己酮 (88%*) + 2-溴-6-甲基环己酮 (12%*)　[50]

$$PhCH=CHCOCH_3 \xrightarrow[Et_2O/r.t.,10h]{(44)} PhCH=CHCOCH_2Br\ (80\%)$$　[51]

2. 醛的 α-卤取代反应

在酸或碱催化下，醛基氢原子和 α-碳原子上氢原子都可以被卤素取代，而且还可能产生其他缩合等副反应。为了得到预期的 α-卤代醛，最经典的方法是将醛转化成烯醇醋酸酯，然后再与卤素反应。

(1) 反应通式

$$R-CH_2-CHO \xrightarrow{Ac_2O/AcOK} R-CH{=}CH-OAc \xrightarrow{X_2} R-\underset{X}{\underset{|}{C}H}-CHO$$

(2) 反应机理

在醛转化成烯醇醋酸酯后，亲电的卤正离子向富电性烯醇双键 β-碳原子进攻，生成 α-卤取代产物，其历程和酮的 α-卤取代反应相同。

$$R-CH_2-CHO \xrightarrow{AcOK} R-\overset{\ominus}{C}H-\overset{H}{C}{=}O \quad (CH_3CO)_2O \longrightarrow R-CH{=}CH-O-\overset{O}{\overset{\|}{C}}-CH_3 \xrightarrow{X-X} R-\underset{X}{\underset{|}{C}H}-CHO$$

[52]

(3) 应用特点

① 经烯醇酯制备 α-卤代醛

如 α-溴代醛 (**45**) 的制备。

$$CH_3(CH_2)_5CHO \xrightarrow[(50\%)]{Ac_2O/AcOK} CH_3(CH_2)_4CH{=}CHOAc \xrightarrow[2)MeOH\ (85\%)]{1)Br_2/CCl_4}$$

$$CH_3(CH_2)_4\underset{Br}{\underset{|}{C}H}CH(OCH_3)_2 \xrightarrow[(95\%)]{HCl/H_2O} CH_3(CH_2)_4\underset{Br}{\underset{|}{C}H}CHO$$

(**45**)

② 由脂肪醛直接选择性地生成 α-溴代醛

若用 5,5-二溴代-2,2-二甲基-4,6-二羰基-1,3-二噁烷 (**43**) 作为溴化剂，则可由脂肪醛直接选择性地生成 α-溴代醛。另外，若先用强碱（如 KH 等）将脂肪醛转化成烯醇碳负离子，然后再和碘素反应，也可在极温和条件下得到用其他方法难以制得的 α-碘代醛。

环己基甲醛（CHO） —(**43**)/Et₂O/r. t. ,11h→ 1-溴环己基甲醛（CHO, Br） (86%)

环己基甲醛（CHO） —1)KH/THF/r. t.; 2)I₂/THF/−78℃～r. t.→ 1-碘环己基甲醛（CHO, I） (88%)

[50, 53]

二、烯醇和烯胺衍生物的卤化反应

一般而言，除应用上述特殊卤化剂外，不对称酮的直接卤化常常受到区域选择性不高的限制。为了克服这个缺点，可先将不对称酮转化成相应的烯醇或烯胺衍生物，然后再进行卤化反应，则可达到提高区域选择性 α-卤代的目的。同样，正如前述 (**45**) 的制备，醛也可用此法进行有效的 α-卤化。

1. 烯醇酯的卤化反应

(1) 反应通式

$$\gt C{=}C(OAc)- \xrightarrow{X-L} \gt C(X)-C(=O)-$$

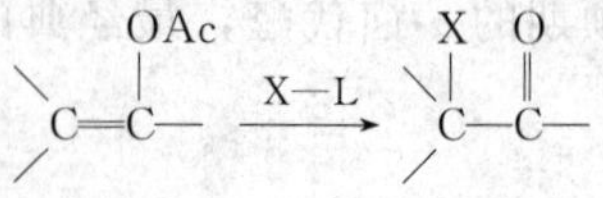

(L=X、RCONH 等)

酮或醛常用醋酐或者醋酸异丙烯酯在酸催化下可转化为其烯醇醋酸酯，再与提供卤正离子的卤化剂反应可以得到 α-卤代酮或醛。常用的氯化和溴化剂为卤素、N-卤代酰胺等。

(2) 反应机理

卤化剂首先对烯醇双键进行亲电加成，加成中间体经 β-消除后得到 α-卤代酮或醛，其历程和上述酮的 α-卤取代反应的酸催化机理类似。

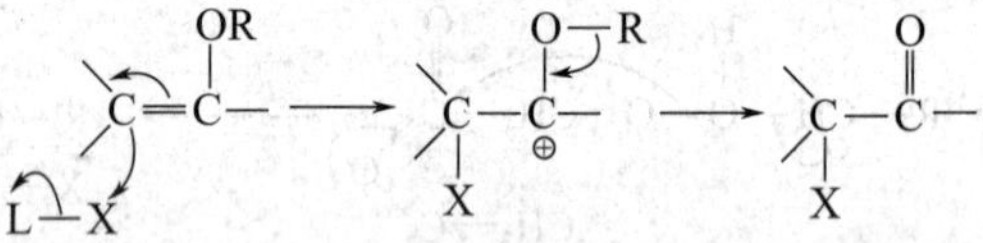

$$\gt C{=}C(OR)- \quad (L-X) \longrightarrow \gt C(X)-C^{\oplus}(O-R)- \longrightarrow \gt C(X)-C(=O)-$$

(3) 应用特点：常用于不对称酮的选择性 α-卤代反应

将不对称酮转化为其烯醇醋酸酯的反应，常常用醋酐或者醋酸异丙烯酯在酸催化下进行，后者的优点在于反应后生成的丙酮易蒸馏除去。在甾体烯醇酯的卤取代反应中，NBS 应用较多。例如化合物 (**46**)，采用 NBS 在二氧六环中加热反应，能得到良好收率的 α-溴代酮，但应用 NCS 的效果较差。

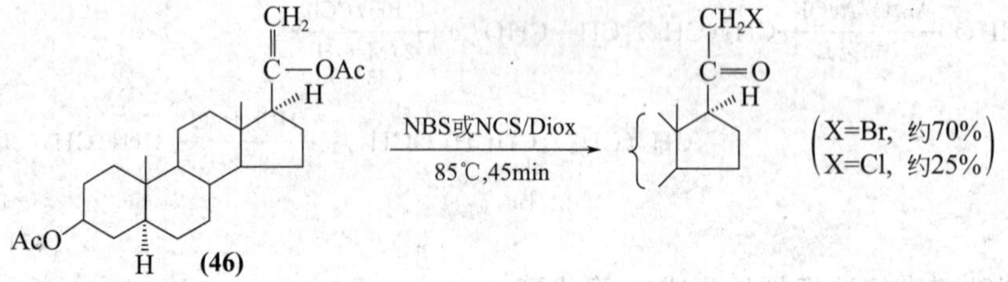

(**46**) $\xrightarrow[85℃,45min]{NBS或NCS/Diox}$ CH_2X-C=O 产物 (X=Br，约70%；X=Cl，约25%) [54]

2. 烯醇硅烷醚的卤化反应

(1) 反应通式

$$\gt C{=}C(OSiMe_3)- \xrightarrow{X-X} \gt C(X)-C(=O)-$$

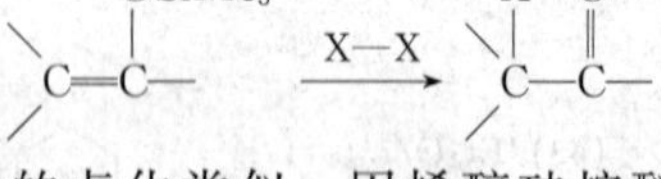

烯醇硅烷醚的卤化与烯醇酯的卤化类似，因烯醇硅烷醚 β-碳原子的亲核性比相应的烯醇酯强，故其卤化反应常比烯醇酯容易。

(2) 反应机理

烯醇硅烷醚可与卤素直接反应，卤素首先对烯醇双键进行亲电加成，加成中间体经 β-消除后得到 α-卤代酮或醛。

$$\gt C{=}C(R)OSiMe_3 \;(X-X)\; \xrightarrow{X_2} \left[\gt C(X)-C(X)(R)-O-SiMe_3\right] \xrightarrow{\beta\text{-消除}} \gt C(X)-C(=O)-R + Me_3SiX$$

(X=Br、Cl)

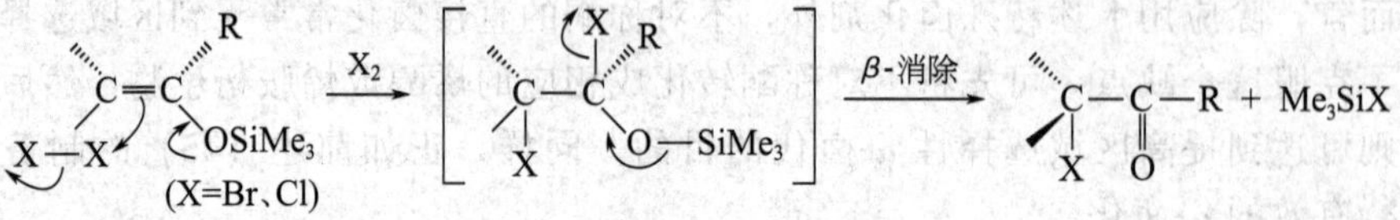

(3) 应用特点

① 不对称酮可通过其不同的烯醇硅烷醚中间体来进行区域选择性卤化

不同烯醇硅烷醚异构体的制备和分离也较简便，尤其可选择不同条件来获得主要产物分别为动力学控制或热力学控制的烯醇硅烷醚。如 **(47)** 的锂盐和 Me_3SiCl 在低温下反应主要得到位阻较小、取代较少的动力学控制产物，而在过量酮和三乙胺存在下长时间加热，则由于受超共轭效应的影响，主要得到稳定的、取代较多的热力学控制产物。于是，不对称酮可通过其不同的烯醇硅烷醚中间体来进行较好的区域选择性卤化。

n-$BuCH_2$—C(=O)—CH_2X　　n-Bu—CH(X)—C(=O)—CH_3　　n-Bu—CH(X)—C(=O)—CH_3　[55]

↑　　↑　　↑

n-$BuCH_2COCH_3$ **(47)** ⟶ n-$BuCH_2C(OSiMe_3)$=CH_2 ＋ (n-Bu)(H)C=C($OSiMe_3$)(CH_3) ＋ (n-Bu)(H)C=C(CH_3)($OSiMe_3$)

热力学控制	1) LDA/－78℃ 2) Me_3SiCl/DMA/－78℃ (65%)	(84%*)	(7%*)	(9%*)
动力学控制	1) LDA/－78℃ 2) Me_3SiCl/Et_3N/heat,60h (52%)	(13%*)	(58%*)	(29%*)

② 制备 α-卤代醛

利用此法还可制备某些难以得到的 α-卤代醛，且不影响分子中原来存在的双键，或不发生酯羰基 α 位卤代反应。

$$PhCH{=}CHOSiMe_3 \xrightarrow[-78℃]{F_2/CFCl_3} PhCH(F)CHO \quad (72\%)$$

[56]

$$\text{3-(OHC)-cyclohexane-}CO_2Et \xrightarrow[2)\,Br_2/CCl_4/r.t.]{1)\,Me_3SiCl/Et_3N} \text{1-Br-1-(OHC)-3-}CO_2Et\text{-cyclohexane} \quad (62\%)$$

[57]

3. 烯胺的卤化反应

(1) 反应通式

$$\rangle C{=}C(|){-}N\langle \xrightarrow{X-L} \xrightarrow{H_2O} \rangle C(X){-}C(=O){-}$$

(L＝X、RCONH 等)

酮与仲胺脱水缩合转变为烯胺衍生物后，再与卤化剂反应，经水解后可以得到 α-卤代酮。烯胺的制备多用哌啶、吗啉、四氢吡咯等仲胺，卤化剂为可提供卤素正离子的卤素、N-卤代酰胺等。

（2）反应机理

酮的烯胺衍生物与卤化剂反应机理和烯醇酯及烯醇硅烷醚的卤化反应类似，也是首先涉及卤化剂对烯胺双键的亲电加成。

（3）应用特点：常用于不对称酮的选择性 α-卤代反应

酮的烯胺衍生物的亲核能力比它们母体结构强，且在卤代反应中区域选择性常常不同于母体羰基化合物或其烯醇衍生物，故常用于不对称酮的选择性 α-卤代反应。

在烯胺的卤化反应中，利用简单的操作可分离得到较纯的、取代较少的 α-卤代酮衍生物。例如 2-甲基环己酮的吗啉衍生物中，由于取代较少的烯胺异构体（**48**）较为稳定，其比例略高于取代较多的异构体（**49**），且（**48**）亲核性比（**49**）为强。因此，该混合物在低温下和 0.5mol 溴反应，只使（**48**）发生卤代反应生成（**50**），经水解得到（**51**），而（**49**）留在滤液（mother liquid）中，再经同样反应，可生成（**52**）。

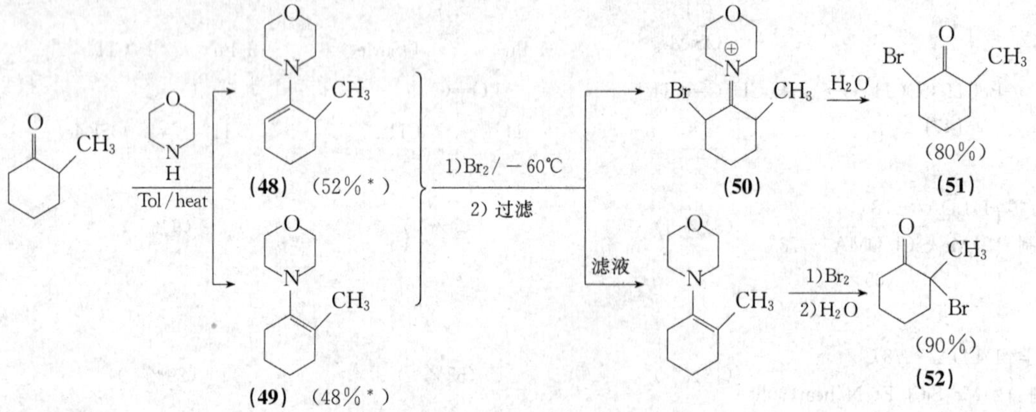

Tol/heat
(**48**) (52%*)
(**49**) (48%*)
1) Br_2/－60℃
2) 过滤
滤液
(**50**)
H_2O
(80%)
(**51**)
1) Br_2
2) H_2O
(90%)
(**52**)
[58]

此外，用六氯丙酮（hexachloroacetone，HCA）对烯胺衍生物进行氯代反应，其区域选择性也完全不同于酮的直接卤化方法（如 Cl_2/CCl_4 或 SO_2Cl_2/CCl_4 等），主要产物为取代较少的 α-氯代酮。

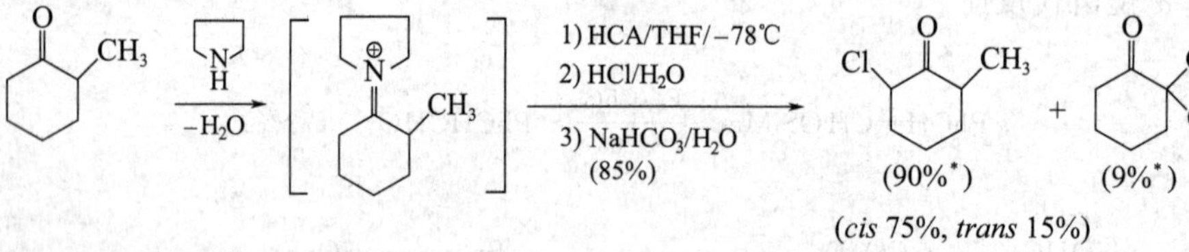

$-H_2O$
1) HCA/THF/－78℃
2) HCl/H_2O
3) $NaHCO_3/H_2O$
(85%)
(90%*)
(*cis* 75%, *trans* 15%)
(9%*)
[59]

三、羧酸衍生物的 α-卤取代反应

1. 反应通式

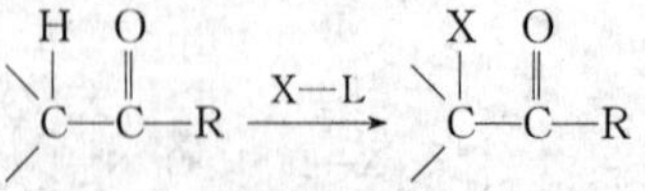

$$\mathrm{H{-}\overset{|}{C}{-}C({=}O){-}R \xrightarrow{X{-}L} X{-}\overset{|}{C}{-}C({=}O){-}R}$$

（L＝X，HO，RO，H，RCONH 等；R＝X，OR′，OCOR′等）

羧酸酯、酰卤、酸酐、腈、丙二酸及其酯等羧酸衍生物可以用提供卤正离子的卤化剂进行 α-卤取代反应。

2. 反应机理

和前述的醛、酮性质相同，大多数羧酸衍生物的 α-卤代反应也属于亲电取代机理。

3. 应用特点

(1) 酰卤、酸酐、腈、丙二酸及其酯的 α-卤取代反应

酰卤、酸酐、腈、丙二酸及其酯的 α-氢原子活性较大，可以直接用各种卤化剂进行 α-卤取代反应。

$$CH_2(CO_2Et)_2 \xrightarrow[\text{heat, 1h}]{Br_2/CCl_4} BrCH(CO_2Et)_2 \quad (75\%) \qquad [60]$$

(2) 饱和脂肪酸酯的 α-卤取代反应

饱和脂肪酸酯的 α-卤代反应，可在强碱（如 NaH 等）作用下生成活性较大的烯醇 β-碳负离子，然后和卤素温和地进行反应，生成良好收率的 α-卤代酯。

$$n\text{-}BuCH_2CO_2Et \xrightarrow[2)\ Br_2/THF/-78℃]{1)\ LiN(Pr\text{-}i)(C_6H_{14})/THF/-78℃} n\text{-}BuCH(Br)CO_2Et \quad (92\%) \qquad [61]$$

(3) 羧酸的 α-卤取代反应

对于羧酸的 α-卤取代反应来说，由于其 α-氢原子活性较小，一般需先转化成酰氯或酸酐，然后用卤素、N-卤代酰胺等卤化剂进行卤化。较实用的方法即制备酰卤和卤代两步反应在同一反应器中一次完成，不需纯化酰卤中间体，如己二酸 **(53)** 的卤化反应。

$$\begin{matrix} CH_2CH_2CO_2H \\ | \\ CH_2CH_2CO_2H \\ \textbf{(53)} \end{matrix} \xrightarrow[\text{heat}]{SOCl_2} \begin{matrix} CH_2CH_2COCl \\ | \\ CH_2CH_2COCl \end{matrix} \xrightarrow[\text{heat}]{Br_2} \begin{matrix} CH_2CHBrCOCl \\ | \\ CH_2CHBrCOCl \end{matrix} \xrightarrow[\text{r. t.}]{EtOH} \begin{matrix} CH_2CHBrCO_2Et \\ | \\ CH_2CHBrCO_2Et \end{matrix} \quad (91\% \sim 99\%) \qquad [62]$$

羧酸在催化量磷或三卤化磷存在下和氯或溴反应可得到 α-卤代羧酸，称为 Hell-Volhard-Zelinsky 反应。反应中磷与卤素反应生成的三卤化磷首先将羧酸转化为酰卤，卤素对该酰卤的 α 位进行卤代，最终经水解或与羧酸反应得到 α-卤代羧酸。

$$C_4H_9CH_2CO_2H \xrightarrow[65\sim100℃,\ 6h]{Br_2/Cat.\ PCl_3} C_4H_9CH(Br)CO_2H \quad (83\% \sim 89\%) \qquad [63]$$

第五节　醇、酚和醚的卤置换反应

一、醇的卤置换反应

醇羟基的卤置换反应是制备卤化物的重要方法，常用卤化剂为氢卤酸、含磷卤化物和含硫卤化物等，均可理解成提供卤素负离子的试剂。以下按不同结构的醇与不同种类卤化剂的反应进行讨论。

1. 醇和卤化氢或氢卤酸的反应

(1) 反应通式

醇和卤化氢或氢卤酸反应得到卤代烃和水，反应是可逆的。

$$R{-}OH + HX \rightleftharpoons R{-}X + H_2O$$

(2) 反应机理

绝大多数属于醇羟基被卤素负离子亲核取代的机理。活性较大的叔醇、苄醇的卤置换反

应倾向于 S_N1 机理，而其他醇的反应，大多以 S_N2 机理为主。

(3) 影响因素

① 可逆性平衡反应

醇和 HX 的反应属于可逆性平衡反应，其反应难易程度取决于醇和 HX 的活性以及平衡点的移动方向。若增加醇和 HX 的浓度，以及不断移去产物和生成的水，则均有利于加速卤置换反应和提高收率。

② 醇的结构和不同卤化氢的影响

在亲核取代反应中醇羟基的活性顺序为叔羟基>仲羟基>伯羟基，苄位和烯丙位的羟基也很活泼，这是由于碳正离子稳定性差别的结果。氢卤酸或卤化氢的活性，按卤负离子亲核能力大小，其顺序为 HI > HBr > HCl > HF。

③ 重排等副反应

在某些仲、叔醇和 β 位具叔碳取代基的伯醇的反应中，若反应温度过高，会产生重排、异构化和脱卤等副反应。

$$(CH_3)_2CH{-}CH(OH){-}CH_3 \xrightarrow{HBr,H_2O} (CH_3)_2CH{-}CH(Br){-}CH_3\ (3\%) + (CH_3)_2C(Br){-}CH_2CH_3\ (54\%) \quad [64]$$

烯丙醇类化合物的双键位移重排副产物的比例，视烯丙醇 α 位取代基和反应条件而变化。例如巴豆醇 **(54)** 用 48%氢溴酸于−15℃反应，或用饱和溴化氢气体于 0℃反应，除主要得到正常卤代物 **(55)** 外，还有不同比例的双键异构化副产物 **(56)**。

$$\underset{\textbf{(54)}}{CH_3{-}CH{=}CH{-}CH_2OH} \xrightarrow[-H_2O]{H^{\oplus}} [CH_3CH{=}CH{-}\overset{\oplus}{C}H_2 \rightleftharpoons CH_3\overset{\oplus}{C}H{-}CH{=}CH_2]$$

$$\xrightarrow{Br^{\ominus}} \underset{\textbf{(55)}}{CH_3CH{=}CH{-}CH_2Br} \qquad \underset{\textbf{(56)}}{CH_3CH(Br){-}CH{=}CH_2} \quad [65]$$

	(55)	(56)
48%HBr/−15℃	(86%*)	(14%*)
satd HBr/0℃	(79%*)	(21%*)

(4) 应用特点

① 醇的碘置换反应

醇的碘置换反应速率很快，但是生成的碘代烃易被碘化氢还原，因此在反应中需及时将碘代烃蒸馏移出反应系统，同时也不宜直接采用碘氢酸为碘化剂，需用碘化钾和 95%磷酸或多聚磷酸。

$$HO(CH_2)_6OH \xrightarrow[100\sim120^\circ C,5h]{KI/PPA} I(CH_2)_6I \quad (83\%\sim85\%) \quad [66]$$

② 醇的溴置换反应

采用溴氢酸进行溴置换反应时，为了保持反应中足够的溴化氢浓度，可在反应中及时分馏除去水分；有时亦可将浓硫酸慢慢滴入溴化钠和醇的水溶液中进行反应；也可加入添加剂。

$$(CH_3)_2C(OH)CH_2CH_3 \xrightarrow[LiBr]{HBr} (CH_3)_2C(Br)CH_2CH_3 \quad [67]$$

③ 醇的氯置换反应

在醇的氯置换反应中，活性较大的叔醇、苄醇等可直接用浓盐酸或氯化氢气体，而伯醇常用 Lucas 试剂（浓盐酸-氯化锌）进行氯置换反应。

$$CH_3CH_2C(CH_3)_2OH \xrightarrow[\text{r. t.},15\text{min}]{\text{HCl 气体}} CH_3CH_2C(CH_3)_2Cl \quad (97\%)$$ [68]

$$CH_3(CH_2)_2CH_2OH \xrightarrow[\text{heat},4\text{h}]{\text{浓 HCl}/ZnCl_2} CH_3(CH_2)_2CH_2Cl \quad (66\%)$$ [69]

2. 醇和卤化亚砜的反应

(1) 反应通式

$$R{-}OH + SOX_2 \longrightarrow R{-}X + SO_2 + HX \quad (X{=}Cl、Br)$$

醇和卤化亚砜反应得到卤代烃、卤化氢和二氧化硫。氯化亚砜是常用的良好试剂，因为反应中生成的氯化氢和二氧化硫均为气体，易挥发除去而无残留物，经直接蒸馏可得纯的氯代烃。醇用溴化亚砜的溴置换反应，类似于氯化亚砜。溴化亚砜可由 $SOCl_2$ 和溴化氢气体在 0℃反应而得。

(2) 反应机理

醇和氯化亚砜的反应过程，系首先形成氯化亚硫酸酯 **(57)**，然后断裂 C—O 键，释放出二氧化硫生成氯代烃。**(57)** 分解方式与溶剂极性有关，同时又决定了醇碳原子构型在氯化反应中的变化。如在二氧六环中反应，由于二氧六环氧原子上未共用电子对从酯基的反位和酯碳原子形成微弱的键，增加了反位方向的位阻，促使氯离子作 S_Ni 取代，结果保留了醇碳原子原有的构型；但如在吡啶中反应时，由于氯化氢和吡啶成盐而贮存于反应液中，解离后的氯负离子可从酯基的反位作 S_N2 取代，得到构型反转的产物；如无溶剂，在某些催化剂（如氯化锌等）作用下，**(57)** 直接分解成离子对形式，于是按 S_N1 机理得到外消旋产物。

$$-\overset{*}{C}-OH \xrightarrow[(-HCl)]{SOCl_2} -\overset{*}{C}-O-S(=O)-Cl \; \textbf{(57)}$$

Diox (S_Ni): Diox O⋯C⋯O—S(=O)—Cl → ·C—Cl + SO_2 + Diox（构型保留）

Py (S_N2): $Cl^{\ominus}$ C⋯O—S(=O)—Cl → Cl—C* + SO_2 + $Cl^{\ominus}$（构型反转）

($-SO_2$): $C^{\oplus}$ $Cl^{\ominus}$ → —C—Cl（外消旋混合物）

(3) 应用特点

① 选择不同反应溶剂将醇转化为不同构型的卤化物

例如光学活性的 2-正辛醇用氯化亚砜在不同溶剂中进行反应，得到不同构型的相应氯化物，若添加氯化锌作为催化剂，反应速率明显加快，S_Ni 机理转化为 S_N1 机理，得到外消旋产物。

$$CH_3-\overset{*}{C}H(OH)-C_6H_{13} \longrightarrow CH_3-\overset{*}{C}H(Cl)-C_6H_{13}$$ [70]

$SOCl_2/PhH/r. t.,16h$ (15%)(93%构型反转)

$SOCl_2/Diox/r. t.,42h$ (100%)(82%构型保留)

$SOCl_2/Diox/ZnCl_2/r. t.,1h$ (100%)(外消旋混合物)

② 加入有机碱或醇分子内存在氨基等碱性基团，则可提高卤化速率

在氯化亚砜的反应中，若加入有机碱（如吡啶等）作为催化剂，或者醇本身分子内存在氨基等碱性基团，因能与反应中生成的氯化氢结合，故有利于提高卤代反应速率。

$$H_2C=CH(CH_2)_8CH_2OH \xrightarrow[50℃,2h]{SOCl_2,Py} H_2C=CH(CH_2)_8CH_2Cl\quad(70\%)\qquad[71]$$

③ 适用于对酸敏感的醇的卤置换

该方法也适用于一些对酸敏感的醇类的氯置换反应，例如2-羟甲基四氢呋喃（**58**）用$SOCl_2$和吡啶在室温下反应，可得预期的2-氯甲基四氢呋喃，而不影响酯环醚结构。

$$\text{(58)}\ \text{2-(CH}_2\text{OH)-四氢呋喃} \xrightarrow[r.t.,\ 3\sim4h]{SOCl_2/Py} \text{2-(CH}_2\text{Cl)-四氢呋喃}\quad(75\%)\qquad[72]$$

④ 与DMF或HMPA合用

在$SOCl_2$和DMF或HMPA（催化剂兼溶剂）合用时，其氯化剂的实际形式为（**59**）或（**60**）。由于它们具有活性大、反应迅速、选择性好以及能有效地结合反应中生成的HCl等优点，故特别适宜于某些特殊要求的醇羟基氯置换反应，亦可作为良好的羧羟基氯置换试剂。

$$Me_2NCHO \xrightarrow{SOCl_2} [Me_2\overset{\oplus}{N}=CHCl]Cl^{\ominus}\ \textbf{(59)}\qquad (Me_2N)_3PO \xrightarrow{SOCl_2} [(Me_2N)_2PCl=\overset{\oplus}{N}Me_2]Cl^{\ominus}\ \textbf{(60)}\qquad[73]$$

$$C_8H_{17}C_6H_4(OCH_2CH_2)_5OH \xrightarrow[heat,15min]{SOCl_2/1\%DMF} C_8H_{17}C_6H_4(OCH_2CH_2)_5Cl\quad(100\%)$$

$$\text{HOH}_2\text{C-呋喃核糖(2,3-OH)-Ad} \xrightarrow[40℃\sim r.t.,\ 2.5h]{SOCl_2/HMPA} \text{ClH}_2\text{C-呋喃核糖(2,3-OH)-Ad}\quad(80\%\sim87\%)\qquad[74]$$

（Ad = 腺嘌呤-9-基，NH_2）

3. 醇和卤化磷的反应

(1) 反应通式

$$R-OH \xrightarrow{PX_3\ 或\ PX_5} R-X$$

三卤化磷、五卤化磷中PBr_3和PCl_3应用最多，前者效果较好，也可由Br_2和磷在反应中直接生成，使用方便。

(2) 反应机理

三卤化磷、五卤化磷对醇羟基的卤置换反应属亲核取代反应机理。

三卤化磷和醇进行反应时，首先生成亚磷酸的单、双或三酯混合物（**61**）和卤化氢，然后，由于倾向于形成磷酰基（P=O）而使（**61**）中烷氧键发生断裂，于是卤素负离子对酯分子中亲电性烷基作亲核取代反应，生成卤化物。

$$R-OH + PX_3 \xrightarrow{-HX} \left[-\overset{|}{\underset{|}{P}}-O-R\right]\ \textbf{(61)} \xrightarrow{X^{\ominus}} R-X$$

$$\begin{cases} (RO)_3P + HX \longrightarrow RX + (RO)_2\overset{O}{\overset{\|}{P}}H \\ (RO)_2P + HX \longrightarrow RX + RO-\overset{O}{\overset{\|}{P}}H \\ ROPX_2 + HX \longrightarrow RX + X_2\overset{O}{\overset{\|}{P}}H \\ (RO)_2\overset{O}{\overset{\|}{P}}H + HX \longrightarrow RX + RO\overset{O}{\overset{\|}{P}}OH \end{cases}$$

上述亲核取代过程，大多属 S_N2 机理，因此，光学活性醇与三卤化磷反应后的主要产物常常为构型反转的卤化物。但是，由于亚磷酸单酯反应的立体选择性不高，故会发生一定比例的外消旋化。

(3) 影响因素：醇的结构、卤化剂的影响

对于某些易发生重排的醇（仲醇、β 位具叔碳取代基的伯醇等），由于 S_N1 机理可能性增加，则随着所用卤化磷及其用量、反应条件的不同，收率和重排副产物比例也不同。

$$Me_3CCH_2OH \longrightarrow Me_3CCH_2Br + Me_2\underset{Br}{\underset{|}{C}}CH_2CH_3 + CH_3\underset{Br}{\underset{|}{C}}HCHMe_2$$

PBr_3(0.28mol)/20℃,22h(19%)	(60%*)	(40%*)	—	[75]
PBr_3(0.75mol)/150℃,24h(64%)	(63%*)	(26%*)	(11%*)	
PCl_3(0.28mol)/20℃,24h(1%)	(54%*)	(46%*)	—	

$$(H_3C)_2\underset{OH}{\underset{|}{C}}-CH{=}CH_2 \xrightarrow[PE/r.t.,12h]{PBr_3} (H_3C)_2C{=}CH-CH_2Br \quad (80\%) \qquad [76]$$

(4) 应用特点

① 将醇转化为相应卤化物

三卤化磷、五卤化磷与醇羟基的反应也是经典的卤置换反应。这类卤化剂的活性比氢卤酸大，与后者相比，重排副反应也较少。

$$4\text{-}H_3CO\text{-}C_6H_4\text{-}CH(OH)COOC_2H_5 \xrightarrow[CH_2Cl_2,\ 0℃,\ 1h]{PBr_3} 4\text{-}H_3CO\text{-}C_6H_4\text{-}CH(Br)COOC_2H_5 \quad (92\%) \qquad [77]$$

② Vilsmeier-Haack 试剂

五氯化磷和 DMF 反应亦生成氯代亚氨盐 **(59)**（Vilsmeier-Haack 试剂），在二氧六环或乙腈等溶剂中和光学活性仲醇 **(62)** 加热反应，可得高收率、构型反转的氯代烃。

$$PCl_5 + HCONMe_2 \xrightarrow{120℃,15min} [Me_2\overset{\oplus}{N}{=}CHCl]Cl^{\ominus} \quad (88\%)$$

(59)

$$n\text{-}C_6H_{13}-\overset{*}{C}H(CH_3)-OH \xrightarrow[\text{Diox 或 MeCN},\ 80\sim100℃,3h]{(59)} n\text{-}C_6H_{13}-\overset{*}{C}H(CH_3)-Cl \quad (84\%\sim88\%) \qquad [78]$$

(%*e.e.* 98.6%~99.6%)

(62) $[\alpha]_D^{20}$ +2.71°　　$[\alpha]_D^{20}$ −10.53°

4. 醇和有机磷卤化物的反应

(1) 反应通式

$$R—OH \xrightarrow[\text{或}(PhO)_3PX_2[\text{或}(PhO)_3P^+RX^-]]{Ph_3PX_2(\text{或 }Ph_3P^+CX_3X^-)} R—X$$

三苯膦卤化物，如 Ph_3PX_2、$Ph_3P^+CX_3X^-$ 以及亚磷酸三苯酯卤化物如 $(PhO)_3PX_2$、$(PhO)_3P^+RX^-$，在和醇进行卤置换反应时，具有活性大、反应条件温和等特点。这两类试剂均可由三苯膦或亚磷酸三苯酯和卤素或卤代烷直接制得，不经分离纯化即和醇进行反应。

(2) 反应机理

醇和有机磷卤化物的反应历程是三苯膦卤化物或亚磷酸三苯酯卤化物和醇反应生成醇烷氧基取代的三苯膦加成物 **(63)** 或相应的亚磷酸酯 **(64)**，后经卤素负离子的 S_N2 反应，生成卤化物，同时发生构型反转。

$$\begin{cases} PPh_3 + X_2 \longrightarrow Ph_3PX_2 \\ Ph_3PX_2 + ROH \longrightarrow ROP^{\oplus}Ph_3X^{\ominus} + HX \end{cases}$$

$$\mathbf{(63)} \xrightarrow{X^{\ominus}} RX + Ph_3P{=}O$$

$$\begin{cases} (PhO)_3P + RX \longrightarrow (PhO)_3P^{\oplus}—RX^{\ominus} \\ (PhO)_3P^{\oplus}—RX^{\ominus} + R'OH \longrightarrow (PhO)_2P^{\oplus}(OR')—RX^{\ominus} + PhOH \end{cases}$$

$$\mathbf{(64)} \xrightarrow{X^{\ominus}} R'X + (PhO)_2P(R){=}O$$

(3) 应用特点

① 将光学活性的仲醇转化成构型反转的卤代烃

有机磷卤化物的应用很广泛，常以 DMF 或 HMPT 作为溶剂进行卤置换反应，也可在较温和的条件下将光学活性的仲醇转化成构型反转的卤代烃。

$$CH_3(CH_2)_6CH_2OH \xrightarrow[HMPT]{Ph_3PI_2} CH_3(CH_2)_6CH_2I \quad (82\%) \qquad [79]$$

$$H—C(C_2H_5)(CH_3)—OH \xrightarrow[15\sim45℃]{Ph_3PBr_2/DMF} Br—C(C_2H_5)(CH_3)—H \quad (63\%) \qquad [80]$$

$[\alpha]_D^{20} = +10.69°(\%e.e.\ 79\%)$　　$[\alpha]_D^{20} = -26.02°(\%e.e.\ 76\%\sim81\%)$

② 可用于酸性条件下不稳定的化合物的卤化

$$HOH_2C\text{-}(2,2\text{-二甲基-1,3-二氧六环-5-基}) \xrightarrow[heat,1h]{PPh_3/CCl_4} ClH_2C\text{-}(2,2\text{-二甲基-1,3-二氧六环-5-基}) \quad (>80\%) \qquad [81]$$

③ 适用于易重排醇的卤化

由于反应中产生的卤化氢很少，因此不易发生卤化氢引起的副反应，适用于易重排醇的卤化。如下仲醇若用氢溴酸反应，只得 3% 收率的相应溴代烃。

$$(CH_3)_2CH—CH(OH)—CH_3 \xrightarrow[C_6H_6,Py,40\sim45℃]{Ph_3PBr_2} (CH_3)_2CH—CH(Br)—CH_3 \quad (27\%) \qquad [82]$$

④ 适用于甾体醇的卤置换

如甾体仲醇可在亚磷酸三苯酯卤化物作用下转化为构型反转的卤代烃。

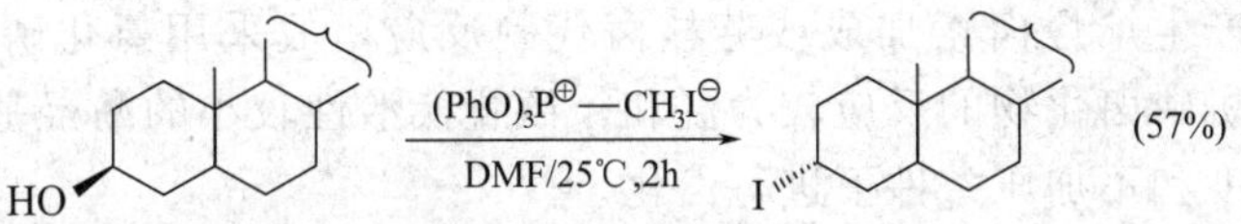

$$\xrightarrow[\text{DMF/25℃,2h}]{(PhO)_3P^{\oplus}—CH_3I^{\ominus}}$$ (57%) [83]

⑤ 可对核苷化合物中伯羟基进行选择性卤置换

如核苷化合物中的伯羟基可用亚磷酸三苯酯卤化物进行选择性卤置换。

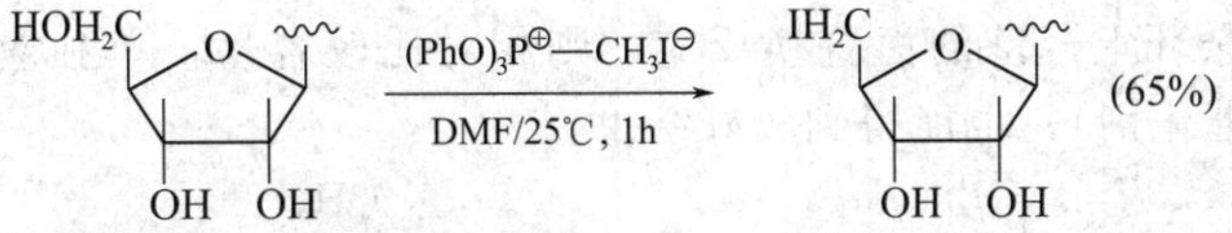

$$\xrightarrow[\text{DMF/25℃, 1h}]{(PhO)_3P^{\oplus}—CH_3I^{\ominus}}$$ (65%) [83]

⑥ 三苯膦和六氯代丙酮（HCA）复合物

三苯膦和六氯代丙酮（HCA）复合物和 Ph_3P/CCl_4 相似，也能将光学活性的烯丙醇在温和条件下转化成构型反转的烯丙氯化物，且不发生异构、重排副反应。这个试剂比 Ph_3P/CCl_4 更温和，反应迅速，特别适宜于用其他方法易引起重排的烯丙醇。

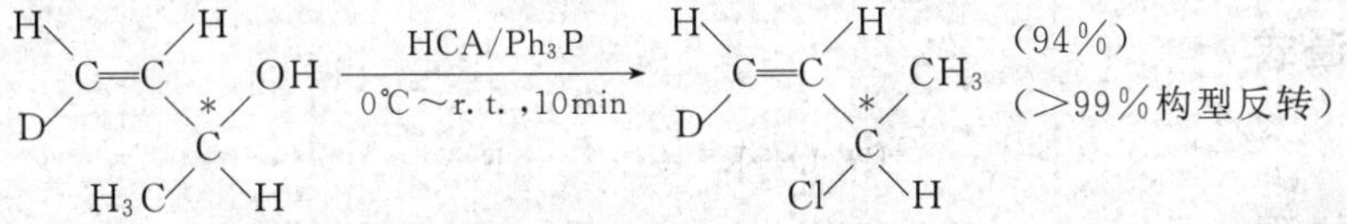

$$\xrightarrow[0℃\sim r.t.,10min]{HCA/Ph_3P}$$ (94%)（>99%构型反转） [84]

其反应历程是首先生成三苯膦氯代物（**65**），再和醇反应，形成烷氧基取代的三苯膦（**66**），最后，经氯负离子的 S_N2 反应，得到卤代烃。

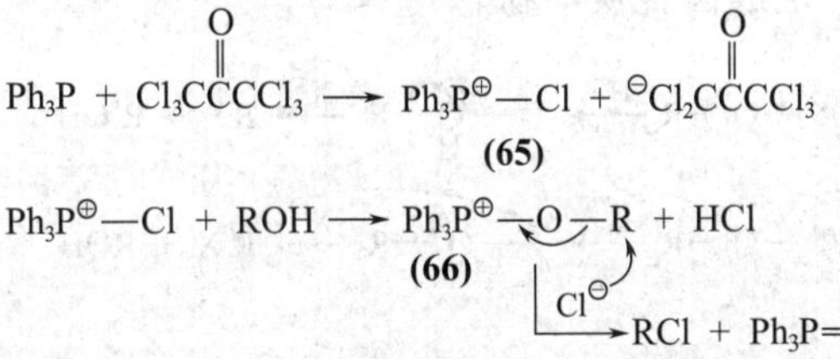

$$Ph_3P + Cl_3CCOCCl_3 \longrightarrow \underset{(65)}{Ph_3P^{\oplus}—Cl} + {}^{\ominus}Cl_2CCOCCl_3$$

$$Ph_3P^{\oplus}—Cl + ROH \longrightarrow \underset{(66)}{Ph_3P^{\oplus}—O—R} + HCl \xrightarrow{Cl^{\ominus}} RCl + Ph_3P{=}O$$

二、酚的卤置换反应

1. 反应通式

$$Ar—OH \xrightarrow{PX_5\text{ 或 }POX_3} Ar—X$$

由于酚羟基活性较小，因而，在醇卤置换中应用的、提供卤负离子的试剂（如氢卤酸、卤化亚砜）均不能在酚的卤置换反应中获得满意的结果。一般必须采用更强提供卤负离子的试剂如五卤化磷、或与氧卤化磷合用（兼作溶剂），在较剧烈的条件下才能反应。

2. 反应机理

和醇羟基的卤置换机理相同，首先由含磷卤化剂和酚形成的复合物，以削弱酚的 C—O 键，然后卤素负离子对酚碳原子进行亲核进攻而得卤置换产物。

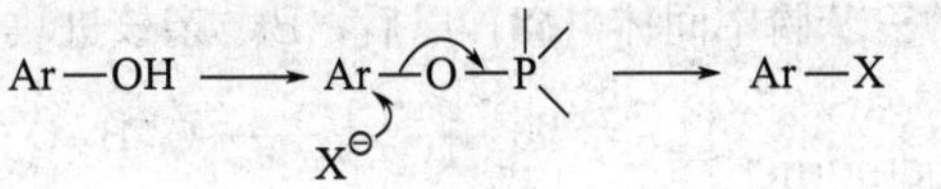

$$Ar—OH \longrightarrow Ar—O—P\lessgtr \;(X^{\ominus}) \longrightarrow Ar—X$$

3. 应用特点

(1) 酚羟基的卤置换反应

五卤化磷受热易解离成三卤化磷和卤素。反应温度越高，解离度越大，置换能力也随之降低，同时还可能产生烯烃卤素加成或芳核卤代副反应，故采用氯化磷时反应温度不宜过高。一般，酚和有机磷卤化物的反应较为温和，欲置换活性较小的酚羟基，因这些试剂沸点较高，可在较高温度和不加压条件下进行卤化。

$$\text{Cl}-\text{C}_6\text{H}_4-\text{OH} \xrightarrow[200℃]{Ph_3PBr_2} \text{Cl}-\text{C}_6\text{H}_4-\text{Br} \quad (90\%)$$ [85]

(2) 缺 π 电子杂环上羟基的卤置换反应

对于缺 π 电子杂环上羟基的卤置换反应，则相对比较容易，单独应用氧卤化磷（有时需用叔胺或吡啶等催化剂），也能得到较好结果。

4-甲基-2-羟基喹啉（CH_3，N，OH）$\xrightarrow[80\sim85℃,0.5h;\ 100℃,15min]{POCl_3}$ 4-甲基-2-氯喹啉（CH_3，N，Cl） (89%) [86]

三、醚的卤置换反应

1. 反应通式

$$R-O-R' \xrightarrow{X^{\ominus}} RX + R'X$$

2. 反应机理

在醚氧原子受到外界条件（质子化）等变得缺电子状态，使醚 C—O 键发生削弱，从而易被卤素负离子亲核进攻，生成卤置换产物。

$$R'-O-R \xrightarrow{H^{\oplus}} R'-\overset{\oplus}{O}(H)-R \xrightarrow{X^{\ominus}} RX + R'OH$$

$$R'-O-R \xrightarrow{H^{\oplus}} R'-\overset{\oplus}{O}(H)-R \xrightarrow{X^{\ominus}} R'X + ROH$$

3. 应用特点

(1) 醚和卤化氢或氢卤酸的反应

醚在氢卤酸（HI 或 KI/H_3PO_4、HBr）作用下，生成一分子卤代烷和一分子醇，是最常用的切断醚键的反应，同时，在某些例子中也成为由醚制备卤化物的简便方法。如四氢呋喃的开环碘置换反应，可得良好收率的 1,4-二碘丁烷。

四氢呋喃 $\xrightarrow[heat,\ 3h]{KI/H_3PO_4/P_2O_5}$ $ICH_2CH_2CH_2CH_2I$ (96%) [87]

(2) 醚和有机磷卤化物的反应

有机磷卤化物也能应用于醚的卤置换反应，一般生成两个卤代烃或其消除产物。对于某些取代脂环醚，如四氢吡喃的醚 **(67)**，用此方法可方便地得到所需溴代烃，反应温和，收率良好。其历程相似于有机磷卤化物和醇的反应，首先 Ph_3PBr_2 和醚 **(67)** 生成三苯膦取代的鎓盐，经消除反应而形成烷氧基取代的三苯膦中间体 **(68)** 以后，Br^- 亲核进攻缺电子的烷基生成卤代物。

n-$C_{16}H_{35}O$-THP **(67)** $\xrightarrow[r.t.,0.5h]{Ph_3PBr_2/ClCH_2CH_2Cl}$ [$Br^{\ominus}$ n-$C_{16}H_{35}\overset{\oplus}{O}(PBrPh_3)$-THP $\longrightarrow$ n-$C_{16}H_{35}O-\overset{\oplus}{P}Ph_3\ \overset{\ominus}{Br}$] **(68)** $\xrightarrow{Br^{\ominus}}$ n-$C_{16}H_{35}Br$ (87%) [88]

(3) 醚和卤化磷和 DMF 的反应

芳基烷基醚在 PBr_3 和 DMF 作用下。可断裂醚键，直接生成溴代芳烃。采用该法，可方便地制备那些难以直接卤化而得的 2-溴喹啉或 4-溴喹啉。

$$\text{2-甲氧基喹啉} \xrightarrow[60\sim80^\circ C]{PBr_3/DMF} \text{2-溴喹啉} \quad (78\%) \qquad [89]$$

第六节　羧酸的卤置换反应

一、羧羟基的卤置换反应——酰卤的制备

1. 反应通式

$$R-\overset{O}{\overset{\|}{C}}-OH \xrightarrow{PX_3（或 PX_5, POX_3, SOX_2）} R-\overset{O}{\overset{\|}{C}}-X$$

和醇羟基的卤取代反应相似，羧羟基亦能用无机酰卤，如卤化磷 PX_3、PX_5、POX_3 和卤化亚砜 SOX_2 来进行卤置换反应，最常见的是用于酰卤的制备。

2. 反应机理：S_Ni 机理

羧羟基的卤置换反应历程亦包括首先形成活性的卤代磷酸酯过渡态，然后该酯中酰基碳原子被卤素负离子亲核进攻而生成酰卤。

$$RCOOH + PX_3 \longrightarrow R-\overset{O}{\overset{\|}{C}}-O-PX_2 \longrightarrow R-\overset{O}{\overset{\|}{C}}-X$$

3. 影响因素

(1) 不同结构羧酸的影响

一般而言，不同结构羧酸的卤置换反应活性顺序为：脂肪羧酸＞芳香羧酸；芳环上具给电子取代基的芳香羧酸＞无取代的芳香羧酸＞具吸电子取代基的芳香羧酸。

(2) 不同卤化剂的影响

一般而言，不同的卤化磷对羧酸的卤置换反应活性顺序为：五氯化磷＞三氯(溴)化磷＞氧氯化磷。而氯化亚砜是由羧酸制备相应酰氯的最常用而有效的试剂，可广泛用于各种羧酸的酰氯的制备。

4. 应用特点

(1) PCl_5 活性大，适用于具吸电子基团的芳香羧酸或芳香多元羧酸的卤置换反应

五氯化磷的活性很大，它和羧酸的卤置换反应比较激烈，常用于将活性较小的羧酸转化成相应的酰卤，尤其适用于具吸电子基芳酸或芳香多元酸的反应。反应后生成的氧氯化磷可借助分馏法而除去，因此，要求生成的酰氯的沸点应与 $POCl_3$ 的沸点有较大差距，以有利于得到较纯的产品。

$$O_2N-C_6H_4-CO_2H \xrightarrow[\text{heat, 0.5h} \\ (POCl_3)]{PCl_5} O_2N-C_6H_4-COCl \quad (96\%) \qquad [90]$$

(2) PCl_3活性稍弱，适用于脂肪羧酸的卤置换反应

三氯(溴)化磷的活性比五氯化磷小，一般适用于脂肪酸的卤置换反应。在实际使用时常需稍过量的PX_3与羧酸一起加热，将生成的酰氯用适当溶剂溶解后与亚磷酸分离，或直接蒸馏得到。

$$\text{环戊基-COOH} \xrightarrow[\text{heat}]{PBr_3} \text{环戊基-COBr} \quad (90\%) \qquad [91]$$

(3) $POCl_3$活性更小，适用于活性大的羧酸盐的卤置换反应

氧氯化磷的活性更小，主要与活性大的羧酸盐进行反应才能得到相应的酰氯，一般很少应用。

$$CH_2{=}C(CH_3){-}COOK \xrightarrow[\text{heat. 1h}]{POCl_3} CH_2{=}C(CH_3){-}COCl \quad (64\%) \qquad [92]$$

(4) $SOCl_2$适用于各种羧酸制备酰氯

氯化亚砜是由羧酸制备相应酰氯的最常用而有效的试剂。由于它沸点低、易蒸馏回收，反应中生成的二氧化硫和氯化氢易逸去，故反应后无残留副产物，使所得产品容易纯化，这是该试剂的最大优点。另外，它也能与酸酐反应生成酰氯。

$$RCO_2H + SOCl_2 \longrightarrow RCOCl + SO_2\uparrow + HCl\uparrow$$

$$(RCO)_2O + SOCl_2 \longrightarrow 2RCOCl + SO_2\uparrow$$

氯化亚砜可广泛用于各种羧酸制备酰氯，且对分子内存在的其他官能团如双键、羰基、烷氧基或酯基影响甚少。其操作比较简单，只需将羧酸和氯化亚砜一起加热至不再有SO_2和HCl气体放出为止，然后，蒸去溶剂后进行蒸馏或重结晶。除$SOCl_2$本身可作为溶剂外，还可用苯、石油醚、二硫化碳等作溶剂。有时，加入少量吡啶、DMF、$ZnCl_2$等催化剂，可提高反应速率。

$$PhCH{=}CHCOOH \xrightarrow[\text{heat,60min}]{SOCl_2} PhCH{=}CHCOCl \xrightarrow[\text{heat,1h}]{PhOH} PhCH{=}CHCO_2Ph \quad (89\%) \qquad [93]$$

(5) 草酰氯的反应——具温和、选择性好等优点

草酰氯和羧酸或其盐之间发生交换反应，生成相应的羧酸的酰氯。其中可能涉及生成混合酸酐中间体的机理。这是一个平衡反应，因反应生成的草酸易分解成CO和CO_2，故平衡向右移动，有利于生成所需的酰氯。这个反应十分温和，常用烃类作为溶剂。

$$(CO_2H)_2 + PCl_5 \longrightarrow (COCl)_2 + POCl_3 + H_2O$$

$$2RCO_2H + (COCl)_2 \rightleftharpoons 2RCOCl + (CO_2H)_2$$

$$(CO_2H)_2 \longrightarrow CO_2\uparrow + CO\uparrow$$

① 草酰氯的制备 草酰氯易由无水草酸和PCl_5反应制得。

② 对酸敏感的羧酸酰卤的制备 对于分子中具有对酸敏感的官能团、或在酸性下易发生构型变化的羧酸而言，一般不宜应用无机酸酰氯作为卤化剂，而需在中性条件下进行卤置换反应。例如下列化合物均可用草酰氯温和地转化成相应的酰氯，而且不影响分子中易变化的不饱和键、高度张力的桥环等。

$$\text{(OH, }CO_2H\text{ 苯并二氢呋喃)} \xrightarrow[\text{EtOH}]{KOH} \text{(OH, }CO_2K\text{)} \xrightarrow[\text{PhH, r.t.}]{(COCl)_2} \text{(OH, COCl)} \qquad [94]$$

$$\text{(bicyclic)-CO}_2\text{H (OAc)} \xrightarrow[\text{PhH/r.t., 12h}]{\text{ClCOCOCl}} \text{(bicyclic)-COCl (OAc)} \quad (约97\%)$$ [95]

(6) 三苯膦卤化物的反应

羧酸和三苯膦、四氯化碳和溴代三氯甲烷的加成物一起加热，即生成相应的酰卤，后者不经分离，继续和胺反应，则生成酰胺。利用这一方法可合成肽类化合物。

$$CH_3CO_2H \xrightarrow[\text{2) } n\text{-BuNH}_2\text{/reflux,45min}]{\text{1) } Ph_3P^{\oplus}CCl_3Cl^{\ominus}\text{/50℃}} CH_3CONHBu\text{-}n \quad (91\%)$$ [96]

二、羧酸的脱羧卤置换反应

1. 反应通式

羧酸银盐和溴或碘反应，脱去二氧化碳，生成比原反应物少一个碳原子的卤代烃，这称为 Hunsdiecker 反应。

$$R-\overset{O}{\overset{\|}{C}}-O-Ag + X_2 \xrightarrow{\text{heat}} R-X + AgX\downarrow + CO_2\uparrow$$

$$(X=Br, I)$$

2. 反应机理：自由基机理

这类反应属于自由基历程，可能包括中间体酰基次卤酸酐发生均裂，生成酰氧自由基，然后脱羧成烷基自由基，再和卤素自由基结合成卤化物。

$$RCO_2Ag + X_2 \xrightarrow{-AgX} RCOOX \longrightarrow RCOO\cdot + X\cdot$$

$$RCOO\cdot \xrightarrow{-CO_2} R\cdot$$

$$R\cdot + X\cdot \longrightarrow RX$$

3. 应用特点

(1) 将饱和脂肪酸转化为相应脱羧的卤化物

对于具 2～18 个碳原子的饱和脂肪酸来说，上述类型的脱羧卤置换反应均能获得较好结果，生成相应的卤化物。

$$MeO_2C(CH_2)_4CO_2H \xrightarrow[\text{r. t.}]{AgNO_3/KOH} MeO_2C(CH_2)_4CO_2Ag \xrightarrow[\text{heat,1h}]{Br_2/CCl_4} MeO_2C(CH_2)_4Br \quad (54\%)$$ [97]

(2) 作为芳烃间接卤化的一个补充形式

① 芳香羧酸转化成脱羧的卤代芳烃

采用这类反应，亦可将芳香羧酸转化为少一个碳原子的卤代芳烃，成为芳烃间接卤化的一个补充形式。

$$O_2N-C_6H_4-COOAg \xrightarrow[\text{reflux,3h}]{Br_2/CCl_4} O_2N-C_6H_4-Br \quad (79\%)$$ [98]

② 用羧酸汞或亚汞盐和卤素的脱羧卤置换反应

上述反应必须在严格无水条件下进行，否则影响收率，甚至使反应失败，改用羧酸的汞盐或亚汞盐和卤素反应，虽不如银盐那样有效，但可以避免制备不稳定的无水银盐。一般可由羧酸、过量氧化汞和卤素直接反应，操作简单，若在光照下反应，则收率明显优于银盐方法。

$$O_2N-C_6H_4-CO_2H \xrightarrow[\text{reflux,3h}]{Br_2/HgO/CCl_4/h\nu} O_2N-C_6H_4-Br \quad (95\%)$$ [99]

③ **用四醋酸铅和卤化锂（氯、溴）进行脱羧卤置换**

用四醋酸铅和卤化锂（氯、溴）、羧酸加热时，发生脱羧卤置换反应而得到少一个碳原子的相应氯代烃或溴代烃，该方法称为 Kochi 改进法，类似于 Hunsdiecker 反应，为自由基历程，操作简单，制备叔卤化物和仲卤化物的效果较好。脱羧碘置换反应时可用四醋酸铅、碘和羧酸反应。

$$\text{2-甲基丁酸 (COOH)} \xrightarrow[C_6H_6,\ 80℃]{Pb(OAc)_4,\ LiCl} \text{2-氯丁烷 (Cl)} \quad (89\%) \qquad [100]$$

第七节　其他官能团化合物的卤置换反应

一、卤化物的卤素交换反应

1. 反应通式

有机卤化物与无机卤化物之间进行卤原子交换反应，称为 Finkelstein 卤素交换反应，在合成上常常利用此反应来制备某些直接用卤化方法难以得到的碘代烃或氟代烃。

$$R{-}X + X'^{\ominus} \longrightarrow R{-}X' + X^{\ominus}$$

$$(X=Cl，Br；X'=I，F)$$

在选择卤素交换反应的溶剂时，应考虑尽可能使无机卤化物试剂在其中的溶解度较大，而反应生成的无机卤化物的溶解度甚小或几乎不溶，这样可使卤素-卤素交换反应尽可能完全，反应产物也易分离。常用的溶剂有 DMF、丙酮、四氯化碳、二硫化碳或丁酮等非质子极性溶剂。由于卤代烷在路易斯酸作用下能增强其亲电活性，故加入路易斯酸作为催化剂，反应收率明显提高，且用该法可制备那些易发生重排、双键异构化的卤代烷。

2. 反应机理：S_N2 机理

卤素交换反应大多属于 S_N2 机理，无机卤化物中卤素负离子作为亲核试剂，而被交换的卤素原子作为离去基团，因此，卤素负离子的亲核能力愈大，其交换反应也愈容易。由于卤素离子的亲核能力在很大程度上取决于它们在不同溶剂中的溶剂化程度，故在质子溶剂中 I^- 的亲核能力最大，F^- 的亲核能力最小，而在非质子溶剂中，F^- 可变成一个很强的亲核试剂。

3. 影响因素

在卤素交换反应中常见的副反应为消除反应，尤其在叔卤代烃的卤交换反应中常因易形成稳定的碳正离子而倾向于发生消除，从而使收率降低。

4. 应用特点

(1) 制备碘代烃

合成碘代烃常用溴代烃或氯代烃与碘化钠、碘化钾在适当溶剂中回流。

$$\text{1-Cl-2,4-}(NO_2)_2C_6H_3 \xrightarrow[\text{heat, 15min}]{NaI/DMF} \text{1-I-2,4-}(NO_2)_2C_6H_3 \quad (70\%) \qquad [101]$$

(2) 制备氟代烃

氟原子的交换试剂有氟化钾、氟化银、氟化锑等。氟化钠的晶格能较高，其活性亦较小，故很少采用。而氟化钾的活性比氟化钠大，且价廉易得，其应用日趋增多。氟化锑的应用很广，一般来说，五价锑试剂的活性比三价锑试剂大，而且它们均能选择性地作用于同一碳原子上的多卤原子，而不与单卤原子发生交换。利用上述特点，常可将脂肪链或芳环上的三卤甲基有效地转化成三氟甲基，该法常用于制备某些具三氟甲基的药物。

$$n\text{-}C_8H_{17}Cl \xrightarrow{KF/Bu_4NBr} n\text{-}C_8H_{17}F \quad (69\%) \qquad [102]$$

$$p\text{-}Br_3C\text{-}C_6H_4\text{-}NO_2 \xrightarrow[55℃\sim melt]{SbF_3} p\text{-}F_3C\text{-}C_6H_4\text{-}NO_2 \quad (90\%) \qquad [103]$$

二、磺酸酯的卤置换反应

1. 反应通式

$$R-O-\overset{O}{\underset{O}{\overset{\|}{\underset{\|}{S}}}}-R' + X^{\ominus} \longrightarrow R-X + R'SO_3^{\ominus}$$

磺酸酯（如对甲苯磺酸酯、甲磺酸酯等）与亲核性卤化剂反应，可生成相应的卤代烃。常用的卤化剂有卤化钠、卤化钾、卤化锂等。反应溶剂为丙酮、醇、DMF 等极性溶剂。

2. 反应机理

磺酸酯的卤置换反应为亲核取代反应，卤化剂作为提供卤负离子的亲核试剂，而磺酸酯基作为离去基团。

3. 应用特点

(1) 醇的间接卤置换

为避免醇羟基在直接卤置换反应中可能产生的副反应，可先将醇用磺酰氯转化成相应的磺酸酯，再与亲核性卤化剂反应，生成所需的卤代烃。

$$HC{\equiv}C-\underset{CH_2-CH_2OH}{\underset{|}{CH}}-CH_2-C{\equiv}CH \xrightarrow[2)NaI/Me_2CO,45℃,30h]{1)TsCl/Py,0℃,14h} HC{\equiv}C-\underset{CH_2-CH_2I}{\underset{|}{CH}}-CH_2-C{\equiv}CH \quad (96\%) \quad [104]$$

(2) 磺酰化-卤置换反应常比卤素交换反应更有效

由于磺酰氯及其酯的活性较大，磺酰化和卤置换反应均在较温和的条件下进行，且常比卤素交换反应更有效。

$$\text{1,2,4,5-(HOCH}_2)_4\text{-cyclohexane} \xrightarrow[0℃,3h\ (95\%)]{TsCl,Py} \text{1,2,4,5-(TsOCH}_2)_4\text{-cyclohexane} \xrightarrow[heat,4h\ (95\%)]{NaI,Me_2CO} \text{1,2,4,5-(ICH}_2)_4\text{-cyclohexane} \quad [105]$$

$$\text{1,2,4,5-(HOCH}_2)_4\text{-cyclohexane} \xrightarrow[CCl_4]{PBr_3} \text{1,2,4,5-(BrCH}_2)_4\text{-cyclohexane} \xrightarrow[heat,90h\ (63\%)]{NaI,Me_2CO} \text{1,2,4,5-(ICH}_2)_4\text{-cyclohexane}$$

三、芳香重氮盐化合物的卤置换反应

1. 反应通式

利用芳香重氮盐化合物的卤置换反应可将卤素原子引入到直接用卤代反应难以引入的芳烃位置上，所以，这个反应成为制备卤代芳烃方法的重要补充形式。

$$Ar-\overset{\oplus}{N}{\equiv}N\cdot X^{\ominus} \xrightarrow[heat]{HX/CuX} Ar-X+N_2$$

亚硝酸钠和无机酸是制备芳香重氮盐最常用的廉价试剂，此外，许多有机亚硝酸酯试剂也可使用，如亚硝酸异戊酯、叔丁酯、硫代（亚）硝酸酯等。所用的卤化剂包括金属卤化剂、卤素、卤化氢等。

2. 反应机理

反应被认为是自由基历程，包括重氮盐先被铜离子还原成芳基自由基，然后从反应中生成的 CuX_2 中摄取卤素，生成卤代芳烃，同时使 CuX_2 还原成 CuX，再参与自由基反应，发挥了催化剂作用。

$$ArN_2^{\oplus} + X^{\ominus} + CuX \longrightarrow Ar\cdot + N_2 + CuX_2$$

$$Ar\cdot + CuX_2 \longrightarrow ArX + CuX$$

3. 应用特点

(1) 芳香重氮盐化合物的氯置换和溴置换反应（Sandmeyer 反应和 Gattermann 反应）

用氯化亚铜或溴化亚铜在相应的氢卤酸存在下，将芳香重氮盐转化成卤代芳烃，称为 Sandmeyer 反应。若改用铜粉和氢卤酸，则称为 Gattermann 反应。

2,6-二硝基苯胺（NH_2，O_2N，NO_2）$\xrightarrow[\text{2) CuCl/HCl/80℃, 20min}]{\text{1) NaNO}_2\text{/H}_2\text{SO}_4\text{/40℃, 0.5h}}$ 2-氯-1,3-二硝基苯（Cl，O_2N，NO_2）（74%） [106]

(2) 芳香重氮盐化合物的碘置换反应

芳香重氮盐的碘置换反应中可不加铜盐，只需将芳香重氮盐和碘化钾或碘素直接加热反应即能得到碘代芳烃。

$PhN_2^{\oplus}$ $\xrightarrow[\text{DMSO}]{I_2}$ PhI（90%） [107]

(3) 芳香重氮盐化合物的氟置换反应：Schiemann 反应

当采用 Sandmeyer 反应来制备氟代芳烃时，因氟负离子的活性很小，不能满意地得到所需的氟代芳烃。若将芳香重氮盐转化成不溶性的重氮氟硼酸盐或氟磷酸盐，或芳胺直接用亚硝酸钠和氟硼酸进行重氮化，此重氮盐再经热分解（有时在氟化钠或铜盐存在下加热），就可以制得较好收率的氟代芳烃，此称为 Schiemann 反应。

2-甲氧基苯胺（NH_2，OMe）$\xrightarrow[\text{2) 65\% HPF}_6\text{ (97\%)}]{\text{1) NaNO}_2\text{/HCl/H}_2\text{O}}$ 重氮盐（$N_2^{\oplus}PF_6^{\ominus}$，OMe）$\xrightarrow[\text{(60\%)}]{\text{120℃}}$ 2-氟苯甲醚（F，OMe） [108]

4-氨基苯酚（NH_2，HO）$\xrightarrow[\text{2) CuCl/80～90℃, 2h}]{\text{1) 56\% HBF}_4\text{/NaNO}_2\text{/H}_2\text{O/0℃}}$ 4-氟苯酚（F，HO）（71%） [109]

第八节　卤化反应在化学药物合成中应用实例

一、化学药物佐匹克隆简介

1. 镇静催眠药佐匹克隆的发现、上市和临床应用

佐匹克隆（Zopiclone）为继第二代苯并二氮䓬类后的新型环吡咯酮类、第三代镇静催眠药的代表，作用于GABA受体上和苯并二氮䓬类受体完全不同的部位。它是法国罗纳布朗克公司通过对500个环吡咯酮结构化合物的筛选，最终在20世纪70年代发现了具有良好镇静催眠作用的佐匹克隆，自1973年起申请获得了各国专利和上市。严格动物药理、毒理试验和20多年临床应用都证实佐匹克隆是作用于慢波期第3、4期（深度慢波期）的镇静催眠药，副作用小，几乎不影响次日正常工作。1989年中国批准进口上市。在其专利保护期后，国内在20世纪90年代首先仿制成功，并在1998年于上海和广东同时生产上市。

2. 佐匹克隆的化学名、商品名和结构式

佐匹克隆的化学全称为6-(5-氯吡啶-2-基)-7-[(4-甲基哌嗪-1-基) 羰氧基]-5,6-二氢吡咯[3,4-*b*] 吡嗪-5-酮，国外商品名为Imovane（亿梦返）、Apo-Zopiclone（奥贝舒欣），国内商品名为佐匹克隆片。结构式见以下合成路线的最终产物所示。

3. 佐匹克隆的合成路线

原料2-氨基吡啶经氯化反应生成2-氨基-5-氯吡啶，另一个原料吡嗪二羧酸经分子内脱水得到相应酸酐。该酸酐对2-氨基-5-氯吡啶进行*N*-单酰化，再经分子内双酰化环合，并选择性还原其中一个酰羰基，得到关键中间体吡嗪甲醇化合物。1-甲基哌嗪-4-羰酰氯对该化合物中醇羟基进行*O*-酰化，得到最终产物佐匹克隆。具体合成路线[110]如下：

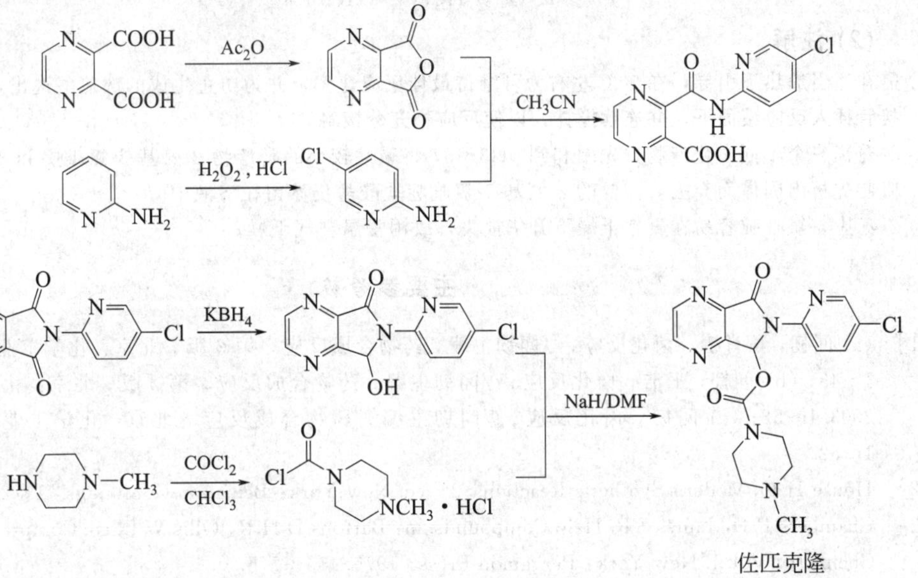

N COOH N COOH —Ac_2O→ N O O O N

N NH_2 —H_2O_2，HCl→ Cl N NH_2

—CH_3CN→ N O N H N Cl N COOH

—$SOCl_2$→ N O N N Cl N O —KBH_4→ N O N N Cl N OH

HN N—CH_3 —$COCl_2$，$CHCl_3$→ O Cl N NCH_3·HCl

—NaH/DMF→ N O N N Cl N O O N N CH_3

佐匹克隆

二、卤化反应在佐匹克隆合成中应用实例[110,111]

1. 反应式

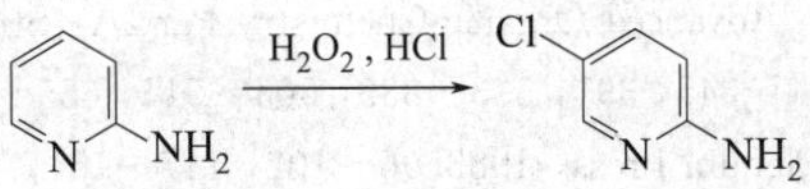

N NH_2 —H_2O_2，HCl→ Cl N NH_2

2. 反应操作

在100mL三口烧瓶中加入50g 2-氨基吡啶（0.572mol）和500mL浓盐酸，搅拌加热至2-氨基吡啶全溶成一橙色液体。继续搅拌加热，在40℃下慢慢滴加150mL的15%过氧化氢水溶液，加热和滴加速度以反应液温度不超过90℃为准（约在45min内加完）①。反应移去热源，反应结束。用冰水冷却反应液到室温，然后用冰盐浴将反应液冷却到5～10℃以下，搅拌下慢慢倾下50%NaOH水溶液，中和到pH3～5时，反应液析出灰色固体，将其滤去，取其滤液②，搅拌下，将固体碳酸钠慢慢加到此滤液中，中和到pH8析出大量固体，滤取固体，用水洗3～4次，每次约50mL，直到滤液近中性为止。将滤饼固体仔细分散铺开，在空气下干燥③，称重为28～38g，收率41%～55%，m.p.133～135℃。产物为灰色固体，易溶于醇、氯仿和苯，难溶于水和石油醚。所测光谱数据和2-氨基-5-氯吡啶结构相符。

3. 操作原理和注解

(1) 原理

吡啶是缺电子芳烃，电子云密度相当于硝基苯，所以亲电子性芳烃氯代反应较难进行；当具给电子基氨基时反应速率加快，其氯代的定位是氨基的邻位和对位。于是，在2-氨基吡啶的氯取代反应中应该生成2-氨基-3-氯吡啶、2-氨基-5-氯吡啶和2-氨基-3,5-二氯吡啶三种产物。氨基对位的共轭效应比其邻位强，氨基的邻位取代还有位阻效应，故在产物中2-氨基-5-氯吡啶的比例高些。反应后利用这三个产物的不同碱性差别，在后处理中用分步碱化加以分离，最后得到单一的2-氨基-5-氯吡啶。在此氯化反应中应用的较强的氯化试剂次氯酸，其由过氧化氢水溶液和盐酸反应生成后立即和2-氨基吡啶进行氯取代反应。

$$H_2O_2 + HCl \rightleftharpoons HOCl + H_2O$$

(2) 注解

① 需在适当加热下引导，在90℃左右为可维持最佳反应速率，并为防止生成的次氯酸逸出，需将分液漏斗接管插入反应液面下，并连续搅拌，以使反应物充分接触。

② 为分离三个不同卤化产物，先中和到pH3～5，将碱性较小的副产物2-氨基-3-氯吡啶和2-氨基-3,5-二氯吡啶先析出固体而弃去，需要的2-氨基-5-氯吡啶盐酸盐仍然留在溶液中。

③ 2-氨基-5-氯吡啶容易在真空干燥下升华损失，故用常温空气干燥。

主要参考书

[1] (a) 闻韧，董肖椿．卤化反应．//闻韧主编．药物合成反应．第3版．北京：化学工业出版社，2010. 1～43；(b) 闻韧，王浩．卤化反应．//闻韧主编．药物合成反应．第2版．北京：化学工业出版社，2003. 1～52；(c) 闻韧．卤化反应．//闻韧主编．药物合成反应．北京：化学工业出版社，1988. 1～52.

[2] House H O. Modern Synthetic Reactions. 2nd ed. New York：Benjamin-Cummings，1972. 422～429.

[3] Chambers R D，James S R. Halo Compounds. in：Bartons D H R，Ollis W D. ed. Comprehensive Organic Chemistry Vol. 1. New York：Pergamon Press，1979. 493～575.

[4] Lowry T H，Richardson K S. Mechanism and Theory in Organic Chemistry. 2nd ed. New York：Harper&Row Publishers，1981. 291～372，506～594，660～661，713～714，723.

[5] March J. Advanced Organic Chemistry—Reactions，Mechanism and Structure. 2nd ed. New York：McGraw-Hill Company，1977. 537～540，631～638，482～485，537～539，739～741.

[6] (a) Carey F A，Sundberg R J. Advanced Organic Chemistry Part A：Structure and Mechanisms. 2nd ed. New York：Plenum Press，1984. 344～345，391，333～339，505～511，655～660；(b) ibid. Part B：Reaction and Synthesis. 2nd ed. New York：Plenum Press，1983. 96～102，147～154，159～166，375～380，523～524.

参考文献

[1] Fahey R C，Schneider H J. *J. Am. Chem. Soc.*，1968，**90**：4429.

[2] Fahey R C，Schubert C. *J. Am. Chem. Soc.*，1965，**87**：5172.

[3] Fieser L F. *Org. Synth.* 1963，*Coll. Vol*，4：195.

[4] Fahey R C. *J. Am. Chem. Soc.*, 1966, **88**: 4681.
[5] Snyder H R, Brooks L A. *Org. Synth.*, 1943, *Coll. Vol.* 2: 171 .
[6] (a) Rolston J H, Yates K. *J. Am. Chem. Soc.*, 1969, **91**: 1469; (b) Rolston J H, Yates K. *J. Am. Chem. Soc.*, 1969, **91**: 1477.
[7] Wilson C V. *Org. React.*, 1957, **9**: 332.
[8] Lorette N B. *J. Org. Chem.*, 1961, **26**: 2324.
[9] Cherbuliez E, Gowhari M, et al. *Helv. Chim. Acta.*, 1964, **47**: 2098.
[10] Klein J. *J. Am. Chem. Soc.*, 1959, **81**: 3611.
[11] Wen R, Laronze J, et al. *Heterocycles*, 1984, **22**: 1061.
[12] Coleman G H, Johnstone H F. *Org. Synth.*, 1951, *Coll. Vol.* 1: 158.
[13] Duggan A T, Hall S S. *J. Org. Chem.*, 1977, **42**: 1057.
[14] Guss C O, Rosenthal R. *J. Am. Chem. Soc.*, 1955, **77**: 2549.
[15] Mendonöa G F, Sanseverino A M, et al. *Synthesis*, **2003**, 45.
[16] Dalton D R, Dutta V P, et al. *J. Am. Chem. Soc.*, 1968, **90**: 5498.
[17] Dean F H, Amin J H, et al. *Org. Synth.*, 1973, *Coll. Vol.* 5: 136.
[18] (a) Pocker Y, Stevens K D, et al. *J. Am. Chem. Soc.*, 1969, **91**: 4199; (b) Pocker Y, Stevens K D, et al. *J. Am. Chem. Soc.*, 1969, **91**: 4205.
[19] Jones R G. *J. Am. Chem. Soc.*, 1947, **69**: 2350.
[20] Fahey R C, Lee D J. *J. Am. Chem. Soc.*, 1966, **88**: 5555.
[21] (a) Olah G A, Shih J G, et al. *J. Org. Chem.*, 1983, **48**: 3356; (b) Hashimoto T, Surya Prakash G K, et al. *J. Org. Chem.*, 1987, **52**: 931.
[22] Miller S I, Ziegler Z R, et al. *Org. Synth.*, 1973, *Coll. Vol.* 5: 921.
[23] Stephenson F M. *Org. Synth.*, 1963, *Coll. Vol.* 4: 984.
[24] Snell J M, Weissberger A. *Org. Synth.*, 1955, *Coll. Vol.* 3: 788.
[25] Marsh F D, Farnham W B, et al. *J. Am. Chem. Soc.*, 1982, **104**: 4680.
[26] Greenwood F L, Kellert M D, et al. *Org. Synth.*, 1963, *Coll. Vol.* 4: 108.
[27] Antonucci R, Bernstein S, et al. *J. Org. Chem.*, 1951, **16**: 1126.
[28] Iizuka K, Akahane K, et al. *J. Med. Chem.*, 1981, **24**: 1139.
[29] Meislich H, Costanza J, et al. *J. Org. Chem.*, 1968, **33**: 3221.
[30] Abushanab E, Bindra A P. *J. Org. Chem.*, 1973, **38**: 2049.
[31] Huang R L, Williams P. *J. Chem. Soc.*, 1958, 2637.
[32] (a) Adams R, Marvel C S. *Org. Synth.*, 1950, *Coll. Vol.* 1: 128; (b) Pearson D E, Wysong R D, et al. *J. Org. Chem.*, 1967, **32**: 2358.
[33] Mitchell R H, Lai Y H, et al. *J. Org. Chem.*, 1979, **44**: 4733.
[34] Prakash G K S, Mathew T, et al. *J. Am. Chem. Soc.*, 2004, **126**: 15770.
[35] Effenberger F, Kussmaul U, et al. *Chem. Ber.*, 1979, **112**: 1677.
[36] Bocchi V, Palla G. *Synthesis.*, 1982, 1096.
[37] Den Hertog H J, van der Does L, et al. *Recl. Trav. Chim. Pay-Bas.*, 1962, **81**: 864.
[38] Fox B A, Threlfall T L. *Org.*, *Synth.*, 1973, *Coll. Vol.* 5: 346.
[39] Sun L, Tran N, et al. *J. Med. Chem.*, 1998, **41**: 2588.
[40] Wisansliy W A, Ansbacher S. *Org. Synth.*, 1955, *Coll. Vol.* 3: 138.
[41] Konishi H, Aritomi K, et al. *Bull. Chem. Soc.*, *Jpn.*, 1989, **63**: 591.
[42] Ziegler F E, Schwartz J A. *J. Org. Chem.*, 1978, **43**: 985.
[43] Castanet A S, Colobert F, et al. *Tetrahedron Lett.*, 2002, **43**, 5047.
[44] (a) Cowper R M, Davidson L H. *Org. Synth.*, 1955, *Coll. Vol* 2: 480; (b) Pearson D E, Pope H W, et al. *Org. Synth.*, 1973, *Coll. Vol.* 5: 117.

[45] Warnhoff E W, Martin D G, et al. *Org. Synth.*, 1963, *Coll. Vol.* 4: 162.
[46] Rappe C. *Org. Synth.*, 1973, **53**: 123.
[47] Sandborn L T, Bousquet E W. *Org. Synth.*, 1950, *Coll. Vol.* 1: 524.
[48] Ringold H J, Stork G. *J. Am. Chem. Soc.*, 1958, **80**: 250.
[49] Djerassi C, Scholz C R. *J. Am. Chem. Soc.*, 1948, **70**: 417.
[50] Bloch R. *Synthesis.*, 1978, 140.
[51] Grundke G, Rimpler M, et al. *Chem. Ber.*, 1985, **118**: 4288.
[52] Bedoukian P Z. *Org. Synth.*, 1955, *Coll. Vol.* 3: 127.
[53] Groenewegen P, Kallenberg H, et al. *Tetrahedron Lett.*, 1979, 2817.
[54] Djerassi C, Fornaguera I, et al. *J. Am. Chem. Soc.*, 1959, **81**: 2383.
[55] House H O, Czuba L J, et al. *J. Org. Chem.*, 1969, **34**: 2324.
[56] Purrington S T, Lazaridis N V, et al. *Tetrahedron Lett.*, 1986, **27**: 2715.
[57] Reuss R H, Hassner A. *J. Org. Chem.*, 1974, **39**: 1785.
[58] Duhamel L, Plaquevent J C. *Bull. Soc. Chim. Fr. II.*, 1982, 239.
[59] Laskovics F M, Schulman E M. *Tetrahedron Lett.*, 1977, 759.
[60] Palmer C S, Mcwherter P W. *Org. Synth.*, 1950, *Coll. Vol.* 1: 245.
[61] Rathke M W, Lindert A. *Tetrahedron Lett.*, 1971, 3995.
[62] Guha P C, Sankaran D K. *Org. Synth.*, 1955, *Coll. Vo*1. 3: 623.
[63] Clarke H T, Taylor E R. *Org*, *Synth.*, 1950, *Coll. Vol.* 1: 115.
[64] Gihad D, Yoel S. *Tetrahedron Lett.*, 1987, **28**: 1223.
[65] Young W G, Lane J F. *J. Am. Chem. Soc.*, 1938, **60**: 847.
[66] Stone H, Shechter H. *Org. Synth.*, 1963, *Coll. Vol.* 4: 323.
[67] Masada, Murotani Y. *Bull. Chem. Soc. Jpn.*, 1980, **53**: 1181.
[68] Brown H C, Rei M-H. *J. Org. Chem.*, 1966, **31**: 1090 .
[69] Copenhaver J E, Whaley A M. *Org. Synth.*, 1950, *Coll. Vol.* 1: 142.
[70] Squires T G, Schmidt W W, et al. *J. Org. Chem.*, 1975, **40**: 134.
[71] Baughman T W, Sworen J C, et al. *Tetrahedron*, 2004, **60**, 10943.
[72] Brooks L A, Snyder H R. *Org. Synth.*, 1955, *Coll. Vol.* 3: 698.
[73] Gordon H P K, Jone S N. ER 200403 [C. A. 106: 84139v] .
[74] Gibbs D E, Verkade J G. *Synth. Commun.*, 1976, **6**: 563.
[75] Sommer L H, Blankman H D, et al. *J. Am. Chem. Soc.*, 1954, **76**: 803.
[76] Simon H L, Kaufmann A J, et al. *Helv. Chim. Acta.*, 1946, **29**: 1133.
[77] Ianni A, Waldvogel S R. *Synthesis*, 2006, 2103.
[78] Hepburn D R, Hudson H R. *J. Chem. Soc.*, 1976, *Perkin Trans.* 1: 754.
[79] Haynes R K, Holden M. *Aust. J. Chem.*, 1982, **35**: 517.
[80] Whitesides G M, Fischer W F, et al. *J. Am. Chem. Soc.*, 1969, **91**: 4871.
[81] Lee J B, Nolan T J. *Can. J. Chem.*, 1966, **44**: 1331.
[82] Arain R A, Hargreaves M K. *J. Chem. Soc.*, *C*, 1970. 67.
[83] Verheyden J P H, Moffatt J G. *J. Org. Chem.*, 1970, **35**: 2319.
[84] Magid R M, Fruchey O S, et al. *J. Org. Chem.*, 1979, **44**: 359.
[85] Wiley G A, Hershkowitz R L, et al. *J. Am. Chem. Soc.*, 1964, **86**: 964.
[86] Kaslow C E, Lauer W M. *Org. Synth.*, 1955, *Coll. Vol.* 3: 194.
[87] Stone H, Shechter H. *Org. Synth.*, 1963, *Coll. Vol.* 4: 321.
[88] Sonnet P E. *Synth. Commun.*, 1976, **6**: 21.
[89] Yajima T, Munakata K. *Chem. Lett.*, 1977, 891.
[90] Adams R, Jenkins R L. *Org. Synth.*, 1950, *Coll. Vol.* 1: 394.

[91] Fissekis J D, Skinner C G, et al. *J. Am. Chem. Soc.*, 1959, **81**: 2715.
[92] Haworth W N, Gregory H, et al. *J. Chem. Soc.*, *C*, 1946, 488.
[93] Womack B, McWhirter J. *Org. Synth.*, 1955, *Coll. Vol.* 3: 714.
[94] Miyano M. *J. Am. Chem. Soc.*, 1965, **87**: 3958.
[95] Meinwald J, Shelton J C, et al. *J. Org. Chem.*, 1968, **33**: 99.
[96] Barstow L E, Hruby V J. *J. Org. Chem.*, 1971, **36**: 1305.
[97] Allen C F H, Wilson C V. *Org. Synth.*, 1955, *Coll. Vol.* 3: 578.
[98] Barnes R A, Prochaska R J. *J. Am. Chem. Soc.*, 1950, **72**: 3188.
[99] Meyers A I, Fleming M P. *J. Org. Chem.*, 1979, **44**: 3405.
[100] Kochi J K. *J. Org. Chem.*, 1965, **30**, 3265.
[101] Bunnett J F, Conner R M. *J. Org. Chem.*, 1958, **23**: 305.
[102] Escoula B, Rico I, et al. *Tetrahedron lett.*, 1986, **27**: 1499.
[103] Jones R G. *J. Am. Chem. Soc.*, 1947, **69**: 2346.
[104] Funk, R. L. Vollhardt K P C. *J. Am. Chem. Soc.*, 1977, **99**: 5483.
[105] Longone D T. *J. Org. Chem.*, 1963, **28**: 1770.
[106] Gunstone F D, Tucker S H. *Org. Synth*, 1963, *Coll. Vol.* 4: 160.
[107] Citterio A, Arnoldi A. *Synth. Commun.*, 1981, **11**: 639.
[108] Ruthereford K G, Redmond W, et al. *J. Org. Chem.*, 1961, **26**: 5149.
[109] Bergmann E D, Berkovic S, et al. *J. Am. Chem. Soc.*, 1956, **78**: 6037.
[110] (a) Cortel C, Jeanmart C, et al. USP 3682149 (1975); (b) Cortel C, Jeanmart C. *C R Hebd Seances Acad Sci.*, 1978, **287** (9): 377～378.
[111] Friedrich F, Pohloudek-Fabini R. *Phatmazie.*, 1964, **19**: 677.

习　题

1. 根据以下指定原料、试剂和反应条件，写出其合成反应的主要产物。

(1) $(CH_3)_2NCH_2CH_2OH \xrightarrow{SOCl_2}$

(2) 蒽 $\xrightarrow[CCl_4, reflux]{CuCl_2}$

(3) $(H_3C)_2CHCOOH \xrightarrow[100℃]{P, Br_2}$

(4) $CH_2{=}CHCOOCH_3 \xrightarrow[Et_2O, r.t.]{干燥\ HBr}$

(5) $CH_3CH_2CH_2CH_2CH_2COOH \xrightarrow[CCl_4, 65℃]{SOCl_2} \xrightarrow[CCl_4, 85℃]{NBS}$

(6) 3-甲基噻吩 $\xrightarrow[C_6H_6, reflux]{NBS, Bz_2O_2}$

(7) $H_3C(H)C{=}C(H)CH_3 \xrightarrow[CH_3OH, 0\sim25℃]{NBA, H_2SO_4}$

(8) 对甲基乙酰苯胺（$NHCOCH_3$，CH_3） $\xrightarrow[50\sim55℃]{Br_2, CH_3COOH}$

(9) 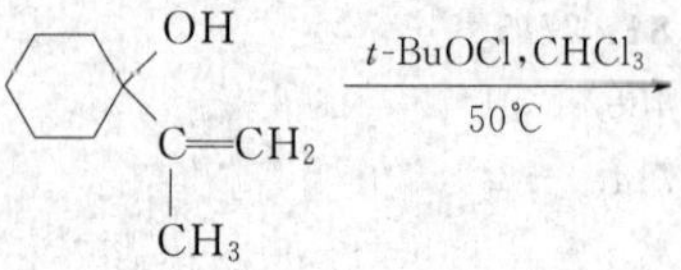 OH $C{=}CH_2$ CH_3 $\xrightarrow[50℃]{t\text{-BuOCl}, CHCl_3}$

(10) 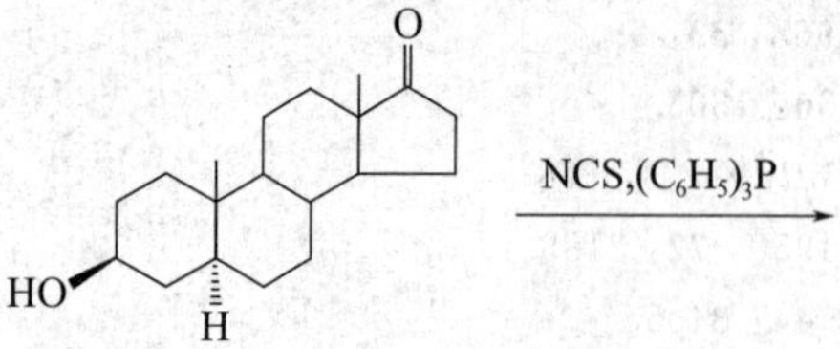 O HO H $\xrightarrow{NCS, (C_6H_5)_3P}$

(11) 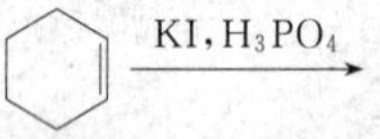 $\xrightarrow{KI, H_3PO_4}$

(12) 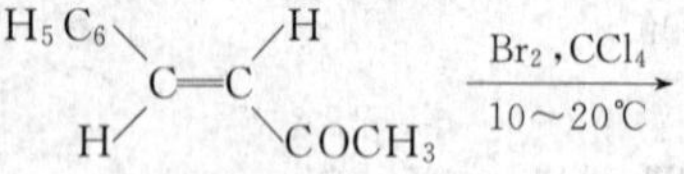 H_5C_6 H C=C H $COCH_3$ $\xrightarrow[10\sim20℃]{Br_2, CCl_4}$

(13) $CH_3-CH{=}CH-CH_3 \xrightarrow[CH_3COOH, H_2O]{Ca(ClO)_2}$

(14) $(CH_3)_3C-CH_2OH \xrightarrow[100℃，封管]{HBr}$

(15) 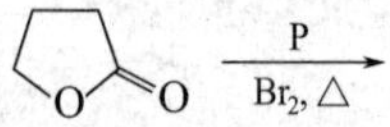 O O $\xrightarrow[Br_2, \triangle]{P}$

(16) 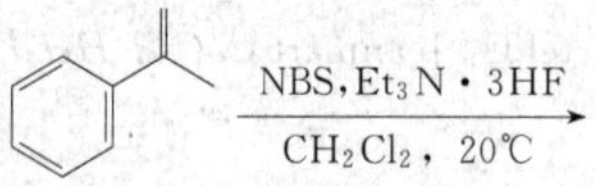 $\xrightarrow[CH_2Cl_2，20℃]{NBS, Et_3N \cdot 3HF}$

(17) 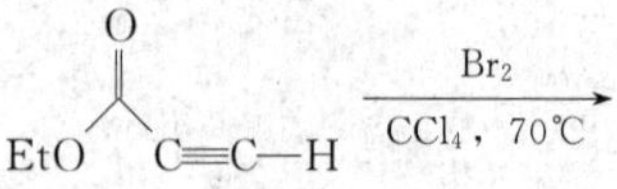 O EtO $C{\equiv}C-H$ $\xrightarrow[CCl_4，70℃]{Br_2}$

(18) 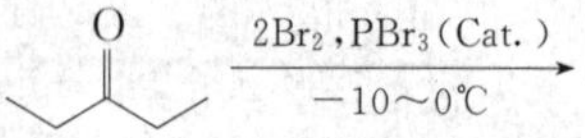 O $\xrightarrow[-10\sim0℃]{2Br_2, PBr_3(Cat.)}$

2. 在下列指定原料和产物的反应式中分别填入必需的化学试剂（或反应物）和反应条件。

(1) $CH_3CH_2CH_2CH_2CH{=}CHCH_3 \longrightarrow CH_3CH_2CH_2CHCH{=}CHCH_3$ (Br)

(2) 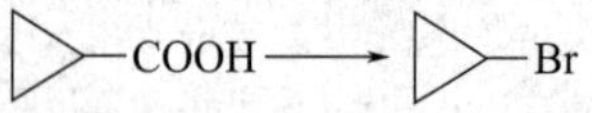 —COOH ⟶ —Br

(3) 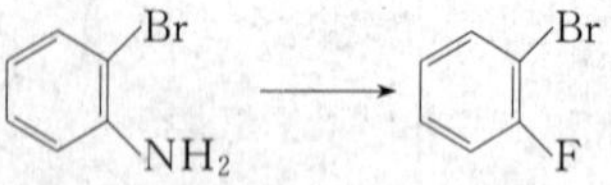 Br NH_2 ⟶ Br F

(4) 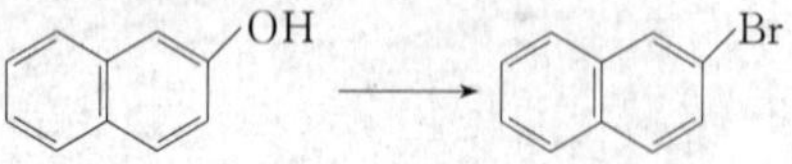 OH ⟶ Br

(5) 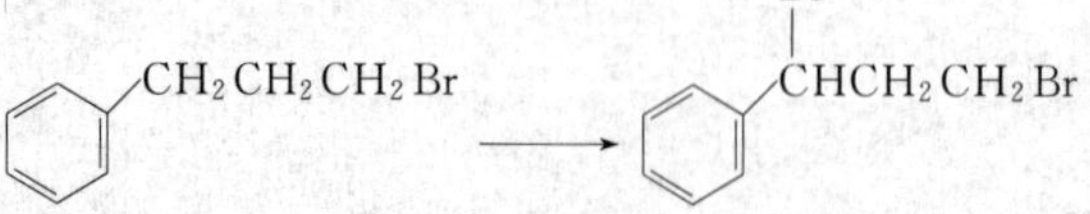 $CH_2CH_2CH_2Br$ ⟶ Br $CHCH_2CH_2Br$

(6) 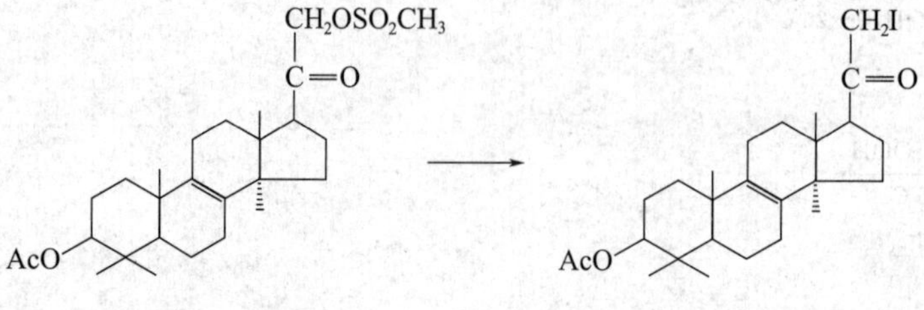 $CH_2OSO_2CH_3$ C=O AcO ⟶ CH_2I C=O AcO

(7) $(CH_3)_3C—CH_2OH \longrightarrow (CH_3)_3C—CH_2Br$

(8)

BocNH O CH$_3$ O—C—CH$_3$ CH$_3$ ⟶ BocNH O Br CH$_3$ O—C—CH$_3$ CH$_3$

(9)

Br O O ⟶ Br O O Br

3. 阅读（翻译）以下有关反应操作的原文，请在理解基础上写出：(1) 此反应的完整反应式（原料、试剂和主要反应条件）；(2) 此反应的反应机理（历程）。

About 216-224g (1.62-1.68mol) of powdered anhydrous aluminum chloride is added to a 1L three-necked flask. While the free-flowing catalyst is stirred, 81g (0.67mol) of acetophenone is added from the dropping funnel in a slow stream over a period of 20-30 minutes. Considerable heat is evolved, and, if the drops of ketone are not dispersed, darkening or charring occurs. When about one-third of the acetophenone has been added, the mixture becomes a viscous ball-like mass that is difficult to stir. Turning of the stirrer by hand or more rapid addition of ketone is necessary at this point. The addition of ketone, however, should not be so rapid as to produce a temperature above 180℃. Near the end of the addition, the mass becomes molten and can be stirred easily without being either heated or cooled. The molten mass, in which the acetophenone is complexed with aluminum chloride, ranges in color from tan to brown. Bromine (128g, 0.80mol) is added dropwise to the well-stirred mixture over a period of 40 minutes. After all the bromine has been added, the molten mixture is stirred at 80-85℃ for 1 hour. The complex is added in portions to a well-stirred mixture of 1.3L of cracked ice and 100mL of concentrated hydrochloric acid in a 2L beaker. Part of the cold aqueous layer is added to the reaction flask to decompose whatever part of the reaction mixture remains there, and the resulting mixture is added to the beaker. The dark oil that settles out is extracted from the mixture with four 150mL portions of ether. The extracts are combined, washed consecutively with 100mL of water and 100mL of 5% aqueous sodium bicarbonate solution, dried with anhydrous sodium sulfate, and transferred to a short-necked distillation flask. The ether is removed by distillation at atmospheric pressure, and crude 3-bromoacetophenone is stripped from a few grams of heavy dark residue by distillation at reduced pressure. The colorless distillate is carefully fractionated to obtain 94-100g (70%-75%) 3-bromoacetophenone (b. p. 75-76℃/0.5mmHg).

第二章 烃化反应 (Alkylation Reaction)

用烃基取代有机分子中的氢原子，包括在某些官能团（如羟基、氨基、巯基等）或碳架上的氢原子，均称为烃化反应（Alkylation or Hydrocarbylation Reaction）。此外，有机金属化合物的金属部分被烃基取代的反应，亦属于烃化范畴。引入的烃基包括饱和的、不饱和的、脂肪的、芳香的以及许多具有各种取代基的烃基。

烃基的引入方式主要是通过取代反应，也可以通过双键加成实现烃化。

发生烃化反应的化合物称为被烃化物。常见的被烃化物有醇（ROH）、酚（ArOH）等，烃化反应发生在羟基氧上；胺类，在氨基氮上引入烃基；活性亚甲基（$—CH_2—$）、芳烃（ArH）等，在碳原子上引入烃基。本章将重点讨论这些发生在氧、氮、碳原子上的烃化反应。

应该强调的是，从建立碳-碳键的本质来看，*C*-烃化反应和缩合反应极为相似，有时很难加以严格区别。为了叙述和讨论方便，这里介绍的烃化反应只涉及那些在有机分子中除了建立新碳-碳键外不发生官能团转换的反应，其余类似的反应可参见第四章缩合反应的有关内容。

第一节 烃化反应机理

烃化反应的机理，多属亲核取代反应，即带负电荷或未共用电子对的氧、氮等杂原子及碳原子向烃化剂带正电荷的碳原子作亲核进攻；也涉及在催化剂存在下，芳环上引入烃基的亲电性取代反应机理。作为常用的烃化试剂，卤代烃和硫酸酯类化合物中卤原子及磺酰氧基的电负性很强，使C—X键的电子偏向X，碳上带有部分正电荷，容易受亲核试剂的进攻，X带一对电子离开，由于反应是亲核试剂进攻带正电荷或部分带正电荷的碳原子，因此称为亲核取代反应（Nucleophilic Substitution Reaction），用S_N表示。影响亲核取代反应的因素非常多，一般根据参与取代反应分子数目的多少，分为单分子（S_N1）和双分子（S_N2）两种类型。

一、亲核取代反应

大多数的烃化反应是通过亲核取代反应完成的。根据亲核试剂结构的不同，可分为杂原子的亲核取代反应和碳负离子发生的亲核取代反应。

1. 杂原子的亲核取代反应

(1) O原子的亲核取代反应

通过O原子的亲核取代反应进行的烃化反应，主要是指醇和酚类化合物羟基氧上发生的烃化反应。由于醇和酚的羟基酸性有较大的差别，因此在和不同的烃化剂反应时，其反应机理及条件有很大的不同。

① 醇的*O*-烃化反应

根据烃化剂烷基结构的不同，醇羟基的烃化反应可以发生单分子（S_N1）和双分子(S_N2)两种亲核取代反应。

当烃化剂烷基为伯烷基时，在碱性条件下，一般通过双分子机理反应。

$$RO^{\ominus} + R'—\overset{\delta^+}{CH_2}—\overset{\delta^-}{L} \longrightarrow \left[RO\cdots\underset{H\ \ H}{\overset{R'}{C}}\cdots L \right] \longrightarrow ROCH_2R' + L^{\ominus}$$

其中，L可以是卤素（Cl、Br、I）、芳基磺酰氧基、三氟甲磺酰氧基等。

在中性或弱碱性条件下，烃化剂也可以进行单分子的亲核取代反应：

$$(1)\ R—L \xrightarrow{慢} R^{\oplus} + L^{\ominus}$$

$$(2)\ R^{\oplus} + R'OH \xrightarrow{快} \left[R—\underset{H}{\overset{\oplus}{O}}—R' \right] \xrightarrow{快} R—O—R' + H^{\oplus}$$

其中，L可以是卤素（Cl，Br，I）、芳基磺酰氧基、三氟甲磺酰氧基等。当烃化剂为卤代烃时，与醇成醚的反应称为Williamson合成法。

当采用环氧化合物为烃化剂时，反应通过双分子机理完成：

$$R—\underset{\diagdown O \diagup}{CH—CH_2} \xrightarrow{R'O^{\ominus}} \left[R—CH—CH_2\cdots OR' \right] \longrightarrow R\underset{O^{\ominus}}{CH}—CH_2OR' \xrightarrow{R'OH} R\underset{OH}{CH}—CH_2OR' + R'O^{\ominus}$$

而烯烃为烃化剂时，也是通过S_N2机理完成的。一般只有烯烃双键旁连有吸电子基团时才可以发生反应。

$$ROH \xrightarrow{^{\ominus}OH} RO^{\ominus} \xrightarrow{CH_2=CH—G} ROCH_2\overset{\ominus}{C}HG \xrightarrow{ROH} ROCH_2CH_2G + RO^{\ominus}$$

G＝羰基、氰基、酯基、羧基等

② 酚的*O*-烃化反应

酚羟基和醇羟基一样，可以进行*O*-烃化。但由于酚的酸性比醇强，所以反应更容易进行，需要的碱相对醇的反应也较弱。反应通常是通过S_N2机理完成的。

$$R'—C_6H_4—OH \xrightarrow{^{\ominus}OH} R'—C_6H_4—O^{\ominus} + H_2O$$

$$R'—C_6H_4—O^{\ominus} + \overset{\delta^+}{R}—\overset{\delta^-}{L} \longrightarrow R'—C_6H_4—OR + L^{\ominus}$$

其中烷化剂RL常用的有卤代烃、硫酸酯及磺酸酯。常用的碱为氢氧化钠、氢氧化钾及碳酸钠（钾）等。反应时，可用水、醇类、丙酮、DMF、DMSO、苯或二甲苯等作为溶剂。

重氮甲烷也可用于酚的烷基化，但反应相对较慢；酚也可用DCC缩合法与醇进行烃化反应。酚还可以用烷氧鏻盐 $R_3P^+OR'X$ 进行烃化。

(2) N原子的亲核取代反应

含N原子的化合物主要包括氨、脂肪胺、芳香胺及含氮杂环。通常这些氮原子都具有孤对电子，具有碱性，亲核能力较强。因此，它们比羟基更容易进行烃化反应。

氨或伯、仲、叔胺的氮原子向显电正性的R亲核性进攻（S_N2），得到高一级的胺盐及季铵盐。

$$\overset{\delta^+}{R}-\overset{\delta^-}{X} + \ddot{N}H_3 \longrightarrow RNH_3^{\oplus}X^{\ominus}$$

$$\overset{\delta^+}{R}-\overset{\delta^-}{X} + R\ddot{N}H_2 \longrightarrow R_2NH_2^{\oplus}X^{\ominus}$$

$$\overset{\delta^+}{R}-\overset{\delta^-}{X} + R_2\ddot{N}H \longrightarrow R_3NH^{\oplus}X^{\ominus}$$

$$\overset{\delta^+}{R}-\overset{\delta^-}{X} + R_3\ddot{N} \longrightarrow R_4N^{\oplus}X^{\ominus}$$

上述的*N*-烷基化反应，其反应速率及反应产物结构会受到卤代烃结构的差异、不同烃化剂、原料配比、反应溶剂、添加的盐类等的影响。

芳香胺的氮原子碱性较脂肪胺弱，因此发生*N*-烷基化的条件一般会强一些。除了使用卤代烃为烃化剂外，还有原甲酸乙酯法、碱金属催化烃化法、脂肪伯醇烃化法、还原烃化法。卤代芳烃与芳香伯胺在铜或碘化铜催化下，可制备二苯胺及其同系物，称为Ullmann反应。

杂环胺的*N*-烷基化主要通过与卤代烃的亲核取代反应完成，含多个氮原子的杂环会存在一个选择性烃化问题。

2. 碳负离子的亲核取代反应

碳负离子带有负电荷，具有很强的碱性和亲核能力，可以和卤代烃等烃化试剂发生亲核取代反应，实现*C*-烷基化，延长碳链。

$$R^{\ominus} + \overset{\delta^+}{R'}-\overset{\delta^-}{L} \longrightarrow R-R' + L^{\ominus}$$

其中，$R^{\ominus}$可以是炔基负离子、格氏试剂中的烷基负离子及活泼亚甲基在碱作用下形成的次甲基负离子。烷化剂R′L常用的有卤代烃、硫酸酯及磺酸酯。

由于炔基氢有一定的酸性，因此端基炔在强碱如氨基钠、格氏试剂等的作用下，形成炔负离子，与卤代烃发生一个双分子亲核取代反应。RX为氯代烷、溴代烷及碘代烷，其中以溴代烷反应效果最好，芳卤化物不能用来烃化炔离子。

$$R'C\equiv\overset{\delta^-}{C}-\overset{\delta^+}{Na} + \overset{\delta^+}{R}-\overset{\delta^-}{X} \longrightarrow R'C\equiv C-R + NaX$$

格氏试剂有更强的碱性和亲核能力，与卤代烃、烷基硫酸酯及磺酸酯等烃化剂进行亲核取代反应，实现*C*-烷基化。反应机理如下图，R可以为伯、仲、叔烃基，X可为碘、溴、氯。R亦可为芳基，这时X仅为碘或溴，芳香氯化物及氯乙烯不够活泼，不易与镁反应生成格氏试剂。

$$\overset{\delta^-}{R}-\overset{\delta^+}{MgX} + \overset{\delta^+}{R'}-\overset{\delta^-}{X} \longrightarrow R-R' + MgX_2$$

活泼亚甲基在碱作用下形成碳负离子发生的亲核取代反应通式如下：

$$R-CH_2-R' + R''-X \xrightarrow{NaOEt} R-\underset{\displaystyle R''}{\underset{|}{CH}}-R'$$

反应机理是双分子的亲核取代反应。R 及 R′为吸电子基团，R′′X 为卤代烃、烷基硫酸酯及磺酸酯等。常见的吸电子基团的强弱顺序为：

$$-NO_2 > -COR^1 > -SO_2R^1 > -CN > -COOR^1 > -SOR^1 > -Ph \quad (R^1\text{为烃基})$$

亚甲基旁吸电子基团活性越强，则亚甲基上氢的酸性越大。常见的具有活性亚甲基的化合物有 β-二酮、β-羰基酸酯、丙二酸酯、丙二腈、氰乙酸酯、乙酰乙酸乙酯、苄腈、脂肪硝基化合物等。

伯卤代烃及伯醇磺酸酯是好的烃化剂。用仲卤代烃进行烃化，收率较低，这是消除反应与烃化反应之间竞争的结果。叔卤代烃及叔醇磺酸酯在此碱性条件下，通常发生消除反应。

根据活性亚甲基化合物上氢原子的活性可选用不同的碱，一般常用醇与碱金属所生成的盐，其中以醇钠最常用。

二、 亲电取代反应

通过亲电取代反应进行 C-烃化的主要是芳烃亲电取代反应，即 Friedel-Crafts 烃化反应（简称 F-C 烃化反应）。该反应在 Lewis 酸催化下，卤代烃与芳香族化合物反应，在环上引入烃基。Friedel-Crafts 烃化反应是碳正离子对芳环的亲电进攻。碳正离子来自卤代烃与 Lewis 酸的络合物、质子化的醇及质子化的烯等。

$$\text{ArH}(R^1) + R-\overset{R'}{\underset{R''}{C^{\oplus}}}AlCl_3X^{\ominus} \longrightarrow \left[\sigma\text{-络合物}(R',R'',R,H,R^1)\ AlCl_3X^{\ominus}\right] \longrightarrow R-\overset{R'}{\underset{Ar(R^1)}{C}}-R'' + AlCl_3 + HX$$

通过该反应可以在芳烃环上引入的烃基有烷基、环烷基、芳烷基；催化剂主要为 Lewis 酸（如三氯化铝、三氯化铁、五氯化锑、三氟化硼、氯化锌、四氯化钛）和质子酸（如氟氢酸、硫酸、五氧化二磷等）；烃化剂有卤代烃、烯、醇、醚及酯；芳香族化合物可以是烃、氯及溴化物、酚、酚醚、胺、醛、羧酸、芳香杂环如呋喃、噻吩等。影响 F-C 烃化反应的因素较多，主要有烃化剂的结构、芳烃的结构、催化剂、溶剂等。当苯环上引入烃基不止一个时，烃化反应还存在着取代定位的问题。

第二节 氧原子上的烃化反应

一、醇的 O -烃化

在醇的氧原子上进行烃化反应可得醚。通常简单醚采用醇脱水的方法制备。本节着重讨论通过醇与烃化剂的反应制备混合醚的方法。

1. 卤代烃为烃化剂

(1) 反应通式

醇在碱（钠、氢氧化钠、氢氧化钾等）存在下与卤代烃生成醚的反应称为 Williamson

反应，是制备混合醚的有效方法。

$$ROH + B^{\ominus} \longrightarrow RO^{\ominus} + HB$$

$$R'X + {}^{\ominus}OR \longrightarrow R'OR + {}^{\ominus}X$$

(2) 反应机理

此反应为亲核取代反应，可以是单分子的，也可以是双分子的，这取决于卤代烃的结构。

通常伯卤代烃发生双分子亲核取代反应。反应速率（v）与反应物的摩尔浓度乘积成正比。

$$v = k\,[RO^{\ominus}]\,[R'CH_2X]$$

反应速率常数 k 的大小与卤代烃中烷基 R′的结构及卤素 X 的性质有关。在卤代烃中，随着烷基与卤素相连碳原子上取代基的增加，而逐渐按 S_N1 机理反应。不同卤素影响 C—X 键之间的极化度，极化度大，反应速率快。因此，当烷基 R 相同时，其活性顺序是 RI＞RBr＞RCl。

在中性或弱碱性条件下，卤代烃也可以进行单分子的亲核取代反应（S_N1 机理），有时候也可得到满意的 *O*-烃基化结果。单分子亲核取代（S_N1）通常分两步完成：第一步，R—X 先解离生成 R^+ 及 X^-，此步反应较慢，是决定反应速率的一步；第二步，生成的烃基碳正离子很快地与亲核试剂 R′OH 结合形成产物，是快的一步。因此，该反应的速率仅与第一步碳正离子形成的速率有关，即仅与 RX 的摩尔浓度有关。

(3) 影响因素

① 醇结构的影响

醇（ROH）的活性一般较弱，不易与卤代烃反应。因此醇的烃化反应需要加入碱金属或氢氧化钠、氢氧化钾以生成亲核试剂 RO^- 才能够进行。

② 卤代烃结构的影响

如所用卤代烃活性不够强，可加入适量的碘化钾，使卤代烃中卤素被置换成碘，而有利于烃化反应。

芳香卤化物也可作为烃化剂，生成芳基-烷基混合醚。通常情况下，由于芳卤化物上的卤素与芳环共轭不够活泼，一般不易反应。但当芳环上在卤素的邻对位有吸电子基存在时，可增强卤原子的活性，能顺利地与醇羟基进行亲核取代反应而得到烃化产物。

例如非那西丁中间体对硝基苯乙醚可由对硝基氯苯在氢氧化钠醇溶液中反应得到。

$$p\text{-}ClC_6H_4NO_2 \xrightarrow{EtOH/NaOH} p\text{-}EtOC_6H_4NO_2 \quad (95.6\%) \qquad [1]$$

③ 反应溶剂的影响

反应溶剂可用参加反应的醇，也可将醇盐悬浮在醚类（如乙醚、四氢呋喃或乙二醇二甲醚等）、芳烃（如苯或甲苯）、极性非质子溶剂（如 DMSO、DMF 或 HMPT）或液氨中。质子溶剂有利于卤代烃的解离，但能与 RO^- 发生溶剂化作用，明显地降低了 RO^- 的亲核活性。而在极性非质子溶剂中，醇盐的亲核性正如其碱性一样，得到了加强，往往对反应产生有利影响。

(4) 应用特点

① 二苯甲基醚的制备

$$Ph_2CH\text{—}Br + NaOCH_2CH_2NMe_2 \xrightarrow[\text{heat}]{\text{二甲苯}} Ph_2CH\text{—}OCH_2CH_2NMe_2 \quad [2]$$

$$Ph_2CH\text{—}OH + ClCH_2CH_2NMe_2 \cdot HCl \xrightarrow[\text{heat}]{NaOH/\text{二甲苯}} Ph_2CH\text{—}OCH_2CH_2NMe_2$$

苯海拉明

上述反应为抗组胺药苯海拉明（Diphenhydramine）合成可采用的两种方法。可以看到，由于醇羟基氢原子的活性不同，进行烃化反应时所需的条件也不同。前一反应醇的活性低，要先制成醇钠；而二苯甲醇中，由于苯基的吸电子效应，羟基中氢原子的活性增大，在反应中加入氢氧化钠作除酸剂即可。显然，后一反应优于前一反应，因此 Diphenhydramine 的合成采用了后一种方式[2a]。

② 改进的 **Williamson** 反应用于醚的制备

用醇铊代替醇钠与卤代烃在乙腈中反应，反应条件相对温和且收率较佳。

$$ROH \xrightarrow[C_6H_6]{EtOTl} ROTl \xrightarrow[CH_3CN]{R'X} ROR'$$

$$EtOOC\text{—}CH(OH)\text{—}CH(OH)\text{—}COOEt \xrightarrow{ROTl} EtOOC\text{—}CH(OTl)\text{—}CH(OTl)\text{—}COOEt \xrightarrow[60℃,20h]{R'I/CH_3CN} EtOOC\text{—}CH(OR')\text{—}CH(OR')\text{—}COOEt \ (>90\%) \quad [2b]$$

$R' = Me、n\text{-}C_6H_{13}$

③ 二叔丁醚的制备

二叔丁醚一般不能用通常的 Williamson 反应制备。因为叔丁醇钾是强碱，位阻大，不能对卤代叔丁烷发生 S_N2 进攻，而更易起 E2 消除反应；另一方面，若采用酸催化缩合的办法，生成的二叔丁醚极易被酸催化裂解，因而它的制备受到限制。氯代叔丁烷在 SbF_5/SO_2ClF/低温条件下可生成稳定的碳正离子，再在大位阻的有机碱存在下，进攻叔丁醇，按 S_N1 机理进行反应，可得到几乎定量的二叔丁醚，反应中 $i\text{-}Pr_2NEt$ 是除酸剂。

$$t\text{-}BuCl \xrightarrow[-70℃]{SbF_5/SO_2ClF} [t\text{-}Bu^{\oplus}] \xrightarrow[-80\sim0℃]{t\text{-}BuOH/i\text{-}Pr_2NEt} t\text{-}BuOBu\text{-}t \ (100\%) \quad [3a]$$

$$t\text{-}Bu^{\oplus} + t\text{-}BuOH \rightleftharpoons (t\text{-}Bu)_2O^{\oplus}H \xrightarrow{i\text{-}Pr_2NEt} (t\text{-}Bu)_2O + i\text{-}Pr_2NH^{\oplus}Et$$

④ 原酸酯及四烷氧基甲烷的制备

多卤代物与醇钠的反应，可以制备原酸酯或四烷氧基甲烷。

$$CHCl_3 + 3RONa \longrightarrow CH(OR)_3$$

$$CCl_3NO_2 + 4RONa \longrightarrow C(OR)_4$$

⑤ 环醚的制备

卤代醇在碱性条件下的环化反应即分子内 Williamson 反应，是制备环氧乙烷、环氧丙烷及高环醚类化合物的方法。

[3b]

由于 Williamson 反应是在强碱条件下进行的，因此不能用叔卤代烃作为烷化试剂，因为它很容易发生消除反应（Elimination），生成烯烃。

2. 芳基磺酸酯为烃化剂

芳基磺酸酯作为烃化剂在药物合成中的应用范围比较广，OTs 是很好的离去基，常用于引入分子量较大的烃基。例如鲨肝醇（**1**）的合成，以甘油为原料，异亚丙基保护两个羟基后，再用对甲苯磺酸十八烷酯对未保护的伯醇羟基进行 *O*-烃化反应，所得烃化产物经脱异亚丙基保护，便可得到鲨肝醇（**1**）。

$$HOCH_2CH(OH)CH_2OH \xrightarrow{Me_2CO/HCl} \text{(异亚丙基保护物)} \xrightarrow[>110℃,3h]{C_{18}H_{37}OTs/KOH/Tol} \text{(}C_{18}H_{37}O\text{-烃化物)} \xrightarrow[heat,2h]{EtOH/HCl} C_{18}H_{37}OCH_2CH(OH)CH_2OH\ (\mathbf{1})$$ [4]

3. 环氧乙烷为烃化剂

(1) 反应通式

普通醚的化学性质比较稳定，活性低。但环氧乙烷属小环化合物，其三元环的张力很大，非常活泼，开环是环氧乙烷的主要反应。环氧乙烷可以作为烃化剂与醇反应，在氧原子上引入羟乙基，亦称羟乙基化反应。此反应一般用酸或碱催化，反应条件温和，速率快。

$$R{-}\overset{\ \ O\ \ }{CH{-}CH_2} + R'O^{\ominus} \longrightarrow R{-}CH(O^{\ominus}){-}CH_2OR'$$

$$R{-}CH(O^{\ominus}){-}CH_2OR' + R'OH \longrightarrow R{-}CH(HO){-}CH_2OR' + R'O^{\ominus}$$

(2) 反应机理

环氧乙烷衍生物在碱催化下进行的是双分子亲核取代反应。由于位阻原因，$R'O^-$ 通常进攻环氧环取代较少的碳原子。具体机理见第一节。

环氧乙烷的酸催化开环则较复杂，环上氧原子的质子化使 C—O 键减弱，有利于被弱亲核试剂进攻开环。由于质子化的环氧化合物的氧活性较高，离去能力较强，而亲核试剂又相对较弱，所以反应是从 C—O 键断裂开始的。在键断裂过程中，亲核试剂逐渐与中心环碳原子接近。因为键的断裂优先于键的形成，所以中心环碳原子显示部分正电荷，反应带有一定程度的 S_N1 性质。开环方向主要取决于电子因素，而与空间因素关系不大。在此，C—O 键将优先从比较能容纳正电荷的那个环碳原子一边断裂，所呈现的正电荷主要集中在这个碳原子上，因此亲核试剂优先接近该碳原子（即取代较多的环碳原子）。下面以环氧丙烷的酸性醇解反应说明开环的方向：

$$CH_3CH\!-\!CH_2(\text{epoxide}) \overset{H^{\oplus}}{\rightleftharpoons} CH_3CH\!-\!CH_2(O^{\oplus}H) \longrightarrow CH_3\overset{\delta^+}{C}H\!-\!CH_2(\overset{\delta^+}{O}H) \xrightarrow{H\ddot{O}R}$$

C—O键先从取代较多的碳原子一边部分断裂

亲核试剂优先与取代较多的环碳原子结合

$$CH_3\overset{\delta^+}{C}H(\cdots\overset{H}{O}R)\!-\!CH_2(\overset{\delta^+}{O}H) \longrightarrow CH_3CH(\overset{\oplus}{O}HR)\!-\!CH_2OH \xrightarrow{-H^{\oplus}} CH_3CH(OR)\!-\!CH_2OH$$

在过渡态，键的断裂优于键的形成，环碳原子上带部分正电荷

(3) 应用特点

① 烷氧基醇的制备

以苯基环氧乙烷在酸或碱催化下进行烃化为例。在酸催化下与甲醇反应，主要得伯醇(**2**)，而以甲醇钠催化，则主要得仲醇(**3**)。

$$Ph\!-\!\overset{H}{C}\!-\!CH_2(\text{epoxide}) + MeOH \xrightarrow[\text{heat},5h]{H_2SO_4} PhCH(OMe)CH_2OH\ (\mathbf{2})(90\%)^* + PhCH(OH)CH_2OMe\ (10\%)^*$$

$$\xrightarrow[\text{heat},6h]{NaOMe} PhCH(OMe)CH_2OH\ (25\%)^* + PhCH(OH)CH_2OMe\ (\mathbf{3})(75\%)^* \qquad [5]$$

*相对收率

② 聚醚的制备

用环氧乙烷进行氧原子上的羟乙基化反应时，由于生成的产物仍含有羟基，如果环氧乙烷过量，则可形成聚醚。吐温-80(**4**)即是以去水山梨醇油酸酯在碱催化下与过量环氧乙烷反应得到的。因此，在合成烷氧基乙醇时，所使用的醇必须过量，以免发生聚合反应。

$$\text{(去水山梨醇油酸酯: 环上 }CH_2OCOC_{17}H_{33}\text{, HO, OH, OH)} \xrightarrow[\text{heat}]{\text{环氧乙烷}/KOH/H_2O} \text{环上 }CH_2OCOC_{17}H_{33},\ H(OCH_2CH_2)_mO,\ O(CH_2CH_2O)_pH,\ O(CH_2CH_2O)_nH\ (75.5\%) \qquad [6]$$

(**4**)(m,n,p 均约为 20)（由山梨醇三步收率）

4. 烯烃为烃化剂

醇可与烯烃双键进行加成反应生成醚，也可理解为烯对醇的 O-烃化。但对烯烃双键旁没有吸电子基团存在时，反应不易进行。只有当双键的 α 位有羰基、氰基、酯基、羧基等存在时，才较易发生烃化反应。例如醇在碱存在下对丙烯腈的加成反应。

$$CH_3OH \xrightarrow{NaOH} CH_3O^{\ominus}Na^{\oplus} \xrightarrow{CH_2=CHCN} CH_3OCH_2CH^{\ominus}CNNa^{\oplus} \xrightarrow{CH_3OH} CH_3OCH_2CH_2CN + CH_3ONa$$

5. 其他烃化剂

三氟甲磺酸酯 CF_3SO_2OR 及氟硼酸三烷基锌盐 $R_3O^+BF_4^-$ 是高活性的烃化剂，它们较不稳定，可醚化有位阻的醇。对于手性碳原子上氢位于羟基 α 或 β 位的旋光性醇来说，如用 Williamson 法进行烃化，该醇易消旋化，而用 $R_3O^+BF_4^-$，则可以避免消旋化的发生。

$$\underset{R\text{-型}}{Ph-\overset{H}{\underset{OH}{C}}-Et} \xrightarrow{Et_3O^{\oplus}BF_4^{\ominus}/i\text{-}Pr_2NEt/CH_2Cl_2} \underset{R\text{-型}}{Ph-\overset{H}{\underset{OEt}{C}}-Et} \quad [7]$$

二、酚的 O -烃化

酚羟基和醇羟基一样，可以进行 *O*-烃化。但由于酚的酸性比醇强，所以反应更容易进行。

1. 卤代烃为烃化剂

(1) 反应通式

卤代烃与酚在碱存在下，很容易得到较高收率的酚醚，一般加氢氧化钠即可形成芳氧负离子，或用碳酸钠（钾）作去酸剂。反应时，可用水、醇类、丙酮、DMF、DMSO、苯或二甲苯等作为溶剂。待溶液接近中性时，反应即基本完成。

$$R'C_6H_4OH + RX \xrightarrow{^{\ominus}OH} R'C_6H_4OR + X^{\ominus} + H_2O$$

(2) 反应机理

芳氧负离子向显电正性的 R 亲核进攻，X 作为负离子离去。

$$RO^{\ominus} + \overset{\delta^+}{R'}-\overset{\delta^-}{X} \longrightarrow ROR' + X^{\ominus}$$

(3) 应用特点

① 芳基脂肪醚的制备

例如镇痛药邻乙氧基苯甲酰胺（Ethenzamide，**5**）及苄达明（Benzydamine，**6**）的合成：

$$o\text{-}HOC_6H_4CONH_2 \xrightarrow[80\sim100℃,19.6\times10^4 Pa]{EtBr/NaOH} o\text{-}EtOC_6H_4CONH_2\ (5) \quad (75\%) \quad [8a]$$

$$\text{1-}(CH_2C_6H_5)\text{-吲唑-3-}O^{\ominus}Na^{\oplus} \xrightarrow[125\sim128℃,7h]{Cl(CH_2)_3N(CH_3)_2,\text{二甲苯}} \text{1-}(CH_2C_6H_5)\text{-吲唑-3-}O(CH_2)_3N(CH_3)_2\ (6) \quad (57\%) \quad [8b]$$

酚羟基易苄基化，将酚置于干燥的丙酮中，与氯化苄、碘化钾、碳酸钾回流，即得到相应的苄醚。

$$\text{2-Br-1,3-}(HO)_2C_6H_3 \xrightarrow{PhCH_2Cl/Me_2CO/KI/K_2CO_3} \text{2-Br-1,3-}(PhCH_2O)_2C_6H_3 \quad [9]$$

② 有位阻或螯合酚的烃化

有位阻或螯合的酚用卤代烃进行烃化反应结果不理想。例如水杨酸的酚羟基邻位有羧基存在，羟基与羧羰基可形成分子内氢键，此时若用 MeI/NaOH 条件进行烃化反应，产物主要是酯 **(7)** 而不是预期的酚甲醚。天然产物分离到的黄酮类化合物，其羰基邻近的羟基在较温和条件下也不易烃化，这也是形成分子内氢键的结果。解决的办法是用氢化钠或烷基锂将酚转变成钠或锂盐，然后用卤代烃在乙醚或极性非质子溶剂中烃化。硫酸二甲酯与碳酸钾在干燥丙酮中或对甲苯磺酸甲酯在剧烈条件下都可以甲基化有螯合作用的酚。

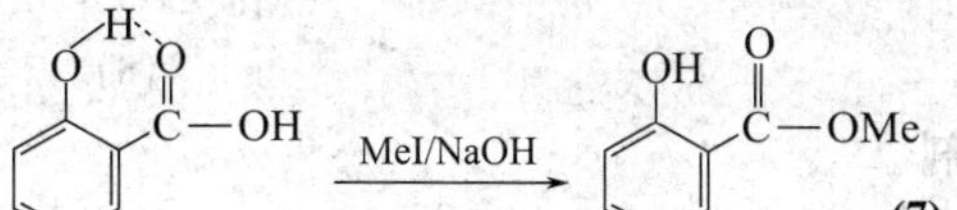

[10]

[11]

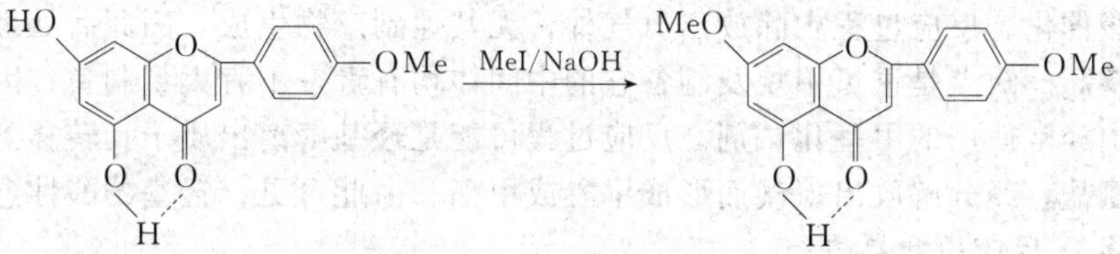

[12]

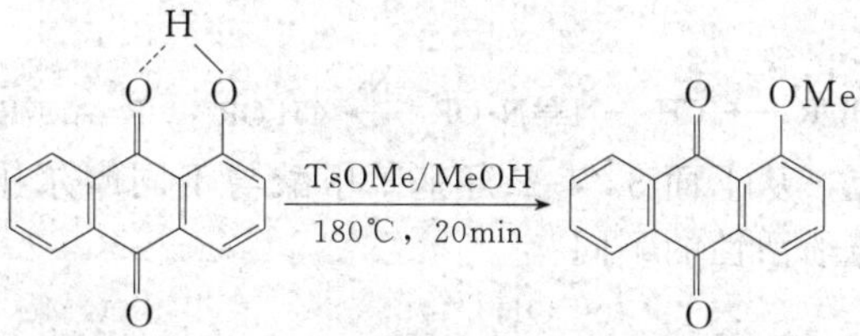

2. 硫酸二甲酯为烃化剂

(1) 反应通式

水溶性酚的碱金属盐可用硫酸二甲酯甲基化，从软硬酸碱理论考虑，属软碱的硫酸酯更有利于 *O*-烃化。由于碘甲烷价格昂贵，所以在药物生产中，多使用价格便宜的硫酸二甲酯制备酚甲醚。

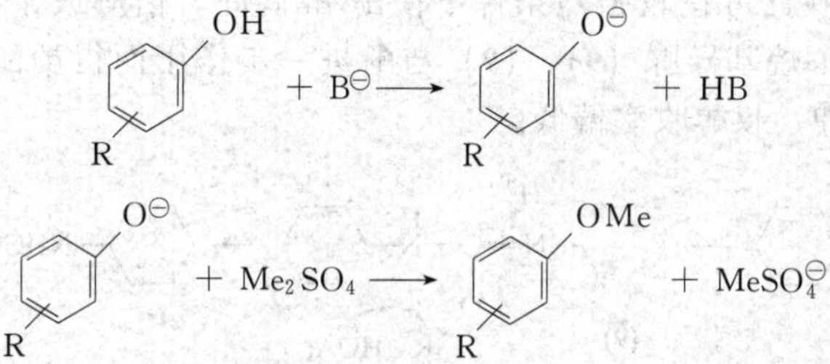

(2) 反应机理

在碱性条件下，酚氧负离子向显电正性的甲基亲核进攻，$MeSO_4^-$ 作为负离子离去，酚氧负离子与甲基正离子结合便形成芳基甲基醚。

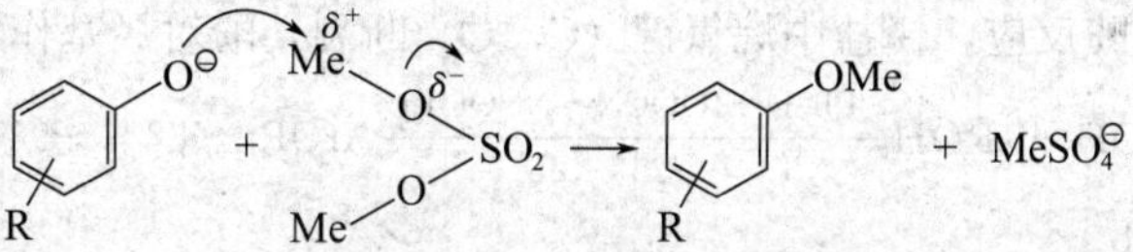

(3) 应用特点

硫酸二甲酯是中性化合物，由于是酯类，在水中溶解度较小，并易于水解，生成甲醇及硫酸氢甲酯而失效。与酚反应可在碱性水溶液中或无水条件下直接加热进行，两个甲基只有一个参加反应。由于硫酸二甲酯的沸点比相应卤代烃高，故反应时可加热至较高温度。降压药物甲基多巴的中间体 **(8)** 就是用硫酸二甲酯进行甲基化的。

$$\text{3-MeO-4-HO-}C_6H_3\text{CHO} \xrightarrow{Me_2SO_4/NaOH} \text{3,4-(MeO)}_2C_6H_3\text{CHO}\ (\mathbf{8})$$ [13]

3. 重氮甲烷为烃化剂

重氮甲烷与酚的反应相对较慢，反应一般在乙醚、甲醇、氯仿等溶剂中进行。可用三氟化硼或氟硼酸催化。反应过程中除放出氮气外，无其他副产物生成。因此后处理简单，产品纯度好，收率高。缺点是重氮甲烷及制备它的中间体均有毒，不宜大量制备；因此，重氮甲烷是实验室中经常使用的甲基化试剂。反应过程可能是羟基解离出质子，转移到活泼亚甲基上而形成重氮盐，经分解放出氮气而形成甲醚或甲酯。由此可见，羟基的酸性愈大，则质子愈易发生转移，反应也愈易进行。

$$CH_2{=}N^{\oplus}{=}N^{\ominus} + HOR \longrightarrow CH_3{-}\overset{\oplus}{N}{\equiv}N\cdot\overset{\ominus}{O}R \xrightarrow{-N_2} CH_3OR \qquad R{=}Ar\text{或}R'{-}\overset{O}{\overset{\|}{C}}{-}$$

羧酸比酚类更易进行反应，从下面 3，4-二羟基苯甲酸与不同摩尔比的重氮甲烷反应产物的差异，可以比较出羧酸与酚活性的不同。

$$\text{3,4-(OMe)}_2C_6H_3COOMe \xleftarrow{\text{大过量 }CH_2N_2} \text{3,4-(OH)}_2C_6H_3COOH \xrightarrow{2mol\ CH_2N_2} \text{4-OMe-3-OH-}C_6H_3COOMe$$ [14]

4. DCC 缩合法

酚也可用 DCC 缩合法与醇进行烃化反应。DCC 是多肽合成中常用的缩合试剂，用于羧基-胺偶联生成肽键。在此可在较强烈条件下使酚-醇偶联。伯醇或某些仲醇能与 DCC 生成很活泼的中间体——*O*-烷基异脲（**9**），（**9**）与酚进一步作用而得酚醚。该方法进行酚的烃化，伯醇收率较好，仲、叔醇收率偏低。

$$C_6H_{11}{-}N{=}C{=}N(H^{\oplus}){-}C_6H_{11} + H\ddot{O}R \longrightarrow C_6H_{11}{-}N{=}C(OR){-}NH{-}C_6H_{11}\ (\mathbf{9}) \xrightarrow{H\ddot{O}Ar} C_6H_{11}{-}NHCONH{-}C_6H_{11} + ArOR$$

$$PhOH + PhCH_2OH \xrightarrow[100℃]{DCC} PhOCH_2Ph\quad(96\%)$$ [15]

5. 烷氧鏻盐为烃化剂

酚还可以用烷氧鏻盐 $R_3P^+OR'X^-$（**10**）烃化。伯及仲醇与三苯膦及偶氮二甲酸酯生成上述烃化剂（**10**）后，即与酚反应，鏻盐中烷氧键（C—O）断裂，酚对烃基作亲核进攻。

$$ArOH + ROH \xrightarrow[0\sim25℃,2h]{Ph_3P/EtOOCN{=}NCOOEt} ArOR\quad(88\%\sim98\%)$$ [16]

反应机理可能如下：

$$EtOOCN{=}NCOOEt \xrightarrow{Ph_3P} Ph_3\overset{\oplus}{P}N(COOEt){-}\overset{\ominus}{N}COOEt \xrightarrow{R\ddot{O}H} EtOOCNHNHCOOEt + Ph_3P^{\oplus}ORX^{\ominus}\ (\mathbf{10})$$

$$Ph_3P^{\oplus}O{+}RX^{\ominus}\ (\mathbf{10}) + ArOH \longrightarrow ArOR + Ph_3PO + HX$$

对硝基苯基叔丁基醚用 Williamson 法合成失败，用上述此法可以 52%的收率制得。

第三节　氮原子上的烃化反应

卤代烃与氨或伯、仲胺之间进行的烃化反应是合成胺类的主要方法之一。氨或胺都具有碱性，亲核能力较强。因此，它们比羟基更容易进行烃化反应。

一、氨及脂肪胺的 N-烃化

卤代烃与氨的烃化反应又称氨基化反应。由于氨的三个氢原子都可被烃基取代，生成物为伯、仲、叔胺及季铵盐的混合物。

1. 反应通式

$$RX + NH_3 \longrightarrow RNH_3^{\oplus}X^{\ominus} \xrightarrow{NaOH} RNH_2$$

$$RNH_3^{\oplus}X^{\ominus} + NH_3 \rightleftharpoons RNH_2 + NH_4^{\oplus}X^{\ominus}$$

$$RNH_2 + RX \longrightarrow R_2NH_2^{\oplus}X^{\ominus}$$

$$R_2NH_2^{\oplus}X^{\ominus} + NH_3 \rightleftharpoons R_2NH + NH_4^{\oplus}X^{\ominus}$$

$$R_2NH + RX \longrightarrow R_3NH^{\oplus}X^{\ominus}$$

$$R_3NH^{\oplus}X^{\ominus} + NH_3 \rightleftharpoons R_3N + NH_4^{\oplus}X^{\ominus}$$

$$R_3N + RX \longrightarrow R_4N^{\oplus}X^{\ominus}$$

伯胺以卤代烃烃化，也易得到混合物。

在卤代烃中，不同卤素的反应活性是不同的，其活性顺序如下：I>Br≫Cl≫F。如用溴或氯代烃进行烃化，在反应混合物中加入碘盐，可促进卤素交换，从而增加溴或氯代烃的反应活性。

2. 反应机理

氨或伯、仲、叔胺带未共用电子对的氮原子向显电正性的 R 亲核性进攻，得到胺盐及季铵盐。

虽然卤代烃与胺反应易得混合物，但通过长期实践，找到了制备伯、仲、或叔胺的方法。卤代烃结构的差异、不同烃化剂、原料配比、反应溶剂、添加的盐类等都可以影响反应速率及反应产物。

3. 应用特点

(1) 仲胺及叔胺的制备

氨或伯胺与卤代烃反应可得各种胺的混合物。如用仲卤代烷与氨或伯胺反应，由于立体位阻，主要得仲胺，及少量叔胺。

$$(H_3C)_2CHI \xrightarrow{NH_3(1.5mol)/EtOH} (H_3C)_2CH{-}NH{-}CH(CH_3)_2$$

$$(H_3C)_2CHBr \xrightarrow[110℃,18h]{MeNH_2/EtOH} \underset{(78\%)}{(H_3C)_2CHNHMe} + \underset{(少量)}{(H_3C)_2CH{-}N(Me){-}CH(CH_3)_2}$$

杂环卤代烃与胺类发生烃化反应，在一般溶剂中，反应速率较慢，产物不纯。改用苯酚、苄醇或乙二醇作溶剂，可使反应速率加快，收率及产品质量均好。如抗疟药阿的平（Mepacrine，**11**）的合成[17]，杂环卤代烃有立体位阻时，不易得叔胺。

$$\text{6,9-二氯-2-甲氧基吖啶} + Et_2N(CH_2)_3CH(CH_3)NH_2 \xrightarrow[110℃,4h]{PhOH} \text{9-}[H_3CCH(CH_2)_3NEt_2]NH\text{-6-氯-2-甲氧基吖啶}\ (\mathbf{11})\ (91\%) \qquad [17]$$

仲胺与卤代烃作用可得叔胺。如降压药优降宁中间体（Pargyline，**12**）的合成。

$$C_6H_5CH_2NHCH_3 \xrightarrow{HC\equiv CCH_2Cl} C_6H_5CH_2N(CH_3)CH_2C\equiv CH\ (\mathbf{12}) \qquad [18]$$

也可将仲胺转变为锂盐，原地烃化即得叔胺。

$$(C_6H_{11})_2NH + n\text{-BuBr} \xrightarrow[\text{萘}]{Li} (C_6H_{11})_2N\text{-Bu-}n \qquad [19]$$

(2) 伯胺的制备——Gabriel 反应

用大大过量的氨与卤代烃反应，可抑制氮上进一步烃化而主要得伯胺。或将氨先制备成邻苯二甲酰亚胺，再进行 *N*-烃化反应，这时，氨中两个氢原子已被酰基取代，只能进行单烃化反应。利用氮上氢的酸性，先与氢氧化钾生成钾盐，然后与卤代烃作用，得 *N*-烃基邻苯二甲酰亚胺，肼解或酸水解即可得纯伯胺。酸性水解要较强烈条件，例如与盐酸在封管中加热至180℃，现多用肼解法。此反应称为 Gabriel 合成，应用范围很广，是制备伯胺较好的方法。

$$CH_3-CH(Br)COOH \xrightarrow[(70\%)]{NH_3(70mol)} CH_3-CH(NH_2)COOH$$

$$\text{邻苯二甲酰亚胺(NH)} \xrightarrow{KOH/EtOH} \text{邻苯二甲酰亚胺}N^{\ominus}K^{\oplus} \xrightarrow{RX/DMF} \text{邻苯二甲酰亚胺}N-R \begin{cases} \xrightarrow{NH_2NH_2} \text{邻苯二甲酰肼} + RNH_2 \\ \xrightarrow{HCl/H_2O} C_6H_4(CO_2H)_2 + RNH_2 \end{cases}$$

如在 Gabriel 合成中，所用卤代烃中有两个活性官能团，则可进一步反应，得结构较为复杂的衍生物。抗疟药伯胺喹（Primaquine，**13**）的合成[14]就是一个例子。

$$\text{邻苯二甲酰亚胺(NH)} + Br(CH_2)_3CH(Br)CH_3 \xrightarrow[145\sim150℃,2h\ (73\%)]{Na_2CO_3} CH_3CH(Br)(CH_2)_3-N\text{(邻苯二甲酰亚胺基)} \xrightarrow[145\sim150℃,8h\ (93\%)]{\text{6-甲氧基-8-氨基喹啉}/Na_2CO_3}$$

$$CH_3CH(NH\text{-6-MeO-8-喹啉基})(CH_2)_3-N\text{(邻苯二甲酰亚胺基)} \xrightarrow[heat,6h]{NH_2NH_2\cdot H_2O(80\%)/EtOH} CH_3CH(NH\text{-6-MeO-8-喹啉基})(CH_2)_3-NH\text{-(4-氧代-酞嗪-1-基, N-NH)} \qquad [20]$$

$$\xrightarrow{30\%\ NaOH/Tol}$$ (13)：8-[(4-氨基-1-甲基丁基)氨基]-6-甲氧基喹啉，$CH_3CH(CH_2)_3—NH_2$ / NH / MeO

烃化反应中如果加入氯化铵、硝酸铵或醋酸铵等盐类，因增加铵离子，使氨的浓度增加，有利于反应进行。

$$O_2N\text{-}C_6H_3(NO_2)\text{-}Cl \xrightarrow[170℃,6h]{NH_3/AcONH_4} O_2N\text{-}C_6H_3(NO_2)\text{-}NH_2 \quad (70\%) \qquad [21]$$

(3) 伯胺的制备——Délépine 反应

用卤代烃与环六亚甲基四胺（乌洛托品，Methenamine，**14**）反应得季铵盐（**15**）。然后水解可得伯胺，此反应称为 Délépine 反应。环六亚甲基四胺是氨与甲醛反应所得产物，氮上已没有活性氢，不能发生多取代反应。

$$(CH_2)_6N_4\ \textbf{(14)} \xrightarrow{RX} (CH_2)_6N_3N^{\oplus}\text{—}R\cdot X^{\ominus}\ \textbf{(15)} \xrightarrow{HCl/EtOH} RNH_2$$

抗菌药氯霉素的一个中间体的合成便采用了此反应：

$$O_2N\text{-}C_6H_4\text{-}COCH_2Br \xrightarrow[33\sim38℃,1h]{(CH_2)_6N_4,C_6H_5Cl} O_2N\text{-}C_6H_4\text{-}COCH_2N_4^{\oplus}(CH_2)_6\cdot Br^{\ominus} \xrightarrow[33\sim35℃,1h]{C_2H_5OH,HCl}$$

$$O_2N\text{-}C_6H_4\text{-}COCH_2NH_3^{\oplus}Cl^{\ominus} \qquad [22]$$

(4) 伯胺的制备——三氟甲磺酰胺法

利用三氟甲磺酸酐酰化苄胺得 N-苄基三氟甲磺酰胺（**16**），这时氮上只有一个氢，在三氟甲磺酰基吸电子效应的影响下，有一定酸性，很易在碱性条件下与卤代烃反应，然后用氢化钠消除，水解得伯胺。例如：

$$(CF_3SO_2)_2O + PhCH_2NH_2 \xrightarrow[-78℃]{Et_3N/CH_2Cl_2} \underset{\textbf{(16)}}{PhCH_2NHSO_2CF_3} + CF_3SO_3H\cdot NEt_3 \qquad [23]$$

$$PhCH_2NHSO_2CF_3 \xrightarrow{n\text{-}C_7H_{15}Br/NaOH} PhCH_2N(C_7H_{15}\text{-}n)SO_2CF_3 \xrightarrow[100℃,3h]{NaH/DMF}$$

$$\left[PhCH{=}N\text{—}C_7H_{15}\text{-}n\right] \xrightarrow[heat,3h\ (80\%)]{10\%\ HCl/THF} n\text{-}C_7H_{15}NH_2$$

与上述伯胺的制备类似，用三氟甲磺酸酐酰化伯胺，然后烃化、还原，可得仲胺。

$$RNH_2 \xrightarrow{(CF_3SO_2)_2O} RNHSO_2CF_3 \xrightarrow{R'X/NaOH} RN(R')SO_2CF_3 \xrightarrow{LiAlH_4} RR'NH \qquad [23]$$

(5) 胺的制备——还原烃化法

胺还可以用还原烃化法制备。醛或酮在还原剂存在下，与氨或伯胺、仲胺反应，使氮原子上引进烃基的反应称为还原烃化反应。采用还原烃化反应制备胺不会像用卤代烃对胺烃化那样，易发生多烃化副反应和生成季铵盐副产物。同时，此法又是羰基化合物还原成相应碳原子数的胺的重要制备方法（见第七章还原反应）。可使用的还原剂很多，有催化氢化、金属钠加乙醇、钠汞齐和乙醇、锌粉、负氢化物以及甲酸等，其中以催化氢化和甲酸最常采用。

①**催化氢化法**

i. **反应通式**

还原烃化反应过程如下：

$$NH_3 \xrightleftharpoons{RCHO} \underset{\displaystyle OH}{RCHNH_2} \xrightarrow{H_2} RCH_2NH_2$$

$$\Updownarrow$$

$$RCH{=}NH \xrightarrow{H_2} RCH_2NH_2$$

$$RCH{=}NH + RCH_2NH_2 \rightleftharpoons \underset{\displaystyle NH_2}{RCHNHCH_2R} \xrightarrow{H_2} (RCH_2)_2NH + NH_3$$

$$(RCH_2)_2NH + RCHO \rightleftharpoons \underset{\displaystyle OH}{(RCH_2)_2NCHR} \xrightarrow{H_2} (RCH_2)_3N$$

$$RCH{=}NH + (RCH_2)_2NH \rightleftharpoons \underset{\displaystyle NH_2}{(RCH_2)_2NCHR} \xrightarrow{H_2} (RCH_2)_3N + NH_3$$

ii. **反应机理**

氨或胺对醛或酮的羰基进行亲核进攻，再经脱水生成亚胺，然后亚胺在催化氢化还原下生成相应的 *N*-烃化产物。参见第七章还原反应中还原胺化反应。

iii. **应用特点**

(a) **醛的还原烃化制备伯胺**

用低级的脂肪醛（4 个碳以下）与氨在 Raney 镍催化下还原烃化，其烃化产物为混合物。

$$NH_3 \xrightarrow{n\text{-}PrCHO/H_2/Raney\ Ni} \underset{(32\%)}{n\text{-}BuNH_2} + \underset{(13\%)}{n\text{-}Bu_2NH} + \text{(3,5-diethyl-2-n-propylpyridine)}\ (23\%) \qquad [24]$$

五个碳以上脂肪醛与过量氨在镍催化剂存在下还原烃化主要得伯胺，收率可在 60%以上，仲胺很少。苯甲醛与等摩尔氨用此条件还原烃化主要得苄胺。

$$NH_3 \xrightarrow{PhCHO/H_2/Raney\ Ni/EtOH} \underset{(90\%)}{PhCH_2NH_2} + \underset{(7\%)}{(PhCH_2)_2NH} \qquad [25]$$

(b) **酮的还原烃化制备伯胺**

脂肪酮类与氨以 Raney 镍氢化还原，其烃化产物收率的高低，与酮类的立体位阻大小有关。芳香烷基酮及二芳基酮按上述条件还原烃化，收率较低。

$$NH_3 + (Me)(n\text{-}Pr)C{=}O \xrightarrow{H_2/Raney\ Ni} (Me)(n\text{-}Pr)CHNH_2\ (90\%) \qquad [26]$$

$$NH_3 + (Me)(i\text{-}Bu)C{=}O \xrightarrow{H_2/Raney\ Ni} (Me)(i\text{-}Bu)CHNH_2\ (65\%) \qquad [27]$$

$$NH_3 + (i\text{-}Pr)_2C{=}O \xrightarrow{H_2/Raney\ Ni} (i\text{-}Pr)_2CHNH_2\ (48\%) \qquad [27]$$

(c) 还原烃化制备仲胺

仲胺也可以用还原烃化制备。脂肪醛酮与氨用 Raney 镍催化氢化还原，得混合物，其中仲胺收率低，增加醛、酮比例，也不能提高收率。当芳香醛与氨的摩尔比为 2∶1时，以 Raney 镍催化加氢，烃化产物以仲胺为主。

$$NH_3 + 2PhCHO \xrightarrow{H_2/Raney\ Ni} \underset{(81\%)}{(PhCH_2)_2NH} + \underset{(12\%)}{PhCH_2NH_2} \qquad [25]$$

(d) 还原烃化制备叔胺

还原烃化也能制备叔胺。反应的难易和收率主要取决于羰基和氨基化合物的位阻。例如仲胺 **(17)**、**(18)**、**(19)** 与不同位阻醛、酮的还原烃化反应，收率差别很大，说明位阻对收率有较大影响。

$$\underset{(17)}{CH_3NHCH(CH_3)(C_2H_5)} + O{=}C(C_2H_5)_2 \xrightarrow[(0.02\%)]{H_2/Pt}$$

$$\underset{(18)}{CH_3NHCH(C_2H_5)_2} + O{=}C(CH_3)(C_2H_5) \xrightarrow[(21\%)]{H_2/Pt} (CH_3)(C_2H_5)CHN(CH_3)CH(C_2H_5)_2 \qquad [28]$$

$$\underset{(19)}{(CH_3)(C_2H_5)CHNHCH(C_2H_5)_2} + HCHO \xrightarrow[(73\%)]{H_2/Pt}$$

由于甲醛的活性大，位阻最小，因此，可用它对许多胺类（伯胺、仲胺）进行还原甲基化反应。反应容易进行，收率较高。上述例子中，虽然 **(19)** 的位阻最大，但由于反应物为甲醛，所得收率达 73%。虽然化合物 **(17)** 的相对位阻最小，由于 3-戊酮位阻最大，所以收率极低。

又例如：

$$H_2N{-}\underset{\underset{O}{\|}}{C}{-}\text{(4-哌啶基)}NH \xrightarrow[r.t.,4h]{HCHO/MeOH/H_2/Ni} H_2N{-}\underset{\underset{O}{\|}}{C}{-}\text{(4-哌啶基)}N{-}CH_3 \quad (88\%) \qquad [29]$$

② **Leuckart-Wallach 和 Eschweiler-Clarke 反应**

用甲酸及其铵盐对醛、酮进行还原烃化，叫 Leuckart-Wallach 反应。用 Raney 镍还原收率较低的芳基烷基酮，改用此法可得较高收率的胺。而伯或仲胺用甲醛及甲酸还原甲基化，也可以用于制备叔胺，这一反应称为 Eschweiler-Clarke 反应，是 Leuckart-Wallach 反应的特例[30a, 31]。

i. 反应通式

Leuckart-Wallach 反应

$$RR'C{=}O + 2HCOONH_4 \longrightarrow RR'CHNHCHO + 2H_2O + NH_3 + CO_2$$

$$RR'CHNHCHO + H_2O \longrightarrow RR'CHNH_2 + HCOOH$$

Eschweiler-Clarke 反应

$$RNH_2 + HCHO + HCO_2H\ (过量) \longrightarrow RN(CH_3)_2 + H_2O + CO_2$$

ii. **反应机理**

Leuckart-Wallach 反应的机理是先生成酰基亚胺加成物，然后被甲酸还原成胺[30a, b]。

$$R'(R)C{=}O + HCOONH_4 \xrightarrow{-H_2O} R'(R)C(OH)-NH-CHO \longrightarrow \quad [30a, b]$$

$$R'(R)C{=}N-CHO + HCOOH \longrightarrow R'(R)CH-NH-CHO + CO_2 \xrightarrow{H_3O^+} R'(R)CHNH_2$$

Eschweiler-Clarke 反应亦称 Eschweiler-Clarke 甲基化反应，其机理是胺与甲醛先生成 Schiff 碱，经甲酸还原成甲基胺并放出 CO_2 和水，如果起始物为伯胺，则再重复上述过程。

iii. **应用特点**

根据反应物的不同，Leuckart-Wallach 反应可用于伯、仲、叔胺的制备。

$$CH_3-\underset{\|}{\overset{}{C}}(=O)-CH_2CH_2CH_2CH_2CH_3 + HCOONH_4 \xrightarrow{heat} CH_3-CH(NH_2)-CH_2CH_2CH_2CH_2CH_3\ (55\%) \quad [32]$$

$$R'(R)C{=}O + R''NH_2 + HCO_2H \longrightarrow R'(R)CHNHR'' + H_2O + CO_2$$

$$R'(R)C{=}O + R''(R''')NH + HCO_2H \longrightarrow R'(R)CHN(R'')(R''') + H_2O + CO_2$$

采用 Eschweiler-Clarke 反应制备二甲基叔胺，收率通常较高。

$$PhCH_2NH_2 + HCHO + HCO_2H \xrightarrow[2)浓\ HCl]{1)reflux, 4h} PhCH_2NMe_2 \quad (80\%) \quad [33]$$

(6) 亚磷酸二酯法

利用亚磷酸二酯与伯胺反应，对氮封锁令其只剩一个氢，再与卤代烃烃化、水解，便可制得仲胺。

$$RNH_2 \xrightarrow{(EtO)_2POH/CCl_4} RNHPO(OEt)_2 \xrightarrow{R'X/NaOH} RN(R')PO(OEt)_2 \xrightarrow{HCl} RR'NH \quad [34]$$

$$CH_3CH_2NH_2 + (EtO)_2P(O)H \longrightarrow C_2H_5HN-P(O)(OEt)_2 \xrightarrow{CH_3I/NaOH} C_2H_5-N(CH_3)-P(O)(OEt)_2 \xrightarrow{HCl} EtMeNH \quad [34]$$

(7) Hinsberg 反应法

Hinsberg 反应也可用于制备仲胺。

$$RNH_2 \xrightarrow{ArSO_2Cl/NaOH} RNHSO_2Ar \xrightarrow{R'X/NaOH} RN(R')SO_2Ar \xrightarrow{酸或碱/H_2O} RR'NH \quad [35]$$

$$CH_2{=}CHCH_2NH_2 + \text{2-}NO_2C_6H_4SO_2Cl \xrightarrow{Et_3N} \text{2-}NO_2C_6H_4SO_2NHCH_2CH{=}CH_2 \xrightarrow[K_2CO_3]{CH_2{=}CHCH_2Br} \text{2-}NO_2C_6H_4SO_2N(CH_2CH{=}CH_2)_2 \xrightarrow[KOH,\ H_2O]{TolSH} (CH_2{=}CHCH_2)_2NH \quad [35]$$

(8) 鏻鎓盐法

由醇制备的鏻鎓盐 (**20**) 可与伯胺反应得仲胺。

$$RNH_2 + \underset{(\mathbf{20})}{R'OP^{\oplus}Ph_3} \xrightarrow{DMF 或苯} RR'NH + Ph_3P{=}O \quad [36]$$

鏻鎓盐与仲胺作用，可以得到较纯的叔胺。

$$R'R''NH + ROP^{\oplus}Ph_3 \xrightarrow{DMF 或苯} R{-}N(R'){-}R'' + Ph_3P{=}O \quad [36]$$

例如，

$$C_3H_7O^{\oplus}PPh_3 + C_6H_{13}NH_2 \xrightarrow{苯} C_6H_{13}NHC_3H_7 \quad [36]$$

$$PhCH_2O^{\oplus}PPh_3 + CH_3NHBu\text{-}n \xrightarrow{DMF} CH_3{-}N(Bn){-}Bu\text{-}n$$

二、芳香胺的 N-烃化

1. 反应通式

$$ArNH_2 \xrightarrow{RL} ArN^{\oplus}H_2RL^{\ominus} \xrightarrow{RL} ArN^{\oplus}HR_2L^{\ominus}$$

芳香胺氮原子的碱性较弱，因此发生 N-烷基化需要更强的条件。上式中的 RL 代表烷基化试剂，可以是卤代烃、硫酸烷基酯、芳基磺酸烷基酯；在酸催化下，原甲酸酯、脂肪伯醇也可作为亲电试剂对芳胺进行烷基化。

碱金属催化芳胺与烯烃的烃化反应：

$$ArNH_2 \xrightarrow{Na} ArN^{\ominus}HNa^{\oplus} \xrightarrow{H_2C{=}CH_2} ArNHCH_2CH_2^{\ominus}Na^{\oplus} \xrightarrow{ArNH_2} ArNHEt$$

芳香伯胺与活性更弱的卤代芳烃的偶联，需要在铜或铜(I)盐的催化下完成，称为 Ullmann 反应。

$$R^1C_6H_4{-}X + Y{-}C_6H_4R^2 \xrightarrow[base,solvent\ 100\sim300℃]{Cu 或 Cu(\text{I})盐} R^1C_6H_4{-}Y{-}C_6H_4R^2$$

其中，R^1、R^2 为 H、CN、NO_2、CO_2R、I、Br、Cl、I；X 为 I、Br、Cl 等；Y 为 NH_2、NHR、NHCOR 等。

2. 反应机理

尽管芳胺氮原子的碱性较弱，但其氮上孤对电子的存在，使其仍具有一定的亲核能力。卤代烃及其他烃化剂对芳香胺的 N-烃化反应是经历一个不同的烃化剂对芳胺 N 原子亲电进攻的机理。

$$Ar\ddot{N}H_2 + R{-}L \longrightarrow Ar\ddot{N}HR + R{-}L \longrightarrow ArNR_2$$

碱金属催化芳胺与烯烃的烃化反应则是氮负离子对烯烃双键的亲核加成。

$$ArNH_2 \xrightarrow{Na} ArN^{\ominus}HNa^{\oplus} \quad H_2C{=}CH_2 \longrightarrow ArNHCH_2CH_2^{\ominus}Na^{\oplus} \xrightarrow{H-N(H)-Ar} ArNHEt$$

铜或铜（Ⅰ）催化的 Ullmann 反应目前公认的机理是一个自由基反应。

3. 应用特点

(1) 卤代烃为烃化剂

苯胺与卤代烃反应，生成仲胺，进一步反应得叔胺。硫酸二甲酯、芳基磺酸酯也可用作烃化剂，通常得到仲胺及叔胺的混合物。通过酸酐酰化或苯磺酰氯苯磺酰化，利用仲胺生成酰胺或磺酰胺，叔胺不反应的特性，用稀酸可将得到的叔胺分离提出。

$$C_6H_5NH_2 \xrightarrow{MeI} C_6H_5NHMe \xrightarrow{MeI} C_6H_5NMe_2 \quad [37]$$

(2) 原甲酸乙酯为烃化剂

芳香伯胺可于硫酸存在下，用原甲酸乙酯烃化，先得 *N*-乙基甲酰苯胺类化合物 (**21**)，再进行水解为 *N*-乙基苯胺。如下式，由对氯苯胺经原甲酸乙酯烃化，制备 *N*-乙基对氯苯胺 (**22**)[38]。

$$p\text{-}ClC_6H_4NH_2 \xrightarrow[120℃]{CH(OEt)_3/H_2SO_4} p\text{-}ClC_6H_4N(Et)CHO\ (\mathbf{21}) \xrightarrow{水解} p\text{-}ClC_6H_4NHEt\ (\mathbf{22}) \quad [38]$$

(**21**) (80% ～ 86%)　(**22**) (65% ～ 70%)

(3) 碱金属催化烃化法的应用

芳香胺也可在碱金属存在下进行 *N*-烃化[39a]。钠溶于苯胺得苯胺钠，可加入金属或金属氧化物催化其生成。当乙烯在压力下通过此溶液时，便得到 *N*-乙基苯胺（86%）及 *N*，*N*-二乙基苯胺（9%）的混合物，一般没有环上烃化产物。此反应亦可用于对甲苯胺、苯二胺及萘胺等的 *N*-烃化。

(4) 脂肪伯醇为烃化剂

苯胺与脂肪伯醇反应也可发生 *N*-烃化。例如苯胺硫酸盐与甲醇在压力下加热，得单及双烃基苯胺。也可在酸或 Raney 镍催化下进行。其机理可能是通过芳胺 N 原子对质子化醇的亲核取代反应完成的。此反应是工业上用苯胺及其硫酸盐或盐酸盐与相应醇在压力下加热至 170～180℃制备 *N*-烃化及 *N*,*N*-双烃化苯胺的基础，可加铜粉或氯化钙作催化剂。选择适当条件可主要得到仲胺或叔胺，一般通过蒸馏纯化。

$$(ArNH_2)_2 \cdot H_2SO_4 + MeOH \longrightarrow ArNHMe \xrightarrow{MeOH/H^{\oplus}} ArNMe_2 \quad [39b]$$

$$C_6H_5NH_2 \xrightarrow[280℃,压力,3h]{MeOH/H_2/SiO_2/Al_2O_3} C_6H_5NMe_2 \quad (98\%)$$

$$C_6H_5NH_2 \xrightarrow[heat,16h]{ROH/Raney\ Ni} C_6H_5NHR \quad (约\ 82\%) \quad (R{=}Et、Pr、n\text{-}Bu) \quad [40]$$

(5) 羧酸酰胺及苯磺酰胺法的应用

纯芳香仲胺可用类似脂肪仲胺的方式制备。先乙酰化或苯磺酰化芳香伯胺，再转成钠盐，经 N-烃化，水解便得。

$$ArNHCOCH_3 \longrightarrow ArN^{\ominus}(Na^{\oplus})COCH_3 \xrightarrow{MeI/Tol} ArNMeCOCH_3 \xrightarrow{KOH} ArNHMe \quad (90\%) \qquad [41]$$

(6) 还原烃化法的应用

也可用还原烃化法进行芳胺的 N-烃化反应，制备仲胺和叔胺。

$$Ph_2NH \xrightarrow{HCHO/H_2/Pt} Ph_2NMe \quad (65\%)$$

伯胺与羰基化合物缩合生成 Schiff 碱，再用 Raney 镍或铂催化氢化，得到仲胺的收率一般较好。

$$1\text{-}C_{10}H_7NH_2 \xrightarrow{CH_3CHO} 1\text{-}C_{10}H_7N{=}CHCH_3 \xrightarrow{H_2/Raney\ Ni} 1\text{-}C_{10}H_7NHCH_2CH_3 \quad (88\%) \qquad [42]$$

(7) Ullmann 反应：芳胺的 N-芳烃化

由于卤代芳烃活性较低，又有位阻，不易与芳香伯胺反应。如加入铜或碘化铜以及碳酸钾并加热，可得二苯胺及其同系物。这叫 Ullmann 反应。

$$PhNHCOCH_3 \xrightarrow[heat]{PhBr/K_2CO_3/Cu/PhNO_2} Ph_2NH \quad (60\%)$$

氯灭酸（Chlofenamic Acid，**23**）[43]及氟灭酸（FlufenamicAcid，**24**）[44]也是用 Ullmann 反应合成的。

$$3\text{-}ClC_6H_4NH_2 + 2\text{-}ClC_6H_4CO_2H \xrightarrow[heat]{CuSO_4/NaOH,pH\ 5\sim6} 3\text{-}ClC_6H_4NH\text{-}C_6H_4\text{-}2\text{-}CO_2H \ (\mathbf{23}) \quad (56\%) \qquad [43]$$

$$3\text{-}CF_3C_6H_4NH_2 + 2\text{-}ClC_6H_4COOH \xrightarrow[105\sim110℃]{无水\ K_2CO_3/Cu} \xrightarrow[pH\ 4]{HCl} 3\text{-}F_3CC_6H_4NH\text{-}C_6H_4\text{-}2\text{-}CO_2H \ (\mathbf{24}) \quad (73\%) \qquad [44]$$

二苯胺也可用苯胺与苯酚在氯化锌或三氯化锑存在下反应而制得。

$$PhOH + PhNH_2 \xrightarrow[260℃]{ZnCl_2} Ph_2NH$$

三、杂环胺的 N-烃化

1. 反应通式

杂环胺可以是环上或环外的非芳香性氮原子，由于 N 原子上孤对电子的存在，因此有亲核能力，可以与卤代烃等烃化剂发生烷基化反应。通常杂环胺氮原子的碱性亦较弱，因此发生 N-烷基化同样需要较强的条件。

$$H-N\rangle + RX \xrightarrow{\text{base}} R-N\rangle \qquad H-N\rangle \text{ 表示杂环胺}$$

2. 反应机理

$$\ddot{N}H + \overset{\delta^+}{R}-\overset{\delta^-}{X} \longrightarrow R-N\rangle$$

杂环胺的 *N*-烷基化主要是通过与卤代烃的亲核取代反应完成的，为了克服氮原子碱性弱的问题，一般可与碱金属成钠盐后再进行烷基化。

3. 应用特点

（1）卤代烃为烃化剂

含氮六元杂环胺中，当氨基在氮原子邻或对位时，碱性较弱，可用 $NaNH_2$ 先制成钠盐再进行烃化。例如，抗组胺药（**25**）的合成。

$$\text{2-}(PhCH_2NH)\text{-pyridine} + ClCH_2CH_2NMe_2\cdot HCl \xrightarrow[\text{heat, 6h}]{NaNH_2/Tol} \text{2-}(PhCH_2NCH_2CH_2NMe_2)\text{-pyridine}\ (\mathbf{25})\ (80\%) \quad [45]$$

（2）多个氮原子的选择性烃化

如果含氮杂环上有几个氮原子，用硫酸二甲酯进行烃化时，可根据氮原子的碱性不同而进行选择性烃化。例如，在黄嘌呤（**26**）结构含有三个可被烃化的氮原子，其中 N-7 和 N-3 的碱性强，在近中性条件下可被烃化，而 N-1 上的 H 有酸性，不易被烃化，只能在碱性条件下反应。因此，控制反应溶液的 pH 可以进行选择性烃化，分别得到咖啡因（**27**）和可可碱（**28**）。

$$(\mathbf{26}) \xrightarrow[35℃]{Me_2SO_4/NaOH,\ pH\ 9\sim10} (\mathbf{27})\ (90\%)$$

$$(\mathbf{26}) \xrightarrow{Me_2SO_4/NaOH,\ pH\ 4\sim8} (\mathbf{28})\ (68\%) \quad [46]$$

（3）还原烃化法的应用

还原烃化法亦可用来进行杂环胺的烷基化，例如氨基比林（Aminopyrinum，**29**）的制备。

$$\xrightarrow[60\sim85℃]{HCHO/H_2/Ni} (\mathbf{29})\ (98\%) \quad [47]$$

在金属负氢化合物存在下，羧酸或羧酸酯也可用于还原烃化。例如由异喹啉制备（**30**）。反应过程可能是硼氢化钠还原碱性杂环的 *N*-羧酸盐。

$$\xrightarrow[20℃，过夜；50℃，1h]{C_2H_5CO_2H/NaBH_4} N-C_3H_7\ (\mathbf{30})\ (79\%) \quad [48]$$

第四节　碳原子上的烃化反应

一、芳烃的烃化：Friedel-Crafts 反应

Friedel-Crafts 反应是 1877 年发现的，在三氯化铝催化下，卤代烃及酰卤与芳香族化合物反应，在环上引入烃基及酰基。

本节只讨论烃化反应。引入的烃基有烷基、环烷基、芳烷基；催化剂主要为 Lewis 酸（如三氯化铝、三氯化铁、五氯化锑、三氟化硼、氯化锌、四氯化钛）和质子酸（如氟氢酸、硫酸、五氧化二磷等）；烃化剂有卤代烃、烯、醇、醚及酯；芳香族化合物可以是烃、氯及溴化物、酚、酚醚、胺、醛、羧酸、芳香杂环如呋喃、噻吩等。近年来，为了克服传统催化剂的缺点，在 Friedel-Crafts 反应的新型催化剂研究上取得了较大的进展[49]。

Friedel-Crafts 反应有着广泛用途，在制备烷基取代的二甲苯、萘、酚，以及利用热裂所得的烯烃，石油馏分的氯化产物或天然存在的蜡酯作为烃化剂等方面有重要的用途。最重要的应用之一是从乙烯及苯来制备乙苯，后者是高分子材料聚苯乙烯单体苯乙烯的原料。在药物合成反应中，Friedel-Crafts 反应同样有着十分广泛的应用，如：

冠状动脉扩张药派克西林（Perhexiline）[50]中间体二苯酮 **(31)** 的合成：

$$C_6H_6 \xrightarrow[10\sim30℃,3h]{CCl_4,AlCl_3} (C_6H_5)_2CCl_2 \xrightarrow{H_2O} (C_6H_5)_2C{=}O\ \ (80\%)$$

(31)　　[50]

冠状动脉扩张药普尼拉明（Prenylamine）[5136]中间体二苯丙酸 **(32)** 的制备：

$$C_6H_5CH{=}CH{-}COOH \xrightarrow[25℃,4h]{C_6H_6/AlCl_3} (C_6H_5)_2CH{-}CH_2COOH$$

(32)　(95%)　　[51]

镇痛药延胡索乙素（Tetrahydropalmatine）[52]中间体 3,4-二甲氧基苯丙腈 **(33)** 的合成：

$$3,4\text{-}(H_3CO)_2C_6H_4 \xrightarrow{CH_2{=}CH{-}CN,AlCl_3} 3,4\text{-}(H_3CO)_2C_6H_3CH_2CH_2CN$$

(33)　　[52]

1. 反应通式

$$R^1C_6H_5 + R{-}\overset{R'}{\underset{R''}{C}}{}^{\oplus}AlCl_3X^{\ominus} \longrightarrow \left[\sigma\text{-络合物}\ (R,R',R''C, H)\ AlCl_3X^{\ominus}\right] \longrightarrow R^1C_6H_4{-}C(R)(R')(R'') + AlCl_3 + HX$$

2. 反应机理

Friedel-Crafts 烃化反应是碳正离子对芳环的亲电进攻。通常碳正离子来自卤代烃与Lewis 酸的络合物，其他如质子化的醇及质子化的烯等也可作为碳正离子源。

3. 影响因素

(1) 烃化剂结构的影响

① 烷基结构的影响

烃化剂 RX 的活性既取决于 R 的结构，也取决于 X 的性质。R 的结构如有利于 RX 的极化，将有利于烃化反应的进行。因此，卤代烃、醇、醚及酯中，R 为叔烃基或苄基时，最易反应，R 为仲烃基时次之，伯烃基反应最慢，这时有必要采用更强的催化剂或反应条件，以使烃化易于进行。例如，氯化苄与苯在痕量弱催化剂 $ZnCl_2$ 存在下即可反应，而氯甲烷则要用相当量的强催化剂 $AlCl_3$。

② 卤原子的影响

卤代烃的活性也决定于卤原子。$AlCl_3$ 催化卤代正丁烷或叔丁烷与苯反应，活性顺序为：F＞Cl＞Br＞I，正好与通常的活性顺序相反。

③ 催化剂量的影响

最常用的烃化剂为卤代烃、醇及烯，均可用 $AlCl_3$ 催化烃化。卤代烃及烯只需催化量 $AlCl_3$ 即已足够，而醇则要用较大量催化剂，因醇与 $AlCl_3$ 能发生反应。

$$C_2H_5OH + AlCl_3 \longrightarrow C_2H_5OH \cdot AlCl_3$$

$$C_2H_5OH \cdot AlCl_3 \longrightarrow C_2H_5OAlCl_2 + HCl$$

$$C_2H_5OAlCl_2 \xrightarrow[\text{heat}]{} C_2H_5Cl + AlOCl$$

虽然 BF_3 及 HF 可用于催化卤代烃的烃化，但它们更常用在烯及醇烃化反应的催化。因为烯及醇用 $AlCl_3$ 催化，易得树脂状副产物，产物有颜色，用 HF 或 BF_3 则可避免这些副反应的发生。

醚及酯较少用作烃化剂，因为它们并不比用醇有更大的优越性。

(2) 芳环结构的影响

Friedel-Crafts 烃化反应为亲电性取代反应。因此，当环上存在给电子取代基时，反应较易。烃基为释电子基团，当苯环上连有一个烃基后，将有利于继续烃化而得到多烃基衍生物。

烃基的结构对苯环上引入烃基的数目有重要影响。例如苯环上六个氢都可被甲基、乙基或正丙基取代，但只能有四个被异丙基取代，两个被叔丁基取代。

Et Et Et Et Et Et　　　Pr-*i* Pr-*i* *i*-Pr Pr-*i*　　　Bu-*t* Bu-*t*

羟基及烷氧基是比烃基更强的释电子取代基。例如，硝基苯不能烃化，但邻硝基苯甲醚可以在 HF 催化下引入异丙基，收率较好。但由于催化剂可以与氧原子络合，既降低了催化剂的活性，也令烷氧基失去释电子能力。对于芳胺尤其是如此，这类化合物的 F-C 烃化反应基本无应用价值。

$$Ph-\ddot{O}(CH_3) + BF_3 \longrightarrow Ph-O^{\oplus}(CH_3) \rightarrow BF_3^{\ominus}$$

(3) 催化剂的影响

① Lewis 酸及其催化活性

催化剂的作用在于与 RX 反应，生成 R^+ 碳正离子，后者对苯环进攻。Lewis 酸的催化活性大于质子酸。其强弱程度因具体反应及条件的不同而改变。下面的顺序来自催化甲苯与乙酰氯反应的活性[49]。

$$AlBr_3 > AlCl_3 > SbCl_5 > FeCl_3 > TeCl_2 > SnCl_4 > TiCl_4 > TeCl_4 > BiCl_3 > ZnCl_2$$

酸的活性顺序通常认为是：

$$HF > H_2SO_4 > P_2O_5 > H_3PO_4$$

② 烃化剂结构对催化剂活性的影响

金属卤化物与酸的催化活性通常不能直接比较，其活性受烃化剂结构影响较大。例如，烯丙基氯及烯丙醇在硫酸存在下主要是双键处缩合[53]，在 BF_3[54]、$FeCl_3$[55]或 $ZnCl_2$[55]存在下主要生成烯丙基取代衍生物，而在 $AlCl_3$存在下，则两个位置都能发生缩合[55a]。

③ 其他酸性物质的影响

在有些例子中，$AlCl_3$及 BF_3的催化活性在其他酸性物质帮助下被加强了。例如用烯进行烃化反应时，除催化剂外，无水氯化氢的存在将有利于反应；伯醇与苯用 BF_3催化进行烃化反应时，只有当 P_2O_5、对甲苯磺酸或硫酸存在时才有可能发生。$SnCl_4$、$TiCl_4$等可增加 $AlCl_3$的催化活性，而 $FeCl_3$则降低其活性。

④ 常用的催化剂

Lewis 酸中以无水 $AlCl_3$最为常用，主要是由于其催化活性强，价格较便宜，在药物合成中应用最多。如，镇咳药地步酸钠（Sodium Dibunate）[55b]中间体 (**34**) 的合成：

萘 $\xrightarrow{(CH_3)_3CCl,\ AlCl_3}$ 2,7-二叔丁基萘 [$(CH_3)_3C$—…—$C(CH_3)_3$] (**34**) (70%) [55b]

止泻药地芬诺酯（Diphenoxylate）[55c]中间体 (**35**) 的制备：

$C_6H_5CH_2CN \xrightarrow{Br_2} C_6H_5CH(Br)CN \xrightarrow[80℃,1h]{C_6H_6/无水\ AlCl_3} (C_6H_5)_2CHCN$ (**35**) (80%) [55c]

但无水 $AlCl_3$不宜用于催化多 π 电子的芳香杂环如呋喃、噻吩等的烃化反应，即使在温和条件下，也能引起分解反应。芳环上的苄醚、烯丙醚等基团，在 $AlCl_3$作用下，常引起去烃基的副反应，实际上是脱保护基的反应。

(4) 溶剂的影响

当芳烃本身为液体时，如苯，即可用过量苯，既作反应物又作溶剂；当芳烃为固体时（如萘），可在二硫化碳、石油醚、四氯化碳中进行。对酚类的烃化，则可在醋酸、石油醚、硝基苯以至苯中进行。

4. 应用特点

(1) 烃基的异构化：稳定的烷基芳烃的制备

从 F-C 反应的机理可以预测，反应中将会发生碳正离子的重排，产生烃基异构化产物。如在 $AlCl_3$存在下，溴代正丙烷及溴代异丙烷与苯反应，都得到同一产物——异丙苯。

通常认为，溴代正丙烷在 $AlCl_3$存在下，生成丙基碳正离子，该碳正离子可转变成更稳定的异丙基碳正离子，然后进攻苯环得异丙苯。

$$CH_3CH_2CH_2Cl + AlCl_3 \rightleftharpoons CH_3CH_2CH_2^{\oplus}AlCl_4^{\ominus} \rightleftharpoons (H_3C)_2CH^{\oplus}AlCl_4^{\ominus}$$

$$C_6H_6 + (H_3C)_2CH^{\oplus}AlCl_4^{\ominus} \longrightarrow \left[\sigma\text{-络合物}\ (H_3C)_2CH,\ H,\ \oplus;\ AlCl_3X^{\ominus} \right] \longrightarrow C_6H_5CH(CH_3)_2 + AlCl_3 + HX$$

温度对烃基的异构化有重要影响：n-PrCl 用无水 $AlCl_3$ 催化，在低温时与苯反应，得正丙苯及异丙苯混合物，其中正丙苯占优势；提高温度后，异丙苯占优势[56]，增加 $AlCl_3$ 用量，则得多取代的对称三异丙基苯[57]。

催化剂的种类、活性、用量也可影响烃基的异构化。如果催化剂的活性强、用量较大时，产物异构化程度大；反之，则较小。正醇用 $AlCl_3$ 催化，通常不发生烃基异构化，如用硫酸或 BF_3 催化，则可发生异构化。

$$\underset{(2mol)}{C_6H_6} + \underset{(1mol)}{CH_3CH_2CH_2Cl} \xrightarrow[-6℃,5h]{AlCl_3(0.08mol)} \underset{(3:2)}{C_6H_5Pr\text{-}n + C_6H_5Pr\text{-}i}\ (41\%) \quad [56]$$

$$\underset{(2mol)}{C_6H_6} + \underset{(1mol)}{CH_3CH_2CH_2Cl} \xrightarrow[35℃,5h]{AlCl_3(0.08mol)} \underset{(2:3)}{C_6H_5Pr\text{-}n + C_6H_5Pr\text{-}i}\ (48\%)$$

$$\underset{(1mol)}{C_6H_6} + \underset{(3mol)}{CH_3CH_2CH_2Cl} \xrightarrow[-10℃]{AlCl_3(1mol)} 1,3,5\text{-}(i\text{-Pr})_3C_6H_3\ (90\%) \quad [57]$$

在更强烈的条件下，则不仅发生烃基异构化，还得到许多其他产物。例如用叔丁醇与苯在 $AlCl_3$ 催化下，于 30 ℃反应，得高收率（84%）的叔丁基苯：如将反应温度提高至 80～95℃，则产物为甲苯、二甲苯及异丙苯的混合物。

$$\underset{(5mol)}{C_6H_6} + \underset{(1mol)}{t\text{-BuOH}} \xrightarrow[30℃,24h]{AlCl_3(0.5mol)} C_6H_5Bu\text{-}t\ (84\%) \quad [58]$$

$$C_6H_6 + t\text{-BuOH} \xrightarrow[80\sim95℃,8h]{AlCl_3} C_6H_5CH_3 + C_6H_5Et + C_6H_5Pr\text{-}i \quad [59]$$

(2) 烃基的定位：烷基芳烃的位置选择性

当苯环上引入的烃基不止一个时，烃化的取代位置也是一个值得注意的问题。除得到 o-、p-二烃基苯外，常常得到相当比例的间位产物。通常，较强烈的条件，即强催化剂、较长的反应时间、较高的反应温度等，易生成不正常的间位产物。例如，用最活泼的催化剂 $AlCl_3$，当用量较大，在较高温度及较长时间反应时，将得到比例很大的间位二烃基苯。用 BF_3、H_2SO_4、$FeCl_3$ 及其他催化剂，则主要得对二烃基苯。

$$\text{Toluene (1.9 mol)} + CH_3Br\ (0.6\ mol) \xrightarrow[0℃]{AlCl_3\ (0.9\ mol)} \text{o-xylene} + \text{p-xylene} + \text{m-xylene}\quad (2:1:1)$$

$$\xrightarrow[90℃]{AlCl_3\ (0.9\ mol)} \quad (1:1:10)$$ [60]

$$\text{Toluene (5mol)} + (H_3C)_2CHI \xrightarrow[80\sim100℃]{AlCl_3(0.3mol)} m\text{-}CH_3C_6H_4CH(CH_3)_2\ (75\%)$$ [61]

$$\text{Toluene (0.4mol)} + (H_3C)_2CHOH\ (0.4mol) \xrightarrow[70℃]{80\%\ H_2SO_4(5mol)} p\text{-}CH_3C_6H_4CH(CH_3)_2\ (35\%)$$ [62]

萘的烃化反应一般得到的是二烃基衍生物。萘与环已醇或环已烯在 $AlCl_3$ 催化下反应所得主要二烃基衍生物为 2,6-二环已基萘，但用 BF_3 催化时，则有 1,4-二环已基萘生成。这是因为 Friedel-Crafts 反应为一可逆反应，较缓和的条件有利于在萘环 α-位取代，而较强烈的条件，则有利于在 β-位发生取代。

$$\text{萘 (1.8mol)} + \text{环己烯 (0.5mol)} \xrightarrow[80℃,18h]{AlCl_3(0.15mol)} \text{2-环己基萘 (30\%)} + \text{2,6-二环己基萘}$$ [63]

$$\text{萘 (0.4mol)} + \text{环己醇 (0.45mol)} \xrightarrow[25℃]{BF_3} \text{2-环己基萘 (63\%)} + \text{1,4-二环己基萘 (9\%)}$$ [64]

类似地，苯的三烃化反应，在缓和条件下得 1,2,4-三烃基苯，而强烈条件则生成 1,3,5-取代异构体。1,2,4-三烃基苯在 $AlCl_3$ 作用下，也可重排为 1,3,5-三烃基苯。

$$\text{苯} \xrightarrow[0℃]{CH_3Cl/AlCl_3} \text{1,2,4-三甲苯（主产物）}$$

$$\text{1,2,4-三甲苯} \xrightarrow{AlCl_3/heat} \text{1,3,5-三甲苯}$$

$$\text{苯} \xrightarrow[100℃]{CH_3Cl/AlCl_3} \text{1,3,5-三甲苯（主产物）}$$ [65]

在酚及卤代苯的烃化中，也可以看到类似情况。

$$\text{苯甲醚} + p\text{-}MeOC_6H_4CH_2OH \xrightarrow[\text{均三甲苯},\ 80℃]{Al_2O_3,\ SiO_2} o\text{-}MeOC_6H_4CH_2C_6H_4OMe\text{-}p\ (38\%) + (p\text{-}MeOC_6H_4)_2CH_2\ (40\%)$$ [66]

$$\text{C}_6\text{H}_5\text{Cl} + CH_2{=}CH_2 \xrightarrow[100℃]{AlCl_3} \text{邻-乙基氯苯} + \text{对-乙基氯苯} + \text{间-乙基氯苯} \quad (2 : 1 : 3)$$

[67]

(3) 其他烃化剂的应用

苯还可以用多卤化物、甲醛、环氧乙烷在 $AlCl_3$ 催化下进行烃化。

$$\text{C}_6\text{H}_6 + CH_2Cl_2 \xrightarrow{AlCl_3} PhCH_2Ph$$

$$\text{C}_6\text{H}_6 + HCHO \xrightarrow{AlCl_3} PhCH_2Ph$$

$$\text{C}_6\text{H}_6 + CHCl_3 \xrightarrow{AlCl_3} Ph_3CH$$

$$\text{C}_6\text{H}_6 + ClCH_2CH_2Cl \xrightarrow{AlCl_3} PhCH_2CH_2Ph$$

$$\text{C}_6\text{H}_6 + \text{环氧乙烷} \xrightarrow{AlCl_3} PhCH_2CH_2Ph$$

二、炔烃的 C-烃化

1. 反应通式

Lebeau 及 Picon 在 1913 年首先报道乙炔钠与碘代烷在液氨中的反应，生成 1-炔烃衍生物。

$$HC{\equiv}\overset{\delta^-}{C}{-}\overset{\delta^+}{Na} + \overset{\delta^+}{R}{-}\overset{\delta^-}{X} \longrightarrow HC{\equiv}C{-}R + NaX$$

2. 反应机理

如上所示，在乙炔钠的 C—Na 键中，C 是显电负性的，向卤代烃中显电正性的 R 亲核进攻。

炔离子常由端基炔与强碱，例如氨基钠作用得到；也可利用炔端基氢的酸性与格氏试剂生成炔基卤化镁—C≡CMgX。

3. 影响因素：卤代烃结构的影响

卤代烃与炔离子的反应十分容易，但有一定限制，只有当伯卤化物的 β-位置没有侧链时（如 RCH_2CH_2X），才能得到较好的收率；仲及叔卤代烃以及伯卤代烃在 β-位有侧链时，只得到痕量的 1-炔衍生物，主要产物是卤代烃消除得到的烯。卤代烃的活性随卤素原子量的增加而增加，即 I＞Br＞Cl＞F，随烃基大小的增加而减少。

芳卤化物不能用来烃化炔离子，有些是活性太低，不能起反应，如氯苯；有些则与液氨发生氨解副反应，如邻硝基氯苯。

溴代烃用来烃化炔离子，结果最理想。因它比氯代烃活泼，易起烃化反应，而用碘代烃时，由于副反应，生成的氨解产物较多。卤代烃与液氨生成副产物胺的活性顺序是：RI＞RBr＞RCl。所得胺中，有等量的伯胺及仲胺，叔胺的量随卤代烃的不同而有变化。

4. 应用特点

(1) 双炔的制备

用二卤化物与乙炔钠在液氨中反应也是成功的。如1,5-二溴戊烷得1,8-壬二炔(**36**)。

$$Br(CH_2)_5Br \xrightarrow{HC\equiv CNa/liq\ /NH_3} HC\equiv C(CH_2)_5C\equiv CH \quad (84\%) \quad [68]$$

(**36**)

(2) 相同及不同取代炔的制备

乙炔钠也可用卤代烃烃化，在炔基的两端引入两个相同或不相同的烃基。乙炔钠在液氨中第一次烃化得1-炔后，不必分离，再加入悬浮在液氨中的氨基钠，然后再加与第一次烃化相同或不相同的卤代烃，即可得很好收率的相应的炔。

$$HC\equiv CNa \xrightarrow{RX/liq\ NH_3} HC\equiv CR + NaX$$

$$HC\equiv CR \xrightarrow{NaNH_2/liq\ NH_3} NaC\equiv CR + NH_3$$

$$NaC\equiv CR \xrightarrow{R'X/liq\ NH_3} R'C\equiv CR + NaX$$

这些方法限于应用中等分子量的卤代烃。例如，溴代正辛烷只生成15%收率的9-十八炔，$CH_3(CH_2)_7C\equiv C(CH_2)_7CH_3$。

溴代烃是常压反应最好的烃化剂，如改用氯代烃，收率较低。将氯代烃置高压釜中反应，可提高烃化收率，但如不搅拌，收率仍低于溴代烃在常压的反应。

三、格氏试剂的C-烃化

有机金属化合物是当今有机化学中极为活跃的领域。有机钠（钾）、锂、镁、铜、硅、硼等试剂已广泛地应用于合成反应中。其中有机锂试剂和有机镁试剂应用最多，在*C*-烃化反应中占有重要地位。本节只讨论格氏试剂的*C*-烃化反应。

1. 反应通式

Grignard在1901年发现有机卤化物与金属镁在无水乙醚中反应能生成有机镁化合物，即格氏试剂。以后，格氏试剂在合成中得到广泛应用，Grignard也为此在1912年获得诺贝尔化学奖。

$$RX + Mg \xrightarrow{Et_2O} RMgX$$

R可以为伯、仲、叔烃基，X可为碘、溴、氯。R亦可为芳基，这时X仅为碘或溴，芳香氯化物及氯乙烯不够活泼，不易与镁反应。

$$RMgX + R'—X \longrightarrow R—R' + MgX_2$$

2. 反应机理

镁是电正性很大的元素，与碳之间化学键的极性使碳原子显高度电负性，这也是该类化合物有强亲核性及碱性的原因。

$$\overset{\delta^-}{R}—\overset{\delta^+}{Mg}—\overset{\delta^-}{X}$$

它能与不饱和键，如羰基发生加成反应，并能迅速与OH、NH、C≡C—H、—COOH等基团中活性氢反应并生成烃，这些都已为人所熟知。本小节只讨论格氏试剂在碳上的烃化反应。

$$\overset{\delta^-}{R}—\overset{\delta^+}{Mg}X + \overset{\delta^+}{R'}—\overset{\delta^-}{X} \longrightarrow R—R' + MgX_2$$

3. 影响因素

(1) 卤代烃结构的影响

在制备格氏试剂中，卤代烃的反应活性既决定于卤素 X，也决定于 R 的结构。当卤代烃中，R 相同而卤素不同时，其活性顺序是：

$$RI > RBr > RCl > RF$$

制备格氏试剂时，常加入碘、碘甲烷或溴乙烷作催化剂。它们的作用是使镁的表面活化，有利于与惰性的卤代烃反应。但碘甲烷或溴乙烷生成另一种格氏试剂，与反应物发生不希望的反应是其缺点。改进的办法是采用二溴乙烷作为活泼卤化物，它活化镁后分解为乙烯逸去，而不是生成另一格氏试剂[69]。

$$BrCH_2CH_2Br + Mg \longrightarrow [BrMg-CH_2-CH_2-Br] \longrightarrow CH_2=CH_2 + MgBr_2$$

另一种方法是通过金属钠或钾还原镁盐，将镁制备成非常活泼的黑色粉末，它与有机卤化物的反应要比镁屑快得多[70]。卤乙烯也能与此粉状镁生成格氏试剂。

(2) 溶剂的影响

① 常用溶剂

醚类例如乙醚、四氢呋喃等常用作格氏反应的溶剂，此外，也可用烃作溶剂。烷基卤化镁不溶于烃中，但加入 1mol 叔胺如三乙胺于芳烃中，可令烷基卤化镁完全溶解[71]。胺与镁原子络合，产生溶解效应与醚的作用一样。

② 格氏试剂的溶解状态

格氏试剂通常以醚类为溶剂制备，因为它在醚中溶解度最大。有些格氏试剂在四氢呋喃中比在乙醚中更易生成。

格氏试剂通常用 RMgX 表示，实际上存在着以下平衡。平衡位置决定于溶剂及基团，对 R 为简单芳基、烷基及烯基来说，在乙醚溶液中，平衡远远趋向于左边。

$$2RMgX \rightleftharpoons R_2Mg + MgX_2$$

格氏试剂在乙醚中常以聚集态存在。RMgCl 在乙醚溶液中的主要形式为二聚体。相应的 RMgBr 或 RMgI 的结构决定于其在溶液中的浓度，在极稀溶液中，以单体形式存在。在四氢呋喃中，多数的烷基及芳基格氏试剂以单体形式存在。

(3) 手性碳的影响

由卤代烷与镁反应生成溴代烷基镁时，若与卤素连接的碳为手性碳，其构型将保持或转换。卤代烷反应所用溶剂如为醚类，消旋化程度较高，用烃类作溶剂则可避免消旋化。伯卤代烷与镁生成的格氏试剂，在室温即易发生构型转换，而仲烷基卤化镁转换较慢，可能是后者位阻较大，不易形成过渡状态 **(37)** 的原因所致。

$$XMg-C \;\; {}^{\oplus}MgX \longrightarrow XMg\text{---}\overset{\delta^+}{C}\text{---}\overset{\delta^+}{Mg}X \longrightarrow XMg^{\oplus} \;\; C-MgX$$

(37)

4. 应用特点

(1) 烃基碳上多取代衍生物的制备

格氏试剂可用活性卤化物如卤代甲烷、烯丙基卤代物及卤代苄进行烃化，亦可用叔卤代烷作为烃化剂，但一般收率较低（30%～50%）。芳基格氏试剂与卤代烃的反应，收率比用烷基格氏试剂高。也可用硫酸酯及磺酸酯作为烃化剂进行反应。

$$Ph-\underset{(CH_2)_4Me}{\overset{Me}{C}}-Cl + CH_3(CH_2)_9MgBr \longrightarrow Ph-\underset{(CH_2)_4Me}{\overset{Me}{C}}-(CH_2)_9CH_3 \quad (30\%) \qquad [72]$$

$$PhCH_2MgCl + n\text{-}BuOTs \longrightarrow PhCH_2CH_2CH_2CH_2CH_3 \quad (50\% \sim 59\%) \qquad [73]$$

$$\text{2,4,6-}(CH_3)_3C_6H_2MgBr + Me_2SO_4 \longrightarrow \text{1,2,3,5-}(CH_3)_4C_6H_2 \quad (52\% \sim 60\%) \qquad [74]$$

(2) 伯、仲、叔醇的制备

格氏试剂与甲醛、高级脂肪醛、酮加成再水解，可分别得到伯、仲、叔醇，这是合成中制备醇类化合物一个非常有用的方法。在许多药物中间体的合成中就有应用，如抗抑郁药多虑平（Doxepin）[75]和抗胆碱药胃长宁（Glycopyrronium Bromide）[76]中间体（**38，39**）的制备：

$$\text{二苯并[b,e]氧杂䓬-11-酮} \xrightarrow[\text{回流,6h}]{ClCH_2CH_2N(CH_3)_2/Mg/Et_2O} \text{11-(ClMgO)-11-}CH_2CH_2N(CH_3)_2 \xrightarrow{HCl} \text{11-(HO)-11-}CH_2CH_2N(CH_3)_2 \ \textbf{(38)} \ (65\%) \qquad [75]$$

$$PhCOCO_2CH_3 \xrightarrow{\text{环戊烯}/C_2H_5Br/Mg/Et_2O} Ph-\underset{\text{环戊烯基}}{\overset{OH}{C}}-CO_2CH_3 \ \textbf{(39)} \ (50\%\sim60\%) \qquad [76]$$

四、羰基化合物 α 位 C-烃化

羰基化合物 α 位碳上可引入烃基，这是合成许多化合物的重要方法。

1. 活性亚甲基化合物的 *C*-烃化

(1) 反应通式

亚甲基上连有吸电子基团时，使亚甲基上氢原子的活性增大，称为活性亚甲基。具有活性亚甲基的化合物很容易于醇溶液中，在醇盐存在下与卤代烃作用，发生 *C*-烃化反应。

$$R-CH_2-R' + R''-X \xrightarrow{NaOEt} R-\underset{R''}{CH}-R'$$

其中，R 及 R′为吸电子基团。常见的吸电子基团的强弱顺序为：

$$-NO_2 > -COR^1 > -SO_2R^1 > -CN > -COOR^1 > -SOR^1 > -Ph \quad (R^1\text{为烃基})$$

亚甲基旁吸电子基团活性越强，则亚甲基上氢的酸性越大。常见的具有活性亚甲基的化合物有 β-二酮、β-羰基酸酯、丙二酸酯、丙二腈、氰乙酸酯、乙酰乙酸乙酯、苄腈、脂肪硝基化合物等。

(2) 反应机理

亚甲基与两个吸电子基团相连，有利于被碱夺取氢而生成单一的烯醇盐，然后以 S_N2 机理发生烃化反应。

$$CH_3\underset{\underset{O}{\|}}{C}CH_2COOEt + {}^{\ominus}OEt \longrightarrow CH_3-\underset{\underset{O}{\|}}{C}-\overset{\ominus}{C}H-\underset{OEt}{\overset{O}{\overset{\|}{C}}} + EtOH$$

$$CH_3-\underset{\underset{O}{\|}}{C}-\overset{\ominus}{C}H-\underset{OEt}{\overset{O}{\overset{\|}{C}}} \rightleftharpoons CH_3-\underset{\underset{O^{\ominus}}{|}}{C}=CH-\underset{OEt}{\overset{O}{\overset{\|}{C}}}$$

$$CH_3-\underset{\underset{O^{\ominus}}{|}}{C}=CH-\underset{OEt}{\overset{O}{\overset{\|}{C}}} + \overset{\delta^+}{n\text{-}Bu}-\overset{\delta^-}{Br} \longrightarrow CH_3-\underset{\underset{O}{\|}}{C}-\underset{\underset{Bu\text{-}n}{|}}{CH}-CO_2Et + Br^{\ominus}$$

(3) 影响因素

① 烃化剂和碱的影响

该反应为 S_N2 机理，因此，伯卤代烃及伯醇磺酸酯是好的烃化剂。用仲卤代烃进行烃化，收率较低，这是消除反应与烃化反应之间竞争的结果。叔卤代烃及叔醇磺酸酯在此碱性条件下，通常发生消除反应。

根据活性亚甲基化合物上氢原子的活性可选用不同的碱，一般常用醇与碱金属所生成的盐，其中以醇钠最常用。它们的碱性按下列顺序减弱。

$$t\text{-BuOK} > i\text{-PrONa} > \text{EtONa} > \text{MeONa}$$

一般情况下，多选乙醇钠。

$$CH_3\underset{\underset{O}{\|}}{C}CH_2COOEt + n\text{-}BuBr \xrightarrow{NaOEt} CH_3-\underset{\underset{O}{\|}}{C}-\underset{\underset{Bu\text{-}n}{|}}{CH}-CO_2Et \quad (69\% \sim 72\%) \qquad [77]$$

当亚甲基旁吸电子基团不够强时，改用叔丁醇钠。如较强，可选用碱性较弱的碳酸钾。

$$CH_2(COOEt)_2 \xrightarrow{C_7H_{15}Br/NaOBu\text{-}t} C_7H_{15}CH(COOEt)_2 \xrightarrow[2)H^+]{1)H_2O/OH^-}$$

$$C_7H_{15}CH(COOH)_2 \xrightarrow{heat} C_7H_{15}CH_2COOH \quad (66\% \sim 75\%) \qquad [79]$$

$$CH_3COCH_2COCH_3 + CH_3I \xrightarrow{K_2CO_3} CH_3CO\underset{\underset{CH_3}{|}}{C}HCOCH_3 \quad (75\% \sim 77\%) \qquad [78]$$

② 溶剂的影响

在反应中使用不同的溶剂也能影响碱性的强弱，进而影响反应活性。如采用醇钠则选用醇类作溶剂，对一些在醇中难于烃化的活性亚甲基化合物，可在苯、甲苯、二甲苯或石油醚等溶剂中加入氢化钠或金属钠，生成烯醇盐再进行烃化反应。也可采用在石油醚中加入甲醇钠/甲醇溶液，使之与活性亚甲基反应，待生成烯醇盐后，再蒸馏分离出甲醇，以避免可逆反应的发生，有利于烃化反应的进行，此法避免了使用金属钠或氢化钠，是其优点。要注意反应所用溶剂的酸性，必须选择适宜溶剂，其酸性的强度应不足以将烯醇盐或碱质子化。

极性非质子溶剂例如 DMF 或 DMSO 能明显增加烃化反应速率，但也增加了副反应 *O*-烃化发生的程度[80]。

③ 副反应的影响

某些仲卤烃或叔卤烃进行烃化反应时，容易发生脱卤化氢的副反应并伴有烯烃生成。

$$\overset{\ominus}{H}C(CO_2Et)_2 + \text{(bromocyclohexane)} \longrightarrow \text{(cyclohexyl)}-CH(CO_2Et)_2 + \text{(cyclohexene)}$$

当丙二酸酯或氰乙酸酯的烃化产物在乙醇钠/乙醇溶液中，长时间加热时，可产生脱烷氧羰基的副反应。

$$Et_2C(COOEt)_2 \xrightleftharpoons[EtOH,250℃]{EtO^{\ominus}} Et_2C(COOEt)-C(O^{\ominus})(OEt)_2 \rightleftharpoons Et_2\overset{\ominus}{C}-COOEt + (EtO)_2C{=}O$$

$$Et_2\overset{\ominus}{C}-COOEt \xrightleftharpoons{EtOH} Et_2CH-COOEt \quad (82\%)$$

该反应是可逆反应，为了防止此副反应的发生，可采用碳酸二乙酯为溶剂。

(4) 应用特点

① 单烃化及双烃化衍生物的制备

活性亚甲基上有两个活性氢原子，与卤代烃进行烃化反应时，是单烃化或是双烃化，要视活性亚甲基化合物与卤代烃的活性大小和反应条件而定。丙二酸二乙酯与溴乙烷在乙醇中反应，主要得单乙基产物，双乙基产物的量不多。活性亚甲基化合物在足够量的碱和烃化剂存在下可以发生双取代。

② 环状衍生物的制备

若用二卤化物作为烃化剂，则得环状化合物（**40**）。

$$CH_2(COOEt)_2 \xrightarrow{BrCH_2CH_2CH_2Cl/NaOEt/EtOH} \text{(cyclobutane-1,1-diyl)}(COOEt)_2 \ \ \mathbf{(40)}\ (55\%) \qquad [81]$$

如镇咳药咳必清（Pentoxyverin）[82]中间体（**41**）的合成：

$$C_6H_5-CH_2CN + Br(CH_2)_4Br \xrightarrow[85\sim90℃,4h]{NaOH} \text{1-Ph-1-CN-cyclopentane}\ \mathbf{(41)}\ (85\%) \qquad [82]$$

镇痛药哌替啶（Pethidine，杜冷丁）[83]中间体（**42**）的合成：

$$H_3C-N(CH_2CH_2OH)_2 \xrightarrow[reflux,3h]{SOCl_2/C_6H_6} H_3C-N(CH_2CH_2Cl)_2 \xrightarrow[reflux,4h]{PhCH_2CN/NaOH/C_6H_6} H_3C-N\text{(piperidine-4-Ph-4-CN)}\ \mathbf{(42)}\ (88\%) \qquad [83]$$

③ 引入烃基的次序：不同双烃基取代衍生物的制备

不同的双烃基丙二酸二乙酯是合成巴比妥类安眠药的重要中间体，可由丙二酸二乙酯或氰乙酸乙酯与不同的卤代烃进行烃化反应制得。但两个烃基引入的次序可直接影响产品的纯度和收率。若引入两个相同而较小的烃基，可先用等物质的量的碱和卤代烃与等物质的量的丙二酸二乙酯反应，待反应液近于中性，即表示第一步烃化完毕，蒸出生成的醇，然后再加入等物质的量的碱和卤代烃进行第二次烃化反应。若引入两个不同的烃基都是伯烃基，应先引入较大的伯烃基，后引入较小的伯烃基；若引入的两个烃基，一为伯烃基，另一为仲烃基，则应先引入伯烃基再引入仲烃基。因仲烃基丙二酸二乙酯的酸性比伯烃基丙二酸二乙酯的酸性小，所以，前者生成烯醇盐较后者困难，同时，生成的仲烃基丙二酸二乙酯烯醇盐又有位阻，要进行第二次烃化也就比较困难。若引入的两个烃基都是仲烃基，使用丙二酸二乙酯进行烃化，收率很低，宜采用氰乙酸酯在乙醇钠或叔丁醇钠存在下反应。

例如，异戊巴比妥（Amobarbital）的中间体是 α-乙基-α-异戊基丙二酸二乙酯 **(43)**，其合成方法是用丙二酸二乙酯在乙醇钠的存在下，第一次反应先引入较大的异戊基，第二次再引入较小的乙基，收率分别为 88% 和 87%，总收率为 76.6%。如采用先引入乙基后引入异戊基的方法，其收率分别为 89% 和 75%，总收率为 66.8%，显然前法比较好。

$$CH_2(COOEt)_2 \xrightarrow[75\sim78^\circ C, 6h]{Me_2CHCH_2CH_2Br/NaOEt/EtOH} (Me_2CHCH_2CH_2)(H)C(COOEt)_2 \quad (88\%)$$

$$\xrightarrow[35^\circ C, 10h; 65\sim70^\circ C, 1h]{CH_3CH_2Br/NaOEt/EtOH} (Me_2CHCH_2CH_2)(Et)C(COOEt)_2 \quad \mathbf{(43)} \quad (87\%) \qquad [84]$$

引入两个异丙基时，氰乙酸乙酯的第二次烃化，收率可达 95%，而丙二酸二乙酯第二次烃化，收率仅为 4%。

$$(i\text{-}Pr)(H)C(CN)(COOEt) \xrightarrow[75^\circ C]{i\text{-}PrI/NaOEt/EtOH} (i\text{-}Pr)_2C(CN)(COOEt) \quad (95\%) \qquad [85]$$

$$(i\text{-}Pr)(H)C(COOEt)_2 \xrightarrow{i\text{-}PrI/NaOEt/EtOH} (i\text{-}Pr)_2C(COOEt)_2 \quad (4\%)$$

合成苯巴比妥中间体 α-乙基-α-苯基丙二酸二乙酯 **(44)** 时，不能采用丙二酸二乙酯为原料进行乙基化及苯基化，因卤代苯活性很低，苯基化一步很难进行。所以，要用苯乙酸乙酯为原料进行合成。

$$PhCH_2COOEt \xrightarrow[55\sim60^\circ C]{(COOEt)_2/NaOEt/EtOH} Ph-C(COOEt)=C(COOEt)-ONa \xrightarrow{HCl} PhCH(COOEt)(COCOOEt) \quad (98\%) \qquad [86]$$

$$\xrightarrow[160\sim180^\circ C, 8h]{} PhCH(COOEt)_2 \xrightarrow[60\sim72^\circ C, 11h]{EtBr/NaOEt/EtOH} Ph-C(Et)(COOEt)_2 \quad (87.7\%)$$
(44)

2. 醛、酮、羧酸衍生物的 α 位 *C* -烃化

(1) 反应通式

当亚甲基旁只有一个吸电子基团存在时，如醛、酮、羧酸衍生物等，如果进行 α-C-烃化反应，情况比较复杂，想得到高收率的 α-C-烃化衍生物，必须仔细控制反应条件。

$$R_2CH-\overset{O}{\overset{\|}{C}}-CH_2R' + B^{\ominus} \longrightarrow R_2C=\overset{O^{\ominus}}{\overset{|}{C}}-CH_2R' + R_2CH-\overset{O^{\ominus}}{\overset{|}{C}}=CHR'$$

$$\downarrow R''X$$

$$R_2\underset{R''}{\underset{|}{C}}-\overset{O}{\overset{\|}{C}}-CH_2R' + R_2CH-\overset{O}{\overset{\|}{C}}-\underset{R''}{\underset{|}{C}}HR' + X^{\ominus}$$

(2) 反应机理

以酮为例，在碱存在下，可以生成烯醇 A、B 的混合物，其组成由动力学因素或热力学因素决定。当动力学因素决定时，产物组成决定于两个竞争性夺取氢反应的相对速率，产物比例由动力学控制决定。假如，烯醇 A 及 B 能互相迅速转变，将达到平衡，产物组成决定于烯醇的相对热力学稳定性，此为热力学控制。

$$R_2CH-C(=O)-CH_2R' \xrightarrow[k_A]{B^\ominus} \underset{\mathbf{A}}{R_2C{=}C(O^\ominus)CH_2R'} \overset{K}{\rightleftharpoons} \underset{\mathbf{B}}{R_2CHC(O^\ominus){=}CHR'} \xleftarrow[k_B]{B^\ominus} R_2CH-C(=O)-CH_2R' \qquad K=[A]/[B]$$

$$\underset{\mathbf{A}}{R_2C{=}C(O^\ominus)-CH_2R'} + \overset{\delta^+}{R''}-\overset{\delta^-}{X} \longrightarrow R_2C(R'')-C(=O)-CH_2R'$$

$$\underset{\mathbf{B}}{R_2CH-C(O^\ominus){=}CHR'} + \overset{\delta^+}{R''}-\overset{\delta^-}{X} \longrightarrow R_2CH-C(=O)-CHR'(R'')$$

(3) 影响因素：动力学及热力学控制

控制条件，可令由酮所得烯醇混合物受动力学或热力学控制。当用强碱例如三苯甲基锂在非质子溶剂中，酮不过量时，将为动力学控制，烯醇一旦生成，互相转换较慢，体积小的锂离子紧密地与烯醇离子的氧原子结合，降低了质子转移反应的速率。当用质子溶剂及酮过量时，不利于动力学控制，它们将通过生成的烯醇之间质子转移达到平衡，这时为热力学控制。

$$\underset{\mathbf{A}}{R_2C{=}C(O^\ominus)CH_2R'} + R_2CH-C(=O)-CH_2R' \rightleftharpoons R_2CH-C(=O)-CH_2R' + \underset{\mathbf{B}}{R_2CHC(O^\ominus){=}CHR'}$$

House 等[68]研究了动力学及热力学控制下烯醇的组成，用醋酐与烯醇混合物反应，迅速生成烯醇醋酸酯，再用气相色谱或 NMR 测定烯醇醋酸酯的比例，即得出溶液中烯醇的比例。

$$R_2C{=}C(O^\ominus)CH_2R' + R_2CHC(O^\ominus){=}CHR' \xrightarrow{Ac_2O} R_2C{=}C(OAc)CH_2R' + R_2CHC(OAc){=}CHR'$$

下面测定的是几种酮在动力学控制或热力学控制下的烯醇比例[87]（相对收率）。

2-甲基环戊酮 $\xrightarrow[\text{r.t.,0.5h 或 1h}]{Ph_3CLi/MeOCH_2CH_2OMe}$ 2-甲基环戊-1-烯醇负离子 + 5-甲基环戊-1-烯醇负离子 [87]

	取代较多的烯醇	取代较少的烯醇
动力学控制:	28%	72%
热力学控制(酮略过量):	94%	6%

1-十氢萘酮 $\xrightarrow[\text{r.t.,0.5h 或 1h}]{Ph_3CLi/MeOCH_2CH_2OMe}$ $\Delta^{1(9)}$-烯醇负离子 + 反式 Δ^{1}-烯醇负离子 + 顺式 Δ^{1}-烯醇负离子

动力学控制:	10%	68%	22%
热力学控制(酮略过量):	66%	21%	13%

$$CH_3(CH_2)_4\overset{O}{\overset{\|}{C}}CH_3 \xrightarrow[\text{r.t., 0.5h 或 1h}]{Ph_3CLi/MeOCH_2CH_2OMe} \underset{H}{\overset{n\text{-Bu}}{}}C{=}C\underset{CH_3}{\overset{O^{\ominus}}{}} + \underset{n\text{-Bu}}{\overset{H}{}}C{=}C\underset{CH_3}{\overset{O^{\ominus}}{}} + \underset{CH_3(CH_2)_4}{\overset{^{\ominus}O}{}}C{=}CH_2$$

动力学控制：	约 25%	约 5%	约 70%
热力学控制(酮略过量)：	约 61%	约 26%	约 13%

动力学控制条件通常有利于生成较少取代的烯醇，主要原因是：夺取位阻较小的氢比夺取位阻较大的氢更快些。但在热力学控制即平衡条件下，多取代的烯醇总是占优势，碳碳双键的稳定性随取代增加而增大，因此较多取代的烯醇有较强的稳定性。

(4) 应用特点

醛在碱催化下，α-烃化较少见，易发生碱催化羟醛缩合。采用烯胺烃基化方法，可间接在醛的 α 位烃化，这将在后面讨论。

① 酯烃化衍生物的制备

酯在碱催化下的烃化需要很强的碱作催化剂，较弱的催化剂如醇钠将促进酯缩合反应。成功地制备酯烯醇只是较近的事，用高度立体障碍的碱，特别是二异丙基胺负离子（LDA）在低温下能成功地夺取酯及内酯中的 α-氢，而不发生羰基加成，生成的烯醇再用溴代烷或碘代烷烃化。如：

$$CH_3(CH_2)_4COOEt \xrightarrow{i\text{-}Pr_2NLi} CH_3(CH_2)_3CH{=}C\begin{matrix}O^{\ominus}Li^{\oplus}\\ OEt\end{matrix} \xrightarrow{CH_3I} CH_3(CH_2)_3\underset{CH_3}{\underset{|}{C}}HCOOEt \quad (83\%) \qquad [88]$$

叔丁醇酯用位阻较小的碱即可生成烯醇，因叔丁酯阻碍了羰基的反应。例如乙酸叔丁酯可用锂氨在液氨中烯醇化。

② 腈烃化衍生物的制备

苯乙腈也较易起 C-烃化反应，苯环及氰基增强了 C—H 键的酸性，并令碳负离子稳定。苯乙腈的 C-烃化反应在药物合成中的应用较普遍；如镇痛药美沙酮（Methadone）[89]中间体 **(45)** 的制备：

$$(C_6H_5)_2CHCN \xrightarrow[\text{回流,3h}]{CH_3\overset{Cl}{\overset{|}{C}}HCH_2N(CH_3)_2\ ,NaNH_2} (C_6H_5)_2\overset{CN}{\overset{|}{C}}-\underset{CH_3}{\underset{|}{C}}H-CH_2N(CH_3)_2 \quad (37\%) \qquad [89]$$

(45)

而镇静催眠药格鲁米特（Glutethimide）[90]和抗心律失常药维拉帕米（Verapamil）[91]相关中间体（**46，47**）的合成，均使用了苯乙腈类化合物为原料。

$$C_6H_5CH_2CN \xrightarrow[\text{回流,4h}]{C_2H_5Br,NaNH_2} C_6H_5\overset{CN}{\overset{|}{C}}H-C_2H_5 \quad \textbf{(46)} \quad (90.5\%)$$

$$3,4\text{-}(H_3CO)_2C_6H_3CH_2CN \xrightarrow[\text{r.t., 8h}]{(CH_3)_2CHBr,NaOH} 3,4\text{-}(H_3CO)_2C_6H_3\overset{CN}{\overset{|}{C}}H-CH(CH_3)_2 \quad \textbf{(47)} \quad (80\%) \qquad [90, 91]$$

3. 烯胺的 *C* -烃化

(1) 反应通式

醛、酮的氮类似物称为亚胺，它们由醛、酮与胺缩合得到。当仲胺与醛、酮在酸性催化剂存在下加热时，发生相应的缩合反应，可以除去水使反应完全，通常采用恒沸蒸馏法，缩合产物为烯胺。

$$R''-\underset{\underset{O}{\|}}{C}-CHR'_2 + R_2NH \longrightarrow R''-\underset{\underset{NR_2}{|}}{C}=CR'_2$$

$$R''-\underset{\underset{NR_2}{|}}{C}=CR'_2 + R'''X \longrightarrow \xrightarrow{H_2O} R''-\underset{\underset{O}{\|}}{C}-\overset{\overset{R'}{|}}{\underset{\underset{R'''}{|}}{C}}-R'$$

(2) 反应机理

$$R''-\underset{\underset{O}{\|}}{C}-CHR'_2 + R_2NH \xrightleftharpoons{H^{\oplus}} R_2\ddot{N}-\overset{\overset{\overset{H^{\oplus}}{\vdots}}{OH}}{\underset{\underset{R''}{|}}{C}}-CHR'_2 \rightleftharpoons R_2\overset{\oplus}{N}=\underset{\underset{R''}{|}}{C}-\overset{\overset{H}{|}}{C}R'_2 \rightleftharpoons R_2N-\underset{\underset{R''}{|}}{C}=CR'_2 + H^{\oplus}$$

烯胺的 α,β-碳碳双键与氮原子共轭，β-碳原子是亲核性的。烯胺酸化可在 β-碳原子上质子化，得到亚胺鎓离子。β-碳原子的亲核性可用于烃化。

$$R_2\ddot{N}-\underset{\underset{R''}{|}}{C}=CR'_2 \rightleftharpoons R_2\overset{\oplus}{N}=\underset{\underset{R''}{|}}{C}-\overset{\ominus}{C}R'_2 \xrightarrow{H^+} R_2\overset{\oplus}{N}=\underset{\underset{R''}{|}}{C}-CHR'_2 \qquad [92]$$

$$R_2\ddot{N}-\underset{\underset{R''}{|}}{C}=CR'_2 + R'''-X \longrightarrow R_2\overset{\oplus}{N}=\underset{\underset{R''}{|}}{C}-\overset{\overset{R'''}{|}}{\underset{\underset{R'}{|}}{C}}-R' \xrightarrow{H_2O} R''-\underset{\underset{O}{\|}}{C}-\overset{\overset{R'''}{|}}{\underset{\underset{R'}{|}}{C}}-R'$$

(3) 应用特点

① 烯胺的制备

烯胺的制备除了上述方法外，还可用强脱水剂由酮和仲胺反应完成。例如，在羰基化合物及仲胺混合物中加入无水 $TiCl_4$，便可迅速得到烯胺，此法可用于普通胺及有位阻的胺。

$$2RCH_2-\underset{\underset{O}{\|}}{C}-R' + 6R''_2NH + TiCl_4 \longrightarrow 2RCH=\underset{\underset{R'}{|}}{C}-NR''_2 + 4R''_2N^{\oplus}H_2Cl^{\ominus} + TiO_2$$

另一种方法是将仲胺先转变成三甲硅基衍生物，由于硅对氧比对氮有更高的亲和力，有利于在缓和条件下生成烯胺。

$$R_2NSiMe_3 + R'CH_2-\underset{\underset{O}{\|}}{C}-R'' \longrightarrow R'CH=\underset{\underset{R''}{|}}{C}-NR_2 + Me_3SiOH$$

环己酮类例如甲基环己酮与四氢吡咯所生成的烯胺混合物中，少取代的烯胺（**48**）占优势，这是因为位阻有利于少取代烯胺（**48**）的生成。双键 π 轨道和氮上未共用电子对最大地相互作用要求氮及碳原子共平面，这时，多取代的烯胺异构体（**49**）中非键排斥将不利于此异构体的生成。

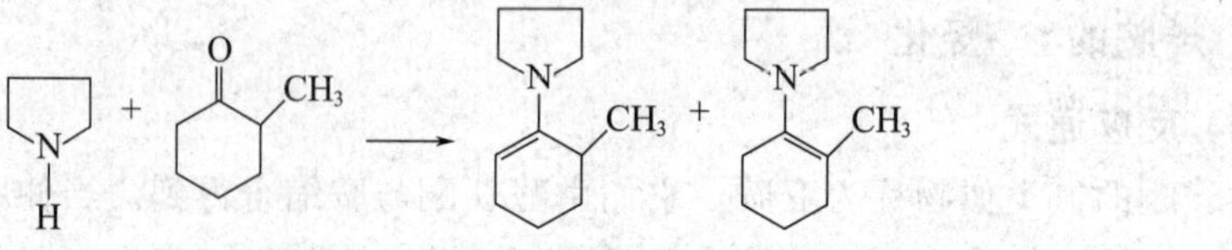

(48) (90%)　(49) (10%)　[93]

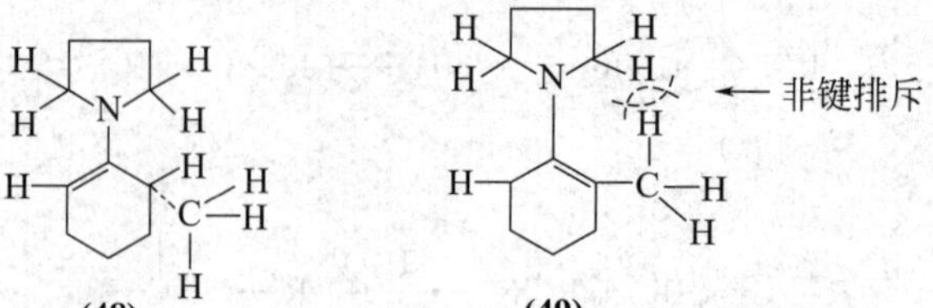

(48)　(49)　非键排斥

② **烯胺的选择性烃化**

由于烯胺混合物中，(**48**) 占优势，因此烃化主要进攻羰基旁位阻小的 α-碳。被烃化的酮可由反应混合物水解得到，例如从 (**51**) 得 (**52**)，氮上的烃化是主要竞争反应，N-烃化产物 (**53**) 水解后，回收未反应的酮。此竞争性反应限制了烯胺烃化的应用范围。例如，特别活性的烃化剂，如碘甲烷、卤化苄、α-卤代酮、α-卤代酯及卤代醚等效果不好。前面的反应实例中，由环己酮得 (**50**) 收率较好。而 (**51**) 用 α-溴代酯烃化，(**52**) 的收率只有 31%。

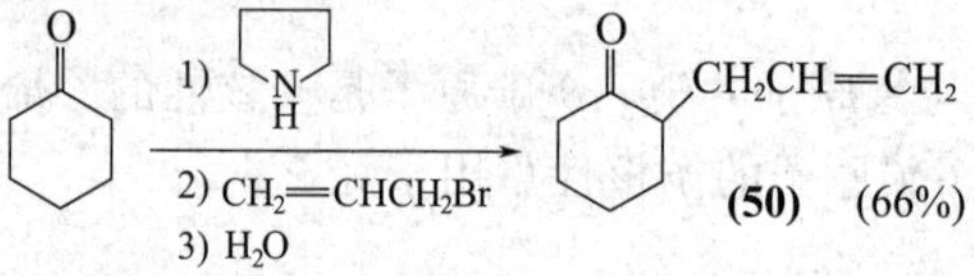

1) 吡咯烷；2) $CH_2{=}CHCH_2Br$；3) H_2O → $CH_2CH{=}CH_2$ (**50**) (66%)　[94]

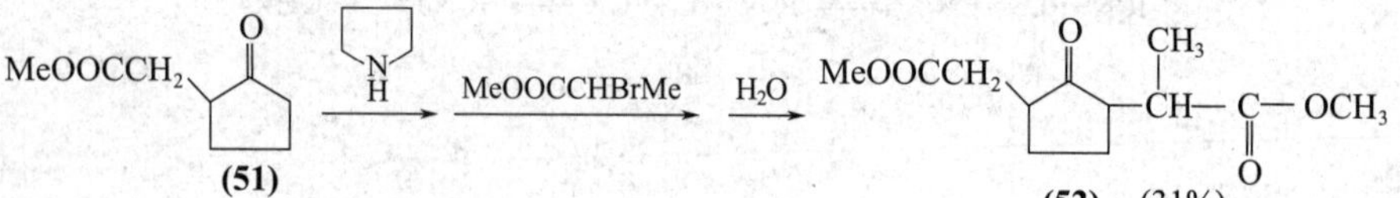

$MeOOCCH_2$ (**51**) → MeOOCCHBrMe → H_2O → (**52**) (31%)　[95]

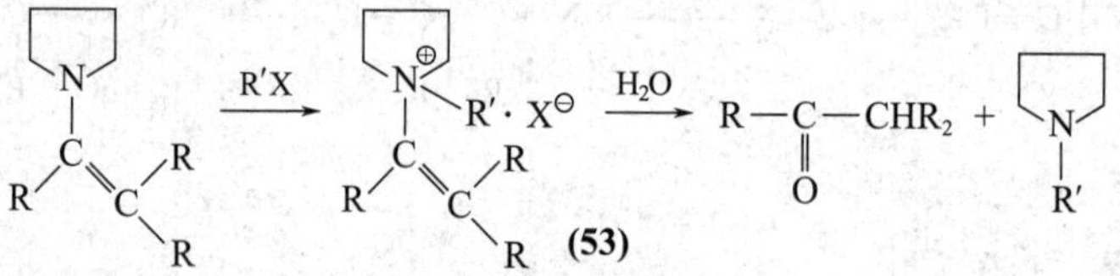

R′X → (**53**) $R'\cdot X^{\ominus}$ → H_2O → $R-C(=O)-CHR_2$ + N-R′

五、相转移烃化反应

在有机合成中经常遇到这样的问题：两种互相不溶的试剂，如何使其达到一定的浓度而使反应能够迅速发生？通常实验室的解决办法是加入一种溶剂，将两种试剂溶解，但这样并不总是成功的，并且工业上为节约成本，最好不加溶剂或使用成本较低的溶剂，相转移催化技术提供了解决的方法。主要原理是找到一种相转移催化剂（催化量的），可将一个反应物转入含有另一反应物的相中，使其有较高的反应速率。将这种方法用于烃化反应，有着重要意义。

1. 反应通式

$$R-X + Na^{\oplus}Nu^{\ominus} \longrightarrow R-Nu + NaX$$

其中，$Nu^{\ominus}$ 为亲核试剂相应负离子。

2. 反应机理

前面讨论的各种烃化反应除 Friedel-Crafts 反应外，在机理上大都属于亲核取代反应类型。亲核取代反应首先要求亲核试剂（NuH）中的活性氢原子与碱性试剂作用形成相应的负离子（Nu^-），然后向烃化剂作亲核进攻。因此，大多数反应需在无水条件下进行，以免发生酸碱平衡，使 Nu^- 浓度降低。但当采用无水的质子极性溶剂时，能与 Nu^- 发生溶剂化，使 Nu^- 的活性降低，若采用非质子极性溶剂时，虽然能克服溶剂化而使 Nu^- 的活性增高，但这些溶剂存在价格昂贵、回收不易和后处理麻烦等缺点。采用相转移催化，可将在碱性水溶液中形成的 Nu^- 转移入非极性（或极性较小）的溶剂相中。

以下列 1-氯辛烷与氰化钠水溶液反应为例：

$$\underset{\text{有机相}}{C_8H_{17}Cl} + \underset{\text{水相}}{NaCN} \longrightarrow \underset{\text{有机相}}{C_8H_{17}CN} + \underset{\text{水相}}{NaCl}$$

如只搅拌并加热 1-氯辛烷与氰化钠水溶液的两相混合物，即使长达几天，壬腈的收率也为零。如加入少量适宜的相转移催化剂季铵盐，1～2h 后即可生成定量收率的壬腈。

$$\text{有机相}\quad 1\text{-}C_8H_{17}Cl + Q^{\oplus}CN^{\ominus} \longrightarrow 1\text{-}C_8H_{17}CN + Q^{\oplus}Cl^{\ominus}$$

$$\text{水相}\quad NaCl + Q^{\oplus}CN^{\ominus} \rightleftharpoons NaCN + Q^{\oplus}Cl^{\ominus}$$

一般 Nu^- 都是以钠盐或钾盐存在，在这里是 NaCN，这些盐类不溶或难溶于极性很小的非质子溶剂中。反应物 1-氯辛烷，加入季铵盐（Q^+ 为 R_4N^+），可增大 Nu^- 在有机相中的溶解度，在这里将 CN^- 以 Q^+CN^- 形式转运到有机相中，然后与 1-氯辛烷反应生成壬腈。同时生成的 Q^+Cl^- 在水相或水-有机相交界，通过与水相中的 NaCN 交换负离子，迅速再转变为 Q^+CN^-。

3. 应用特点

应用相转移催化，可以克服溶剂化反应，不需要无水操作，又可取得如同采用非质子极性溶剂的效果；通常后处理较容易；可用碱金属氢氧化物水溶液代替醇盐、氨基钠、氢化钠或金属钠，这在工业生产上是非常有利的；还可降低反应温度，改变反应选择性，例如 *O*-烃化与 *C*-烃化的比例，通过抑制副反应提高收率等。

(1) 常用相转移催化剂

① 季铵盐

为了与 Nu^- 结合形成有机离子对，季铵盐结构中的正离子部分 Q^+ 中必须有足够的碳原子数，使形成的有机离子对有较大的亲有机溶剂能力。常用的季铵盐及其缩写见表 2-1。

表 2-1　常用季铵盐相转移催化剂

催化剂	简写	催化剂	简写
$(CH_3)_4NBr$	TMAB	$(C_8H_{17})_3N(CH_3)Cl$	TOMAC
$(C_3H_7)_4NBr$	TPAB	$C_6H_{13}N(C_2H_5)_3Br$	HTEAB
$(C_4H_9)_4NBr$	TBAB	$C_8H_{17}N(C_2H_5)_3Br$	OTEAB
$(C_4H_9)_4NI$	TBAI	$C_{10}H_{21}N(C_2H_5)_3Br$	DTEAB
$(C_4H_9)_4NCl$	TBAC	$C_{12}H_{25}N(C_2H_5)_3Br$	LTEAB
$(C_2H_5)_3(C_6H_5CH_2)NCl$	TEBAC	$C_{16}H_{33}N(C_2H_5)_3Br$	CTEAB
$(C_2H_5)_3(C_6H_5CH_2)NBr$	TEBAB	$C_{16}H_{33}N(CH_3)_3Br$	CTMAB
$(C_4H_9)_4NHSO_4$	TBAHS	$(C_{18}H_{17})_3NCH_3Cl$	TOMAC

注：季鏻盐 $R_4P^+X^-$，季钾盐 $R_4As^+X^-$ 有较大 Q^+ 部分，也可用作相转移催化剂。

② 冠醚

另一类相转移催化剂为冠醚。它的结构中虽无正离子，但有六个氧原子，可利用其未共用电子对与许多正离子络合，而具有如有机正离子的性质，并能溶于有机相中，相应的

Nu^- 由于无溶剂化效应，特称为“裸”离子，其活性甚大。例如，冠醚 18-冠-6 可以非常迅速地催化下列两相反应。可用固体氰化钾或其水溶液，冠醚通过与 K^+ 络合，将整个 KCN 分子转移至有机相中。

$$\underset{\text{有机相}}{1\text{-}C_8H_{17}Cl} + \underset{\text{水相或固相}}{KCN} \xrightarrow{18\text{-冠-6}} \underset{\text{有机相}}{1\text{-}C_8H_{17}CN} + \underset{\text{水相或固相}}{KCl}$$

常用的冠醚有：

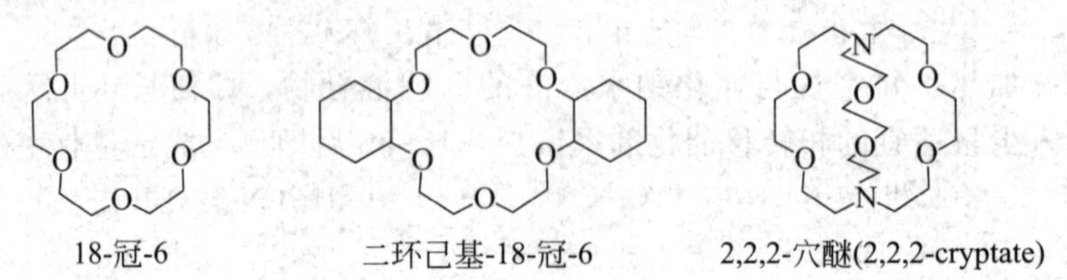

18-冠-6　　二环己基-18-冠-6　　2,2,2-穴醚(2,2,2-cryptate)

③ 聚醚

其他的相转移催化剂还有开链聚醚（如聚乙二醇、聚乙醇醚等）及一些杂环聚醚类化合物，如：

$R = N[(CH_2CH_2O)_4C_8H_{17}\text{-}n]_2$

相转移反应能否取得良好效果，关键在于形成相转移离子对及其在有机相中有较大的分配系数，而该分配系数的大小则与选用的相转移催化剂种类和溶剂的极性密切相关。当然，反应速率与烃化剂的活性和搅拌效果也是不可忽视的因素。

相转移反应中常用的溶剂有：二氯甲烷、二氯乙烷、氯仿、苯、甲苯、乙腈、乙酸乙酯、石油醚、THF、DMSO 等。如卤代烃价格便宜，也可加入过量的卤代烃兼作溶剂。

相转移催化不仅用于烃化，而且还可用于水解、氧化、还原、消除、Wittig 反应、生成二氯卡宾等。下面将只介绍氧、氮、碳原子上烃化的实例。

(2) *O*-烃化

正丁醇用氯化苄在碱性溶液中烃化，用或不用相转移催化剂，收率相差很大。

$$n\text{-BuOH} \xrightarrow[45℃,6h]{PhCH_2Cl/50\%\ NaOH} n\text{-BuOCH}_2\text{Ph}\quad(4\%)\qquad[96]$$

$$n\text{-BuOH} \xrightarrow[35℃,1.5h]{PhCH_2Cl/50\%\ NaOH/TBAHS/C_6H_6} n\text{-BuOCH}_2\text{Ph}\quad(92\%)$$

醇不能直接与硫酸二甲酯反应得甲醚，醇盐也较困难，但加入相转移催化剂可以顺利地反应。

$$\text{Ph—C(CH}_3)_2\text{—OH} \xrightarrow[33℃,18h]{Me_2SO_4/50\%\ NaOH/TBAI/PE} \text{Ph—C(CH}_3)_2\text{—OMe}\quad(85\%)\qquad[97]$$

相转移烃化也可用于酚羟基的烃化。如：

$$C_6H_5OH + BrCH_2CO_2C_2H_5 \xrightarrow{CH_2Cl_2/NaOH/TEBAB} C_6H_5OCH_2CO_2C_2H_5\quad(86\%)$$

(3) *N*-烃化

吲哚和溴苄在季铵盐的催化下，以高收率得到*N*-苄基化产物。

$$\text{吲哚(N-H)} \xrightarrow[33^\circ C, 18h]{PhCH_2Br/50\%\ NaOH/TBAHS/C_6H_6} \text{N-}CH_2Ph\text{ 吲哚}\ (93\%) \qquad [98]$$

在下述反应中，化合物 (**54**) 的 R′为烷基，不加相转移催化剂，烃化反应极慢。加入催化剂后，在室温与硫酸二甲酯反应 45min，即可得 80%～95% 收率的 (**55**)。

$$\underset{(\mathbf{54})}{R\text{-}C_6H_4\text{-}NH\text{-}C(=O)\text{-}R'} \xrightarrow{R''X/NaOH/TEBAC} \underset{(\mathbf{55})\ (80\%\sim95\%)}{R\text{-}C_6H_4\text{-}N(R'')\text{-}C(=O)\text{-}R'} \qquad [99]$$

抗精神病药物氯丙嗪 (Chloropromazine，**56**)[100] 的合成也可采用相转移催化法完成。

$$\text{吩噻嗪(N-H)} \xrightarrow{Cl(CH_2)_3N(CH_3)_2/NaOH/C_6H_6/TBAB} \underset{(\mathbf{56})}{\text{N-}CH_2(CH_2)_2N(CH_3)_2\text{ 吩噻嗪}} \qquad [100]$$

(4) *C* -烃化

由于碳负离子烃化反应在合成中的重要性，其已成为相转移催化反应中研究得最多的反应之一，反应条件及应用也是最成熟和普遍的。

$$PhCH_2CN \xrightarrow[28\sim35^\circ C, 3\sim5h]{EtBr/浓\ NaOH/TEBAC[1\%(摩尔分数)]} PhCH(Et)CN\ (78\%\sim84\%) \qquad [101]$$

$$PhCH_2COCH_3 \xrightarrow{MeI/NaOH/TBAHS/CH_2Cl_2} PhCH(Me)COCH_3\ (92\%) \qquad [102]$$

β-二羰基化合物烃化时有*C*-烃化及*O*-烃化两种可能。采用相转移催化对该类结构进行烃化时，其*C*-/*O*-烃化比例受反应物结构、烃化剂、溶剂、浓度、催化剂、反应温度等影响。下面是溶剂对产物影响的一个例子[102]。

$$CH_3COCH_2COCH_3 \xrightarrow{i\text{-}PrI/TBAHS/溶剂} \underset{(\mathbf{57})}{CH_3\text{-}C(=O)\text{-}CH(CH(CH_3)_2)\text{-}C(=O)\text{-}CH_3} + \underset{(\mathbf{58})}{CH_3\text{-}C(OCH(CH_3)_2)=CH\text{-}C(=O)\text{-}CH_3} \qquad [103]$$

溶剂	*C*-烃化(**57**,%)	*O*-烃化(**58**,%)
DMSO	42	58
CH_3COCH_3	42	58
$CHCl_3$	51	49
二氧六环	63	33
甲苯	69	5

抗癫痫药物丙戊酸钠 (Sodium Valproate，**59**) 的合成中也采用了 TBAB 催化的*C*-烃化反应。

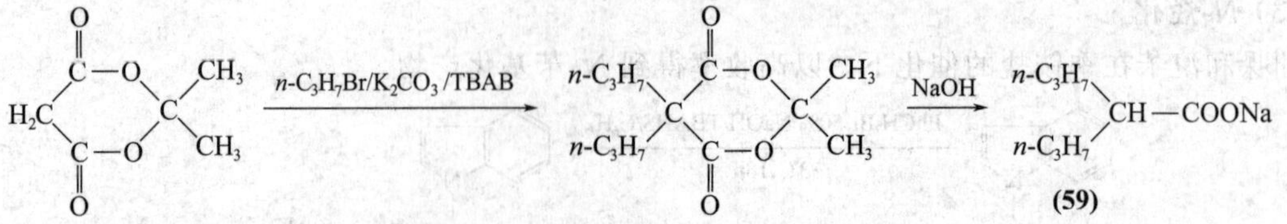

第五节 烃化反应在化学药物合成中应用实例

一、化学药物沙美特罗简介

1. 抗哮喘药沙美特罗的发现、上市和临床应用

沙美特罗（Salmeterol）是继沙丁胺醇后的第二代苯乙醇胺类 β_2-受体激动剂，具有良好的治疗哮喘活性，是由Glaxo公司的子公司Allen&Hanburgs开发的，该化合物为沙丁胺醇的苯丁基醚类衍生物，于20世纪80年代被筛选出来，自1989年其羟萘酸盐申请了多个国家的专利[105]，于1990年首次在英国上市。该药物选择性作用于 β_2-肾上腺素受体，扩张支气管平滑肌，控制哮喘发作，具有作用持续时间长、肺外作用小、耐受性好等特点，为目前治疗哮喘夜间发作和哮喘维持治疗的理想药物。2002年中国批准进口上市，国内2004年首先仿制成功。在2008年专利到期后，2015年国内有上海、山东两家药企获批上市。

2. 沙美特罗的化学名、商品名和结构式

沙美特罗的化学名称为4-羟基-α^1-[[6-(4-苯基丁氧基)己基]氨基]甲基-1,3-苯二甲醇，国外商品名为Seretide（舒利迭）、Serevent Accuhaler（施立稳）；国内商品名为普萘沙美特罗。结构式见下面合成路线，终产物即为沙美特罗羟萘甲酸盐。

3. 沙美特罗的合成路线

以对羟基苯乙酮为原料经氯甲基化得到3-氯甲基-4-羟基苯乙酮，再经乙酸解/乙酰化、溴代、二苄胺取代、脱乙酰基、羰基还原及常压催化氢化得到关键中间体 α^1-氨甲基-4-羟基-1,3-苯二甲醇，再与6-(4-苯基丁氧基)-1-溴己烷在KI/Et_3N存在下进行 N-烷基化反应生成沙美特罗，然后与 α-羟基萘甲酸成盐即得终产物。（具体路线见下式）[106]

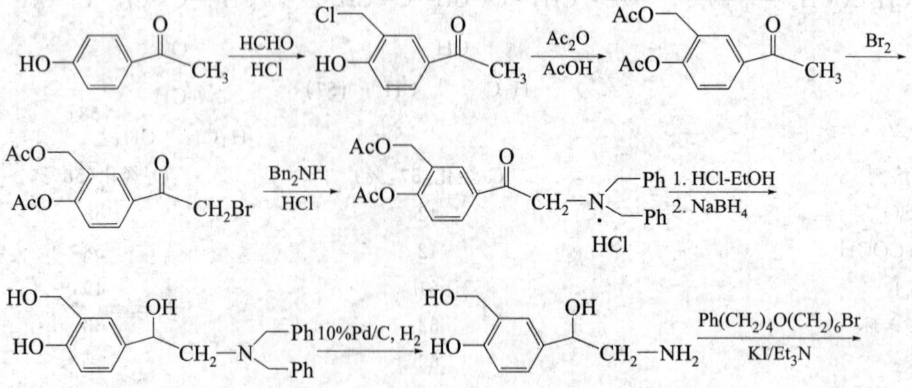

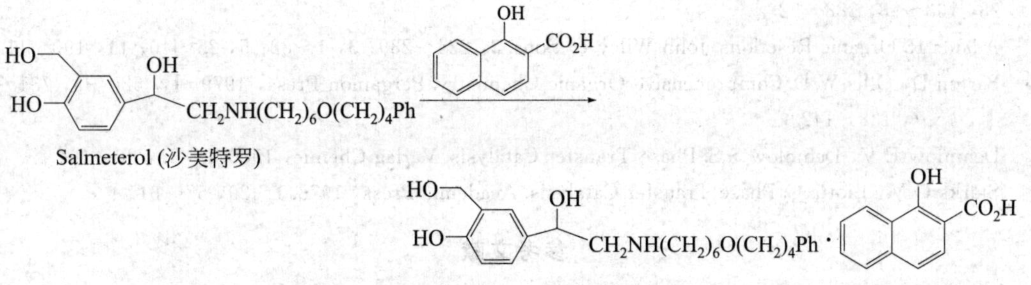

Salmeterol (沙美特罗)

Salmeterol Xinafoate (沙美特罗羟萘甲酸盐)

二、烃化反应在沙美特罗合成中应用实例[106]

1. 反应式

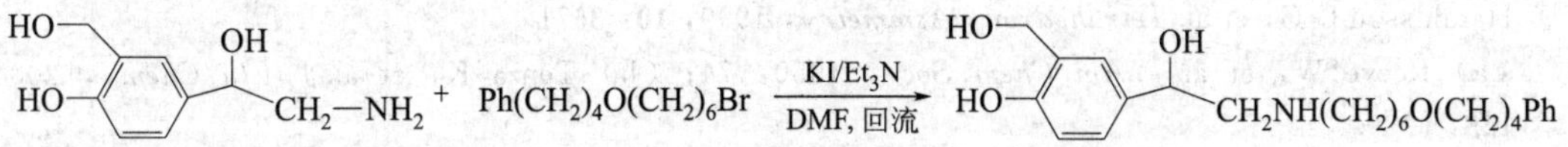

$Ph(CH_2)_4O(CH_2)_6Br$ $\xrightarrow[\text{DMF, 回流}]{KI/Et_3N}$ Salmeterol (沙美特罗)

2. 反应操作

17.8g 的 α^1-氨甲基-4-羟基-1,3-苯二甲醇和 8.0g 的 KI 及 10mL 的三乙胺置于 1000mL 的三口烧瓶中，加入 500mL 无水 DMF① 搅拌溶解，加热至回流，在 1h 内滴加完 15.0g 的 6-(4-苯基丁氧基)-1-溴己烷②，继续回流 1h。终止反应，减压蒸出 DMF，残余物溶于 500mL 的乙酸乙酯；乙酸乙酯以饱和氯化钠水溶液洗（200mL×3），无水硫酸钠干燥。减压蒸出乙酸乙酯，残余物为浅黄色固体，以异丙醇重结晶，得白色晶体 12.0g，收率 60.3%，熔点为 76～77℃。

3. 操作原理和注解

(1) 原理

在上述改进了的沙美特罗合成工艺中，上述胺的烷基化是一个重要步骤。一般来讲，由脂肪伯胺直接与卤代烃进行烷基化制备仲胺类化合物产物通常不易控制在仲胺阶段，一般会得到混合物。但具体到这一实例，由于两个反应物位阻大及反应活性低等原因，其烷基化产物被较好地控制在仲胺阶段。此反应中，溴代烷为烷基化试剂，三乙胺为碱，KI 为活化剂。

(2) 注解

① 试剂的干燥及反应体系的无水对烷基化反应很重要，无水 DMF 要做除水和除胺处理。

② 缓慢滴加溴代烷，保持体系中烷化剂的相对低浓度可控制反应的过度进行。

主要参考书

[1] (a) 蔡孟深，烃化反应．//闻韧主编．药物合成反应．北京：化学工业出版社，1988. 53～116；(b) 蔡孟深，李中军，烃化反应．//闻韧主编．药物合成反应．第 2 版．北京：化学工业出版社，2003. 53～113.

[2] Trost B M, Fleming I. Comprehensive Organic Synthesis. Vol **3**, Carbon-Carbon σ-Bond Formation; Vol **6**, Heteroatom Manipulation. New York: Pergamon Pess, 1991.

[3] Smith M B, March J. March's Advanced Organic Chemistry, 5th ed. New York: John Wiley &Sons, Inc., 1999.

[4] Carey F A, Sundberg R J. Advanced Organic Chemistry. Part B. New Youk: Plenum Press, 1977. 1～

28, 163～98, 288～92.
[5] Adams R. Organic Reactions. John Wiley & Sons. **2**, 224～239; **3**, 1～82; 5, 25～40; **11**, 190～11.
[6] Barton D, Ollis W D. Comprehensive Organic Chemistry. Pergamon Press, 1979. Ⅰ, 620～3, 731～4; Ⅱ, 4～7, 138～142.
[7] Dehmlow E V, Dehmlow S S. Phase Transfer Catalysis. Verlag Chemie, 1980. 1～21, 86～104.
[8] Starks C M, Liotta C. Phase Transfer Catalysis. Academic Press, 1978. 1～29, 57～61.

参考文献

[1] Yuan Y, et al. *Synth. Commun.*, 1992, **22**: 2217.
[2] (a) Holcomb I J, et al. *Anal. Profiles Drug Subst*, 1974, **3**: 173; (b) Mundy B P, et al. Name Reactions and Reagents in Organic Synthesis. John Wiley &Sons, 1988, 224.
[3] (a) Olah G A. et al. *Synthesis.*, 1975: 315; (b) Banina O A, et al. *Chem. Nat. Compd.*, 2016, **52**: 240.
[4] Haraldsson G G, et al. *Tetrahedron: Asmmetry*, 1999, **10**: 3671.
[5] (a) Reeve W, et al. *J. Am. Chem. Soc.*, 1950: 74; (b) Tenza K, et al. *J. Flu. Chem.*, 2004, **125**: 1779.
[6] Urakami T. et al, *J. Med. Chem.*, 2007, **50**: 6454.
[7] Diem M J. et al. *J. Org. Chem.*, 1977, **42**: 1801.
[8] (a) Shapiro S L. et al. *J. Am. Chem. Soc.*, 1959, **81**: 3728; (b) Olin J F, et al. *J. Med. Chem.*, 1966, **9**: 38.
[9] Reck L M, et al. *Eur. J. Org. Chem.*, 2016, **6**: 1119.
[10] Mal D, et al. *Synth. Commun.*, 1986, **16**: 331.
[11] Quintin J, et al. *J. Nat. Prod.*, 2004, **67**: 1624.
[12] Robello D R, et al. *Org. Prep., Proceed. Int.* 1999, **31**: 433.
[13] Kavara L, et al. *Tetrahedron*, 2010, **66**: 7544.
[14] Ghinet A, et al. *Bioorg. Med. Chem.*, 2011, **19**: 6042.
[15] Bach F L. *J. Org. Chem.*, 1965, **30**: 1300.
[16] Bittner S, Assaf Y. *Chem. Ind.*, 1975: 281.
[17] Wang T, et al. *J. Med. Chem.*, 2015, **58**: 3025.
[18] Chauhan D P, et al. *Chem. Commun.*, 2014, **50**: 323.
[19] Suga K, et al. *Bull. Chem. Soc. Jpn.*, 1969, **42**: 3606.
[20] Herath H M T, et al. *J. Labelled Compd. Radiopharm.*, 2013, **56**: 341.
[21] Allen C F H. *Org. Synth.*, 1933, **13**: 36.
[22] Campiani G, et al. *J. Med. Chem.*, 2002, **45**: 344.
[23] Hendrickson J B, et al. *Tetrahedron Lett.*, 1973: 3839.
[24] Winans C F, Akins H. *J. Am. Chem. Soc.*, 1933, **55**: 2051.
[25] Winans C F. *J. Am. Chem. Soc.*, 1939, **61**: 3566.
[26] Olin J F, Schwoegler E J. U. S. 2, 278, 372; *C. A.* 1942, **36**: 4829.
[27] Schwoegler E J, Akins H. *J. Am. Chem. Soc.*, 1939, **61**: 3499.
[28] Skita A, et al. *Ber.*, 1933, **66**: 1400.
[29] Palmer J T, et al. *J. Med. Chem.*, 2005, **48**: 7520.
[30] (a) Moore M L. *Organic Reactions*, 1949, 5: 301; (b) Lukasiewicz A. *Tetrahedron*, 1963, 19: 1789.
[31] Clarke H T, Gillespie H B, Weisshaus S Z, *J. Am. Chem. Soc.*, 1933, **55**: 4571.
[32] Rohrmann, Shonle. *J. Am. Chem. Soc.*, 1944, **66**: 1516.
[33] Ge X, et al. *RSC Adv.*, 2014, **4**: 43195.

[34] Zwierzak A, Piotrowiez J B. *Angew. Chem. Int. Ed. Engl.*, 1977, **89**: 109.
[35] Matsuo T, et al. *Organomet.*, 2013, **32**: 5313.
[36] Tanigawa Y, et al. *Tetrahedron Lett.*, 1975, **7**: 471.
[37] Sienkiewicz M, et al. *J. Cob. Chem.*, 2010, **12**: 5.
[38] Roberts R M, Vogt P J. *J. Am. Chem. Soc.*, 1956, **78**: 4778.
[39] (a) Foerst W. Newer Methods of Preparative Organic Chemistry. New York: Academic Press, 1963, 246; (b) Khusnutdinov R I, et al. *Russ. J. Org. Chem.*, 2013, **49**: 1447.
[40] Rice R G, Kohn E J. *J. Am. Chem. Soc.*, 1955, **77**: 4052.
[41] Müller E. Houben-Weyl Methoden der organischen Chemie. Vol. **11/1**. Georg Thieme Verlag, Stuttgart, 1957, 1005.
[42] Zhang Y, et al. *J. Chem. Res.*, 2011, **35**: 568.
[43] Wolf C, et al. *J. Org. Chem.*, 2006, **71**: 3270.
[44] Zeng Z, et al. *J. Org. Chem.*, 2014, **79**: 7451.
[45] Orlek B S, et al. *J. Chem. Soc.*, 1993, *Peking Trans* 1: **12**: 1307.
[46] Pereira K C, et al. *Tetrahedron Lett.*, 2014, **55**: 1729.
[47] Sorribes I, et al. *Chem. Eur. J.*, 2014, **20**: 7878.
[48] Gribble G W, et al. *J. Am. Chem. Soc.*, 1974, **96**: 7812.
[49] Dermer O C, et al. *J. Am. Chem. Soc.*, 1941, **63**: 2881.
[50] Marvel C S, et al. *Org. Synth.*, 1928, **8**: 26.
[51] Tomie M, et al. *Chem. Pharm. Bull.*, 1976, **24**: 1033.
[52] Wells G J, et al. *J. Med. Chem.*, 2001, **44**: 3488.
[53] Niederl J B, et al. *J. Med. Chem.*, 1931, **53**: 3390; *J. Med. Chem.* 1933, **55**: 4151.
[54] Mckenna J F, Sowa F J. *J. Med. Chem.*, 1937, **59**: 470.
[55] (a) Ninetzescu C D, et al. *Ber.*, 1933, 66: 1100; (b) Isaceseu D A, et al. *Can. J. Chem.* 1961, 39: 729; (c) Robb C M, et al. *Org. Synth.*, 1948, **28**: 55.
[56] Ipaticff V N, et al. *J. Org. Chem.*, 1940, **5**: 253.
[57] Gustavson G. *C. R. Hebd. Seances Acad. Sci.*, 1905, **140**: 940.
[58] Huston R C, Hsiah T Y. *J. Am. Chem. Soc.*, 1936, **58**: 439.
[59] Norris I F, Sturgis B M. *J. Am. Chem. Soc.*, 1939, **61**: 1413.
[60] Norris J F, Rubinstein D. *J. Am. Chem. Soc.*, 1939, **61**: l163.
[61] Kelbe. *Liebigs Ann. Chem.*, 1881, **210**: 25.
[62] Meyer H, Berhauer K *Monatsh. Chem.*, 1929, 5**3**: 721.
[63] Price C C, Tomisek A J. *J. Am. Chem. Soc.*, 1943, **65**: 439.
[64] Price C C, et al. *J. Org. Chem.*, 1942, **7**: 517.
[65] Shacklett C D, et al. *J. Am. Chem. Soc.*, 1951, **73**: 766.
[66] Deshmukh M S, et al. *Top. in Cat.*, 2015, **58**: 1053.
[67] Istrati P M. *Ann. Chim.*, 1885, **6**: 395.
[68] Henne A L, Greenlee K W. *J. Am. Chem. Soc.*, 1943, **65**: 2020; *J. Am. Chem. Soc.*, 1945, **67**: 484.
[69] Pearson D E, et al. *J. Org. Chem.*, 1959, **24**: 504.
[70] Rieke R. D, Bales S. E. *J. Am. Chem. Soc.*, 1974, **96**: 1775.
[71] Ashby E C, Reed R. *J. Org. Chem.*, 1966, **31**: 971.
[72] Hobbs C F, Hammann W C. *J. Org. Chem.*, 1970, **35**: 4188.
[73] Gilman H, Robinson J. *Org. Synth.* 1943, Coll. Vol. **2**: 47.
[74] Smith L I. *Org. Synth.*, 1943, Coll. Vol. **2**: 360.
[75] Marxer A. *Helvetica Chimica Acta*, 1982, 65: 392.
[76] Basavaiah D, et al. *J. Org. Chem.*, 2003, **68**: 5983.

[77] Marvel C S, Hager F D. *Org. Synth.* 1941, Coll. Vol. **1**: 248.
[78] Johnson A W, et al. *Org. Synth*, 1962, **42**: 75.
[79] Reid E E, Ruhoff J R. *ibid.* 1943, Coll. Vol. **2**: 474.
[80] Zaugg H E, et al. *J. Am. Chem. Soc.*, 1960, **82**: 2895; *J. Am. Chem. Soc.*, 1960, **82**: 2903; *J. Org. Chem.*, 1961, **26**: 644.
[81] Mariella R P, Reube R. *Org. Synth.* 1963, Coll. Vol. **4**: 288.
[82] Too P C, et al. *Angew. Chem.*, *Int. Ed.*, 2016, **55**: 3719.
[83] Gnecco D, et al. *Org. Prep. Proced. Int.*, 1996, **28**: 478.
[84] Batiu I, et al. *Rom.*, 1983: 81266.
[85] Shivers J C, et al. *J. Am. Chem. Soc.*, 1944, **66**: 309.
[86] Malki F, et al. *Asian J. Chem.*, 2011, **23**: 961.
[87] House H O, Trost B M. *J. Org. Chem.*, 1965, **30**: 1341.
[88] Rathke M W, Lindert A. *J. Am. Chem. Soc.*, 1971, **93**: 2318.
[89] Poupaert J H, et al. *J. Chem. Res.*, *Synop.*, 1981, **7**: 192.
[90] Tagmann E, et al. *Helv. Chim. Acta*, 1952, **35**: 1541.
[91] Kazuya M, et al. *Chem. Pharm. Bull.*, 1988, **36**: 373.
[92] Gurowitz W D, Joseph M A. *J. Org. Chem.*, 1967, **32**: 3289.
[93] Uzgoren-Baran A, et al. *Org. Prep. Proced. Int.*, 2010, **42**: 143.
[94] Stork G, et al. *J. Am. Chem. Soc.*, 1963, **85**: 207.
[95] Sisido K. *J. Org. Chem.*, 1969, **34**: 2661.
[96] Freedman H H, Dubois R A. *Tetrahedron Lett.*, 1975: 3251.
[97] Merz A. *Angew. Chem. Int. Ed. Engl.*, 1973, **12**: 846.
[98] Barco A, et al. *Synthesis.*, 1976: 124.
[99] Brehme R. *Synthesis.*, 1976: 113.
[100] Prasad D J C, et al. *Org. Biomol. Chem.*, 2009, **7**: 5091.
[101] Makosza M, Jonezyk A. *Org. Synth.*, 1976, **55**: 91.
[102] Brändstrom A, Junggren U. *Tetrahedron Lett.*, 1972: 473.
[103] Brändstrom A, Junggren U. *Acta Chem. Scand.*, 1971, **25**: 1469.
[104] Su C, et al. *Synth. Commun.*, 2003, 38: 2817.
[105] Johnson M, Whelan C J. GB020236 (1989), GB011940 (1990).
[106] (a) Bessa B, Calle C, Dalmases B, et al. WO 2001018722 (2000); (b) Panayiotis A P. US6911560 (2005).

习　题

1. 根据以下指定反应原料、试剂和反应条件，写出其合成反应的主要产物。

(1) [steroid with HO, O] + [isobutylene] $\xrightarrow{H_3PO_4 / BF_3 \cdot OEt_2}$

(2) [Br, Br bicyclic compound with CH_3, CH_3] $\xrightarrow[ether]{CH_3Li}$

(3) 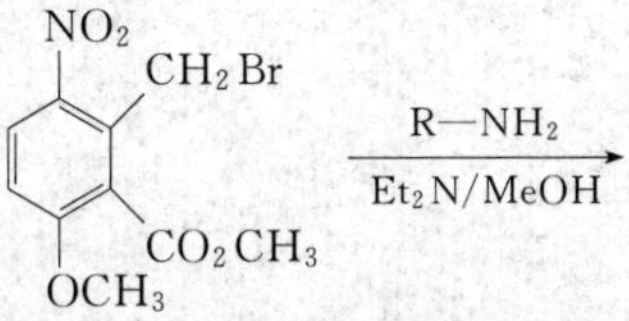 NO_2, CH_2Br, CO_2CH_3, OCH_3 $\xrightarrow[Et_2N/MeOH]{R—NH_2}$

(4) 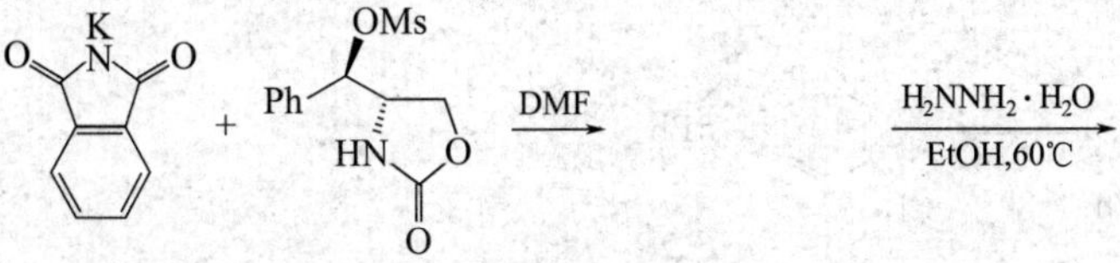 K, O, N, O + OMs, Ph, HN, O, O $\xrightarrow{DMF}$ $\xrightarrow[EtOH, 60℃]{H_2NNH_2 \cdot H_2O}$

(5) 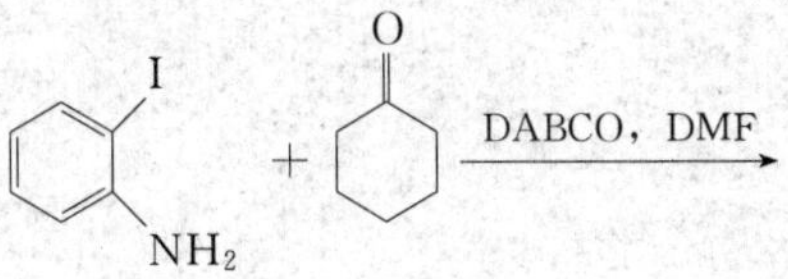 I, NH_2 + O $\xrightarrow{DABCO，DMF}$

(6) 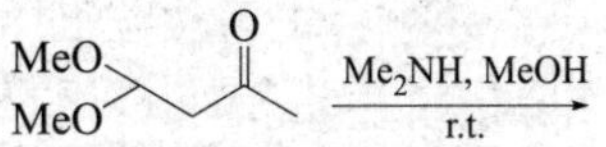 MeO, MeO, O $\xrightarrow[r.t.]{Me_2NH,\ MeOH}$

(7) 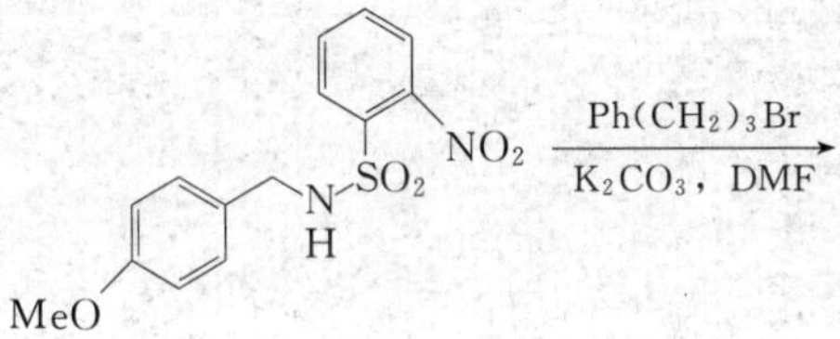 NO_2, N, SO_2, H, MeO $\xrightarrow[K_2CO_3，DMF]{Ph(CH_2)_3Br}$

(8) 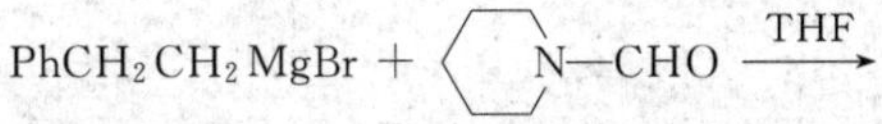 $PhCH_2CH_2MgBr$ + N—CHO $\xrightarrow{THF}$

(9) 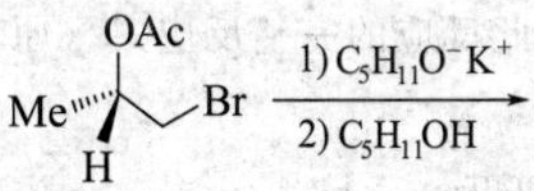 OAc, Me, Br, H $\xrightarrow[2)\ C_5H_{11}OH]{1)\ C_5H_{11}O^-K^+}$

(10) 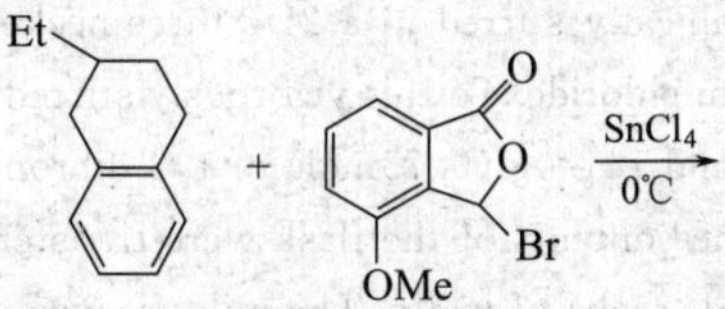 Et + O, O, OMe, Br $\xrightarrow[0℃]{SnCl_4}$

2. 根据给出的反应产物及部分原料，写出下列反应的主要试剂及反应条件。

(1) 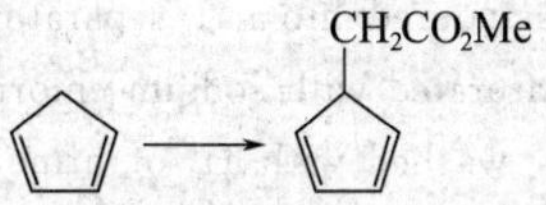 ⟶ CH_2CO_2Me

(2) 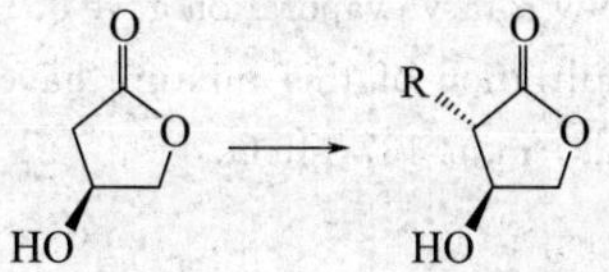 O, O, HO ⟶ R, O, O, HO

(3) 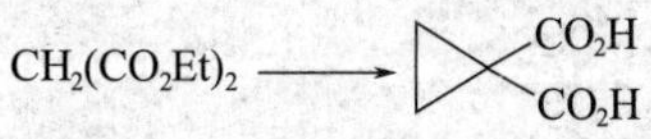 $CH_2(CO_2Et)_2$ ⟶ CO_2H, CO_2H

(4) 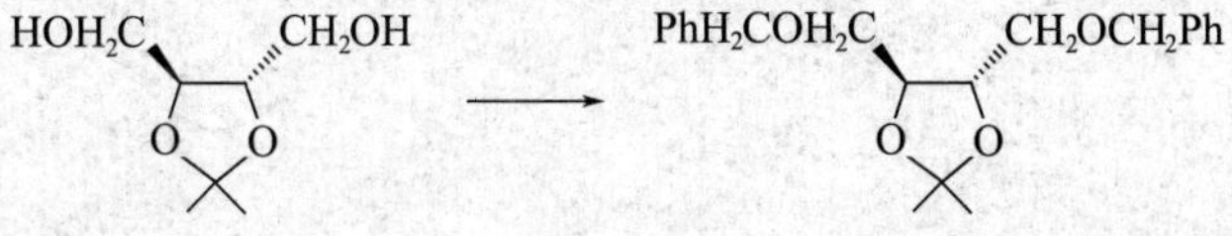 HOH_2C, CH_2OH, O, O ⟶ PhH_2COH_2C, CH_2OCH_2Ph, O, O

(5) OH, NO_2 ⟶ OCH_2Ph, NO_2

(6) OTf, Cl + H, N, Me, Ph ⟶ Me, N, Ph, Cl

(7) O, SO_2Ph ⟶ O, Ph

(8) N, OH, CHO ⟶ N, OCH_3, CHO

(9) O, EtO ⟶ O, Me, EtO

(10) Me, Br, MeO ⟶ Me, H, N, Hex, MeO

3. 阅读（翻译）以下有关反应操作的原文，请在理解的基础上写出：（1）此反应的完整反应式（原料、试剂和主要反应条件）；（2）此反应的反应机理（历程）。

Preparation of cyclopropane 1,1-dicarboxylic acid

To a 1L solution of aqueous 50% sodium hydroxide, mechanically stirred in a 2L, three-necked flask, was added, at 25℃, 114.0g (0.5mol) of triethylbenzyl ammonium chloride. To this vigorously stirred suspension was added a mixture of 80.0g (0.5mol) of diethyl malonate and 141.0g (0.75mol) of 1,2-dibromoethane all at once. The reaction mixture was vigorously stirred for 2h. The contents of the flask were transferred to a 4L Erlenmeyer flask by rinsing the flask with three portions (75mL each) of water. The mixture was magnetically stirred by dropwise addition of 1L of concentrated hydrochloric acid. The temperature of the flask was maintained between 15℃ and 25℃ during acidification. The aqueous layer was poured into a 4L separatory funnel and extracted three times with 900ml of ether. The aqueous layer was saturated with sodium chloride and extracted three times with 500ml of ether. The ether layer were combined, washed with 1L of brine, dried ($MgSO_4$), and decolorized with activated carbon. Removal of the solvent by rotary evaporation gave 55.2g of a semisolid residue. The residue was triturated with 100 ml of benzene. Filtration of this mixture gave 43.1-47.9g (66%-73%) of cyclopropane 1,1-dicarboxylic acid as white crystals, m.p. 137-140℃.

第三章 酰化反应（Acylation Reaction）

有机物分子结构中的碳、氮、氧或硫等原子上导入酰基的反应称为酰化反应，酰化反应的产物分别是酮（醛）、酰胺、酯或硫醇酯。

酰基是指含氧无机酸、有机酸或磺酸的分子结构中去掉羟基后所剩的部分，这里主要讨论的是导入有机酸酰基的酰化反应。

酰化反应在药物合成中有着广泛的应用。首先，酰基是某些药物重要的药效基团，在许多药物结构中含有酰基。例如，二氢吡啶类钙离子阻滞剂硝苯地平（Nifedipine）的结构中C-3和C-5位的酯基，抗精神病药氟哌啶醇（Haloperidol）结构中的酰基苯等均是其活性所必需的基团。另外，含有羧基、羟基、氨基、巯基等药物的结构改造与修饰，特别是在“前药”（pro-drug）的制备过程中酰化反应亦发挥着重要作用，通过成酯、成酰胺等修饰可以改变原来药物的理化性质、降低毒副作用、改善药物的体内代谢、提高疗效等。例如，氯霉素与棕榈酸成酯制得的棕榈氯霉素（Chloraphenicol palmitate），消除了氯霉素的苦味，便于儿童服用。

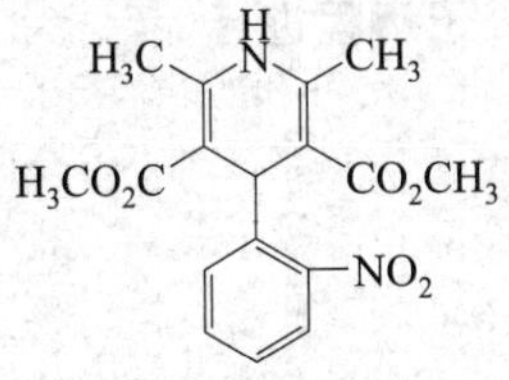

H_3C … CH_3, H_3CO_2C … CO_2CH_3, NO_2

(Nifedipine)

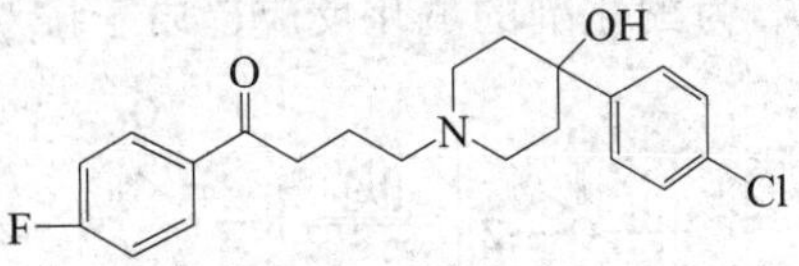

(Haloperidol)

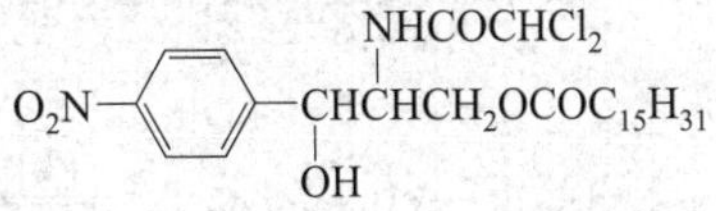

$O_2N-C_6H_4-CH(OH)CH(NHCOCHCl_2)CH_2OCOC_{15}H_{31}$

(Chloraphenicol palmitate)

此外，酰基也是药物合成中官能团转换的重要合成手段，酰基可通过氧化、还原、加成、重排成肟等反应转化成其他基团，另外，在涉及羟基、氨基、巯基等基团保护时，将其酰化也是一个常见的保护方法。

第一节 酰化反应机理

按酰基的导入方式可将酰化反应分为直接酰化和间接酰化；按酰基的导入位置可将酰化分为氧原子上的酰化、氮原子上的酰化和碳原子上的酰化。氧、氮原子上的酰化一般均为直接酰化反应，而碳原子上的酰化既有直接酰化，又有间接酰化反应。

一、电子反应机理

这里主要讨论直接酰化的反应机理及酰化剂的强弱，有关间接酰化的机理将在本章的相关内容中加以讨论。这里所涉及的亲电、亲核均指酰化剂相对于被酰化物而言。

1. 亲电反应机理

在氧、氮和碳原子上的绝大部分酰化反应都属于亲电酰化，这是因为在通常反应条件下，羰基的C原子显部分正电性。由于酰化剂种类和酰化能力的强弱不同，又可将酰化反应历程分为单分子历程和双分子历程。

（1）单分子历程

酰化剂在催化剂的作用下解离出酰基正离子（**1**），再与被酰化物发生亲电取代反应，生成酰化产物（**2**），其中酰化剂解离过程是反应的限速步骤，酰化速率仅与酰化剂的浓度相关，为动力学上的一级反应，即 $v=k_1[R^1COZ]$，v 为反应速率，k_1为速率常数。

采用酰卤、酸酐等强酰化剂的酰化反应趋向于按单分子历程进行。

R^1COZ ⇌[慢] $R^1C^{\oplus}=O$ (**1**) + $Z^{\ominus}$；(**1**) →[R—YH][快] $R-\overset{H}{Y}{}^{\oplus}-COR^1$ →[$-H^{\oplus}$] $R-Y-COR^1$ (**2**)

（Y=O, NH, S, H；Z=Hal, $OCOR^2$）

（2）双分子历程

酰化剂的羰基与被酰化物结构中的羟基、氨基间进行亲电反应，生成中间过渡态（**3**），此步是反应的限速步骤，（**3**）再解离出离去基团Z负离子，脱去质子生成酰化产物（**2**）。另外一种可能的机理是被酰化物与酰化剂羰基加成生成四面体过渡态（**4**），再脱去Z负离子，脱去质子生成酰化产物（**2**）。双分子历程中酰化速率与酰化剂和被酰化物的浓度都相关，为动力学上的二级反应，即 $v=k_1[R^1COZ][R—YH]$。

一般采用羧酸、羧酸酯和酰胺等为酰化剂的酰化反应趋向于按双分子历程进行。

R—YH + R^1COZ ⇌[慢] [R(H)Y---C(=O)(R^1)---Z] (**3**) ⇌[快] $R-\overset{H}{Y}{}^{\oplus}-COR^1$ + $Z^{\ominus}$ →[$-H^{\oplus}$] $R-Y-COR^1$ (**2**)

R—YH + $R^1C(=O)-Z$ ⇌ [R—Y(H)—C($O^{\ominus}$)(R^1)—Z] (**4**) ⇌ $R-\overset{H}{Y}{}^{\oplus}-COR^1$ + $Z^{\ominus}$ →[$-H^{\oplus}$] $R-Y-COR^1$ (**2**)

（Y=O, NH, S, H；Z=OH, OR^2, NHR^2）

（3）酰化剂的强弱顺序

酰化剂的酰化能力与离去基团Z的电负性和离去能力有关，Z的电负性越大，离去能力越大，其酰化能力越强。Z的离去能力可通过其共轭酸HZ的酸性强弱来判断，而判断HZ酸性强弱的最直接的方法是HZ的 pK_a 值。

$$HZ \rightleftharpoons H^{\oplus} + Z^{\ominus} \quad K_a = \frac{[H^{\oplus}][Z^{\ominus}]}{[HZ]}$$

式中，K_a为HZ的电离平衡常数，也称为酸解离常数，而 $pK_a = -\lg K_a$，所以K_a或pK_a的数值反映出酸性的强弱，K_a越大或pK_a越小，酸性越强。常见的酰化剂的活性顺序为：

$$\overset{\oplus}{R}CO\overset{\ominus}{Cl}O_4 > \overset{\oplus}{R}CO\overset{\ominus}{B}F_4 > RCOX > RCO_2COR^1 > RCO_2R^1, RCO_2H > RCONHR^1$$

上述强弱顺序不是绝对的，例如，某些活性酯或活性酰胺则为强酰化剂。

(4) 被酰化物的活性

被酰化物的亲核能力越强，越容易被酰化，活性大小可以用被酰化物 R—YH 的碱性来衡量，其碱性越强，越容易被酰化。当被酰化物结构中的 R 相同时：$RNH_2 > ROH > RH$。

被酰化物结构中的 R 基团对其酰化的难易也有影响，就 *O*-酰化和 *N*-酰化而言，R 为芳基时，由于芳基与 N 原子或 O 原子间的共轭效应，使 N 原子或 O 原子上的电子云密度降低而反应活性下降，所以 $RNH_2 > ArNH_2$；$ROH > ArOH$。另外，R 基团的立体位阻对其活性也有影响，立体位阻大的醇或胺的酰化要相对困难一些，一般选用活性较强的酰化剂。

2. *C*-亲核反应机理

在通常的反应条件下，羰基的碳原子均显部分正电性，因此从酰化剂的角度来讲，所参与的酰化反应都应为亲电酰化，但在某些特定的条件下，可通过“极性反转”的方法将其转变成具有亲核性的羰基，从而可以与某些具有亲电性的被酰化物之间发生亲核性的酰化反应，例如，通过醛与活泼金属作用，将其羰基转化成酰基负离子中间体。

$$ArCHO \xrightarrow{M} Ar-\overset{O}{\overset{\|}{C}}{}^{\ominus}M^{\oplus} \rightleftharpoons Ar-\overset{O}{\overset{\|}{C}}{}^{\ominus} + M^{\oplus}$$

$$Ar-\overset{O}{\overset{\|}{C}}{}^{\ominus} + \underset{R}{\underset{|}{H_2C}}-X \xrightarrow{-X^{\ominus}} R-CH_2-\overset{O}{\overset{\|}{C}}-Ar$$

M=Li, Na, K等活泼金属

X= Hal, OSO_2R^1, COR, CN, NO_2, Ar

亲核性的酰化反应通常发生在 *C*-酰化中，通过该反应可以制备不对称酮、1,2-二酮等化合物。

二、自由基反应机理

在过氧化物、光照等条件下羰基的碳原子解离成羰基自由基和氢原子自由基，羰基自由基再与被酰化物进行自由基反应生成酰化产物。

$$R-\overset{O}{\overset{\|}{C}}-H \xrightarrow{Bz_2O_2} R-\dot{C}=O + ArCOO\cdot + ArCOOH$$

$$R-\dot{C}=O + R^1CH_2CH=CH_2 \longrightarrow R-\overset{O}{\overset{\|}{C}}-\underset{R^1}{\underset{|}{\overset{H}{\overset{|}{C}}}}-CH=CH_2 + H\cdot$$

$$ArCOO\cdot + H\cdot \longrightarrow ArCOOH$$

自由基酰化一般由于反应条件激烈、反应难以控制等因素，产物较为复杂，应用有限。

第二节　氧原子上的酰化反应

一、醇的 O-酰化反应

醇羟基的氧原子有亲核性，所以醇的 *O*-酰化一般均为直接亲电酰化，其酰化产物是羧酸酯。醇的 *O*-酰化反应根据所采用的酰化种类不同，可按单分子或双分子两种反应历程进行。

1. 羧酸为酰化剂

(1) 反应通式

$$R^1-\underset{\underset{O}{\|}}{C}-OH+HOR \xrightleftharpoons[\text{solvent}]{\text{Cat.}} R^1-\underset{\underset{O}{\|}}{C}-OR+H_2O$$

酰化剂包括各种脂肪族和芳香族的羧酸；被酰化物包括各种伯、仲、叔醇；催化剂包括质子酸或 Lewis 酸；溶剂包括醇类、醚类、卤代烃类等。

(2) 反应机理：直接亲电酰化

催化剂的质子先与羧酸羰基的氧原子结合成𬭩盐 **(5)**，从而使羰基的碳原子的正电性增强，由醇的羟基氧原子对羰基碳原子进行亲核进攻生成四面体过渡态 **(6)**，**(6)** 经质子作用脱水得𬭩盐中间体 **(8)**，再脱质子得酰化产物。

$$R^1-\underset{\underset{O}{\|}}{C}-OH \xrightleftharpoons{H^{\oplus}} \underset{\mathbf{(5)}}{R^1-\underset{\underset{\overset{\oplus}{O}H}{\|}}{C}-OH} \xrightleftharpoons{H\ddot{O}R} \underset{\mathbf{(6)}}{\left[R^1-\underset{OH}{\overset{H\overset{\oplus}{O}R}{\underset{|}{\overset{|}{C}}}}-OH\right]} \rightleftharpoons \underset{\mathbf{(7)}}{R^1-\underset{\overset{\oplus}{O}H_2}{\overset{OR}{\underset{|}{\overset{|}{C}}}}-\ddot{O}H} \xrightleftharpoons{-H_2O} \underset{\mathbf{(8)}}{R^1-\underset{\underset{\overset{\oplus}{O}H}{\|}}{C}-OR} \xrightleftharpoons{-H^{\oplus}} R^1COOR$$

羧酸为酰化剂的酰化反应为可逆平衡反应，为促使平衡向生成酯的方向移动，通常可采用的方法有：增加反应物的浓度（采用大过量的醇）；减少生成物的浓度（蒸出反应所生成的酯）；除去反应中生成的水（加入化学脱水剂或采用共沸蒸馏除水）。

(3) 影响因素

反应中作为酰化剂的羧酸的结构、被酰化物醇的结构以及催化剂、溶剂和温度等反应条件对酰化反应的结果均产生一定影响。

① 羧酸结构的影响

作为酰化剂的羧酸的酸性越强，其酰化能力越强，羧酸的酸性主要受其结构中的电子效应（包括诱导效应和共轭效应）及立体效应的影响。

i. **诱导效应的影响**　当羰基的 α 位上带有吸电子基团（如卤原子）时，由于吸电子效应，使羧基的羟基氧原子上的电子云密度降低，O—H 键的极性增强，其酸性增强；另一方面，由于吸电子效应使羧酸负离子的电荷更加分散，使其稳定性增加，也使羧酸的酸性增强，因此诱导效应的结果是：羰基的 α 位有吸电基的羧酸＞α 位无吸电子基的羧酸；当烃基上连有给电子基团时，由于给电子效应使羧基中羟基氧原子上的电子云密度升高，O—H 键的极性减弱，因而较难电离出 H^+，其酸性减弱。基团的给电子能力越强，羧酸的酸性就愈弱。

ii. **共轭效应的影响** 当羰基的 α 位上连有不饱和烃基和芳基时，除受到基团的诱导效应影响外，同时还受到共轭效应的影响，其结果是，不饱和脂肪羧酸、芳酸的酸性略强于相应的饱和脂肪羧酸。

芳环上的取代基的种类对芳酸的酸性有一定影响，如：p-$O_2NC_6H_4CO_2H$（pK_a 3.40）＞p-$ClC_6H_4CO_2H$（pK_a 3.97）＞$C_6H_5CO_2H$（pK_a 4.20）＞p-$CH_3OC_6H_4CO_2H$（pK_a 4.47）。

芳环上的取代位置对芳酸的酸性也有一定影响，如：o-$O_2NC_6H_4CO_2H$（pK_a 2.21）＞p-$O_2NC_6H_4CO_2H$（pK_a 3.40）＞m-$O_2NC_6H_4CO_2H$（pK_a 3.46）＞$C_6H_5CO_2H$（pK_a 4.20）。

iii. **立体效应的影响** 有些立体位阻大的芳酸很难进行酰化反应，如邻位二取代的苯甲酸（**9**），由于其邻位的两个取代基分别处于羰基正离子所在的平面上、下，阻止了醇的氧原子的亲核进攻，使酰化反应难以进行，因此对于邻位二取代的苯甲酸酯的合成，一般多采用其盐类（一般为碱金属盐、银盐、汞盐等）在无水条件下与卤代烃作用。

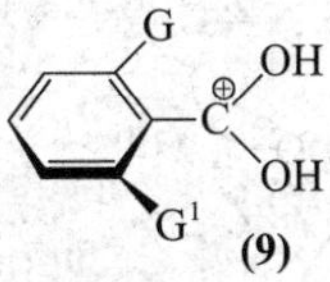

G　OH　$\overset{\oplus}{C}$　OH　G^1

(9)

② **醇结构的影响**

作为被酰化物的醇羟基的亲核能力越强，反应活性越强，酰化反应越容易进行，其亲核能力受其结构的立体效应和电子效应的影响。

i. **立体效应的影响** 羟基的 α 位的立体位阻影响 O 原子对羰基 C 原子的亲核进攻，所以使醇羟基的亲核能力降低。一般情况下，醇的活性顺序为：甲醇＞伯醇＞仲醇＞叔醇、烯丙醇、苄醇。其中叔醇由于其立体位阻大且在酸性介质中易脱去羟基而形成较稳定的叔碳正离子，使酰化反应趋于按烷氧断裂的单分子历程进行，而使酰化反应难以完成。

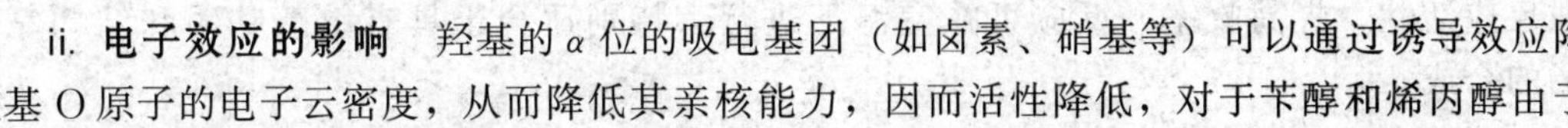

$$-\underset{|}{\overset{|}{C}}-OH \xrightleftharpoons{H^{\oplus}} -\underset{|}{\overset{|}{C}}-\overset{\oplus}{O}H_2 \xrightleftharpoons{-H_2O} -\overset{|}{C}^{\oplus} \qquad -\underset{|}{\overset{|}{C}}-OCOR \xrightleftharpoons[-H^{\oplus}]{RCO_2H} -\underset{|}{\overset{|}{C}}^{\oplus} \xrightleftharpoons[-H^{\oplus}]{H_2O} -\underset{|}{\overset{|}{C}}-OH$$

反应过程中所生成的碳正离子既可以与羧酸反应生成酯，又可以与水反应生成原来的醇，但由于水的亲核性强于羧酸，所以叔碳正离子更倾向于与水作用而使反应逆转。另外，由于苄醇和烯丙醇易于脱去羟基而形成较稳定的碳正离子，所以也表现出同叔醇类似的性质。

ii. **电子效应的影响** 羟基的 α 位的吸电基团（如卤素、硝基等）可以通过诱导效应降低羟基 O 原子的电子云密度，从而降低其亲核能力，因而活性降低，对于苄醇和烯丙醇由于其分子结构中存在着 p-π 共轭体系，而使羟基的 O 原子的亲核能力降低，因此反应活性较低。

③ **催化剂的影响**

催化剂可以通过提高酰化剂（羧酸）或被酰化物（醇）的反应活性来加速酰化反应的进行，因此在各类酰化反应中一般都要加入催化剂。

i. **用来提高羧酸反应活性的催化剂**

(a) 质子酸 质子酸类催化剂通过与羧酸羰基形成鎓盐（**5**），使羰基的碳原子的正电性增强，从而提高羧酸的反应活性。常用的质子酸有：浓硫酸、磷酸、无水氯化氢、四氟硼酸等无机酸和对甲苯磺酸、萘磺酸等有机酸。

(b) **路易斯酸** 该类催化剂通过与羧酸羰基形成络合物（**10**）或（**11**），使羰基的碳原子的正电性增强，从而提高羧酸的反应活性。常见的路易斯酸包括：BF_3、$AlCl_3$、$FeCl_3$、$TiCl_4$等，该类催化剂具有收率高、条件温和、不发生加成、重排等副反应等优点，适合于高级不饱和脂肪酸（醇）、杂环酸（醇）的酰化。

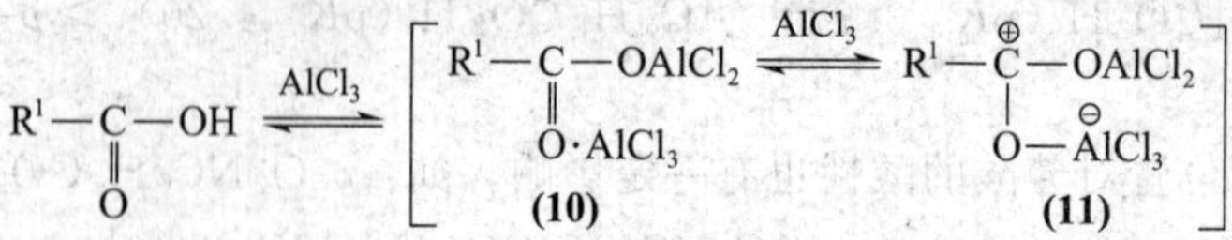

$$R^1-\overset{\overset{\displaystyle O}{\|}}{C}-OH \underset{}{\overset{AlCl_3}{\rightleftharpoons}} \left[\underset{\textbf{(10)}}{R^1-\underset{\underset{\displaystyle O\cdot AlCl_3}{\|}}{C}-OAlCl_2} \overset{AlCl_3}{\rightleftharpoons} \underset{\textbf{(11)}}{R^1-\underset{\underset{\displaystyle O-\overset{\ominus}{A}lCl_3}{|}}{\overset{\oplus}{C}}-OAlCl_2} \right]$$

(c) **Vesley 方法** 采用强酸型离子交换树脂加硫酸钙，催化能力强、收率高、条件温和。

(d) **DCC** 二环己基碳二亚胺（dicyclohexylcarbodiimide，DCC，**12**）及其类似物是良好的酯化反应的催化剂，其催化的原理是反应中先与羧酸形成活性酯（**15**），或（**15**）与羧酸根作用生成酸酐（**16**）而增加了羧酸的反应活性，其具体反应机理如下：

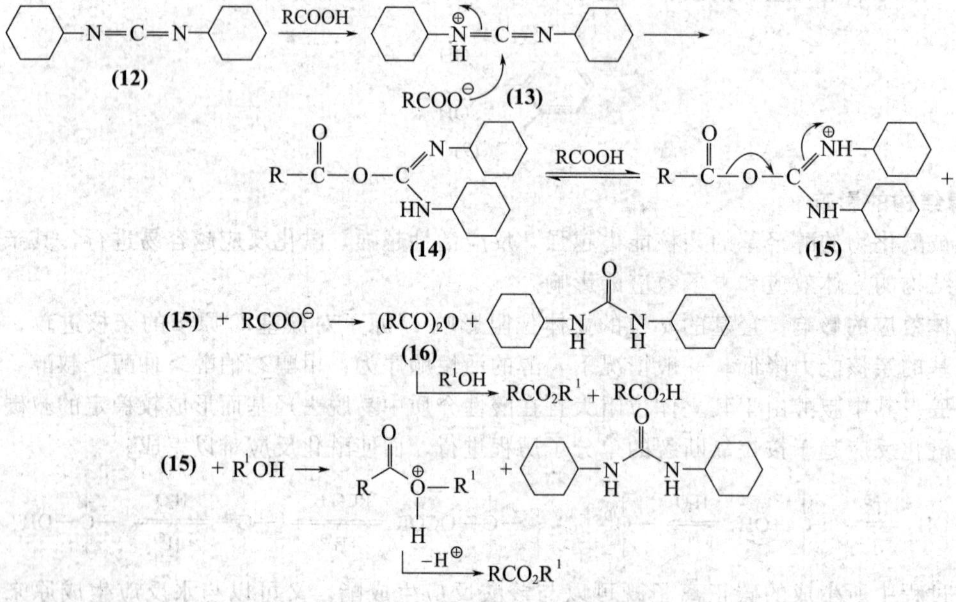

(12) RCOOH (13) $RCOO^{\ominus}$

(14) RCOOH (15) $+ RCOO^{\ominus}$

(15) $+ RCOO^{\ominus} \longrightarrow (RCO)_2O$ + (16) $\xrightarrow{R^1OH} RCO_2R^1 + RCO_2H$

(15) $+ R^1OH \longrightarrow$ $\xrightarrow{-H^{\oplus}} RCO_2R^1$

DCC催化的反应具有条件温和、收率高、立体选择性强的优点，但其价格较贵，适用于结构复杂的酯的合成，在半合成抗生素及多肽类化合物的合成中有广泛应用。通常在反应体系中还可加入对二甲氨基吡啶（DMAP）、4-吡咯烷基吡啶（PPY）等催化剂来增强反应活性，提高收率，反应可在室温下进行，特别适合于具有敏感基团和结构复杂的酯的合成。

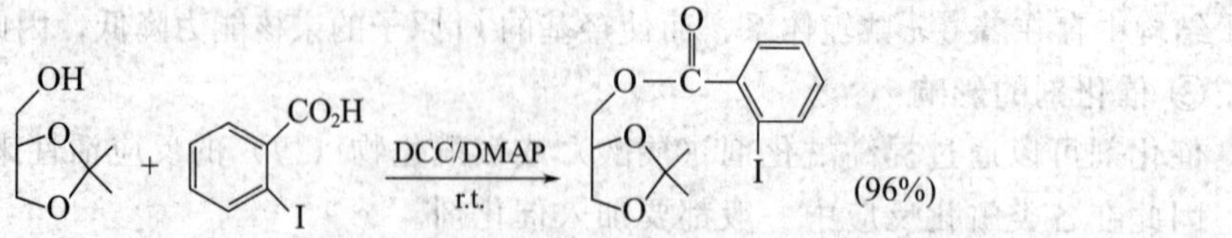

$\xrightarrow[\text{r.t.}]{\text{DCC/DMAP}}$ (96%) [1]

ii. **用来提高醇反应活性的催化剂** 此处只简单介绍DEAD。

偶氮二羧酸二乙酯（diethyl azodicarboxylate，DEAD）与三苯基膦反应生成中间体（**19**），（**19**）活化被酰化的醇生成中间体（**20**），使其反应活性增加，反应过程如下：

$N-CO_2C_2H_5$

$\|$

$N-CO_2C_2H_5$ + Ph_3P ⇌ $C_2H_5O-\overset{O^{\ominus}}{C}=N-N(\overset{\oplus}{P}Ph_3)-CO_2C_2H_5$ $\xrightarrow{RCO_2H}$

(**17**) (**18**)

$\left[C_2H_5O-\overset{O}{\overset{\|}{C}}-\overset{H}{N}-N(\overset{\oplus}{P}Ph_3)-H\right]\cdot RCO\overset{\ominus}{O}$ $\xrightarrow{HO-C(R^1)(R^2)(R^3)}$ $Ph_3\overset{\oplus}{P}-O-C(R^1)(R^2)(R^3)$ $\xrightarrow{RCO\overset{\ominus}{O}}$ $R^3(R^2)(R^1)C-O-\overset{O}{\overset{\|}{C}}-R$

(**19**) (**20**) (**21**)

由于受到三苯基膦的位阻影响，伯醇和仲醇较容易与活性中间体（**19**）作用生成中间体（**20**），当（**20**）与羧酸作用时，由于受到三苯基膦的屏蔽作用，羧酸根离子只能从背面进攻，使原来的醇的构型发生反转，从而使酯化反应具有立体选择性。

OH $\xrightarrow[2)\ K_2CO_3/CH_3OH]{1)\ DEAD/PPh_3/PhCO_2H}$ OCOPh (70%) 〔2〕

(4) 应用特点

① 伯醇酯的制备

伯醇羟基的活性最大，因此在伯、仲、叔醇羟基同时存在时可以利用它们之间的活性差别进行选择性地酰化或对其进行保护。例如：

HO-5′ (3′ OH, 2′ OH) (**22**) + CO_2H / NO_2 $\xrightarrow[r.t.,1h]{DEAD/PPh_3}$ $O_2N-C_6H_4-CO_2-$ (OH OH) (83%) 〔3〕

在上例的胸腺嘧啶核苷（**22**）的5′-羟基的选择性酰化中，利用2′,3′-羟基与5′-羟基的位阻差别，同时利用活性中间体（**20**）的位阻，选择性地酰化5′-羟基。

甲醇羟基的活性最大，例如，在下例抗病毒药扎那米韦（Zanamivir）的中间体（**23**）合成中，如果采用较温和的反应条件，即采用阳离子交换树脂为催化剂，室温下反应2h则可以高收率地得到甲醇酯（**23**），而酰化剂中的伯醇、仲醇和叔醇羟基均未反应。

HO, HO, H, OH, CO_2H, HO, AcHN, OH $\xrightarrow[CH_3OH,r.t.,2h]{Dowex50\times8(\overset{\oplus}{H})树脂}$ HO, HO, H, OH, CO_2CH_3, HO, AcHN, OH (**23**) (94%) 〔4〕

② 仲醇酯的制备

仲醇羟基的活性中等，反应中一般需加入质子酸、DCC、DEAD等作催化剂。例如：

$HO-\lozenge N-CH(Ph)_2$ + $NCCH_2COOH$ $\xrightarrow[55℃,10h]{DCC/THF}$ $NCCH_2COO-\lozenge N-CH(Ph)_2$ (93%) 〔5〕

在薄荷醇对硝基苯甲酸酯（**24**）的合成中，采用DEAD/Ph_3P为催化剂来活化醇羟基，产物酯的构型发生了反转。

$$\text{(薄荷醇)} + p\text{-}O_2N C_6H_4 COOH \xrightarrow[\text{r.t.,14h}]{\text{DEAD/Ph}_3\text{P/THF}} \textbf{(24)}\ (86\%)$$ [6]

③ 叔醇酯的制备

叔醇羟基的活性较差，且在以羧酸为酰化剂的反应中容易脱去羟基而形成较稳定的叔碳正离子，而使酰化反应难以完成，因此反应中一般需要加入 DCC 类催化剂。例如：

$$\text{(5-}H_3CO\text{, 3-}CH_2CO_2H\text{, 2-}CH_3\text{-吲哚)} \xrightarrow[\text{DCC/ZnCl}_2]{(CH_3)_3COH} \text{(5-}H_3CO\text{, 3-}CH_2CO_2C(CH_3)_3\text{, 2-}CH_3\text{-吲哚)}\ (87\%)$$ [7]

④ 内酯的制备

同一分子结构中如果同时存在羧基和羟基，如果两者的位置合适，在一定的反应条件下反应可得到内酯类化合物，且一般分子内酰化反应优先于分子间酰化。例如：

$$H_3C(H_2C)_{10}CH(OH)CH_2CH(OH)CH(CO_2H)(CH_2)_5CH_3 \xrightarrow[\text{24h}]{p\text{-TsOH/CH}_2\text{Cl}_2} H_3C(H_2C)_{10}\text{-(}\delta\text{-内酯, 4-OH, 3-}(CH_2)_2CH_3\text{)}\ (87\%)$$ [8]

2. 羧酸酯为酰化剂

(1) 反应通式

$$RCOOR^1 + R^2OH \xrightarrow[\text{solvent}]{\text{Cat.}} RCOOR^2 + R^1OH$$

反应中的酰化剂包括各种脂肪族和芳香族的羧酸酯；被酰化物包括各种伯、仲、叔醇；催化剂包括质子酸或醇钠；溶剂包括醇类、醚类、卤代烃类等。

(2) 反应机理

① 酸催化：增强羧酸酯（酰化剂）的活性

$$R-\overset{O}{\overset{\|}{C}}-OR^1 \underset{}{\overset{H^\oplus}{\rightleftharpoons}} R-\overset{O}{\overset{\|}{C}}-\overset{\oplus}{O}(H)R^1\ \textbf{(25)} \overset{R^2OH}{\rightleftharpoons} \left[\begin{matrix} R^2 & & O & & R^1 \\ & O\cdots & C & \cdots \overset{\oplus}{O} & \\ H & & R & & H \end{matrix}\right]\textbf{(26)} \overset{-R^1OH}{\rightleftharpoons} R^2\overset{\oplus}{O}(H)-\overset{O}{\overset{\|}{C}}-R\ \textbf{(27)} \overset{-H^\oplus}{\rightleftharpoons} R^2O-\overset{O}{\overset{\|}{C}}-R$$

反应中质子与羰基氧原子结合成𬭩盐（**25**），增强了羰基碳原子的亲电性，（**25**）与被酰化的醇进行双分子亲电反应生成中间体（**26**），最后脱去一分子 R^1OH 和质子得产物。

② 碱催化：增强醇（被酰化物）的活性

$$R^2OH \overset{B:}{\rightleftharpoons} B{:}H + R^2O^\ominus\ \textbf{(28)} \overset{R-\overset{O}{\overset{\|}{C}}-OR^1}{\rightleftharpoons} \left[R-\overset{O^\ominus}{\underset{OR^1}{C}}-OR^2\right]\textbf{(29)} \overset{-R^1O^\ominus}{\rightleftharpoons} R^2O-\overset{O}{\overset{\|}{C}}-R$$

醇钠等强碱性催化剂先与醇进行质子交换，使之转化为 $R^2O^\ominus$（**28**），从而增强其对羰基碳原子的亲核能力，(**28**) 与酰化剂的酯羰基加成为四面体过渡态 (**29**)，最后再脱去R^1O负离子得到产物。

无论是酸催化还是碱催化，酯交换过程都是可逆的，存在着两个烷氧基（R^1O、R^2O）的竞争，一般在反应中可通过不断蒸出所生成的醇 R^1OH 来打破平衡，使反应趋于完成。

(3) 影响因素

反应中作为酰化剂的酯（$RCOOR^1$）的结构、被酰化物醇的结构以及催化剂、溶剂和温度等反应条件对酰化反应的结果均产生一定影响。

① 羧酸酯结构的影响

羧酸酯的酰化能力源于其结构中的酯羰基碳原子的亲电性，而这一亲电性则受其结构中R 基团和 R^1 基团结构类型的共同影响。

i. **R 基团的影响**　酯羰基的 α 位上连有吸电子基团时，吸电子效应使酯羰基的碳原子上的电子云密度降低，亲电性增强，所以，α 位有吸电子基的酯＞α 位无吸电子基的酯；羧羰基的 α 位上连有不饱和烃基和芳基时，除受到基团的诱导效应影响外，同时还受到共轭效应的影响。所以一般来说，不饱和脂肪羧酸酯、芳酸酯的活性略强于相应的饱和脂肪羧酸酯。

ii. **R^1 基团的影响**　酰化能力还与 $R^1O^{\ominus}$ 的共轭酸 R^1OH 的酸性大小有关，R^1OH 的酸性越强，酯的酰化能力越强，所以就一般羧酸酯的活性而言，$RCOOAr > RCOOCH_3 > RCOOC_2H_5$，即羧酸苯酚酯的活性最强，羧酸甲酯次之。另外，由于反应中常采用蒸出所生成的醇（R^1OH）来打破平衡，所以采用常规的酯做酰化剂时，一般均选用羧酸甲酯或羧酸乙酯，因为它们可以生成低沸点的甲醇或乙醇。例如：

$$H_3COOC, COOCH_3\text{(二氧戊环)} + i\text{-PrOH} \xrightarrow[70℃, 3h]{Ti(OPr\text{-}i)_4} i\text{-PrOOC}, COOPr\text{-}i\text{(二氧戊环)}\ (91\%)$$ [9]

② 醇结构的影响

羧酸酯为酰化剂的醇的 *O*-酰化中，醇的结构对酰化反应的影响同前面“羧酸为酰化剂”中的相关内容。

③ 催化剂的影响

羧酸酯为酰化剂的酰化反应中，酸、碱催化剂的选择主要取决于醇的性质，若用含有碱性基团的醇或叔醇进行酯交换反应，一般适宜采用醇钠等碱性催化剂。例如：

$$H_2N\text{—}C_6H_4\text{—}CO_2C_2H_5 \xrightarrow[C_2H_5ONa]{HOCH_2CH_2N(C_2H_5)_2} H_2N\text{—}C_6H_4\text{—}CO_2CH_2CH_2N(C_2H_5)_2\quad(92\%)$$ [10]

以硅藻土为载体的 Lewis 酸或强酸型离子交换树脂为催化剂，可以对多羟基化合物进行单酰化或选择性酰化。

$$CH_3CH_2CO_2CH_3 + HO(CH_2)_6OH \xrightarrow[70℃, 2h]{NaHSO_4\text{-}SiO_2} HO(CH_2)_6OCOCH_2CH_3\quad(92\%)$$ [11]

(4) 应用特点

采用羧酸酯为酰化剂与用羧酸直接酯化相比，其反应条件温和，可以利用减压蒸馏迅速将生成的醇除去，操作温度相对较低，反应时间相对较短，比较适合于某些热敏性、反应活性较小的羧酸，以及溶解度较小、在酸性介质中不稳定、结构复杂的醇。

① 羧酸甲酯、羧酸乙酯的应用

以羧酸甲酯或羧酸乙酯为酰化剂的酰化反应中，由于它们生成沸点较低的甲醇或乙醇，容易将其从反应体系中除去，从而促进平衡向产物方向移动，同时也利于产物的分离、纯化。

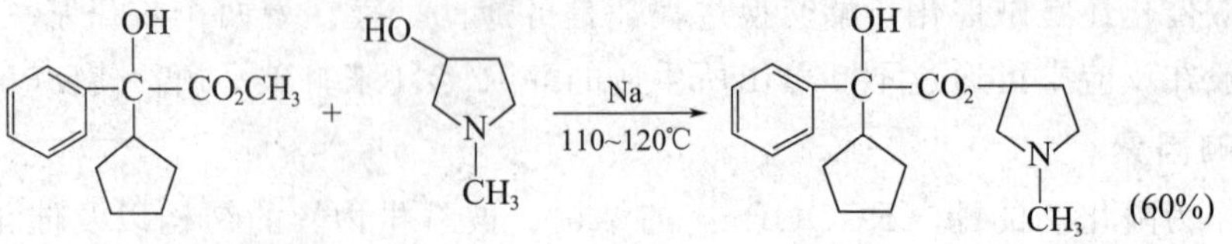

OH, CO_2CH_3 + HO, N, CH_3 —Na, 110~120℃→ OH, CO_2, N, CH_3 (60%) [12]

OC_2H_5, O + HO, N —NaH / Tol→ O, O, N (89%) [13]

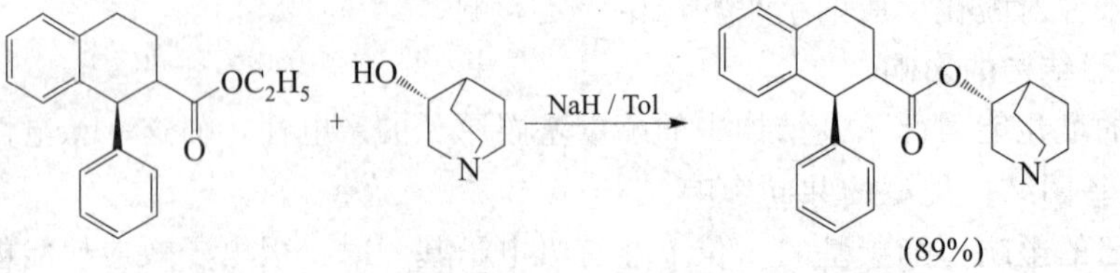

② 活性酯的应用

如果增加酯的反应活性，则可增加 $R^1O^{\ominus}$ 的离去能力，即增加 R^1OH 的酸性，一些取代的酚酯、芳杂环酯和硫醇酯活性较强，用于活性差的醇和结构复杂的化合物的酯化反应。

i. **羧酸硫醇酯** 羧酸与 2,2-二吡啶二硫化物（**30**）在三苯基膦存在下制得羧酸 2-吡啶硫醇酯（**31**），（**31**）为活性很强的酰化剂，也可以通过酰氯与 2,2-二吡啶二硫化物制得。

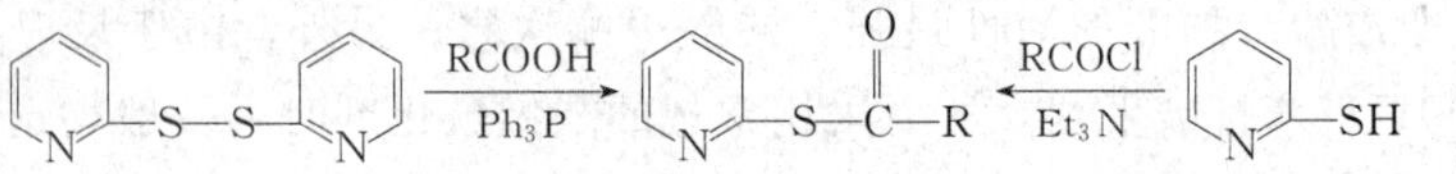

N—S—S—N (**30**) —RCOOH, Ph_3P→ N—S—C(=O)—R (**31**) ←RCOCl, Et_3N— N—SH

活性酯（**31**）可用于大环内酯类、内酰胺类化合物的合成，收率较高、反应条件温和。例如：

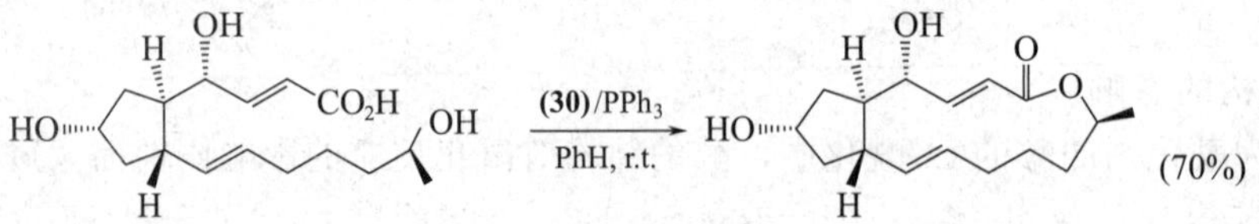

H, OH, CO_2H, OH, HO, H —(**30**)/PPh_3, PhH, r.t.→ H, OH, O, O, HO, H (70%) [14]

O, HO, CH_3, OH —(**30**)/PPh_3, THF, reflux→ CH_3, O, O (91%) [15]

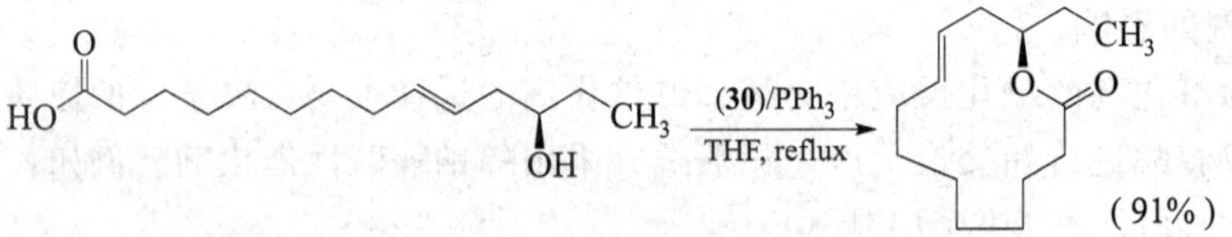

ii. **羧酸吡啶酯** 羧酸与 *N*-甲基-2-卤代吡啶季铵盐（**32**）或氯甲酸-2-吡啶酯（**34**）作用得到相应的羧酸-2-吡啶酯（**33**），（**33**）中由于正电荷的作用，使羧羰基的活性增强。

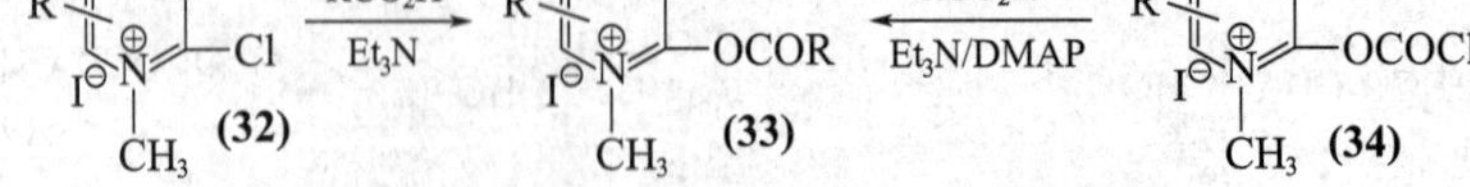

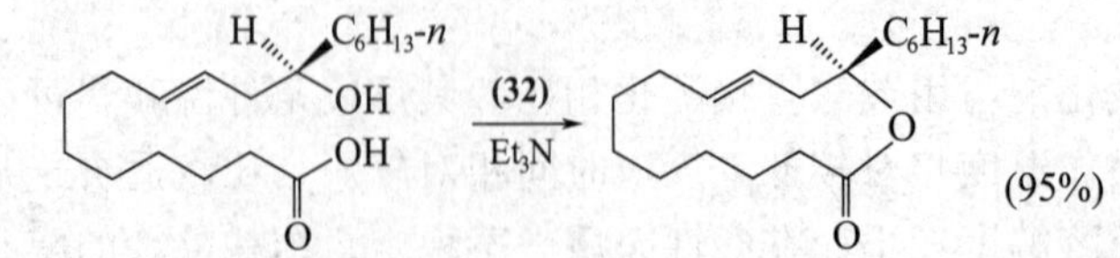

R^1, $I^{\ominus}$, $N^{\oplus}$, Cl, CH_3 (**32**) —RCO_2H, Et_3N→ R^1, $I^{\ominus}$, $N^{\oplus}$, OCOR, CH_3 (**33**) ←RCO_2H, Et_3N/DMAP— R^1, $I^{\ominus}$, $N^{\oplus}$, OCOCl, CH_3 (**34**)

[16]

H, C_6H_{13}-*n*, OH, OH, O —(**32**), Et_3N→ H, C_6H_{13}-*n*, O, O (95%)

iii. **羧酸三硝基苯酯** 2,4,6-三硝基氯苯（Cl-TNB）（**35**）与羧酸盐作用生成羧酸 2,4,6-三硝基酚苯（**36**），由于其结构中三个强吸电子基硝基的作用，使之活性较强。

$$O_2N-C_6H_2(NO_2)_2-Cl + RCOONa \longrightarrow O_2N-C_6H_2(NO_2)_2-OCOR + NaCl$$

(35) (36)

iv. **其他活性酯** 羧酸异丙烯酯（**37**）、羧酸二甲硫基烯醇酯（**38**）、1-酰氧基苯并三唑（**39**）均为活性较强的羧酸酯，反应条件温和、收率较高，且对脂肪醇和伯醇有一定的选择性。

(37) (38) (39)

[17]

$$\text{1-羟基苯并三唑} \xrightarrow[\text{r.t.}\ (85\%)]{PhCOCl/Et_3N} \text{1-苯甲酰氧基苯并三唑} \xrightarrow[\text{r.t.,24h}\ (93\%)]{CH_3CH(OH)CH_2CH_2OH/Et_3N} CH_3CH(OH)CH_2CH_2OCOPh$$

3. 酸酐为酰化剂

酸酐是一个强酰化剂，可对各种类型的羟基进行酰化，反应不可逆，反应中无水生成，一般不加脱水剂，但一般需要加入质子酸、路易斯酸、有机碱等做催化剂。

(1) 反应通式

$$(RCO)_2O + R^1OH \xrightarrow[\text{solvent}]{\text{Cat.}} RCOOR^1 + RCOOH$$

酰化剂包括各种脂肪族和芳香族的酸酐；被酰化物包括各种伯、仲、叔醇；催化剂包括质子酸、Lewis 酸和有机碱；溶剂包括醇类、醚类、卤代烃类等。

(2) 反应机理

① 质子酸催化

质子与酸酐中的氧原子结合成鎓盐（**40**），（**40**）进一步解离出酰基正离子（**41**），同时生成一分子羧酸，（**41**）与被酰化的醇进行单分子亲电反应得到酰化产物。

$$(RCO)_2O \overset{H^{\oplus}}{\rightleftharpoons} [\text{(40)}] \rightleftharpoons R-\overset{\oplus}{C}=O\ (41) + RCOOH \xrightarrow{R^1OH} RCOOR^1 + H^{\oplus}$$

② Lewis 酸催化

Lewis 酸先与酸酐生成羰基复合物（**42**），（**42**）一步解离出酰基正离子（**43**），（**43**）再与被酰化的醇进行单分子亲电反应得到酰化产物。

$$(RCO)_2O \underset{\text{或}\ AlCl_3}{\overset{BF_3}{\rightleftharpoons}} [\text{(42)}] \rightleftharpoons R-\overset{\oplus}{C}=O\ (43) + RCOO\overset{\ominus}{B}F_3 \xrightarrow{R^1OH} RCOOR^1 + H^{\oplus}$$

$$RCOO\overset{\ominus}{B}F_3 + H^{\oplus} \longrightarrow RCOOH + BF_3$$

③ 吡啶类碱催化

吡啶类碱性催化剂可以促进酸酐解离，生成活性中间体（**44**）及一分子羧酸，（**44**）再与被酰化的醇进行单分子亲电反应得到酰化产物。

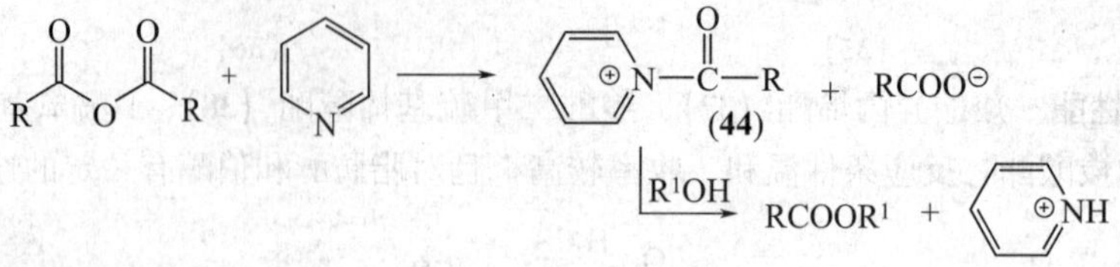

$$(RCO)_2O + \text{吡啶} \longrightarrow \text{(44)} + RCOO^{\ominus}$$

$$\text{(44)} \xrightarrow{R^1OH} RCOOR^1 + \text{吡啶}\text{-}\overset{\oplus}{N}H$$

(3) 影响因素

① 酸酐结构的影响

酸酐的活性与其结构有关，羰基的 α 位上连有吸电子基团（如卤原子、羧基、硝基等）时，由于吸电子效应使羰基的碳原子上的电子云密度降低，亲电性增强。

② 催化剂的影响

i. **酸催化** 常用硫酸、对甲苯磺酸、高氯酸等质子酸或三氟化硼、氯化锌、三氯化铝、二氯化钴等 Lewis 酸，一般用于立体位阻较大的醇的酰化反应。例如：

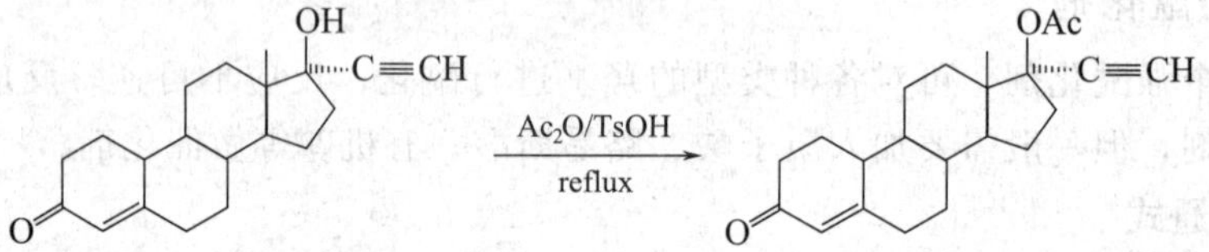

OH, C≡CH —Ac_2O/TsOH, reflux→ OAc, C≡CH [18]

ii. **碱催化** 常用吡啶、对二甲氨基吡啶（DMAP）、4-吡咯烷基吡啶（PPY）、三乙胺（TEA）及醋酸钠等。4-吡咯烷基吡啶催化能力强，在有位阻的醇的酰化中均取得较好效果。

iii. **三氟甲基磺酸盐为催化剂** 一些三氟甲基磺酸盐如 $Sc(CF_3SO_3)_3$、$Cu(CF_3SO_3)_2$、$Bi(CF_3SO_3)_3$ 等催化剂是一类新型的催化剂，比吡啶类催化剂更为有效，可以与各种醇在温和条件下反应，以高收率制得羧酸酯。例如：

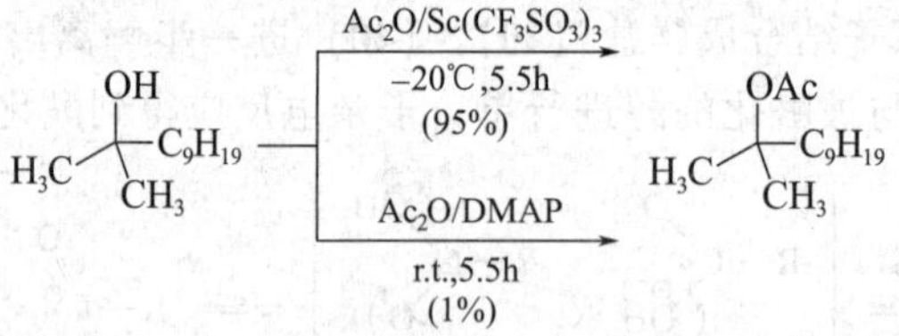

H_3C–C(OH)(CH_3)–C_9H_{19} —$Ac_2O/Sc(CF_3SO_3)_3$, −20℃, 5.5h (95%)→ H_3C–C(OAc)(CH_3)–C_9H_{19}

H_3C–C(OH)(CH_3)–C_9H_{19} —Ac_2O/DMAP, r.t., 5.5h (1%)→ H_3C–C(OAc)(CH_3)–C_9H_{19} [19]

③ 反应溶剂的影响

采用乙酸酐、丙酸酐等简单的酸酐为酰化剂时通常以乙酸酐本身为溶剂；另外，作为催化剂的吡啶、三乙胺等也可以作反应溶剂，也可以选用水、二氯甲烷、氯仿、石油醚、乙腈、乙酸乙酯、苯、甲苯等其他溶剂。

④ 反应温度的影响

酸酐为酰化剂的酰化一般比较激烈，通常在良好的搅拌和较低温度（≤10℃）下将酰化剂滴加到反应体系中，然后再缓慢升到室温反应，也可以再加热至回流反应。

(4) 应用特点

① 单一酸酐为酰化剂的酰化反应

虽然酸酐的酰化能力很强，但除乙酸酐、丙酸酐、苯甲酸酐和一些二元酸酐（如丁二酸酐、邻苯二甲酸酐）外，其他种类的单一酸酐较少，因此限制了该方法的应用。

$$\text{(menthol)} + PhCO-O-COPh \xrightarrow[\text{r.t., 1h}]{Bu_3P/CH_3CN} \text{(menthyl benzoate, OCOPh)} \quad (88\%)$$ [20]

镇痛药安那度尔（Anadol）的制备采用丙酸酐为酰化剂，在吡啶的催化下制得。

$$\text{(4-hydroxy-1,3-dimethyl-4-phenylpiperidine)} \xrightarrow[\text{2) HCl}]{\text{1) }(CH_3CH_2CO)_2O/Py} \text{(OCOCH}_2\text{CH}_3\text{)} \cdot HCl$$ [21]

(Anadol)　(87%)

② 混合酸酐为酰化剂的酰化反应

由于单一酸酐种类较少，应用上有其局限性，而混合酸酐不仅容易制备，且酰化能力也较单一酸酐强，因此更具实用价值，有着广泛的应用，常见的混合酸酐包括下列几种。

i. **羧酸-三氟乙酸混合酸酐**　利用羧酸与三氟乙酸酐反应可以方便地得到羧酸-三氟乙酸混合酸酐 **(45)**。实际操作中一般采用临时制备的方法，制得的混合酸酐不需分离直接参与酰化反应，本法适合于立体位阻较大的醇的酰化。

$$RCOOH + (CF_3CO)_2O \longrightarrow \underset{\textbf{(45)}}{RCOOCOCF_3} + CF_3COOH$$

$$R-CO-O-CO-CF_3 \underset{}{\overset{H^{\oplus}}{\rightleftharpoons}} R-CO-\overset{\oplus}{O}H-CO-CF_3 \rightleftharpoons R-\overset{\oplus}{C}=O + CF_3COOH$$

$$R-\overset{\oplus}{C}=O \xrightarrow{R^1OH} RCOOR^1 + H^{\oplus}$$

$$\text{(9-anthracenecarboxylic acid, }CO_2H) + (H_3C)_2C(CH_3)OH \xrightarrow[\text{r.t., 20min}]{(CF_3CO)_2O} \text{(9-anthryl-COOC(CH}_3)_3) \quad (95\%)$$ [22]

三氟乙酸酐也是一个强的酰化剂，会产生部分三氟乙酰化的产物，所以一般采用相对过量的醇，另外在加料方式上也有所改变，可以在体系中先制得混合酸酐，再滴加被酰化的醇。

ii. **羧酸-磺酸混合酸酐**　羧酸与磺酰氯在吡啶催化下得到羧酸-磺酸混合酸酐 **(46)**，**(46)** 也是一个活性强的酰化剂，用于各种立体位阻较大的醇酰化，由于反应是在吡啶等碱性条件下进行的，特别适合于对酸比较敏感的叔醇、烯丙醇、炔丙醇、苄醇等的酰化。

$$RCOOH + R^1SO_2Cl \xrightarrow{Py} \underset{\textbf{(46)}}{R-CO-O-SO_2-R^1} \xrightarrow{R^2OH} RCOOR^2 + R^1SO_2H$$

(47)　R^1=CF_3, CH_3, Ph, *p*-CH_3Ph

$$\text{HO(ethynyl)C(CH}_3)\text{CH}_2\text{CH}_3 + AcOH \xrightarrow[Py]{TsCl} \text{AcO(ethynyl)C(CH}_3)\text{CH}_2\text{CH}_3 \quad (80\%)$$ [23]

$$\text{CH}_2\text{=CH-C(Ph)(CH}_3)\text{OH} + HOOC-C_6H_4-NO_2 \xrightarrow[Py]{TsCl} \text{CH}_2\text{=CH-C(Ph)(CH}_3)\text{OOC-C}_6\text{H}_4\text{-NO}_2 \quad (98\%)$$ [24]

iii. **羧酸-磷酸混合酸酐**　羧酸与取代磷酸酯 **(48～52)** 在吡啶或三乙胺催化下得羧酸-磷酸混合酸酐，反应中的取代磷酸酯一般不与醇反应，所以可以采用“一釜法”，将各种反应原料同时加入到反应体系中，使操作更为简便。

$$\text{(48)}\quad \text{(49) } EtO-P(=O)(Br)-OEt \quad \text{(50) } EtO-P(=O)(CN)-OEt \quad \text{(51) } PhO-P(=O)(N_3)-OPh \quad \text{(52) } Cl-P(=O)(Cl)-OPh$$

$$3,5-(O_2N)_2C_6H_3CO_2H + PhCH{=}CHCH_2OH \xrightarrow[2)\ r.t.]{1)\ (\mathbf{52})/DMF} 3,5-(O_2N)_2C_6H_3CO_2CH_2CH{=}CHPh \quad (92\%)$$ [25]

iv. **羧酸-多取代苯甲酸混合酸酐** 羧酸在 TEA、DMAP 等碱性催化剂存在下与多种取代苯甲酰氯反应制得相应的羧酸-取代苯甲酸混合酸酐。例如：

$$CH_3CH_2CH_2-CH(CH_3)-CO_2H + H_3C-C(CH_3)_2-OH \xrightarrow[DMAP,\ r.t.]{2,4,6-Cl_3C_6H_2COCl} CH_3CH_2CH_2-CH(CH_3)-CO_2C(CH_3)_3 \quad (95\%)$$ [26]

v. **其他混合酸酐** 在羧酸为酰化剂的反应中加入氯代甲酸酯、光气、草酰氯、氧氯化磷、二氯磷酸酐等均可先与羧酸形成混合酸酐，使羧酸的酰化能力增强，用于结构复杂的酯类制备。例如：

$$\text{PhOCH}_2\text{HN-(cephem)-COOH} + t\text{-BuOH} \xrightarrow[2)\ 25℃,30min]{1)\ (COCl)_2/PhH,10℃} \text{PhOCH}_2\text{HN-(cephem)-CO}_2\text{Bu-}t \quad (87\%)$$ [27]

$$PhCH_2CH(NHCbz)-COOH + t\text{-BuOH} \xrightarrow[Et_3N]{ClCO_2C(CH_3){=}CH_2} PhCH_2CH(NHCbz)-COOBu\text{-}t \quad (90\%)$$ [28]

4. 酰氯为酰化剂

(1) 反应通式

$$RCOCl + R^1OH \xrightarrow[solvent]{Cat.} RCOOR^1 + HCl$$

酰化剂包括各种脂肪族和芳香族的酰氯；被酰化物包括各种伯、仲、叔醇；催化剂包括 Lewis 酸、有机碱；溶剂包括醚类、卤代烃类等。

(2) 反应机理

① 吡啶类碱催化

吡啶类碱与酰氯作用生成活性中间体 (**53**)，(**53**) 再与被酰化的醇进行单分子亲电反应得四面体加成物 (**54**)，再脱去质子得酰化产物，反应中产生的氯化氢被吡啶所中和。

$$R-C(=O)-Cl \xrightarrow{\text{pyridine}} \underset{(\mathbf{53})}{C_5H_5N^{\oplus}-C(=O)-R\ Cl^{\ominus}} \xrightarrow{R^1OH} \underset{(\mathbf{54})}{\left[C_5H_5N^{\oplus}-C(O^{\ominus})(R)-\overset{\oplus}{O}HR^1\right]\cdot Cl^{\ominus}} \xrightarrow{-H^{\oplus}} RCOOR^1 + C_5H_5N^{\oplus}H \cdot Cl^{\ominus}$$

② 路易斯酸催化

路易斯酸与酰氯生成羰基复合物 (**55**)，进一步转化为羰基加成物 (**56**)，(**56**) 解离出酰基正离子（**57**），（**57**）再与被酰化的醇进行单分子亲电反应得酰化产物。

$$\mathrm{R{-}\overset{O}{\overset{\|}{C}}{-}Cl} \xrightarrow{AlCl_3} \mathrm{R{-}\overset{O\cdots AlCl_3}{\overset{\|}{C}}{-}Cl} \longrightarrow \left[\mathrm{R{-}\overset{\overset{\oplus}{O}-\overset{\ominus}{Al}Cl_3}{\overset{\|}{C}}{-}Cl} \longleftrightarrow \mathrm{R{-}\overset{O-\overset{\ominus}{Al}Cl_3}{\underset{\oplus}{\overset{|}{C}}}{-}Cl}\right]$$

（**55**）　（**56**）

$$\rightleftharpoons \left[\mathrm{R{-}C{\equiv}\overset{\oplus}{O}} \longleftrightarrow \mathrm{R{-}\overset{\oplus}{C}{=}O}\right]\cdot AlCl_4^{\ominus} \xrightarrow{R^1OH} RCOOR^1 + HCl + AlCl_3$$

（**57**）

（3）影响因素

① 酰卤结构的影响

酰氯的活性与其结构有关，一般脂肪族酰氯的活性强于芳酰氯；由于吸电子效应，使羰基碳原子上的电子云密度降低，亲电性增强，所以羰基的 α 位有吸电子基的酰氯＞羰基的 α 位无吸电子基的酰氯；在芳酰氯的邻位有取代基时由于立体位阻的原因，一般活性降低。

② 催化剂

常用做催化剂的碱有吡啶、三乙胺、N,N-二甲基苯胺、N,N-二甲氨基吡啶等有机碱，氢氧化钠（钾）、碳酸钠（钾）等无机碱。采用吡啶类碱不仅可以中和反应中所产生的氯化氢，还兼有催化作用，增强其反应活性。

③ 溶剂与温度

酰氯为酰化剂的反应一般可选用氯仿等卤代烃、乙醚、四氢呋喃、DMF、DMSO 等为反应溶剂，也可以不加溶剂而直接采用过量的酰氯或过量的醇。由于酰氯的活性强，所以其酰化反应一般在较低的温度（0℃～室温）下进行，酰氯一般采用滴加的方式在较低的温度下缓慢地加入到反应体系中，对于较难酰化的醇，也可以在回流温度下进行酰化反应。

（4）应用特点

酰氯的酰化能力强，酰化反应一般为不可逆。反应中释放出氯化氢，因此一般需要加入碱性催化剂除去反应中所生成的氯化氢。某些酰氯的性质虽然不如酸酐稳定，但其制备比较方便，所以对于某些难以制备的酸酐来说，采用酰氯为酰化剂是非常有效的。

① 选择性酰化

i. 1,2-二醇的酰化反应　在有机锡为催化剂的反应体系中，位阻小的伯醇易被酰化。例如：

$$\mathrm{PhCH(OH)CH_2OH} + \mathrm{PhCOCl} \xrightarrow[\text{r.t., 12h}]{(CH_3)_2SnCl_2/K_2CO_3} \mathrm{PhCH(OH)CH_2OCOPh}\ (86\%)$$ [29]

ii. 非 1,2-二醇的酰化反应　如果选用 2,3,5-三甲基吡啶（collidine）为催化剂，在较低的温度下进行反应，也可以达到选择性的目的，伯醇优先被酰化。例如：

$$\mathrm{H_3C{-}CH(OH)CH_2CH_2CH_2OH} + \mathrm{H_3CCOCl} \xrightarrow[\substack{-40℃ \\ (92\%)}]{\text{collidine}} \mathrm{H_3C{-}CH(OH)CH_2CH_2CH_2OCOCH_3}\ (98.5\%^*) + \mathrm{H_3C{-}CH(OCOCH_3)CH_2CH_2CH_2OH}\ (1.5\%^*)$$ [30]

② 仲醇的酰化

镇静催眠药佐匹克隆（Zopiclone）的合成采用酰氯法，选用吡啶为催化剂。

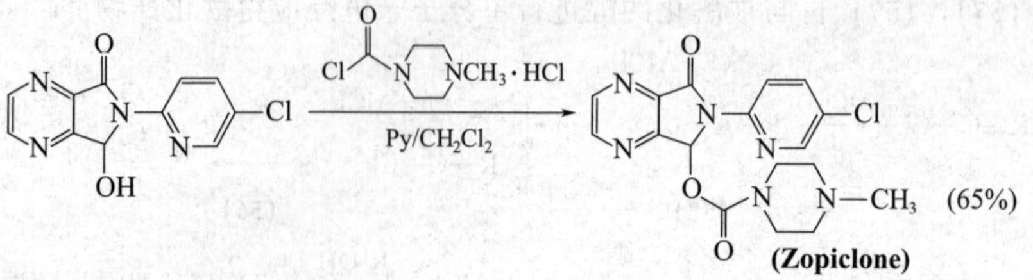

$$\xrightarrow[\text{Py/CH}_2\text{Cl}_2]{\text{ClC(O)N(CH}_2\text{CH}_2)_2\text{NCH}_3\cdot\text{HCl}}$$ (65%) (Zopiclone) [31]

③ **叔醇的酰化**

当位阻大的叔醇与酰氯反应时，加入 Ag^+ 或 Li^+ 盐，可以提高反应收率。例如：

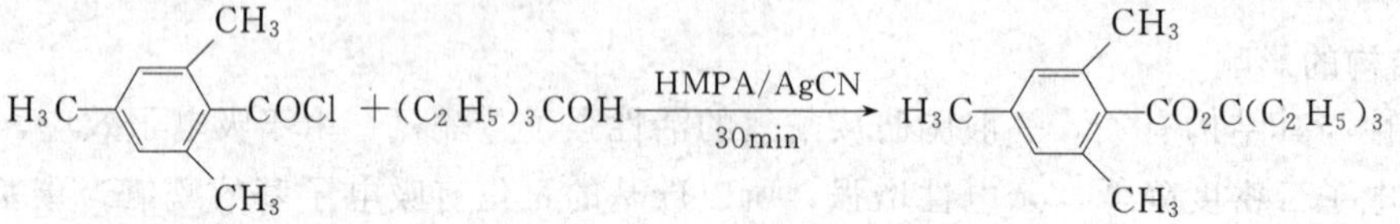

$$2,4,6\text{-}(CH_3)_3C_6H_2COCl + (C_2H_5)_3COH \xrightarrow[30min]{HMPA/AgCN} 2,4,6\text{-}(CH_3)_3C_6H_2CO_2C(C_2H_5)_3 \quad (92\%)$$ [32]

5. 酰胺为酰化剂

一般的酰胺由于其结构中的 N 原子的供电效应，使其酰化能力减弱，很少将其用做酰化剂，所以只有一些活性酰胺才被应用于酰化反应中。

(1) 反应通式

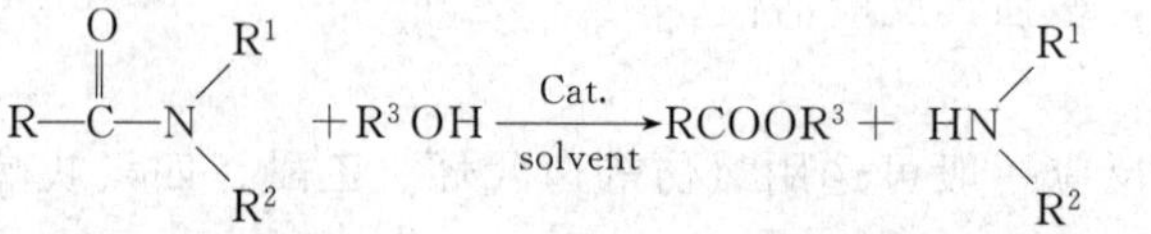

$$R-\overset{O}{\overset{\|}{C}}-NR^1R^2 + R^3OH \xrightarrow[solvent]{Cat.} RCOOR^3 + HNR^1R^2$$

酰化剂包括各种脂肪族和芳香族的 *N*,*N*-二取代酰胺；被酰化物包括各种伯、仲、叔醇；催化剂包括醇钠、氨基钠、氢化钠、DBU 等碱；溶剂包括醚类、卤代烃类等。

下列含氮杂环的 N 原子上的酰基由于受芳环的影响是很活泼的，常作为酰化剂：

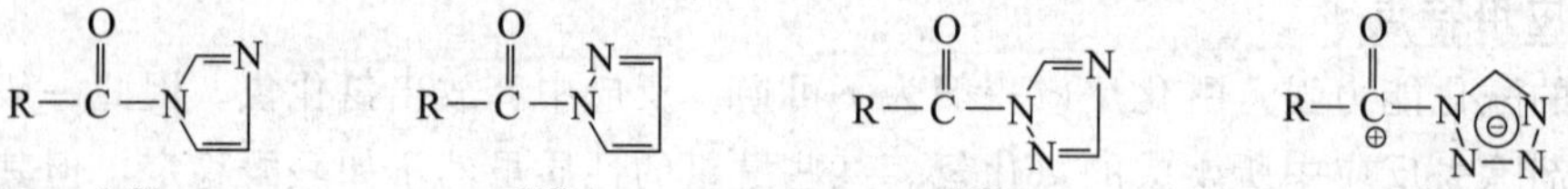

(58) **(59)** **(60)** **(61)**

(2) 反应机理

由于活性酰胺中酰胺键的 N 原子处于缺电子的芳杂环上，诱导效应的影响使得羰基 C 原子的亲电性增强，另一方面，离去基团为含氮的五元芳杂环，也是一个非常稳定的离去基，而使酰胺的反应活性得到加强。

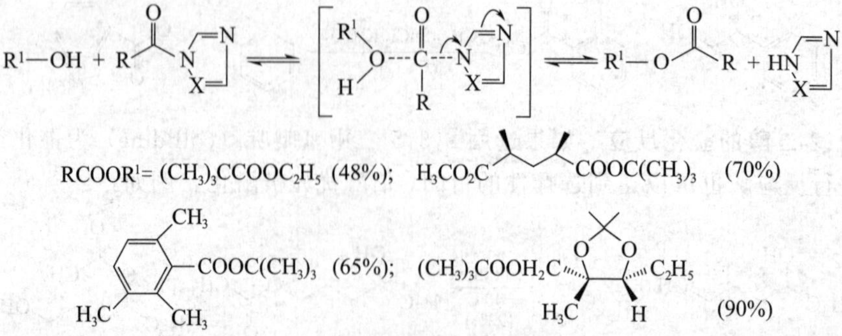

$$R^1-OH + RC(O)\text{-azole} \rightleftharpoons [\,\cdots\,] \rightleftharpoons R^1-O-C(O)-R + H\text{-azole}$$

$RCOOR^1 = (CH_3)_3CCOOC_2H_5$ (48%); $H_3CO_2C\cdots COOC(CH_3)_3$ (70%)

$2,3,6\text{-}(CH_3)_3C_6H_2COOC(CH_3)_3$ (65%); $(CH_3)_3COOH_2C\cdots C_2H_5$ (90%) [33, 34]

(3) 应用特点

① **酰基咪唑为酰化剂的反应**

酰基咪唑（**58**）为常用的活性酰胺类酰化剂，在使用（**58**）为酰化剂时，可以同时加入少量 NBS 使咪唑环活化生成中间体（**62**），活性增强，反应在室温下即可进行。

$$R-\overset{O}{\overset{\|}{C}}-N\text{(imidazole)} + \text{NBS} \xrightarrow[\text{r.t.,1h}]{CH_2Cl_2} \left[R-\overset{O}{\overset{\|}{C}}-N^{\oplus}\text{(imidazolium)}N-Br \right] \cdot \text{succinimide } N^{\ominus} \quad \textbf{(62)}$$

② **PTT 为酰化剂的反应**

3-叔戊酰基-1,3-噻唑烷-2-硫酮（3-pivaloyl-1,3-thiazolidine-2-thione，PTT）（**63**）是一个较好的伯醇的选择性酰化剂，反应在中性条件下进行，非常适合那些对酸、碱均不稳定的醇的酰化。例如：

$$HO(CH_2)_3CH(OH)CH_3 + (CH_3)_3C-CO-N\text{(thiazolidine-2-thione)}\ \textbf{(63)} \xrightarrow[\text{r.t.,1h}]{CH_2Cl_2} CH_3CH(OH)(CH_2)_3O-CO-C(CH_3)_3 \ (93\%)$$ [35]

二、酚的 O-酰化反应

(1) 反应通式

$$R-\overset{O}{\overset{\|}{C}}-Z + ArOH \longrightarrow R-\overset{O}{\overset{\|}{C}}-OAr + H_2O \quad Z=X;\ COR^1$$

由于酚羟基的 O 原子与苯环间存在着 p-π 的共轭效应，使酚羟基的 O 原子电子云密度降低，所以其活性较醇羟基弱，所以酚的 *O*-酰化一般采用酰氯、酸酐等较强的酰化剂。

(2) 反应机理

酚的酰化反应机理为各类酰化剂对酚 O 原子的亲电反应机理。

(3) 影响因素

① **酰化剂的影响**

酰化剂的结构对酚羟基的 *O*-酰化反应的影响同前节中醇的 *O*-酰化反应，在此不再赘述。

② **酚的结构的影响**

酚羟基所在的苯环上取代基的类型和取代位置对其参与酰化反应的活性均有影响。当苯环上有给电子基团时，可使酚羟基的 O 原子电子云密度增加，从而增加其反应活性；而苯环上有吸电子基团时，可使酚羟基的 O 原子电子云密度降低，从而减小其反应活性。另外，取代基所在的位置对酚羟基的活性也有一定影响，其中以取代基处在酚羟基的邻、对位对其影响最大，当酚羟基两个邻位均被取代基占据时由于其空间位阻加大，酰化反应较困难。

(4) 应用特点

① **酰氯为酰化剂**

采用酰氯为酰化剂对酚羟基进行 *O*-酰化反应比较常见，反应中一般加入氢氧化钠、碳酸钠、醋酸钠等无机碱或三乙胺、吡啶等有机碱为缚酸剂或催化剂。

在下面的二元酚的酰化中，由于邻位有叔丁基取代酚羟基的位阻较大，在较低温度下主要得单酰化产物。

$$\text{HO-C}_6\text{H}_3(\text{C(CH}_3)_3)\text{-OH} + (CH_3)_3CCOCl \xrightarrow[\leqslant 10℃]{\text{吡啶}} \text{HO-C}_6\text{H}_3(\text{C(CH}_3)_3)\text{-OCOC(CH}_3)_3 \ (84\%)$$ [36]

② **酸酐为酰化剂**

单一酸酐和混合酸酐均可作为酰化剂对酚羟基进行 *O*-酰化反应，反应条件同醇羟基的 *O*-酰化，可加入硫酸等质子酸或吡啶等有机碱做催化剂。例如：

$$\text{HO-C}_6\text{H}_4\text{-OH} + Ac_2O \xrightarrow[r.t.]{H_2SO_4} \text{AcO-C}_6\text{H}_4\text{-OAc} \quad (98\%)$$ [37]

$$2,6\text{-}(CH_3)_2C_6H_3COOH + 2,6\text{-}(CH_3)_2C_6H_3OH \xrightarrow[r.t.]{(CF_3CO)_2O/PhH} 2,6\text{-}(CH_3)_2C_6H_3\text{-COO-}C_6H_3\text{-}2,6\text{-}(CH_3)_2 \quad (97\%)$$ [38]

③ **其他酰化剂**

羧酸为酰化剂的反应中加入多聚磷酸（PPA）、DCC 等均可增强羧酸反应活性，适用于各种酚羟基的 *O*-酰化，另外各种活性酯也可用于酚羟基的酰化反应。例如：

$$2\text{-HO-}C_6H_4COOH + C_6H_5OH \xrightarrow[24h]{PPA} 2\text{-HO-}C_6H_4\text{-COO-}C_6H_5 \quad (95\%)$$ [39]

$$2,4,6\text{-}(CH_3)_3C_6H_2COOH + 4\text{-}NO_2C_6H_4OH \xrightarrow[12h]{DCC/PPA} 2,4,6\text{-}(CH_3)_3C_6H_2\text{-COO-}C_6H_4\text{-}NO_2 \quad (90\%)$$ [40]

$$2,4,6\text{-}(CH_3)_3C_6H_2\text{-C(=O)-S-(3-吡啶基)} + 2,4,6\text{-}(CH_3)_3C_6H_2OH \xrightarrow[r.t.,1h]{CuCl_2} 2,4,6\text{-}(CH_3)_3C_6H_2\text{-COO-}C_6H_2\text{-}2,4,6\text{-}(CH_3)_3 \quad (96\%)$$ [41]

④ **酚羟基的选择性酰化**

分子中同时存在醇羟基和酚羟基时，由于醇羟基的亲核能力大于酚羟基，所以优先酰化醇羟基。采用 3-乙酰-1,5,5-三甲基乙内酰脲（Ac-TMH）**(64)** 为选择性乙酰化试剂，可选择性地对酚羟基进行乙酰化。

$$\text{1,5,5-三甲基乙内酰脲(NH)} \xrightarrow[\text{heat, 1.5h}]{Ac_2O} \text{1,5,5-三甲基-3-N-COCH}_3\text{乙内酰脲}$$

(64)

$$4\text{-HOCH}_2C_6H_4OH \xrightarrow[\text{heat, 12h}]{\textbf{(64)}\ /CH_3CN} 4\text{-HOCH}_2C_6H_4OAc\ (91\%^*) + 4\text{-AcOCH}_2C_6H_4OH\ (9\%^*)$$ [42]

在相转移反应条件下进行酰化反应，可利用酚羟基能与碱性催化剂成酚盐的性质，达到选择性酰化的目的，且反应条件温和，收率较高。例如：

$$\text{雌二醇} + CH_3COCl \xrightarrow[\text{r.t.,30min}]{\text{NaOH/diox/}Bu_4\overset{\oplus}{N}\cdot HSO_4^{\ominus}} \text{3-}H_3CCOO\text{-雌二醇}\ (90\%) \qquad [43]$$

第三节　氮原子上的酰化反应

一、脂肪胺的 N-酰化反应

伯胺和仲胺均可以与各种酰化剂反应生成酰胺，其反应历程由于酰化剂的不同而分为单分子历程和双分子历程两种。酰化反应是按单分子历程进行还是按照双分子历程进行与酰化剂的活性有关，有关判断酰化剂活性大小的方法及酰化剂的活性顺序详见本章第二节的相关内容。

就被酰化物（胺）而言，其 N 原子的电子云密度越高，反应活性越强；但其空间位阻也影响其反应活性，一般情况是：伯胺＞仲胺；脂肪胺＞芳胺；无位阻的胺＞有位阻的胺。

1. 羧酸为酰化剂

（1）反应通式

$$RCOOH + R^1R^2NH \longrightarrow RCONR^1R^2 + H_2O$$

酰化剂包括各种烷基或芳基取代的脂肪酸、芳酸；被酰化物包括各种烷基或芳基取代的伯胺、仲胺以及无机氨（NH_3）；反应的溶剂一般包括醚类、卤代烷类。

（2）反应机理

$$R-\overset{O}{\overset{\|}{C}}-OH + H\ddot{N}R^1R^2 \rightleftharpoons \left[R-\underset{H\overset{\oplus}{N}R^1R^2}{\overset{O^{\ominus}}{C}}-OH \right]_{(65)} \rightleftharpoons R-\overset{O}{\overset{\|}{C}}-NR^1R^2 + H_2O$$

$$R-\overset{O}{\overset{\|}{C}}-OH + R^1R^2NH \rightleftharpoons R-\overset{O}{\overset{\|}{C}}-\overset{\ominus}{O}\cdot H_2\overset{\oplus}{N}R^1R^2 \quad \textbf{(66)}$$

羧酸为酰化剂的 *N*-酰化反应是可逆的，胺的 N 原子作为亲核试剂对羰基的 C 原子进行亲核进攻，生成四面体过渡态 **(65)**，再脱去一分子水得酰胺。同时，由于羧酸可以与胺成盐 **(66)** 而使 N 原子的亲核能力降低，所以一般不宜以羧酸为酰化剂进行胺的酰化反应。

（3）应用特点

① DCC 为催化剂的酰化反应

羧酸是一个弱的酰化剂，一般在反应需要加入一些催化剂与羧酸形成一些活性中间体，在上节 *O*-酰化内容中曾讨论过的 DCC 类催化剂也可应用在 *N*-酰化中，其催化机理同前。

$$H_3C-C(=O)-S-CH_2-CH(CH_2Ph)-COOH \xrightarrow[DCC/DMF,\ r.t.,\ 15h]{H_2NCH_2CO_2CH_2Ph} H_3C-C(=O)-S-CH_2-CH(CH_2Ph)-CONHCH_2CO_2CH_2Ph\ (77\%)$$ [44]

② **活性磷酸酯类为催化剂的酰化反应**

苯并三唑基磷酸二乙酯［diethyl 1-(benzo-1,2,3-triazolyl) phosphonate，BDP］(**67**)与羧酸作用生成羧酸-取代磷酸混合酸酐(**68**)，活性增强，使反应在温和的条件下进行，特别适合于肽类、*β*-内酰胺类及光学活性酰胺的制备。

$$RCOOH + EtO-P(=O)(OEt)-O-Bt\ \textbf{(67)} \longrightarrow RC(=O)-O-P(=O)(OEt)-OEt\ \textbf{(68)} + BtH$$

$$\textbf{(68)} + R^1R^2NH \xrightarrow{Et_3N} RCONR^1R^2 + HO-P(=O)(OEt)-OEt$$

$$PhOCONH-CH(CH_2Ph)-COOH + H_2NCH_2CO_2Et \xrightarrow[r.t.,20min]{\textbf{(67)}/Et_3N/DMF} PhOCONH-CH(CH_2Ph)-C(=O)NHCH_2CO_2Et\ (95\%)$$ [45]

2. 羧酸酯为酰化剂

(1) 反应通式

$$R-C(=O)-OR^1 + R^2R^3NH \rightleftharpoons R-C(=O)-NR^2R^3 + HOR^1$$

酰化剂包括各种烷基或芳基取代的脂肪酸酯、芳香酸酯；被酰化物包括各种烷基或芳基取代的伯胺、仲胺以及 NH_3；反应的溶剂一般是醚类、卤代烷及苯类。

羧酸酯的活性虽不如酸酐、酰氯强，但它易于制备且性质比较稳定，反应中不会与胺成盐，所以在 *N*-酰化中有广泛的应用。其结构类型对酰化反应的影响见前节 *O*-酰化的相关内容。

(2) 反应机理

$$R-C(=O)-OR^1 \underset{}{\overset{H\ddot{N}R^2R^3}{\rightleftharpoons}} \left[R-C(O^\ominus)(H\overset{\oplus}{N}R^2R^3)-OR^1\right]\textbf{(69)} \rightleftharpoons \left[R-C(OH)(NR^2R^3)-OR^1\right]\textbf{(70)} \xrightarrow[\text{或其他碱}]{R^2R^3NH} \left[R-C(O^\ominus)(NR^2R^3)-OR^1\right] + H_2\overset{\oplus}{N}R^2R^3$$

$$\longrightarrow R-C(=O)-NR^2R^3 + {}^\ominus OR^1$$

胺的 N 原子对酰化剂的酯羰基 C 原子进行亲核进攻生成四面体过渡态(**69**)，通过质子交换生成过渡态(**70**)，(**70**)在碱的作用下脱去 R^1O 负离子，再经重排得酰化产物酰胺。

(3) 应用特点

羧酸酯对胺的 *N*-酰化也可以看作是酯的氨解反应，其反应历程与酯的水解反应类似，为双分子历程的可逆反应。反应需在较高的温度下进行，一般可加入金属钠、醇钠、氢化钠等强碱性催化剂以增强胺的亲核能力，另外，还要严格控制反应体系的水分，防止催化剂分解以及酯和酰胺的水解发生。

① 羧酸甲酯、羧酸乙酯的应用

羧酸甲酯、羧酸乙酯在 *N*-酰化反应中应用较多，反应一般在较高温度下反应，也可以加入醇钠等强碱或 BF_3 等 Lewis 酸帮助脱去过渡态（**70**）的质子而促进反应。例如：

$$O_2N-C_6H_4-CH(OH)-CH(NH_2)-CH_2OH + Cl_2CHCO_2CH_2CH_3 \xrightarrow[70^{\circ}C]{CH_3OH} O_2N-C_6H_4-CH(OH)-CH(NHCOCHCl_2)-CH_2OH \quad (96\%) \qquad [46]$$

② 活性酯的应用

在 *O*-酰化中讨论过的一些活性酯在 *N*-酰化中也有应用，这些活性酯的应用可使反应条件温和、收率提高，广泛用于半合成抗生素、肽类化合物等结构复杂的酰胺的制备。

$$C_{15}H_{31}-\overset{O}{\overset{\|}{C}}-O-N=C(Ph)(2\text{-pyridyl}) + t\text{-}C_4H_9NH_2 \xrightarrow[r.t.,\ 5min]{FeCl_3} C_{15}H_{31}-\overset{O}{\overset{\|}{C}}-NHC_4H_9\text{-}t + HO-N=C(Ph)(2\text{-pyridyl}) \qquad [47]$$

半合成头孢菌素头孢吡肟（Cefepime）的合成采用的是其侧链的活性硫醇酯与头孢母核间的 *N*-酰化反应。

$$\text{头孢母核 (}H_2N\text{-, COOH, N-甲基吡咯烷鎓甲基)} \xrightarrow[Et_3N/CH_2Cl_2]{\text{2-氨基噻唑-4-基-C(=NOCH}_3\text{)-CO-S-苯并噻唑}} \textbf{(Cefepime)} \ (94\%) \qquad [48]$$

3. 酸酐为酰化剂

(1) 反应通式

$$(RCO)_2O + R^1R^2NH \longrightarrow R-\overset{O}{\overset{\|}{C}}-NR^1R^2 + RCOOH$$

酰化剂包括各种脂肪酸酐、芳香酸酐及活性更强的混合酸酐等；被酰化物包括各种烷基或芳基取代的伯胺、仲胺以及 NH_3；反应的溶剂包括醚类、卤代烷类、有机酸类等。

酸酐为强酰化剂，其活性虽然比相应的酰氯稍弱，但其性质比较稳定，由于反应中产生羧酸，所以可以自行催化，对于一些难于酰化的胺类，如芳胺、仲胺，尤其是芳环上带有吸电子基的芳胺，也可以另外加入酸、碱等催化剂，以加速反应。

(2) 反应机理

① 无催化剂

氨基的 N 原子对酸酐羰基的 C 原子进行亲核进攻，生成四面体过渡态（**71**），（**71**）脱去酸根离子并经重排得中间体（**72**），最后再脱去质子得酰化产物酰胺。

$$RCO-O-COR + H\ddot{N}R^1R^2 \longrightarrow \left[RCO-O-\underset{HN^{\oplus}R^1R^2}{C}(O^{\ominus})-R \right] (71) \longrightarrow \left[R-\overset{O}{\overset{\|}{C}}-\overset{\oplus}{N}HR^2R^3 \right] (72) + RCOO^{\ominus} \xrightarrow{H^{\oplus}} R-\overset{O}{\overset{\|}{C}}-NR^2R^3$$

② 质子酸催化

质子与酸酐中的氧原子结合成鎓盐（**73**），（**73**）进一步解离出酰基正离子，同时生成一分子羧酸，酰基正离子与胺之间通过单分子亲电反应得到酰化产物。

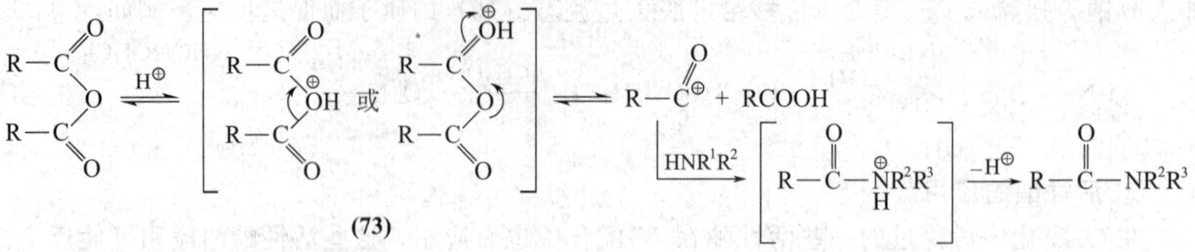

(73)

有关酸酐的结构及催化剂对酰化反应的影响见前节 *O*-酰化的相关内容，这里不再赘述。

(3) 应用特点

① 单一酸酐的应用

虽然酸酐的酰化能力很强，但常用的单一酸酐种类较少，除乙酸酐、丙酸酐、苯甲酸酐和一些二元酸酐外，其他种类的单一酸酐较少，因此限制了该方法的应用。

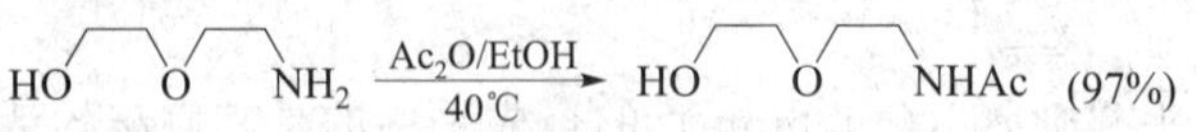

HO～O～NH_2 $\xrightarrow[40℃]{Ac_2O/EtOH}$ HO～O～NHAc (97%) [49]

使用环状酸酐做酰化剂时，在较低温度下可得单酰化产物，在高温下一般得双酰化产物。

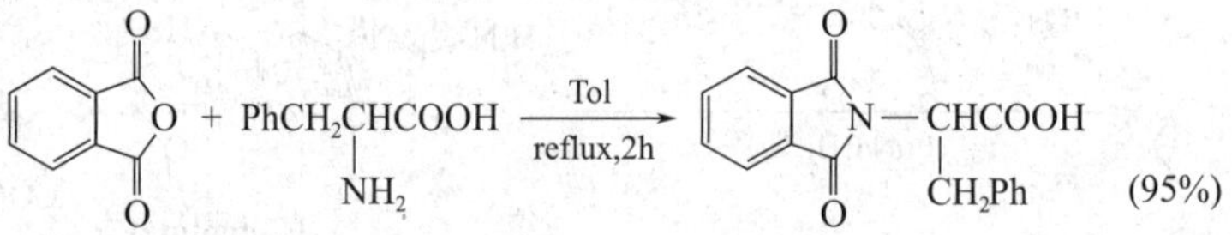

$PhCH_2CH(NH_2)COOH$ $\xrightarrow[reflux,2h]{Tol}$ (95%) [50]

② 混合酸酐的应用

为了克服单一酸酐种类较少的缺陷，一些在前面 *O*-酰化中讨论的混合酸酐在 *N*-酰化中同样有广泛的应用，特别是在一些肽类、半合成抗生素类化合物的制备中更为常见，使得反应能在较温和的条件下进行且收率较高。

i. 羧酸-磷酸混合酸酐　羧酸与一些磷酸衍生物可以形成活性很高的羧酸-磷酸混合酸酐（参见前节中 *O*-酰化的相关内容），可使酰化在温和的条件下进行。

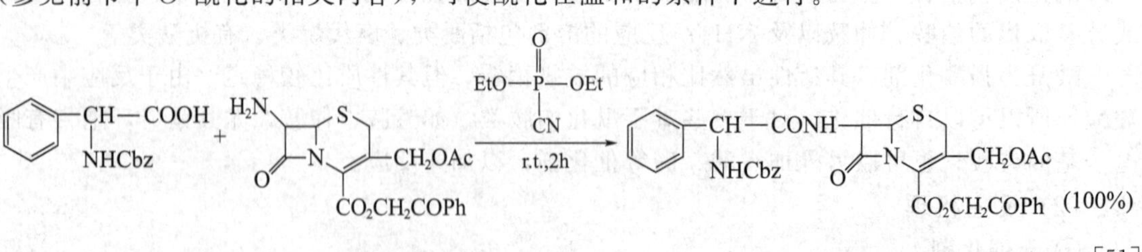

(100%)

[51]

ii. 羧酸-碳酸混合酸酐　在酰化反应过程中先将羧酸、光气或氯甲酸乙酯等混合，使之在三乙胺等有机碱催化下生成羧酸-碳酸混合酸酐，不经分离直接与胺作用生成相应的酰胺。例如：

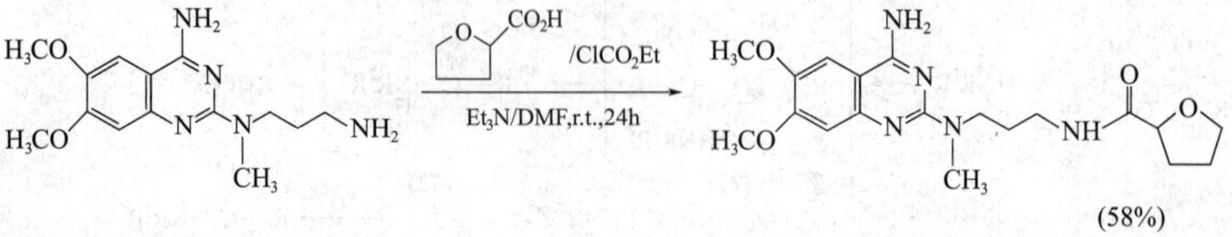

$\xrightarrow[Et_3N/DMF,r.t.,24h]{/ClCO_2Et}$ (58%) [52]

4. 酰卤为酰化剂

(1) 反应通式

$$RCOX + R^1R^2NH \longrightarrow R-\overset{O}{\overset{\|}{C}}-NR^1R^2 + HX$$

酰化剂包括各种脂肪酰氯、芳香酰氯；被酰化物包括各种取代的伯胺、仲胺、NH_3；反应的溶剂包括醚类、卤代烷类、乙腈、乙酸乙酯等。

(2) 反应机理

$$R-\overset{O}{\overset{\|}{C}}-Cl + R^1R^2NH \longrightarrow \left[R-\overset{O^{\ominus}}{\overset{|}{\underset{HN^{\oplus}R^1R^2}{\underset{|}{C}}}}-Cl\right]\textbf{(74)} \xrightarrow{-Cl^{\ominus}} \left[R-\overset{O}{\overset{\|}{C}}-\overset{\oplus}{\underset{H}{N}}R^1R^2\right]\textbf{(75)} \xrightarrow{-H^{\oplus}} R-\overset{O}{\overset{\|}{C}}-NR^1R^2$$

胺的N原子对酰氯羰基的C原子进行亲核进攻，生成四面体过渡态 **(74)**，**(74)** 脱去氯负离子并经重排得中间体 **(75)**，再脱去质子得产物酰胺。

有关酰氯的结构及催化剂对酰化反应的影响见前节 *O*-酰化的相关内容，这里不再赘述。

(3) 应用特点

① 有机碱为缚酸剂

三乙胺、吡啶等有机碱可以中和反应中所产生的氯化氢，防止其与胺成盐而降低N原子的亲核能力，而当以吡啶、*N*,*N*-二甲氨基吡啶等吡啶类为缚酸剂时，在中和产生的氯化氢的同时，还可以与酰氯形成络合物 **(76)**，从而起催化作用而增加酰化能力。

$$R-\overset{O}{\overset{\|}{C}}-Cl + C_5H_5N \longrightarrow C_5H_5\overset{\oplus}{N}-\overset{O}{\overset{\|}{C}}-R\ Cl^{\ominus}\ \textbf{(76)} \xrightarrow{R^1R^2NH} R-\overset{O}{\overset{\|}{C}}-NR^1R^2 + C_5H_5\overset{\oplus}{N}H\cdot Cl^{\ominus}$$

$$PhCH_2CH_2NH_2 + PhCOCl \xrightarrow[0℃]{Py} PhCONHCH_2CH_2Ph\ (98\%)$$ [53]

② 无机碱为缚酸剂

氢氧化钠、碳酸钠、醇钠等无机碱也可用做酰化反应中的缚酸剂。

$$\text{2-噻吩}-CH_2COCl + \text{7-氨基头孢烷酸}(H_2N, CH_2OAc, COOH) \xrightarrow[0℃,2.5h]{NaOH/H_2O/丙酮} \text{2-噻吩}-CH_2CONH-\text{头孢母核}(CH_2OAc, COONa)\ (40\%)$$ [54]

在NaH等强碱的作用下，酰胺氮原子上的H可以解离形成氮负离子，可以与酰氯顺利地发生酰胺的 *N*-酰化反应。例如：

$$\text{噁唑烷酮(N-H)} \xrightarrow[110℃,1h]{NaH} \xrightarrow[r.t.,1h]{Cl-CO-CH_2CH_3} \text{N-丙酰基噁唑烷酮}\ (约100\%)$$ [55]

5. 酰胺为酰化剂

酰胺由于其结构中的氮原子的给电子效应，使其酰化能力减弱，很少将其用做酰化剂，所以只有一些活性酰胺才被应用于酰化反应中。

(1) 反应通式

$$R-\overset{O}{\overset{\|}{C}}-N(R^1)(R^2) + R^3R^4NH \longrightarrow RCONR^3R^4 + HN(R^1)(R^2)$$

在前面的 *O*-酰化中讨论过的活性酰胺 **(58)** ～ **(61)** 在氮原子的酰化中也有应用。

(2) 反应机理

$$R^1R^2NH + RCO\text{-}N(\text{azole, X}) \rightleftharpoons [\text{tetrahedral intermediate}] \rightleftharpoons R^1R^2NCOR + HN(\text{azole, X})$$

反应中由于活性酰胺中酰胺键的氮原子处于缺电子的芳杂环上，诱导效应的结果使羰基C原子的亲电性增强。

(3) 应用特点

① 酰基咪唑为酰化剂的反应

酰基咪唑为常用的活性酰胺类酰化剂，可由碳酰二咪唑（CDI）与羧酸直接作用制得。

$$CbzNHCH_2COOH + HO\text{-}C_6H_4\text{-}CH_2CH(NH_2)COOC_2H_5 \xrightarrow[\text{r.t.}]{\text{CDI/THF}} HO\text{-}C_6H_4\text{-}CH_2CH(NHCOCH_2NHCbz)COOC_2H_5 \quad (83\%)$$

[56]

$$\text{(aza-steroid)-COOH} + H_2NC(CH_3)_3 \xrightarrow[\text{r.t.}]{\text{CDI/THF}} \text{(aza-steroid)-CONHC(CH}_3)_3 \quad (95\%)$$

[57]

② 其他活性酰胺为酰化剂的反应

一些具有噻唑啉酮、噁唑酮和苯并三氮唑结构的活性酯，其结构中的酰基受杂环的影响而活性增强，在复杂结构的酰胺的合成中得到应用。

$$PhCH_2CO\text{-}N(\text{thiazoline-2-thione}) + C_6H_{11}NHCH_3 \xrightarrow[\text{r.t.}]{CH_2Cl_2} PhCH_2CON(CH_3)C_6H_{11} \quad (100\%)$$

[58]

$$\text{proline (COOH)} + PhCH_2O-\overset{O}{\overset{\|}{C}}-N(\text{oxazol-2-one}) \xrightarrow[\text{r.t.,24h}]{Et_3N} \text{N-COOCH}_2\text{Ph-proline (COOH)} \quad (93\%)$$

[59]

二、芳胺的 *N*-酰化反应

芳胺由于芳氨基的氮原子与苯环间存在着 p-π 的共轭效应，使氨基的氮原子电子云密度降低，其活性较脂肪氨基弱，所以芳胺的 *N*-酰化一般均采用酰氯、酸酐等较强的酰化剂。

(1) 反应通式

$$RCOZ + ArNHR^1 \longrightarrow RCON(R^1)-Ar + HZ$$

酰化剂包括酰氯、酸酐、活性酯、活性酰胺等较强的酰化剂；反应的溶剂包括醚类、卤代烷、乙酸乙酯等；使用金属钠、氨基钠等强碱性催化剂可使芳氨基转化成芳氨基负离子，而使N原子的亲核性增强，使酰化更容易进行。

(2) 反应机理

芳胺与各类酰化基的 *N*-酰化反应为各类酰化剂对芳胺氮原子的亲电反应机理。

(3) 影响因素

① 酰化剂的影响

酰化剂的结构对芳胺的 *N*-酰化反应的影响同前节中醇的 *O*-酰化反应，在此不再赘述。

② 芳胺结构的影响

当苯环上有给电子基团时，可使芳胺的氮原子电子云密度增加，增加其反应活性；当苯环上有吸电子基团时，可使芳胺的氮原子电子云密度降低，从而减小其反应活性。另外，取代基所在的位置对芳胺的氮原子的活性也有一定影响。

(4) 应用特点

① 酰氯为酰化剂

采用酰氯为酰化剂对芳胺进行 *N*-酰化反应比较常见，反应中一般宜加入氢氧化钠、碳酸钠、醋酸钠等无机碱或三乙胺、吡啶等有机碱做去酸剂或催化剂。

$$\text{吗啉基-(F)C}_6\text{H}_3\text{-NH}_2 + \text{ClCOOCH}_2\text{Ph} \xrightarrow[0^\circ\text{C},1.5\text{h}]{\text{NaHCO}_3/\text{CH}_3\text{COCH}_3} \text{吗啉基-(F)C}_6\text{H}_3\text{-NHCOOCH}_2\text{Ph} \quad [60]$$

② 酸酐为酰化剂

酸酐为酰化剂的反应一般加入浓硫酸等质子酸催化，可增强酸酐的活性。

$$o\text{-NO}_2\text{C}_6\text{H}_4\text{NHCH}_3 \xrightarrow{\text{Ac}_2\text{O}/\text{H}_2\text{SO}_4} o\text{-NO}_2\text{C}_6\text{H}_4\text{N(CH}_3\text{)COCH}_3 \ (73\%) \quad [61]$$

当采用二酸酐为酰化剂时，如果反应温度提高，可得到芳胺的氮原子上双酰化的产物。

$$\text{马来酸酐} + \text{H}_2\text{N-Ph} \xrightarrow[\text{r.t.},1\text{h}]{\text{Et}_2\text{O}} \text{PhNHCOCH=CHCOOH} \xrightarrow[100^\circ\text{C},30\text{min}]{\text{Ac}_2\text{O/NaOAc}} N\text{-苯基马来酰亚胺} \ (75\%) \quad [62]$$

③ 活性酯、活性酰胺为酰化剂

一些在前面讨论过的活性酯、活性酰胺在芳胺的 *N*-酰化中也有应用。

$$\text{H}_2\text{NCH(COOH)CH}_2\text{CH}_2\text{CH}_2\text{NH}_2 + \text{H}_3\text{CCOO-C}_6\text{H}_4\text{-NO}_2 \xrightarrow{\text{pH}=11} \text{H}_2\text{NCH(COOH)CH}_2\text{CH}_2\text{CH}_2\text{NHCOCH}_3 \ (52\%) \quad [63]$$

$$\text{1-acetyl-triazolopyridine} + HO\text{-}C_6H_4\text{-}NH_2 \xrightarrow{r.t.,1h} HO\text{-}C_6H_4\text{-}NHCOCH_3\ (95\%)$$ [64]

第四节　碳原子上的酰化反应

一、芳烃 C-酰化

1. Friedel-Crafts 反应

羧酸及羧酸衍生物在质子酸或路易斯酸的催化下，对芳烃进行亲电取代反应生成芳酮的反应称为 Friedel-Crafts（酰化）反应。

(1) 反应通式

$$R\text{-}C_6H_5 + R^1COZ \xrightarrow[\text{或}H^{\oplus}]{\text{路易斯酸}} R\text{-}C_6H_4\text{-}COR^1 + HZ$$

酰化剂包括各种脂肪族或芳香族的羧酸及其衍生物；被酰化物包括各种电子云密度较高的取代芳环、芳杂环类化合物；反应的催化剂包括质子酸或路易斯酸；反应的溶剂一般为醚类、卤代烷类、苯及其同系物、乙酸乙酯等。

(2) 反应机理

酰化剂在催化剂的作用下生成各种活性中间体，例如，在酰氯为酰化剂的反应中可能生成活性中间体 (**77**)～(**80**)，在进行 Friedel-Crafts 酰化反应时通常是以离子对 (**79**) 或酰基正离子 (**80**) 的形式参与反应，也可能是以络合物 (**77**) 形式参与反应。

$$R^1\text{-}C(Cl){=}O\text{---}AlCl_3\ \textbf{(77)}\qquad R^1\text{-}C({=}O)\text{-}Cl\text{---}AlCl_3\ \textbf{(78)}\qquad [R^1\overset{\oplus}{CO}]\cdot Al\overset{\ominus}{Cl}_4\ \textbf{(79)}\qquad R^1\overset{\oplus}{CO} + Al\overset{\ominus}{Cl}_4\ \textbf{(80)}$$

$$R\text{-}C_6H_5 \xrightarrow{(79)\text{或}(80)} \textbf{(81)}\ \left[R\text{-}C_6H_5^{\oplus}(H)\text{-}C(R^1){=}O\cdot Al\overset{\ominus}{Cl}_4\right]$$

$$R\text{-}C_6H_5 \xrightarrow{(77)} \textbf{(82)}\ \left[R\text{-}C_6H_5^{\oplus}(H)\text{-}C(R^1)(Cl)\text{-}O\text{-}Al\overset{\ominus}{Cl}_3\right]$$

$$\textbf{(81)},\textbf{(82)} \xrightarrow{-HCl} R\text{-}C_6H_4\text{-}C(R^1){=}O\text{---}AlCl_3\ \textbf{(83)} \xrightarrow[H^{\oplus}]{H_2O} R\text{-}C_6H_4\text{-}COR^1 + Al(OH)Cl_2 + HCl$$

芳烃与酰化剂的活性中间体进行芳香环上的亲电取代反应，生成 σ 络合物 (**81**) 或 (**82**)，脱去氯化氢后得羰基络合物 (**83**)，再经水解得酰化产物脂-芳酮。

(3) 影响因素

① **酰化剂的影响**

i. **酰化剂的活性顺序**　一般情况下，Friedel-Crafts 反应中酰化剂的活性顺序为：酰卤＞酸酐＞酸＞酯；当酰基相同时，酰化剂的反应活性与所用催化剂也有关，AlX_3 为催化剂时其活性顺序是：酰碘＞酰溴＞酰氯＞酰氟；BX_3为催化剂的活性顺序刚好相反，即：酰氟＞酰溴＞酰氯。

ⅱ. **酰化剂结构的影响**　酰化剂的结构对酰化产物也有影响，例如，脂肪族酰氯的羰基α位为叔碳原子时，酰氯易在三氯化铝的催化下脱去羰基，而最终生成烃化产物。

$$(CH_3)_3C-COCl \xrightarrow{AlCl_3} (CH_3)_3C-C(Cl)=O\cdots AlCl_3 \longrightarrow (CH_3)_3C^{\oplus} + AlCl_4^{\ominus} + CO \xrightarrow[AlCl_3]{C_6H_6} C_6H_5C(CH_3)_3$$

酰化剂的烃基中有芳基取代，且芳基取代在β,γ,δ位上则易发生分子内酰化而得环酮，成环的难易与环的大小有关，一般情况下为：六元环＞五元环＞七元环，如果体系中同时存在其他电子云密度较高的芳杂环，则以分子间酰化为主，得开链酮。

$$\text{2-thienyl}-CO(CH_2)_n-C_6H_5 \xleftarrow[AlCl_3]{\text{thiophene}} C_6H_5-(CH_2)_n-COCl \xrightarrow{AlCl_3} \text{cyclic ketone}\ (CH_2)_n \qquad [65]$$

$n=2$ (90%)，$n=3$ (91%)，$n=4$ (50%)

当酰化剂的羰基β,γ,δ位上有卤素、羟基及不饱和双键等活性基团时，如果反应催化剂过量，反应时间过长，则有部分分子内烃化的产物生成。

$$\text{4-}CH_3C_6H_4OCH_3 \xrightarrow[AlCl_3]{CH_3CH{=}CHCOCl} \text{2-}OCH_3\text{-5-}CH_3C_6H_3-CO-CH{=}CH-CH_3 \xrightarrow{AlCl_3} \text{6-methyl-2-methylchroman-4-one} + \text{hydroxy-dimethylindanone (OH, }CH_3, CH_3) \qquad [66]$$

② **被酰化物的影响**

当芳环上连有邻、对位定位基（供电子基）时，反应容易进行，酰基主要进入供电子基的邻、对位；当芳环上连有间位定位基（吸电子基）时，一般不发生 Friedel-Crafts 酰化反应，所以，当芳环上发生一次 Friedel-Crafts 酰化后，一般难于通过 Friedel-Crafts 酰化反应引入第二个酰基，但当环上同时存在强的给电子基时，可发生酰化反应。另外，多电子的芳杂环如呋喃、噻吩、吡咯等易于发生 Friedel-Crafts 酰化反应，而缺电子芳杂环如吡啶、嘧啶、喹啉等则难以发生 Friedel-Crafts 酰化反应。

如果在酰基的两侧都存在供电子基团时，不仅可以抵消酰基的吸电子效应，而且由于立体位阻的原因，使得羰基不能与芳环共平面，它们的轨道不能重叠，而显现不出酰基对芳环的钝化作用，可以引入第二个酰基。对于芳烷基醚的 Friedel-Crafts 酰化反应，如果酰基导入烷氧基的邻位，常发生脱烷基化反应。

$$C_6H(OCH_3)_5 + H_3C-CO-Cl \xrightarrow{AlCl_3} \text{(}H_3CO)_3(OCH_3)(OH)C_6H-COCH_3 \quad (64\%) \qquad [67]$$

③ **催化剂的影响**

ⅰ. **催化剂的种类与活性顺序**　Friedel-Crafts 酰化反应常用的催化剂有两类。

Lewis 酸（活性由大到小）：$AlBr_3$、$AlCl_3$、$FeCl_3$、BF_3、$SnCl_4$、$ZnCl_2$。

质子酸：HF、HCl、H_2SO_4、H_3BO_3、$HClO_4$、CF_3COOH、CH_3SO_3H、CF_3SO_3H 及 PPA。

ii. **催化剂的选择** 选择催化剂要根据酰化剂的强弱、被酰化物的结构来选择，同时要考虑所能引起的副反应。一般以酰氯和酸酐为酰化剂时多选用路易斯酸；以羧酸为酰化剂时，则多选用质子酸为催化剂。路易斯酸中以无水 $AlCl_3$ 及 $AlBr_3$ 最为常用，价格便宜，活性高，但产生大量的铝盐废液。对于易于分解破坏的呋喃、噻吩、吡咯等芳杂环，选用活性较小的 BF_3、$SnCl_4$ 等弱催化剂较为适宜。

iii. **催化剂的用量** 反应过程中 Lewis 酸类催化剂能与反应产物醛、酮的羰基形成络合物，所以催化剂的用量至少需要等摩尔以上，而在酸酐为催化剂时，由于在酸酐解离时尚需消耗 1mol 路易斯酸，所以催化剂的用量要 2mol 以上。

④ 溶剂的影响

溶剂对本反应影响很大，当低沸点的芳烃进行 Friedel-Crafts 反应时，可以直接采用过量的芳烃作溶剂；当用酸酐为酰化剂时，可以采用过量的酸酐为溶剂。当不宜选用过量的反应组分作溶剂时，就需加入另外的适当溶剂，常用的溶剂有：二硫化碳、硝基苯、石油醚、四氯乙烷、二氯乙烷、氯仿等，其中硝基苯与 $AlCl_3$ 可形成复合物，使反应液呈均相，极性强，应用较广，有时反应溶剂不仅可以影响反应收率，而且还可以影响酰化的位置。

(4) 应用特点

① 脂-芳酮的制备

利用芳烃与脂肪族酰化剂间的 Friedel-Crafts 反应，可以制得各种脂-芳酮。例如：

1,3-二氟苯 + CH_3COCl $\xrightarrow[50℃，5h]{AlCl_3}$ 2,4-二氟苯乙酮（$COCH_3$；F，F） (73%) [68]

② 脂-芳杂酮的制备

利用芳杂环化合物与脂肪族酰化剂间的 Friedel-Crafts 反应，可以制得各种脂-芳杂酮。例如：

噻吩 + 乙酸酐（H_3C，O，CH_3） $\xrightarrow[reflux，2h]{H_3PO_4}$ 2-乙酰噻吩（S，CH_3，O） (79%) [69]

③ 二芳基酮的制备

利用芳烃化合物与芳香族酰化剂间的 Friedel-Crafts 反应，可以制得各种二芳基酮。例如：

邻苯二甲酸酐 + 甲苯（CH_3） $\xrightarrow[90℃,3h]{AlCl_3}$ 2-(4-甲基苯甲酰基)苯甲酸（CO_2H，CH_3，O） [70]

④ 分子内的 Friedel-Crafts 酰化反应

利用芳烃化合物分子内的 Friedel-Crafts 反应，可以制得各种环状化合物。例如：

（N-取代吡咯；CO_2Et，EtO_2C） $\xrightarrow[20℃，15min]{BF_3}$ （环化酮；O，N，EtO_2C） (88%) [71]

2. Hoesch 反应

腈类化合物与氯化氢在路易斯酸类催化剂 $ZnCl_2$ 的存在下与羟基或烷氧基取代的芳烃反应生成酮亚胺，再经水解得芳酮的反应称为 Hoesch 反应。

(1) 反应通式

$$\text{1-}OR^1\text{-3-}OR^2\text{-苯} + RCN \xrightarrow{HCl/ZnCl_2} \text{2-}OR^1\text{-4-}OR^2\text{-}C_6H_3\text{-}C(=NH\cdot HCl)R \xrightarrow{H_2O} \text{2-}OR^1\text{-4-}OR^2\text{-}C_6H_3\text{-}C(=O)R$$

酰化剂包括各种脂肪族或芳香族的腈类化合物；被酰化物包括各种羟基或烷氧基取代的芳烃；催化剂包括 $ZnCl_2$ 或 BCl_3 等路易斯酸及无水氯化氢气体。

(2) 反应机理

腈类化合物与氯化氢在无水 $ZnCl_2$ 的催化下生成碳正离子中间体（**84**）或（**85**），该中间体再与芳环进行亲电取代反应生成 σ 络合物（**86**），脱去质子后得酮亚胺中间体（**87**），再经水解得酰化产物芳酮（**88**）。

$$R—C\equiv N \xrightarrow[ZnCl_2]{HCl} [\underset{(84)}{R—C\equiv \overset{\oplus}{N}H} \longleftrightarrow \underset{(85)}{R—\overset{\oplus}{C}=NH}]\overset{\ominus}{Cl} \rightleftharpoons^{\text{1-}OR^1\text{-3-}OR^2\text{-苯}}$$

$$\underset{(86)}{\left[\text{σ络合物: 2-}OR^1\text{-4-}OR^2\text{-环己二烯正离子-}C(H)(R)C(=NH)\right]Cl^{\ominus}} \xrightarrow{-H^{\oplus}} \underset{(87)}{\text{2-}OR^1\text{-4-}OR^2\text{-}C_6H_3\text{-}C(=\overset{\oplus}{N}H_2\cdot Cl^{\ominus})R} \xrightarrow{H_2O} \underset{(88)}{\text{2-}OR^1\text{-4-}OR^2\text{-}C_6H_3\text{-}C(=O)R}$$

(3) 影响因素

① 被酰化物的影响

本反应为芳香环上的亲电取代反应，因此需要芳环上有较高的电子云密度，本反应一般适用于间苯二酚、间苯三酚和其相应的醚类以及某些多电子的芳杂环等，某些电子云密度较高的芳稠环如 α-萘酚，虽然是一元酚，也可发生 Hoesch 反应。对于烷基苯、氯苯、苯等芳烃，一般可与强的卤代腈类（如 Cl_2CHCN、Cl_3CCN 等）发生 Hoesch 反应。

② 腈的结构的影响

作为酰化剂的脂肪族腈类化合物的活性强于芳香腈，而脂肪族腈的结构中氰基的 α 位带有卤素等吸电子基团，则活性增加，且随着吸电子基团个数的增加而活性增强，例如，选用 Cl_2CHCN 为酰化剂时，芳环上没有供电子取代基的苯环也可以顺利发生 Hoesch 反应。

$$C_6H_6 + Cl_2CHCN \xrightarrow{HCl/ZnCl_2} \xrightarrow{H_2O} C_6H_5COCHCl_2 \quad (83\%) \qquad [72]$$

③ 催化剂的影响

反应中的催化剂一般为无水 $ZnCl_2$、$AlCl_3$、$FeCl_3$ 等路易斯酸。

④ 溶剂的影响

反应溶剂以无水乙醚为最好，冰醋酸、氯仿-乙醚、丙酮、氯苯等也可以用做溶剂。

(4) 应用特点

① 二元酚（醚）、三元酚（醚）的反应

二元酚（醚）、三元酚（醚）的电子云密度较高，容易与各种腈类化合物发生 Hoesch 反应，收率较好。例如：

$$\text{1,3,5-trihydroxybenzene} + CH_3CN \xrightarrow[Et_2O]{HCl/ZnCl_2} \xrightarrow{H_2O} \text{2,4,6-trihydroxyacetophenone} \quad (87\%) \qquad [73]$$

② 一元酚（醚）、苯胺的反应

一元酚、苯胺的产物的 Hoesch 反应产物通常是 O-酰化或 N-酰化产物，而得不到酮。但当采用 BCl_3 为催化剂时，一元酚和苯胺可得到邻位产物。例如：

$$C_6H_5NH_2 + Cl(CH_2)_3CN \xrightarrow[100℃,20h]{BCl_3/GaCl_3/PhCl} \xrightarrow{H_2O} 2\text{-}NH_2C_6H_4CO(CH_2)_3Cl \quad (87\%) \qquad [74]$$

$$C_6H_5OH \xrightarrow[Cl_3CCN]{BCl_3} [\text{PhO–BCl}_2\cdots N{\equiv}C\text{–}CCl_3] \longrightarrow [\text{cyclic } O\text{–}B^{\ominus}Cl_2\text{–}N^{\oplus}H{=}C(CCl_3)] \xrightarrow{HCl} 2\text{-}HOC_6H_4COCCl_3 \quad (86\%) \qquad [75]$$

③ 芳香腈为酰化剂的反应

$$\xrightarrow[r.t.,1h]{BCl_3/Cl(CH_2)_2Cl} \xrightarrow{H_2O} (75\%) \qquad [76]$$

芳香腈的活性较脂肪腈差，但选用 BCl_3 为催化剂时可发生 Hoesch 反应。

3. Gattermann 反应

羟基或烷氧基取代的芳烃在 $ZnCl_2$、$AlCl_3$ 等路易斯酸的催化下与氰化氢和氯化氢反应生亚胺酰氯，再经水解生成相应的芳醛的反应称为 Gattermann 反应。

$$ArH + HCN \xrightarrow[\text{或 } AlCl_3]{ZnCl_2} ArCH{=}NH \cdot HCl \xrightarrow{H_2O} ArCHO + NH_4Cl$$

本反应可看作是 Hoesch 反应的特例（R＝H）。

4. Vilsmeier-Haack 反应

以 N-取代的甲酰胺为甲酰化试剂，在氧氯化磷催化下，在芳（杂）环上引入甲酰基的反应称为 Vilsmeier-Haack 反应。

(1) 反应通式

$$ArH + \underset{R^1}{\overset{R}{>}}N\text{—}CHO \xrightarrow{POCl_3} ArCHO + \underset{R^1}{\overset{R}{>}}NH$$

酰化剂为 N,N-双取代的甲酰胺，一般多采用 DMF；被酰化物为各种羟基、烷氧基或氨基取代的芳环或芳杂环化合物，催化剂为 $POCl_3$、$SOCl_2$、$COCl_2$ 等氯化剂。

(2) 反应机理

N-取代的甲酰胺先与氧氯化膦加成得中间体（**89**），（**89**）脱去二氯磷酸根离子后生成正碳离子活性中间体（**90**），该中间体与苯环进行亲电取代反应生成 σ 络合物（**91**），再脱去质子后得 α-氯胺中间体（**92**），最后经水解得酰化产物芳醛（**93**）。

$$\mathrm{RR^1N{-}CHO + POCl_3 \rightleftharpoons RR^1N{-}CHCl{-}O{-}P(O)Cl_2\ (89) \rightleftharpoons [RR^1N{-}CH^{\oplus}Cl \longleftrightarrow RR^1N^{\oplus}{=}CH{-}Cl]\ OPOCl_2^{\ominus}\ (90)}$$

$$\xrightarrow{C_6H_5N(CH_3)_2} (91) \xrightarrow{-H^{\oplus}} \mathrm{2\text{-}(CH_3)_2N{-}C_6H_4{-}CH(Cl){-}NRR^1}\ (92) \xrightarrow{H_2O} \mathrm{2\text{-}(CH_3)_2N{-}C_6H_4{-}CHO}\ (93)$$

(3) 应用特点

① 芳醛的制备

多环芳烃类、酚（醚）类、*N*,*N*-二甲基苯胺等均可通过 Vilsmeier-Haack 反应制备芳醛。

$$\mathrm{(CH_3)_2N{-}C_6H_5 \xrightarrow[2)\ H_2O]{1)\ DMF/POCl_3} (CH_3)_2N{-}C_6H_4{-}CHO}\quad (84\%) \qquad [77]$$

② 芳杂醛的制备

吡咯、呋喃、噻吩、吲哚等多电子芳杂环可进行 Vilsmeier-Haack 反应得到芳杂醛。

$$\text{吡咯} \xrightarrow[CH_2Cl_2]{DMF/POCl_3} \xrightarrow{H_2O} \text{2-吡咯甲醛 (-CHO)}\quad (79\%) \qquad [78]$$

③ 其他 *N*-取代的甲酰胺的应用

N-取代的甲酰胺除 DMF 外，其他 *N*-双取代的甲酰胺如 *N*-甲酰基哌啶、*N*-甲酰基吗啉等也可以使用。

$$\text{吲哚-2-}\mathrm{CO_2C_2H_5} + \mathrm{HC(O)N(CH_3)Ph} \xrightarrow[2)\ H_2O]{1)\ POCl_3} \text{3-CHO-吲哚-2-}\mathrm{CO_2C_2H_5}\quad (99\%) \qquad [79]$$

反应如果用其他取代酰胺代替甲酰胺，则产物为芳酮。

$$\mathrm{(H_3C)_2N{-}C_6H_5 + C_6H_5C(O)N(CH_3)_2 \xrightarrow[2)\ H_2O]{1)\ POCl_3} (H_3C)_2N{-}C_6H_4{-}C(O){-}C_6H_5}\quad (80\%) \qquad [80]$$

5. Reimer-Tiemann 反应

苯酚和氯仿在强碱性水溶液中加热，生成芳醛的反应称为 Reimer-Tiemann 反应。

(1) 反应通式

$$\mathrm{C_6H_5OH + CHCl_3 \xrightarrow[heat]{NaOH/H_2O} \textit{o}\text{-}HOC_6H_4CHO + \textit{p}\text{-}HOC_6H_4CHO}$$

(2) 反应机理

氯仿在碱的作用下生成活泼中间体二氯碳烯（**95**），后者与芳核上电子云密度较高的邻位或对位进行亲电取代反应生成σ-络合物（**96**），脱去质子后得二氯甲基衍生物（**97**），最后在碱性条件下水解得芳醛（**98**）。

$$CHCl_3 + \overset{\ominus}{O}H \xrightarrow{-H_2O} \overset{\ominus}{C}Cl_3 \xrightarrow{-Cl^{\ominus}} :CCl_2$$

(94) (95)

(96) (97) (98)

(3) 应用特点

采用 Reimer-Tiemann 反应制备羟基醛的收率虽然不高（一般均低于50%），但未反应的酚可以回收，且本反应具有原料易得、方法简便等优势，因此有广泛的应用。

① 对位羟基芳醛的制备

酚和*N*,*N*-双取代苯胺类的 Reimer-Tiemann 反应产物一般为邻、对位混合体，且邻位比例较高，反应中如果采用β-环糊精（β-CD）为催化剂，则得到对位产物为主的结果。例如：

$$C_6H_5OH + CHCl_3 \xrightarrow[60℃,\ 20min]{NaOH/\beta\text{-}CD} HO-C_6H_4-CHO\ (65\%)$$ [81]

② 光照条件下的 Reimer-Tiemann 反应

在光照条件下可发生自由基历程 Reimer-Tiemann 反应。例如：

$$C_6H_5NEt_2 + CHCl_3 \xrightarrow{h\nu} o\text{-}(Et_2N)C_6H_4CHO\ (36\%) + Et_2N-C_6H_4-CHO\ (56\%)$$ [82]

二、烯烃 *C*-酰化

烯烃与酰氯在 $AlCl_3$ 等 Lewis 酸催化下也可以发生*C*-酰化反应，亦可以把它看成是脂肪碳原子的 Friedel-Crafts 反应。

(1) 反应通式

$$RCOCl + R^1CH{=}CH_2 \xrightarrow{AlCl_3} RCOCH_2CHR^1(Cl) \xrightarrow{-HCl} RCOCH{=}CHR^1$$

酰化剂除各种脂肪族或芳香族的酰氯外，酸酐、羧酸（选用 HF、H_2SO_4、PPA 为催化剂）等其他羧酸衍生物也可以用做酰化剂；被酰化物为各种脂肪族的烯烃或炔烃；催化剂为质子酸或 Lewis 酸；反应的溶剂一般是醚类、卤代烷类等。

(2) 反应机理

酰氯在 $AlCl_3$ 作用下生成羰基络合物（**99**）或酰基正离子（**101**），然后对烯烃进行亲电进攻得中间体（**102**），（**102**）脱质子得酰化产物不饱和酮（**104**），同时，（**102**）也可能与氯负离子作用得中间体β-氯代酮（**103**），（**103**）再经脱氯化氢得产物不饱和酮（**104**）。

$$RCOCl \xrightarrow{AlCl_3} \left[R-\underset{Cl}{\underset{|}{C}}=O\cdots AlCl_3 + R-\underset{O}{\underset{\|}{C}}-Cl\cdots AlCl_3 \right] \rightleftharpoons [RCO^{\oplus}]\cdot AlCl_4^{\ominus}$$

(99) (100)

$$\rightleftharpoons R\overset{\oplus}{C}O + Al\overset{\ominus}{C}l_4$$

(101)

$$\xrightarrow{R^1CH=CH_2} [R^1\overset{\oplus}{C}HCH_2COR]\cdot Al\overset{\ominus}{C}l_4 \xrightarrow{Cl^{\ominus}} [R^1\underset{Cl}{\underset{|}{C}}HCH_2COR]$$

(102) (103)

$$(102) \xrightarrow{H^{\oplus}} R^1CH=CHCOR;\quad (103) \xrightarrow{-HCl} R^1CH=CHCOR$$

(104)

(3) 应用特点

① ***α*,*β*-不饱和酮的制备**

利用本反应可以在烯烃上引入酰基而得到 *α*,*β*-不饱和酮，且酰基引入的位置符合马氏规则，即酰基优先引入到氢原子较多的碳原子上。例如：

$$\text{4-甲基-1,2-二氢萘} \xrightarrow[AlCl_3]{CH_3COCl} \text{3-乙酰基-4-甲基-1,2-二氢萘（60\%）}$$ [83]

② 分子内的酰化反应

不饱和脂肪烃和不饱和脂环烃的分子内酰化也可以制备不饱和环酮。例如：

$$\text{环辛烯基-COCl} \xrightarrow[heat]{BF_3/Et_2O} \text{桥环不饱和酮（CO桥）} \quad 76\%$$ [84]

③ 烯硅烷的酰化反应

烯硅烷的酰化反应的定位具有区域专一性，由于受三甲基硅基的影响，作为亲电试剂的酰基优先进攻硅原子所连的碳原子而形成烯酮。例如：

$$\text{1-Si(CH}_3)_3\text{-2-CH}_3\text{-环丁烯} + H_3C-\overset{O}{\overset{\|}{C}}-Cl \xrightarrow[0℃]{AlCl_3/CH_2Cl_2} \text{1-COCH}_3\text{-2-CH}_3\text{-环丁烯} \quad (88\%)$$ [85]

三、羰基化合物 α 位的 C-酰化

羰基化合物 *α* 位的氢原子由于受相邻的羰基的影响而显一定的酸性，*α* 位的 C 原子比较活泼，可与酰化剂发生 *C*-酰化反应生成 1,3-二羰基化合物。

1. 活性亚甲基化合物的 *C*-酰化

(1) 反应通式

$$RCOZ + H_2C\begin{matrix} X \\ Y \end{matrix} \xrightarrow{B^{\ominus}} RCO-HC\begin{matrix} X \\ Y \end{matrix} + HZ$$

活性亚甲基化合物包括：丙二酸酯类、乙酰乙酸酯类、氰基乙酸酯类等；酰化剂为羧酸、酰氯和酸酐等羧酸衍生物；催化剂包括：金属钠、氨基钠、氢化钠、醇钠、氢氧化钠以及三乙胺、吡啶等有机碱。

(2) 反应机理

活性亚甲基化合物 α 位的 C 原子在碱性催化剂的作用下解离出一个质子，生成 α 位的碳负离子中间体 (**105**)，(**105**) 对酰化剂的羰基 C 原子进行亲核进攻生成四面体过渡态 (**106**)，再经分子内重排脱去离去基团 Z 负离子，得到酰化产物 (**107**)。

$$H_2C(X)(Y) \xrightleftharpoons{B^{\ominus}} H\overset{\ominus}{C}(X)(Y) + BH \quad (\mathbf{105})$$

$$RC(=O)Z + H\overset{\ominus}{C}(X)(Y) \longrightarrow \left[R-\underset{CHXY}{\overset{O^{\ominus}}{C}}-Z\right] (\mathbf{106}) \longrightarrow R-\overset{O}{\overset{\|}{C}}-CH(X)(Y) (\mathbf{107}) + Z^{\ominus}$$

(3) 影响因素

① 活性亚甲基化合物的影响

活性亚甲基化合物的活性与其所连的两个吸电子基的种类有关，吸电子基的吸电能力越强，其 α 位的氢原子酸性则越强，越容易发生反应，α 位的氢原子酸性可以通过活性亚甲基化合物的 pK_a 值来判定，其 pK_a 值越小，酸性越强，常见的活性亚甲基化合物的 pK_a 值见表 3-1。

表 3-1 常见的活性亚甲基化合物的 pK_a 值

化合物	pK_a 值	化合物	pK_a 值
$CH_2(NO_2)_2$	4.0	$CH_2(CN)_2$	12
$CH_2(COCH_3)_2$	8.8	$CH_2(CO_2C_2H_5)_2$	13.3
CH_3NO_2	10.2	CH_3COCH_3	20
$CH_3COCH_2CO_2C_2H_5$	10.7	$CH_3CO_2C_2H_5$	25

② 酰化剂的影响

反应中一般采用酰氯、酸酐为酰化剂，其他酰化剂如活性酯、活性酰胺等也有应用。

③ 催化剂的影响

反应中作为催化剂的碱的选择与常见的碱有 RONa、NaH、$NaNH_2$、$NaCPh_3$、*t*-BuOk、三乙胺、吡啶等有机碱。活性亚甲基化合物 α 位的氢原子酸性强时，可以选择相对较弱的碱。

(4) 应用特点

① ***β***-酮酸酯的制备

利用该反应可以获得其他方法不易制得的 β-酮酸酯。

$$PhCOCl + CH_3COCH_2CO_2C_2H_5 \xrightarrow{C_2H_5ONa} PhCOCH(COCH_3)CO_2C_2H_5 \xrightarrow[H_2O]{NH_4Cl} PhCOCH_2CO_2C_2H_5 \ (71\%)$$ [86]

② 不对称酮的制备

利用 α 位酰化的丙二酸二乙酯的水解、脱羧反应可制得不对称酮。

$$H_2C(CO_2C_2H_5)_2 \xrightarrow[MgCl_2/Et_3N]{5,6\text{-dichloronicotinoyl chloride}} 5,6\text{-}Cl_2C_5HN\text{-}3\text{-}COCH(CO_2C_2H_5)_2 \xrightarrow[160℃,\ 2h]{DMSO/H_2O} 5,6\text{-}Cl_2C_5HN\text{-}3\text{-}COCH_3 \ (92.8\%)$$ [87]

2. Claisen 反应和 Dieckmann 反应

羧酸酯与另一分子具有 α-活泼氢的酯进行缩合得到 β-酮酸酯的反应称为 Claisen 反应，亦称为 Claisen 缩合，Dieckmann 反应为发生在同一分子内的 Claisen 反应。

(1) 反应通式

$$RCO_2R^3 + R^1{-}CH_2{-}CO_2R^2 \xrightarrow{B^{\ominus}} R{-}\overset{O}{\overset{\|}{C}}{-}\overset{R^1}{\overset{|}{C}H}{-}CO_2R^2 + BH + R^3O^{\ominus}$$

作为被酰化物的酯（$R^1CH_2CO_2R^2$）为具有 α-活泼氢的各种脂肪族和芳香族羧酸酯；反应中作为酰化剂的酯（$RCH_2CO_2R^3$）为各种脂肪族和芳香族羧酸酯；催化剂包括：金属钠、氨基钠、氢化钠、醇钠、氢氧化钠以及三乙胺、吡啶等有机碱。

(2) 反应机理

作为酰化物的酯 α 位的 C 原子在碱作用下生成碳负离子中间体 **(108)**，**(108)** 对酰化剂的酯的羰基 C 原子进行亲核进攻生成四面体过渡态 **(109)**，再经分子内重排脱去烷氧基负离子，得到酰化产物 β-酮酸酯 **(110)**，**(110)** 与醇钠作用以不可逆形式转化成其钠盐 **(111)**，而使反应趋于完成。

$$R{-}CH_2{-}CO_2Et \underset{}{\overset{EtO^{\ominus}}{\rightleftharpoons}} \underset{(108)}{[R{-}\overset{\ominus}{C}H{-}CO_2Et]} \overset{R-CO_2Et}{\rightleftharpoons} \underset{(109)}{\left[R{-}\overset{O^{\ominus}}{\overset{|}{\underset{OEt}{\underset{|}{C}}}}{-}\overset{R^1}{\overset{|}{C}H}{-}CO_2Et\right]}$$

$$\overset{-EtO^{\ominus}}{\rightleftharpoons} \underset{(110)}{R{-}\overset{O}{\overset{\|}{C}}{-}\overset{R^1}{\overset{|}{C}H}{-}CO_2Et} \xrightarrow{EtONa} \underset{(111)}{\left[R{-}\overset{O}{\overset{\|}{C}}{-}\overset{R^1}{\overset{|}{\underset{\ominus}{C}}}{-}CO_2Et \longleftrightarrow R{-}\overset{O^{\ominus}}{\overset{|}{C}}{=}\overset{R^1}{\overset{|}{C}}{-}CO_2Et\right]\cdot Na^{\oplus}}$$

上述机理的前三步为可逆反应，而使反应趋于完成的动力是反应产物 β-酮酸酯 **(110)** 在醇钠作用下不可逆地转化成其钠盐 **(111)**，使整个平衡向右移动。

(3) 影响因素

① 酯结构的影响

从反应机理中可以看出，如果参与反应的两种酯（RCH_2COOR^1、$R^2CH_2COOR^3$）均含 α-活泼氢，则理论上应该有四种酰化产物生成，产物复杂，缺乏实际意义。

② 催化剂的影响

i. **催化剂的种类** 催化剂碱的选择与酯羰基 α 位氢的酸性强弱有关，常见的碱有：醇钠、氨基钠、氢化钠和三苯甲基钠等。对于 α 位只有一个氢的酯的 Claisen 反应，因其酸性较弱，且其反应产物 β-酮酸酯的 α 位为二烷基取代，所以一般要使用三苯甲基钠等强碱才能得到满意结果。例如：

$$\overset{CH_3}{\underset{CH_3}{CH}}{-}CO_2Et \overset{B:}{\rightleftharpoons} \overset{CH_3}{\underset{CH_3}{CH}}{-}\overset{O}{\overset{\|}{C}}{-}\overset{CH_3}{\underset{CH_3}{C}}{-}CO_2Et \xrightarrow{B:} (H_3C)_2C{=}\overset{ONa}{\overset{|}{C}}{-}\overset{CH_3}{\underset{CH_3}{C}}{-}CO_2Et \qquad [88]$$

B:	产率
EtONa	0
Ph_3CNa	60%

ii. **催化剂的用量** Claisen 反应过程为可逆平衡反应，为使整个平衡右移，催化剂的用量至少需等摩尔以上，使产物全部转化为稳定的 β-酮酸酯的钠盐。

③ 溶剂的影响

Claisen 反应中一般采用非质子溶剂，常用的溶剂有：乙醚、四氢呋喃、乙二醇二甲醚、芳烃、煤油、DMSO 和 DMF 等。如果使用质子型溶剂（SH），则溶剂参与下列平衡竞争：

$$R-CH_2-CO_2Et+B^{\ominus} \rightleftharpoons R-\overset{\ominus}{C}H-CO_2Et+BH$$

$$SH+B^{\ominus} \rightleftharpoons S^{\ominus}+BH$$

$$R-\overset{\ominus}{C}H-CO_2Et+SH \rightleftharpoons R-CH_2-CO_2Et+S^{\ominus}$$

质子型溶剂酸性应小于碱的共轭酸（BH）的酸性，否则会影响酯 α 位负碳离子的形成，而不利于反应的进行。另外，在反应中有一些常见的碱/溶剂的组合，如：RONa/ROH、$NaNH_2/NH_3$、乙醚、苯、甲苯；NaH/乙醚、苯、甲苯；Ph_3CNa/乙醚、苯、甲苯；$(CH_3)_3COK$/ $(CH_3)_3OH$、THF、DMSO、苯等。

(4) 应用特点

① 含有 α-活泼氢的酯自身的 Claisen 反应

含有 α-活泼氢的酯自身 Claisen 反应产物单一，有实用性，利用该反应可制得 β-酮酸酯，例如，利用乙酸乙酯自身 Claisen 反应可以制备乙酰乙酸乙酯。

$$CH_3COOC_2H_5+CH_3COOC_2H_5 \xrightarrow{NaOC_2H_5} CH_3COCH_2COOC_2H_5+C_2H_5OH \qquad [89]$$

② 酯与不含 α-活泼氢的酯的 Claisen 反应

甲酸酯、苯甲酸酯、草酸酯及碳酸酯等酯的结构中不含 α-活泼氢，所以与另外一分子的含 α-活泼氢的酯进行 Claisen 反应时，通过适当控制反应条件可以得到单一的产物。例如：

$$PhCH_2CO_2Et + \begin{matrix}CO_2Et\\|\\CO_2Et\end{matrix} \xrightarrow{EtONa} PhCH(CO_2Et)COCO_2Et \xrightarrow[heat]{-CO} PhCH(CO_2Et)CO_2Et\ (85\%) \qquad [90]$$

③ 同一分子内的 Claisen 反应（Dieckmann 反应）

若两个酯羰基在同一分子内，可以发生分子内的 Claisen 反应，得到单一的环状 β-酮酸酯，此反应也称为 Dieckmann 反应。例如：

$$CH_3N(CH_2CH(CH_3)CO_2CH_3)(CH_2CH_2CO_2CH_3) \xrightarrow{NaH/PhH} \text{1-甲基-3-甲基-5-甲氧羰基-4-哌啶酮}\ (86\%) \qquad [91]$$

[92] 反应式：内酯-糖缩酮二酯底物 $\xrightarrow[heat]{t\text{-BuOK/PhH}}$ 环化产物 (91%)

3. 酮、腈的 α 位的 C-酰化

在碱性条件下含有 α-活泼氢的酮、腈的 α 位可被羧酸酯所酰化，生成 β-二酮。

(1) 反应通式

$$R-CH_2-Z+R^1CO_2R^2 \overset{B^{\ominus}}{\rightleftharpoons} R^1CO-\underset{R}{\underset{|}{C}H}-Z \xrightarrow{B^{\ominus}} R^1CO-\underset{R}{\underset{|}{\overset{\ominus}{C}}}-Z+BH$$

(2) 反应机理

① 碱催化

采用金属钠、氨基钠、氢化钠、醇钠、氢氧化钠及三乙胺、吡啶等有机碱。

$$R-CH_2-Z \underset{}{\overset{EtO^{\ominus}}{\rightleftharpoons}} [R-\overset{\ominus}{C}H_2-Z] \ \textbf{(112)} \underset{}{\overset{R^1CO_2R^2}{\rightleftharpoons}} \left[R^1-\underset{OR^2}{\overset{O^{\ominus}}{C}}-\underset{H}{\overset{R}{C}}-Z\right] \textbf{(113)} \overset{-R^2O^{\ominus}}{\rightleftharpoons}$$

$$R^1-\overset{O}{\overset{\|}{C}}-\underset{H}{\overset{R}{C}}-Z \ \textbf{(114)} \xrightarrow{EtONa} \left[R^1-\overset{O}{\overset{\|}{C}}-\underset{\ominus}{\overset{R}{C}}-Z \longleftrightarrow R^1-\overset{^{\ominus}O}{C}=\overset{R}{C}-Z\right]\cdot Na^{\oplus} \ \textbf{(115)}$$

② 烯胺化

将醛、酮与仲胺脱水后转化为烯胺 (**116**)，其 β 位的碳原子（原羰基的 α 位）受氨基供电子的影响，亲核性增强，利用这个性质可在醛、酮的 α 位导入酰基，且避免在反应中使用强碱性催化剂，从而避免了醛、酮在碱性催化剂作用下的自身的缩合反应。

$$R-CH_2-\overset{O}{\overset{\|}{C}}-R^1 + R_2^2NH \overset{-H_2O}{\rightleftharpoons} \left[R-CH=\underset{R^1}{C}-\ddot{N}R_2^2 \longleftrightarrow R-\overset{\ominus}{C}H-\underset{R^1}{C}=\overset{\oplus}{N}R_2^2\right] \textbf{(116)}$$

$$\xrightarrow{R^3COCl} R-\underset{COR^3}{CH}-\underset{R^1}{C}=\overset{\oplus}{N}R_2^2 \ \textbf{(117)} \xrightarrow{H_2O} R-\underset{COR^3}{CH}-\overset{O}{\overset{\|}{C}}-R^1 \ \textbf{(118)}$$

(3) 应用特点

① ***β*-二酮的制备**

利用 α-活泼氢的酮与羧酸酯的反应可以制备 β-二酮。例如：

4-甲基苯乙酮 (H_3C-C₆H₄-CO-CH_3) + F_3C-CO-OCH_3 $\xrightarrow[\text{reflux, 24h}]{CH_3ONa/CH_3OH}$ H_3C-C₆H₄-CO-CH₂-CO-CF_3 (94%) [93]

② 分子内的 ***C*-酰化**

分子中同时存在酮基和酯基时，也可能发生分子内的 C-酰化。例如：

3-(3-氧代环戊基)丙酸甲酯 (-CH_2CH_2CO-OCH_3) $\xrightarrow[Et_2O]{NaOCH_3}$ $\xrightarrow[H^{\oplus}]{H_2O}$ 双环[3.3.0]辛-2,8-二酮 (90%) [94]

③ 腈类化合物的 ***C*-酰化**

腈类化合物与酮一样，其 α 位也可以与酯发生 C-酰化反应。例如：

$PhCH_2CN$ + EtO-CO-OEt $\xrightarrow[\text{heat}]{EtONa/Tol}$ $Ph-\underset{CO_2Et}{CH}-CN$ (78%) [95]

④ 利用烯胺化进行的 ***C*-酰化**

环己酮 $\xrightarrow{\text{吗啉 (O, N-H)}}$ 1-吗啉基环己烯 $\xrightarrow[Et_3N]{PhCOCl}$ $\xrightarrow[HCl]{H_2O}$ 2-苯甲酰基环己酮 (64%) [96]

四、C-亲核酰化

两个具有相同反应性（亲电或亲核）的原子或原子团之间在通常情况下一般不能成键，但是如果在反应中采用某些特殊的方法手段使两者之一的特征反应性发生暂时的反转（逆转），就可以使它们顺利进行化学反应，这种方法称为极性反转（polarity inversion）。

极性反转在许多缩合反应中用于碳-碳键的生成，这里主要讨论的是有关羰基碳原子极性反转的方法和应用。

羰基碳原子的极性反转主要有“直接法”和“屏蔽法”两种方式。

1. 直接法

直接法就是将羰基直接转化成羰基负离子，其合成途径有二：一是利用有机金属试剂同一氧化碳加合形成羰基负离子；二是用强碱夺取醛基的氢原子，但由于缺乏稳定的因素，所形成羰基负离子仅能作为一种概念性的中间体而存在，所以这种方法应用范围有限，只有当醛的烯醇化受到抑制时，醛基的氢原子才有可能被金属置换，且因 M 系活泼金属，还常使反应的深度难以控制，一般只适合 N,N-双取代的甲酰氨基衍生物的金属化合物。

R—M + CO ⟶ RC(=O)⁻M⁺ ⟵ RCHO + M

$[Et_2NC(=O)]_2Hg \xrightarrow{n\text{-BuLi}} Et_2NC(=O)Li \xrightarrow[2)\ H_2O]{1)\ RCOR^1} RR^1C(OH)C(=O)NEt_2$

2. 屏蔽法

屏蔽法就是将羰基屏蔽成羰基负离子的形式，是应用较多的方法，一般可通过羰基负离子的等价来实现的，下面将做具体介绍。

(1) 将羰基化合物转换成1,3-二噻烷衍生物

将醛与1,3-二硫醇作用生成1,3-二噻烷（**119**），然后利用其结构中两个硫原子的极性效应，使其在碱的作用下形成较稳定的碳负离子中间体（**120**），（**120**）可以与酰卤等多种亲电试剂作用，最后经水解去掉屏蔽基团得产物。

$HS(CH_2)_3SH + RCHO \xrightarrow{H^{\oplus}}$ 2-R-1,3-二噻烷 (**119**) $\xrightarrow{B:}$ 2-R-1,3-二噻烷-2-负离子 (**120**)

(**120**) —
- $\xrightarrow{R^1COCl}$ 2-R-2-COR^1-1,3-二噻烷 $\xrightarrow{H_2O}$ $RCOCOR^1$
- $\xrightarrow{R^1COR^2}$ 2-R-2-[$C(OH)R^1R^2$]-1,3-二噻烷 $\xrightarrow{H_2O}$ $RCOC(OH)R^1R^2$
- $\xrightarrow{R^1X}$ 2-R-2-R^1-1,3-二噻烷 $\xrightarrow{H_2O}$ $RCOR^1$
- $\xrightarrow{R^1\text{-环氧乙烷}}$ 2-R-2-[$CH_2—CH(OH)—R^1$]-1,3-二噻烷 $\xrightarrow{H_2O}$ $RCOCH_2CH(OH)R^1$

与（**119**）相类似的屏蔽形式还有下列化合物（**121**）～（**126**）：

$$\underset{(\mathbf{121})}{(C_2H_5S)(C_2H_5S)CH_2\ (S\to O)}\quad \underset{(\mathbf{122})}{\text{1,3-二噻烷-2-R,H}}\quad \underset{(\mathbf{123})}{\text{1,3,5-三噻烷-2-R,H}}\quad \underset{(\mathbf{124})}{(PhS)_2CH_2}\quad \underset{(\mathbf{125})}{(RS)(R^1S)CH_2}\quad \underset{(\mathbf{126})}{}$$

应用实例：

$$(\mathbf{121})\xrightarrow[n\text{-BuLi}]{C_2H_5I}(C_2H_5S)(C_2H_5S\to O)CH(C_2H_5)\xrightarrow[n\text{-BuLi}]{CH_2{=}CHCO_2C_2H_5}(C_2H_5S)(C_2H_5S\to O)C(C_2H_5)CH_2CH_2CO_2C_2H_5\xrightarrow{H_2O/HgCl_2}C_2H_5COCH_2CH_2CO_2C_2H_5\ (95\%)$$

[97]

$$\text{2-Li-1,3-二噻烷}\xrightarrow[-50℃\ (83\%)]{Cl(CH_2)_3I/THF}\text{2-(3-氯丙基)-1,3-二噻烷}\xrightarrow[-70℃\ (61\%)]{n\text{-BuLi}}\text{螺环二噻烷}\xrightarrow[HgCl_2\ (60\%)]{H_2O}\text{环丁酮}$$

[98]

(2) 将羰基化合物转换成烯醇醚衍生物

将羰基化合物转化成相应的烯醇醚（**127**）后，与强碱作用形成碳负离子中间体（**128**），（**128**）再与各种亲电试剂作用得产物（**129**），最后经水解得产物。

$$R{-}CH_2{-}COOR^1 \rightleftharpoons \underset{(\mathbf{127})}{RCH{=}CH(OR^1)} \xrightarrow{n\text{-BuLi}} \underset{(\mathbf{128})}{RCH{=}C^{\ominus}(OR^1)\,Li^{\oplus}} \xrightarrow{E^{\oplus}} \underset{(\mathbf{129})}{RCH{=}C(OR^1){-}E} \xrightarrow{H_2O/H^{\oplus}} RCH_2\overset{O}{\overset{\|}{C}}{-}E$$

应用实例：

$$H_2C{=}C(OCH_3){-}Li + \text{环戊酮} \longrightarrow H_2C{=}C(OCH_3){-}C(OH)(\text{环戊基}) \xrightarrow{H_2O/H^{\oplus}} H_3C{-}CO{-}C(OH)(\text{环戊基})\ (86\%)$$

[99]

(3) 将羰基化合物转换成 α-氰醇衍生物

芳醛的醛基与氰基加成后可以生成 α-氰醇负离子中间体（**130**），（**130**）通过分子内的质子重排得中间体（**131**），这样原来醛的羰基碳原子就完成了极性反转，（**131**）再与各种亲电试剂作用得中间体（**132**），最后经水解得产物。

$$Ar{-}CHO \xrightarrow{CN^{\ominus}} \underset{(\mathbf{130})}{Ar{-}CH(O^{\ominus}){-}CN} \longleftrightarrow \underset{(\mathbf{131})}{Ar{-}C^{\ominus}(OH){-}CN} \xrightarrow{E^{\oplus}} \underset{(\mathbf{132})}{Ar{-}C(OH)(E){-}CN} \xrightarrow{H_2O/H^{\oplus}} Ar{-}\overset{O}{\overset{\|}{C}}{-}E$$

应用实例：

$$C_6H_5CHO \xrightarrow[2)CH_3COCH_3]{1)KCN} \xrightarrow{H_2O/H^{\oplus}} C_6H_5{-}CO{-}C(OH)(CH_3){-}CH_3\ (78\%)$$

[100]

第五节　酰化反应在化学药物合成中应用实例

一、化学药物贝诺酯简介

1. 解热镇痛药贝诺酯的发现、上市和临床应用

贝诺酯（Benorylate）是一种新型解热镇痛药，其分子设计系采用“协同前药”原理，将解热镇痛药阿司匹林（乙酰水杨酸）的羧基和扑热息痛（对乙酰氨基酚）的羟基成酯而得到，为非甾体类解热镇痛药，环氧酶抑制剂。本品经口服进入体内后，经酯酶作用，释放出阿司匹林和扑热息痛而产生药效。本品既有阿司匹林的解热镇痛抗炎作用，又保持了扑热息痛的解热作用。由于其体内分解部位不在胃肠道，因而克服了阿司匹林对胃肠道的刺激，克服了阿司匹林用于抗炎引起胃痛、胃出血、胃溃疡等缺点，同时也降低了扑热息痛的酚羟基所引起的肾脏毒性。它既保留了原药的解热镇痛功能，又减小了原药的毒副作用，具有协同作用。适用于发热、头痛、神经痛、牙痛及手术后轻中度疼痛等。我国于 1984 年批准上市，为《中国药典》（2015 年版）收载品种。

2. 贝诺酯的化学名、商品名和结构式

贝诺酯的化学名：2-乙酰氧基苯甲酸-4-乙酰氨基苯酯；商品名为扑炎痛，其结构式如下：

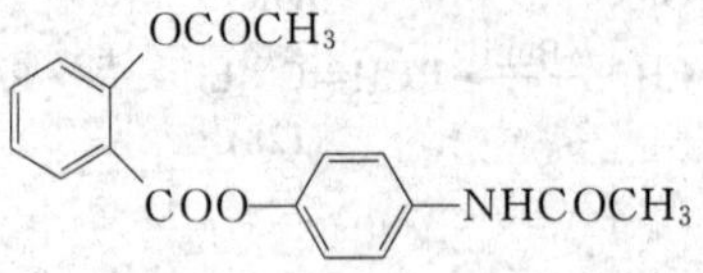

$OCOCH_3$

COO— —$NHCOCH_3$

3. 贝诺酯的合成路线

贝诺酯的合成以水杨酸和对氨基酚为起始原料，经醋酐酰化分别制得阿司匹林（Aspirin）和扑热息痛（Paracetamol），阿司匹林经氯化亚砜氯化制得其酰氯，扑热息痛在氢氧化钠水溶液中制得其钠盐，最后将乙酰氧基水杨酰氯与扑热息痛钠盐在丙酮中发生酰化反应制得贝诺酯，见以下反应式[101]。

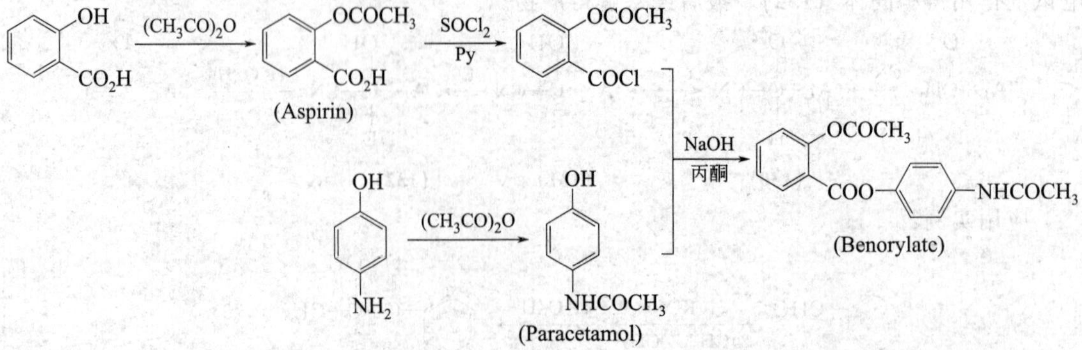

OH, CO_2H —$(CH_3CO)_2O$→ $OCOCH_3$, CO_2H (Aspirin) —$SOCl_2$ / Py→ $OCOCH_3$, COCl

OH, NH_2 —$(CH_3CO)_2O$→ OH, $NHCOCH_3$ (Paracetamol)

—NaOH / 丙酮→ $OCOCH_3$, COO— —$NHCOCH_3$ (Benorylate)

二、酰化反应在贝诺酯合成中的应用实例[102]

1. 反应式

$$\text{(邻-}OCOCH_3\text{)}C_6H_4COCl + HO\text{-}C_6H_4\text{-}NHCOCH_3 \xrightarrow[\text{丙酮}]{NaOH} \text{(邻-}OCOCH_3\text{)}C_6H_4COO\text{-}C_6H_4\text{-}NHCOCH_3$$

2. 反应操作

在装有搅拌器、温度计及回流冷凝器的 250mL 三口烧瓶中，加入扑热息痛 7.7g，水 50mL，冰水浴冷至 10℃，在搅拌下滴加 15%的氢氧化钠溶液 20mL①，滴加完毕，在 8～12℃之间搅拌反应 30min，在此温度下，缓慢滴加制得的 10g 乙酰水杨酰氯和 20mL 丙酮组成的混合溶液，滴加完毕，以 15%的氢氧化钠溶液调反应液的 pH＝10②，于 8～12℃继续搅拌反应 60min，抽滤，水洗滤饼至中性，干燥后得贝诺酯粗品 13.4g，收率 85%。取粗品 5g，置于装有球形冷凝器的 100mL 圆底烧瓶中，加入 95%的乙醇 50mL，在水浴上加热回流，使之溶解，稍冷，加活性炭脱色 0.1g③，继续加热回流 15min，趁热抽滤④，将滤液趁热转移至烧杯中，自然冷却、析晶，抽滤，用少量乙醇洗涤滤饼两次，压干，干燥，得白色结晶贝诺酯精品 4.6g，精制收率 92%，m.p. 175～176℃。

3. 操作原理和注解

(1) 原理

贝诺酯的制备采用 Schotten-Baumann 方法的酰化反应，即乙酰水杨酰氯与对乙酰氨基酚钠的酯化反应。由于扑热息痛酚羟基上的氧原子与苯环共轭，因此其电子云密度较低，亲核反应性较弱；而与氢氧化钠成盐后酚羟基氧原子电子云密度增高，有利于其与酰氯的亲核反应。此外，采用酚钠盐成酯，还可避免生成氯化氢，使生成的酯键水解。

(2) 注解

① 反应放热，氢氧化钠的滴加速度以维持反应温度不超过 12℃为宜。

② 保证反应在偏碱性环境中进行。

③ 活性炭用量视粗品颜色而定，一般情况下为物料的 1%～5%。

④ 抽滤用的抽滤瓶和布氏漏斗需提前预热，防止产品在滤除活性炭过程中析出。

主要参考书

[1] (a) 张国梁. 酰化反应. //闻韧主编. 药物合成反应. 北京：化学工业出版社，1988. 117～185 (b)；赵桂芝. 酰化反应. //闻韧主编. 药物合成反应. 第 2 版. 北京：化学工业出版社，1988. 114～177 (c) (b) 郭春，赵桂芝. 酰化反应. //闻韧主编. 药物合成反应. 第 3 版. 北京：化学工业出版社，2010. 87～125.

[2] March J. Advanced Organic Chemistry. 3rd ed. New York：John Wiley &Sons. 1985，348～352，375～377，430～441，484～490.

[3] Carruthers W. Colfham I. Modern Methodss of Organic Synthesis. 4nd ed. Cambridge：Cambridge Univ. Press，2004.

[4] Greene T W，Wuts P G M. 有机合成中的保护基. 华东理工大学有机化学教研组译. 上海：华东理工大学出版社，2004. 10.

[5] Kürti L，Czakó B. 有机合成中命名反应的战略性应用. 北京：科学出版社，2007. 08.

［6］ 孙铁民．药物化学实验．北京：中国医药工业出版社，2013.03.

参考文献

［1］ Moss R A，et al. *Tetrehedron Lett.*，1987，**28**（42）：5005.
［2］ Misunobu O. *Synthsis*，1981，**1**：1.
［3］ Shimokawa S，et al. *Bull. Chem. Soc. Jpn.*，1976，**49**（11）：3357.
［4］ WO 9116320（1992）.
［5］ Kobayashi T，et al. *Chem. Pharm. Bull.*，1995，**43**（5）：797-817.
［6］ Jeffrey A D. *Organic Syntheses*，1998，Coll. Vol. 9：607.
［7］ Shen T Y S，et al. *J. Am. Chem. Soc.*，1963，**85**，488.
［8］ Barbier P，et al. *J. Org. Chem.*，1988，**53**：1218.
［9］ Seebach D，et al. Synthesis，1982，（**2**）：138.
［10］ Einborn A.，et al. US. 812554.
［11］ Nishiguchi T，et al. *J. Am. Chem. Soc.*，1989，**111**（25）：9102.
［12］ Lunsford C D，et al. *J. Med. Pharm. Chem.*，1960，2523.
［13］ Nidam T，et al. US 20575474（2008）.
［14］ Corey E J，et al. *J. Am. Chem. Soc.*，1975，**97**（3）：653.
［15］ Thalmann A，et al. *Org. Synth.*，1985，63：192.
［16］ Nurasuka，et al. *Chem. Lett.*，1977，（8）：959.
［17］ Kim S et al. *J. Org. Chem.*，1985，**50**（10）：1751.
［18］ US 3159620（1964）.
［19］ Ishihara K，et al. *J. Am. Chem.*，*Soc.* 1995，**117**（15）：4413.
［20］ Ishihara K，et al. *J. Org. Chem.*，1996，**61**（14）：4560.
［21］ Ziering A，et al. *J. Org. Chem.*，1957，**22**：1521.
［22］ Parish R C，et al. *Tetrahedron Lett.*，1964，**20**（20）：1285.
［23］ Brown L，et al. *J. Org. Chem.*，1984，**49**（21）：3975）.
［24］ Brewster J H，et al. *J. Am. Chem. Soc.*，1955，**77**（23）：6412.
［25］ Gracia T，et al. *Synth. Commun*，1982，**12**（9）：681.
［26］ Christopher S，et al. *J. Am. Chem. Soc.*，1993，**115**（8）：3360.
［27］ Jouni P，et al. *Tetrahedron Lett.*，1987，**28**（15）：1661.
［28］ Kim S，et al. *Tetrahedron Lett.*，1983，**24**（32）：3365.
［29］ Maki T，et al. *Tetrahedron Lett.*，1998，**39**（31）：5601.
［30］ Ishihara K，et al. *J. Org. Chem.*，1993，**58**（15）：2791.
［31］ US 3842149（1975）.
［32］ Takimoto S，et al. *Bull. Chem. Soc. Jpn.*，1979，**49**（8）：2335.
［33］ Katsaki T，et al. *Bull. Chem. Soc. Jpn*，1976，**49**（7）：2019.
［34］ Kashima，et al. *Synthesis*，1994，（1）：61.
［35］ Yamada S，et al. *J. Org. Chem.*，1992，**57**（516）：1591.
［36］ Lam L K T，et al. *Org. Prep. Proced. Int.*，1978，**10**（1）：79.
［37］ Prichard W W，et al. *Org. Syn.*，1939，Coll. Vol. **3**：452.
［38］ Parish R C，et al. *Tetrahedren Lett.*，1964，**20**（20）：285.
［39］ Bader A R. *J. Am. Chem. Soc*，1953，**75**（6）：5416.
［40］ Lowrance W W，et al. *Tetrahedren Lett.*，1971，3453.
［41］ Kim S，et al. *J. Org. Chem.*，1984，**49**（10）：1712.
［42］ Orazi O O，et al. *J. Am. Chem. Soc.*，1969，**91**（8）：2162.
［43］ Illi V O，et al. *Tetrahedron Lett.*，1979，**26**：2431.

［44］ US 4513009（1985）.
［45］ Kim S，et al. *Tetrahedron Lett.*，1985，**26**（10）：1341.
［46］ Rebstock，et al. *J. Am. Chem. Soc.*，1949，**71**（9）：2458.
［47］ Moyasaka T，et al. *Chem. Lett.*，1985，（6）：701.
［48］ Donald G，et al. *J. Org. Chem.*，1988，**53**：983-991.
［49］ Krzysztof E，et al. *Org. Synths*，1998，Coll. Vol. 9：34.
［50］ Bose A K. *Org. Synth.* 1973，Coll. Vol. 5：973.
［51］ Galpin I J，et al. *Tetrahedron*，1988，**44**（6）：1695.
［52］ US 4315007（1979）.
［53］ White E. *Org. Synth.* 1973，Coll. Vol. **5**：336.
［54］ Chauvette et al. *J. Am. Chem. Soc.*，1962，**84**：3401.
［55］ Bank M R. *Tetrahedron*，1992，**48**（37）：7979.
［56］ Anderson D W. *J. Am. Chem. Soc.*，1958，**80**（16）：4423.
［57］ Bhattachari A，et al. *Synth. Commun.*，1990，**30**：2683.
［58］ Nagao Y，et al. *Tetrahedron Lett.*，1980，**21**（9）：841.
［59］ Kunieda T，et al. *Tetrahedron Lett.*，1980，**21**（32）：3065.
［60］ Brickner S J，et al. *J. Med. Chem.*，1996，**39**：673.
［61］ Roeder J F，et al. *J. Org. Chem.*，1941，**6**：25）.
［62］ Cava M P，et al. *Org. Synth.* 1973，Coll. Vol. **5**：944.
［63］ Kanai F，et al. *J. Antibiotics*，1985，**38**（1）：39.
［64］ Knorr R，et al. *Tetrahedren lett*，1989，**30**（15）：1927.
［65］ Johnson W S. *Org. React.*，1944，**2**：4.
［66］ Olson C E. *Org. Synth.*，1963，**4**：898.
［67］ Rizzi G P. *Snyth. Comunn.*，1983，**13**（14）：1173.
［68］ US 4404216（1983）.
［69］ Alvin I，et al. *Org. Synth.* 1955，Coll. Vol. **3**：14.
［70］ Fieser L F. *Org. Synth.* 1941，Coll. Vol. **1**：517.
［71］ Jefford C W，et al. *Tetrahedron Lett.*，1994，**35**（23）：3905.
［72］ Houben J，et al. *Chem. Ber.*，1931；**64**：2645.
［73］ Gulati K C，et al. *Org. Synth.* 1943，Coll. Vol. **2**：522.
［74］ Houpis I N，et al. *Tetrahedren Lett.*，1994，**35**（37）：6807.
［75］ Houben J，et al. *Chem. Ber.*，1931，**64**：2645.
［76］ Cameron D W，et al. *Aust. j. Chem.*，1982；**35**：1451.
［77］ Campaigne E，et al. *Org. Synth.*，1963，Coll. Vol. **4**：331.
［78］ Robert M，et al. 1963，*Org. Synth.*，Coll. Vol. **4**：831.
［79］ Shahica A C，et al. *J. Am. Chem. Soc.*，1946，**68**（2）：1156.
［80］ Mong M，et al. *J. Heterocycl. Chem.*，1985，**22**：1205.
［81］ Komiyama M，et al. *J. Am. Chem. Soc.*，1983，**105**（7）：2018.
［82］ Hirao K，et al. *Tetrahedron.*，1974，**30**（15）：2301.
［83］ Fleming I，et al. *J. Chem. Soc. Perkin Trans.*，1980，**11**：2485.
［84］ Erman W F，et al. *J. Org. Chem.*，1968，**33**（4）：1545.
［85］ Pillot J P，et al. *Tetrahedron Lett.*，1980，**21**（49）：4717.
［86］ Stephen R，et al. *Organic Syntheses*，1993，Coll. Vol. **8**：235.
［87］ Kuo DL，et al. *Tetrahedron Lett.*，1992，**48**（42）：9233.
［88］ Hauser CR，et al. *Org. React.*，1942，**1**：266.
［89］ Lowman L. *Ber.*，1887，**20**：651.

［90］ Camberlain, et al. *J. Am. Chem. Soc.*, 1935, **57**: 352.
［91］ Bell K H, et al. *Aust. J. Chem.*, 1986, **39** (11): 1901.
［92］ Georges M, et al. *J. Org. Chem.*, 1985, **50** (26): 1717.
［93］ Penny T D, et al. *J. Med. Chem.*, 1997, **40**: 1341.
［94］ Philip E, et al. *J. Am. Chem. Soc.*, 1972, **94** (3): 1014.
［95］ Wallingford VH, et al. *J. Am. Chem. Soc.*, 1942, **64** (1): 576.
［96］ Hammadi M, et al. *Synth. Commun.*, 1996, **26** (15): 2901.
［97］ Herrmann J L, et al. *Tetrahedron Lett.*, 1973, **35**: 3271.
［98］ Seebach D, et al. *J. Chem. Soc.*, 1968, **33** (1): 300.
［99］ Baldwin J E, et al. *J. Am. Chem. Soc.*, 1974, **96** (22): 7125.
［100］ Greene TW. *Protective Group in Organic Synthesis*. 2nd ed. New York: John Wiley&Sons, 1991, 315.
［101］ Stervin. GB 1101747 (1968).
［102］ Robertson A. US 3431293 (1969).

习　题

1. 根据以下指定原料、试剂和反应条件，写出其合成反应的主要产物。

(1) —OH + O=⟨O⟩=O $\xrightarrow{AcONa}$

(2) $C_{17}H_{35}COOC_2H_5 + (COOC_2H_5)_2 \xrightarrow[C_2H_5OH]{C_2H_5ONa} \xrightarrow{heat}$

(3) 2 H_2N—OH + Cl—C(=O)—C—C(=O)—Cl $\xrightarrow{Et_3N/CH_2Cl_2}$

(4) OH / OH (苯) + Cl—C(=O)—Cl $\xrightarrow{NaOH}$

(5) S (噻吩) + Ph—N(CH_3)—C(=O)H $\xrightarrow{POCl_3}$

(6) HO— O OH HO OH NHAc $\xrightarrow[CHCl_3]{CH_3COCl}$

(7) HO— $\xrightarrow{Ac_2O/Py}$

(8) O + C_2H_5O—C(=O)—OC_2H_5 $\xrightarrow{NaH/PhH}$

(9) N(Boc)—C(=O)OH + HN $\xrightarrow{DCC/CH_2Cl_2}$

(10) Br(CH$_3$)$_2$C–COBr + NH_4OH ⟶

2. 在下列指定原料和产物的反应式中分别填入必需的化学试剂（或反应物）和反应条件。

(1) OH, CH_3, O ⟶ OCOPh, CH_3, O ⟶ O, O

(2) ⟶ $CO_2C_2H_5$, O, O, $C_2H_5O_2C$ ⟶ O, O

(3) H_3CO, H_3CO, NH_2 ⟶ H, O, N, O, H, OCH_3, OCH_3

(4) OH ⟶ CHO, OH

(5) N ⟶ N—COPh, H, CN ⟶ N—COPh, H_3C, CN ⟶ N, CH_3

(6) O ⟶ N ⟶ [N, CO_2CH_3] ⟶ N, CO_2CH_3 ⟶ O, CO_2CH_3

(7) H_3CO, H_3CO, $NHCOCH_3$ ⟶ H_3CO, H_3CO, N, CH_3 ⟶ H_3CO, H_3CO, N—$COCH_3$, CH_2

(8) HN, $CO_2C(CH_3)_3$ ⟶ PhCO—N, $CO_2C(CH_3)_3$ ⟶ O, H, N—COPh, H

(9) O ⟶ N, O ⟶ O, O, $(CH_2)_8$, O, O

(10) NH_2, OH ⟶ H, N, O, O ⟶ O, CH_3, N, O, O

3. 阅读（翻译）以下有关反应操作的原文，请在理解基础上写出：(1) 此反应的完整反应式（原料、试剂和主要反应条件）；(2) 此反应的反应机理（历程）。

The procedure for 3-(4-bromobenzoyl)-propanoic acid

A 500mL, three-necked, round-bottomed flask equipped with an overhead mechanical stirrer, is charged with powdered succinic anhydride (10.01g, 0.1000mol) and bromobenzene (96.87g, 0.6170mol) under dry argon. The resulting white mixture is cooled to 0℃ before anhydrous aluminum chloride (26. 67g, 0. 2000mol) is added in one portion. The rcaction conditions are maintained over a period of 4h before the reaction mixture is allowed to warm to room temperature. The reaction mixture is stirred for 96h at room temperature (completion of the reaction is indicated by cessation of the evolution of hydrogen chloride gas) and is then poured into cooled (0℃), mechanically stirred hydrochloric acid (250mL, 37%) and stirred for 1h The white precipitate is filtered off, washed well with water (1L) and dried overnight on a Büchner funnel. The crude product (24. 81g, 97%) is crystallized from dry toluene and dried under reduced pressure (P_2O_5, $CaCl_2$, 18h) to afford a white crystalline product (first fraction, 20. 76g, second fraction, 3. 47g); yield is 24. 23g (94%).

第四章 缩合反应（Condensation Reaction）

缩合反应的含义广泛，两个或多个有机化合物分子通过反应形成一个新的较大分子的反应或同一个分子发生分子内反应形成新的分子都可称为缩合。反应过程中，一般同时脱去一些简单的小分子（如水、醇），也有些是加成缩合，不脱去任何小分子。就化学键而言，通过缩合反应可以建立碳-碳键以及碳-杂键。

缩合反应的机理主要包括亲核加成-消除（各类亲核试剂对醛或酮的亲核加成-消除反应）、亲核加成（活性亚甲基化合物对 α,β-不饱和羰基化合物的加成反应）、亲电取代、环加成（［4+2］环加成、1,3-偶极环加成）等。

本章讨论的内容，仅限于形成新的碳-碳键的反应。重点是具有活性氢的化合物与羰基（醛、酮、酯等）化合物之间的缩合。此外，对环加成反应等也作适当介绍。

第一节　缩合反应机理

一、电子反应机理

1. 亲核反应

(1) 亲核加成-消除反应

在形成新的碳-碳键的缩合反应中，不同种类的亲核试剂与醛、酮的缩合反应多数属亲核加成-消除反应机理，包括含有 α-活性氢的醛或酮间的加成-消除反应、α-卤代酸酯对醛、酮的加成-消除反应、Wittig 试剂对醛、酮的加成-消除反应、活性亚甲基化合物对醛、酮的加成-消除反应等。

① 含有 α-活性氢的醛或酮间的亲核加成-消除反应

含 α-活性氢的醛或酮，在碱或酸催化下的羟醛缩合反应属亲核加成-消除反应机理。一般讲，由于醛、酮羰基的吸电子效应，醛、酮的 α 位氢质子具有弱酸性，它的 pK_a 为 19～

20，其酸性强度大于乙炔基中的氢质子（$pK_a=25$）和乙烯基中的氢质子（$pK_a=44$），因此，具 α 位氢的醛、酮在碱性条件下，易失去一个氢质子而形成一个电子离域的稳定的负离子。

$$\mathrm{O{=}C{<}\!-\!C(H)\cdots \;+\; B^{\ominus} \rightleftharpoons \left[\; O{=}C\!-\!\overset{\ominus}{C}{<} \rightleftharpoons \overset{\ominus}{O}\!-\!C{=}C{<} \;\right] + H\!-\!B}$$

稳定负离子的共振式

形成的碳负离子，很快与另一分子醛、酮中的羰基发生亲核加成，生成碱性氧负离子，进而获得一个氢质子，得到 β-羟基醛或酮类化合物。同理，由于 β-羟基醛或酮类化合物中 α 位氢质子具有弱酸性，在碱存在下，极易与 β 位羟基发生脱水消除，生成更稳定的 α,β-不饱和醛酮。

$$\mathrm{RCH_2C(=O)R' + RH\overset{\ominus}{C}\!-\!C(=O)R' \rightleftharpoons RCH_2C(R')(O^{\ominus})\!-\!CH(R)C(=O)R'} \qquad [1]$$

$$\mathrm{RCH_2C(R')(O^{\ominus})\!-\!CH(R)C(=O)R' + BH \rightleftharpoons RCH_2C(R')(OH)\!-\!CH(R)C(=O)R' + B^{\ominus}}$$

$$\mathrm{RCH_2C(R')(OH)\!-\!CH(R)C(=O)R' + B^{\ominus} \longrightarrow (R')(RCH_2)C{=}C(R)C(=O)R' + BH + {}^{\ominus}OH}$$

前两步均为平衡反应，而碱催化的脱水反应是关键步骤。芳醛与含有 α-活性氢的醛、酮之间的缩合反应，芳醛的 α-羟烷基化反应、Perkin 反应的机理与此类同。

与碱催化缩合不同的是，在酸的存在下，醛、酮分子中的羰基质子化并转化成较稳定的烯醇式，进而与另一分子质子化羰基发生亲核加成，生成质子化的加成产物，然后经质子转移，脱水消除生成 α,β-不饱和醛酮。决定反应速率的是亲核加成一步。

$$\mathrm{RCH_2C(=O)R' \underset{}{\overset{HA}{\rightleftharpoons}} RCH_2C(={}^{\oplus}OH)R' \rightleftharpoons RHC{=}C(OH)R'}$$

$$\mathrm{RCH_2C(={}^{\oplus}OH)R' + RHC{=}C(OH)R' \rightleftharpoons RCH_2C(R')(OH)\!-\!CH(R)C(={}^{\oplus}OH)R'}$$

$$\mathrm{RCH_2C(R')(OH)\!-\!CH(R)C(={}^{\oplus}OH)R' \rightleftharpoons RCH_2C(R')(OH)\!-\!CH(R)C(=O)R' + H^{\oplus}}$$

$$\mathrm{RCH_2C(R')(OH)\!-\!CH(R)C(=O)R' + H^{\oplus} \rightleftharpoons \left[RCH_2C(R')(H_2O^{\oplus})\!-\!CH(R)C(=O)R'\right] \xrightarrow{-H_2O,\ -H^{\oplus}} (R')(RCH_2)C{=}C(R)C(=O)R'}$$

② α-卤代酸酯对醛、酮的加成-消除反应

α-卤代酸酯对醛、酮的缩合反应属亲核加成-消除反应机理。α-卤代酸酯与金属锌首先形成极性的有机锌化合物，然后有机锌化合物中带负电荷的酯α位碳原子向醛、酮的羰基发生亲核加成，形成环状β-羟基羧酸酯的卤化锌盐，再经酸水解而得β-羟基酯。如果β-羟基酯的α-碳原子上具有氢原子，则在温度较高或在脱水剂（如酸酐、质子酸）存在下脱水而得更稳定的α,β-不饱和酸酯。

Grignard 反应的机理与此类同，仅是反应底物与产物不同。

③ Wittig 试剂对醛、酮的加成-消除反应

三苯基膦与有机卤化物作用生成季鏻盐——烃（代）三苯基卤化鏻盐，再在非质子溶剂中加碱处理，失去一分子卤化氢可得 Wittig 试剂。在 Wittig 试剂中，碳原子上带负电荷，和碳相邻的磷原子带正电荷，彼此以半极性键相结合，保持着完整的电子偶，这种化合物称为内鎓盐（ylide），内鎓盐的磷原子因含有低能量的 3d 空轨道，而碳原子上又具有孤立电子对的 p 轨道，故形成一种 p 轨道和 d 轨道重叠的π键，即 d-pπ 共轭，分散了α碳上的负电荷，形成类烯式（ylene）结构。其带负电荷的碳可对醛、酮羰基作亲核进攻，形成内鎓盐或氧磷杂环丁烷中间体，进而经顺式消除分解成烯烃及氧化三苯膦。反应产物烯烃可能存在（Z）、（E）两种异构体，分别由内鎓盐的苏型和赤型消除分解而得。如下式所示：

$$(C_6H_5)_3\overset{\oplus}{P}-\overset{\ominus}{C}(R^1)H \longleftrightarrow (C_6H_5)_3P=C(R^1)H \quad + R^2CHO \rightleftharpoons \text{(赤型)} \longrightarrow \text{氧磷杂环丁烷} \longrightarrow (Z)\text{-}R^1CH=CHR^2$$

$$\rightleftharpoons \text{(苏型)} \longrightarrow \text{氧磷杂环丁烷} \longrightarrow (E)\text{-}R^1CH=CHR^2$$

(赤型)　(Z)　(苏型)　(E)

④ 活性亚甲基化合物对醛、酮的加成-消除反应

活性亚甲基化合物对醛、酮的加成-消除反应的机理，解释甚多，主要有两种：一种是羰基化合物在伯胺、仲胺或胺盐的催化下形成亚胺过渡态，然后活性亚甲基的碳负离子向亚胺过渡态发生亲核加成，再经脱氨而得产物。另一种机理类似醛醇缩合，反应在极性溶剂中进行，在碱催化剂存在下，活性亚甲基形成碳负离子，然后与醛、酮缩合，脱水而得产物。

(2) 亲核加成反应

活性亚甲基化合物对α,β-不饱和羰基化合物的加成反应属于亲核加成反应机理。一般认为，在催化量碱的作用下，活性亚甲基化合物转化成碳负离子，进而与α,β-不饱和羰基化合物发生亲核加成而缩合成β-羰烷基化合物。

$$R\overset{O}{\overset{\|}{C}}CHR_2 + B^{\ominus} \rightleftharpoons R\overset{O}{\overset{\|}{C}}-\overset{\ominus}{C}R_2$$

$$R\overset{O}{\overset{\|}{C}}-\overset{\ominus}{C}R_2 + \;>C=C(X)H \rightleftharpoons R-\overset{O}{\overset{\|}{C}}-CR_2-\overset{|}{\underset{|}{C}}-\overset{\ominus}{C}H(X)$$

$$R-\overset{O}{\overset{\|}{C}}-CR_2-\overset{|}{\underset{|}{C}}-\overset{\ominus}{C}H(X) + BH \rightleftharpoons R-\overset{O}{\overset{\|}{C}}-CR_2-\overset{|}{\underset{|}{C}}-CH(X)H + B^{\ominus}$$

2. 亲电反应

α-卤烷基化反应、α-羟烷基化反应（Prins 反应）、α-氨烷基化反应、Pictet-Spengler 反应和 β-羟烷基化反应等属于亲电取代反应机理。如在 α-卤烷基化反应中，甲醛（多聚甲醛）在氯化氢存在下，形成一种稳定的正离子，进而与芳环发生亲电取代，生成的羟甲基物在氯化氢存在下，经 S_N2 反应，得到氯甲基产物。

$$H-\overset{\overset{\displaystyle O}{\|}}{C}-H + H^{\oplus} \rightleftharpoons [H_2C=\overset{\oplus}{O}H \longleftrightarrow \overset{\oplus}{C}H_2OH]$$

$$C_6H_6 + \overset{\oplus}{C}H_2OH \longrightarrow HOCH_2C_6H_6^{\oplus} \xrightarrow{-H^{\oplus}} HOCH_2C_6H_5 \xrightarrow{HCl}$$

$$C_6H_5CH_2\overset{\oplus}{O}H_2 + Cl^{\ominus} \longrightarrow C_6H_5CH_2Cl$$

二、环加成反应机理

环加成反应可看成是两种或两种以上的不饱和化合物通过 π 键的断裂，相互以 σ 键结合成环状化合物的反应。在成环过程中，既不发生消除，也不发生 σ 键的断裂，而 σ 键的数目有所增加（一般形成两个新的 σ 键），加成物的组成是反应物的总和。如果分子中含有合适基团，则可进行分子内的环加成反应。

1. ［4＋2］环加成反应

共轭二烯烃与烯烃、炔烃进行环化加成，生成环己烯衍生物的反应属［4＋2］环加成反应，共轭二烯简称二烯，而与其加成的烯烃、炔烃称为亲二烯（dienophile）。亲二烯加到二烯的 1,4 位上。

EDG EWG EDG EWG

二烯体　亲二烯体　加成物

式中，EDG 为供电子基团；EWG 为吸电子基团。

［4＋2］环加成反应的机理是六个 π 电子参与的环加成协同反应机理。可以通过前线轨道理论来解释。根据前线轨道理论，在双分子反应中，起决定作用的是反应物的前线轨道。所谓前线轨道，包括最高占有轨道（HOMO）和最低空轨道（LUMO）。当两个分子接近时，只有 HOMO 和 LUMO 能相互匹配，即相同位相的分子轨道进行重叠，反应才能顺利进行。例如丁二烯与乙烯加成，无论是丁二烯的 HOMO（ψ_2）和乙烯的 LUMO（π＊），还是丁二烯的 LUMO（ψ_3）和乙烯的 HOMO（π），其分子轨道都发生了位相相符的重叠（见图 4-1），因此［4＋2］环加成反应是对称允许反应。

2. 1,3-偶极环加成反应

1,3-偶极体系 $\overset{+}{a}$-b-$\overset{-}{c}$ 和亲偶极体系 d═e 形成五元环的反应称为 1,3-偶极环加成反应。1,3-偶极体系的种类极多，如：

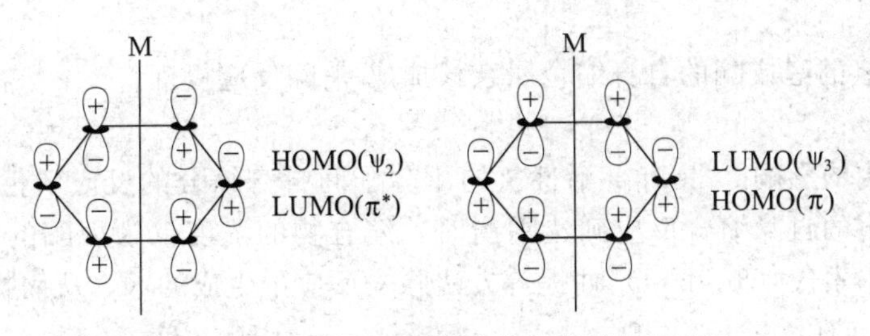

图 4-1 丁二烯与乙烯的前线轨道对称匹配图

$$\overset{\oplus}{a}-\ddot{\underset{..}{b}}-\overset{\ominus}{c} \longleftrightarrow a=\overset{\oplus}{\underset{..}{b}}-\overset{\ominus}{c} \quad \text{(b为N、O原子)}$$

$$\overset{\oplus}{a}=\ddot{b}-\overset{\ominus}{c} \longleftrightarrow a\equiv\overset{\oplus}{b}-\overset{\ominus}{c} \quad \text{(b为N原子)}$$

1,3-偶极环加成机理与 Diels-Alder 反应机理类似，按协同机理进行。过渡状态时，无论是1,3-偶极体系的 HOMO 与亲偶极体系的 LUMO，还是1,3-偶极体系的 LUMO 和亲偶极体系的 HOMO，其分子轨道都发生了位相相符的重叠，因此，1,3-偶极环加成反应是对称允许反应。

HOMO　　　　LUMO

LUMO　　　　HOMO

碳烯及氮烯对不饱和键的环加成、烯烃的环加成反应也属于协同反应机理。

第二节　α-羟烷基、卤烷基、氨烷基化反应

一、α-羟烷基化反应

1. 羰基 α-位碳原子的 α-羟烷基化反应（Aldol 缩合）

含 α-活性氢的醛或酮，在碱或酸的催化下发生自身缩合，或与另一分子的醛或酮发生缩合，生成 β-羟基醛或酮类化合物的反应，称 α-羟烷基化反应。但该类化合物不稳定，易发生消除反应生成 α,β-不饱和醛酮。这类反应又称醛醇缩合反应（Aldol 缩合）。

(1) 含有 α-活性氢的醛或酮的自身缩合

① 反应通式

含 α-活性氢的醛或酮，在碱或酸的催化下可发生自身缩合，生成 β-羟基醛、酮类化合物，或进而发生消除反应生成 α,β-不饱和醛酮。

$$2RCH_2\underset{\underset{O}{\|}}{C}R' \underset{}{\overset{OH^{\ominus}\text{或}H^{\oplus}}{\rightleftharpoons}} RCH_2\underset{\underset{HO}{|}}{\overset{\overset{R'}{|}}{C}}-\underset{\underset{H}{|}}{\overset{\overset{R}{|}}{C}}-\overset{\overset{O}{\|}}{C}R' \xrightarrow{-H_2O} RCH_2\overset{\overset{R'}{|}}{C}=\overset{\overset{R}{|}}{C}-\overset{\overset{O}{\|}}{C}R'$$

R′=H,脂肪基或芳烃基

② **反应机理**

含有 α-活性氢的醛或酮的自身缩合属亲核加成-消除反应机理。

③ **影响因素**

i. **醛、酮结构的影响** 具有 α-活性氢的酮分子间自身缩合的反应活性较醛低，速率较慢。例如，当丙酮的自身缩合反应到达平衡时，缩合物的浓度仅为丙酮的 0.01%，为了打破这种平衡，可用索氏（Soxhlet）抽提等方法除去反应中生成的水，从而提高收率。

$$H_3C-\overset{CH_3}{\overset{|}{C}}=O + H_2\underset{\underset{H}{|}}{C}-\overset{O}{\overset{\|}{C}}-CH_3 \xrightleftharpoons{Ba(OH)_2} H_3C-\underset{OH}{\overset{CH_3}{\overset{|}{\underset{|}{C}}}}-\underset{\underset{H}{|}}{CH}\overset{O}{\overset{\|}{C}}CH_3 \xrightarrow{I_2\text{ 或 }H_3PO_4}$$

$$H_3C-\overset{CH_3}{\overset{|}{C}}=CH\overset{O}{\overset{\|}{C}}CH_3 \quad (71\%) \qquad [2]$$

酮的自身缩合，若是对称酮，产品较单纯。若是不对称酮，不论是碱或酸催化，反应主要发生在羰基 α 位上取代基较少的碳原子上，得 β-羟基酮或其脱水产物。

$$2CH_3CH_2COCH_3 \xrightarrow{C_6H_5N(CH_3)MgBr/PhH/Et_2O} CH_3CH_2COCH_2\underset{OH}{\overset{CH_3}{\overset{|}{\underset{|}{C}}}}CH_2CH_3 \quad (60\%) \qquad [3]$$

ii. **反应温度的影响** 反应温度对该反应速率及产物类型有一定影响。对活性醛而言，如反应温度较高或催化剂的碱性较强，有利于打破平衡，进而消除脱水得 α,β-不饱和醛。例如，正丁醛在不同温度下的自身缩合得 2-乙基-2-己烯醛。

$$2CH_3CH_2CH_2CHO \xrightarrow[25℃]{NaOH} CH_3CH_2CH_2\underset{OH}{\underset{|}{CH}}-\underset{C_2H_5}{\underset{|}{CH}}CHO$$

$$2CH_3CH_2CH_2CHO \xrightarrow[80℃]{NaOH} CH_3CH_2CH_2CH=\underset{C_2H_5}{\underset{|}{C}}CHO \qquad [4]$$

iii. **催化剂的影响** 醛或酮的自身缩合反应常用碱作催化剂，酸催化剂应用较少，主要有硫酸、盐酸、对甲苯磺酸、阳离子交换树脂以及三氟化硼等。

④ **应用特点**

i. **制备长链醛（醇）** 利用醛醇缩合可合成许多重要的中间体。如正丁醛与甲醛在碳酸钾水溶液中反应可生成 2,2-二羟甲基丁醛。

$$CH_3CH_2CH_2CHO + HCHO \xrightarrow{K_2CO_3} CH_3CH_2\underset{CH_2OH}{\overset{CH_2OH}{\overset{|}{\underset{|}{C}}}}CHO \quad (90\%)$$

ii. **定向醛醇缩合** 含 α-活性氢的不同醛、酮分子之间的缩合，往往生成复杂的混合物，因而没有应用价值。近年来，区域选择及立体选择的醛醇缩合反应已成为形成新的碳-碳键的一种重要方法，称为定向醛醇缩合（Directed Aldol Condensation）。主要有烯醇盐法、烯醇硅醚法和亚胺法。

(a) 烯醇盐法 先将醛、酮中某一组分，在具位阻的碱（常用二异丙基胺锂，LDA）的作用下，形成烯醇盐，再与另一分子的醛或酮反应，实现区域或立体选择性醛酮缩合。如 2-戊酮用 LDA 处理后成烯醇盐，然后再与正丁醛反应，形成专一的加成产物 6-羟基-4-壬酮。

$$C_3H_7COCH_3 \xrightarrow[-78℃]{LDA/THF} C_3H_7C(OLi){=}CH_2 \xrightarrow[2)H_3O^{\oplus}]{1)CH_3(CH_2)_2CHO} C_3H_7C(=O){-}CH_2{-}CH(OH)(CH_2)_2CH_3 \quad (65\%)$$

[5]

(b) 烯醇硅醚法 将醛、酮中某一组分转变成烯醇硅醚，然后在四氯化钛等路易斯酸催化下，与另一醛、酮分子发生醛醇缩合。例如：苯乙酮先与三甲基氯硅烷反应形成烯醇硅醚，然后与丙酮缩合得醛醇缩合产物。

$$PhC(=O){-}CH_3 \xrightarrow{TMSCl} PhC(OTMS){=}CH_2 \xrightarrow{(CH_3)_2C{=}O\ /TiCl_4} PhC(=O)CH_2C(OH)(CH_3)_2 \quad (70\%)$$

[6]

在此类反应中，常用的催化剂除了四氯化钛外，另有三氟化硼、四烃基铵氟化物等。

(c) 亚胺法 醛类化合物一般较难形成相应的碳负离子，因而可先将醛与胺类反应形成亚胺，再与 LDA 作用转变成亚胺锂盐，然后与另一醛、酮分子发生醛醇缩合而得 α,β-不饱和醛。

$$CH_3CH_2CHO + H_2N{-}C_6H_{11} \longrightarrow CH_3CH_2CH{=}N{-}C_6H_{11} \xrightarrow{LDA} CH_3CH(Li)CH{=}N{-}C_6H_{11}$$

$$\xrightarrow{Ph_2CO} Ph_2C(OH){-}CH(CH_3){-}CH{=}N{-}C_6H_{11} \xrightarrow{H^+/H_2O} Ph_2C(OH){-}CH(CH_3){-}CHO \quad (75\%)$$

[7]

(2) 芳醛与含有 α-活性氢的醛、酮之间的缩合（Claisen-Schmidt 反应）

① 反应通式

芳醛和脂肪族醛、酮在碱催化下缩合而成 β-不饱和醛、酮的反应称为 **Claisen-Schmidt** 反应。

$$ArCHO + RCH_2C(=O)R' \rightleftharpoons Ar{-}CH(OH){-}CH(R){-}C(=O)R' \xrightarrow{-H_2O} ArHC{=}C(R){-}C(=O){-}R'$$

② 反应机理

反应先形成中间产物 β-羟基芳丙醛（酮），但它极不稳定，立即在强碱或强酸催化下脱水生成稳定的芳丙烯醛（酮）。产物的构型，一般都是反式。

$$RCH_2{-}C(=O)R' \xrightarrow{^{\ominus}OH} R\overset{\ominus}{C}H{-}C(=O)R' \xrightarrow{ArCHO} Ar{-}CH(O^{\ominus})CH(R)C(=O)R' \xrightarrow{-H_2O} ArCH{=}C(R){-}C(=O){-}R'$$

反式构型产物的生成，取决于过渡态消除脱水的难易。

③ 影响因素

i. 不对称酮结构的影响 若芳香醛与不对称酮缩合，如不对称酮中仅一个 α 位有活性氢原子，则产品单纯，不论酸催化或碱催化均得到同一产品。如：

$$O_2N{-}C_6H_4{-}CHO + C_6H_5COCH_3 \xrightarrow[H_2SO_4/HOAc\ (99\%)]{NaOH/H_2O/EtOH\ (94\%)} O_2N{-}C_6H_4{-}CH{=}CHCOC_6H_5$$

[8]

ii. 催化剂的影响 若酮的两个 α 位均有活性氢原子，则可能得到两种不同产品。当苯甲醛与甲基脂肪酮（CH_3COCH_2R）缩合时，以碱催化，一般得甲基位上缩合产物（1 位缩合)；若用酸催化，则得亚甲基位上缩合产物（3位缩合)。例如：

$$\text{C}_6\text{H}_5\text{—CHO} + \overset{1}{\text{C}}\text{H}_3\text{CO}\overset{3}{\text{C}}\text{H}_2\text{CH}_3 \begin{cases} \xrightarrow{\text{NaOH}} \text{C}_6\text{H}_5\text{—CH=CHCOC}_2\text{H}_5 \\ \xrightarrow{\text{HCl}} \text{C}_6\text{H}_5\text{—CH=C(CH}_3\text{)COC}_2\text{H}_5 \end{cases} \quad [8]$$

因在碱催化时，在1位上形成碳负离子较3位容易。而在酸催化时，形成烯醇体的稳定性为 $CH_3CH=CHCH_3$ 大于 $CH_3CH_2CH=CH_2$，因而缩合反应主要发生在3位上，所得缩合物为带支链的不饱和酮。

④ 应用特点

i. **制备反式芳丙烯醛（酮）** 通过Claisen-Schmidt反应可以直接得到反式芳丙醛（酮）化合物。例如：

$$C_6H_5CHO + CH_3COC_6H_5 \xrightarrow[15\sim30^\circ C]{NaOH/H_2O/EtOH} (E)\text{-}C_6H_5CH=CHCOC_6H_5 \quad (85\%) \quad [9]$$

ii. **制备手性 β-羟基醛（酮）** 芳醛与脂环酮在无溶剂条件下，经聚硅烷负载的手性胺催化，可直接制备手性 β-羟基醛（酮）

$$O_2N\text{—C}_6H_4\text{—CHO} + \text{四氢吡喃-4-酮} \xrightarrow{\text{聚硅烷负载的手性胺}} \text{3-[羟基(4-硝基苯基)甲基]四氢吡喃-4-酮} \quad (98\%\ e.e.) \quad [10]$$

(3) 分子内的醛醇缩合和Robinson环化反应

① 反应通式

具有 α-活性氢的二羰基化合物在催化量碱的作用下，可发生分子内的醛醇缩合反应，生成五元、六元环状化合物，因此，该法常用于成环反应。

$$CH_3\overset{O}{\overset{\|}{C}}CH_2(CH_2)_n\overset{O}{\overset{\|}{C}}CH_3 \xrightarrow{LDA} \text{HO(H}_3\text{C)C—环—(CH}_2)_n\text{—C=O}$$

② 反应机理

具有 α-活性氢的二羰基化合物在催化量碱的作用下，发生分子内的醛醇缩合反应属于亲核加成机理。在碱催化下，羰基 α-碳原子失去氢质子形成碳负离子，进而进攻缺电子的羰基碳原子，生成加成产物。

$$CH_3COCH_2CH_2COCH_3 \xrightarrow{LDA} \left[CH_3COCH_2CH_2COCH_2^{\ominus} \longrightarrow \text{3-氧负离子-3-甲基环戊酮} \right] \xrightarrow{H_3O^{\oplus}} \text{3-羟基-3-甲基环戊酮}$$

脂环酮与 α,β-不饱和酮的共轭加成产物发生的分子内缩合反应，可以在原来环结构基础上再引入一个环，该法称为Robinson环化法。

$$\text{2-R-环己酮} \xrightarrow{B:} \text{烯醇负离子} + CH_2=CHCOCH_3 \rightleftharpoons \text{2-R-2-(3-氧负离子-丁-2-烯基)环己酮} \rightleftharpoons$$

$$\xrightarrow{H-B^{\oplus}} \rightleftharpoons \text{羟基十氢萘酮 (R)} \xrightarrow{:B} \rightleftharpoons \text{4a-R-八氢萘-2-酮} \quad [11]$$

③ 影响因素

加成反应生成的中间体是一个新的碳负离子，可导致许多副反应的发生。因此，在进行Robinson 环化反应时，为了减少由于 α,β-不饱和羰基化合物反应活性较大带来的副反应，常用其前体代替，如用 4-三甲氨基-2-丁酮作为丁烯酮-2 的前体；亦可用烯胺代替碳负离子，使环化反应有利于在取代基较少的碳负离子上进行。

④ 应用特点

Robinson 环化法经常被用来合成稠环化合物，如甾类、萜类等。

2-甲基环己酮 + 丁烯酮 $\xrightarrow{\text{base}}$ 2-甲基-2-(3-氧代丁基)环己酮 $\xrightarrow{\text{Aldol 缩合}}$ 羟基酮 $\xrightarrow{-H_2O}$ 烯酮 (55%) [12]

2. 不饱和烃的 *α*-羟烷基化反应（Prins 反应）

(1) 反应通式

烯烃与甲醛（或其他醛）在酸催化下加成而得 1,3-二醇或其环状缩醛 1,3-二氧六环及 α-烯醇的反应称为 Prins 反应。

$$H{-}\underset{\underset{O}{\|}}{C}{-}H + RCH{=}CH_2 \xrightarrow[H^+]{H_2O} RCHOH{-}CH_2{-}CH_2OH \text{ 或 } CHR{=}CH{-}CH_2OH \text{ 或 } \text{4-R-1,3-二氧六环} \quad [13]$$

(2) 反应机理

在酸催化下，甲醛经质子化形成碳正离子，然后与烯烃进行亲电加成。根据反应条件的不同，加成物脱氢得 α-烯醇，或与水反应得 1,3-二醇，后者可再与另一分子甲醛缩醛化得 1,3-二氧六环型产物。此反应可看作不饱和烃经加成引入一个 α-羟甲基的反应。

$$H{-}\underset{\underset{O}{\|}}{C}{-}H \xrightarrow{H^{\oplus}} H{-}\overset{\oplus}{C}(OH){-}H \xrightarrow{RCH{=}CH_2} R\overset{\oplus}{C}HCH_2CH_2OH \xrightarrow{H_2O} RCH(OH){-}CH_2{-}CH_2OH \longrightarrow \text{4-R-1,3-二氧六环}$$

$$R\overset{\oplus}{C}HCH_2CH_2OH \xrightarrow{-H^{\oplus}} RCH{=}CHCH_2OH$$

(3) 影响因素

① 烯烃结构、酸催化的浓度及反应温度的影响

生成 1,3-二醇和环状缩醛的比例取决于烯烃的结构、酸催化的浓度以及反应温度等因素。乙烯反应活性较低，而烃基取代的烯烃反应比较容易，$RCH{=}CHR$ 型烯烃经反应主要得到 1,3-二醇，但收率较低。而 $R_2C{=}CH_2$ 或 $RCH{=}CH_2$ 型烯烃反应后主要得到环状缩醛，收率较好。

某些环状缩醛，特别是由 $RCH{=}CH_2$ 或 $RCH{=}CHR'$ 形成的环状缩醛，在酸液中、较高温度下水解，或在浓硫酸中与甲醇一起回流醇解均可得到 1,3-二醇。如：

$$\text{4-}H_3C\text{-1,3-二氧六环} \xrightarrow[\text{heat}]{CH_3OH/H_2SO_4} H_3C{-}CH(OH){-}CH_2{-}CH_2OH \quad (92\%) \quad [14]$$

② 催化剂的影响

反应通常用稀硫酸催化，亦可用磷酸、强酸性离子交换树脂以及 BF_3、$ZnCl_2$ 等 Lewis 酸作催化剂。如用盐酸催化，则可能产生 γ-氯代醇的副反应，例如：

$$\text{环己烯} + HCHO \xrightarrow{HCl/ZnCl_2} \text{2-氯环己基甲醇 (Cl, } CH_2OH) \quad (23\%) \qquad [14]$$

(4) 应用特点

① 制备1,3-二醇

苯乙烯与甲醛如在甲酸中进行Prins反应，则生成1,3-二醇甲酸酯，经水解得1,3-二醇。

$$C_6H_5\text{—}CH{=}CH_2 + HCHO \xrightarrow{HCOOH} C_6H_5\text{—}CH(OCHO)\text{—}CH_2OCHO \xrightarrow{H_2O} C_6H_5\text{—}CH(OH)\text{—}CH_2CH_2OH \qquad [15]$$

② 制备1,3-二氧六环

苯乙烯与甲醛在酸性树脂催化下反应，则得4-苯基-1,3-二氧六环。

$$H_3CO\text{—}C_6H_4\text{—}CH{=}CH_2 + 2\,CH_3CHO \xrightarrow[\text{reflux, 12h}]{\text{酸性树脂/甲苯}} \text{4-(4-甲氧基苯基)-2,6-二甲基-1,3-二氧六环} \ (90\%) \qquad [16]$$

3. 芳醛的α-羟烷基化反应（安息香缩合）

(1) 反应通式

芳醛在含水乙醇中，以氰化钠(钾)为催化剂，加热后发生双分子缩合生成α-羟基酮的反应称为安息香缩合（Benzoin condensation)。

$$Ar\text{—}\underset{\underset{O}{\|}}{C}\text{—}H + Ar'\text{—}\underset{\underset{O}{\|}}{C}\text{—}H \xrightarrow{CN^{\ominus}} Ar\text{—}\underset{\underset{O}{\|}}{C}\text{—}\overset{OH}{\underset{H}{C}}\text{—}Ar'$$

(2) 反应机理

反应首先是氰离子对羰基加成，进而发生质子转移，形成碳负离子中间体（Benzoyl anion equivalent)，该碳负离子与另一分子苯甲醛的羰基进行加成，继后消除氰负离子，得到α-羟基酮。

$$Ar\text{—}\underset{\underset{O}{\|}}{C}\text{—}H + \overset{\ominus}{C}N \rightleftharpoons Ar\text{—}\overset{CN}{\underset{O^{\ominus}}{C}}\text{—}H \rightleftharpoons Ar\text{—}\overset{CN}{\underset{OH}{C^{\ominus}}} + \overset{O}{\underset{H}{C}}\text{—}Ar' \rightleftharpoons Ar\text{—}\overset{CN}{\underset{OH}{C}}\text{—}\overset{O^{\ominus}}{\underset{H}{C}}\text{—}Ar' \rightleftharpoons$$

$$Ar\text{—}\overset{CN}{\underset{O^{\ominus}}{C}}\text{—}\overset{OH}{\underset{H}{C}}\text{—}Ar' \rightleftharpoons Ar\text{—}\underset{\underset{O}{\|}}{C}\text{—}\overset{OH}{\underset{H}{C}}\text{—}Ar' \qquad [17]$$

(3) 影响因素

① 芳醛结构的影响

某些具有烷基、烷氧基、卤素、羟基等释电子基团的苯甲醛，可发生自身缩合，生成对称的α-羟基酮。

$$2H_2C{=}HC\text{—}C_6H_4\text{—}CHO \xrightarrow[H_2O]{KCN/C_2H_5OH} H_2C{=}HC\text{—}C_6H_4\text{—}\underset{\underset{O}{\|}}{C}\text{—}\underset{OH}{CH}\text{—}C_6H_4\text{—}CH{=}CH_2 \ (62\%) \qquad [18]$$

② 催化剂的影响

安息香缩合常在碱性条件，氰化钾(钠)催化下进行，由于氰化钾(钠)为剧毒化学品，人们发展了一系列对环境友好的反应催化剂，如：N-烷基噻吩鎓盐、咪唑鎓盐等。

$$2\,C_6H_5CHO \xrightarrow[(C_2H_5)_3N/CH_3OH]{\text{噻唑鎓盐 }(PhH_2C-N^{\oplus}Cl^{\ominus},\ CH_3)} C_6H_5-\underset{\|}{\overset{}{C}}(O)-CH(OH)-C_6H_5 \quad (79\%)$$ [19]

(4) 应用特点

① 制备对称的 *α*-羟基酮

二分子对氯苯甲醛在咪唑鎓盐催化下，可制得 4,4′-二氯二苯乙醇酮。

$$Cl-C_6H_4-CHO \xrightarrow[K_2CO_3]{\text{咪唑鎓盐 }Cl^{\ominus}} Cl-C_6H_4-C(=O)-CH(OH)-C_6H_4-Cl \quad (75\%)$$ [20]

② 制备不对称的 *α*-羟基酮

4-*N*,*N*-二甲氨基苯甲醛的自身缩合反应难于进行，但可与苯甲醛反应生成不对称的 *α*-羟基酮。

$$(H_3C)_2N-C_6H_4-CHO + C_6H_5-CHO \xrightarrow{^{\ominus}CN/EtOH/H_2O} (H_3C)_2N-C_6H_4-C(=O)-CH(OH)-C_6H_5 \quad (65\%)$$

[21]

4. 有机金属化合物的 *α*-羟烷基化

(1) Reformatsky 反应

① 反应通式

醛或酮与 *α*-卤代酸酯在金属锌粉存在下缩合而得 *β*-羟基酸酯或脱水得 *α*,*β*-不饱和酸酯的反应称为 Reformatsky 反应。

$$\begin{matrix}R^1\\R^2\end{matrix}\!\!>C=O + X-CH_2-COOR \xrightarrow[2)H_3O^{\oplus}]{1)Zn} R^1R^2C(OH)-CH_2-COOR \xrightarrow{-H_2O} R^1R^2C=CH-COOR$$

② 反应机理

α-卤代酸酯与锌首先经氧化加成形成有机锌化合物，然后向醛、酮的羰基作亲核加成形成 *β*-羟基羧酸酯的卤化锌盐，再经酸水解而得 *β*-羟基酯。若 *β*-羟基酯的 *α*-碳原子上具有氢原子，则在温度较高或在脱水剂（如酸酐、质子酸）存在下经脱水而得 *α*,*β*-不饱和酸酯。

$$X-CRR^3-COOC_2H_5 + Zn \longrightarrow XZn\left(-CRR^3-COOC_2H_5\right)$$

$$R^1R^2C=O + XZn\left(-CRR^3-COOC_2H_5\right) \longrightarrow R^1R^2C(O\!-\!Zn^{\oplus}X)-CRR^3-C(=O\rightarrow)OC_2H_5 \xrightarrow{H_3O^{\oplus}}$$

$$R^1R^2C(OH)-CRR^3-COOC_2H_5 \xrightarrow[(R=H)]{-H_2O} R^1R^2C=CR^3-COOC_2H_5$$

③ **影响因素**

i. **α-卤代酸酯结构的影响** Reformatsky 反应中，α-卤代酸酯的活性顺序为：

$$ICH_2COOC_2H_5 > BrCH_2COOC_2H_5 > ClCH_2COOC_2H_5$$

$$XCH_2COOC_2H_5 < XCH(R)COOC_2H_5 < XC(R)(R')COOC_2H_5$$

α-碘代酸酯的活性虽大，但欠稳定，α-氯代酸酯的活性小，与锌的反应速率慢或不能反应。因此，一般以α-溴代酸酯使用最多。α-多卤代羧酸酯亦可与醛、酮发生 Reformatsky 反应。

环己酮 + $BrCF_2COOC_2H_5$ $\xrightarrow{Zn}$ 1-羟基环己基-$CF_2COOC_2H_5$ (72%) [22]

ii. **醛、酮结构的影响** 各种醛、酮均可进行 Reformatsky 反应，醛的活性一般比酮大，但活性大的脂肪醛在此反应条件下易发生自身缩合等副反应。当芳香醛与α-卤代酸酯在 Sn^{2+}、Ti^{2+}、Cr^{2+} 等金属离子催化下进行 Reformatsky 反应，常得 *erythro* 型产物。

$Cl-C_6H_4-CHO + C_6H_5CH(Br)COOC_2H_5 \xrightarrow{Sn^{2+}} Cl-C_6H_4-CH(OH)-CH(C_6H_5)-COOC_2H_5$ [23]

erythro/*thero* 80∶20 85%

iii. **催化剂的影响** 催化剂锌粉必须活化，常用20%盐酸处理，再用丙酮、乙醚洗涤，真空干燥而得。亦可用金属钾、钠、Li-萘等还原无水氯化锌制得，这种锌粉活性很高，可使反应在室温下进行，收率良好。如：

$$ZnCl_2 + 2Li + \text{萘} \xrightarrow[r.t.]{DME/Ar} Zn \qquad [24]$$

活化锌粉的另一类有用的方法是制成 Zn-Cu 复合物，或以石墨为载体的 Zn-Ag 复合物，这类复合物的活性更高，可使反应在低温下进行，且收率高，后处理方便[25]。除了用锌试剂外，还可改用金属镁、锂、铝等试剂。由于镁的活性比锌大，往往用于一些有机锌化合物难以完成的反应。

iv. **溶剂极性的影响** α-卤代酸酯与锌的反应，基本上与制备格氏试剂（RMgX）的条件相似，需要无水操作和在有机溶剂中进行，常用的溶剂有乙醚、苯、四氢呋喃、二氧六环、二甲氧基甲（乙）烷、二甲基亚砜、二甲基甲酰胺等。不同的溶剂极性对反应的选择性有一定影响。

④ **应用特点**

i. **制备β-羟基酸酯** 在经金属钾还原制得的活性锌存在下，溴乙酸乙酯与环乙酮可在室温下反应，几乎以定量产率生成β-羟基酸酯。

$BrCH_2COOC_2H_5 +$ 环己酮 $\xrightarrow[Zn, r.t.]{(C_2H_5)_2O}$ 1-羟基-1-($CH_2COOC_2H_5$)环己烷 (95%) [24]

ii. **制备β-酮酸酯、内酰胺** 除了醛、酮外，酰氯、腈、烯胺等均可与α-卤代羧酸酯缩合分别生成β-酮酸酯、内酰胺等。

$$\text{Cl-C}_6\text{H}_4\text{-COCl} + \text{BrZnCH}_2\text{COOC}_2\text{H}_5 \xrightarrow{\text{Pd (0)}} \text{Cl-C}_6\text{H}_4\text{-COCH}_2\text{COOC}_2\text{H}_5 \ (90\%) \quad [26]$$

(2) Grignard 反应

① 反应通式

Grignard 反应（简称格氏反应）通常是由有机卤素化合物（卤代烷、活性卤代芳烃等）与金属镁在无水醚（乙醚、丁醚、戊醚等）存在下生成格氏试剂（RMgX），后者再与羰基化合物（醛、酮等）反应而得相应醇类的反应。如：

$$RMgX \xrightarrow{HCHO} RCH_2OMgX \longrightarrow RCH_2OH + Mg(OH)X$$

$$RMgX \xrightarrow{R'CHO} R'-CH(R)-OMgX \longrightarrow R'-CH(R)-OH + Mg(OH)X$$

$$RMgX \xrightarrow{R'COR'} R'-C(R)(R')-OMgX \longrightarrow R'-C(R)(R')-OH + Mg(OH)X$$

② 反应机理

格氏反应的机理一般认为首先是格氏试剂中带有正电荷的镁离子与羰基氧结合，进而另一分子格氏试剂中的烃基进攻羰基碳原子，形成环状过渡态，经单电子转移生成醇盐，再经水解而得产物。

[Scheme: cyclopentanone + i-Pr—Mg—X ⇌ complex C=O---Mg(i-Pr)X → cyclic transition state with second i-PrMgX → alkoxide $\overset{\ominus}{O}$—$\overset{\oplus}{Mg}$ + MgX_2 ⇌ bridged O—Mg/Mg—X dimer ⇌ $\overset{\ominus}{O}\overset{\oplus}{Mg}X$ + i-PrMgX $\xrightarrow{H_3O^{\oplus}}$ 1-isopropylcyclopentanol (—OH)]

③ 影响因素

i. **羰基化合物结构的影响** 当 α,β-不饱和酮与格氏试剂作用时，反应可发生在羰基碳原子上（1,2-加成），亦可发生在 β 位烯碳原子上（1,4-加成），二者的比例视格氏试剂或酮基上取代基大小的不同而异，当酮上连有较大取代基时，主要发生 1,4-加成，而当格氏试剂带有较大取代基时，以 1,2-加成产物为主。

$$R'-MgX + CH_2=CH-CO-R \longrightarrow \underset{\text{1,4-加成}}{R'CH_2CH=C(R)OMgX} + \underset{\text{1,2-加成}}{CH_2=CH-C(OMgX)(R)R'} \quad [27]$$

具有刚性的环状酮与格氏试剂的反应常显出高度的非对映选择性。例如：

$$\text{(norbornanone)} \xrightarrow[\text{2) } H_3O^{\oplus}]{\text{1) BrMg}\diagup\diagdown\diagup\text{Ph}} \text{(product, OH, Ph)} \quad \text{单一异构体} \qquad [28]$$

ii. **溶剂的影响** 格氏反应常用溶剂除四氢呋喃和乙醚外，还可用2-甲基四氢呋喃及甲苯-THF等。格氏试剂是一类具有高度反应性的强碱，它可与水反应生成烷（芳）烃，与分子氧反应生成醇，因此在制备和使用格氏试剂时需无水操作并隔绝空气。

溶剂对格氏反应有一定影响。当卤代乙烯型化合物（如氯乙烯、溴乙烯等）在乙醚中与金属镁反应时，一般不能形成格氏试剂；若采用四氢呋喃作溶剂，即可顺利地制备高收率的乙烯基卤化镁。

$$(H_3C)_2C{=}C(CH_3){-}X + Mg \xrightarrow[40\sim50^{\circ}C]{THF} (H_3C)_2C{=}C(CH_3){-}MgX \quad (X{=}Br\text{ 或 }Cl) \qquad [29]$$

④ **应用特点**

i. **制备醇类化合物** 利用格氏试剂与羰基化合物的反应，是制备伯、仲、叔醇的重要方法。

$$(i\text{-}C_3H_7)_2C{=}O + n\text{-}C_3H_7MgBr \xrightarrow[Et_2O]{LiClO_4} n\text{-}C_3H_7{-}C(C_3H_7\text{-}i)_2{-}OH \quad (70\%) \qquad [30]$$

ii. **预测产物醇的构型** α 或 β 位是杂原子的手性酮与格氏试剂反应时，由于酮的羰基及杂原子可与格氏试剂的 Mg^{2+} 螯合，形成环状过渡态，其产物具有高度的非对映选择性，借此可预测产物醇的构型。

$$\text{BnO-CH(CH}_3\text{)-CO-CH}_3 \xrightarrow[0^{\circ}C]{\diagup\!\!=\!\text{MgBr}} \left[\text{chelate TS: Mg(Br), BnO, O, H, H}_3\text{C, CH}_3\right] \xrightarrow{H_3O^+} \text{BnO-CH(CH}_3\text{)-C(OH)(CH}_3\text{)-CH=CH}_2 \ (75\%) \qquad [31]$$

二、α-卤烷基化反应（Blanc反应）

芳烃在甲醛、氯化氢及无水 $ZnCl_2$（或 $AlCl_3$、$SnCl_4$）或质子酸（H_2SO_4、H_3PO_4、HOAc）等缩合剂存在下，在芳环上引入氯甲基（$-CH_2Cl$）的反应，称为Blanc氯甲基化反应。多聚甲醛/氯化氢、二甲氧基甲烷/氯化氢、氯甲基甲醚/氯化锌、双氯甲基醚或1-氯-4-(氯甲氧基）丁烷/路易斯酸也可作氯甲基化试剂。如用溴化氢、碘化氢代替氯化氢，则发生溴甲基化和碘甲基化反应。

1. 反应通式

$$C_6H_6 + H_2C{=}O + HCl \xrightarrow{ZnCl_2} C_6H_5CH_2Cl + H_2O$$

2. 反应机理

氯甲基化反应为亲电取代反应。氯甲基甲醚/氯化锌为氯甲基化试剂的机理为：

$$CH_3OCH_2Cl + ZnCl_2 \longrightarrow CH_3{-}\overset{\oplus}{O}(ZnCl_2^{\ominus}){-}CH_2Cl \rightleftharpoons CH_3O\overset{\ominus}{Z}nCl_2 + \overset{\oplus}{C}H_2Cl$$

$$ArH + \overset{\oplus}{C}H_2Cl \longrightarrow ArCH_2Cl + H^{\oplus}$$

$$CH_3O\overset{\ominus}{Z}nCl_2 + H^{\oplus} \longrightarrow CH_3{-}\overset{\oplus}{O}(H){-}\overset{\ominus}{Z}nCl_2 \longrightarrow CH_3OH + ZnCl_2$$

3. 影响因素

(1) 芳环上取代基的影响

芳环上氯甲基化的难易与芳环上的取代基有关，若芳环上存在给电子基团，则有利于反应进行，对于活性大的芳香胺类、酚类，反应极易进行，但生成的氯甲基化产物往往进一步缩合，生成二芳基甲烷，甚至得到聚合物。而吸电子基团（如硝基、羧基、卤素等）则不利于反应的进行，如间二硝基苯、对硝基氯苯等则不能发生反应。例如：

OCH_3 OCH_3 $C(CH_3)_3$ $C(CH_3)_3$ $\xrightarrow[95℃,36h]{(CH_2O)_n/HCl/H_3PO_4}$ ClH_2C OCH_3 OCH_3 CH_2Cl $C(CH_3)_3$ $C(CH_3)_3$ (65%) [32]

活性较小的芳香化合物常用氯甲基甲醚试剂。如：

CHO OH O_2N $\xrightarrow{ClCH_2OCH_3/AlCl_3}$ CHO OH O_2N CH_2Cl (90%) [33]

(2) 醛结构的影响

若用其他醛如乙醛、丙醛等代替甲醛，则可得到 α-取代的氯甲基衍生物。如：

H_3CO $\xrightarrow{CH_3CHO/HCl}$ CHCl CH_3 H_3CO (50%) [34]

(3) 反应温度的影响

一般来讲，随着反应温度的升高，反应条件不同，可引入两个或多个氯（溴）甲基基团。

CH_3 CH_2Br H_3C CH_3 (94%) $\xleftarrow[50℃, 2h]{(CH_2O)_n/HBr}$ CH_3 H_3C CH_3 $\xrightarrow[80℃, 8h]{(CH_2O)_n/HBr}$ $BrCH_2$ CH_3 CH_2Br H_3C CH_3 (95%) [35]

4. 应用特点

氯甲基化反应在有机合成中甚为重要，因引入的氯甲基可以转化成—CH_2OH、—CH_2OR、—CH_2CN、—CHO、—CH_2NH_2(NR_2) 及—CH_3等基团，还可以延长碳链。例如：

CHO OH H_3C $\xrightarrow[(97\%)]{(HCHO)_n, HCl}$ CHO OH Cl H_3C $\xrightarrow[Et_3N/CH_2Cl_2]{HN\quad NH}$ CHO OH N NH H_3C [36]

三、α-氨烷基化反应

1. Mannich 反应

具有活性氢的化合物与甲醛（或其他醛）、胺进行缩合，生成氨甲基衍生物的反应称 Mannich 反应，亦称 α-氨烷基化反应。能发生 Mannich 反应的活性氢化合物有醛、酮、酸、酯、腈、硝基烷、炔、酚及某些杂环化合物等，所用的胺可以是伯胺、仲胺或氨，其反应产物常称为 Mannich 碱或 Mannich 盐。

(1) 反应通式

$$RCH_2\overset{\overset{\displaystyle O}{\|}}{C}R^1 + H\overset{\overset{\displaystyle O}{\|}}{C}H + R^2NH \longrightarrow R^2NCH_2\underset{R}{\underset{|}{C}}H\overset{\overset{\displaystyle O}{\|}}{C}R^1$$

(2) 反应机理

① 酸催化的反应

亲核性较强的胺与甲醛反应，生成 N-羟甲基加成物，并在酸催化下脱水生成亚甲铵离子，进而向烯醇式的酮作亲电进攻而得产物。

$$H{-}\underset{O}{\underset{\|}{C}}{-}H \xrightarrow{R_2\ddot{N}H} H{-}\overset{\ddot{N}R_2}{\overset{|}{\underset{O^\ominus}{\underset{|}{C}}}}{-}H \xrightarrow{+H^\oplus} H{-}\overset{NR_2}{\overset{|}{\underset{OH}{\underset{|}{C}}}}{-}H \xrightarrow{H^\oplus} H{-}\overset{\ddot{N}R_2}{\overset{|}{\underset{\overset{\oplus}{O}H_2}{\underset{|}{C}}}}{-}H \xrightarrow[-H_2O]{H^\oplus}$$

$$H{-}\overset{\overset{\oplus}{N}R_2}{\overset{\|}{C}}{-}H \xrightarrow{H_2C{=}\overset{\ddot{O}H}{\overset{|}{C}}{-}R'} R_2NCH_2CH_2{-}\underset{OH^\oplus}{\underset{\|}{C}}{-}R' \xrightarrow{-H^\oplus} R_2NCH_2CH_2\overset{\overset{\displaystyle O}{\|}}{C}R'$$

② 碱催化的反应

由甲醛与胺的加成物 N-羟甲基胺在碱性条件下，与酮的碳负离子进行缩合而得。

$$H{-}\underset{O}{\underset{\|}{C}}{-}H \xrightarrow{R_2\ddot{N}H} H{-}\overset{NR_2}{\overset{|}{\underset{OH}{\underset{|}{C}}}}{-}H \xrightarrow[{}^\ominus OH]{{}^\ominus CH_2\overset{\overset{O}{\|}}{C}R^1} R_2NCH_2CH_2\overset{\overset{\displaystyle O}{\|}}{C}R^1$$

(3) 影响因素

① 反应底物的影响

在 Mannich 反应中，当使用氨或伯胺时，若活性氢化合物与甲醛过量，所有氨上的氢均可参与缩合反应。

$$3H_3C{-}\overset{\overset{\displaystyle O}{\|}}{C}CH_3 + 3HCHO + NH_3 \longrightarrow N(CH_2CH_2\overset{\overset{\displaystyle O}{\|}}{C}CH_3)_3 \qquad [37]$$

同理，当反应物具有两个或两个以上活性氢时，则在甲醛、胺过量的情况下生成多氨甲基化产物。

$$H_3C{-}\overset{\overset{\displaystyle O}{\|}}{C}CH_3 + 3HCHO + 3NH_3 \longrightarrow (NH_2CH_2)_3C\overset{\overset{\displaystyle O}{\|}}{C}CH_3 \qquad [37]$$

② 反应 pH 的影响

典型的 Mannich 反应中还必须有一定浓度的质子才有利于形成亚甲胺碳正离子，因此反应所用的胺（或氨）常为盐酸盐。反应中所需的质子和活性氢化合物的酸度有关。例如：二乙胺盐酸盐、聚甲醛、丙酮和少量浓盐酸在甲醇中反应，生成 1-二乙氨基-3-丁酮。

$$CH_3\overset{\overset{\displaystyle O}{\|}}{C}CH_3 + (CH_2O)_n + (C_2H_5)_2NH\cdot HCl \xrightarrow{HCl/CH_3OH} CH_3\overset{\overset{\displaystyle O}{\|}}{C}CH_2CH_2N(C_2H_5)_2\cdot HCl\ (66\%\sim75\%) \qquad [38]$$

亦有些改进的 Mannich 反应，则用由碱作用形成的碳负离子直接与亚铵离子反应而得。

$$\text{环己酮} \xrightarrow{KH} \text{(OK 烯醇盐)} \xrightarrow{(H_3C)_2\overset{\oplus}{N}{=}CH_2\,I^{\ominus}} \text{2-}(CH_2N(CH_3)_2)\text{环己酮}\quad (88\%)$$ [39]

(4) **应用特点**

① **区域选择性合成 Mannich 碱**

含 α-活泼氢的不对称酮的 Mannich 反应，所得产品往往是一混合物，用不同的 Mannich 试剂，可获得区域选择性的产物。利用烯氧基硼烷与碘化二甲基铵盐反应，提供了区域选择性合成 Mannich 碱的新方法。

$$(H_3C_2)_2CHC(OB(C_2H_5)_2){=}CHCH_2CH_3 + (CH_3)_2\overset{\oplus}{N}{=}CH_2\overset{\ominus}{I} \longrightarrow (H_3C_2)_2CHC(=O){-}CH(CH_2CH_3){-}CH_2N(CH_3)_2\quad (94\%)$$ [40]

将环己酮转变成烯醇锂盐，然后分批投入亚胺三氟乙酸盐与之反应，可以区域选择性地合成 Mannich 碱。

$$\text{环己酮} \xrightarrow{Me_3SiCl/Et_3N/DMF} \text{(OSiMe 烯醇醚)} \xrightarrow{CH_3Li/THF} \text{(OLi 烯醇盐)} \xrightarrow{(CH_3)_2\overset{\oplus}{N}{=}CH_2\cdot CF_3COO^{\ominus}} \text{2-}(CH_2N(CH_3)_2)\text{环己酮}\quad (87\%)$$ [41]

② **亚甲铵正离子参与的 Mannich 反应**

如用亚甲基二胺为 Mannich 试剂，预先用三氟乙酸处理，即能得到活泼的亲电试剂亚甲铵正离子的三氟乙酸盐，经分离后与活性氢化合物反应，可直接制备 Mannich 碱：

$$(CH_3)_2NCH_2N(CH_3)_2 + 2CF_3COOH \longrightarrow (CH_3)_2\overset{\oplus}{N}{=}CH_2 + H_2\overset{\oplus}{N}(CH_3)_2 + 2CF_3COO^{\ominus}$$ [42]

$$(CH_3)_2CHCOCH_3 + (CH_3)_2\overset{\oplus}{N}{=}CH_2 \xrightarrow{CF_3COOH} (CH_3)_2CHCOCH_2CH_2N(CH_3)_2$$

③ **酚类、酯及杂环化合物为反应底物**

除酮外，酚类、酯及杂环化合物也常见应用 Mannich 反应而获得新化合物。例如，2-甲酰氨基丙二酸二乙酯与甲醛、仲胺反应，再经水解可获得 β-环己胺取代的丙氨酸。

$$C_2H_5OOC{-}CH(NHCHO){-}COOC_2H_5 \xrightarrow[2)\ H^+]{1)\ HCHO/\text{哌啶}} \text{哌啶-}NCH_2CH(NH_2\cdot 2HCl)COOH\quad (84\%)$$ [43]

取代吡咯与甲醛、二甲胺反应，可获得 Mannich 碱。

$$\text{N-}CH_2(CH_2)_2CH_3\text{吡咯} \xrightarrow{HCHO/HN(CH_3)_2\cdot HCl} \text{2,5-双}((H_3C)_2NCH_2)\text{-N-}CH_2(CH_2)_2CH_3\text{吡咯}\quad (84\%)$$ [44]

④ **制备手性 Mannich 碱**

在手性催化剂的诱导下，可进行不对称 Mannich 反应。如对硝基苯甲醛、对甲氧基苯胺在丙酮/DMSO（1∶4）溶剂中，经 L-脯氨酸不对称诱导，可获得高光学纯的 Mannich 产物。

$$CH_3COCH_3 + \text{对}NO_2C_6H_4CHO + \text{对}MeOC_6H_4NH_2 \xrightarrow{L\text{-脯氨酸}/DMSO} H_3C{-}CO{-}CH_2{-}CH(NH{-}C_6H_4OMe)(C_6H_4NO_2)\quad (50\%,\ S\text{-}94\%\ e.e.)$$ [45]

2. Pictet-Spengler 反应

(1) 反应通式

β-芳乙胺与羰基化合物在酸性溶液中缩合生成1,2,3,4-四氢异喹啉的反应称为Pictet-Spengler反应。最常用的羰基化合物为甲醛或甲醛缩二甲醇。

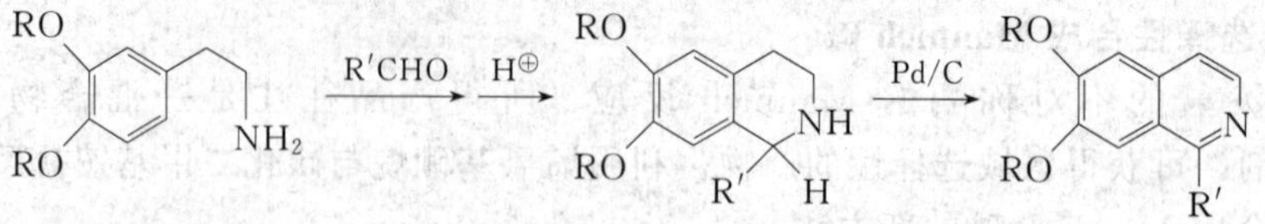

RO RO NH_2 $\xrightarrow{R'CHO}$ $\xrightarrow{H^{\oplus}}$ RO RO NH R′ H $\xrightarrow{Pd/C}$ RO RO N R′

(2) 反应机理

Pictet-Spengler反应实质上是Mannich氨甲基化反应的特殊例子。芳乙胺与醛首先作用得α-羟基胺，再脱水生成亚胺，然后在酸催化下发生分子内亲电取代反应而闭环，所得四氢异喹啉以钯-碳脱氢而得异喹啉。

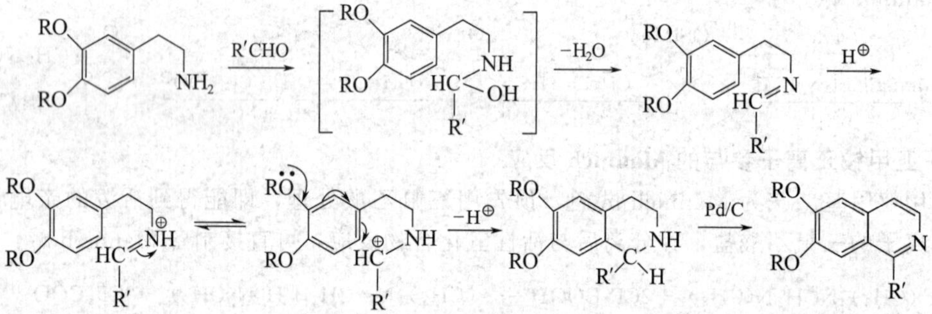

RO RO NH_2 $\xrightarrow{R'CHO}$ [RO RO NH HC OH R′] $\xrightarrow{-H_2O}$ RO RO HC=N R′ $\xrightarrow{H^{\oplus}}$

RO RO HC=$\overset{\oplus}{N}$H R′ ⇌ RO RO NH $\overset{\oplus}{HC}$ R′ $\xrightarrow{-H^{\oplus}}$ RO RO NH R′ H $\xrightarrow{Pd/C}$ RO RO N R′

(3) 影响因素

① 芳乙胺结构的影响

芳乙胺的芳环反应性能对反应的难易有很大影响，如芳环闭环位置上电子云密度增加，则有利于反应进行；反之，则不利于反应进行。因此本反应中，芳环上均需有活化基团，如烷氧基、羟基等存在。

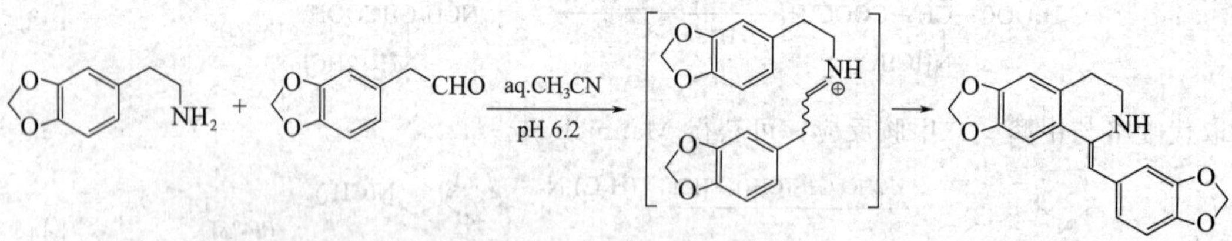

NH_2 + CHO $\xrightarrow[pH\ 6.2]{aq.CH_3CN}$ [NH$^{\oplus}$] ⟶ NH (64%) [46]

② 反应温度的影响

当苯甲醛等其他醛与芳乙胺环合时，随着反应温度的不同，产物顺反异构体的比例亦不同，一般认为低温反应可获得较高的选择性。

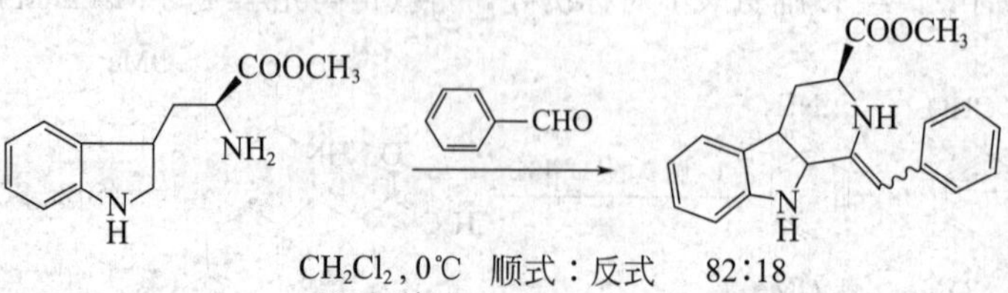

$COOCH_3$ NH_2 N H ⟶(CHO) $COOCH_3$ NH N H (74%) [47]

CH_2Cl_2, 0℃ 顺式：反式 82∶18
PhH,回流 37∶63

(4) 应用特点

① 区域选择性制备四氢异喹啉

利用 Pictet-Spengler 反应制备取代四氢异喹啉时，其区域选择性可经芳环上环合部位取代基的诱导而获得。例如 3-甲氧基苯乙胺与甲醛-甲酸反应，主要生成 6-甲氧基四氢异喹啉，当在其 2 位引入三甲基硅烷基后，则生成 8-甲氧基四氢异喹啉。

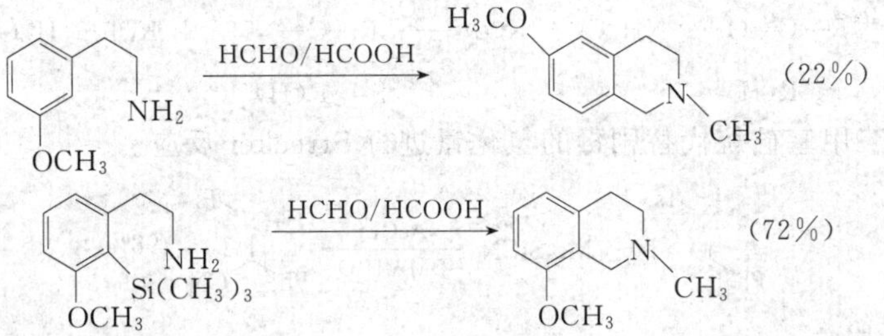

HCHO/HCOOH (22%) [48]

HCHO/HCOOH (72%)

② 制备其他稠环化合物

Pictet-Spengler 反应除可用于制备四氢异喹啉外，还常用于制备其他不同类型的稠环化合物。

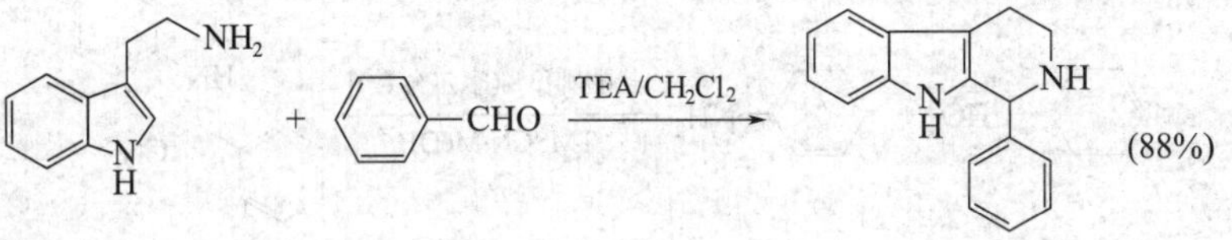

TEA/CH_2Cl_2 (88%) [49]

3. Strecker 反应

(1) 反应通式

脂肪族或芳香族醛、酮类与氰化氢和过量氨（或胺类）作用生成 α-氨基腈，再经酸或碱水解得到 (dl)-α-氨基酸类的反应称为 Strecker 反应。其制备方法可以是醛、酮先和氨（或胺）作用形成 α-氨基醇，再和氰化氢反应得到 α-氨基腈；或先加入氰化氢生成 α-羟基腈，经氨解得到 α-氨基腈，再水解成 α-氨基酸。

$$R-\underset{R(H)}{C}=O + HCN + NH_3 \longrightarrow R-\overset{CN}{\underset{R(H)}{C}}-NH_2 \xrightarrow{2H_2O/HCl} R-\overset{COOH}{\underset{R(H)}{C}}-NH_2 + NH_4Cl$$

(2) 反应机理

在弱酸性条件下，氨（或胺）向醛、酮羰基碳原子发生亲核进攻，生成 α-氨基醇，α-氨基醇不稳定，经脱水成亚胺离子，进而氰基负离子与亚胺发生亲核加成，生成 α-氨基腈，再水解成 α-氨基酸。

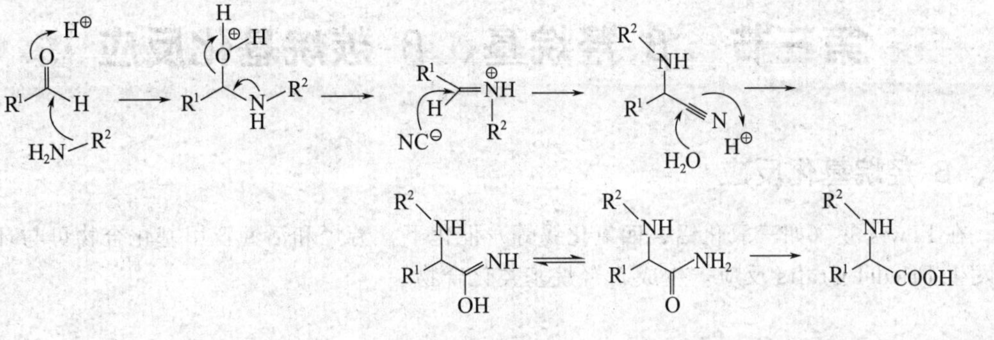

(3) 影响因素

① 反应底物结构的影响

当用伯胺或仲胺代替氨，即得 N-单取代或 N,N-二取代的 α-氨基酸。若采用氰化钾（或钠）和氯化铵的混合水溶液代替 HCN-NH_3，则操作简便，反应后也生成 α-氨基腈。

$$R{-}\underset{\underset{R(H)}{|}}{C}{=}O + NH_4Cl + KCN \xrightarrow{H_2O} R{-}\overset{\overset{CN}{|}}{\underset{\underset{R(H)}{|}}{C}}{-}NH_2 + KCl + H_2O$$

亦可用氰化三甲基硅烷代替剧毒的氢化氰进行 Strecker 反应。

$$PhCH{=}NTs + Me_3SiCN \xrightarrow[DMA/H_2O]{AcOLi} PhCH(NHTs)CN\ (98\%)$$ [50]

② 催化剂的影响

近年来，人们发现了多种有机催化剂可促进 Strecker 反应的进行，如：有机磷酸、氨基磺酸、盐酸胍、脲、硫脲衍生物等。

$$C_6H_5CHO + C_6H_5NH_2 \xrightarrow[TMSCN/MeOH]{盐酸胍[3\%(摩尔分数)]} C_6H_5CH(NHC_6H_5)CN$$ [51]

(4) 应用特点

① 制备各种 (dl)-α-氨基酸

Strecker 反应可广泛用于制备各种 (dl)-α-氨基酸。如：(dl)-α-氨基苯乙酸的合成。

$$C_6H_5CHO + HCN \longrightarrow C_6H_5CH(OH)CN \xrightarrow{NH_3} C_6H_5CH(NH_2)CN \xrightarrow{H_2O\ (H^{\oplus})} C_6H_5CH(NH_2)COOH\ (39\%)$$ [52]

② 制备具有光学活性的 α-氨基酸（腈）

应用不对称 Strecker 反应合成具有光学活性的 α-氨基酸近年来取得了较大的进展。在不对称 Strecker 反应中，手性源可来自于胺、醛（酮）或手性催化剂。

$$4\text{-}ClC_6H_4CHO + C_6H_5CH_2NH_2 + H_3C{-}CO{-}CN \xrightarrow[CH_2Cl_2]{手性脲[5\%(摩尔分数)]} 4\text{-}ClC_6H_4CH(CN)N(CH_2C_6H_5)COCH_3\ (78\%,92\%e.e.)$$ [53]

第三节 β-羟烷基、β-羰烷基化反应

一、β-羟烷基化反应

在 Lewis 酸（如三氯化铝、四氯化锡等）催化下，芳烃和活性亚甲基化合物可与环氧乙烷发生 Friedel-Crafts 反应，生成 β-羟烷基类化合物。

1. 反应通式

$$R-C_6H_5 + \underset{O}{CH_2-CH_2} \xrightarrow{AlCl_3} R-C_6H_4-CH_2CH_2OH$$

$$RC\equiv CH + \overset{O}{CH_2-CH_2} \xrightarrow{强碱} RC\equiv CCH_2CH_2OH$$

2. 反应机理

β-羟烷基化反应属于芳环或活性亚甲基化合物的亲电取代反应。在 Lewis 酸存在下，环氧乙烷与 Lewis 酸形成鎓盐，生成碳正离子，进而碳正离子向苯环发生亲电进攻，失去一个质子后生成 *β*-芳基乙醇。

$$\text{环氧乙烷} + AlCl_3 \longrightarrow \text{环氧乙烷}-O^{\oplus}-AlCl_3^{\ominus} \longleftrightarrow \overset{\oplus}{C}H_2CH_2O\overset{\ominus}{A}lCl_3$$

$$R-C_6H_5 + \overset{\oplus}{C}H_2CH_2O\overset{\ominus}{A}lCl_3 \longrightarrow R-C_6H_5^{\oplus}(H)(CH_2CH_2OAlCl_3) \longrightarrow R-C_6H_4-CH_2CH_2OH + AlCl_3$$

3. 应用特点

(1) 单取代环氧乙烷反应的区域选择性

采用单取代环氧乙烷进行反应时，则往往得到芳烃基连在已有取代的碳原子上的产物，另外还有一些氯取代醇副产物。

$$\xrightarrow{SnCl_4,\ CH_2Cl_2} \text{(95\%)} + \text{(4\%)} + \text{(1\%)} \quad [54]$$

(2) 立体选择性

在反应中，环氧乙烷开环，并伴随着碳原子构型的反转。显然，反应过程类似于 S_N2 反应。例如，当（+）-环氧丙烷与苯反应，立体专一地生成 *R*-（+）-2-苯基-1-丙醇。

$$H_2C\underset{O}{-}C(H)(CH_3) \xrightarrow{PhH/AlCl_3} HOH_2C-C(C_6H_5)(H)(CH_3) \quad (55.8\%) \quad [55]$$

(3) 制备环内酯

不对称环氧乙烷与活性亚甲基化合物反应时，烯醇负离子通常进攻环氧乙烷中取代基少的一边。若活性亚甲基化合物具有酯基，则经分子内醇解环合成 *γ*-内酯。例如乙酰乙酸乙酯在醇钠催化下与氯代环丙烷反应，得 *γ*-内酯衍生物。

$$H_3C-CO-CH_2-CO-OC_2H_5 + Cl-CH_2-\text{环氧乙烷} \xrightarrow[C_2H_5OH]{C_2H_5ONa} \text{(68\%)} \quad [56]$$

二、*β*-羰烷基化反应(Michael 反应)

活性亚甲基化合物和 *α*,*β*-不饱和羰基化合物在碱性催化剂存在下发生加成缩合生成 *β*-

羰烷基类化合物的反应，称为 Michael 反应。其中，能形成碳负离子的活性亚甲基化合物常称为 Michael 供电体。而 α,β-不饱和羰基化合物及其衍生物则称为 Michael 受电体。

1. 反应通式

$$R^1COCHR^2R^3 + C{=}C\text{—}X \xrightarrow{\text{base}} R^1CO\text{—}CR^2R^3\text{—}C\text{—}CH\text{—}X$$

2. 反应机理

Michael 反应属于亲核加成机理。

3. 影响因素

(1) 反应底物结构的影响

一般而言，供电体的酸度大，则易形成碳负离子，其活性亦大；而受电体的活性则与 α,β-不饱和键上连接的官能团的性质有关，官能团的吸电子能力愈强，活性亦愈大。因而同一加成产物可由两个不相同的反应物（供电体和受电体）组成。例如，供电体丙二酸二乙酯和苯乙酮相比，前者酸性（$pK_a=13$）较后者（$pK_a=19$）大。若采用哌啶或吡啶等弱碱催化，且在同一条件下反应，则前者可得收率很高的加成物，而后者较困难。

$$C_6H_5CH{=}CHCOC_6H_5 + CH_2(COOC_2H_5)_2 \xrightarrow[\text{heat}]{\text{piperidine/EtOH}} C_6H_5COCH_2CH(C_6H_5)CH(COOC_2H_5)_2 \quad (98\%)$$

[57]

$$C_6H_5CH{=}C(COOC_2H_5)_2 + C_6H_5COCH_3 \xrightarrow[\text{heat}]{\text{piperidine/EtOH}} C_6H_5COCH_2CH(C_6H_5)CH(COOC_2H_5)_2 \text{ 较困难}$$

不对称酮的 Michael 加成主要发生在取代基多的碳原子上。因烷基取代基的存在，大大增强了烯醇负离子的活性，有利于加成。

$$\text{2-oxocyclopentyl-}COOC_2H_5 + HC{\equiv}C\text{—}COCH_3 \xrightarrow[20^\circ C, 40h]{K_2CO_3/CH_3COCH_3} \text{2-oxo-1-}(CH{=}CHCOCH_3)\text{cyclopentyl-}COOC_2H_5 \quad (79\%)$$

[58]

(2) 催化剂的影响

Michael 加成中碱催化剂种类很多，如醇钠(钾)、氢氧化钠(钾)、金属钠砂、氨基钠、氢化钠、哌啶、吡啶、三乙胺以及季铵碱等。碱催化剂的选择与供电体的活性和反应条件有关。除了碱催化剂外，亦可在质子酸，如三氟甲磺酸、Lewis 酸、氧化铝等催化下进行。如：2-氧环己基甲酸乙酯与丙烯酸乙酯在三氟甲磺酸催化下，可高产率地生成 1,4-加成物。

$$\text{2-oxocyclohexyl-}CO_2C_2H_5 + CH_2{=}CHCO_2C_2H_5 \xrightarrow[\text{r. t.}]{\text{TfOH}} \text{2-oxo-1-}(CH_2CH_2CO_2C_2H_5)\text{cyclohexyl-}CO_2C_2H_5 \quad (92\%)$$

[59]

经典的 Michael 反应常在质子性溶剂中催化量碱的作用下进行，但近来的研究表明，等当量的碱可将活性亚甲基转化成烯醇式，则反应收率更高，选择性强。

4. 应用特点

(1) 制备 Z-或 E-型 Michael 加成产物

当活性亚甲基化合物和 α,β-不饱和羰基化合物连有不同的取代基时，在 Michael 反应条件下，均可以 Z-或 E-型几何异构体的形式存在，一般认为，当活性亚甲基化合物的烯醇式为 E-型，得到顺式 Michael 加成产物，反之，得到反式加成产物。

$$CH_3CH_2\overset{O}{\overset{\|}{C}}-OBu\text{-}t \xrightarrow[-78^\circ C]{LDA} t\text{-BuO}(O^-)C{=}CH(CH_3)\ (E) \xrightarrow{(CH_3)_2CHCOCH{=}CHCH_3} t\text{-BuOCOCH}(CH_3)CH(CH_3)CH_2COCH(CH_3)_2 \quad syn:ant = 95:5 \qquad [60]$$

(2) 无机盐催化的 Michael 反应

一些简单的无机盐如三氯化铁、氟化钾等，亦可催化 Michael 反应，例如：烯酮肟与乙酰乙酸乙酯，在三氯化铁催化下，经 Michael 加成、脱水、环合，可得到烟酸衍生物。

$$PhC(CH_3){=}CH\text{-}C(CH_3){=}NOH + CH_3COCH_2COOC_2H_5 \xrightarrow[150\sim160^\circ C]{FeCl_3} \text{4-Ph-2,6-(CH}_3)_2\text{-3-COOC}_2H_5\text{-吡啶} \quad (81\%) \qquad [61]$$

(3) 制备脂稠环类化合物

利用环酮与 α,β-不饱和酮进行 1,4-加成，继而闭环生成并环化合物，广泛用于甾族、萜类化合物的合成。如：在碱催化下，2-甲基-1,3-环戊二酮与丁-3-烯-2-酮的加成产物，在 L-脯氨酸催化下，经立体选择性闭环，定量地形成角甲基茚酮。

$$\text{2-甲基-1,3-环戊二酮} + CH_2{=}CHCOCH_3 \xrightarrow{碱} \text{加成产物} \xrightarrow[DMF]{L\text{-脯氨酸}} \text{角甲基茚酮} \quad (93\%e.e.) \qquad [62]$$

第四节　亚甲基化反应

一、羰基烯化反应(Wittig 反应)

1. 反应通式

醛或酮与磷叶立德反应合成烯烃的反应称为羰基烯化反应，又称 Wittig 反应，其中该磷叶立德称为 Wittig 试剂。

$$R^3R^4C{=}O + (C_6H_5)_3\overset{\oplus}{P}-\overset{\ominus}{C}R^1R^2 \longrightarrow R^3R^4C{=}CR^1R^2 + (C_6H_5)_3P{=}O$$

Wittig 试剂可由三苯基膦与有机卤化物作用，再在强碱作用下失去一分子卤化氢而成。常用的碱有正丁基锂、苯基锂、氨基钠、氢化钠、醇钠、氢氧化钠、叔丁醇钾、二甲亚砜盐($CH_3SOCH_2^-$)、叔胺等；非质子溶剂有 THF、DMF、DMSO 以及乙醚等。

$$(C_6H_5)_3P + XCH(R^1)(R^2) \longrightarrow (C_6H_5)_3\overset{\oplus}{P}-CH(R^1)(R^2)\ X^{\ominus} \xrightarrow{C_5H_5Li} \left[(C_6H_5)_3\overset{\oplus}{P}-\overset{\ominus}{C}(R^1)(R^2) \longleftrightarrow (C_6H_5)_3P{=}C(R^1)(R^2)\right]$$

ylide　　ylene

反应在无水条件下进行，所得 Wittig 试剂对水、空气都不稳定，因此在合成时一般不分离出来，直接进行下一步与醛、酮的反应。

2. 反应机理

Wittig 试剂中带负电荷碳对醛、酮羰基作亲核进攻，形成内鎓盐或氧磷杂环丁烷中间体，进而经顺式消除分解成烯烃及氧化三苯膦。

$$O{=}C(R^3)(R^4) + (C_6H_5)_3\overset{\oplus}{P}-\overset{\ominus}{C}(R^1)(R^2) \rightleftharpoons \left[\begin{matrix}{}^{-}O-C(R^3)(R^4) \\ (C_6H_5)_3\overset{\oplus}{P}-C(R^1)(R^2)\end{matrix} \rightleftharpoons \begin{matrix}O-C(R^3)(R^4) \\ (C_6H_5)_3P-C(R^1)(R^2)\end{matrix}\right] \longrightarrow R^3(R^4)C{=}C(R^1)R^2 + (C_6H_5)_3PO$$

3. 影响因素

(1) Wittig 试剂的影响

Wittig 试剂的反应活性和稳定性随着 α 碳原子上取代基不同而不同。若取代基为 H、脂肪烃基、脂环烃基等，其稳定性小，反应活性高；若为吸电子取代基，则亲核活性降低，但稳定性却增大。例如，对亚硝基苄基三苯基膦的稳定性比亚乙基三苯基膦稳定得多，前者可自三苯基（对硝基苄基）卤化膦在三乙胺中处理即得，而后者则需将三苯基乙基溴（碘）化膦在惰性非质子溶剂（如 THF）中用强碱正丁基锂处理方能制得。

$$(C_6H_5)_3\overset{\oplus}{P}(Br^{\ominus})-H_2C-C_6H_4-NO_2 \xrightarrow{Et_3N,CH_2Cl_2} (C_6H_5)_3P{=}CH-C_6H_4-NO_2 \qquad [63]$$

$$(C_6H_5)_3\overset{\oplus}{P}(Br^{\ominus})-CH_2CH_3 \xrightarrow{BuLi/THF} (C_6H_5)_3P{=}CHCH_3 \qquad [64]$$

(2) 羰基物结构的影响

醛、酮的活性可影响 Wittig 反应的速率和收率。一般来讲，醛反应最快，酮次之，酯最慢。利用羰基活性的差别，可以进行选择性亚甲基化反应。例如酮基羧酸酯类化合物进行 Wittig 反应时，仅酮基参与反应，而酯羰基不受影响。

$$CH_3\overset{O}{\overset{\|}{C}}CH_2OAc + Ph_3P{=}CHCH_2N(CH_3)_2 \longrightarrow (AcOH_2C)(H_3C)C{=}C(CH_2N(CH_3)_2)(H) \qquad [65]$$

Z（99%）

(3) 溶剂及其他因素的影响

在 Wittig 反应中，反应产物烯烃可能存在（Z）、（E）两种异构体，影响（Z）与（E）两种异构体组成比例的因素很多，一般情况下的立体选择性可归纳见表 4-1。

表 4-1 Wittig 反应立体选择性参数[66,67]

反应条件		稳定的活性较小的试剂	不稳定的活性较大的试剂
极性溶剂	无质子	选择性差，以(*E*)式为主	选择性差
	有质子	(*Z*)式异构体的选择性增加	(*E*)式异构体的选择性增加
非极性溶剂	无盐	高度选择性，(*E*)式占优势	高度选择性，(*Z*)式占优势
	有盐	(*Z*)式异构体的选择性增加	(*E*)式异构体的选择性增加

4. 应用特点

(1) 制备环外烯键化合物

Wittig 反应条件比较温和，收率较高，且生成的烯键处于原来的羰基位置，一般不会发生异构化，可以制得能量上不利的环外双键化合物。

$$\xrightarrow[\text{NaOC(Et)Me}_2\text{, benzene}]{\text{Ph}_3\overset{\oplus}{\text{P}}\text{—CH}_3\text{Br}^{\ominus}} \quad (94\%)$$ [68]

(2) 反应的立体选择性

改变反应试剂和条件，可立体选择地合成一定构型的产物［如（*Z*）-或（*E*）-异构体］。例如，当用稳定性大的 Wittig 试剂与乙醛在无盐条件下反应，主要得（*E*）-异构体；若用活性较大的 Wittig 试剂与苯甲醛反应，则（*Z*）-异构体增加，（*E*）-和（*Z*）-异构体的组成比例为 1∶1。

$$CH_3CHO + Ph_3\overset{\oplus}{P}\text{—}\overset{\ominus}{C}(CH_3)(COCH_3) \xrightarrow{CH_2Cl_2} (H_3C)(H)C{=}C(CH_3)(COCH_3)$$ [69]

E(96%)

$$Ph_3P(CH_2)_3CH_3Br + PhCHO \xrightarrow{LiN(TMS)_2} (H)(Ph)C{=}C(CH_2(CH_2)_2CH_3)(H) + (H)(Ph)C{=}C(H)(CH_2(CH_2)_2CH_3)$$ [70]

E(50%) *Z*(50%)

(3) 制备共轭多烯化合物

Wittig 试剂与 α,β-不饱和醛反应时，不发生 1,4-加成，双键位置固定，利用此特性可合成许多共轭多烯化合物，如维生素 A 的合成。

$$\text{—CHO} + (C_6H_5)_3P{=}\text{—COOC}_2H_5 \longrightarrow$$

$$\text{—COOC}_2H_5 \xrightarrow{LiAlH_4} \text{—CH}_2OH$$ [71]

(4) 制备醛、酮

用 α-卤代醚制成的 Wittig 试剂与醛或酮反应可得到烯醚化合物，再经水解而生成增加一个碳原子的醛。这是合成醛、酮的一种新方法。

$$CH_3OCH_2Cl \xrightarrow{Ph_3P} CH_3OCH{=}PPh_3 \xrightarrow{(C_6H_5)_2C{=}O} (C_6H_5)_2C{=}CHOCH_3 \xrightarrow{H_3O^{\oplus}} (C_6H_5)_2CH{-}CHO \quad (40\%) \qquad [72]$$

(5) 制备其他 Wittig 产物

Wittig 试剂尚可与酯、酰胺、酸酐、酰亚胺反应，生成 Wittig 产物。例如：

$$HC(=O){-}OC_2H_5 + C_2H_5O_2C{-}CH{=}PPh_3 \xrightarrow{heat} C_2H_5O{-}CH{=}CH{-}C(=O){-}OC_2H_5 \quad (95\%) \qquad [73]$$

$$o\text{-}(CH_3CONH)C_6H_4CH_2{-}\overset{\oplus}{P}Ph_3Br^{\ominus} \xrightarrow[heat]{CH_3ONa} \text{2-甲基吲哚}\ (96\%) \qquad [74]$$

$$\text{丁二酸酐} + C_2H_5OC(=O)CH{=}PPh_3 \longrightarrow \text{5-(乙氧羰基亚甲基)-}\gamma\text{-丁内酯} \quad E{:}Z = 100{:}1 \ (95\%) \qquad [75]$$

$$CH_3N(CHO)_2 + NCCH{=}PPh_3 \xrightarrow{160℃/4h} CH_3N(CH{=}CHCN)_2 \quad (77\%) \qquad [76]$$

(6) 膦酸酯与羰基化合物缩合（Wittig-Horner 反应）

近三十余年来，Wittig 反应发展得很快，改良方法也很多。就 Wittig 试剂而言，可采用膦酸酯、硫代膦酸酯和膦酰胺等代替内鎓盐。

$(RO)_2P(=O){-}CH_2R^1$ 膦酸酯　　$(RO)_2P(=S){-}CH_2R^1$ 硫代膦酸酯　　$(R_2N)_2P(=O){-}CHR^1R^2$ 膦酰胺

利用膦酸酯与醛、酮类化合物在碱存在下作用生成烯烃的反应称 Wittig-Horner 反应。

$$R\overset{\ominus}{C}H{-}P(=O)(OC_2H_5)_2 + R_2C{=}O \longrightarrow R_2C{=}CHR + \overset{\ominus}{O}{-}P(=O)H(OC_2H_5)_2$$

反应机理与 Wittig 反应相似。膦酸酯的制备可以通过 Arbuzow 重排反应制取，即用亚膦酸酯在卤代烃（或其衍生物）作用下异构化而得到。

$$R^1CH_2X + (C_2H_5O)_3P \xrightarrow{\text{Arbuzow 重排}} (C_2H_5O)_2P(=O){-}CH_2R^1 + C_2H_5X$$

R^1：H，脂烃基，芳烃基，—COOR，—CN，—OR 等

① 制备 *α*,*β*-不饱和醛、双酮、烯酮等

本法广泛用于各种取代烯烃的合成，*α*,*β*-不饱和醛、双酮、烯酮等均能发生本反应。如：

$$C_6H_5COOCH{=}CHCHO + (C_2H_5O)_2\overset{\overset{O}{\|}}{P}CH_2COOC_2H_5 \longrightarrow C_6H_5COOCH{=}CHCH{=}CHCOOC_2H_5 \quad [77]$$

② 反应的立体选择性

利用膦酸酯进行 Wittig 反应，其产物烯烃主要是（E）式异构体。但金属离子、溶剂、反应温度及膦酸酯中醇的结构均可影响其立体选择性，如膦酸酯与苯甲醛在溴化锂存在下可得单一（E）式异构体。而膦酸酯与醛在低温下反应，产物主要是（Z）式异构体。

$$(C_2H_5O)_2P(O)CH_2COOC_2H_5 \xrightarrow[25℃]{PhCHO/N(C_2H_5)_3/LiBr} PhCH{=}CHCOOC_2H_5\ (E)\ (75\%) \quad [78]$$

$$\text{2-呋喃基}-CH(CH_3)-CH(OCH_3)-CH(CH_3)-CHO + (H_3CO)_2P(O)CH(CH_3)COOC_2H_5 \xrightarrow[-78\sim-50℃]{KH/THF} \text{2-呋喃基}-CH(CH_3)-CH(OCH_3)-CH(CH_3)-CH{=}C(CH_3)COOC_2H_5\ (Z) \quad [79]$$

③ 相转移 Wittig-Horner 反应

Wittig-Horner 反应亦可采用相转移反应，避免了无水操作。例如：

$$(C_2H_5O)_2\overset{\overset{O}{\|}}{P}CH_2-C_6H_4-Br + C_6H_5CH{=}CHCHO \xrightarrow[H_2O,\ Benzene]{NaOH,\ Bu_4NI} C_6H_5(CH{=}CH)_2-C_6H_4-Br\ (81\%) \quad [80]$$

二、羰基 α 位亚甲基化

1. 活性亚甲基化合物的亚甲基化反应（Knoevenagel 反应）

(1) 反应通式

凡具有活性亚甲基的化合物在弱碱的催化下，与醛、酮发生失水缩合反应称为 Knoevenagel 反应，反应结果在羰基 α-碳上引入了亚甲基。活性亚甲基化合物一般具有两个吸电子基团时，活性较大。

$$H_2C(X)(Y) + O{=}C(R)(R^1) \xrightarrow{催化剂} (R)(R^1)C{=}C(X)(Y) + H_2O \quad [81]$$

$$(X,Y{=}-CN,-NO_2,-COR^2,-COOR^2,-CONHR^2\ 等)$$

(2) 反应机理

本反应的机理，解释甚多，主要有两种。一种是羰基化合物在伯胺、仲胺或胺盐的催化下形成亚胺过渡态，然后与活性亚甲基的碳负离子加成。其过程如下：

$$RR'C{=}O + NH_4^{\oplus} \rightleftharpoons RR'C(OH)-\overset{\oplus}{N}H_2-H \rightleftharpoons RR'C{=}\overset{\oplus}{N}H_2 + H_2O \qquad H_2C(X)(Y) \rightleftharpoons H\overset{\ominus}{C}(X)(Y) + H^{\oplus}$$

$$RR'C{=}NH_2^{\oplus} + {}^{\ominus}CH(X)(Y) \rightleftharpoons RR'C(NH_2)-CH(X)(Y) \overset{H^{\oplus}}{\rightleftharpoons} RR'C(NH_3^{\oplus})-CH(X)(Y) \longrightarrow RR'C{=}C(X)(Y) + NH_4^{\oplus}$$

另一种机理类似醛醇缩合，反应在极性溶剂中进行，在碱催化剂（B）存在下，活性亚甲基形成碳负离子，然后与醛、酮缩合。一般认为采用伯、仲胺催化，有利于形成亚胺中间体，反应可能按前一种机理进行。反应如在极性溶剂中进行，则类似醛醇缩合的机理可能性较大。

(3) 影响因素

① 反应底物的活性、位阻的影响

Knoevenagel 反应所得烯烃的收率与反应物的活性、位阻有关。氰乙酸酯比较活泼，与醛、酮均可缩合。丙二腈等比较高活性的亚甲基化合物，有时不需催化即可与醛、酮顺利反应。在同一条件下，位阻大的醛、酮比位阻小的醛酮反应要困难些，收率也低。

$$C_2H_5(CH_3)C{=}O + NCCH_2COOC_2H_5 \xrightarrow[\text{heat}]{AcONH_4/PhH} (C_2H_5)(H_3C)C{=}C(CN)(CO_2C_2H_5) \quad (81\%\sim87\%) \qquad [82]$$

② 催化剂的影响

反应常用的碱性催化剂有吡啶、哌啶、二乙胺、氨或它们的羧酸盐，以及氢氧化钠、碳酸钠及其盐类等。反应时常有甲苯、苯等有机溶剂共沸带水，以促使反应安全。

丙二酸酯、β-酮酸酯及 β-二酮在碱性催化剂存在下均能与醛顺利反应，但它们只能与个别活性酮发生缩合。若用 $TiCl_4$-吡啶作催化剂，不仅可与醛，亦可以和酮顺利反应。

$$3\text{-}ClC_6H_4\text{—}CHO + CH_3COCH_2COOC_2H_5 \xrightarrow{TiCl_4/\text{吡啶}} 3\text{-}ClC_6H_4\text{—}CH{=}C(COCH_3)(COOC_2H_5) \quad (97\%) \qquad [83]$$

$$C_2H_5\text{—}CO\text{—}C_2H_5 + CH_3COCH_2COOC_2H_5 \xrightarrow{TiCl_4/\text{吡啶}} (C_2H_5)_2C{=}C(COCH_3)(COOC_2H_5) \quad (73\%)$$

(4) 应用特点

① 制备 α,β-不饱和酸

丙二酸与醛、酮经 Knoevenagel 反应的缩合产物受热即自行脱羧，是合成 α,β-不饱和酸的较好方法之一。丙二酸单酯、氰乙酸等亦可进行类似的缩合反应。

$$3\text{-}NO_2C_6H_4\text{—}CHO + CH_2(COOH)_2 \xrightarrow[\text{heat}]{Py/EtOH} 3\text{-}NO_2C_6H_4\text{—}CH{=}CHCOOH \quad (80\%) \qquad [84]$$

微波能极大地促进本类反应的进行，并缩短时间，提高收率。例如：

$$C_6H_5\text{—}CHO + CH_2(COOH)_2 \xrightarrow[MW]{AcONH_4} C_6H_5CH{=}CHCOOH \quad (98\%) \qquad [85]$$

② 制备二苯乙烯类化合物

苯乙腈与苯甲醛在相转移催化条件下，经 Knoevenagel 反应可制备二苯乙烯类化合物。该法与 Wittig 反应、Grignard 反应法比较具有反应条件简单、收率高等特点。

$$C_6H_5CH_2CN + C_6H_5CHO \xrightarrow[\text{Tol}]{\text{PTC/NaOH}} C_6H_5C(CN)=CHC_6H_5$$ [86]

2. Stobbe 反应

(1) 反应通式

强碱性条件下，羰基化合物与丁二酸酯或 α-烃代丁二酸酯的缩合称为 Stobbe 反应。本反应常用的碱性试剂有醇钠、叔丁醇钾、氢化钠和三苯甲基钠等。例如：

$$RCOR^1 + \begin{matrix} CH_2COOC_2H_5 \\ | \\ CH_2COOC_2H_5 \end{matrix} \xrightarrow[\text{heat}]{t\text{-BuOK}/t\text{-BuOH}} (R)(R^1)C=C(COOC_2H_5)CH_2COOH$$ [87]

(2) 反应机理

在强碱存在下，丁二酸酯经烯醇化，与羰基化合物发生 Aldol 缩合，并失去一分子乙醇形成内酯，再经开环生成产物。

$$t\text{-BuO}^{\ominus} + H\text{-}CH(CO_2Et)CH_2CO_2Et \xrightleftharpoons{\text{烯醇化}} RR^1C=O + {}^{\ominus}O(OEt)C=CHCH_2CO_2Et \xrightleftharpoons{\text{Aldol缩合}} RR^1C(O^{\ominus})CH(CO_2Et)CH_2COOEt \xrightleftharpoons{\text{内酯化}}$$

$$\text{环状中间体}(R^1, R, CO_2Et;\ EtO, O^{\ominus}) \rightleftharpoons \text{内酯} + t\text{-BuO}^{\ominus} \rightleftharpoons RR^1C=C(CO_2Et)CH_2CO_2^{\ominus} \xrightleftharpoons{H^{\oplus}} RR^1C=C(CO_2Et)CH_2COOH$$

(3) 应用特点

① 不对称酮的 Stobbe 反应

在 Stobbe 反应中，若反应物为对称酮，则仅得一种产物，收率较高。如反应物为不对称酮，则产物是顺、反异构体的混合物。

$$C_6H_5COCH_3 + \begin{matrix} CH_2COOC_2H_5 \\ | \\ CH_2COOC_2H_5 \end{matrix} \xrightarrow[\text{2) HOAc/}H_2O]{\text{1) NaH/EtOH/PhH}} \underbrace{(C_6H_5)(H_3C)C=C(COOC_2H_5)CH_2COOH + (C_6H_5)(H_3C)C=C(CH_2COOH)COOC_2H_5}_{(92\%\sim93\%)}$$

[88]

② 制备烯酸

Stobbe 反应的产物用 48%溴氢酸-醋酸溶液处理，则其酯基水解并脱羧而得烯酸。

$$(2\text{-}ClC_6H_4)COC_6H_5 \xrightarrow[t\text{-BuOK}]{CH_2COOC_2H_5/CH_2COOC_2H_5} (2\text{-}ClC_6H_4)(C_6H_5)C=C(COOC_2H_5)CH_2COOH \xrightarrow{48\%HBr/H_2O} (2\text{-}ClC_6H_4)(C_6H_5)C=C(COOH)CH_2COOH\ (44\%)$$ [89]

③ β-酮酸酯及醚类似物的 Stobbe 反应

除了丁二酸酯以外，β-酮酸酯、氰乙酸酯、硝基乙酯及醚类似物等具有活性亚甲基的化合物，亦可在碱催化下与醛、酮缩合。如：

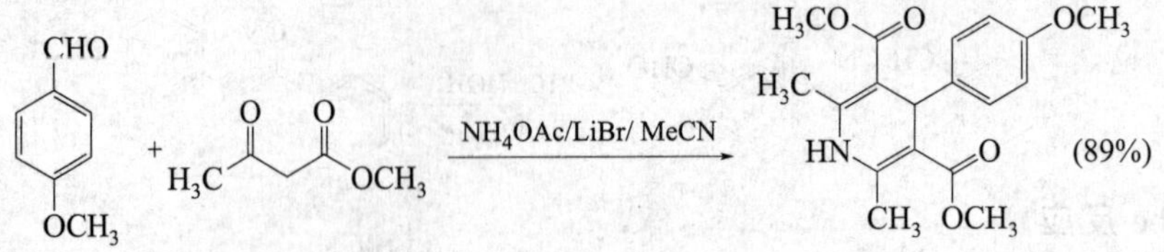

[90]

其反应历程如下：乙酰乙酸甲酯在 LiBr 作用下发生烯醇化，进而与对甲氧基苯甲醛经 Knoevenagel 反应生成 Knoevenagel 产物。同时，另一分子乙酰乙酸甲酯与 NH_3 缩合生成烯胺。Knoevenagel 产物与烯胺再经缩合、环化脱氢得 1,4-二氢吡啶衍生物。

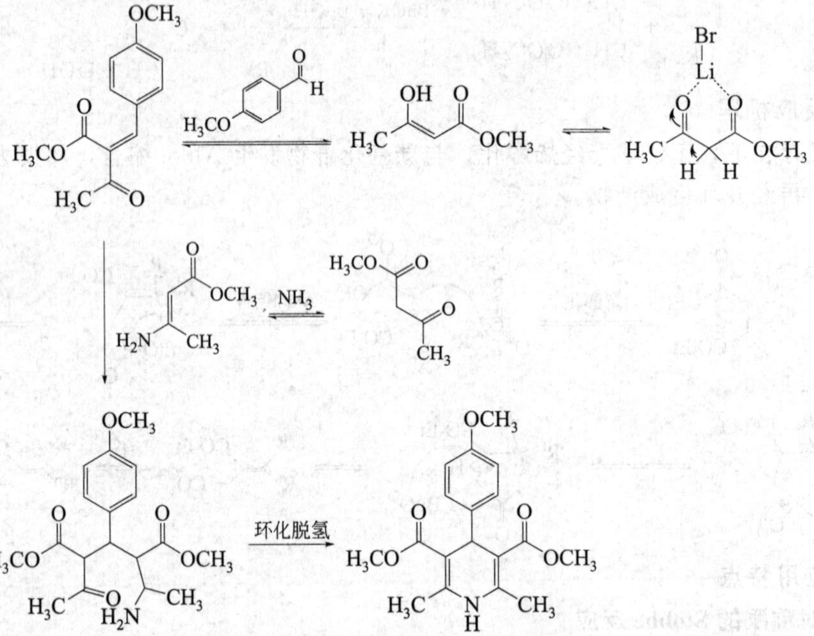

氰乙酸乙酯在催化量铑络合物存在下，室温下与丙醛缩合，即可以良好产率生成缩合产物。

$$CH_3CH_2CHO + NCCH_2COOEt \xrightarrow[\text{THF, r.t.}]{RhH_2(PPh_3)_4} CH_3CH_2CH{=}C(CN)COOEt \quad (83\%)$$ [91]

3. Perkin 反应

(1) 反应通式

芳香醛和脂肪酸酐在相应的脂肪酸碱金属盐的催化下缩合，生成 β-芳基丙烯酸类化合物的反应称为 Perkin 反应。

$$ArCHO + (RCH_2CO)_2O \xrightarrow{RCH_2CO_2Na} ArCH{=}C(R)CO_2H$$ [92]

R＝脂肪族或芳香族烃基

(2) 反应机理

本反应实质是酸酐的亚甲基与醛进行醛醇型缩合。在碱作用下，酸酐经烯醇化后与芳醛发生 Aldol 缩合，经酰基转移、消除、水解得 β-芳基丙烯酸类化合物。

$$(CH_3CO)_2O + CH_3COO^{\ominus} \rightleftharpoons \left[{}^{\ominus}CH_2-C(=O)-O-C(=O)CH_3 \longleftrightarrow CH_2=C(-O^{\ominus})-O-C(=O)CH_3 \right] \xrightleftharpoons{C_6H_5CHO} C_6H_5-CH(-O^{\ominus})-CH_2-C(=O)-O-C(=O)CH_3 \longrightarrow$$

$$C_6H_5-CH(OCOCH_3)CH_2COO^{\ominus} \xrightarrow{(CH_3CO)_2O} C_6H_5-CH(OCOCH_3)-CH(H)COOCOCH_3 \; [{}^{\ominus}OCOCH_3(碱)] \xrightarrow{-CH_3COO^{\ominus},\,-CH_3COOH}$$

$$C_6H_5(H)C=C(H)COOCOCH_3 \xrightarrow{H_2O} C_6H_5(H)C=C(H)COOH$$

(3) 影响因素

① 芳香醛结构的影响

该反应通常局限于芳香族醛类，取代苯甲醛在该反应中的活泼性与取代基的性质有关。连有吸电子取代基时活性增加，反应易于进行。反之，连有给电子基时，则反应速率减慢，收率亦低，甚至不能发生反应。当邻羟基、邻氯基芳香醛进行反应时，常伴随闭环。某些杂环醛如呋喃甲醛、2-噻吩甲醛亦能进行反应。

$$\text{2-呋喃-CHO} + (CH_3CO)_2O \xrightarrow[2)\,H^{\oplus}]{1)\,CH_3COOK} \text{2-呋喃-}CH=CHCOOH \quad (70\%) \qquad [93]$$

$$\text{邻氨基苯甲醛}(NH_2,\ CHO) + \text{异色满-1,3-二酮} \xrightarrow[2)\,AcONa,\,Ac_2O]{1)\,Benzene} \text{3-(2-羧基苯基)-2(1H)-喹啉酮}(N\!-\!H,\ =O,\ COOH) \quad (80\%) \qquad [94]$$

② 酸酐结构的影响

若酸酐具有两个 α-氢时，其产物均是 α,β-不饱和羧酸；若用 β-二取代酸酐［$(R_2CHCO)_2O$］反应时，可获得 β-羟基羧酸。高级酸酐制备较难，来源亦少，但可采用该羧酸盐与乙酸酐代替，使先形成相应的混合酸酐再参与缩合。如：

$$C_6H_5CH_2COOH + (CH_3CO)_2O \xrightarrow[heat]{Et_3N} \left[C_6H_5CH_2C(=O)-OC(=O)CH_3 \right] \xrightarrow[2)\,H_3O^{\oplus}]{1)\,C_6H_5CHO} C_6H_5(H)C=C(C_6H_5)COOH \quad (83\%) \qquad [95]$$

③ 催化剂的影响

催化剂常用相应羧酸的钾盐或钠盐；但铯盐的催化效果更好，反应速率快，收率也较高。由于羧酸酐是活性较弱的亚甲基化合物，而催化剂羧酸盐又是弱碱，所以反应温度要求较高（150～200℃）。

$$\text{C}_6\text{H}_5\text{—CHO} + (\text{CH}_3\text{CO})_2\text{O} \xrightarrow[170\sim180℃,5h]{\text{CH}_3\text{COONa}} \text{C}_6\text{H}_5\text{—CH=CHCOOH} + \text{CH}_3\text{COOH} \quad [96]$$

(4) 应用特点

① 反应的立体选择性

立体化学表明，优先生成 β 大基团与羧酸处于反式的产物。而当三氟乙酰苯与醋酐在醋酸钠存在下加热反应，可得到 E 型产物。

$$\text{C}_6\text{H}_5\text{CHO} + (\text{PhCH}_2\text{CO})_2\text{O} \xrightarrow{\text{PhCH}_2\text{COONa}} \text{Ph(H)C=C(Ph)COOH} \quad (83\%) \quad [97]$$

$$\text{3-CF}_3\text{C}_6\text{H}_4\text{COCF}_3 \xrightarrow[\text{heat}]{\text{AcONa, Ac}_2\text{O}} \text{3-CF}_3\text{C}_6\text{H}_4\text{C(CF}_3\text{)=CHCO}_2\text{H} \quad (75\%, E/Z\ 91:7)$$

② 分子内的 Perkin 反应

2-乙酰基-4-硝基苯氧乙酸在吡啶存在下与酸酐共热，则可发生分子内的反应，生成苯并呋喃甲酸的衍生物。

$$\text{O}_2\text{N-C}_6\text{H}_3(\text{OCH}_2\text{COOH})(\text{COCH}_3) \xrightarrow[\text{heat}]{\text{Py/Ac}_2\text{O}} \text{5-O}_2\text{N-3-CH}_3\text{-benzofuran-2-COOH} \quad [98]$$

第五节 α,β-环氧烷基化反应(Darzens 反应)

1. 反应通式

醛或酮与 α-卤代酸酯在碱催化下缩合生成 α,β-环氧羧酸酯（缩水甘油酸酯）的反应称为 Darzens 反应。

$$(\text{H}_3\text{C})_2\text{C=O} + \text{Cl—CH(R)—COOR}' \xrightarrow{\text{base}} (\text{H}_3\text{C})_2\text{C—C(R)(—O—)—COOR}'$$

2. 反应机理

α-卤代羧酸酯在碱性条件下生成相应的碳负离子中间体，然后碳负离子中间体亲核进攻醛或酮羰基碳原子，发生醛醇型加成，再经分子内 S_N2 取代反应形成环氧丙酸酯类化合物。

$$\text{ClCH}_2\text{COOC}_2\text{H}_5 + \text{RONa} \rightleftharpoons \text{Cl—}\overset{\ominus}{\text{C}}\text{HCOOC}_2\text{H}_5\ \text{Na}^{\oplus} + \text{ROH}$$

$$\text{R}^1\text{R}^2\text{C=O} + \text{Cl}\overset{\ominus}{\text{C}}\text{HCOOC}_2\text{H}_5 \rightleftharpoons \text{R}^1\text{R}^2\text{C(O}^{\ominus}\text{)—CH(Cl)COOC}_2\text{H}_5 \xrightarrow{-\text{Cl}^{\ominus}} \text{R}^1\text{R}^2\text{C—CHCOOC}_2\text{H}_5\ (\text{环氧})$$

3. 影响因素

(1) 醛、酮及 α-卤代酸酯结构的影响

一般来讲，除脂肪醛外，芳香醛、脂肪酮、脂环酮以及 α,β-不饱和酮等均可顺利地进行反应。在 α-卤代酸酯方面，除常用 α-氯代酸酯外，α-卤代酮、α-卤代腈、α-卤代亚砜和砜、α-卤代 N,N-二取代酰胺及苄基卤代物均能进行类似反应，生成 α,β-环氧烷基化合物。例如：

$$\text{2-F-C}_6\text{H}_4\text{CHO} + \text{CH}_3\text{CH}_2\text{CH(Br)COOC}_2\text{H}_5 \xrightarrow[0℃]{t\text{-BuOK/Diox}} \text{2-F-C}_6\text{H}_4\text{-HC(O)C(CH}_2\text{CH}_3)\text{COOC}_2\text{H}_5 \quad (62\%) \quad [99]$$

$$\text{环己酮} + \text{ClCH}_2\text{COOC}_2\text{H}_5 \xrightarrow[10\sim15℃,3h]{t\text{-BuOK}/t\text{-BuOH}} \text{螺环氧-CHCOOC}_2\text{H}_5 \quad (83\%\sim95\%)$$

(2) 催化剂的影响

Darzens 反应常用的碱性催化剂有醇钠（钾）、氨基钠、LDA/InCl 等。

$$\text{PhCOCH}_2\text{Br} + \text{PhCHO} \xrightarrow[\text{THF}]{\text{LDA/InCl}} \text{Ph-环氧-COPh} \quad (77\%, \textit{trans}\ 100\%) \quad [100]$$

手性相转移催化剂亦可催化不对称 Darzens 反应。例如：

$$t\text{-Bu-C}_6\text{H}_4\text{-CHO} + \text{ClCH}_2\text{SO}_2\text{-C}_6\text{H}_5 \xrightarrow[\text{Tol, r.t.}]{\text{手性PTC/50\%RbOH}} t\text{-Bu-C}_6\text{H}_4\text{-环氧-SO}_2\text{-C}_6\text{H}_5 \quad (81\%,97\%\ \textit{e.e.}) \quad [101]$$

4. 应用特点

(1) 制备 α,β-环氧羧酸酯及其转化产物

α,β-不饱和环氧酸酯是极其重要的有机合成中间体，可经水解、脱羧，转变成比原有反应物醛、酮增加一个碳原子的醛、酮。

$$\text{PhCOCH}_3 + \text{EtOCOCH}_2\text{Cl} \xrightarrow[\text{Benzene}]{\text{NaNH}_2} \text{Ph(H}_3\text{C)C(O)CH-COOEt} \xrightarrow[\text{2) aq. HCl}]{\text{1) NaOEt}} \text{PhCH(CH}_3)\text{CHO} \quad [102]$$

(2) 试剂控制的不对称 Darzens 反应

利用试剂控制的不对称 Darzens 反应，可获得中等至良好的立体选择性。如对称或不对称酮与 α-氯乙酸-(—)-8-苯基薄荷酯在叔丁醇钾存在下反应，得到产物的非对映选择性为 77%～96%。

$$(\text{CH}_3)_2\text{CHCH}_2\text{COCH}_3 + \text{ClCH}_2\text{COO-(8-苯基薄荷基)} \xrightarrow{t\text{-BuOK/CH}_2\text{Cl}_2} (\text{CH}_3)_2\text{CHCH}_2(\text{H}_3\text{C})\text{C(O)CH-COO-(8-苯基薄荷基)} \quad (95\%\ \textit{e.e.}) \quad [103]$$

第六节 环加成反应

一、Diels-Alder 反应

(1) 反应通式

共轭二烯烃与烯烃、炔烃进行环化加成，生成环己烯衍生物的反应称为 Diels-Alder 反应，也叫双烯加成。共轭二烯简称二烯，而与其加成的烯烃、炔烃称为亲二烯（dienophile）。亲二烯加到二烯的 1,4-位上生成环状化合物。

(2) 反应机理

Diels-Alder 反应属六个 π 电子参与的［4＋2］环加成协同反应机理。

(3) 影响因素

① 反应底物活性的影响

反应物取代基的电性效应影响 Diels-Alder 反应的活性。对于亲二烯，不饱和键上连有吸电子基团容易进行反应，且吸电子基团愈多，吸电子能力越强，反应速率亦愈快，其中 α,β-不饱和羰基化合物为最重要的亲二烯。对于共轭二烯烃，分子中连有给电子基团时，可使反应速率加快（见表 4-2），取代基的给电子能力越强，二烯的反应速率愈快。

表 4-2 某些取代丁二烯与顺丁烯二酸酐加成的反应速率常数

二烯化合物	10^5k_2(30℃)	二烯化合物	10^5k_2(30℃)
$CH_2{=}C(Cl){-}CH{=}CH_2$	0.69	$CH_3{-}CH{=}CH{-}CH{=}CH_2$	22.7
$CH_2{=}CH{-}CH{=}CH_2$	6.83	$CH_2{=}C(CH_3){-}C(CH_3){=}CH_2$	33.6
$CH_2{=}C(CH_3){-}CH{=}CH_2$	15.4	$CH_3O{-}CH{=}CH{-}CH{=}CH_2$	84.1

共轭二烯可以是开链的、环内的、环外的、环间的或环内-环外的。但它存在顺型（eisoid 或 *S-cis*）及反型（Transoid 或 *S-trans*）两种构型。

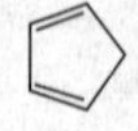
环内共轭二烯

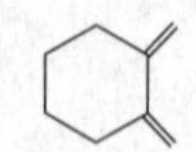
环外共轭二烯

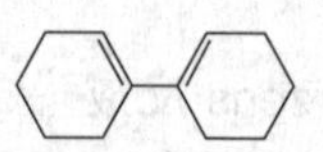
环间共轭二烯

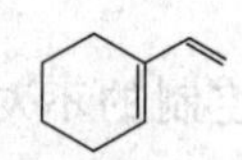
环内-环外共轭二烯

在发生环加成反应时，两个双键必须是顺型，或至少是能够在反应过程中通过单键旋转而转变成顺式构型的。如果两个双键固定于反型的结构，则不能发生 D-A 反应。如：

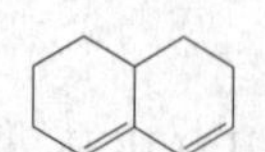

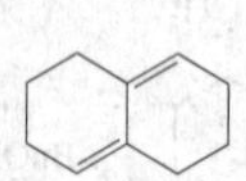

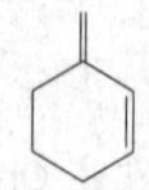

② 反应底物结构对区域选择性的影响

当双烯体与亲双烯体上均有取代基时，由于取代基的性质和位置不同，反应可能生成两种不同的加成产物。

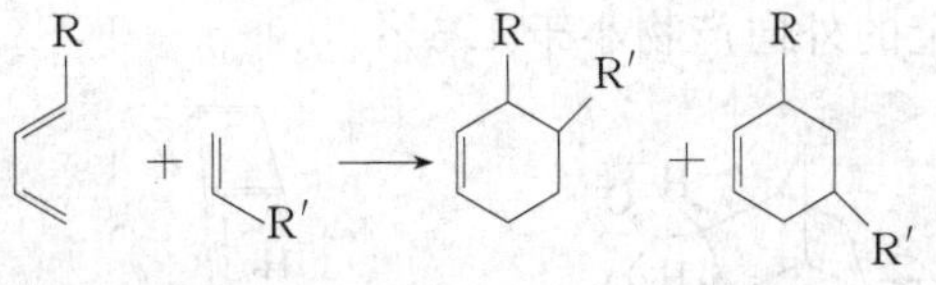

主　　　次

当R为不饱和基团，如—C═O、—CO_2H、—CO_2R、—CN、—NO_2等时，反应产物以内型为主，有时内型产物甚至为唯一产物。

③ 催化剂的影响

Diels-Alder反应基本上是自发进行的，一般不用催化剂；若在室温或低温反应难以进行时，可加入适当的催化剂以加速反应。所用的催化剂一般为Lewis酸，如$ZnCl_2$、$AlCl_3$、BF_3、$SnCl_4$等。催化剂的存在不仅提高了反应速率，而且影响加成反应的定位效应。如：

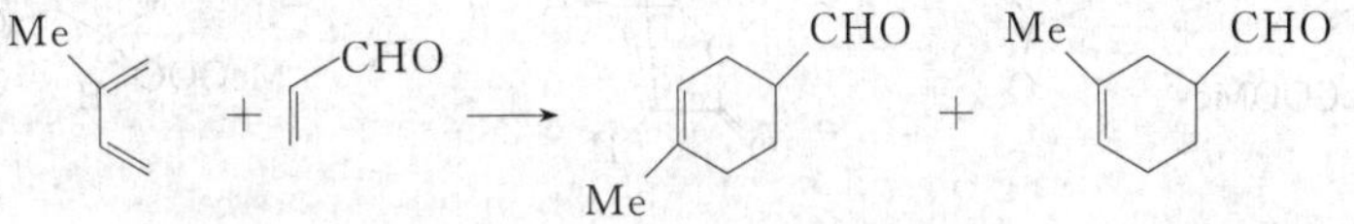

[104]

无催化剂，甚苯中，120℃　59 : 41

$SnCl_4 \cdot 5H_2O$，苯，<25℃　96 : 4

催化剂亦影响加成反应的立体化学，如：

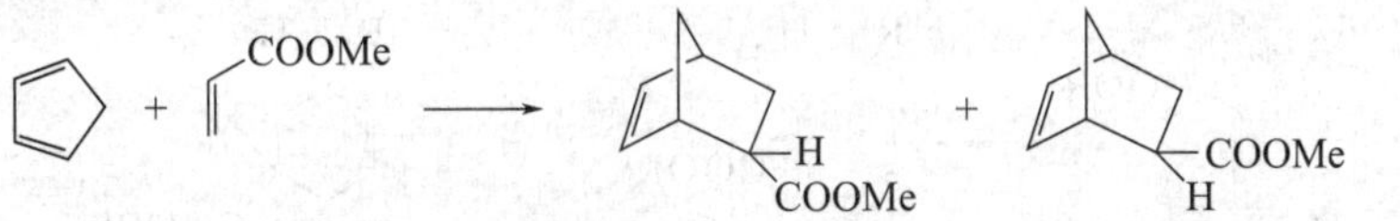

[105]

无催化剂　82 : 18

$AlCl_3 \cdot Et_2O$　99 : 1

④ 溶剂的影响

溶剂强烈影响Diels-Alder反应的速率。传统的溶剂都是非极性有机溶剂，但是水和其他强极性溶剂也可催化一系列Diels-Alder反应。

(4) 应用特点

① 顺式原理

顺式原理是指双烯及亲双烯的立体化学仍然保留在加成物中。亦即具有反式取代的亲双烯生成的加成物仍保留取代基的反式构型，顺式亦然。例如：

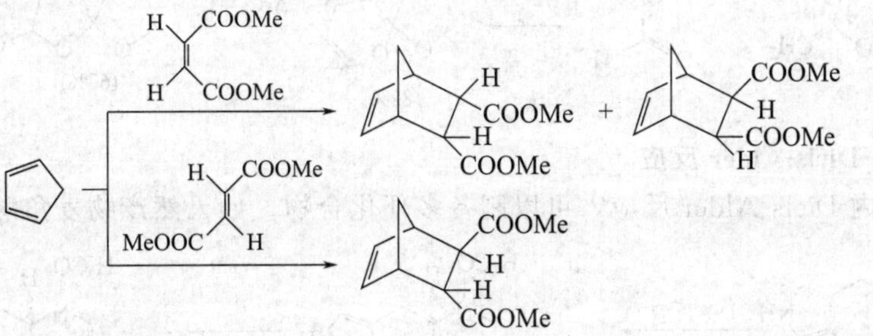

[106]

② 内向加成原理

环状二烯与环状亲二烯反应，可能生成内向及外向加成物。但是，一般情况下优先生成内向产物，这一规律称为内向加成规则。例如环戊二烯与顺丁烯二酸酐反应，产物几乎都是内向产物，而热力学更稳定的外向产物小于1.5%。

内向　　　　外向

非环二烯与环状亲二烯反应通常符合内向规则。例如：

[107]

③ **不对称成分加成定位**

不对称二烯与不对称亲二烯加成时，可以生成两种不同定位结构的异构体。然而事实上往往一种异构体占优。例如1-取代-1,3-丁二烯与丙烯酸及其酯反应，优先生成"1,2-"定位加成物，而与取代基的性质无关。

"1,2-"定位　　"1,3-"定位

R	R^1	"1,2-"定位		"1,3-"定位	产率/%
NEt_2	Et	100	:	0	94
Me	Me	18	:	1	64
Ph	Me	39	:	1	61
t-Bu	Me	41	:	1	76
COOH	H	100	:	1	67

④ **杂 Diels-Alder 反应**

含有杂原子的二烯或亲二烯也能发生 Diels-Alder 反应，生成杂环化合物。如：

$ArCO_3H$　(82%)　(67%)　[108]

⑤ **分子内 Diels-Alder 反应**

应用分子内 Diels-Alder 反应，可以制备多环化合物，如天然产物麦角酸。

D-A反应 200℃　(67%)　麦角酸　[109]

二、1,3-偶极环加成反应

(1) 反应通式

1,3-偶极体系和亲偶极体系形成五元环的反应称为1,3-偶极环加成反应。

$$\underset{c^{\ominus}}{\overset{a^{\oplus}}{b}} + \underset{e}{\overset{d}{\|}} \longrightarrow \text{(五元环 a—b—c—e—d)}$$

1,3-偶极体系种类极多，当1,3-偶极体系中心原子为氮、氧时，可借它们的未共用电子对形成不饱和键，而满足a缺电子的要求（见表4-3）。当中心原子为碳并具有双键时，由于中心碳原子上没有未共用电子对，所以其共振式都具有缺电子的六偶原子，它们属于卡宾和氮烯两大类极不稳定的化合物。

表4-3 常见的1,3-偶极体系

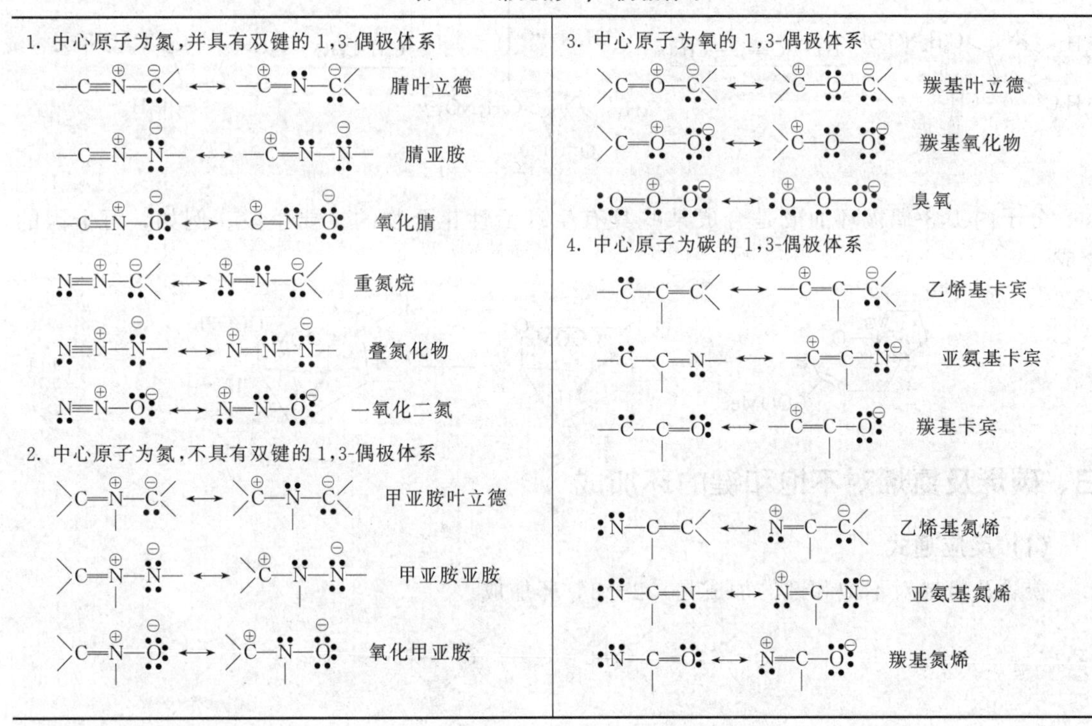

(2) 反应机理

1,3-偶极环加成与Diels-Alder反应机理类似，为协同反应。

(3) 影响因素：亲偶极体系的反应活性影响因素

当有吸电子或给电子取代基时，偶极体系的反应活性均增加，并且共轭效应大于诱导效应。反式烯烃活性大于顺式结构。如反式丁烯二酸二甲酯的活性是顺式的74倍。环的大小和构型对活性有很大的影响。如环戊烯的活性是环己烯的9倍。

(4) 应用特点

1,3-偶极环加成反应条件温和，产率良好，亲偶极体系可以是多种含碳、氮、氧、硫的不饱和化合物，可用来合成许多有价值的五元杂环。其中以中心原子为氮的1,3-偶极体系进行的反应最为重要。用得较多的1,3-偶极体系是腈叶立德、腈亚胺、氧化腈，它们分别由卤化亚酰胺、卤化亚酰肼及卤化酰肟与有机碱反应制得。

$$RC(Cl){=}N{-}CH_2R^1 \xrightarrow{Et_3N} [RC{\equiv}\overset{\oplus}{N}{-}\overset{\ominus}{C}HR^1] \quad \text{腈叶立德}$$

$$RC(Cl){=}N{-}NHR^1 \xrightarrow{Et_3N} [RC{\equiv}\overset{\oplus}{N}{-}\overset{\ominus}{N}R^1] \quad \text{腈亚胺}$$

$$RC(Cl){=}N{-}OH \xrightarrow{Et_3N} [RC{\equiv}\overset{\oplus}{N}{-}\overset{\ominus}{O}] \quad \text{氧化腈}$$

若有亲偶极体系存在，即发生1,3-偶极环加成反应。以腈叶立德的反应为例：

$[C_6H_5{-}C{\equiv}\overset{\oplus}{N}{-}\overset{\ominus}{C}HC_6H_4NO_2\text{-}p]$：$CH_2{=}CHCO_2CH_3$ → C_6H_5，N，$C_6H_4NO_2\text{-}p$，CO_2CH_3；$S{=}C{=}S$ → C_6H_5，N，S，$C_6H_4NO_2\text{-}p$，S；$H_3C{-}C{\equiv}C{-}CH_3$ → C_6H_5，N，$C_6H_4NO_2\text{-}p$，H_3C，CH_3；$C_6H_5N{=}O$ → C_6H_5，N，$C_6H_4NO_2\text{-}p$，O，N，C_6H_5；C_6H_5CHO → C_6H_5，N，$C_6H_4NO_2\text{-}p$，O，C_6H_5 [110]

分子内1,3-偶极环加成是合成某些具有生理活性化合物的重要手段。例如，可卡因的合成。

N⊕–O⊖，H，COOMe → N，COOMe，O，H，H → Me，N，COOMe，OCOPh，H，H [111]

三、碳烯及氮烯对不饱和键的环加成

(1) 反应通式

碳烯及氮烯对不饱和键的加成是［2+2］环加成。

$$>C: + >C{=}C< \longrightarrow C{-}C{-}C$$

$$-\ddot{N}: + >C{=}C< \longrightarrow C{-}C{-}N$$

碳烯又叫卡宾（carbene），是电中性的二价碳中间体。碳原子与两个基团以共价键相连，另有两个价电子分布于两个非键轨道中。若两个价电子自旋方向相同，称为三线态碳烯；两个价电子自旋方向相反，称为单线态碳烯。

R R　单线态碳烯　　R R　三线态碳烯

单线态碳烯通常可以由重氮烷的光分解或热分解法制得。

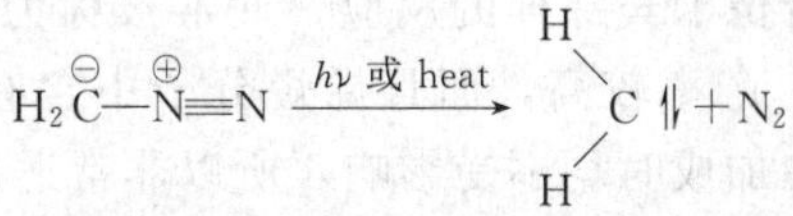

$$H_2\overset{\ominus}{C}-\overset{\oplus}{N}\equiv N \xrightarrow{h\nu \text{ 或 heat}} H_2C: + N_2$$

三线态碳烯可以由重氮烷在光敏剂二苯酮存在下光照制得。

(2) 反应机理

单线态碳烯与烯烃的反应具有立体定向性，是协同反应。其机理是重氮烷在热、光的作用下，生成单线态的亚甲基，两个孤对电子与烯烃上的两个 π 电子通过三元环过渡态，形成 2 个 σ 键。

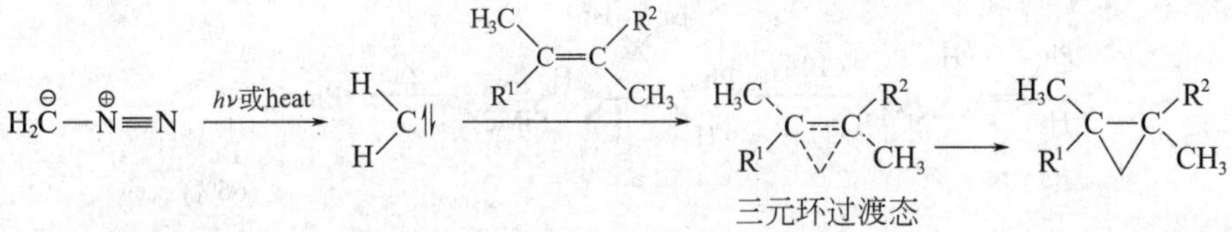

$$H_2\overset{\ominus}{C}-\overset{\oplus}{N}\equiv N \xrightarrow{h\nu\text{或heat}} H_2C: \xrightarrow{(H_3C)R^1C=CR^2(CH_3)} [\text{三元环过渡态}] \longrightarrow \text{环丙烷}$$

三元环过渡态

但如反应在高度稀释的气相中进行，生成的单线态亚甲基在与烯烃反应之前转化形成三线态亚甲基。此时两个孤电子自旋平行，与烯烃加成时，只有一个电子可以成键，剩下的两个电子要等到由于碰撞而使其中一个电子改变自旋方向才能成键，此时，碳碳单键可以自由转动，产物不再保持立体定向性，属于自由基反应。

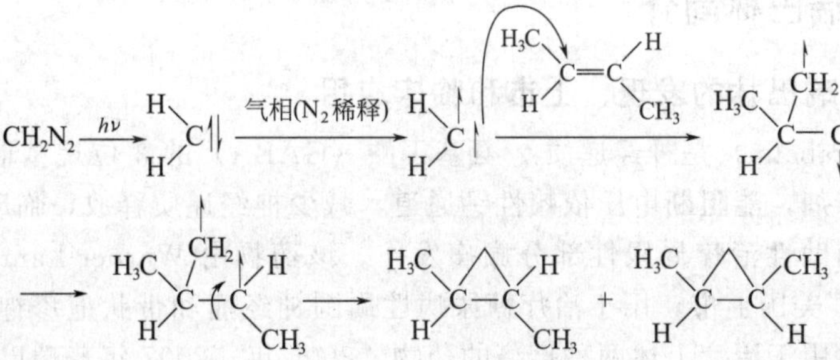

$$CH_2N_2 \xrightarrow{h\nu} H_2C: \xrightarrow{\text{气相}(N_2\text{稀释})} H_2C\cdot\cdot \xrightarrow{H_3CCH=CHCH_3} \text{双自由基} \longrightarrow \text{双自由基(旋转)} \longrightarrow \text{顺式环丙烷} + \text{反式环丙烷}$$

叠氮化物通过热或光分解失去氮而形成氮烯，氮烯亦分为三线态氮烯和单线态氮烯。氮烯的环加成反应与碳烯相似。单线态氮烯与烯烃反应按协同机理进行，反应具有高度立体定向性；而三线态氮烯则按分步机理进行，反应不具有立体定向性。

(3) 应用特点

碳烯与芳香族化合物加成往往得到扩环产物。例如：

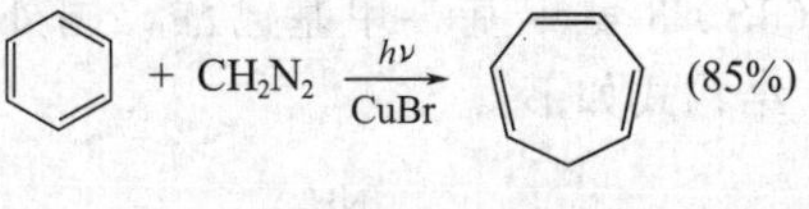

$$C_6H_6 + CH_2N_2 \xrightarrow[CuBr]{h\nu} \text{环庚三烯} \quad (85\%) \qquad [112]$$

碳烯还能进行分子内加成，这些反应是制备高度张力环的重要途径。比如：

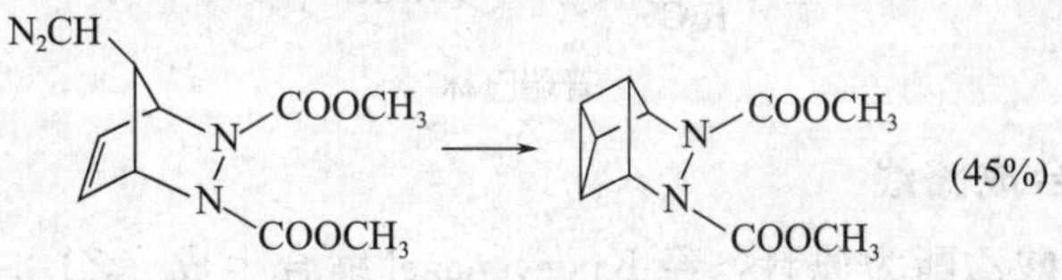

$$\text{N}_2\text{CH-取代二氮杂双环烯}(N,N'\text{-}COOCH_3) \longrightarrow \text{多环产物}(N,N'\text{-}COOCH_3) \quad (45\%) \qquad [113]$$

碳烯与烯烃、炔烃的加成反应是环丙烷及环丙烯衍生物的重要合成方法。实际中常采用

Simmons-Smith 试剂（二碘甲烷与锌-铜齐制得的有机锌试剂）与烯烃反应。该试剂虽然不是“自由”的卡宾，但可进行像卡宾那样的反应，通常被称为类卡宾（carbenoid）。类卡宾与烯烃环加成不仅操作简便，产率较高，而且烯烃分子中含有的其他官能团，如卤素、羟基、羰基、酯基、氨基等，在加成时均不受影响，所以非常适用于多种天然存在的环丙烷衍生物的合成。例如与油酸甲酯反应可制得二氢梧桐。

$$CH_3(CH_2)_7HC{=}CH(CH_2)_7COOCH_3 \xrightarrow[2)NaOH/H_2O]{1)CH_2I_2/Zn\text{-}Cu} CH_3(CH_2)_7HC\overset{CH_2}{\frown}CH(CH_2)_7COOCH_3\ (51\%) \quad [114]$$

二卤卡宾与烯烃加成可制得有机合成中极为有用的二卤环丙烷。例如：

$$\text{(Ph)(H)C=CH-CH}_2\text{SiMe}_3 \xrightarrow{CHBr_3} \text{1,1-二溴-2-苯基-3-(三甲硅基甲基)环丙烷} \xrightarrow{\triangle} \text{PhCH=C(Br)CH=CH}_2\ Z(66\%) \quad [115]$$

第七节　缩合反应在化学药物合成中应用实例

一、化学药物普瑞巴林简介

1. 抗癫痫药普瑞巴林的发现、上市和临床应用

普瑞巴林（Pregabalin）是神经递质 γ-氨基丁酸（GABA）的 3-位烷基取代物，是一种新型钙离子通道调节剂，能阻断电压依赖性钙通道，减少神经递质释放，临床上主要用于治疗外周神经痛以及辅助性治疗局限性部分癫痫发作。该药物由 Warner-Lambert 公司开发，2004 年先后在英国、美国上市，用于治疗糖尿病性周围神经痛和带状疱疹神经痛，是 FDA 认可的第一个同时适用于治疗上述两种疼痛的药物。2005 年、2007 年普瑞巴林先后获 FDA 批准用于辅助治疗成人部分性癫痫发作及治疗纤维肌痛，临床应用得到进一步扩展。2007 年，普瑞巴林被美国《时代》周刊评为“2007 年度十大医学进步”之一。目前普瑞巴林已在欧洲、美国等 60 多个国家获准用于治疗神经性疼痛和癫痫。2010 年中国批准进口，2013 年国内首仿成功，在重庆生产上市。

2. 普瑞巴林的化学名、商品名和结构式

普瑞巴林的化学全称是（3*S*）-3-氨甲基-5-甲基己酸，国外商品名为 Lyrica（乐瑞卡），国内商品名为普瑞巴林胶囊，结构式如下：

$$(CH_3)_2CHCH_2CH(CH_2NH_2)CH_2COOH$$

普瑞巴林

3. 普瑞巴林的合成路线

以异戊醛和氰乙酸乙酯为原料，经 Knoevenagel 缩合生成（*Z*）-2-氰基-5-甲基-2-烯-己酸乙酯，再与丙二酸二乙酯发生 Michael 加成、水解脱羧生成 3-异丁基戊二酸，用乙酸酐

脱水环化生成3-异丁基戊二酸酐，后者在氨水中水解生成3-氨甲酰甲基-5-甲基己酸，Hofmann重排后得到消旋普瑞巴林，最后经*S*-扁桃酸拆分得到普瑞巴林，光学纯度为99.8%[116]。

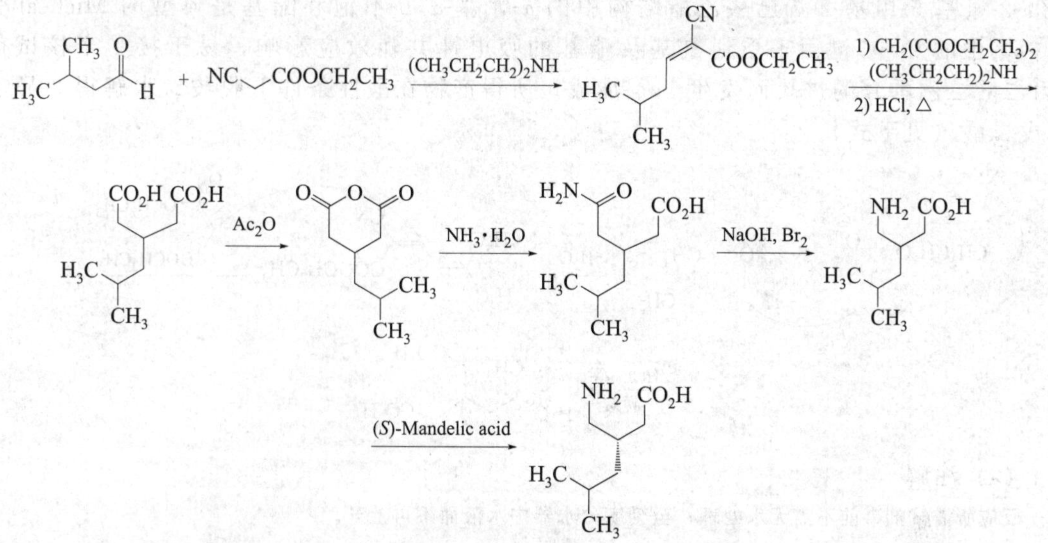

$(CH_3CH_2CH_2)_2NH$；1) $CH_2(COOCH_2CH_3)_2$, $(CH_3CH_2CH_2)_2NH$ 2) HCl, △；Ac_2O；$NH_3 \cdot H_2O$；NaOH, Br_2；(*S*)-Mandelic acid

二、缩合反应在普瑞巴林合成中应用实例[117]

1. 反应式

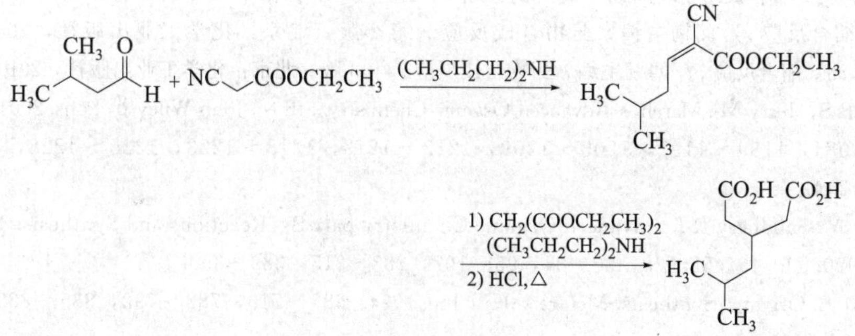

$(CH_3CH_2CH_2)_2NH$；1) $CH_2(COOCH_2CH_3)_2$, $(CH_3CH_2CH_2)_2NH$ 2) HCl, △

2. 反应操作

氰乙酸乙酯（62.4g，552mmol）、异戊醛（52.1g，605mmol）、正己烷（70mL）及正二丙胺（0.55g，5.4mmol）置于反应瓶中，回流分水至无水分出①，减压浓缩溶剂至干②，加入丙二酸二乙酯（105.7g，660mmol）及正二丙胺（5.6g，55mmol），50℃搅拌1h，然后倾入300mL 6mol/L盐酸中，回流反应，TLC检测至原料消失③。反应液冷却至70～80℃后用甲苯提取（250mL一次，150mL一次），提取液浓缩至干，得3-异丁基戊二酸（88.7g，85.4%，油状物）。其核磁共振和红外光谱数据与对照品相符。

3. 操作原理和注解

（1）原理

氰乙酸乙酯结构中的亚甲基，因邻位氰基及酯基的吸电子效应，具有较低的pK_a值（13.1，DMSO），易于在碱作用下与邻位酯基形成烯醇而具有亲核活性，另一原料异戊醛结构中的醛基是高活性的亲电基团，因此二者缩合生成 2-氰基-3-羟基-5-甲基己酸乙酯。该中间体不稳定，迅速脱水得（Z)-2-氰基-5-甲基-2-烯己酸乙酯。当反应投料量较大时，为了避免生成的水影响后续的反应速率，通常通过回流分水的方式除去。(Z)-2-氰基-5-甲基-2-烯己酸乙酯结构中的 α-氰基-α,β-不饱和酯基是典型的 Micheal 受体，其中的 C=C 键由于受到氰基及酯基的吸电性共轭效应影响，易于接受亲核试剂（丙二酸二乙酯）的进攻而发生 1,4-加成，所得产物在酸性条件下脱羧、水解得 3-异丁基戊二酸（见下式）。

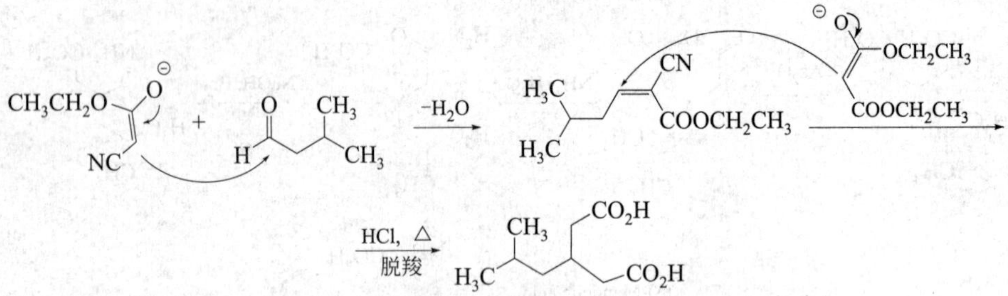

(2) 注解

① 反应所需试剂事前不需无水处理；至刻度分水器中水液面不再上升。

② 溶剂可回收循环利用。

③ 反应完成约需 72h。

主要参考书

[1] (a) 段永熙. 缩合反应. //闻韧主编. 药物合成反应. 北京：化学工业出版社，1988. 186～251；(b) 胡永洲 缩合反应. //闻韧主编. 药物合成反应. 第 2 版. 北京：化学工业出版社，2002. 178～232；(c) 胡永洲. 缩合反应. //闻韧主编. 药物合成反应. 第 3 版. 北京：化学工业出版社，2010，126～164.

[2] Michael B S，Jerry M. March's Advanced Organic Chemistry. 5th ed. John Wiley & Sons. 2001. 1022～1032，1062～1084，1189～1191，1205～1209，1212～1213，1218～1223，1225～1228，1229～1237，1241～1244.

[3] Carey F A. Sundbery R J. Advanced Organic Chemistry part B：Reactions and Synthesis. 3rd ed. Pienum Press. 1990. 39～45，55～75，80～84，95～102，283～315，389～390.

[4] Smith M B. Organic Synthesis. McGraw-Hill Inc. 1994. 685～719，782～792，885～889，897～899，902～903，1130～1134.

[5] Kürti L. Czakó B. Strategic Applications of Named Reactions in Organic Synthesis. 北京：科学出版社. 2007. 8～9，54～55，86～87，128～129，140～141，188～189，242～243，274～275，286～287，338～339，348～349，374～375，384～385，442～443，446～447，488～489.

[6] Solomons T W G，Fryhle C B. Organic Chemistry. John Wiley & Sons. 2002. 571～572，604～611，766～809，902～904.

参考文献

[1] Guthier J P. *J. Am. Chem. Soc.*，1991，**113**：7249.

[2] Maple S R，Allerhand A. *J. Am. Chem. Soc.*，1987，**109**：6609.

[3] Nielsen A T，Houlihan W J. *Org. React.*，1968，**16**：1.

[4] Hausermann M. *Helv. Chim. Acta.*，1951，**34**：1482.

[5] Stork G，Kraus G A，et al. *J. Org. Chem.*，1974，**39**：3459.

[6] Mukaiyama T，Narasaka K. *Org. Synth.*，1987，**65**：6.

[7] Noyee D S, Reed W L. *J. Am. Chem.*, *Soc.* 1959, **81**: 624.
[8] Fine J A, Pulaski P. *J. Org. Chem.*, 1973, **38**: 1747.
[9] Kohler E P, Chadwell H M. *Org. Synth.*, 1941, **1**: 78.
[10] Xu L W, Ju Y D, et al. *Tetrahedron Lett.*, 2008, **49**: 7037.
[11] Sato W, Wakahara Y, et al. *Tetrahedron Lett.*, 1990, **31**: 1581.
[12] Marshall J A, Fanta W I. *J. Org. Chem.*, 1964, **29**: 2501.
[13] Adams D R, Bhaynagar S D. *Synthesis*, 1977: 661.
[14] Arundale R, Mikeska L A. *Chem. Rev.*, 1952, **51**: 505.
[15] Merkley N, Warkentin J. *Can. J. Chem.*, 2002, **80**: 1187.
[16] Gharbi E L, Delmas M. *Synth*esis, 1981: 361.
[17] Stork G, Maldonado L. *J. Am. Chem. Soc.*, 1971, **93**: 5286.
[18] Macaione D P, Wentworth S E. *Synthesis.*, 1974: 716.
[19] Yano Y, Tamura Y. *Bull. Chem. Soc. Jpn.*, 1980, **53**: 740.
[20] Xu L W. *Tetrahedron Lett.*, 2005, **46**: 2305.
[21] Ide W S. *Org. React.*, 1963, **4**: 786.
[22] Hallinan E A . Fried J. *Tetrahedron Lett.*, 1984, **25**: 2301.
[23] Harda T, Mukaiyama T. *Chem. Lett.*, 1982: 161.
[24] Rieke R D, Li P T J, et al. *J. Org. Chem.*, 1981, **46**: 4323.
[25] Csuk R, et al. J. Chem. Soc. Chem. Common., 1986, 775.
[26] Sato T, Itoh T, et al. *Chem. Lett.*, 1982: 1559.
[27] Hauser F M, Hewawasam P, et al. *J. Org. Chem.*, 1989, **54**: 5110.
[28] Jung M E, Hudspeth J P. *J. Am. Chem. Soc.*, 1980, **102**: 2463.
[29] Normant H. *Seances Acad. Sci.*, 1954, **239**: 1512.
[30] Chastrette M, Amouroux R J. *Chem. Commun*, 1970, 470.
[31] Williams D R, White F H. *J. Org. Chem.*, 1987, **52**: 5067.
[32] Helms A, Heiler D, et al. *J. Am. Chem. Soc.*, 1992, **114**: 6227.
[33] Taylor L D, Davis R B. *J. Org. Chem.*, 1963, **28**: 1713.
[34] Fuson R C, McKeever C H. *Org. React.*, 1942, **1**: 63.
[35] Made A W, Made R H. *J. Org. Chem.*, 1993, **58**: 1262.
[36] Wang Q, Willson C, et al. *Tetrahedron Lett.*, 2006, **47**: 8983.
[37] Blick F F. *Org. React.*, 1942, **1**: 303.
[38] Wilds A L, Nowak R M, et al. *Org . Synth.*, 1957, **37**: 18.
[39] Roberts J L, Borromeo P S, et al. *Tetrahedron Lett.*, 1977: 1621.
[40] Hooz J, Bridson J N. *J. Am. Chem. Soc.*, 1973, **95**: 602.
[41] Holy N L, Wang Y F. *J. Am. Chem. Soc.*, 1977, **99**: 944.
[42] Gaudry M, Jasor Y, et al. *Org. Synth.*, 1979, **59**: 153.
[43] ABE N, Fujisaki F, et al. *Chem. Pharm. Bull.*, 1998, **46**: 142.
[44] Radhakrishnan U, Al-Masum M, et al. *Tetrahedron Lett.*, 1998, **39**: 1037.
[45] Benjamin L. *J. Am. Chem. Soc.*, 2000, **112**: 9336.
[46] Whaley W M, Govindachari T R. *Org. React.*, 1951, **6**: 151.
[47] Bailey P D, Hollinshead S P, et al. *Tetrahedron Lett.*, 1987, **28**: 5177.
[48] Miller R B, Tsang T. *Tetrahedron Lett.*, 1988, **29**: 6715.
[49] Hadjaz F S, Yous S, et al. *Tetrahedron*, 2008, **64**: 10004.
[50] Takahashi E, Fujisawa H, et al. *Chem. Lett.*, 2005, **34**: 318.
[51] Wenzel A G, Lalonde M P, et al. *Synlett.*, 2003, 1919.
[52] Steiger R E. *Org. Synth.*, 1942, **22**: 23.

[53] Pan S C. List B. *Org. Lett.*, 2007, **9**: 1149.
[54] Taylor S K, Blankespoor C L, et al. *J. Org. Chem.*, 1988, **53**: 3309.
[55] Nakajma T, Suga S, et al. *Bull. Chem. Soc. Jpn.*, 1967, **40**: 2980.
[56] Zuidema G D, Eugene E, et al. *Org. Synth.*, 1951, **31**: 1.
[57] Connor R, Andrews D B, et al. *J. Am. Chem. Soc.*, 1934, **56**: 2713.
[58] Miesch M, Mislin G, et al. *Tetrahedron.*, 1998, **39**: 6873.
[59] Kotsuki H, Arimura K, et al. *J. Org. Chem.*, 1999, **64**: 3770.
[60] Oare D A, Heathcock C H, et al. *J. Org. Chem.*, 1990, **55**: 157.
[61] Chibiryaev A M, Norbert D K, et al. *Tetrahedron Lett.*, 2000, **41**: 8011.
[62] Eder U, Sauer G, et al. *Angew. Chem. Int. Ed.*, 1971, **10**: 496.
[63] Schmidpeter A, Jochem G. *Tetrahedron Lett.*, 1992, **33**: 471.
[64] Gaoni Y, Tomažič A, et al. *J. Org. Chem.*, 1985, **50**: 2943.
[65] Cereda E, Attolini M, et al. *Tetrahedron Lett.*, 1982, **23**: 2219.
[66] Reucroft J, Sammes P G, et al. *Chem. Soc.*, 1971, **25**: 137.
[67] Vodezs E, Snoble K A J. *J. Am. Chem. Soc.*, 1973, **95**: 5778.
[68] Kakiuchi K, Ue M *J. Am. Chem. Soc.*, 1989, **111**: 3707.
[69] Schlosser M. *Top. Stereochem.*, 1970, **5**: 1.
[70] Maryanoff B E, Duhl-Emswile B. A. *Tetrahedron Lett.*, 1981, **22**: 485.
[71] Maercher A. *Org. React.*, 1965, **14**: 270.
[72] Wittig G, Knauss E. *Angew. Chem. Int. Ed.*, 1959, **71**: 127.
[73] Subramanyan V, Silver E H, et al. *J. Org. Chem.*, 1976. **41**: 1272.
[74] Corre M L, Hercouet A. et al. *Chem.. Commun.*, 1981, 14.
[75] Abell A D, Massy-Westropp R A. *Aust. J. Chem.*, 1982. **35**: 2071.
[76] Flitsch W, Schindler S R. *Synthesis*, 1975, 685.
[77] Boutagy J, Thomas R J. *Chem. Rev.*, 1974, **74**: 87.
[78] Paquette L A, Vanucci C, et al. *J. Am. Chem. Soc.*, 1989, **111**: 5792.
[79] Rathke M W, Patrick J, et al. *J. Org. Chem.*, 1985, **50**: 2622.
[80] Biellmann J F, Ducep J B. *Org. React.*, 2005, **27**: 1.
[81] Jones G *Org. React.*, 1967, **15**: 204.
[82] Prout F S, Hartman R J. et al. *Org. Synth.*, 1963, **4**: 93.
[83] Lehnert W. *Synthesis*, 1974: 667.
[84] Wiley R H, Smith N R. *Org. Synth.*, 1963, **4**: 731.
[85] Lidstron P, Tierney J, et al. *Tetrahedron.*, 2001, **57**: 9225.
[86] Taha N, Sasson Y, et al. *Appl. Catal. A-Gen.*, 2008, **350**: 217.
[87] Johnson W S, Daub G H. *Org. React.*, 1951, **6**: 1
[88] Johnson W S, Schneider W P. *Org. Synth.*, 1963, **4**: 132.
[89] Miki T, Kori M, et al. *Bioorg. Med. Chem.*, 2002, **10**: 385.
[90] Yadav D K, Patel R, et al. *Chin. J. Chem.*, 2011, **29**, 118-122.
[91] Naota T, Taki H, et al. *J. Am. Chem. Soc.*, 1989, **111**: 5954.
[92] Johnson J R. *Org. React*, 1942, **1**: 210.
[93] Johnson J R. *Synthesis*, 1955, **3**: 426.
[94] Balasubramaniyan V, Argade N P. *Synthic Commun.*, 1989, **19**: 3103.
[95] Buckles R E, Bremer K. *Org. Synth.*, 1963, **4**: 777.
[96] Perkin W H. *J. Chem. Soc.*, 1868, **21**: 53.
[97] Sevenard D V. *Tetrahedron Lett.*, 2003, **44**: 7119.
[98] Horaguchi T S, Matsuda J, et al. *Heterocycl. Chem.*, 1987, **24**: 965.

[99] Mayer P, Brunel P, et al. *Bioorg. Med. Chem. Lett.*, 1999, **9**, 3021.
[100] Hirashita T, Kinoshita K, et al. *J. Chem. Soc. Perkin Trans.*, 2000, **5**: 825.
[101] Ku J M, Yoo M S, et al. *Tetrahedron.*, 2007, **63**: 8099.
[102] Allen C F H, Vanallan J, et al. *Org. Synth.*, 1944, **24**, 82.
[103] Faller J W, Parr J. *J. Am. Chem. Soc.*, 1993, **115**: 804.
[104] Inukai T, Kojima T, et al. *J. Org. Chem.*, 1966, **31**: 2032.
[105] Houk KN, Strozier R W. *J. Am. Chem. Soc.*, 1973, **95**: 4049
[106] Sauer J. *Angew. Chem. Int. Ed.*, 1966, **5**: 211.
[107] Sauer J. *Angew. Chem. Int. Ed.*, 1967, **6**: 16.
[108] Petrzilka M, Grayson J I. *Synthesis.*, 1981: 753.
[109] Oppolzer W, Francotte E, et al. *Helv. Chim. Acta.*, 1981, **64**: 478.
[110] Huisgen R, Stangl H, et al. *Chem. Ber.*, 1972, **105**: 1258.
[111] Joseph J T, George B M, et al. *J. Am. Chem. Soc.*, 1979, **101**: 2435.
[112] Muller E, Fricke H, et al. *Liebigs Ann. Chem.*, 1963, **661**: 38.
[113] Trost B M, Cory R M. *J. Am. Chem. Soc.*, 1971, **93**: 5572.
[114] Simmons H E, Cairns T L, et al. *Org. React.*, 1973, **20**: 1.
[115] Ogasawara M, Ge Y, et al. *J. Org. Chem.*, 2005, **70**: 3871.
[116] Huckabee B K, Sobieray D M. 1996, WO 9638405.
[117] Marvin S, Hoekstra D M, et al. *Org. Process Res. Dev.*, 1997, **1**: 26.

习 题

1. 以下列化合物为原料、所示试剂和反应条件下，写出其反应的主要产物。

(1) C_6H_5CHO + $C_6H_5COCH_3$ $\xrightarrow{NaOH/EtOH}$

(2) $PhCH(CH_3)CHO$ + $CH_2{=}C(OTBDMS)CH_3$ $\xrightarrow{BF_3}$

(3) ArCHO + PPh_3 $\xrightarrow{H_2O}$

(4) 2-甲基环己酮 $\longrightarrow$ 吡咯烷烯胺 $\xrightarrow[2)HOAc/NaOAc,H_2O]{1)CH_2{=}CHCOCH_3}$

(5) RCHO + $NCCH_2COOEt$ $\xrightarrow{0.2equiv\ PPh_3,\ 80℃}$

(6) PhCHO + $CH_2(COOEt)_2$ $\longrightarrow$

(7) $2C_6H_5CHO$ $\xrightarrow[pH\ 7\sim8,\ heat]{NaCN/EtOH/H_2O}$

(8) $Zn + BrCH_2COOC_2H_5 +$ 环己酮 $\xrightarrow{(C_2H_5)_2O}$

(9) 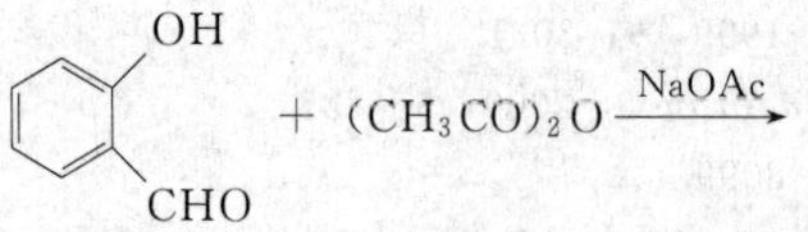 邻羟基苯甲醛 + $(CH_3CO)_2O \xrightarrow{NaOAc}$

(10) 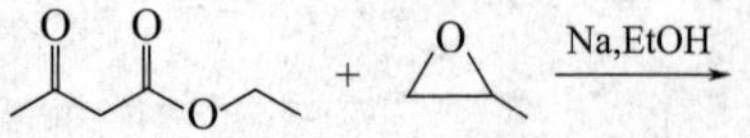 乙酰乙酸乙酯 + 环氧丙烷 $\xrightarrow{Na, EtOH}$

2. 根据反应的产物写出反应试剂或者条件。

(1) 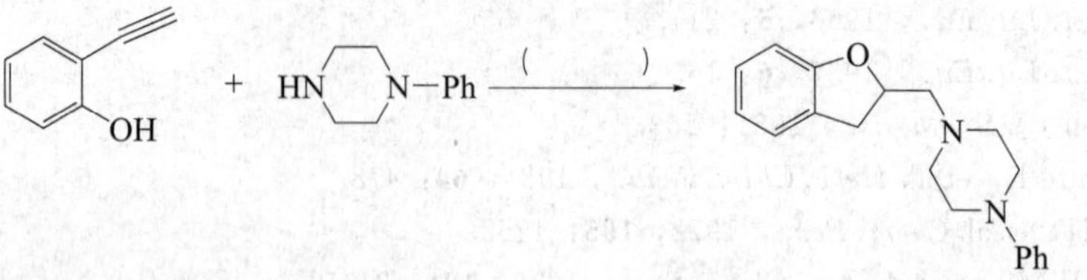 邻乙炔基苯酚 + HN(哌嗪)N—Ph $\xrightarrow{(\quad)}$

(2) 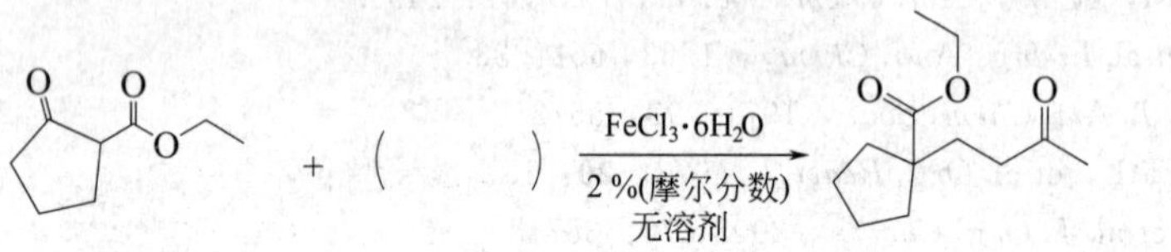 2-氧代环戊烷甲酸乙酯 + (　　) $\xrightarrow[\text{2 \%(摩尔分数)}\ \text{无溶剂}]{FeCl_3 \cdot 6H_2O}$

(3) Ph-CH=CH-C(=NOH)-CH_3 + (　　) $\xrightarrow[150\sim160℃,\ 4h]{FeCl_3}$

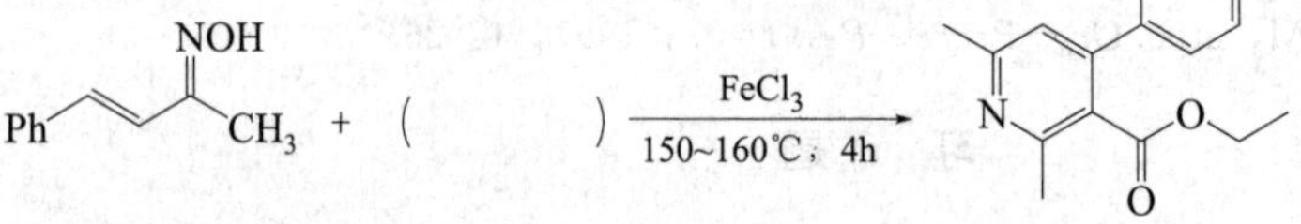

(4) 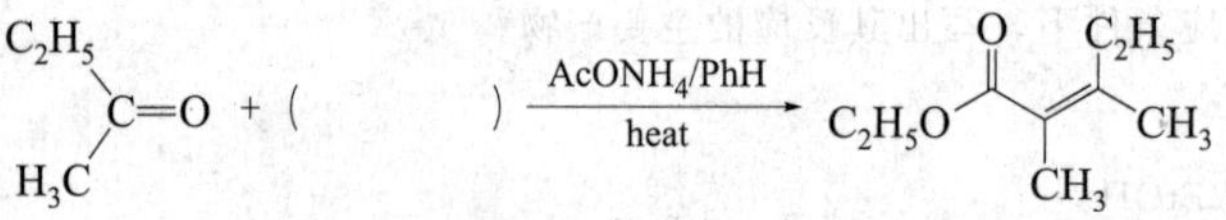 $C_2H_5(H_3C)C{=}O$ + (　　) $\xrightarrow[heat]{AcONH_4/PhH}$ $C_2H_5OC(O)C(CH_3){=}C(C_2H_5)CH_3$

(5) (　　) + $CH_2{=}CHNO_2$ $\xrightarrow{20℃}$

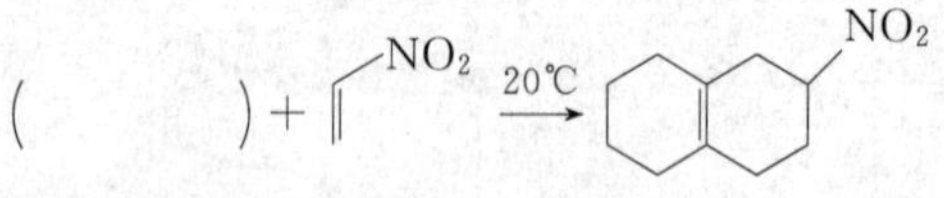

(6) 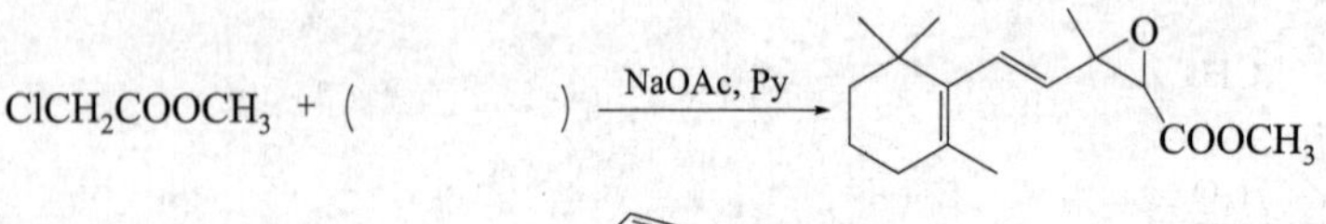 $ClCH_2COOCH_3$ + (　　) $\xrightarrow[heat]{NaOAc, Py}$ $COOCH_3$

(7) 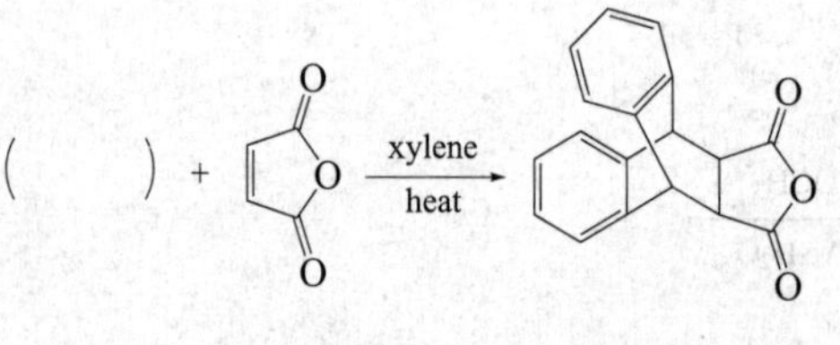 (　　) + 马来酸酐 $\xrightarrow[heat]{xylene}$

(8) 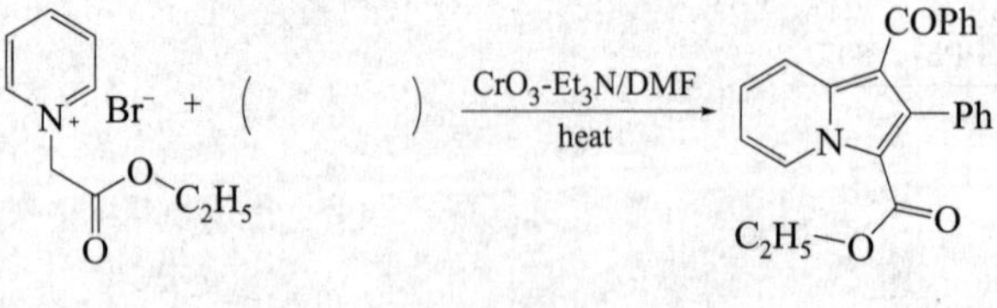 吡啶盐 Br^- + (　　) $\xrightarrow[heat]{CrO_3\text{-}Et_3N/DMF}$ COPh, Ph, C_2H_5O

(9) 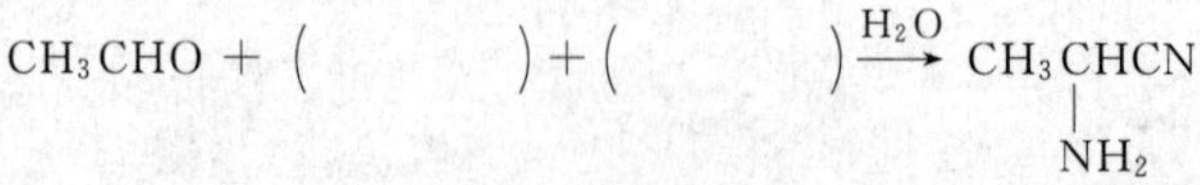 CH_3CHO + (　　) + (　　) $\xrightarrow{H_2O}$ $CH_3CH(NH_2)CN$

(10) 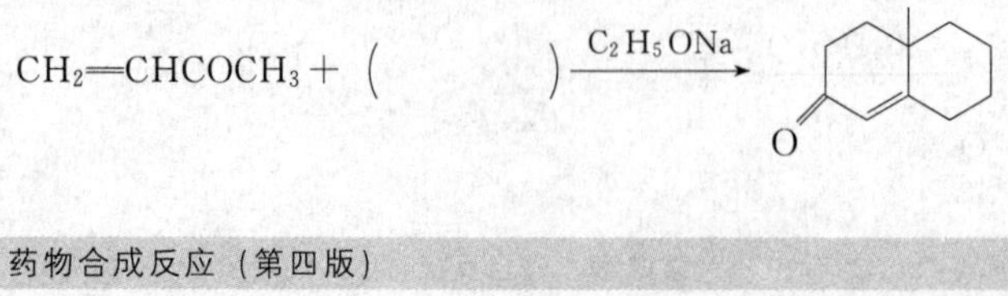 $CH_2{=}CHCOCH_3$ + (　　) $\xrightarrow{C_2H_5ONa}$

3. 阅读（翻译）以下有关反应操作的原文，请在理解基础上写出完整反应式（原料、试剂和主要反应条件）和反应机理（历程）。

In a 3L round-bottomed flask fitted with a reflux condenser are placed 625ml of 95% alcohol，500ml of water，500g（476mL，4.7mol）of pure benzaldehyde，and 50g of sodium cyanide（96%-98%）. The mixture is then heated and kept boiling for one-half hour. In the course of about twenty minutes，crystals begin to separate from the hot solution. At the end of the thirty minutes，the solution is cooled，filtered with suction，and washed with a little water. The yield of dry crude benzoin，which is white or light yellow，is 450-460g（90%-92% of the theoretical amount）. In order to obtain it completely pure，the crude substance is recrystallized from 95% alcohol，90g of crude material being dissolved in about 700mL of boiling alcohol；upon cooling，a yield of 83g of white，pure benzoin which melts at 129℃ is obtained.

第五章 重排反应 (Rearrangement Reaction)

重排反应是在同一分子内，一个基团从一个原子迁移至另一个原子而形成新分子的反应。大部分重排是迁移基团从一个原子迁移到相邻的一个原子，称为 1,2 迁移；但是有些迁移的距离较远。

$$\underset{A-B}{\overset{W}{|}} \longrightarrow \underset{A-B}{\quad\overset{W}{|}}$$

迁移基团（W）带着一对电子的迁移称为亲核重排（迁移基团可看作是亲核试剂）；迁移基团不带电子对的迁移称为亲电重排（迁移基团可看作是亲电试剂）；迁移基团带着一个电子的迁移称为自由基重排。A、B 分别表示迁移的起点原子和终点原子。有些迁移基团 W 与 A 原子间 σ 键的断裂和在 B 原子形成新的 σ 键同时进行，称为 σ 键迁移重排。

第一节 重排反应机理

一、电子反应机理

1. 亲核重排

亲核重排一般分三步进行。第一步，反应物在催化剂作用下失去离去基团形成不稳定的缺电子中心。第二步，其相邻原子上的迁移基带着一对电子向其迁移，形成新的缺电子中心。第三步，新的缺电子中心与外界试剂作用或经分子内电子调整而形成稳定的化合物。真正的重排实际发生在第二步。

$$-\overset{\text{(W)}}{\underset{|}{A}}-\overset{+}{B}- \longrightarrow -\overset{+}{A}-\overset{W}{\underset{|}{B}}-$$

因为迁移基带着一对成键电子，所以迁移的终点 B 必须是外层含六个电子（称为开放六隅体）的缺电子原子，故第一步是产生一个开放六隅体系，最重要的是碳正离子和氮烯。例如在 Wagner-Meerwein 重排和 Pinacol 重排中，醇用酸处理形成碳正离子（**1**）；在 Curtius 重排中，酰基叠氮化合物分解形成氮烯（**2**）。

$$-\overset{R}{\underset{|}{\overset{|}{C}}}-\underset{|}{\overset{|}{C}}-OH \xrightarrow{H^{\oplus}} -\overset{R}{\underset{|}{\overset{|}{C}}}-\underset{|}{\overset{|}{C}}-OH_2^{\oplus} \longrightarrow -\overset{R}{\underset{|}{\overset{|}{C}}}-\underset{|}{\overset{|}{C}}^{\oplus} \quad \textbf{(1)}$$

$$R-\underset{\underset{O}{\|}}{C}-\ddot{N}=\overset{\oplus}{N}=\overset{\ominus}{N} \xrightarrow{heat} R-\underset{\underset{O}{\|}}{C}-\ddot{N} + N_2 \quad \textbf{(2)}$$

第二步迁移发生后，迁移起点原子 A 为开放六隅体；第三步是原子 A 获得一对电子成为八隅体。在碳正离子情况下，例如 Wagner-Meerwein 重排中，第三步是与亲核试剂（Y）结合（伴随取代的重排），形成化合物（**3**），或失去一个质子（伴随消除的重排），生成化合物（**4**）。

$$-\overset{R^1}{\underset{|}{\overset{|}{C}}}-\overset{R^4}{\underset{|}{\overset{|}{C}}}^{\oplus} \longrightarrow -\overset{\oplus}{\underset{|}{C}}-\overset{R^4}{\underset{|}{\overset{|}{C}}}-R^1 \longrightarrow \begin{cases} -\overset{Y}{\underset{|}{\overset{|}{C}}}-\overset{R^4}{\underset{|}{\overset{|}{C}}}-R^1 & \textbf{(3)} \\ -\underset{|}{C}=\underset{|}{C}-R^1 \quad (\text{如果 } R^4 = H) & \textbf{(4)} \end{cases}$$

虽然讲述机理分三步进行，但在许多情况下，两步或所有三步实际上同时发生。例如，在 Curtius 重排中，第二步和第三步同时进行，即随着 R 的迁移，氮原子上的一对电子转移到 C—N 键，而得到稳定的异氰酸酯（**5**）。

$$\overset{R}{\underset{\underset{O}{\|}}{C}}-\ddot{N}H_2 \longrightarrow \underset{\underset{O}{\|}}{C}=\overset{R}{\overset{|}{N}}: \quad \textbf{(5)}$$

在许多重排反应中，第一步和第二步同时进行。例如，在 Hofmann 重排（I）和 Lossen 重排（II）反应中，没有真正的氮烯形成，R 的迁移和离去基团的除去同时进行。

$$R-\underset{\underset{O}{\|}}{C}-\overset{\ominus}{\ddot{N}}-Br \longrightarrow \underset{\underset{O}{\|}}{C}=\ddot{N}-R \quad (I)$$

$$R-\underset{\underset{O}{\|}}{C}-\overset{\ominus}{\ddot{N}}-O-\overset{\overset{O}{\|}}{C}-R \longrightarrow \underset{\underset{O}{\|}}{C}=\ddot{N}-R \quad (II)$$

还有二苯基乙二酮-二苯基乙醇酸重排、Wolff 重排、Beckmann 重排、Schmidt 反应、Baeyer-Villiger 重排亦为亲核反应机理。

2. 亲电重排

亲电重排的第一步是形成碳负离子（或其他负离子）。真正的重排步骤包括不带着其成键电子的基团迁移：

$$\overset{W}{\overset{|}{A}}-\overset{\ominus}{B} \longrightarrow {}^{\ominus}A-\overset{W}{\overset{|}{B}}$$

重排产物可能是稳定的或进一步反应使其稳定，这取决于它的性质。

亲电重排反应较少见，主要有 Favorskii 重排、Stevens 重排和 Sommelet-Hauser 重排。

二、自由基反应机理

自由基重排较亲核重排少见。在自由基重排中，首先形成自由基，然后迁移基团带着一个电子进行迁移，生成新的自由基，最后新生成的自由基借进一步的反应使其稳定。

$$\text{W-A-}\dot{\text{B}} \longrightarrow \dot{\text{A}}\text{-B-W}$$

例如 $PhCMe_2CH_2CHO$ 用二叔丁基过氧化物处理，经脱羰基化作用，得到等量的正常产物 $PhCMe_2CH_3$ 和由于苯基的迁移而形成的产物。

$$\text{Me-C(Ph)(Me)-}\dot{\text{C}}\text{H}_2 \longrightarrow \text{Me-}\dot{\text{C}}\text{(Me)-CH}_2\text{Ph} \xrightarrow{\text{夺取氢}} \text{Me-CH(Me)-CH}_2\text{Ph}$$

总的来讲，1,2-自由基迁移不像类似的碳正离子过程普遍，1,2-自由基迁移只对芳香基、乙烯基、乙酰氧基和卤素迁移基重要，迁移的方向通常是趋向于更稳定的自由基。例如，在过氧化物存在下，$Cl_3CCH{=}CH_2$ 与溴作用，产物为47%的 $Cl_3CCHBrCH_2Br$（正常加成产物）和53%的 $BrCCl_2CHClCH_2Br$（重排反应产物），重排反应的推动力可能是二氯烃基自由基的特殊稳定性：

$$Cl_3C\text{-}CH{=}CH_2 \xrightarrow{Br\cdot} Cl_3C\text{-}\dot{C}H\text{-}CH_2Br \longrightarrow Cl_2\dot{C}\text{-}CHCl\text{-}CH_2Br \xrightarrow{Br_2} BrCCl_2\text{-}CHCl\text{-}CH_2Br$$

三、周环反应机理

具有一个环状过渡态，而且按反应物分子轨道的对称性进行的有机反应称为周环反应。周环反应用热或光引发，化学键的断裂和生成在同一步骤中协同进行，没有中间体产生，所以周环反应也是个协同反应。本章主要介绍 σ 键迁移重排。

与 π 键相邻的一个 σ 键迁移至新的位置，同时 π 键的位置改变，这种非催化的分子内异构化协同反应，称为 σ 键迁移重排。用“[i,j]-σ 迁移重排”表示一个具体的 σ 迁移的顺序。将要迁移的 σ 键两端的原子编号为 1，向形成新的 σ 键的原子连续编号为 2,3,…。方括号内“i,j”表示形成新的 σ 键的原子的编号，也就是原始的 σ 键两端分别跨越的原子数目。

下例中 σ 键的迁移均为从 C-1 到 C-3，故称为 [3,3]-σ 迁移重排。

原始的σ键 ⟶ （[3,3]-σ 迁移重排示意）⟵ 新的σ键

下例中将要迁移的 σ 键的碳端从 C-1 迁移到 C-5，将要迁移的 σ 键的另一端氢端形成新的 σ 键时没有跨越，即编号仍为 1，故称为 [1,5]-σ 迁移重排。注意，这不是因为氢原子从 C-1 迁移到 C-5，而是因为氢原子（编号为 1 的两个原子之一）作为将要迁移 σ 键的一端，也是形成新的 σ 键的一端。

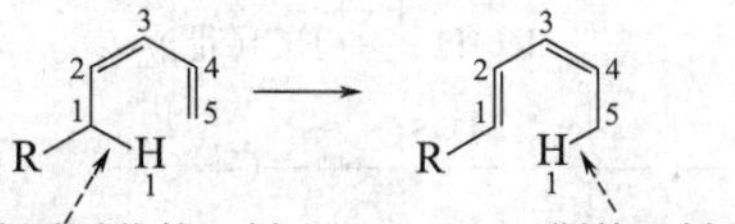

将要迁移的σ键　　新的σ键

Claisen 重排和 Cope 重排均为 [3,3]-σ 迁移重排。

第二节　从碳原子到碳原子的重排

一、Wagner-Meerwein 重排

醇与酸反应时，主要生成取代或消除产物；但在许多情况下，特别是当 β-碳原子上有两个或三个烷基或芳基时，所得产物往往发生重排。此类重排称为 Wagner-Meerwein 重排。

1. 反应通式

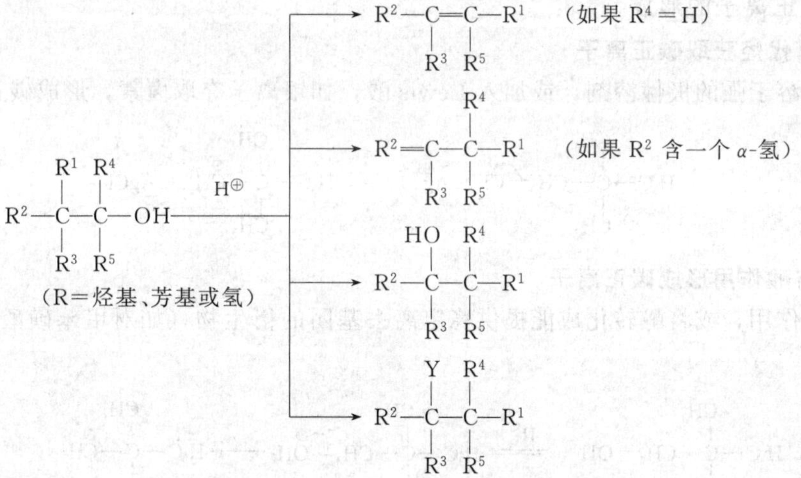

(如果 $R^4=H$)

(如果 R^2 含一个 α-氢)

(R=烃基、芳基或氢)

2. 反应机理

Wagner-Meerwein 重排为亲核重排反应机理。醇在酸作用下首先形成碳正离子，再重排为较稳定的碳正离子。大多数情况下，碳正离子失去 β-氢而生成烯烃。失去的质子可以是 R^4（如果 R^4 为氢原子）或从 R^2 失去一个 α-质子（如果 R^2 含有一个 α-氢原子）。当有可供选择的质子时，则遵从查依采夫规则（Zaitsev's rule）。比较少见的是重排后的碳正离子不失去一个质子，而是与亲核试剂结合；当亲核试剂是水（离去基团），则产物为重排的醇；与其他亲核试剂结合时，产物中的取代基以 Y 表示。

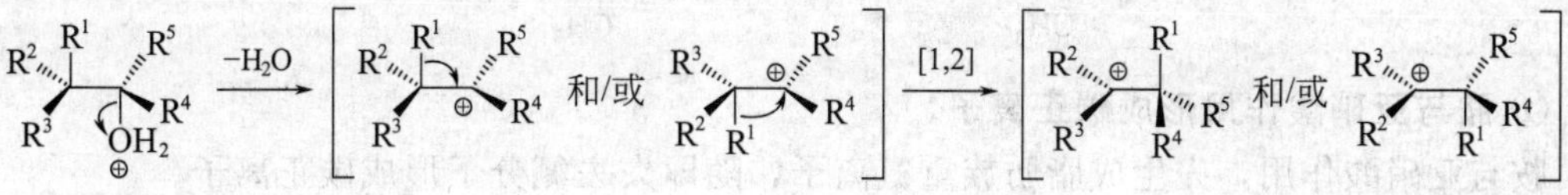

$-H_2O$　和/或　[1,2]　和/或

3. 影响因素

(1) 碳正离子的稳定性

当醇用酸处理时，可发生简单的取代反应（Ⅲ）或消除反应（Ⅳ）。

$$ROH \xrightarrow{HCl} RCl \quad (\text{Ⅲ})$$

$$-\underset{H}{\overset{|}{C}}-\underset{OH}{\overset{|}{C}}- \xrightarrow{H_2SO_4} -\overset{|}{C}=\overset{|}{C}- \quad (\text{Ⅳ})$$

但是，在许多情况下，特别是当醇羟基的β-碳原子上有两个或三个烃基或芳基时，则更容易发生重排，因为此时碳正离子转变成更稳定的形式。例如，当一个仲碳正离子（**6**）重排成叔碳正离子（**7**），或一个简单的碳正离子（**8**）重排成一个共振稳定化的碳正离子（**9**）。

$$H_3C-\underset{CH_3}{\overset{CH_3}{C}}-\overset{\oplus}{C}HCH_3 \longrightarrow H_3C-\underset{CH_3}{\overset{\oplus}{C}}-\overset{CH_3}{C}HCH_3$$

(**6**) (**7**)

$$C_6H_5-CH_2-\overset{\oplus}{C}HCH_3 \longrightarrow C_6H_5-\underset{\oplus}{C}H-CH_2CH_3$$

(**8**) (**9**)

(2) 碳正离子的形成

① 由卤代烃获取碳正离子

卤代烃溶于强的极性溶剂，或加入 Lewis 酸，如银离子夺取卤素，形成碳正离子。

$$H_3C-\underset{CH_3}{\overset{CH_3}{C}}-CH_2-Cl + \overset{\oplus}{Ag} \longrightarrow H_3C-\underset{CH_3}{\overset{CH_3}{C}}-\overset{\oplus}{C}H_2 + AgCl$$

② 醇与酸作用形成碳正离子

醇与酸作用，或将醇转化成能提供稳定离去基团的衍生物（如对甲苯磺酸酯），形成碳正离子。

$$H_3C-\underset{CH_3}{\overset{CH_3}{C}}-CH_2-OH \underset{}{\overset{H^{\oplus}}{\rightleftharpoons}} H_3C-\underset{CH_3}{\overset{CH_3}{C}}-CH_2-\overset{\oplus}{O}H_2 \longrightarrow H_3C-\underset{CH_3}{\overset{CH_3}{C}}-\overset{\oplus}{C}H_2$$

$$H_3C-\underset{CH_3}{\overset{CH_3}{C}}-CH_2-O-\underset{O}{\overset{O}{S}}-C_6H_4-CH_3 \longrightarrow H_3C-\underset{CH_3}{\overset{CH_3}{C}}-\overset{\oplus}{C}H_2 + {}^{\ominus}O-\underset{O}{\overset{O}{S}}-C_6H_4-CH_3$$

③ 烯烃经质子加成后形成碳正离子

$$H_3C-\underset{CH_3}{\overset{CH_3}{C}}-CH=CH_2 \xrightarrow{H^{\oplus}} H_3C-\underset{CH_3}{\overset{CH_3}{C}}-\underset{\oplus}{C}H-CH_3$$

④ 胺与亚硝酸作用形成碳正离子

胺与亚硝酸作用，先生成脂肪族重氮离子，随即失去氮分子形成碳正离子。

$$H_3C-\underset{CH_3}{\overset{CH_3}{C}}-CH_2-NH_2 \xrightarrow{HNO_2} H_3C-\underset{CH_3}{\overset{CH_3}{C}}-CH_2-\overset{\oplus}{N}\equiv N \xrightarrow{-N_2} H_3C-\underset{CH_3}{\overset{CH_3}{C}}-\overset{\oplus}{C}H_2$$

4. 应用特点

Wagner-Meerwein 重排现已扩展为烷基或芳基或氢从一个碳原子迁移至另一碳原子的 1,2-重排。利用 Wagner-Meerwein 重排反应，首先通过反应获得碳正离子，经重排后，在不同的反应条件下，得到相应产物。

(1) **卤代烃 Wagner-Meerwein 重排**

正溴丙烷与 $AlBr_3$ 反应，形成碳正离子，重排得 2-溴丙烷。

$$CH_3CH_2CH_2Br \xrightarrow{AlBr_3} CH_3CH_2\overset{\oplus}{C}H_2 + AlBr_4^{\ominus} \longrightarrow CH_3\overset{\oplus}{C}HCH_3 \xrightarrow{AlBr_4^{\ominus}} CH_3\underset{Br}{\underset{|}{C}H}CH_3 \quad [1]$$

(2) **醇类化合物 Wagner-Meerwein 重排**

异冰片（Isoborneol，**10**）经重排生成莰烯（Camphene，**11**）。

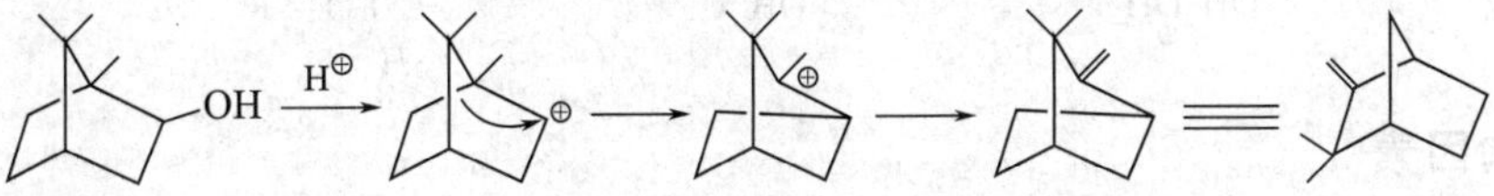

OH $\xrightarrow{H^{\oplus}}$ ⊕ ⟶ ⊕ ⟶ ⟶ ≡ [2]

(10) (11)

醇类化合物（**12**）在酸催化下，经重排生成烯（**13**）。

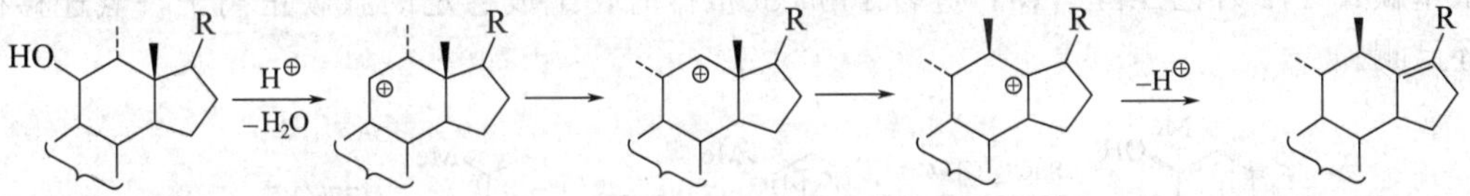

HO R $\xrightarrow[-H_2O]{H^{\oplus}}$ R ⊕ ⟶ R ⊕ ⟶ R ⊕ $\xrightarrow{-H^{\oplus}}$ R [3]

(12) (13)

(3) **烯烃化合物 Wagner-Meerwein 重排**

烯烃化合物（**14**）在酸催化下，经重排生成（**15**）。

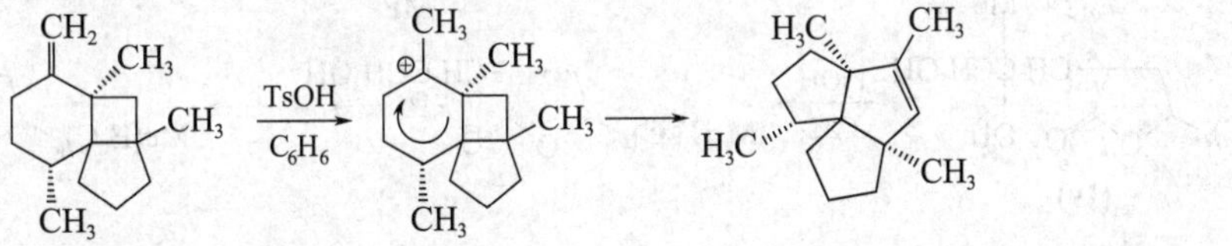

CH_2 CH_3 CH_3 CH_3 $\xrightarrow[C_6H_6]{TsOH}$ CH_3 CH_3 CH_3 CH_3 ⊕ ⟶ H_3C CH_3 H_3C CH_3 [4]

(14) (15)

(4) **胺类化合物 Wagner-Meerwein 重排**

胺类化合物（**16**）与亚硝酸反应，形成碳正离子，经重排生成化合物（**17**）。

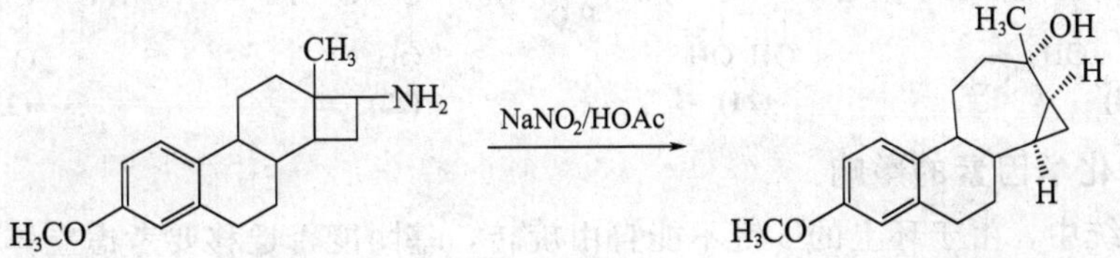

CH_3 NH_2 H_3CO $\xrightarrow{NaNO_2/HOAc}$ H_3C OH H H H_3CO [5]

(16) (17)

二、Pinacol 重排

连乙二醇类用酸处理时重排成醛或酮的反应，称为 Pinacol 重排。

1. 反应通式

$$R^2-\underset{OH}{\overset{R^1}{C}}-\underset{OH}{\overset{R^3}{C}}-R^4 \xrightarrow{H^{\oplus}} R^2-\underset{O}{\overset{}{C}}-\underset{R^3}{\overset{R^1}{C}}-R^4$$

（R 为烃基、芳基或氢）

2. 反应机理

Pinacol 重排为亲核重排反应机理。首先连乙二醇一个羟基质子化后脱去一分子水，生成一个碳正离子中间体，进行 1,2-迁移产生更稳定碳正离子，再失去质子生成相应的羰基化合物。

$$R^2-\underset{OH}{\overset{R^1}{C}}-\underset{OH}{\overset{R^3}{C}}-R^4 \xrightarrow{H^{\oplus}} R^2-\underset{OH}{\overset{R^1}{C}}-\underset{\overset{\oplus}{O}H_2}{\overset{R^3}{C}}-R^4 \xrightarrow{-H_2O} R^2-\underset{OH}{\overset{R^1}{C}}-\underset{\oplus}{\overset{R^3}{C}}-R^4 \xrightarrow{1,2\text{-迁移}} R^2-\underset{OH}{\overset{\oplus}{C}}-\underset{R^3}{\overset{R^1}{C}}-R^4 \xrightarrow{-H^{\oplus}} R^2-\underset{O}{C}-\underset{R^3}{\overset{R^1}{C}}-R^4$$

3. 影响因素

(1) 碳正离子的稳定性

不对称的连乙二醇化合物的重排产物通常是由生成最稳定的碳正离子中间体来决定。例如，甲基顺式-1,2-环己二醇（**18**）进行 Pinacol 重排时，生成稳定的叔碳正离子，氢迁移得甲基环己酮。

$$\textbf{(18)} \xrightarrow[(PhO)_2CHOEt]{SnCl_4/CH_2Cl_2} \longrightarrow \text{2-甲基环己酮}\ (77\%)$$ [6]

化合物（**19**）失去叔羟基生成稳定的叔碳正离子，氢迁移生成醛类化合物（**20**）。

$$\textbf{(19)} \xrightarrow[C_6H_6]{TsOH} \longrightarrow \textbf{(20)}\ (80\%)$$ [7]

1,1-二甲基-2,2-二苯基乙二醇（**21**）用硫酸处理，产生的碳正离子中间体（**22**）较碳正离子中间体（**24**）稳定，故只得到重排产物（**23**）。

$$\textbf{(24)} \not\leftarrow \textbf{(21)} \xrightarrow[-H_2O]{H^{\oplus}} \textbf{(22)} \xrightarrow{-H^{\oplus}} H_3C-\underset{O}{C}-\underset{Ph}{\overset{CH_3}{C}}-Ph\ \textbf{(23)}$$ [8]

(2) 立体化学因素的影响

在脂环系统中，由于环上的 σ 键不能自由旋转，基团能否迁移要考虑立体因素。当离去基（如-$OH_2{}^+$）和迁移基互成反式时，满足了迁移的立体化学要求，迁移才能顺利进行。例如 1,2-二甲基-1,2-环己二醇的顺反两种异构体中，顺式反应物（**25**）的甲基和离去基—$OH_2{}^+$互成反式，甲基进行迁移；反式反应物（**26**）的甲基和离去基互成顺式，迁移的不是甲基而是缩环。

(25) (26)

(3) 反应条件的影响

不对称连乙二醇重排往往得到混合物。优先迁移的基团随其迁移能力和形成初始碳正离子的稳定性及反应条件而异。例如1,1-二甲基-2,2-二苯基乙二醇 **(27)** 在冷的硫酸作用下，主要是甲基迁移，因为在冷的浓硫酸作用下，形成更稳定的二苯基碳正离子，导致生成甲基迁移产物 **(28)**；在含微量硫酸的醋酸作用下，主要生成苯基迁移产物 **(29)**。

$$Ph_2C(CH_3)-CO-CH_3\ \textbf{(28)} \xleftarrow{冷浓硫酸} Ph_2C(OH)-C(OH)(CH_3)_2\ \textbf{(27)} \xrightarrow[微量硫酸]{醋酸} Ph-CO-C(CH_3)_2Ph\ \textbf{(29)} \quad [9]$$

再例如化合物 **(30)** 通HCl气体得到90%的氢迁移产物 **(31)**；用三氯乙酸催化得38%的氢迁移产物 **(31)** 和62%的苯基迁移产物 **(32)**。

$$Ph-CH(OH)-C(OH)(Ph)-C_6H_4-CH_3\ \textbf{(30)}$$
$$\xrightarrow[25℃/3h]{HCl 气体} Ph-CO-CH(Ph)-C_6H_4-CH_3\ \textbf{(31)}\ (90\%) + H-CO-C(Ph)_2-C_6H_4-CH_3\ \textbf{(32)}\ (10\%) \quad [10]$$
$$\xrightarrow[20℃]{CCl_3COOH} Ph-CO-CH(Ph)-C_6H_4-CH_3\ \textbf{(31)}\ (38\%) + H-CO-C(Ph)_2-C_6H_4-CH_3\ \textbf{(32)}\ (62\%)$$

将连乙二醇分子中的一个羟基转化成单磺酸酯（好的离去基团），然后在碱催化下重排，得到选择性的重排产物。例如仲羟基优先生成磺酸酯，在碱催化下，磺酸基离去，叔碳上的基团发生迁移。

$$R_2C(OH)-CH(OH)-R \xrightarrow{R'SO_2Cl} R_2C(OH)-CH(OSO_2R')-R \xrightarrow{B^{\ominus}} R_2C(O^{\ominus})-CH(OSO_2R')-R \longrightarrow R-CO-CHR_2 \quad [11]$$

(4) 迁移基团的迁移能力

在酸催化下脱去任一羟基，得到相同碳正离子的情况下，生成的重排产物主要取决于迁移基的迁移能力。使正电荷稳定的取代基（好的供电性）迁移倾向大。相对迁移能力是：芳基≈氢≈乙烯基（烷烯基）＞叔丁基≫环丙基＞仲烷基＞伯烷基。例如，化合物 **(33)** 在路易斯酸（PPSE）催化下，主要生成苯基迁移的产物。

$$Ph-C(OH)(CH_3)-C(OH)(CH_3)-Ph\ \textbf{(33)} \xrightarrow[>80℃]{PPSE} Ph-C(OH)(CH_3)-C^{\oplus}(CH_3)-Ph \longrightarrow H_3C-CO-C(CH_3)(Ph)-Ph + Ph-CO-C(Ph)(CH_3)-CH_3 \quad [12]$$

芳环的对位及间位有供电子基时，增加了芳环上的电子云密度，有利于亲核重排的进行；若在芳环的邻位有取代基，无论是供电子基还是吸电子基，由于立体效应，都使芳基的迁移能力下降，甚至不会发生重排。在芳核的任何位置有吸电子基，均使芳基的迁移能力下降。

化合物（**34**）分子中对甲氧基苯基的迁移能力大于苯基，故主要产物为（**35**）。

$$p\text{-}H_3COC_6H_4-\underset{OH}{\overset{Ph}{C}}-\underset{OH}{\overset{Ph}{C}}-C_6H_4OCH_3\text{-}p \xrightarrow{H^{\oplus}} Ph-\underset{\|\atop O}{C}-\underset{C_6H_4OCH_3\text{-}p}{\overset{Ph}{C}}-C_6H_4OCH_3\text{-}p + p\text{-}H_3COC_6H_4-\underset{\|\atop O}{C}-\underset{Ph}{\overset{Ph}{C}}-C_6H_4OCH_3\text{-}p$$

（**34**）　　　（**35**）（94%）　　　（6%）

4. 应用特点

（1）Pinacol 重排制备 Pinacolone

Pinacol 重排因典型化合物 Pinacol（四甲基乙二醇）（**36**）重排生成 Pinacolone（叔丁基甲基酮）（**37**）而得名。

$$H_3C-\underset{OH}{\overset{CH_3}{C}}-\underset{OH}{\overset{CH_3}{C}}-CH_3 \xrightarrow{H^{\oplus}} H_3C-\underset{\|\atop O}{C}-\underset{CH_3}{\overset{CH_3}{C}}-CH_3 \quad [13]$$

（**36**）　　　（**37**）

（2）Semipinacol 重排制备酮类化合物

能使羟基的 β-碳原子上产生正电荷的反应，亦能发生 Pinacol 重排，得到酮类化合物，这种重排称为 Semipinacol 重排。

$$R^2-\underset{OH}{\overset{R^1}{C}}-\underset{X}{\overset{R^3}{C}}-R^4 \xrightarrow[-X^{\ominus}]{\text{温和条件}} R^2-\underset{OH}{\overset{R^1}{C}}-\underset{\oplus}{\overset{R^3}{C}}-R^4 \xrightarrow{[1,2]\text{-迁移}} R^2-\underset{\|\atop O}{\overset{R^1}{C}}-\underset{R^3}{C}-R^4$$

式中，X=Cl、Br、I、SR、OTs、OMs。温和条件指 $LiClO_4/THF/CaCO_3$、Et_3Al/DCM 等。

① β-氨基醇类

β-氨基醇类用亚硝酸处理，经重氮化失去氮分子，形成碳正离子，重排生成酮类化合物。

$$R^2-\underset{OH}{\overset{R^1}{C}}-\underset{NH_2}{\overset{R^3}{C}}-R^4 \xrightarrow{HNO_2} R^2-\underset{OH}{\overset{R^1}{C}}-\underset{\oplus}{\overset{R^3}{C}}-R^4 \longrightarrow R^2-\underset{HO}{\overset{\oplus}{C}}-\underset{R^3}{\overset{R^1}{C}}-R^4 \xrightarrow{-H^{\oplus}} R^2-\underset{\|\atop O}{C}-\underset{R^3}{\overset{R^1}{C}}-R^4$$

例如，下例 β-氨基醇类化合物经重氮化，失去氮分子后重排得到相应的酮类化合物。

$$H_3C-\underset{OH}{\overset{CH_3}{C}}-\underset{NH_2}{\overset{CH_3}{C}}-CH_3 \xrightarrow{HNO_2} H_3C-\underset{\|\atop O}{C}-\underset{CH_3}{\overset{CH_3}{C}}-CH_3 \quad [14]$$

脂环 β-氨基醇类化合物，经重氮化失去氮分子后重排得扩环的酮类化合物。例如：

HO CH_2NH_2 (cycloheptane) $\xrightarrow{HNO_2}$ cyclooctanone (61%) [15]

② **β-卤代醇类**

β-卤代醇类用 Lewis 酸（氧化汞或硝酸银）处理，形成碳正离子，重排得到酮类化合物。例如：

$$Cl-C_6H_4-C(OH)(Ph)-CH(Br)-Ph \xrightarrow[r.t.]{AgNO_3/EtOH} Cl-C_6H_4-C(=O)-CH(Ph)_2$$ [16]

orythro (78%)

threo (65%)

(3) 制备环状酮

若连乙二醇上的一个羟基位于脂环上，通过重排，可以得到扩环的脂肪酮。例如：

$$\text{1-(hydroxydiphenylmethyl)cyclopentanol} \xrightarrow[r.t./3h]{H_2SO_4/Et_2O} [\ \text{protonated intermediate}\ ] \longrightarrow \text{2,2-diphenylcyclohexanone}\ (99\%)$$ [17]

具有下列结构的连乙二醇，通过重排生成螺环酮类化合物。

$$\text{1,1'-bi(cyclopentyl)-1,1'-diol} \xrightarrow[-20℃/5min]{0.2mol/L\ SnCl_4/HC(OMe)_3} [\text{carbocation}] \longrightarrow \text{spiro[4.5]decan-6-one}\ (90\%)$$ [18]

三、二苯基乙二酮-二苯基乙醇酸重排

α-二酮类用碱处理发生重排，生成 α-羟基酸盐的反应，称为二苯基乙二酮（Benzil）-二苯基乙醇酸（Benzilic acid）重排。

1. 反应通式

$$Ar-C(=O)-C(=O)-Ar' \xrightarrow{OH^{\ominus}} Ar-C(Ar')(OH)-COO^{\ominus}$$

2. 反应机理

该重排为亲核重排反应机理。首先碱对羰基进行亲核加成，接着发生重排，重排产物进行质子转移，生成羧酸盐而使反应不可逆。对称或不对称的芳基乙二酮化合物重排时，无论哪个基团迁移，都生成同样的二芳基乙醇酸。

$$Ar-C(=O)-C(=O)-Ar' \xrightarrow{OH^{\ominus}} \begin{cases} \xrightarrow{a} HO-C(Ar)(O^{\ominus})-C(=O)-Ar'\ \textbf{(38)} \longrightarrow HO-C(=O)-C(Ar)(O^{\ominus})-Ar' \\ \xrightarrow{b} Ar-C(=O)-C(Ar')(O^{\ominus})-OH\ \textbf{(39)} \longrightarrow Ar-C(Ar')(O^{\ominus})-C(=O)-OH \end{cases} \xrightarrow{质子迁移} {}^{\ominus}O-C(=O)-C(Ar)(OH)-Ar'$$

从反应机理推测，如果中间体（**38**）占优势（Ar 为带强吸电子基的芳基），则 Ar 迁移；如果中间体（**39**）占优势，则 Ar′迁移。

3. 影响因素

（1）催化剂碱

若二苯基-α-二酮用苛性碱（如 NaOH）催化该重排，则得到 α-羟基酸。

$$PhCOCOPh \xrightarrow[heat]{NaOH} \xrightarrow{H^{\oplus}} Ph_2C(OH)COOH$$

若用醇盐代替苛性碱，则直接生成酯。例如二苯基乙二酮在干燥苯中用叔丁醇钾/叔丁醇处理，得二苯基乙醇酸叔丁酯，即二苯基乙醇酯重排（Benzilic ester rearrangement）。

$$PhCOCOPh \xrightarrow{Me_3COK/Me_3COH} Ph_2C(OH)COOCMe_3 \quad [19]$$

容易被氧化的烷氧基不能用于该重排反应，因为烷氧基如含有 α-氢［如 $CH_3CH_2O^-$ 或 $(CH_3)_2CHO^-$］，能将 α-二酮还原为 α-羟基酮类化合物，致使重排反应不能进行。例如：

$$Ar-CO-CO-Ar + H_3C-CH(CH_3)-O^{\ominus} \longrightarrow Ar-CH(O^{\ominus})-CO-Ar + H_3C-C(CH_3)=O$$

（2）α-二酮的结构

芳基 α-二酮类和脂肪 α-二酮类化合物均可发生该重排。

$$RCOCOR' \xrightarrow{^{\ominus}OH} {}^{\ominus}OOC-C(OH)RR' \xrightarrow{酸化} HOOC-C(OH)RR'$$

一般情况下，芳基 α-二酮类进行二苯基乙醇酸重排收率高；可烯醇化的脂肪族 α-二酮化合物由于进行醇醛缩合反应，使该重排产物收率降低。某些脂肪族二酮如 β，β'-己二酮二酸与碱作用可发生重排生成柠檬酸。

$$\begin{matrix} HO_2CCH_2-C=O \\ | \\ HO_2CCH_2-C=O \end{matrix} \xrightarrow[2)H^{\oplus}]{1)^{\ominus}OH} (HOOCCH_2)_2C(OH)COOH$$

环状的 α-二酮在碱性条件下缩环重排生成环状 α-羟基酸。

$$\text{环状 } \alpha\text{-二酮}(R^1,R^2,R^3,R^4,(\ )_n) \xrightarrow{^{\ominus}OH} \text{环}-C(OH)COO^{\ominus} \xrightarrow{H^{\oplus}} \text{环}-C(OH)COOH$$

4. 应用特点

(1) 制备二芳基乙醇酸

二苯基乙二酮-二苯基乙醇酸重排是制备二芳基乙醇酸的常用方法。例如：

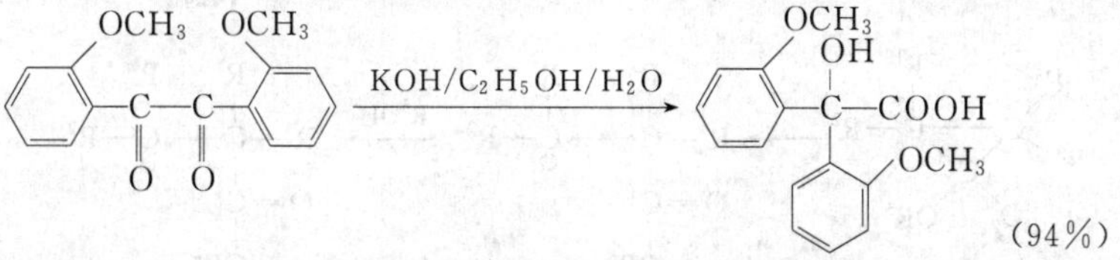

$$\text{(2-}CH_3OC_6H_4)\text{-CO-CO-(2-}C_6H_4OCH_3) \xrightarrow{KOH/C_2H_5OH/H_2O} (2\text{-}CH_3OC_6H_4)_2C(OH)\text{-}COOH \quad (94\%)$$ [20]

芳基乙二酮可由 α-羟基酮氧化制得，而 α-羟基酮可由芳醛经安息香缩合（Benzoin condensation）来制备。

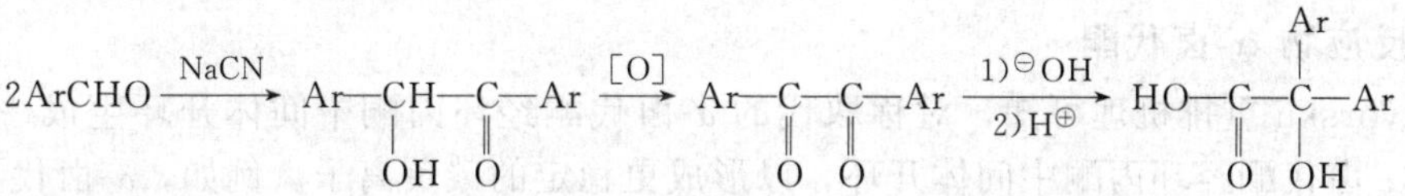

$$2ArCHO \xrightarrow{NaCN} Ar\text{-}CH(OH)\text{-}CO\text{-}Ar \xrightarrow{[O]} Ar\text{-}CO\text{-}CO\text{-}Ar \xrightarrow[2)H^{\oplus}]{1)^{\ominus}OH} HO\text{-}CO\text{-}C(Ar)_2\text{-}OH$$ [21]

(2) 制备环状 α-羟基酸

环状 α-二酮经重排生成环状 α-羟基酸。例如，1,2-环己二酮 (**40**) 重排生成 1-羟基-1-环戊烷甲酸 (**41**)。

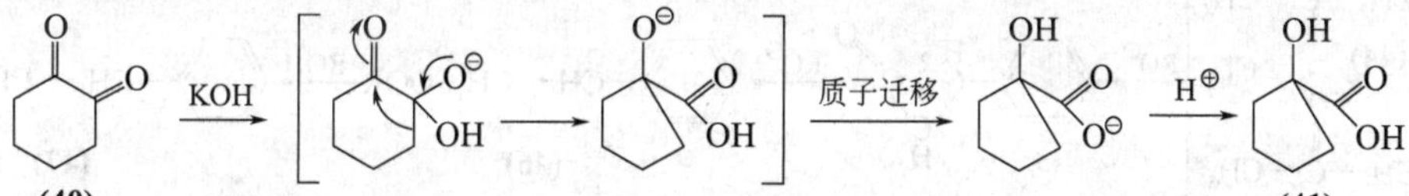

$$(\mathbf{40}) \xrightarrow{KOH} [\ \ ] \xrightarrow{质子迁移} \xrightarrow{H^{\oplus}} (\mathbf{41})$$ [22]

甾体化学中利用该重排反应可使结构中有 α-二酮的环缩小。例如：

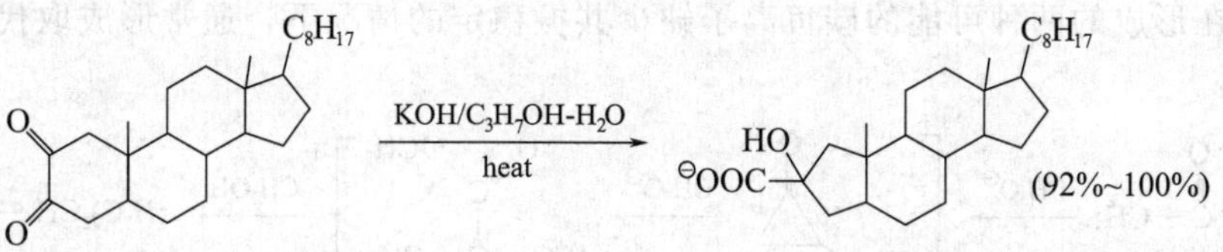

$$\xrightarrow[heat]{KOH/C_3H_7OH\text{-}H_2O} (92\%\sim100\%)$$ [23]

四、Favorskii 重排

α-卤代酮（氯、溴或碘）和烷氧负离子作用，发生重排得到酯的反应，称为 Favorskii 重排。

1. 反应通式

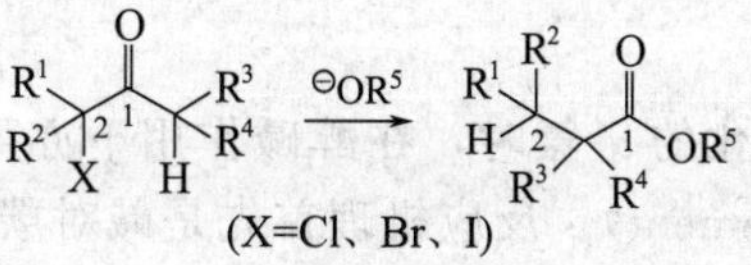

$$R^1R^2CX\text{-}CO\text{-}CHR^3R^4 \xrightarrow{^{\ominus}OR^5} R^1R^2CH\text{-}CR^3R^4\text{-}COOR^5$$

(X=Cl、Br、I)

2. 反应机理

Favorskii 重排为亲电重排反应机理。α-卤代酮在碱性条件下首先失去一个 α-氢，形成碳负离子，分子内环合形成环丙酮中间体 (**42**)，碱对羰基进行亲核加成，生成环状半缩酮 (**43**)，从利于形成更稳定碳负离子的一侧开环，经质子转移生成产物。

$$R^3-\underset{R^4}{\overset{H}{C}}-\underset{O}{\overset{1}{C}}-\underset{X}{\overset{R^1}{C^2}}-R^2 \xrightarrow{^{\ominus}OR^5} R^3R^4\overset{\ominus}{C}-\underset{O}{\overset{1}{C}}-\underset{X}{\overset{R^1}{C^2}}-R^2 \longrightarrow \underset{(42)}{R^3R^4C\overset{C^2R^1R^2}{-}\underset{O}{C^1}} \xrightarrow{^{\ominus}OR^5}$$

$$\underset{(43)}{R^3R^4C-C^2R^1R^2,\ {}^{\ominus}O-C^1-OR^5} \longrightarrow R^4-\underset{O=C^1-OR^5}{\overset{R^3}{C}}-\overset{R^1}{\underset{\ominus}{C^2}}-R^2 \xrightarrow{R^5OH} R^4-\underset{O=C^1-OR^5}{\overset{R^3}{C}}-\overset{R^1}{\underset{H}{C^2}}-R^2$$

3. 影响因素

(1) 反应物 α-卤代酮

从 Favorskii 重排机理可知，对称取代的 α-卤代酮经环丙酮中间体开环生成一种产物；不对称的 α-卤代酮经环丙酮中间体开环，以形成更稳定的碳负离子。例如，α-卤代酮化合物（**44**）和（**45**）与烷氧负离子反应，均生成苯丙酸酯（**47**），即因中间过渡态生成稳定的负离子（**46**）。

$$\left.\begin{array}{l}\underset{(44)}{C_6H_5-CH_2-\overset{O}{\overset{\|}{C}}-CH_2Cl} \\ \underset{(45)}{C_6H_5-\underset{Cl}{CH}-\overset{O}{\overset{\|}{C}}-CH_3}\end{array}\right] \xrightarrow{RO^{\ominus}} C_6H_5-\text{(cyclopropanone, }H, H_2) \xrightarrow{RO^{\ominus}} \underset{(46)}{C_6H_5-\overset{\ominus}{C}H-CH_2COOR} \xrightarrow{ROH} \underset{(47)}{C_6H_5-CH_2-CH_2COOR}$$

开环时在形成的两种可能的碳负离子缺少共振稳定的情况下，通常形成取代较少的碳负离子，例如：

$$H_3C-\underset{H}{\overset{Br}{C}}-\overset{O}{\overset{\|}{C}}-CH_3 \xrightarrow{CH_3O^{\ominus}} \left[\text{(2-methylcyclopropanone, }H_3C) \xrightarrow{CH_3O^{\ominus}} H_3C-\underset{H}{C}(\overset{O}{\overset{\|}{C}}-OCH_3)-\overset{\ominus}{C}H_2\right] \xrightarrow{CH_3OH} (H_3C)_2CH-\overset{O}{\overset{\|}{C}}-OCH_3$$

环状 α-卤代酮经 Favorskii 重排生成少一个碳的环状羧酸衍生物。

$$\text{(R}^2\text{, X, C2, C1=O, R}^1\text{, H, }(\ )_n) \underset{}{\overset{:碱}{\rightleftharpoons}} \left[\text{(enolate, }O^{\ominus}) \overset{-X^{\ominus}}{\rightleftharpoons} \text{(cyclopropanone, }^{\ominus}OR) \rightleftharpoons \text{(}O^{\ominus}, OR)\right] \overset{质子转移}{\rightleftharpoons} \text{(}(\ )_n, \overset{O}{\overset{\|}{C^1}}-OR, R^1, C2, H, R^2)$$

[24]

当 α-卤代酮羰基无可烯醇化的 α-氢时，在醇碱作用下亦可重排成酯，称为准-Favorskii 重排（quasi-Favorskii rearragement）。反应机理首先是碱对羰基加成，接着迁移基团进行伴有卤素离子脱去的 1,2-迁移。

$$R^1-\underset{O}{\overset{\|}{C}}-\underset{Cl}{\overset{R^2}{C}}-R^3 \xrightarrow{^{\ominus}OR^4} R^4O-\underset{:\ddot{O}:^{\ominus}}{\overset{R^1}{C}}-\underset{Cl}{\overset{R^2}{C}}-R^3 \longrightarrow R^4O-\underset{O}{\overset{\|}{C}}-\underset{R^1}{\overset{R^2}{C}}-R^3$$

例如，化合物（**48**）经准-Favorskii 重排生成（**49**）。

$$\text{PhC(=O)C(Br)(CH}_3)\text{CH}_3\ (\mathbf{48}) \xrightarrow{\text{NaOR}} [\text{Ph}-\text{C(O}^{\ominus})(\text{OR})-\text{C(CH}_3)_2\text{Br}] \longrightarrow \text{RO}-\text{C(=O)}-\text{C(CH}_3)_2\text{Ph}\ (\mathbf{49})$$ [25]

(2) 催化剂的影响

Favorskii 重排反应如果所用的催化剂碱是 $OH^{\ominus}$，产物是羧酸（**50**）；如果所用的碱是 $RO^{\ominus}$或 $NH_2^{\ominus}$ 产物，则分别是酯（**51**）或酰胺（**52**）。

$$\text{PhCH}_2\text{C(=O)CH}_2\text{Cl} \xrightarrow{\text{HO}^{\ominus}} \text{PhCH}_2\text{CH}_2\text{C(=O)OH}\ (\mathbf{50})$$

$$\text{PhCH}_2\text{C(=O)CH}_2\text{Cl} \xrightarrow{\text{RO}^{\ominus}} \text{PhCH}_2\text{CH}_2\text{C(=O)OR}\ (\mathbf{51})$$

$$\text{PhCH}_2\text{C(=O)CH}_2\text{Cl} \xrightarrow{\text{NH}_2^{\ominus}} \text{PhCH}_2\text{CH}_2\text{C(=O)NH}_2\ (\mathbf{52})$$

4. 应用特点

Favorskii 重排广泛用于制备带有多取代基的羧酸及其衍生物。

(1) 由 α-卤代酮制备羧酸衍生物

α-溴代酮在乙醇钠的条件下重排得到酯。例如：

$$\text{H}_3\text{C}-\text{C(CH}_3)(\text{Br})-\text{C(=O)}-\text{CH}_3 \xrightarrow[\text{heat}]{\text{C}_2\text{H}_5\text{O}^{\ominus}/\text{Et}_2\text{O}} \text{H}_3\text{C}-\text{C(CH}_3)_2-\text{C(=O)}-\text{OC}_2\text{H}_5 \quad (61\%)$$ [26]

(2) 由 α,α′-二卤代酮制备 α,β-不饱和羧酸衍生物

含有 α′-氢的 α,α-二卤代酮（**53**）和含有 α-氢的 α,α′-二卤代酮（**54**），在烷氧负离子作用重排生成 α,β-不饱和羧酸酯（**56**）。反应物（**53**）和（**54**）均形成相同的中间体环丙酮（**55**），开环的同时消除卤素离子。

$$\text{H}_3\text{C}-\text{CH}_2-\text{C(=O)}-\text{CHBr}_2\ (\mathbf{53}),\ \text{H}_3\text{C}-\text{CHBr}-\text{C(=O)}-\text{CH}_2\text{Br}\ (\mathbf{54}) \longrightarrow \text{cyclopropanone}\ (\mathbf{55})\ (\text{RO}^{\ominus}) \longrightarrow \text{H(H}_3\text{C)C}=\text{C(H)COOR}\ (\mathbf{56})$$

例如，化合物（**57**）和（**59**）经 Favorskii 重排分别得到化合物（**58**）和（**60**）。

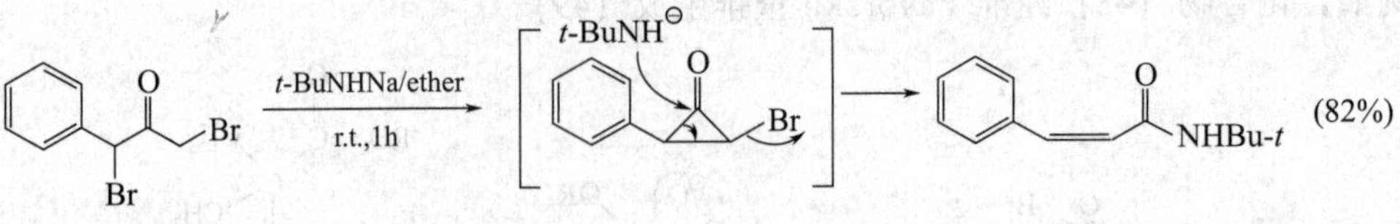

[27]

(57) (58) (82%)

[28]

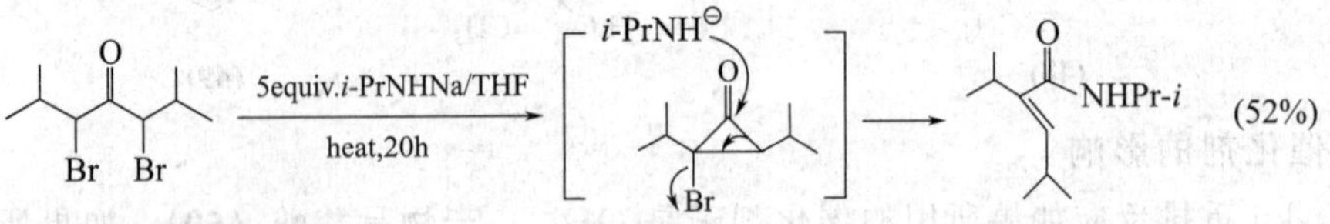

(59) (60) (52%)

(3) 由 α-卤代环酮制备少一个碳的环状羧酸衍生物

利用 Favorskii 重排可将 α-卤代环酮转变为缩环之后的酸或者酸的衍生物。例如，α-氯代环己酮与甲醇钠反应，得到重排缩环产物（**61**）。

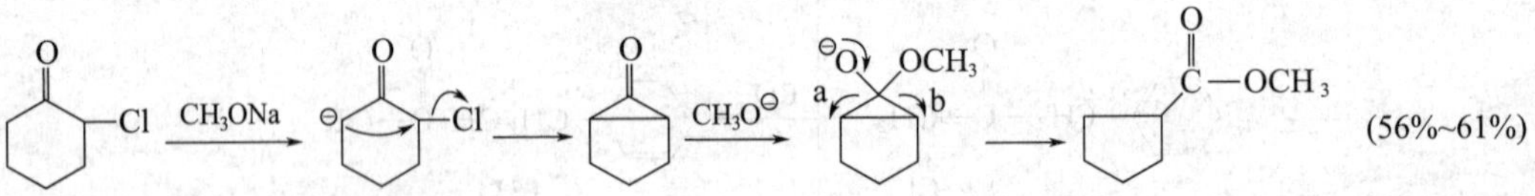

(61) (56%~61%)

[29]

2-哌嗪羧酸（**62**）可通过 Favorski 重排制备：

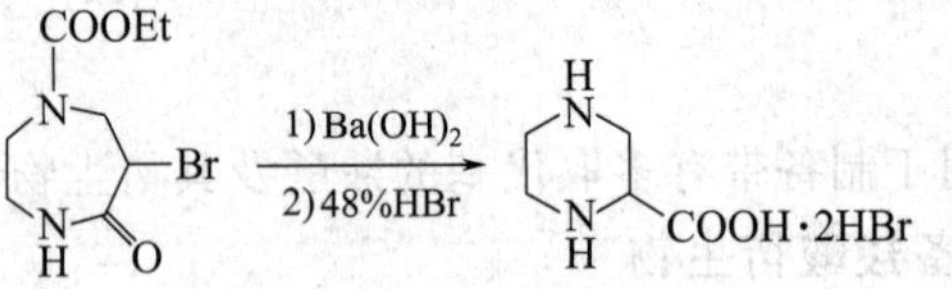

[30]

(62)

五、Wolff 重排和 Arndt-Eistert 合成

在光、热或金属化合物的催化下，α-重氮酮重排生成烯酮的反应称为 Wolff 重排。生成的烯酮与水、醇、胺反应，即得相应的羧酸、酯和酰胺。

羧酸经三步反应（第一步转变为酰氯，第二步生成 α-重氮酮，接着进行 Wolff 重排，第三步在氧化银/水存在下反应）生成比原羧酸多一个碳的羧酸的反应，称为 Arndt-Eistert 合成。

1. 反应通式

Wolff 重排：

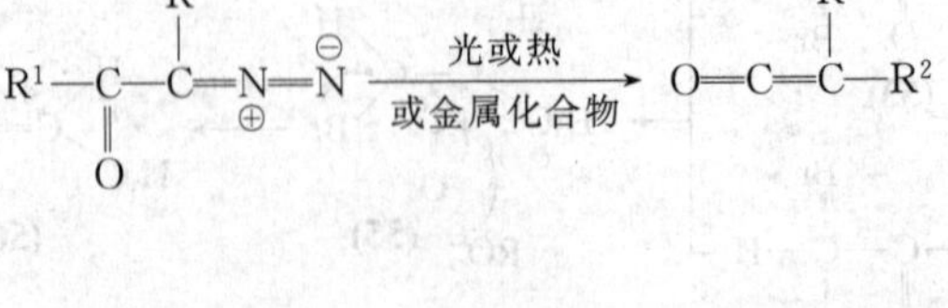

$$R^1-\underset{\underset{O}{\|}}{C}-\overset{\overset{R^2}{|}}{C}=\overset{\oplus}{N}=\overset{\ominus}{N}\xrightarrow[\text{或金属化合物}]{\text{光或热}}O=C=\overset{\overset{R^1}{|}}{C}-R^2$$

Arndt-Eistert 合成：

$$R-\underset{\underset{O}{\|}}{C}-OH\xrightarrow{SOCl_2}R-\underset{\underset{O}{\|}}{C}-Cl\xrightarrow{CH_2N_2}R-\underset{\underset{O}{\|}}{C}-\underset{H}{C}=N_2\xrightarrow[Ag_2O]{H_2O}R-CH_2-\underset{\underset{O}{\|}}{C}-OH$$

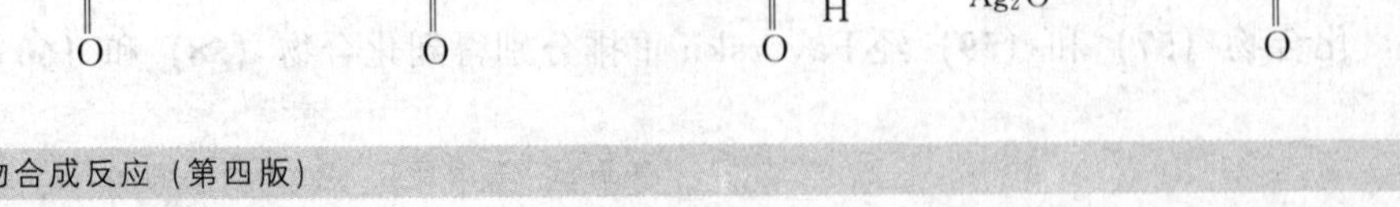

2. 反应机理

Wolff 重排为亲核重排反应机理。α-重氮酮（**63**）失去氮后形成碳烯（carbene，**64**），碳烯碳原子是一个二价碳，外层只有六个电子，称为开放六隅体，R^1 迁移基带着其成键电子向碳烯碳原子迁移，生成烯酮（Ketene，**65**）。烯酮能迅速与水、醇或胺反应，生成羧酸、酯或酰胺。

$$R^1-\underset{\underset{O}{\|}}{C}-\overset{\overset{R^2}{|}}{C}=\overset{\oplus}{N}=\overset{\ominus}{N}: \xrightarrow{-N_2} R^1-\underset{\underset{O}{\|}}{C}-\ddot{C}-R^2 \longrightarrow \underset{\underset{O}{\|}}{C}=\overset{\overset{R^1}{|}}{C}-R^2$$

(63) **(64)** **(65)**

3. 影响因素

Wolff 重排的产物是烯酮，烯酮在含有活泼氢的溶剂中迅速转化，会得到不同的产物。若反应在水溶液中进行，则反应生成羧酸；若反应在醇溶液中进行，则生成酯；若有胺存在，则生成酰胺。

$$R^1-\underset{\underset{O}{\|}}{C}-\overset{\overset{R^2}{|}}{C}=N_2 \xrightarrow{\text{Wolff 重排}} \underset{\underset{O}{\|}}{C}=\overset{\overset{R^1}{|}}{C}-R^2 \begin{cases} \xrightarrow{H_2O} R^2-\overset{R^1}{\underset{H}{C}}-COOH \\ \xrightarrow{R'OH} R^2-\overset{R^1}{\underset{H}{C}}-COOR' \\ \xrightarrow{R'NH_2} R^2-\overset{R^1}{\underset{H}{C}}-CONHR' \end{cases}$$

Arndt-Eistert 合成反应适用范围广泛，通式中 R 可以是烷基，也可以是芳基或杂环，其中还可以有其他官能团，例如分子中含有硝基的化合物（**66**）对反应无影响；但不能是能与重氮甲烷反应的羟基、羧基等酸性基团。

$$\text{2-}NO_2C_6H_4COCl\ \textbf{(66)} \xrightarrow{CH_2N_2} \text{2-}NO_2C_6H_4COCHN_2 \xrightarrow{H_2O} \text{2-}NO_2C_6H_4CH_2COOH$$

4. 应用特点

（1）由羧酸制备多一个碳原子的酸或其衍生物

例如，1-萘甲酸经 Arndt-Eistert 合成反应，与水或醇反应得到相应的酸（**67**）或酯（**68**）。

$$\text{1-}C_{10}H_7COOH \xrightarrow{SOCl_2} \text{1-}C_{10}H_7COCl \xrightarrow[85\%\sim92\%]{CH_2N_2} \text{1-}C_{10}H_7COCHN_2 \xrightarrow[80\%\sim85\%]{Ag_2O/H_2O} \text{1-}C_{10}H_7CH_2COOH\ \textbf{(67)}$$

$$\text{1-}C_{10}H_7COCl \xrightarrow[2)PhCOOAg/EtOH/TEA]{1)CH_2N_2} \text{1-}C_{10}H_7CH_2COOC_2H_5\ \textbf{(68)}\quad (84\%\sim92\%)$$ [31]

(2) 由 α-重氮酮制备缩环产物

环状 α-重氮酮经 Wolff 重排，得到缩环产物。例如，α-重氮酮化合物 (**69**) 和 (**72**) 经光解重排成烯酮 (**70**) 和 (**73**)，再分别与甲醇和水反应得化合物 (**71**) 和 (**74**)。

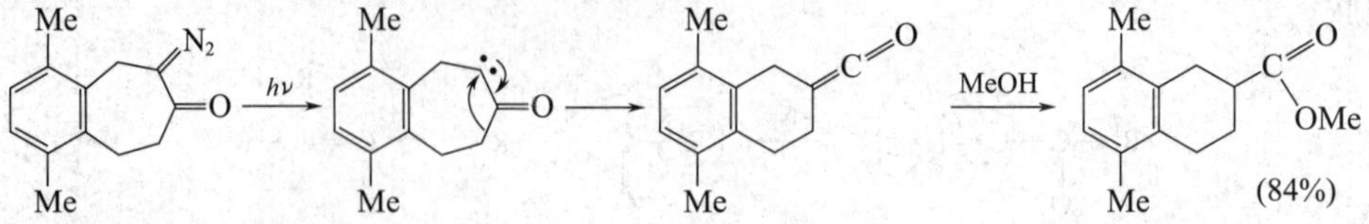

[32]

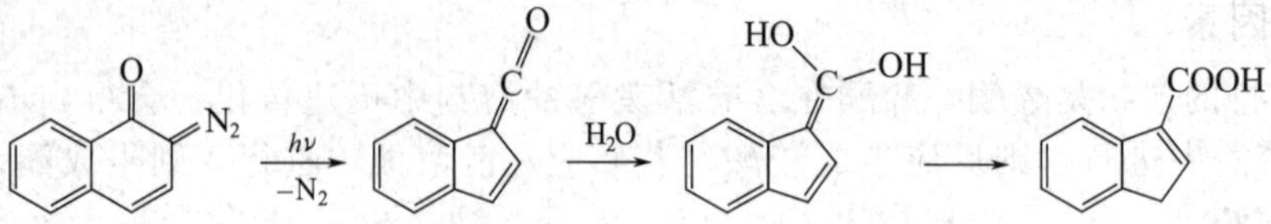

脂环烃的 α-重氮酮在氧气存在下光解，释放出 CO_2，可以得到缩环的酮。例如：

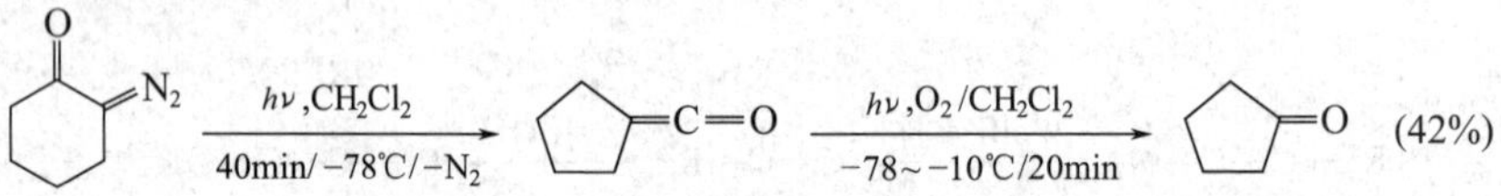

[33]

在某些金属催化剂的催化下，加热也可以释放 CO_2，可以得到缩环的酮，如在铑催化下重排得到吲哚酮。

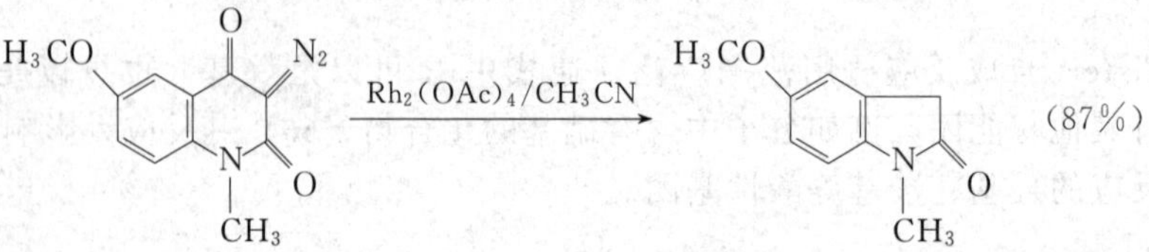

[34]

第三节 从碳原子到杂原子的重排

一、Beckmann 重排

肟类化合物在酸性催化剂作用下，烃基向氮原子迁移，生成取代酰胺的反应，称为 Beckmann 重排。

1. 反应通式

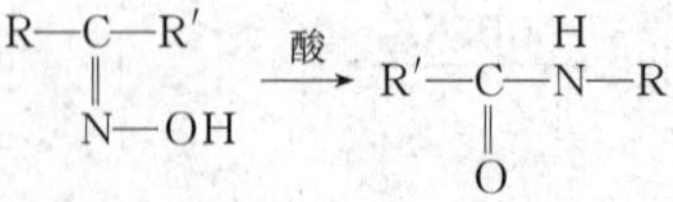

2. 反应机理

Beckmann 重排为亲核重排反应机理。在酸催化下，肟羟基变成易离去的基团，与羟基处于反位的基团进行迁移，与此同时，离去基团离去，生成碳正离子，并立即与反应介质中的亲核试剂（如 H_2O）作用，生成亚胺，最后异构化而得取代酰胺。

$$R-C(=\ddot{N}-OH)-R' \xrightarrow{H^{\oplus}} R-C(=\ddot{N}^{\oplus}-OH_2)-R' \xrightarrow{-H_2O} R'-\overset{\oplus}{C}=\ddot{N}-R \xrightarrow{H_2O}$$

$$R'-C(\overset{\oplus}{O}H_2)=\ddot{N}-R \xrightarrow{-H^{\oplus}} R'-C(OH)=\ddot{N}-R \rightleftharpoons R'-C(=O)-NHR$$

3. 影响因素

(1) 催化剂的影响

质子酸能有效地将肟转变成酰胺，例如：

$$\text{环己酮肟 (=N—OH)} \xrightarrow{H_2SO_4} \text{己内酰胺 (N—H, C=O)} \quad (59\%\sim65\%)$$ [35]

酸催化的目的系使肟生成阳离子，促进羟基消除。因此，若将肟羟基转化成易于脱离的基团，可催化 Beckmann 重排反应。例如五氯化磷、对甲苯磺酰氯可催化该重排。

$$(R)(R')C=\ddot{N}-OPCl_4 \qquad (R)(R')C=\ddot{N}-OTs$$

非质子酸催化剂对带有对酸敏感的取代基的肟类化合物尤为适用。例如，化合物 **(75)** 在乙腈中用甲磺酰氯催化，发生 Beckmann 重排得化合物 **(76)**。

$$\textbf{(75)} \xrightarrow{CH_3SO_2Cl/Et_3N/CH_3CN} \textbf{(76)}$$ [36]

其他催化剂还有浓 H_2SO_4、HCl、多聚磷酸、$POCl_3$、PCl_5、$SOCl_2$、$MeSO_2Cl$、Ph-SO_2Cl 等。

(2) 溶剂的影响

在极性质子性溶剂中，用质子酸催化，常使不对称肟发生异构化，重排后得酰胺混合物。这是由于在重排反应之前这些肟发生了异构化，并不是顺式基团真正发生了迁移。

$$(R)(R')C=N-OH \underset{}{\overset{H^{\oplus}}{\rightleftharpoons}} (R)(R')\overset{\oplus}{C}-N(H)(OH) \rightleftharpoons (R)(R')\overset{\oplus}{C}-N(OH)(H) \rightleftharpoons (R)(R')C=N-OH$$ [37]

例如化合物 **(77)** 与氰尿酰氯在 DMF 中室温反应 24h 得化合物 **(78)**。

$$\textbf{(77)} \xrightarrow[\text{DMF, r. t.}]{\text{2,4,6-三氯-1,3,5-三嗪}} \textbf{(78)}$$ [38]

用非极性或极性小的非质子溶剂，用 PCl_5 作催化剂，可防止异构化的发生。例如，化合物 **(79)** 在 Lewis 酸（$POCl_3$、PCl_5、$SOCl_2$、BF_3）作用下，几乎全部重排成 **(80)**，但在质子酸（H_2SO_4、HCl、PPA）作用下，部分重排成 **(81)**。

HO—N=(79)，CHMe$_2$，Me (79)

→ Lewis酸 → (80)（Me，O，NH，Me$_2$HC）

→ 质子酸 → (80) + (81)（Me，O，NH，Me$_2$HC）

[39]

当溶剂中含有亲核性化合物或溶剂本身为亲核性化合物（如醇、酚、硫醇、胺或叠氮、偏磷酸酯）时，重排生成的中间体碳正离子与其结合得到相应化合物，而得不到酰胺。

$R'-\overset{\oplus}{C}=N-R$

$\xrightarrow{R^2OH}$ $R'-C(OR^2)=N-R$

$\xrightarrow{R^2SH}$ $R'-C(SR^2)=N-R$

$\xrightarrow{R^2NH_2}$ $R'-C(NHR^2)=N-R$

$\xrightarrow{(EtO)_3P}$ $R'-C(PO(OEt)_2)=N-R$

(3) 酮肟结构的影响

脂芳酮肟较稳定，不易异构化，且芳基比烷基优先迁移，因此，重排后主要得芳胺的酰化产物。例如：

$Ph(Me)C=N-O-H \xrightarrow{H^{\oplus}} [\,Me-\overset{\oplus}{C}-N\ (\text{苯桥}) + H_2O\,] \longrightarrow Me-\overset{\oplus}{C}=N-Ph \longrightarrow HO(Me)C=\overset{\oplus}{N}(H)Ph \xrightarrow{-H^{\oplus}} O=C(Me)-N(H)Ph$

[40]

酮肟中如果存在的潜在迁移基团能够形成一个相对稳定的碳正离子，则会发生异常 Beckmann 重排。例如，化合物（**82**）用氯化亚砜催化，生成苯甲腈（**83**）和 α-甲基苯乙烯（**85**）。原因可能是反应时生成的碳正离子（**84**）较稳定，消除倾向大于重排。

$H_3C-C(Ph)(CH_3)-C(Ph)=N-OH$ (**82**) $\xrightarrow{SOCl_2/C_6H_6}$ $H_3C-C(Ph)(CH_3)-C(Ph)=N-O-S(=O)-Cl$ → $Ph-C\equiv N$ (**83**)；$Ph-\overset{\oplus}{C}(CH_3)_2$ (**84**) $\xrightarrow{-H^{\oplus}}$ $Ph-C(CH_3)=CH_2$ (**85**)

[41]

醛肟和 Lewis 酸反应通常导致醛肟脱水形成腈，而不发生 Beckmann 重排。例如：

$C_6H_5-CH=N-OH \xrightarrow{PCl_5} C_6H_5-C\equiv N$

[42]

4. 应用特点

(1) 脂环酮肟生成扩环的内酰胺

各种大小的脂环酮肟经 Beckmann 重排，生成扩环的内酰胺。

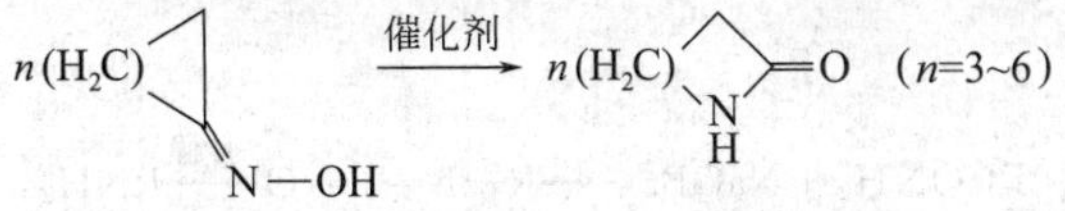

$$n(H_2C)\text{-环酮肟 (C=N—OH)} \xrightarrow{\text{催化剂}} n(H_2C)\text{-内酰胺 (NH, C=O)} \quad (n=3\sim6)$$

[43]

(2) 立体专一性

Beckmann 重排中，与离去基羟基处于反位的基团发生迁移，具有立体专一性。例如：

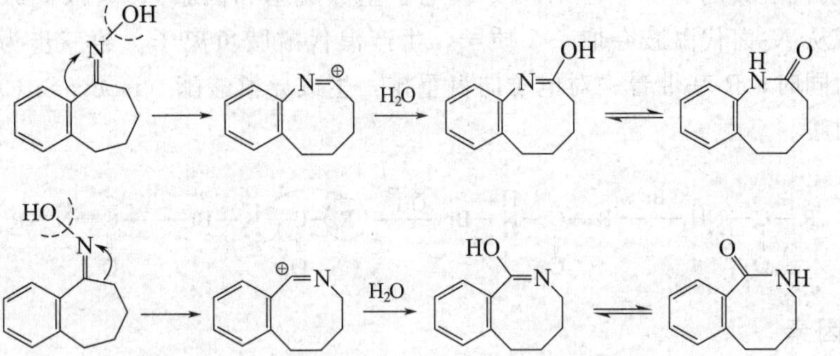

[44]

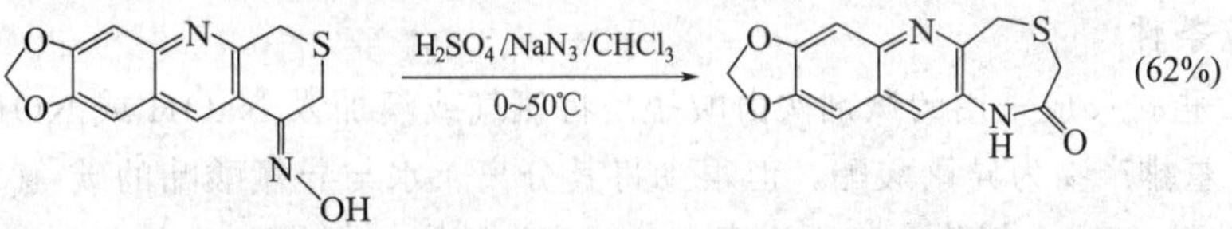

$$\xrightarrow{H_2SO_4/NaN_3/CHCl_3}_{0\sim50℃} \quad (62\%)$$

[45]

如果迁移基为手性，则重排后立体结构通常保持不变，例如：

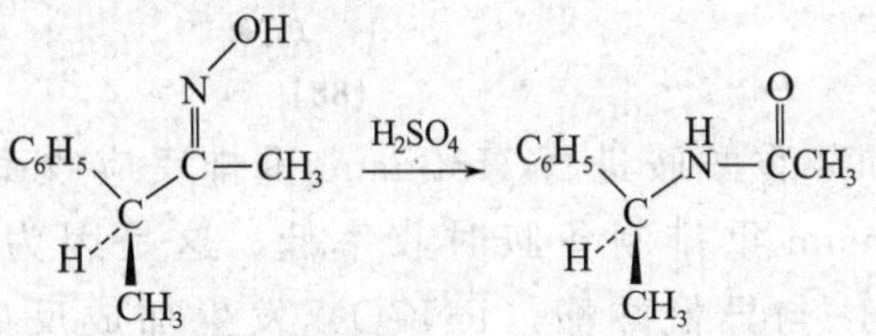

$$C_6H_5\text{—}C(H)(CH_3)\text{—}C(=N\text{—}OH)\text{—}CH_3 \xrightarrow{H_2SO_4} C_6H_5\text{—}C(H)(CH_3)\text{—}NH\text{—}C(=O)CH_3$$

[46]

(3) 制备苯并嗯唑或苯并咪唑衍生物

在芳酮肟衍生物中，若与肟羟基处于反位的芳环（迁移基）的邻位上有羟基或氨基时，易环合生成苯并嗯唑衍生物 **(86)** 或苯并咪唑衍生物 **(87)**；如该环处于肟羟基的同位，则可得正常重排产物酰胺。

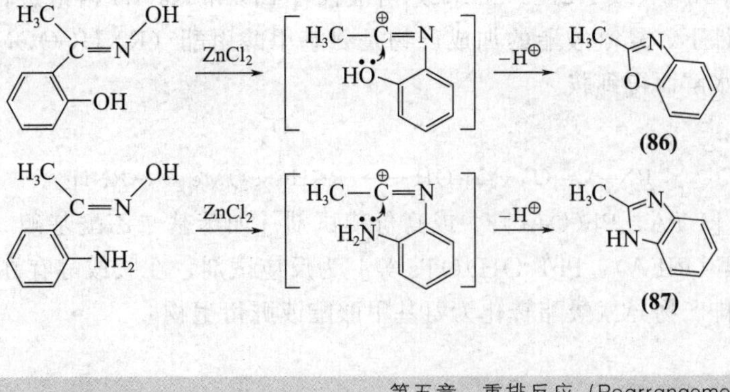

$$\xrightarrow{ZnCl_2} [H_3C\text{—}\overset{\oplus}{C}=N\text{—}Ar] \xrightarrow{-H^{\oplus}} \textbf{(86)}$$

$$\xrightarrow{ZnCl_2} [H_3C\text{—}\overset{\oplus}{C}=N\text{—}Ar] \xrightarrow{-H^{\oplus}} \textbf{(87)}$$

[47]

二、Hofmann 重排

未取代酰胺与次溴酸钠（或溴与氢氧化钠）作用，得到比反应物少一个碳原子的伯胺的反应，称为 Hofmann 重排。

1. 反应通式

$$RCONH_2 + NaOBr \longrightarrow R{-}N{=}C{=}O \xrightarrow{\text{水解}} RNH_2$$

2. 反应机理

Hofmann 重排为亲核重排反应机理。第一步为酰胺氮的卤化作用，先生成 *N*-溴代酰胺，因为 *N*-溴代酰胺的氮原子上有两个吸电子基（酰基和卤素），所以氮原子上的氢显酸性。第二步碱从 *N*-卤代酰胺夺取一个质子，生产溴代酰胺负离子。第三步为协同反应，在失去溴离子的同时，R 基带着一对电子向氮重排，生成异氰酸酯（isocyanate），在碱性条件下，水解得伯胺。

$$R{-}C(=O){-}\ddot{N}H_2 \xrightarrow{Br_2} R{-}C(=O){-}\ddot{N}H{-}Br \xrightarrow{\ominus OH} R{-}C(=O){-}\ddot{N}^{\ominus}{-}Br \longrightarrow O{=}C{=}\ddot{N}{-}R$$

3. 影响因素

(1) 反应条件

Hofmann 重排反应采用的试剂次卤酸盐是将氯气或溴加入 NaOH 或 KOH 的水溶液中新鲜制备的。重排产物为异氰酸酯，但很少将其分离。水与异氰酸酯的碳-氮双键加成生成 *N*-取代氨基甲酸 **(88)**，该化合物不稳定，分解产生胺和二氧化碳。

$$R{-}N{=}C{=}O + HOH \longrightarrow \underset{\textbf{(88)}}{R{-}N(H){-}C(OH){=}O} \longrightarrow RNH_2 + CO_2 \qquad [48]$$

大部分的脂肪酰胺和芳香酰胺进行 Hofmann 重排反应收率较高，但是，大于 8 个碳的脂肪酰胺进行 Hofmann 重排制备胺时收率低。这是因为在此反应条件下，产物 RNH_2 和反应物 $RCONH_2$ 与异氰酸酯（RNCO）发生加成反应，得到副产物脲 **(89)** 和酰基脲 **(90)**。

$$RN{=}C{=}O + RNH_2 \longrightarrow \underset{\textbf{(89)}}{RNHCONHR}$$

$$RN{=}C{=}O + RCONH_2 \longrightarrow \underset{\textbf{(90)}}{RNHCONHCOR}$$

用 Br_2 和 NaOMe（或 NBS/NaOMe）溶液代替 Br_2 和 NaOH 溶液进行反应，可提高收率。在此反应条件下，异氰酸酯的加成产物是氨基甲酸甲酯（RNHCOOMe），此化合物容易分离，或将其水解而得到胺。

$$RN{=}C{=}O + MeOH \longrightarrow RNHC(=O){-}OMe \longrightarrow RNH_2 \qquad [49]$$

用四乙酸铅［LTA，$Pb(OAc)_4$］或高价碘试剂［如苯基二乙酰基碘（PIDA）、苯基二(三氟乙酰基）碘（PIFA）、PhI(OH)OTs 等］为反应试剂，在胺或醇存在下进行 Hofmann 重排，生成的重排产物异氰酸酯转化为氨基甲酸酯或脲衍生物。

$$R'C(=O)NH_2 \xrightarrow[\text{溶剂}/R^3OH\text{ 或 }R^3NH_2]{\text{LTA 或 }PhI(OCOR)_2} [\ R'-N=C=O\ ] \longrightarrow R'NHC(=O)OR^3 \text{ 或 } R'NHC(=O)NHR^3$$

(2) 反应物酰胺结构的影响

当酰胺 α-碳原子上有羟基、卤素、α,β-不饱和键时，重排水解后生成不稳定的胺或烯胺，进一步水解成醛或酮[49]。

$$R-CH(X)-CONH_2 \longrightarrow \left[R-CH(X)-NH_2 \right] \longrightarrow RCHO$$

$$R-CH=CHCONH_2 \longrightarrow [\ R-CH=CH-NH_2\ ] \longrightarrow R-CH_2CHO$$

4. 应用特点

(1) 由酰胺制备少一个碳原子的伯胺

利用 Hofmann 重排反应制备比反应物酰胺少一个碳原子的伯胺。例如：

$$\text{2,5-dichloro-3,6-difluoro-}C_6H(Cl)_2F_2\text{-}CONH_2 \xrightarrow[Bu_4N^{\oplus}Br^{\ominus}]{aq.\ NaOH/NaOCl} \text{Cl,F,F,Cl-substituted aniline }(NH_2) \quad (95\%) \quad [50]$$

(2) 由酰胺制备少一个碳原子的氨基甲酸酯

利用 Hofmann 重排反应制备比反应物酰胺少一个碳原子的氨基甲酸酯。例如：

$$\text{cyclobutyl}-C(=O)-NH_2 \xrightarrow[heat]{Pb(OAc)_2,\ t\text{-}BuOH} \text{cyclobutyl}-NH-C(=O)-OC(CH_3)_3 \quad (62\%)$$

$$\text{cyclobutyl}-C(=O)-NH_2 \xrightarrow[4h]{Pb(OCOCF_3)_2/MeCN/H_2O} \xrightarrow{\text{浓 }HCl} \text{cyclobutyl}-NH_2\cdot HCl \quad (69\%\sim77\%) \quad [51]$$

$$CH_3OCH_2CH_2CONH_2 \xrightarrow[1)5^{\circ}C/1h;2)20^{\circ}C/1h]{Br_2/NaOH/MeOH} CH_3OCH_2CH_2NHCO_2CH_3 \quad (82\%) \quad [52]$$

$$C_6H_5-C(=O)-NH_2 \xrightarrow{Pb(OAc)_2/KOH/CH_3OH} C_6H_5-NHCO_2CH_3 \quad (97\%) \quad [53]$$

(3) 制备环脲

芳酰胺邻位有氨基时，经 Hofmann 重排生成的异氰酸酯通过分子内亲核加成，生成环脲。例如：

$$\text{2-}F_3C\text{-4-}NH_2\text{-pyrimidine-5-}CONH_2 \xrightarrow[0\sim5^{\circ}C,105min]{Br_2/KOH} \left[\text{2-}F_3C\text{-4-}NH_2\text{-pyrimidine-5-}N=C=O \right] \longrightarrow \text{2-}F_3C\text{-purin-8-}OH\ (9H) \quad (72\%) \quad [54]$$

(4) Lossen 重排

异羟肟酸的 O-酰基衍生物用碱处理，有时只需加热，先生成异氰酸酯，然后水解得到伯胺的反应称 Lossen 重排。反应通式如下：

$$R-\overset{O}{\overset{\|}{C}}-NH-O-\overset{O}{\overset{\|}{C}}-R \xrightarrow{OH^{\ominus}} R-N=C=O \xrightarrow{H_2O} RNH_2$$

Lossen 重排的反应机理与 Hofmann 重排相似[55]，因为 *O*-酰基异羟肟酸 (**91**) 的氮原子上有两个吸电子基（酰基和酰氧基），所以氮原子上的氢显酸性，碱夺取一个质子，生产负离子 (**92**)，在失去酰氧基的同时，R 基带着一对电子向氮重排，生成异氰酸酯。

$$\underset{(\mathbf{91})}{R-\overset{O}{\overset{\|}{C}}-NH-O-\overset{O}{\overset{\|}{C}}-R} \xrightarrow{碱} \underset{(\mathbf{92})}{R-\underset{O}{\underset{\|}{C}}-\overset{\ominus}{\ddot{N}}-O-\overset{O}{\overset{\|}{C}}-R} \longrightarrow \underset{O}{\underset{\|}{C}}=\ddot{N}-R$$

芳香酰氯通过与 NH_2OSO_2OH 反应，再经过类似 Lossen 重排可得到芳香胺。

$$Ar-\underset{O}{\underset{\|}{C}}-Cl \xrightarrow{NH_2OSO_2OH} \left[Ar-\underset{O}{\underset{\|}{C}}-NH-OSO_2OH\right] \longrightarrow ArNH_2$$

例如，下列化合物先与乙酸酐反应生成 *O*-乙酰基异羟肟酸，在水、DBU 存在下先生成异氰酸酯中间体，再与水反应生成相应伯胺。

$$\text{(HONH-CO-pyrimidinone, 2-Ph, N-CH}_2\text{R)} \xrightarrow[\text{r. t.}]{Ac_2O/Py/THF} \text{(AcONH-CO-pyrimidinone)} \xrightarrow[\text{reflux}]{THF/H_2O/DBU} \text{(}H_2N\text{-pyrimidinone, 2-Ph, N-CH}_2\text{R)} \quad [56]$$

三、Curtius 重排

酰基叠氮化物加热分解生成异氰酸酯的反应称为 Curtius 重排。

1. 反应通式

$$R-\overset{O}{\overset{\|}{C}}-N_3 \xrightarrow[-N_2]{heat} R-N=C=O$$

2. 反应机理

Curtius 重排为亲核重排反应机理。酰基叠氮化物消除氮分子的同时 R 基迁移，生成异氰酸酯。

$$R-\underset{O}{\underset{\|}{C}}-\ddot{N}=\overset{\oplus}{N}=\overset{\ominus}{\ddot{N}} \xrightarrow{-N_2} R-\underset{O}{\underset{\|}{C}}-\ddot{N}: \longrightarrow \underset{O}{\underset{\|}{C}}=\ddot{N}-R$$

3. 影响因素

进行 Curtius 重排的反应物为酰基叠氮化物，酰基叠氮化物的制备常用的方法有四种。

(1) 酰卤与叠氮化钠反应

$$R-\overset{O}{\overset{\|}{C}}-OH \xrightarrow{SOCl_2} R-\overset{O}{\overset{\|}{C}}-X \xrightarrow{NaN_3} R-\overset{O}{\overset{\|}{C}}-N_3 \xrightarrow[-N_2]{heat} R-N=C=O$$

例如化合物 (**93**) 与叠氮化钠反应得酰基叠氮化物 (**94**)。

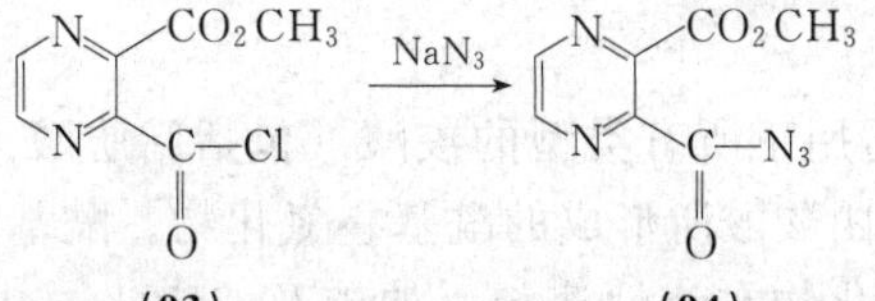

(93) → (94) [57]

(2) 混合酸酐与叠氮化钠反应

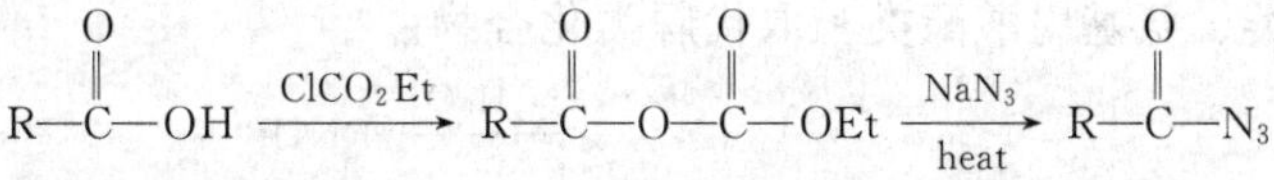

$$R-\overset{O}{\overset{\|}{C}}-OH \xrightarrow{ClCO_2Et} R-\overset{O}{\overset{\|}{C}}-O-\overset{O}{\overset{\|}{C}}-OEt \xrightarrow[heat]{NaN_3} R-\overset{O}{\overset{\|}{C}}-N_3$$

例如，羧酸（**95**）与氯甲酸乙酯在三乙胺存在下生成酸酐，再与叠氮化钠反应得酰基叠氮化物（**96**），热分解生成异氰酸酯，水解得胺。

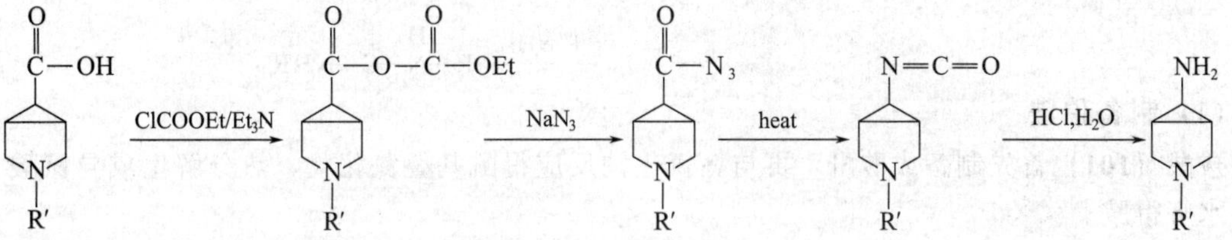

(95) → (96) [58]

(3) 酰基肼与亚硝酸反应

$$R-\overset{O}{\overset{\|}{C}}-NHNH_2 + HONO \longrightarrow R-\overset{O}{\overset{\|}{C}}-N_3$$

例如，酰基肼（**97**）与亚硝酸钠和稀盐酸反应，制得酰基叠氮化物，在乙醇溶液中反应，先重排生成异氰酸酯，继而生成氨基甲酸乙酯衍生物（**98**）。

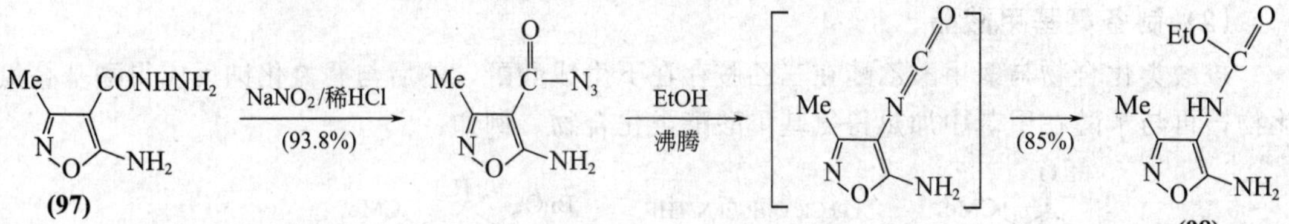

(97) → (98) [59]

(4) 羧酸与二苯基磷酰叠氮（DPPA）反应

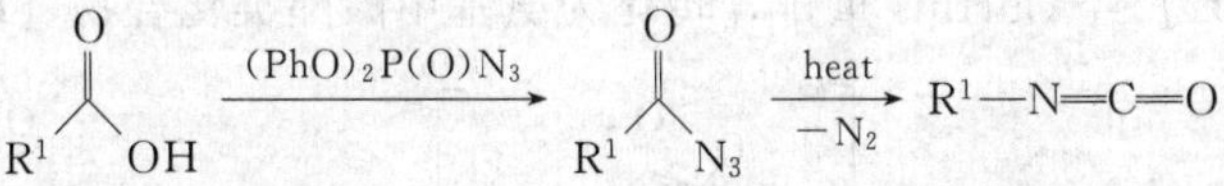

$$R^1COOH \xrightarrow{(PhO)_2P(O)N_3} R^1CON_3 \xrightarrow[-N_2]{heat} R^1-N=C=O$$

羧酸与DPPA（二苯基磷酰叠氮）和三乙胺在甲苯中回流得异氰酸酯（**99**），分子内的仲羟基与异氰酸酯基反应得噁唑烷酮化合物（**100**）。

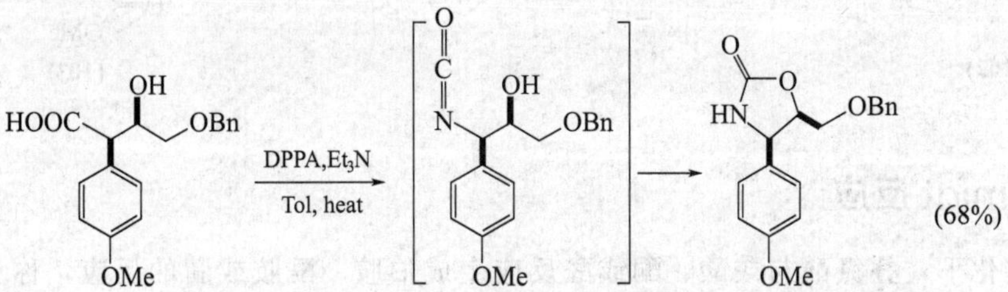

(99) (100) [60]

4. 应用特点

Curtius 重排反应几乎适用于所有类型的羧酸（包括脂肪酸、脂环酸、芳香酸、杂环酸及不饱和酸）及含有多官能团羧酸所形成的酰基叠氮化物。酰基叠氮化物经 Curtius 重排生成异氰酸酯，若将酰基叠氮化物在惰性溶剂（如苯及 $CHCl_3$）中加热分解，或将溶剂蒸除或自溶剂中蒸出（产品异氰酸酯沸点低时），即得异氰酸酯；若在溶剂水、醇或胺中进行，其产物分别是伯胺类、氨基甲酸酯类和取代脲类化合物。

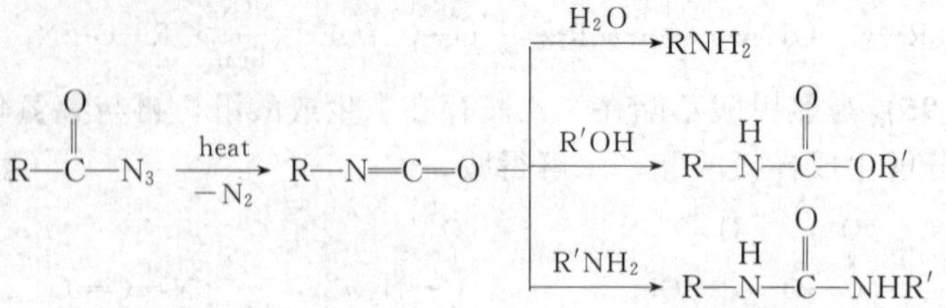

$$R-\overset{O}{\overset{\|}{C}}-N_3 \xrightarrow[-N_2]{heat} R-N=C=O \begin{cases} \xrightarrow{H_2O} RNH_2 \\ \xrightarrow{R'OH} R-\overset{H}{N}-\overset{O}{\overset{\|}{C}}-OR' \\ \xrightarrow{R'NH_2} R-\overset{H}{N}-\overset{O}{\overset{\|}{C}}-NHR' \end{cases}$$

(1) 制备伯胺

羧酸 (**101**) 首先制备成酸酐，再与叠氮化钠反应得酰基叠氮化物，热分解生成异氰酸酯，水解得胺。

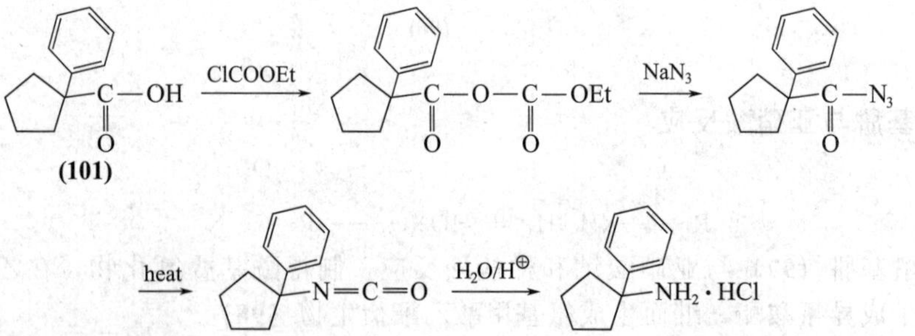

(101) —ClCOOEt→ —NaN_3→ —heat→ —$H_2O/H^{\oplus}$→ $NH_2 \cdot HCl$ [61]

(2) 制备氨基甲酸酯

羧酸类化合物与氯甲酸乙酯在三乙胺存在下生成酸酐，然后与叠氮化钠反应得酰基叠氮化物，再与苄醇在甲苯中加热得氨基甲酸酯类化合物。例如：

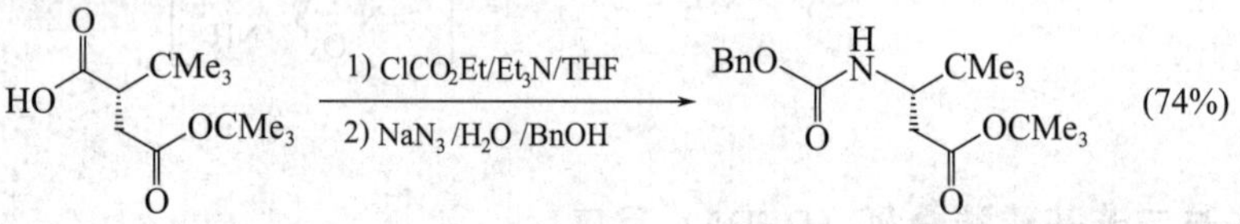

—1) $ClCO_2Et/Et_3N/THF$; 2) $NaN_3/H_2O/BnOH$→ (74%) [62]

羧酸化合物 (**102**) 经 Curtius 重排，转化为氨基甲酸酯类化合物 (**103**)。

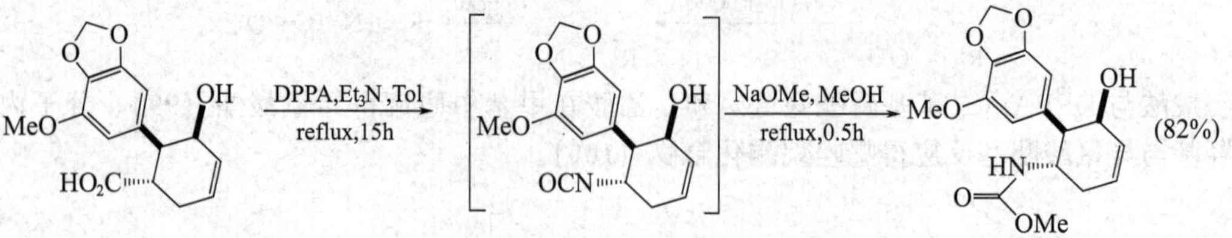

(102) —DPPA,Et_3N,Tol, reflux,15h→ [OCN中间体] —NaOMe, MeOH, reflux,0.5h→ (103) (82%) [63]

四、Schmidt 反应

在酸催化下，叠氮酸与羧酸、酮或醛反应生成伯胺、酰胺或腈的反应，称为 Schmidt 反应。

1. 反应通式

$$RCOOH + HN_3 \xrightarrow{H^{\oplus}} R-N=C=O \xrightarrow{H_2O} RNH_2$$

$$R-C(=O)-R' + HN_3 \xrightarrow{H^{\oplus}} R-C(=O)-NH-R'$$

$$R-C(=O)-H + HN_3 \xrightarrow{H^{\oplus}/H_2O} R-C\equiv N$$

2. 反应机理

Schmidt 反应为亲核重排反应机理。

(1) 羧酸与叠氮酸的反应机理

在强酸条件下，羧酸生成酰基正离子，叠氮酸对其进行亲核加成，失氮并重排成异氰酸酯，不经分离即进一步水解为胺。

$$R-C(=O)-OH \xrightarrow{H^{\oplus}} R-C(=O)-\overset{\oplus}{O}H_2 \longrightarrow R-\overset{\oplus}{C}=O \xrightarrow{HN_3} R-C(=O)-\overset{\oplus}{N}H-N=\overset{\oplus}{N}=\overset{\ominus}{N} \xrightarrow{-N_2} O=C=\overset{\oplus}{N}H-R \xrightarrow{水解} RNH_2 + CO_2$$

(2) 酮类与叠氮酸的反应机理

在酸催化下，叠氮酸向酮的碳正离子加成，脱去一分子水生成中间体 (**104**)，迁移基 R 迁移，同时脱氮生成 (**105**)，接着水解、互变异构生成酰胺 (**106**)。

$$R-C(=O)-R' \xrightarrow{H^{\oplus}} R-\overset{\oplus}{C}(OH)-R' \xrightarrow{HN_3} R-C(OH)(NH-N=\overset{\oplus}{N}=N)-R' \xrightarrow{-H_2O} R-C(=N-\overset{\oplus}{N}\equiv N)-R'\ (\mathbf{104}) \xrightarrow{-N_2}$$

$$R'-\overset{\oplus}{C}=\overset{\ominus}{N}-R\ (\mathbf{105}) \xrightarrow{H_2O} R'-C(\overset{\oplus}{O}H_2)=N-R \xrightarrow{-H^{\oplus}} R'-C(OH)=N-R \xrightarrow{互变异构} R'-C(=O)-NH-R\ (\mathbf{106})$$

(3) 醛类与叠氮酸的反应机理

叠氮酸对醛进行亲和加成，经质子转移，酸催化脱水、脱氮生成腈。

$$R-C(=O)-H \xrightarrow{HN_3} R-CH(O^{\ominus})-N=\overset{\oplus}{N}=NH \underset{}{\overset{质子转移}{\rightleftharpoons}} R-CH(OH)-NH-\overset{\oplus}{N}=\overset{\ominus}{N} \overset{H^{\oplus}}{\rightleftharpoons} R-CH(\overset{\oplus}{O}H_2)-N^{\ominus}-\overset{\oplus}{N}\equiv N$$

$$\overset{-H_2O}{\rightleftharpoons} R-CH=N-\overset{\oplus}{N}\equiv N \xrightarrow[-H^{\oplus}]{-N_2} R-C\equiv N$$

3. 影响因素

(1) 反应条件

Schmidt 反应可采用叠氮酸的惰性溶剂（如氯仿或苯）的溶液为反应试剂，也可将叠氮钠加入酸性的反应混合物中生成叠氮酸；常用质子酸（如 H_2SO_4、PPA、TFA、TFAA）为催化剂，其中硫酸最常用。

(2) 反应物

脂肪族羧酸，特别是长链的脂肪族羧酸，Schmidt 反应收率高。芳香族羧酸进行 Schmidt 反应时收率有差异，对于空间位阻大的化合物，如 2,6-二甲基对苯二甲酸发生 Schmidt 反应，能获得收率良好的 4-氨基-3,5-二甲基苯甲酸。

$$\text{2,6-二甲基对苯二甲酸 (HOOC–}C_6H_2(CH_3)_2\text{–COOH)} \xrightarrow[\text{r. t.}, 25h]{NaN_3/H_2SO_4/CHCl_3} \text{HOOC–}C_6H_2(CH_3)_2\text{–}NH_2 \quad (87\%) \qquad [64]$$

有光学活性的迁移基团，经 Schmidt 反应后构型保留。例如：

$$\text{2-R-2-}CO_2Et\text{-环己酮} \xrightarrow[CHCl_3,\text{reflux},0.5h]{NaN_3/CH_3SO_3H} \text{内酰胺 (NH–C(R)(}CO_2Et\text{))} \qquad [65]$$

酮与叠氮酸的反应活性较羧酸高，当酮分子中同时存在羧基或酯基时，控制叠氮酸的加入量，可停留在只与酮反应阶段。例如：

$$H_3C{-}\overset{O}{\overset{\|}{C}}{-}C(PhCH_2)(CH_3){-}\overset{O}{\overset{\|}{C}}{-}OEt \xrightarrow[0.5\sim1h]{NaN_3/CH_3SO_3H/CHCl_3} H_3C{-}\overset{O}{\overset{\|}{C}}{-}NH{-}C(PhCH_2)(CH_3){-}\overset{O}{\overset{\|}{C}}{-}OEt \quad (95\%) \qquad [66]$$

$$\text{2-氧代环己甲酸 (COOH)} + HN_3 \xrightarrow{H_2SO_4} \text{己内酰胺-7-COOH (NH, COOH)} \qquad [67]$$

4. 应用特点

(1) 由羧酸制备伯胺

最常见的 Schmidt 反应是羧酸与叠氮酸在硫酸催化下反应得到比原来的羧酸少一个碳原子的伯胺。例如：

$$CH_3(CH_2)_4\overset{O}{\overset{\|}{C}}{-}OH \xrightarrow{HN_3/H_2SO_4} CH_3(CH_2)_4NH_2 \qquad [68]$$

(2) 由酮制备酰胺

酮与叠氮酸反应生成酰胺，即在羰基与 R（或 R′）之间插入 NH。

$$R{-}\overset{O}{\overset{\|}{C}}{-}R' + HN_3 \xrightarrow{H_2SO_4} R{-}\overset{O}{\overset{\|}{C}}{-}NHR' + RNH{-}\overset{O}{\overset{\|}{C}}{-}R'$$

通常二芳基酮反应较慢，二烷基酮和脂环酮较烷基芳酮反应快。在烷基芳酮的反应中，一般芳基优先迁移（除非烷基体积很大）。例如：

$$Ph{-}\overset{O}{\overset{\|}{C}}{-}CH_3 \xrightarrow{HN_3/H_2SO_4} H_3C{-}\overset{O}{\overset{\|}{C}}{-}\overset{H}{N}{-}Ph \quad (77\%) \qquad [69]$$

环酮的 Schmidt 反应产物是内酰胺。例如：

$$\text{环己酮} \xrightarrow{HN_3} \text{己内酰胺 (NH)} \quad (70\%) \qquad [70]$$

五、Baeyer-Villiger 氧化/重排

酮类与过氧酸反应，重排转化成酯；如为环酮，则转化成相应内酯或羟基酸。此反应称为 Baeyer-Villiger 氧化/重排。

1. 反应通式

$$R-\underset{\underset{O}{\|}}{C}-R' \xrightarrow{ArCO_3H} R-\underset{\underset{O}{\|}}{C}-OR'$$

$$_n(H_2C)\text{(环)}C=O \xrightarrow{ArCO_3H} {}_n(H_2C)\text{(内酯)}$$

2. 反应机理

Baeyer-Villiger 重排为亲核重排反应机理。在酸催化下，过氧酸对羰基进行亲核加成，迁移基带着成键电子向氧迁移，脱去羧酸根，转化成酯。

$$R'-\underset{\underset{O}{\|}}{C}-R \xrightarrow{H^{\oplus}} R'-\underset{\underset{^{\oplus}OH}{\|}}{C}-R \xrightarrow{R''CO_3H} R'-\underset{\underset{OH}{|}}{\overset{\overset{\ddot{O}-O-\overset{O}{\overset{\|}{C}}-R''}{|}}{C}}-R \longrightarrow \underset{\underset{OH}{|}}{\overset{\overset{R'-\ddot{O}:}{|}}{^{\oplus}C}}-R \xrightarrow{-H^{\oplus}} R'-O-\underset{\underset{O}{\|}}{C}-R$$

3. 影响因素

(1) 过氧酸

过氧酸一般用过氧乙酸、三氟过氧乙酸、过氧苯甲酸、间氯过氧苯甲酸/H_2O_2/BF_3、过氧邻苯二甲酸等。应用三氟过氧乙酸反应时需加入缓冲剂（如 Na_2HPO_4），以避免发生酯交换而生成三氟乙酸酯。

(2) 酮的结构

不对称酮进行 Baeyer-Villiger 重排时，更能提供电子云的基团优先迁移。两个烃基迁移能力的大小顺序一般为：叔烷基＞环己基、仲烷基、苄基、苯基＞伯烷基＞甲基。所以甲基酮与过氧酸作用，均重排成乙酸酯。

$$\text{降冰片基}-\underset{\underset{O}{\|}}{C}-CH_3 \xrightarrow{PhCO_3H/CHCl_3} \text{降冰片基}-O-\underset{\underset{O}{\|}}{C}-CH_3 \quad (81\%) \qquad [71]$$

芳环迁移基上有给电子取代基时，迁移基能力增加；有吸电子基时，迁移能力降低。芳基迁移次序为 p-$CH_3OC_6H_4$＞ p-$CH_3C_6H_4$＞C_6H_5＞p-ClC_6H_4＞p-$NO_2C_6H_4$。

$$p\text{-}O_2NC_6H_4-\underset{\underset{O}{\|}}{C}-C_6H_5 \xrightarrow{CH_3CO_3H/AcOH} p\text{-}O_2NC_6H_4-\underset{\underset{O}{\|}}{C}-O-C_6H_5 \quad (95\%) \qquad [72]$$

酮类化合物分子中含有多种功能基时，过氧酸只氧化羰基。例如：

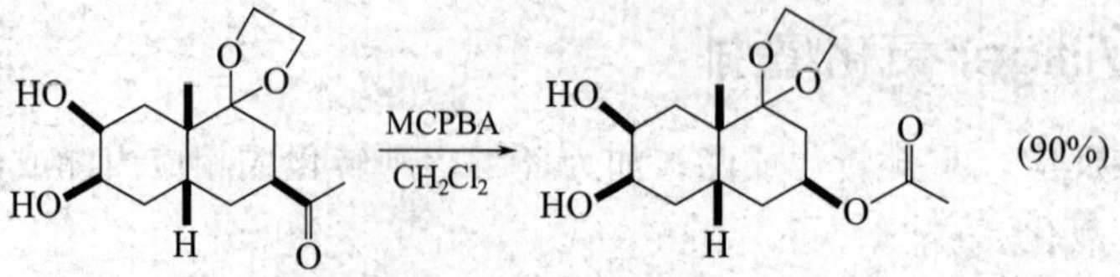

MCPBA / CH_2Cl_2 (90%) [73]

4. 应用特点

(1) 酮转化为酯

酮类与过氧酸作用，转化结果为在烃基与羰基之间插入氧而生成酯。例如，化合物(**107**)经 Baeyer-Villiger 重排（叔烷基较苯基优先迁移），生成酯，再经水解得化合物(**108**)。

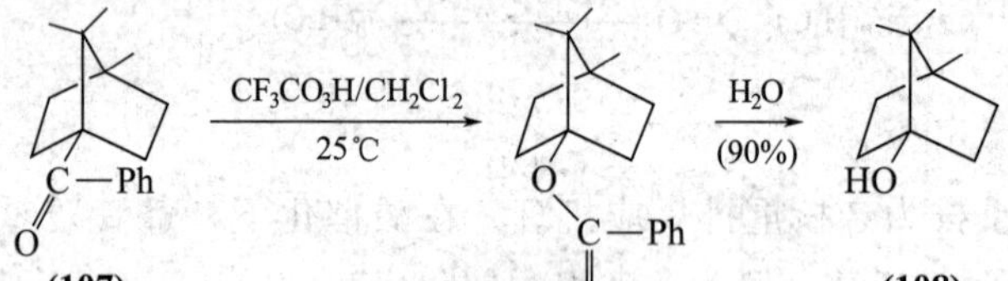

CF_3CO_3H/CH_2Cl_2, 25℃；H_2O (90%) [74]

(**107**) (**108**)

环酮与过氧酸作用经 Baeyer-Villiger 重排生成内酯。例如：

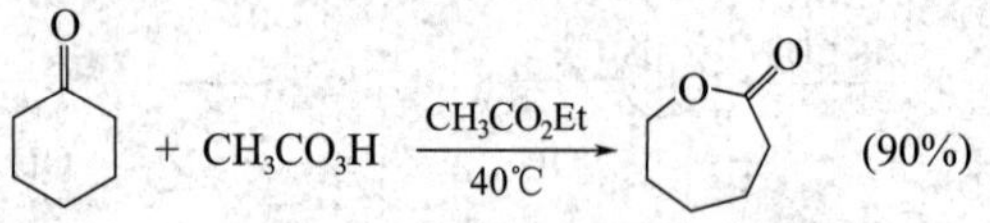

$+ CH_3CO_3H \xrightarrow[40℃]{CH_3CO_2Et}$ (90%) [75]

(2) 醛转化为酸或甲酸酯

醛与过氧酸反应，氢迁移转化为羧酸，这是醛氧化成酸的方法之一。

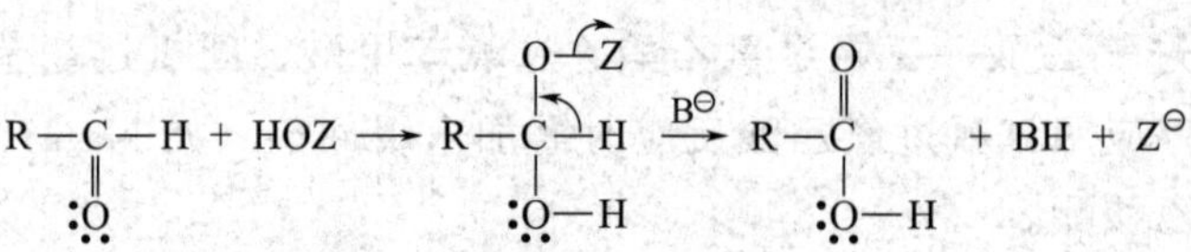

$$R-\overset{\ddot{O}:}{C}-H + HOZ \longrightarrow R-\underset{OH}{\overset{O-Z}{C}}-H \xrightarrow{B^{\ominus}} R-\underset{OH}{\overset{O}{C}} + BH + Z^{\ominus}$$

在特定条件下，烷基迁移，转化为甲酸酯。例如，含甲酰基化合物（**109**）和（**111**）与间氯过氧苯甲酸（MCPBA）在 CH_2Cl_2 中于室温下反应，经 Baeyer-Villiger 重排，即可得到高收率的甲酸酯类化合物（**110**）和（**112**），羰基不发生反应，且手性碳构型不变。

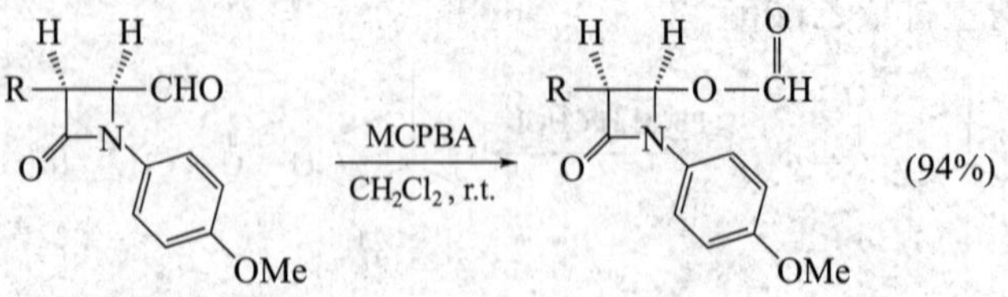

MCPBA / CH_2Cl_2, r.t. (94%) [76]

(R=Et、BnO、Ph)

(**109**) (**110**)

MCPBA/CH_2Cl_2, r.t., 5d (93%) [77]

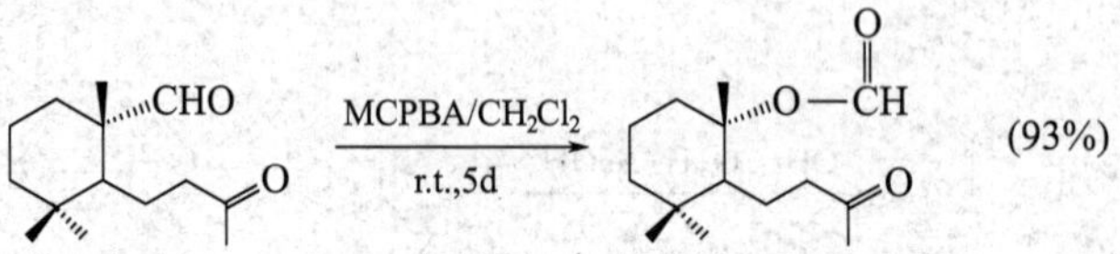

(**111**) (**112**)

第四节　从杂原子到碳原子的重排

一、Stevens 重排

与氮相连的其中一个碳原子上含有吸电子基（Z）的季铵盐，在强碱作用下，重排生成叔胺的反应，称为 Stevens 重排。

1. 反应通式

$$R^2-\overset{\oplus}{N}(R^3)(R^1)-CH_2-Z \xrightarrow{NaNH_2} R^2-N(R^1)-CH(R^3)-Z$$

2. 反应机理

Stevens 重排为亲电重排反应机理。在碱催化下，连有吸电子基（Z）的 α-氢可被移去，形成过渡态叶立德（Ylide，分子中有两个相反电荷的原子相互连接成键），季铵基上的一个烃基迁移到邻位的碳负离子上，形成叔胺。

$$R^2-\overset{\oplus}{N}(R^3)(R^1)-CH_2-Z \xrightarrow{碱} \left[R^2-\overset{\oplus}{N}(R^3)(R^1)-\overset{\ominus}{C}H-Z\right] \longrightarrow (R^1)(R^2)N-CH(R^3)-Z$$

3. 影响因素

(1) 碱的强弱

形成叶立德是 Stevens 重排的关键。有机叶立德通常用季铵盐或三烷基锍盐与碱反应制备。所用碱的强弱，要根据叶立德的稳定性来选择。例如，能通过羰基来稳定碳负离子的叶立德 **(113)**，可使用常用的碱如氢氧化钠或醇钠形成；稳定性差的叶立德 **(114)** 和 **(115)** 需用强碱如氢化钠、氨基钠或有机锂试剂形成。

$$C_6H_5-\overset{O}{\overset{\|}{C}}-CH_2\overset{\oplus}{N}(C_2H_5)_3 \xrightarrow{NaOH} C_6H_5-\overset{O}{\overset{\|}{C}}-\overset{\ominus}{C}H\overset{\oplus}{N}(C_2H_5)_3 \quad \textbf{(113)} \qquad [78]$$

$$(CH_3)_4\overset{\oplus}{N}\overset{\ominus}{Br} \xrightarrow{C_4H_9Li} (CH_3)_3\overset{\oplus\ominus}{NCH_2} \quad \textbf{(114)}$$

$$(CH_3)_3\overset{\oplus\ominus}{SI} \xrightarrow{NaH} (CH_3)_2\overset{\oplus\ominus}{SCH_2} \quad \textbf{(115)} \qquad [79]$$

(2) 季铵盐的结构

含烯丙基的季铵盐形成的叶立德存在互变异构，因而得 1,2-迁移和 1,4-迁移的混合物。产物的比例与反应条件密切相关，增加溶剂的极性和温度均有利于 1,4-迁移产物的生成。例如：

$$Et_3\overset{\oplus}{N}CH_2-CH=CH_2 \xrightarrow[0℃/40min]{NaNH_2/液 NH_3} Et_3\overset{\oplus\ominus}{N}CH-CH=CH_2 \longleftrightarrow Et_3\overset{\oplus}{N}CH=CH\overset{\ominus}{C}H_2$$

$$Et_2NCH(Et)-CH=CH_2 \quad (1,2\text{-迁移产物}) \qquad Et_2NCH=CHCH_2Et \quad (1,4\text{-迁移产物})$$

季铵盐的 Stevens 重排，常见迁移基是烯丙基、苄基、二苯甲基、3-苯基炔丙基和苯甲酰甲基。若基团形成的正离子越稳定，则基团的迁移能力越强。例如下列化合物进行 Stevens 重排得苄基迁移产物。

(N-甲基-N-苄基-4-乙氧羰基-1,2,3,6-四氢吡啶溴化铵，$Br^{\ominus}$) $\xrightarrow[heat]{NaOEt/EtOH}$ (1-Me-2-CH_2Ph-4-CO_2Et-1,2,3,6-四氢吡啶) [80]

硫叶立德也能发生类似的 Stevens 重排反应。例如：

$$(H_3C)_2\overset{\oplus}{S}-\overset{\ominus}{C}H_2 \longrightarrow H_3C-S-CH_2CH_3 \qquad [81]$$

4. 应用特点

(1) 由季铵制备叔胺

利用 Stevens 重排可由环状季铵盐制备扩环的叔胺类化合物。例如，季铵盐（**116**）和（**118**）在碱性条件下进行 Stevens 重排，得扩环的胺类化合物（**117**）和（**119**）。

(**116**) $\xrightarrow[NH_3]{NH_2^{\ominus}}$ (**117**) (90%) [82]

(**118**) $Br^{\ominus}$ $\xrightarrow[heat]{OH^{\ominus}}$ (**119**)

Stevens 重排为立体专一性反应，如果迁移基具有手性，重排后构型保持不变。例如：

$$(CH_3)_2\overset{\oplus}{N}(\overset{*}{C}H(CH_3)Ph)-CH_2-CO-C_6H_5 \xrightarrow{NaNH_2/C_6H_6} (CH_3)_2N-CH(\overset{*}{C}H(CH_3)Ph)-CO-C_6H_5 \quad 95\%\ e.e. \qquad [83]$$

(2) 由重氮酮衍生物制备杂环化合物

含二烷基氨基重氮酮类化合物（**120**）和硫醚重氮酮类化合物（**123**）在 $Rh_2(OAc)_4$ 的催化下生成卡宾，氮原子或硫原子的一对未共用电子对进攻卡宾形成铵叶立德（**121**）和硫叶立德（**124**），迁移基带一个正电荷迁移到碳负离子上，形成 2-取代-酮哌啶类化合物（**122**）和环硫醚类化合物（**125**）。

EtO_2C N Me — CH N_2 (**120**) $\xrightarrow[r.t.]{Rh_2(OAc)_4/CH_2Cl_2}$ [O ⊕N ⊖ Me CO_2Et (**121**)] $\xrightarrow{[1,2]}$ O N Me CO_2Et (94%) (**122**)　[84]

O S Ph N_2 COOEt (**123**) $\xrightarrow[reflux]{Rh_2(OAc)_4/C_6H_6}$ O ⊕S ⊖ CO_2Et Ph (**124**) $\xrightarrow[reflux, 2.5h]{Xyl}$ O CO_2Et S Ph (55%) (**125**)　[85]

二、Sommelet-Hauser 重排

苄基季铵盐在氨基钠等强碱催化下，重排生成邻位取代的苄基叔胺的反应，称为 Sommelet-Hauser 重排。

1. 反应通式

$$C_6H_5CH_2\overset{\oplus}{N}Me_3X^{\ominus} \xrightarrow{NaNH_2} o\text{-}CH_3C_6H_4CH_2NMe_2$$

2. 反应机理

Sommelet-Hauser 重排为亲电重排反应机理。季铵盐分子（**126**）中苄基的氢酸性较强，失去一个质子形成叶立德（**127**），发生[2,3]-σ 迁移重排，生成邻位取代的苄基叔胺（**128**）。

H_2C—$\overset{\oplus}{N}R_2$ CH_3 (**126**) $\xrightarrow{NH_2^{\ominus}}$ $\overset{\ominus}{C}H$—$\overset{\oplus}{N}R_2$ CH_3 (**127**) ⇌ H_2C—$\overset{\oplus}{N}R_2$ $:\overset{\ominus}{C}H_2$ ⟶ $=CH_2$ H $CH_2\ddot{N}R_2$ ⟶ CH_3 $CH_2\ddot{N}R_2$ (**128**)

3. 影响因素

在 Stevens 重排和 Sommelet-Hauser 重排可同时发生的情况下，控制反应条件可使一种反应占优势：在极性溶剂（如 NH_3、DMSO、HMPA）中和低温条件下，Sommelet-Hauser 重排反应为主；在非极性溶剂（如环己烷、乙醚）中和高温条件下，主要发生 Stevens 重排。例如含苄基的季铵盐在液氨中反应，Sommelet-Hauser 重排产物为主。

$$C_6H_5CH_2-\overset{\oplus}{N}(CH_3)_3 \xrightarrow[\text{液 } NH_3]{NaNH_2} o\text{-}CH_3C_6H_4CH_2N(CH_3)_2$$

4. 应用特点

利用 Sommelet-Hauser 重排可制备邻甲基苄基叔胺。例如化合物（**129**）在强碱条件下，负离子基团稳定的取代基优先迁移，得主要产物（**130**）。

$$\text{PhCH}_2\overset{\oplus}{\text{N}}(\text{CH}_3)_2\text{CH}_2\text{-cyclopropyl}\ \textbf{(129)} \xrightarrow{\text{NaNH}_2/\text{液 NH}_3} \textbf{(130)} + \text{o-CH}_3\text{C}_6\text{H}_4\text{CH}_2\text{N(CH}_3)\text{CH}_2\text{-cyclopropyl}$$ [86]

环状季铵盐也可进行 Sommelet-Hauser 重排，得扩环产物。

$$\xrightarrow[\text{r.t.,20h}]{\text{CsF/DMF}} \quad (74\%)$$ [87]

三、Wittig 重排

醚类化合物在烷基锂存在下重排得烷氧盐，经酸化生成醇的反应，称为 Wittig 重排。

1. 反应通式

[1,2]-Wittig 重排：

$$\text{R—CH}_2\text{—O—R}' \xrightarrow{\text{R}''\text{Li}} \text{R—CH(R}')\text{—O}^{\ominus}\text{Li}^{\oplus} \xrightarrow{\text{H}^{\oplus}} \text{R—CH(R}')\text{—OH}$$

[2,3]-Wittig 重排：

$$\xrightarrow[\text{2) H}^{\oplus}]{\text{1) R}''\text{Li}}$$

2. 反应机理

[1,2]-Wittig 重排为自由基重排机理。在强碱作用下，醚类化合物失去一个质子后，碳氧键均裂转化为烷基自由基和羰基自由基，再进行重新结合，生成重排产物。

$$\text{R—CH}_2\text{—O—R}' \xrightarrow{\text{R}''\text{Li}} \text{R—}\overset{\ominus}{\text{C}}\text{H—O—R}' \longrightarrow \left[\text{R—}\overset{\ominus}{\dot{\text{C}}}\text{H—}\dot{\text{O}}\ \ \cdot\text{R}' \longleftrightarrow \text{R—}\dot{\text{C}}\text{H—}\overset{\ominus}{\dot{\text{O}}}\ \ \cdot\text{R}'\right] \longrightarrow \text{R—CH(R}')\text{—O}^{\ominus}$$

3. 影响因素

Wittig 重排需用强碱（如苯基锂或氨基钠）。R 和 R′可以是烷基、芳基或烯丙基。例如，苄基甲基醚（**131**）与正丁基锂反应得 Wittig 重排产物。

$$\text{C}_6\text{H}_5\text{—CH}_2\text{—O—CH}_3 \xrightarrow{\text{BuLi}} \text{C}_6\text{H}_5\text{—CH(CH}_3)\text{—O}^{\ominus}\text{Li}^{\oplus} \xrightarrow{\text{H}_2\text{O}} \text{C}_6\text{H}_5\text{—CH(CH}_3)\text{—OH}$$

在 Wittig 重排过程中，反应物构型会发生翻转，生成一对对映体的混合物。例如化合物（**131**），在强碱条件下反应得产物（**132**）和（**133**）；减少反应溶剂的极性，将宜生成构型保持的产物（**132**）；增加溶剂的极性，将有利于生成构型翻转的产物（**133**）。

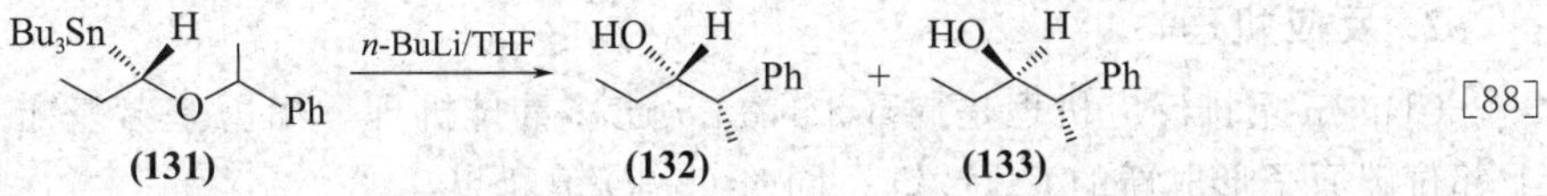

[88]

烯丙基醚主要发生[2,3]-σ迁移重排又称[2,3]-Wittig重排，是周环机理，其结果是烯丙基结构的倒置。

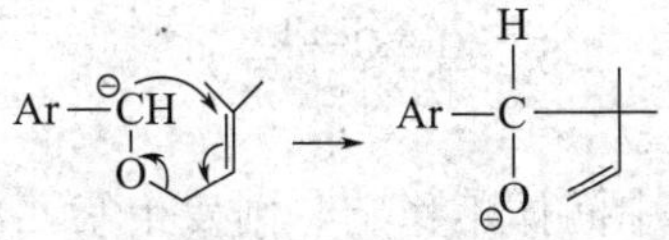

例如，化合物(**134**)重排主要生成[2,3]-Wittig重排产物。

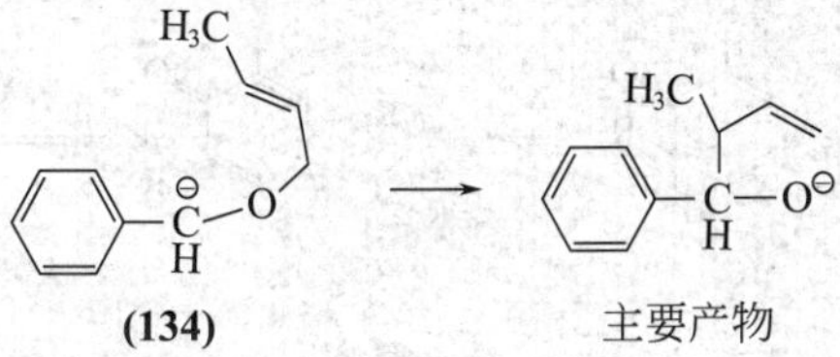

主要产物

4. 应用特点

在[2,3]-Wittig重排中，和手性中心相连的碳氧键断裂，新形成的碳碳键的手性几乎完全转变。例如，化合物(**135**)重排产物中烯丙基手性中心的对映异构体纯度几乎是100%。

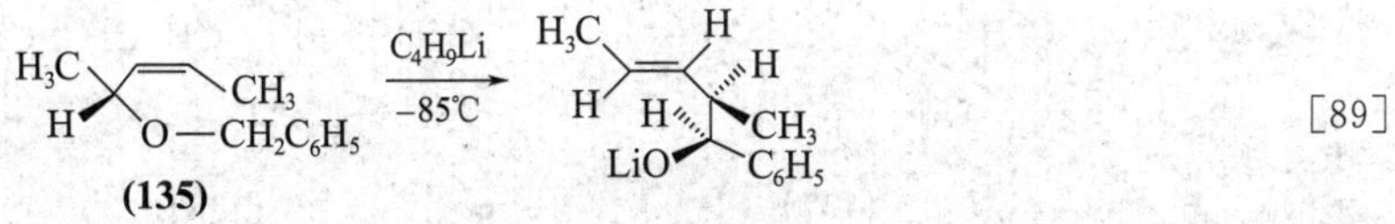

[89]

再如化合物(**136**)亦发生[2,3]-Wittig重排，手性构型反转。

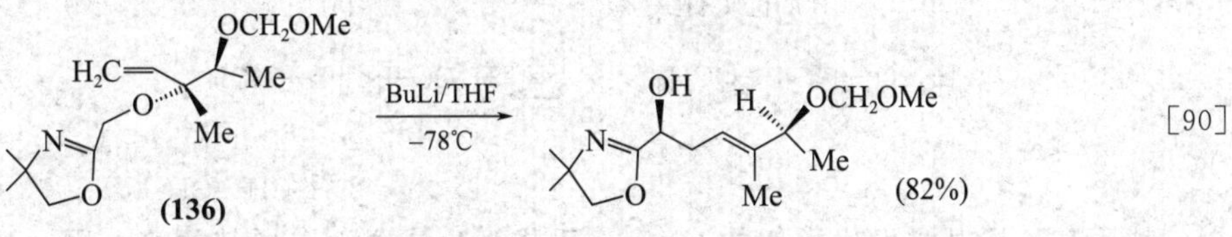

[90]

第五节 σ键迁移重排

一、Claisen重排

烯丙基芳基醚加热重排为邻烯丙基酚类的反应称为Claisen重排。

1. 反应通式

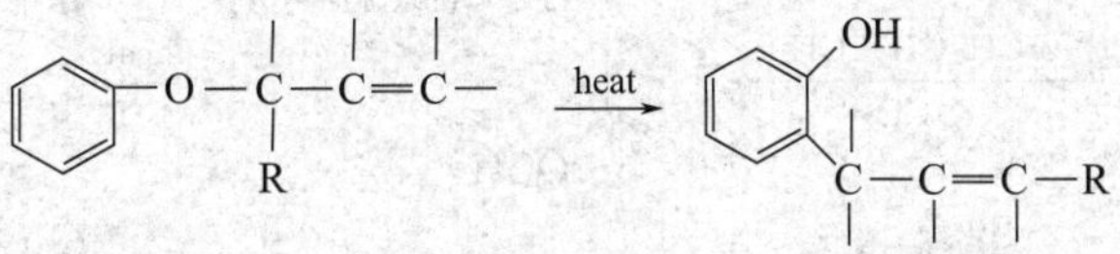

2. 反应机理

Claisen 重排反应机理是周环［3,3］-σ 迁移重排机理。烯丙基芳基醚 3 位碳原子与芳环上邻位碳原子形成新的 C—C 键，同时 C—O 键断裂：

$$\text{烯丙基芳基醚 (O, C–R)} \xrightarrow{\text{慢}} \text{环己二烯酮 (O, H), }-\overset{|}{C}-\overset{|}{C}=\overset{|}{C}-R \underset{\text{异构化}}{\overset{\text{快}}{\rightleftharpoons}} \text{OH 酚, }-\overset{|}{C}-\overset{|}{C}=\overset{|}{C}-R$$

当邻位被占据，因邻位重排中间体不稳定，则发生第二次［3,3］-σ 迁移，烯丙基迁移到对位：

$$\text{(R, R 取代芳醚, O, C–R)} \xrightarrow{\text{慢}} \text{(R, O, R; R–C=C, C)} \longrightarrow \text{(R, O, R; R–C, –C, =C)} \underset{}{\overset{\text{异构化}}{\rightleftharpoons}} \text{(R, OH, R; R–C, –C, =C)}$$

3. 影响因素

Claisen 重排可在无溶剂存在下，或在惰性的高沸点溶剂中，加热至 100～250℃进行反应。例如化合物（**137**）经 Claisen 重排生成化合物（**138**）。

$$\underset{\textbf{(137)}}{C_2H_5,\ OCH_2CH=CH_2} \xrightarrow{\text{heat}} \underset{\textbf{(138)}}{C_2H_5,\ OH,\ CH_2CH=CH_2} \quad (90\%) \qquad [91]$$

如果两个邻位都被占据，则烯丙基迁移到对位，例如：

$$H_3CO,\ OCH_2CH=CH_2,\ OCH_3 \xrightarrow{\text{heat}} H_3CO,\ OH,\ OCH_3,\ CH_2CH=CH_2 \quad (85\%) \qquad [92]$$

炔丙基乙烯基醚发生类似的 Claisen 重排，生成含丙二烯基的醛、酮、酯或酰胺。

$$A-C(=CR'_2)-O-CH_2-C\equiv CH \longrightarrow A-\overset{O}{\overset{\|}{C}}-CR'_2-CH=C=CH_2$$

（A=H、R、OR、NR_2）

4. 应用特点

(1) 在芳环上引入烯丙基

由于烯丙基芳醚容易制备，通过 Claisen 重排可在酚类化合物的苯环上引入烯丙基。

$$OH,\ OCH_3 \xrightarrow[K_2CO_3]{BrCH_2CH=CH_2} O-CH_2CH=CH_2,\ OCH_3 \xrightarrow{\text{heat}} CH_2CH=CH_2,\ OH,\ OCH_3 \qquad [93]$$

（80%～90%）

(2) 脂肪族 Claisen 重排

含有烯丙基乙烯醚结构的化合物可进行 Claisen 重排，制备 γ,δ-不饱和酮、醛及羧酸衍生物等。

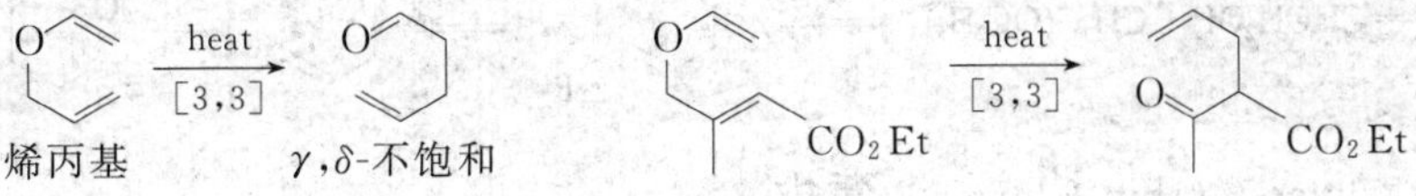

O —heat [3,3]→ O

烯丙基乙烯基醚 → γ,δ-不饱和酮化合物

O, CO_2Et —heat [3,3]→ O, CO_2Et

2-烯丙基乙酰乙酸酯

① 制备不饱和醛或酮

烯丙醇类与乙烯醚反应，制得烯丙基乙烯基醚，不需分离，直接进行热重排，得 γ,δ-不饱和醛或酮类。

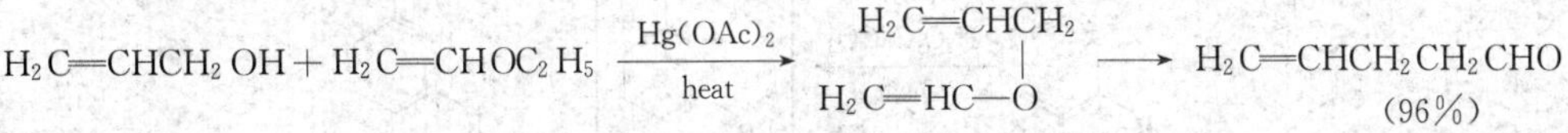

$$H_2C{=}CHCH_2OH + H_2C{=}CHOC_2H_5 \xrightarrow[heat]{Hg(OAc)_2} \begin{matrix} H_2C{=}CHCH_2 \\ | \\ H_2C{=}HC{-}O \end{matrix} \longrightarrow H_2C{=}CHCH_2CH_2CHO\ (96\%)$$ [94]

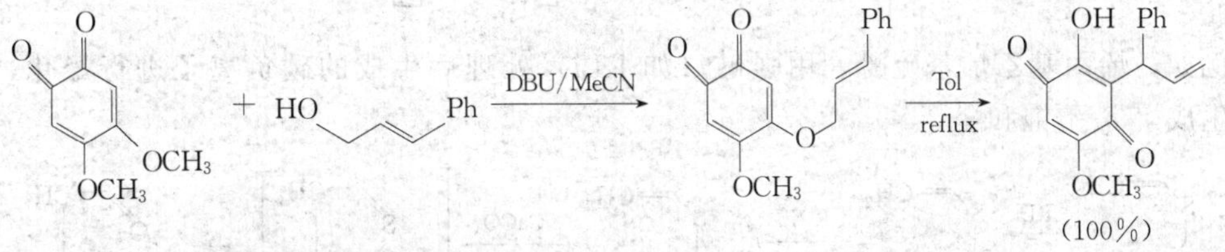

O, O, OCH_3, OCH_3 + HO~~~Ph —DBU/MeCN→ O, O, Ph, O, OCH_3 —Tol, reflux→ OH, Ph, O, O, OCH_3 (100%) [95]

② 制备 γ,δ-不饱和羧酸及其衍生物

若反应物烯丙基乙烯基醚中乙烯基的 α 位上引入其他官能团，经 Claisen 重排，生成不饱和羧酸及其衍生物。如 α 位有 $O^{\ominus}$ 或 $OSiMe_3$，重排生成 γ,δ-不饱和羧酸。

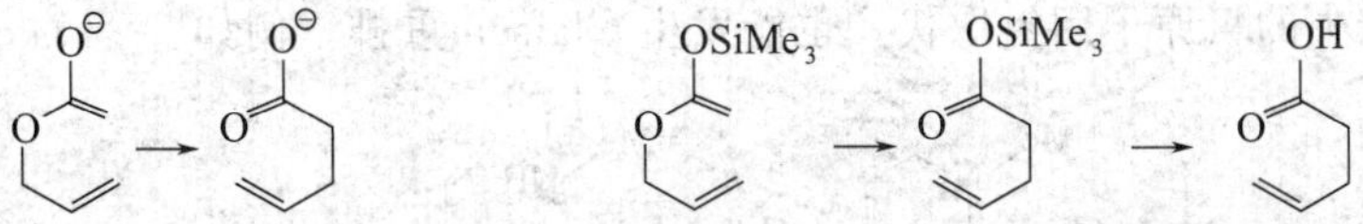

$O^{\ominus}$, O → $O^{\ominus}$, O　　$OSiMe_3$, O → $OSiMe_3$, O → OH, O

例如，酯类化合物（**139**）在强碱存在下，经重排生成不饱和羧酸盐（**140**）。

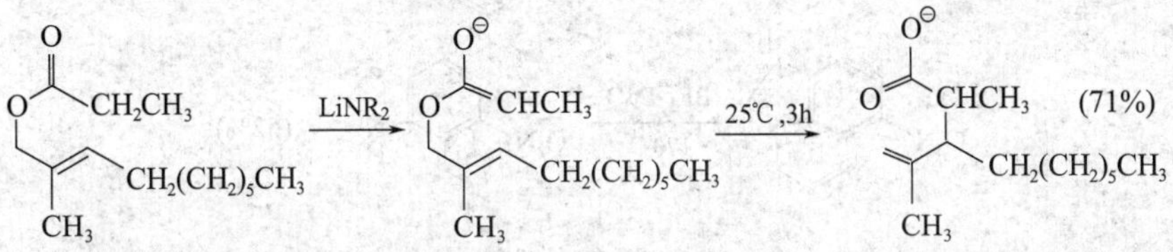

O, O, CH_2CH_3, $CH_2(CH_2)_5CH_3$, CH_3 (**139**) —$LiNR_2$→ $O^{\ominus}$, O, $CHCH_3$, $CH_2(CH_2)_5CH_3$, CH_3 —25℃, 3h→ $O^{\ominus}$, O, $CHCH_3$, $CH_2(CH_2)_5CH_3$, CH_3 (**140**) (71%) [96]

又如，酯类化合物（**141**）经重排生成不饱和羧酸（**142**）。

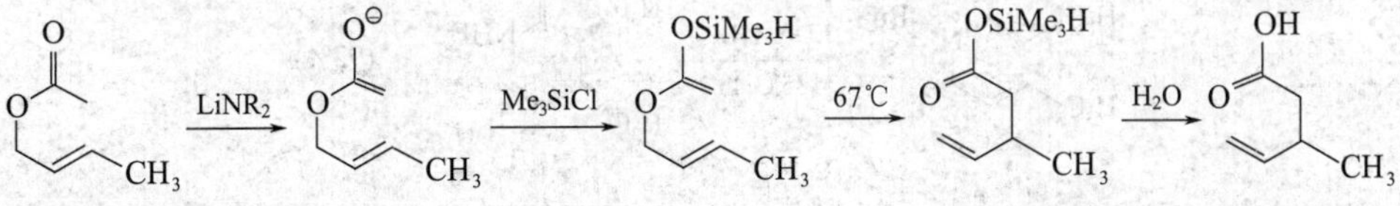

O, O, CH_3 (**141**) —$LiNR_2$→ $O^{\ominus}$, O, CH_3 —Me_3SiCl→ $OSiMe_3H$, O, CH_3 —67℃→ $OSiMe_3H$, O, CH_3 —H_2O→ OH, O, CH_3 (**142**) [97]

烯丙醇类与原酸酯反应生成的产物，烯丙基乙烯基醚中乙烯基的 α 位有烷氧基，经消除、重排生成 γ,δ-不饱和羧酸酯。

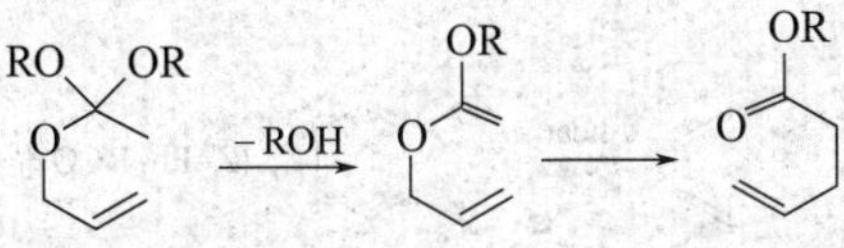

RO, OR, O —$-ROH$→ OR, O → OR, O

例如，原乙酸三乙酯与烯丙醇反应，生成原酸酯，经消除、重排，生成不饱和酯。

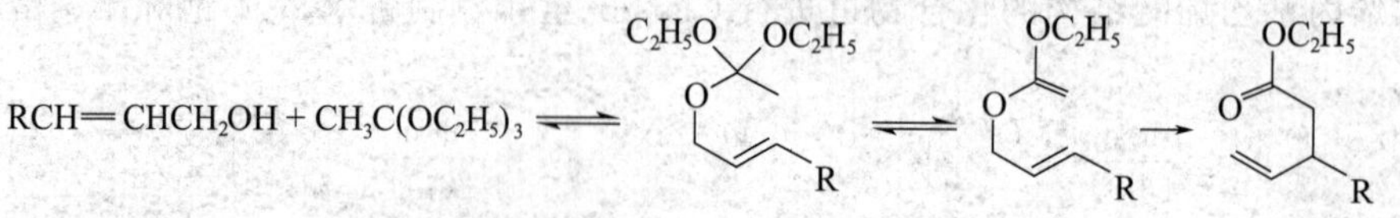

$$RCH{=}CHCH_2OH + CH_3C(OC_2H_5)_3 \rightleftharpoons$$ [98]

(3) **硫代 Claisen（thio-Claisen）重排**

将烯丙基乙烯基醚中的氧原子以电子等排体硫原子取代，进行类似的 Claisen 重排反应。硫醛极不稳定，立即转变成醛。

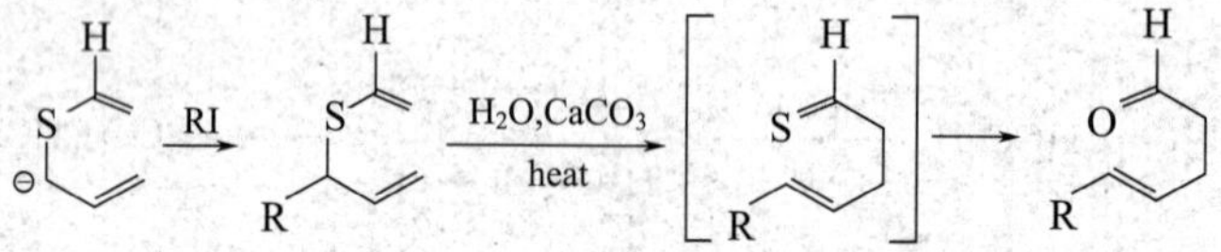

例如，烯丙基乙烯基硫醚，用强碱（如 RLi）处理后生成的碳负离子进行烃化，经重排，生成 γ,δ-不饱和醛。

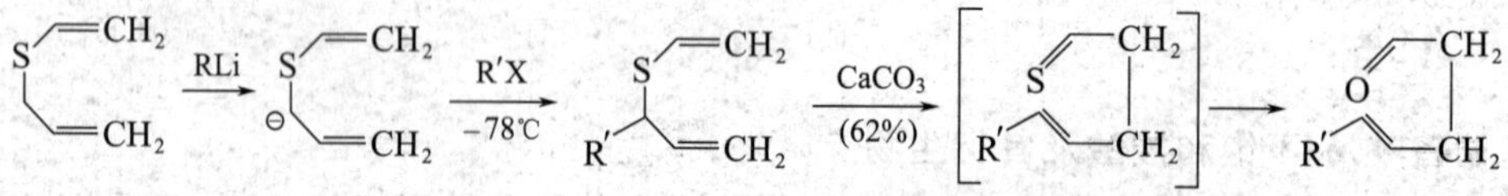

[99]

(4) **氨基 Claisen（amino Claisen）重排**

将烯丙基醚中的氧原子用氮取代，也能发生 Claisen 重排。例如：

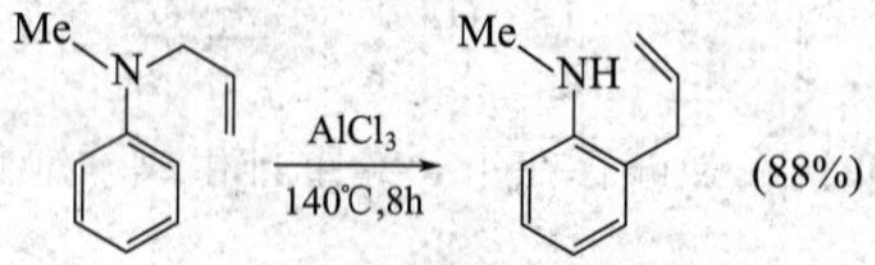

$AlCl_3$, 140℃, 8h (88%) [100]

BF_3-Et_2O, 170℃ (52%) [101]

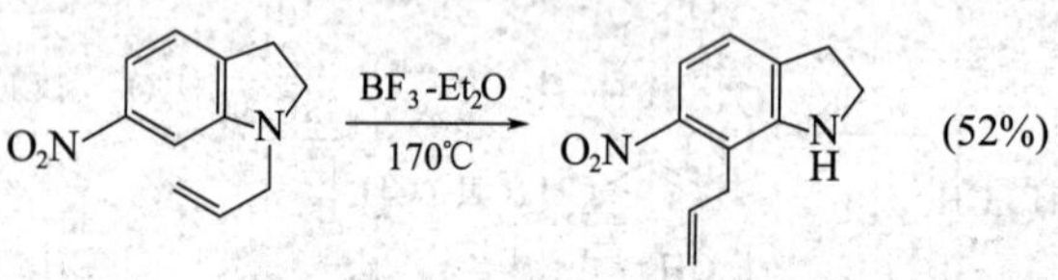

N-烃基-*N*-烯丙基酰胺经 Claisen 重排，生成 *N*-烃基-γ,δ-不饱和酰胺。

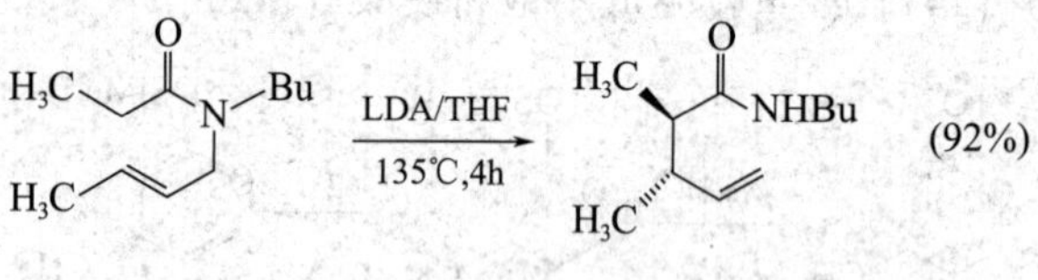

LDA/THF, 135℃, 4h (92%) [102]

二、Cope 重排

当 1,5-二烯类加热时发生异构化作用，称为 Cope 重排（[3,3]-σ 迁移重排）。

1. 反应通式

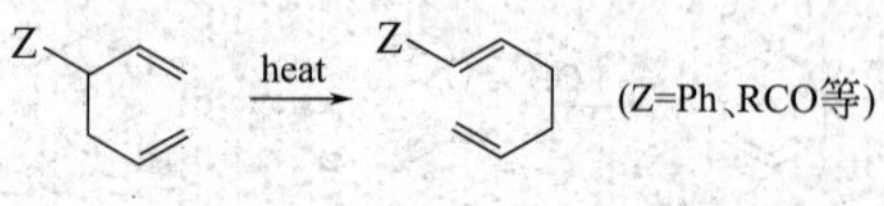

heat (Z=Ph、RCO等)

2. 反应机理

Cope 重排是周环 [3,3]-σ 迁移重排机理。与 Claisen 重排反应机理类似，可看作是 Claisen 重排中的 O 替换为 CH_2 的重排。

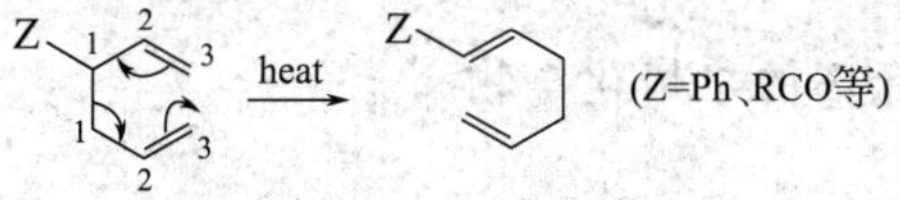

Z 1 2 3 1 2 3 heat Z (Z=Ph、RCO等)

3. 影响因素

Cope 重排为可逆反应，反应得到两种 1,5-二烯平衡混合物，其中热力学更稳定的异构体占优势。若重排后产物双键的取代基增加，则有利于重排反应平衡向右移动。例如下列反应收率为 100%。

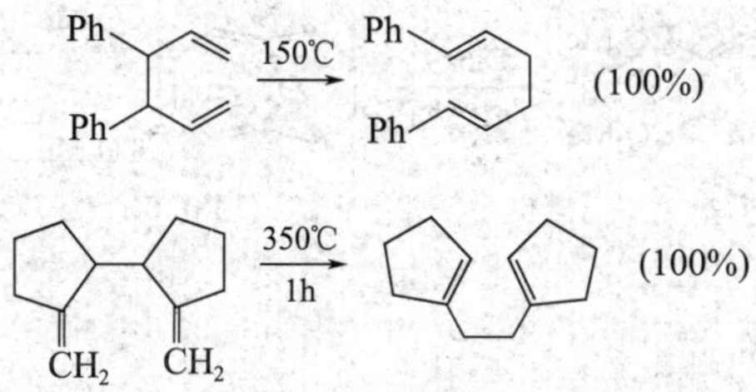

Ph Ph 150℃ Ph Ph (100%) [103]

CH_2 CH_2 350℃ 1h (100%)

当 1,5-二烯的 3 位或 4 位有羟基时，所进行的 Cope 重排称为氧-Cope（oxy-Cope）重排。因重排产物为醛或酮，故为不可逆反应。

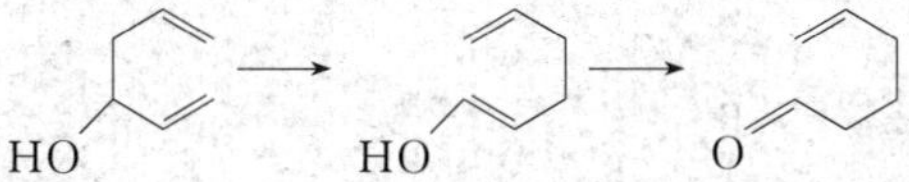

HO → HO → O

4. 应用特点

(1) 制备 δ-不饱和醛或酮

利用氧-Cope 重排可制备 δ-不饱和醛或酮。例如，含有二乙烯基的环己醇 **(143)** 和 **(145)** 经氧-Cope 重排可制备相应的十元环不饱和酮化合物 **(144)** 和 **(146)**。

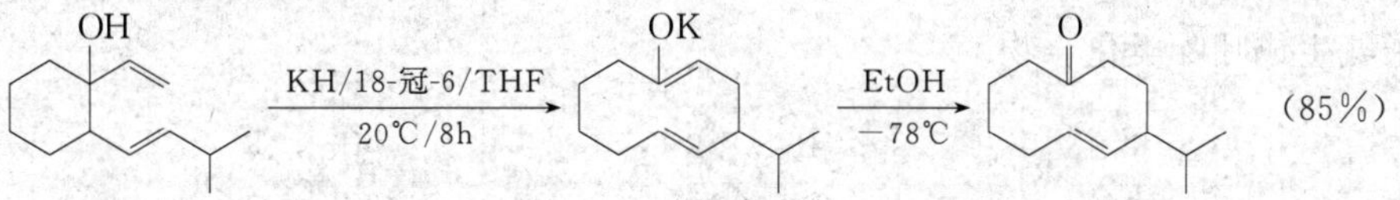

OH KH/18-冠-6/THF 20℃/8h OK EtOH −78℃ O (85%) [104]

(143) **(144)**

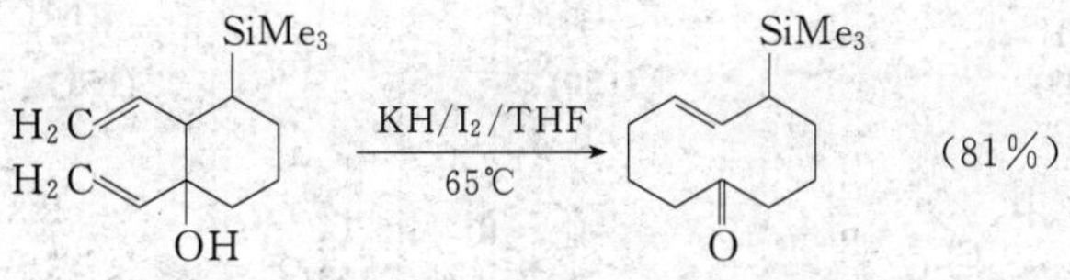

SiMe₃ H_2C H_2C OH KH/I_2/THF 65℃ SiMe₃ O (81%) [105]

(145) **(146)**

当 1,5-二烯的 3 位（或 4 位）含有氨基时，所进行的重排称为氮-Cope（aza-Cope）重排，重排后水解得醛（或酮）。

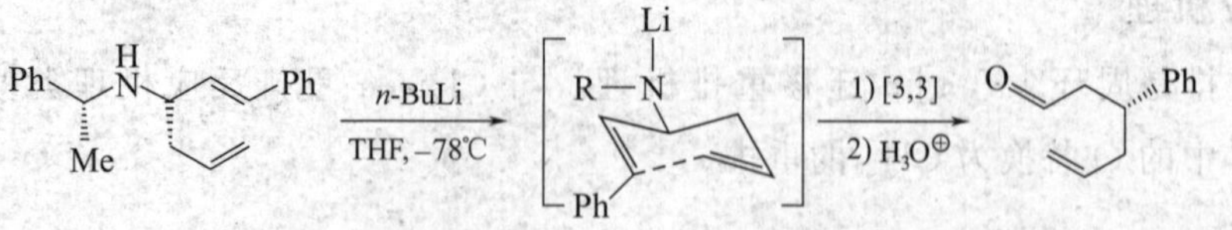

[106]

(2) 制备七元环和八元环的二烯化合物

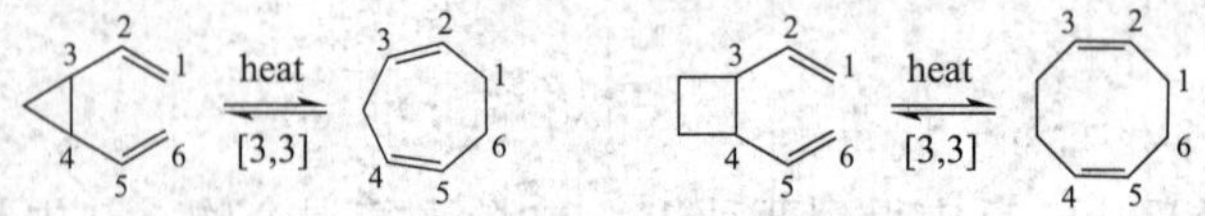

含有张力较大的小环二烯化合物，重排生成张力较小的大环二烯化合物。例如1,2-二烷烯基环己烯过氧化物（**147**）经Cope重排得1,6-氧桥环癸-1,5-二烯（**148**）。

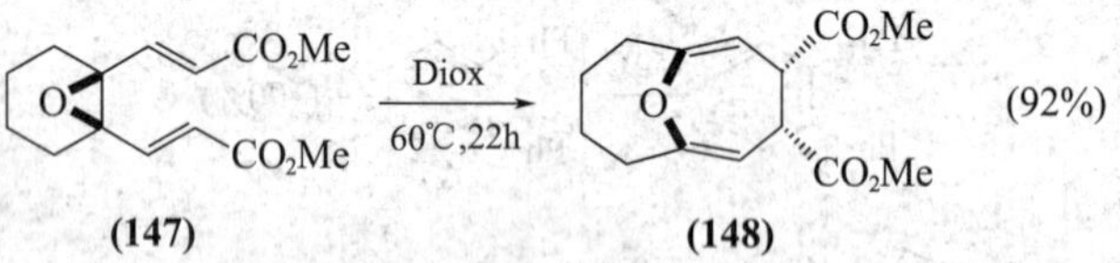

(92%) [107]

三、Fischer 吲哚合成

醛或酮的芳腙在质子酸或Lewis酸存在下，脱氨生成吲哚类化合物的反应，称为Fischer吲哚合成。

1. 反应通式

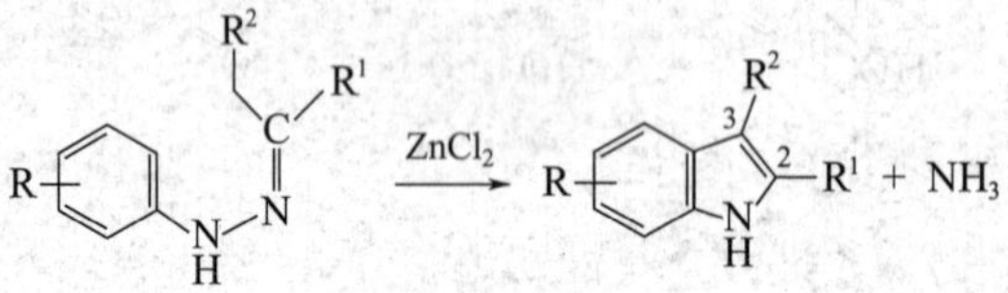

2. 反应机理

芳香腙（**149**）互变异构成烯胺（**150**），然后进行[3,3]-σ迁移，N—N键断裂，形成新的C—C键，生成中间体（**151**），互变异构为中间体（**152**），环合生成中间体（**153**），脱去一分子氨生成吲哚类化合物。

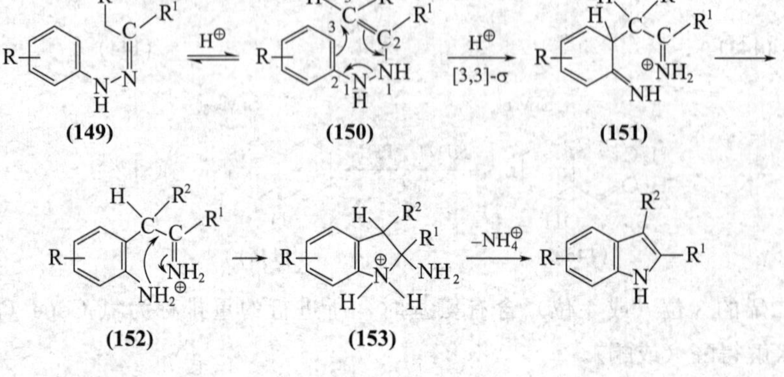

3. 影响因素

(1) 催化剂

Fischer 吲哚合成常用的催化剂是强酸（如 PPA、HCl、H_2SO_4）、弱酸（如 AcOH）以及 Lewis 酸（PCl_3、$ZnCl_2$）。Lewis 酸催化反应可在温和条件室温下进行，质子酸催化需在高温条件下反应。

(2) 羰基化合物

醛或酮与等物质的量的苯肼在醋酸中加热回流得苯腙，无需分离，立即在酸催化下进行重排、消除氨而得吲哚衍生物。

若所用羰基化合物为 $R^1COCH_2R^2$ 中 R^2 是氢或甲基，则 R^1 在产物的 2 位、R^2 在 3 位。

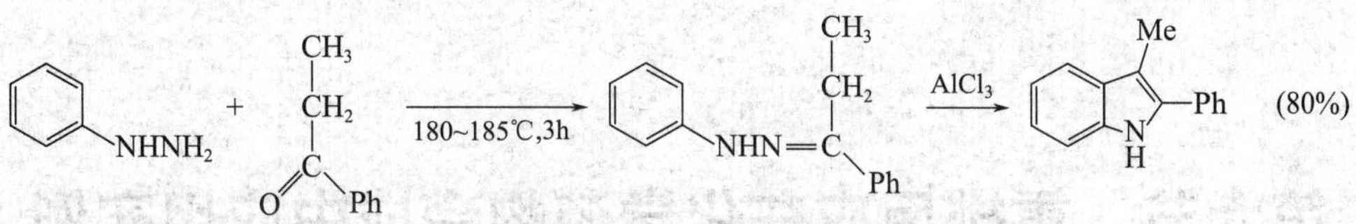

[108]

若羰基化合物为 $R^1CH_2COCH_2R^2$，所得产物是两种化合物：

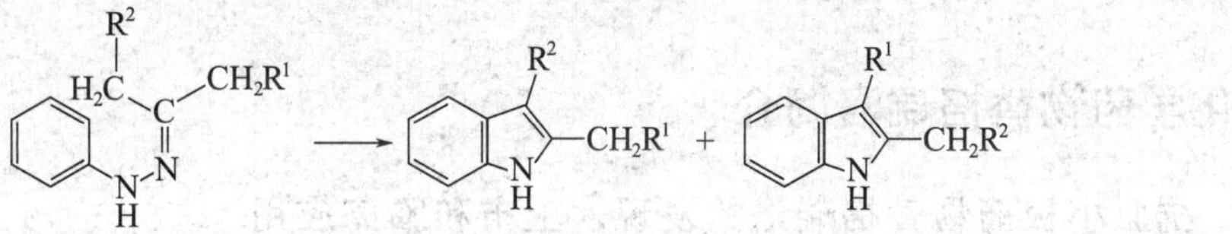

[109]

4. 应用特点

(1) 未取代吲哚的制备

未取代吲哚的制备需用丙酮酸的苯腙（**154**）合成吲哚-2-羧酸，然后脱羧制备吲哚（**155**），从乙醛苯腙（**156**）未成功制备吲哚本身。

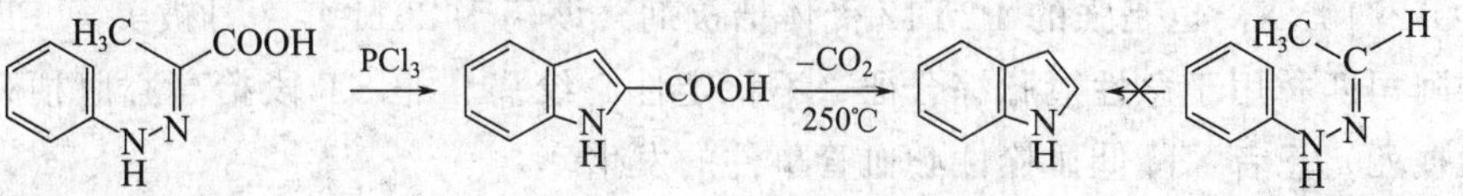

[110]

(2) 制备四氢咔唑

环己酮与苯肼反应生成环己酮苯腙，经 Fischer 吲哚合成生成四氢咔唑（**157**）：

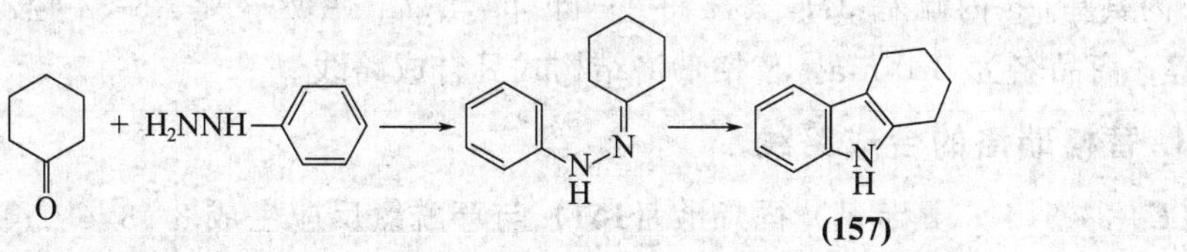

[111]

(3) 苯腙衍生物的制备

苯腙即可由醛或酮与苯肼反应制备，也可由活性亚甲基化合物（**158**）与芳胺重氮盐在碱性条件下反应制备苯腙衍生物（**159**）：

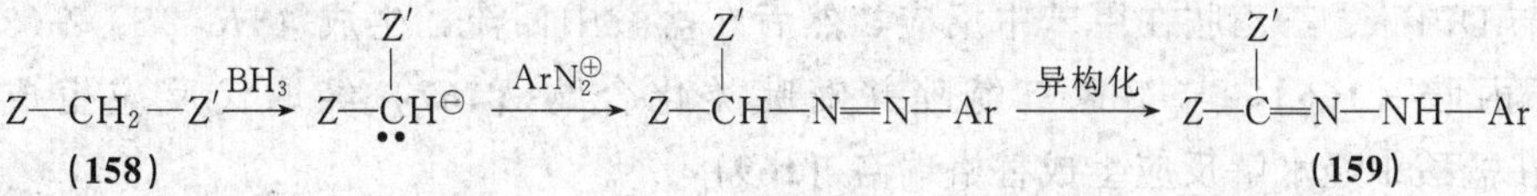

$$Z-CH_2-Z' \xrightarrow{BH_3} Z-\ddot{C}H^{\ominus}(Z') \xrightarrow{ArN_2^{\oplus}} Z-CH(Z')-N=N-Ar \xrightarrow{\text{异构化}} Z-C(Z')=N-NH-Ar$$

(158) (159)

当 Z 和 Z′是强的吸电子基，如 COOR′、CHO、COR′、$CONR_2{}'$等，化合物（**158**）中的 C—H 键具有较强的酸性，在碱（EtONa、NaOAc）的存在下，与重氮盐反应生成苯腙衍生物（**159**）。例如，芳伯胺类化合物（**160**）与亚硝酸反应生成重氮盐，与甲基丙二酸二乙酯反应生成苯腙衍生物，经 Fischer 吲哚合成吲哚衍生物。

H_3CO … NH_2 (**160**) $\xrightarrow[0\sim5℃]{NaNO_2,HCl}$ H_3CO … $\overset{\oplus}{N}\equiv N\overset{\ominus}{Cl}$ $\xrightarrow{MeCH(COOEt)_2}$ H_3CO … $N=NC(Me)(COOEt)_2$

$\xrightarrow{EtONa/EtOH}$ H_3CO … $NH-N=C(CH_3)-CO_2Et$ $\xrightarrow[reflux]{HCl}$ MeO … CO_2Et（N—H 吲哚）

[112]

第六节　重排反应在化学药物合成中应用实例

一、化学药物替格瑞洛简介

1. 抗血小板药物替格瑞洛的发现、上市和临床应用

替格瑞洛（Ticagrelor）是一种口服抗血小板聚集药，是血小板细胞膜上二磷酸腺苷（ADP）受体亚型 P2Y12 受体拮抗剂，通过选择性地拮抗 P2Y12 受体，阻止与之偶联的血小板膜糖蛋白Ⅱb/Ⅲa（GPⅡb/Ⅲa）与纤维蛋白原的结合，从而抑制血小板聚集。与氯吡格雷和普拉格雷比较，替格瑞洛不需要经过肝脏代谢活化就具有抗血小板活性，主要代谢产物（AR-C12910XX）也是强的 P2Y12 受体拮抗剂。该药于 2011 年 7 月被美国 FDA 批准上市，联合阿司匹林用于急性冠脉综合征（不稳定性心绞痛、非 ST 段抬高心肌梗死或 ST 段抬高心肌梗死）患者，降低血栓性心血管事件的发生率。

2. 替格瑞洛的化学名、商品名和结构式

替格瑞洛（Ticagrelor）的化学名为（1*S*,2*S*,3*R*,5*S*)-3-(7-((1*R*,2*S*)-2-(3,4-二氟苯基)环丙氨基)-5-丙硫基-3*H*-[1,2,3-]三唑［4,5-*d*］嘧啶-3-基)-5-(2-羟乙氧基）环戊烷-1,2-二醇；商品名为 Brilinta。替格瑞洛结构式见合成路线。

3. 替格瑞洛的合成路线

(*E*)-3-(3,4-二氟苯基）丙烯酸（**161**）与草酰氯反应生成 3-(3,4-二氟苯基）丙烯酰氯，与（2*R*)-莰烷-10,2-磺内酰胺（**162**）反应生成 *N*-二氟苯丙烯酰基莰烷-10,2-磺内酰胺（**163**），在 1-甲基-1-亚硝基脲和乙酸钯（Ⅱ）存在下反应，生成二氟苯基环丙酰衍生物（**164**），在 10%氢氧化锂和四氢呋喃中水解，酸化得（1*R*,2*S*)-2-(3,4-二氟苯基）环丙甲酸（**165**），与 DPPA、三乙胺在甲苯中反应，然后在盐酸中回流，生成（1*R*,2*S*)-2-(3,4-二氟苯基）环丙胺（**166**），与 7-氯三氮唑并嘧啶类化合物（**167**）经取代反应生成化合物（**168**），在盐酸中经水解反应生成替格瑞洛（**169**）[113]。

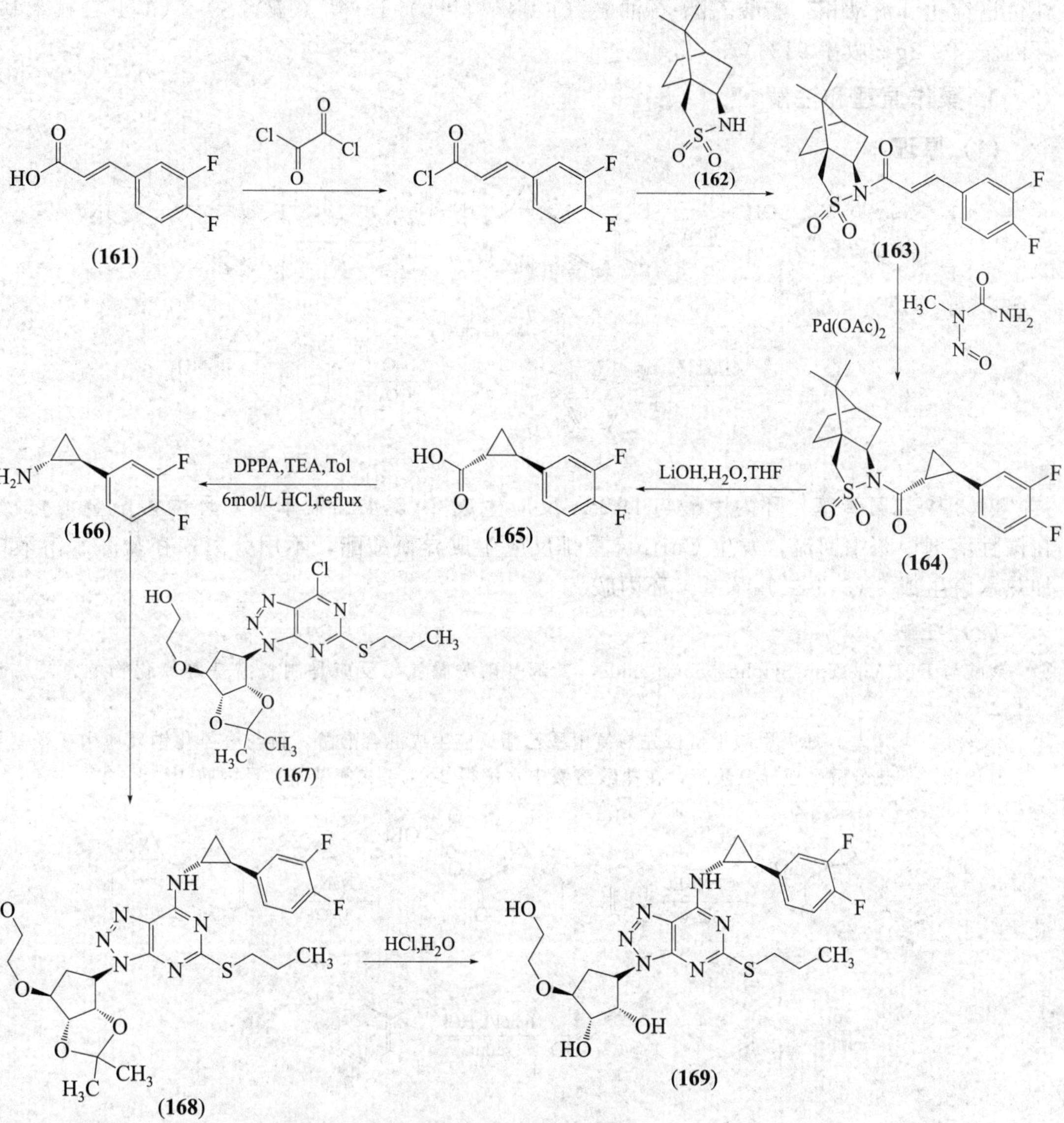

二、Curtius 重排在替格瑞洛合成中应用实例[113]

1. 反应式

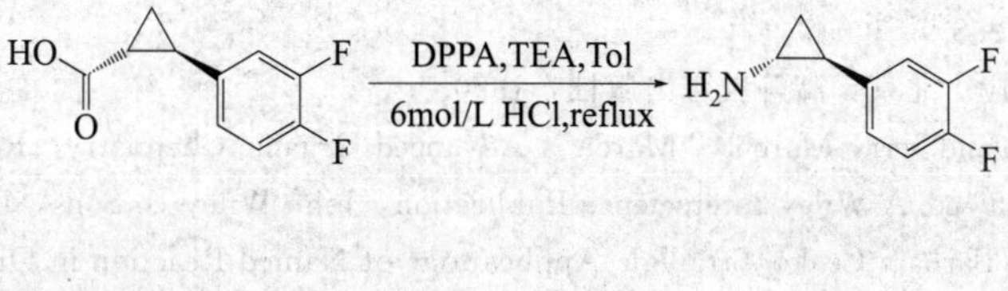

2. 反应操作

将 2-(3,4-二氟苯基) 环丙甲酸（8g，40.40mmol）、DPPA（11.2g，40.73mmol）① 和三乙胺（6.2g，61.39mmol）加到甲苯（60mL）中回流 1h，然后加入 6mol/L 的盐酸，回流 16h 后）②，冷却至室温，减压蒸除溶剂，残留物溶于水和乙醚（1∶1）的混合溶液（200mL）中，水相用乙醚萃取（3×100mL），合并有机相，减压蒸除溶剂，残留物用硅胶柱色谱纯化［流动相：乙酸乙酯-石油醚（1∶4～1∶0）］，得（1R,2S)-2-(3,4-二氟苯基）环丙胺（6.2g；收率91%）。

3. 操作原理和注解

(1) 原理

DPPA

$-N_2$

烷基迁移

H_2O
$-CO_2$

2-(3,4-二氟苯基）环丙甲酸与DPPA反应生成2-(3,4-二氟苯基）环丙甲酰叠氮化物，在惰性溶剂甲苯中回流，发生Curtius重排反应生成异氰酸酯，不用分离，在盐酸水溶液中加热水解生成2-(3,4-二氟苯基）环丙胺。

(2) 注解

① 羧酸与DPPA（Diphenylphosphoryl zaide，二苯基磷酰叠氮）反应是制备酰基叠氮化物的常用方法之一。

② 2-(3,4-二氟苯基）环丙甲酸也可以先与氯甲酸乙酯反应生成混合酸酐，再与叠氮化钠反应生成酰基叠氮化物，加热分解生成异氰酸酯，在盐酸溶液中水解得2-(3,4-二氟苯基）环丙胺[114]。

$ClCO_2Et$
TEA

NaN_3
H_2O

Tol
reflux

6mol/L HCl
reflux

主要参考书

［1］（a）孙庆菜．重排反应．见：闻韧主编．药物合成反应．北京：化学工业出版社，1988. 259～326；（b）王如斌．重排反应．见：闻韧主编．药物合成反应．第2版．北京：化学工业出版社，2003. 236～282；（c）赵桂森，王如斌．重排反应．见：闻韧主编．药物合成反应．第3版．北京：化学工业出版社，2010，166～208.

［2］金寄春．重排反应．北京：高等教育出版社，1990.

［3］Michael B. Smith and Jerry March. "March's Advanced Organic Chemistry，Reactions，Mechanisms，and Structure". 5th ed. A Wiley-Interscience Publication，John Wiley & Sons，Inc. 2001，1377～1466.

［4］László Kürti and Barbara Czakó. Strategic Applications of Named Reaction in Organic Synthesis. 北京：科学出版社，2007.

参考文献

［1］Saunders，M，Jimenez-Vazquez H A. *Chem. Rev.*，1991，91，375-397.

［2］March Jerry，*Advanced Organic Chemistry*：*Reactions*，*Mechanisms*，*and Structure*（3rd ed.），

New York：*Wiley*，1985.
[3] Kinugawa M，Nagamura S，Sakaguchi A. *Org. Process Res. Dev.*，1998，2：344-350.
[4] Carey F A，Surdbery R J. Advanced Organic Chemistry. 2rd ed. Part B，Plenum Press，1983，337-347，446 -462，520-521.
[5] Org. Reaction. Vol 22. 1 New York：John Wiley & Sons Inc. 1975.
[6] Yasuyuki Kita，et al. *Tetrahedron*，1998，54（49）：14689-14704.
[7] Arutyunyan V S，et al . *Arm. Khim. Zh*，1986，39（9）：591-592.
[8] Dubois J E，Bauer P. *J. Am. Chem. Soc.*，1976，98，6993-6999.
[9] Lyle R E，Lyle G G. *J. Org. Chem.*，1953，18：1058.
[10] Fumio Toda，Tasuya Shigemasa. *J. Chem. Soc. Perkin Trans.*，1989（1）：209-211.
[11] Seki M，Sakamoto T，Suemune H，Kanematsu K. *J. Chem. Soc.*，*Perkin Trans.*，1. 1997，1707-1714.
[12] Masa-aki Kakimoto，et al. *Bull Chem. Soc. Jpn*，1988，61（7）：2643-2644.
[13] Berson J A. *Angew. Chem.*，*Int. Ed. Engl.*，2002，41，4655-4660.
[14] Tiffeneau M，Levy J. *Compt. rend.*，1923，176，312-314.
[15] Parham Roosevett. *J. Org. Chem.*，1972，37（12）：1975-1979.
[16] David Y C，Estelle K M. *J. Am. Chem. Soc.*，1952，74（20）：5905-5908.
[17] Zaugg H E，et al. J. Org. Chem.，1950，15：1191.
[18] Yasuyuki Kita. *Tetrahedron Lett*，1997，38（48）：8315-8318.
[19] Screttas C G，Micha-Screttas M，Cazianis C T. *Tetrahedron Lett.*，1983，24，3287-3288.
[20] Ford-Moore A H. *J. Chem. Soc.*，1947，952-954.
[21] Schowen R L，Kuebrich J P，Wang M-S，Lupes M E. *J. Am. Chem. Soc.*，1971，93，1214-1220.
[22] Majerski Z，et al. *Synthesis*，1980，74.
[23] Rajic N，et al. *Bull. Soc. Chem. Fr.*，1961，1213.
[24] Tsuyoshi Satoh，Koji Yamakawa. *Tetrahedron Lett.*，1992，33（11）：1455-1458.
[25] Wong H N C，Lau K L，Tam K F. *Top. Curr. Chem.*，1986，133，83-157.
[26] Thomas R B，Kim F A，et al. *J. Org. Chem.*，1991，56（24）：6773-6781.
[27] Rappe C，Knutsson L，Turro N J，Gagosian R B. *J. Am. Chem. Soc.*，1970，92，2032-2035.
[28] De Kimpe N，D Hendt L，et al. *Tetrhedron*，1992，48（15）：3183.
[29] Goheen D W，Vaughan W R. *Organic Synthesis Coll.*，1963（4）：594.
[30] Merour J Y，Ccoadou J Y. *Tetrhedron Lett.*，1991，32（22）：2469.
[31] Ving Lee，Melvin S，Newman. *Organic Syntheses*，*Coll.* 1988，6，613.
[32] Tse Lok HO，Yueh Jyh Lin. *J. Chem. Soc. Perkin Trans.* 1，1999，（9），1207-1210.
[33] Zdenko Majerski，et al. *Synthesis*，1989，（7），559-560.
[34] Yong Rock Lee，et al. *Tetrahedron Lett.*，1999，40（47）：8219-8221
[35] Dai Lian Xin，et al. Chem. Commun（*Cambridge*），1996，（9）：1071-1072.
[36] Peter A，Christopher J Moody，et al. *J. Chem. Soc. Perkin Trans.* 1，1992，（7）：831-837.
[37] Nguyen M T，Raspoet G，Vanquickenborne L G. *J. Am. Chem. Soc.*，1997，119，2552-2562.
[38] De Luca L，Giacomelli G，Porcheddu A. *J. Org. Chem.*，2002；67（17）；6272-6274.
[39] Fernandez Franco，Perez Cristina. *J Chem Res.*，1987，（10）：340-341.
[40] Yamabe S，Tsuchida N，Yamazaki S. *J. Org. Chem.*，2005，70，10638-10644.
[41] Conley R T，Lauge R J. *J. Org. Chem.*，1963，28，210.
[42] Dilip Konwar，Romash C Eoruah，Jegir S Sandhu. *Tetrahedron Lett.*，1990，31（7）：1063-1064.
[43] Raspoet G，Nguyen M T，Vanquickenborne L G. *Bull. Soc. Chim. Belg.*，1997，106，691-697.
[44] Minh Tho N，Vanquickenborne L G. *J. Chem. Soc.*，*Perkin Trans.*，2 1993，1969-1972.
[45] Nguyen M T，Raspoet G，Vanquickenborne L G. *J. Chem. Soc.*，*Perkin Trans.* 2，1997，821-825.
[46] Rogelio P Frutos，Denice M Spero. *Tetrahedron Lett.*，1998，39，2475-2478.

[47] Andre Loupy, et al. *Tetrahedron Lett.*, 1999, 40 (34): 6221-6224.
[48] Loudon G M, Radhakrishna A S, Almond M R, et al. *J. Org. Chem.*, 1984, 49, 4272-4276.
[49] Jew Sang Sup, Kang Myoung hee. *Arch. Pharmacal Res.*, 1994, 17 (6): 490-491.
[50] Imamoto T, Tsuno Y, Yukawa Y. *Bull. Chem. Soc. Jpn.*, 1971, 44, 1632-1638.
[51] Robert M Moriarty, et al. *J. Org. Chem.*, 1993, 58 (9): 2478-2482.
[52] Kato Shozo, Kitajima Toshio. *Jpn. Kokai Tokkyo*. JP., 01, 172.
[53] Almond M R, Stimmel J B, et al. *Org. Synth*, 1988, 66: 132-141.
[54] Barone J A. *J. Med. Chem.*, 1963, 6: 39.
[55] Gregory W Adams, John H Bowie, et al. *J. Chem. Soc. Perkin Trans.* 2, 1991, (5): 689-693.
[56] Ohmoto K, Yamamoto T, Horiuchi T, et al. *Synlett*, 2001, 299-301.
[57] Jiong J Chen, Leroy B Towensend, et al. *Synth. Commun.*, 1996, 26 (3): 617-622.
[58] Sugiura Mitsugo, Yoshida Nuoyuki. *Jpn. Kokai Tikkyo Koho JP*, 0912, 545.
[59] Ryng Stanislaw, Machon Zdzislaw. *Pol. PL* 163, 506 (Apr. 29, 1994).
[60] Wills A J, Ghosh T K, Balasubramanian S. *J. Org. Chem.*, 2002, **67**, 6646-6652.
[61] Carl Kaiser, Joseph Weinstock. *Organic Syntheses*, *Coll.* 1988, 6, 910.
[62] David A Evans, Leester D Wu, et al. *J. Org. Chem.*, 1999, 64 (17): 6411-6417.
[63] Sawada D, Sasayama S, Takahashi H, Ikegami S. *Tetrahedron Lett.*, 2006, 47, 7219-7233.
[64] Newman M S, Gildenborn H L. *J. Am. Chem. Soc.*, 1948, 70: 317.
[65] Georg Gunda I, Guan Xiangming. *Bioorg. Med. Chem. Lett.*, 1991, 1 (2): 125-128.
[66] Gunda I Georg, et al. *Tetrahedron Lett.*, 1988, 29 (4): 403-406.
[67] Streitwieser A. Introduction to Org. Chem. Mac Millan Publishing b Company, 1976. 824.
[68] Schmidt K F Z. angew. Chem., 1923, 36, 511.
[69] Wolff H. Schmidt reaction. Org. React., 1946, 307-336.
[70] Schmidt K F Z. *Angew. Chem.*, 1923, 36, 511.
[71] Beson J A, Suzuki S. *J. Am. Chem. Soc.*, 1959, 81, 4085.
[72] Doering W Speers L. *J. Am. Chem. Soc.*, 1950, 72, 5515-5518.
[73] Shing T K M, Lee, C M, Lo H Y. *Tetrahedron Lett*, 2001, 42, 8361-8363.
[74] Hawthorate M F, Emmons WD, McCallum KS. *J. Am. Chem. Soc.*, 1958, 80, 6393-6398.
[75] Reiser O. *Chemtracts*, 2001, 14, 94-99.
[76] Benito Alcaide. *Tetrahedron Lett.*, 1995, 36 (19): 3401-3404.
[77] Alejandro F Barrero, et al. *Tetrahedron Lett.*, 1998, 39 (51): 9543-9544.
[78] Dewar M J S, Ramsden C A. *J. Chem. Soc.*, *Perkin Trans.* 1, 1974, 1839-1844.
[79] Baldwin J E, Erickson W F, Hackler R E, et al. *J. Chem. Soc.*, *Chem. Commun.*, 1970, 576-578.
[80] Mcknight William E, Proctor George, et al. *J. Chem. Res.*, 1987, (3): 57.
[81] Giumanini A G, Trombini C, Lercker G, et al. *J. Org. Chem.*, 1976, 41, 2187-2193.
[82] Minasyan G G, et al. Khim Geterotsikl Soedin., 1991, (5): 669-673.
[83] Ollis W D, Rey M, Sutherland I O. *J. Chem. Soc.*, *Perkin Trans.* 1, 1983, 1009-1027.
[84] West F G, Naidu B N. *J. Am. Chem. Soc.*, 1993, 115, 1177-1178.
[85] Christopher J Moody, Roger J Taylor. *Tetrahdron Lett.*, 1988, 29 (46): 6005-6008.
[86] Pine S H, Munemo E M, Phillips T R, et al. *J. Org. Chem.*, 1971, 36, 984-991.
[87] Shirai Nakano, et al. *J. Chem. Soc*; *Chem. Commun.*, 1988, (5): 370.
[88] Rober E, Maleczka Jr, Feng Geng. J. Am. Chem. Soc., 98, 120 (33): 8551-8552.
[89] Nakai T, Mikami K. *Chem. Rev.*, 1986, 86, 885-902.
[90] Mark D Wttman, James Kallmerten. *J. Org. Chem.*, 1988, 53 (19): 4631-4633.
[91] Barbara Roth, Mary Y Tidwell, Robert Ferone. *J. Med. Chem.*, 1989, 32, 8.
[92] Curran D P, Suh Y G. *J. Am. Chem. Soc.*, 1984, 106, 5002-5004.

[93] Castro A M M. *Chem. Rev.*, 2004, 104, 2939-3002.

[94] Wilson S E. *Tetrahedron Lett.*, 1975, 16 (52), 4651.

[95] Michel Maumy, et al. *Synthesis*, 988, (4): 293-300.

[96] Altenbach H *J. Org. Synth. Highlights*, 1991, 116-118.

[97] Ziegler F E. *Chem. Rev.*, 1988, 88, 1423-1452.

[98] Mark A Hemderson, Cclayton H Heathacock. *J. Org. Chem.*, 1988, 53 (20): 4736-4745.

[99] Koichiro Oshima, Hiroshi Takahashi, Hisashi Yamamoto. *J. Am. Chem. Soc.*, 1973 95 (8): 1.

[100] Larts G Beholz, John R Stile. *J. Org. Chem.*, 1993, 58 (19): 5095-5100.

[101] Wayne K Anderson. Gaifa Lai. *Synthesis*, 1995, (10): 1287-1290.

[102] Tetsuto Tsunoda, et al. *Tetrahedron Lett.*, 1993, 34 (20): 3000-3297.

[103] Wigfield D C, Feiner S. *Can. J. Chem.*, 1970, 48, 855-858.

[104] Timothy L Macdonald, Kenneth J Natalie Jr. *J. Org. Chem.*, 1986, 51 (7), 1124-1126.

[105] Li Jisheng, James B White. *J. Org. Chem.*, 1990, 55 (20): 5426-5428.

[106] Steven M Allin, Martin A C Button. *Tetrahedron Lett.*, 1998, 39 (20): 3345-3348.

[107] Paultheo Von Zezschwitz, et al. *J. Org. Chem.*, 1999, 64 (11): 3806-3812.

[108] Geeta L Rebeiro, Bhushan M Khadilkar. *Synthesis*, 2001, (3): 370-372.

[109] Palmer M H, McIntyre P S. *J. Chem. Soc.*, B. 1969, 446-449.

[110] Miller F M, Schinske W N. *J. Org. Chem.*, 1978, 43, 3384-3388.

[111] Crosby U Rogers, Corson B B. *Organic Syntheses*, *Coll.*, 1963 (4): 884.

[112] Bessard Yves, Imwinkelried Rene. Patentschrift (Switz.) CH 687, 327 (15 Nov 1996).

[113] Rao T, Zhang C. WO, 2011017108. 2011-02-10.

[114] Springthorpe B, Bailey A, Barton P, et al. *Bioorg. Med. Chem. Lett.*, 2007, 17: 6013-6018.

习　题

1. 以下列化合物为原料，在所示试剂和反应条件下，写出其反应的主要产物。

(1) 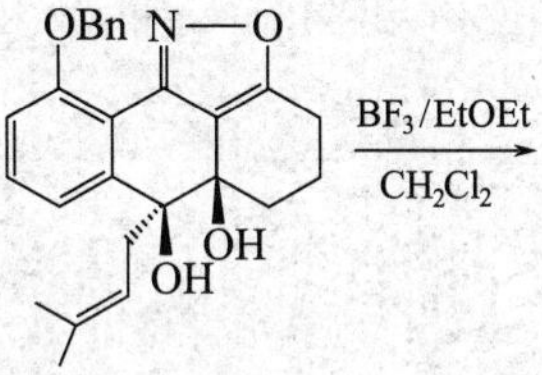 $\xrightarrow[CH_2Cl_2]{BF_3/EtOEt}$

(2) $\xrightarrow[H_2SO_4]{CH_3COOH}$

(3) $\xrightarrow[Rh_2(OAc)_4]{C_5H_{11}CONH_2}$

(4) $\xrightarrow[CH_2Cl_2, MeOH]{Rh_2(OCOCF_3)_4}$

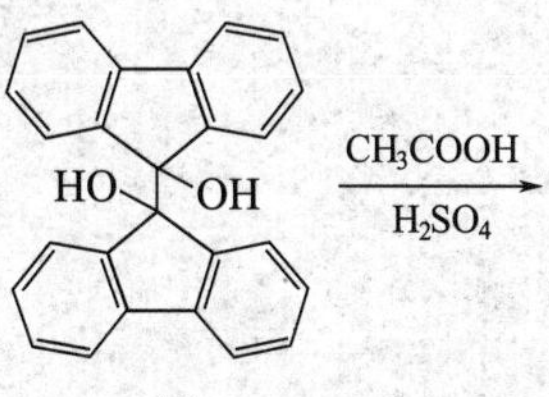

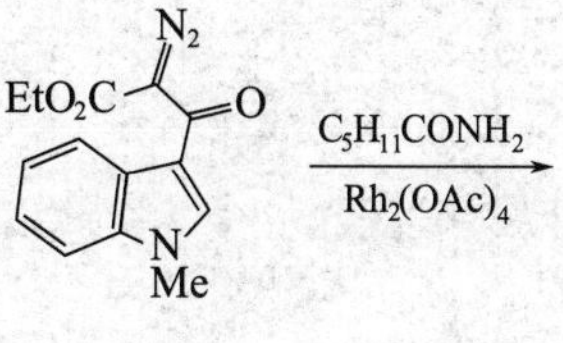

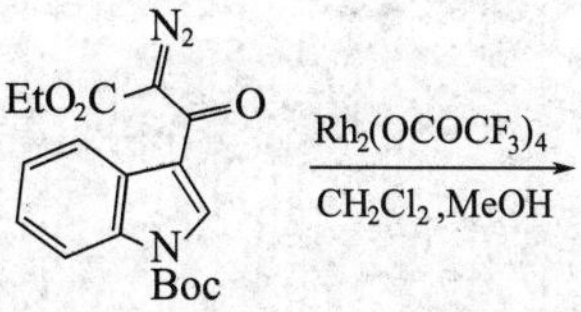

(5) 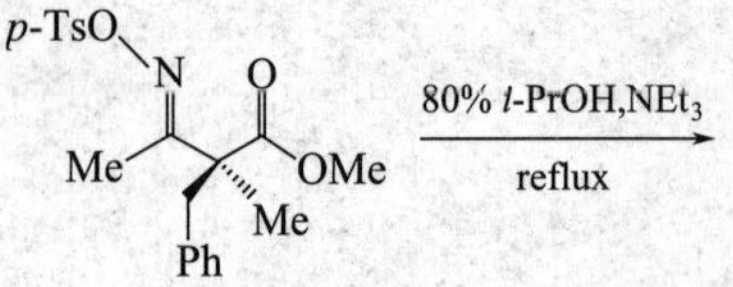 p-TsO–N=C(Me)–C(CH₂Ph)(Me)–CO₂Me $\xrightarrow[\text{reflux}]{80\%\ t\text{-PrOH, NEt}_3}$

(6) 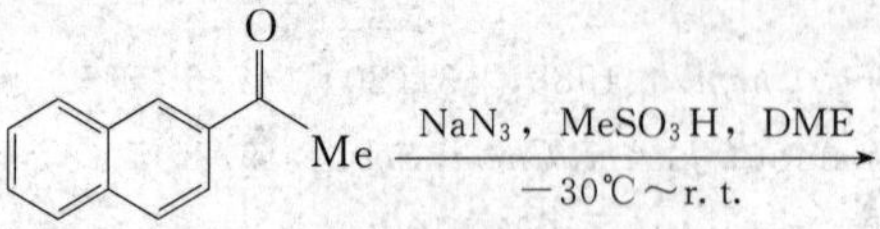 2-naphthyl–CO–Me $\xrightarrow[-30^\circ C \sim r.t.]{NaN_3,\ MeSO_3H,\ DME}$

(7) 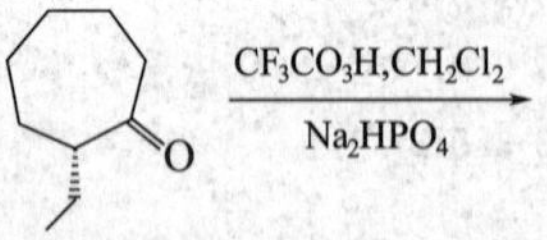 2-ethylcycloheptanone $\xrightarrow[Na_2HPO_4]{CF_3CO_3H,\ CH_2Cl_2}$

(8) 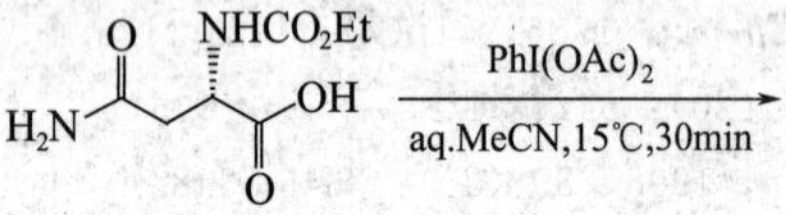 H_2N–CO–CH₂–CH(NHCO₂Et)–COOH $\xrightarrow[\text{aq.MeCN, 15℃, 30min}]{PhI(OAc)_2}$

(9) 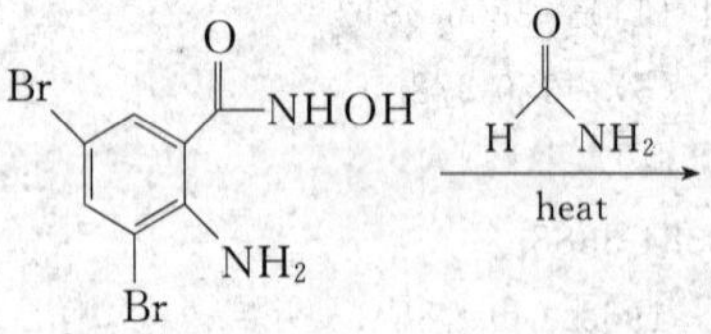 3,5-dibromo-2-aminobenzoyl–NHOH (Br, NHOH, NH_2, Br) $\xrightarrow[\text{heat}]{HCONH_2}$

(10) 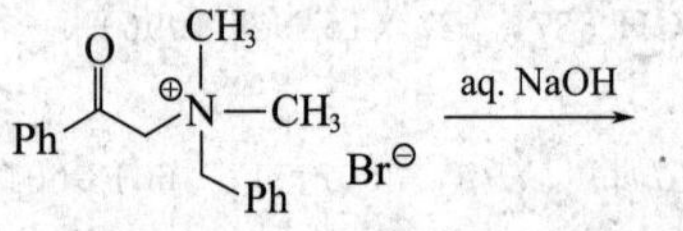 PhCO–CH₂–N⁺(CH₃)₂(CH₂Ph) Br⁻ $\xrightarrow{\text{aq. NaOH}}$

2. 在下列指定原料和产物的反应式中填入必要和适当的化学试剂以及反应条件。

(1) 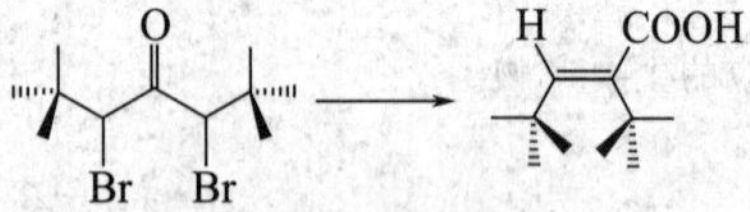 (CH₃)₃C–CH(Br)–CO–CH(Br)–C(CH₃)₃ ⟶ (CH₃)₃C–CH=C(COOH)–C(CH₃)₃

(2) O_2N–C₆H₄–SO₂–NH–C(R¹)(R²)–COCl ⟶ O_2N–C₆H₄–SO₂–N(CH₃)–C(R¹)(R²)–CH₂–COOH

(3) (2-pyridyl)(HO)C=C(OH)(2-pyridyl) ⟶ $^{\ominus}O$–CO–C(OH)Ph₂

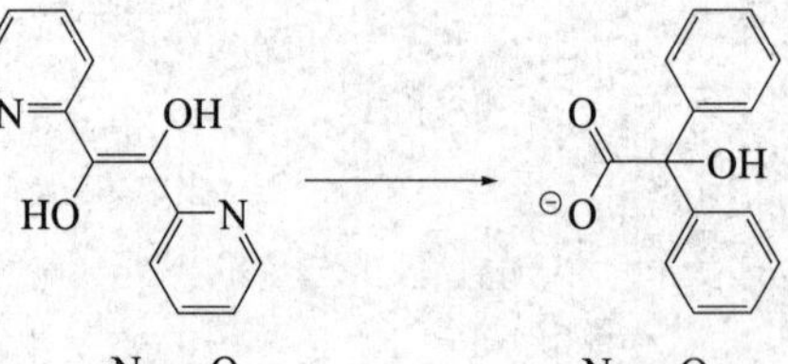

(4) 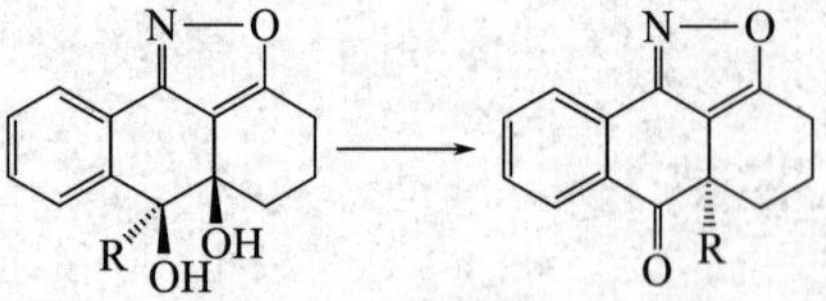 ⟶

(5) 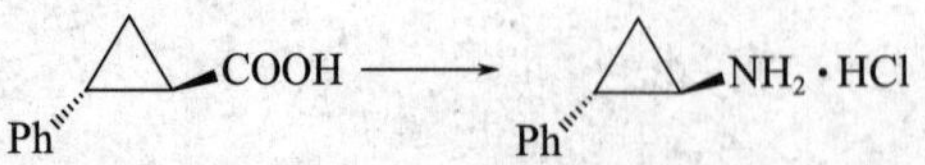 Ph-cyclopropane–COOH ⟶ Ph-cyclopropane–$NH_2\cdot HCl$

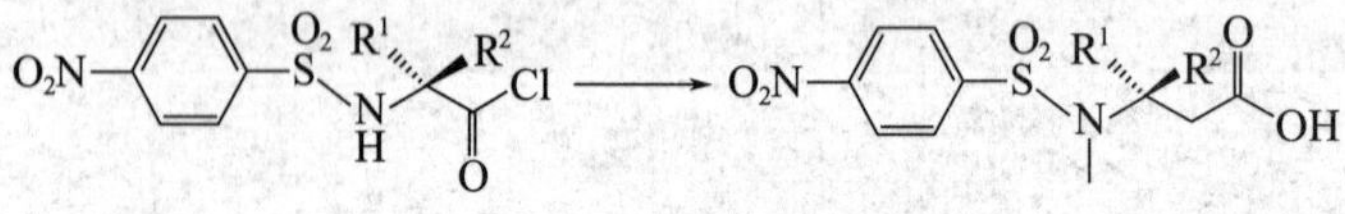

(6) 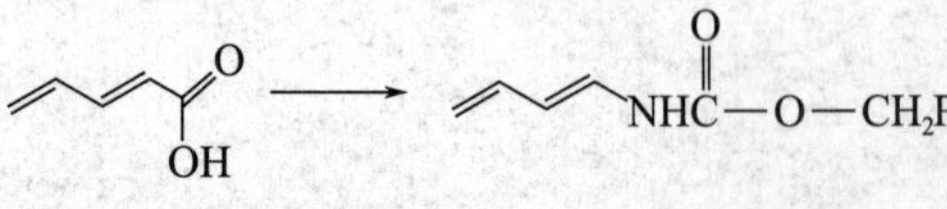 CH₂=CH–CH=CH–COOH ⟶ CH₂=CH–CH=CH–NHC(=O)–O–CH₂Ph

(7)

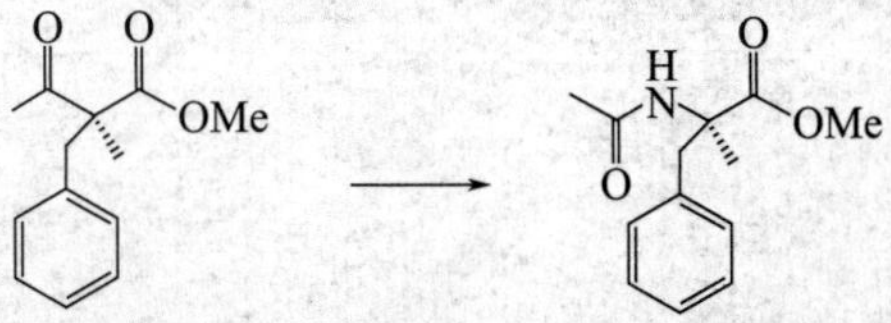

(8)

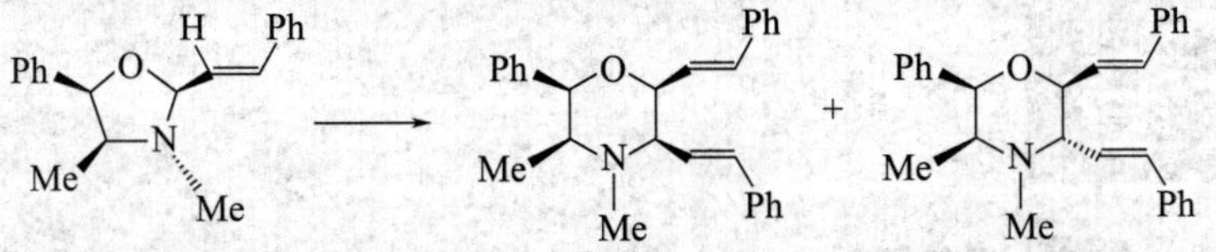

(9)

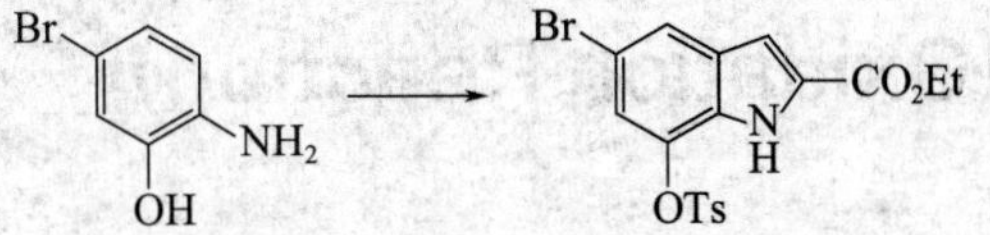

3. 阅读（翻译）以下有关反应操作的原文，请在理解基础上写出：（1）此反应的完整反应式（原料、试剂和主要反应条件）；（2）此反应的反应机理。

Benzyl *trans*-1,3-butadiene-1-carbamate from *trans*-2,4-pentadienoic acid by the Curtius rearrangement

A dry, 1L, three-necked, round-bottomed flask is equipped with a magnetic stirring bar, a thermometer, and a 250mL, pressure-equalizing dropping funnel bearing a nitrogen inlet. The flask is flushed with nitrogen and charged with 49g (0.50mol) of *trans*-2,4-pentadienoic acid, 80g (0.62mol) of *N*,*N*-diisopropylethylamine, and 300mL of acetone. The resulting solution is stirred and cooled to 0° in an ice-salt bath. A solution of 55g (0.51mol) of ethyl chloroformate in 150mL of acetone is added over 30 minutes while the temperature is maintained below 0℃. Stirring is continued for an additional 30 minutes at 0℃, after which a chilled solution of 65g (1.0mol) of sodium azide in 170mL of water is added over a 20min interval, keeping the temperature below 0℃. The contents of the flask are stirred for an additional 10-15 minutes at 0℃ and poured into a 2L separatory funnel containing 500mL of ice-water. The acyl azide is isolated by extraction with six 250mL portions of toluene. The combined toluene extracts are dried over anhydrous magnesium sulfate for 20 minutes and concentrated to a volume of ca. 300mL on a rotary evaporator at a water bath temperature of 40-50℃. While the toluene solution is being concentrated, a dry, 2L, three-necked, round-bottomed flask equipped with a mechanical stirrer, a 500mL pressure-equalizing dropping funnel, a simple distillation head, and a heating mantle is charged with 43g (0.40mol) of benzyl alcohol, 250mg of 4-*tert*-butylcatechol, and 200mL of toluene. About 30mL of toulene is distilled from the flask to remove trace amounts of water, and the distillation head is replaced with a condenser fitted with a nitrogen inlet. The toluene solution is stirred and heated at a rapid reflux under a nitrogen atmosphere as the toluene solution of the acyl azide is added over 30 minutes. The disappearance of the acyl azide and isocyanate is followed by IR analysis. Conversion to the carbamate is complete in 10-30 minutes, after which the solution is cooled rapidly to room temperature by immersing the flask in an ice bath. The toluene is rapidly removed on a rotary evaporator with the water bath at 40-50℃, producing a yellow solid residue which is dissolved in 50mL of 95% ethanol and allowed to crystallize in a freezer at −25℃ for several hours. Two crops of pale yellow crystals, m. p. 69-72℃, are isolated which total 39-46g after drying under reduced pressure. Concentration of the mother liquor affords an oily residue that is placed on a 6cm×80cm column packed with 500g of silica gel and eluted with 1∶9 (*V*/*V*) ethyl acetate-hexane. An additional 11-12g of crystalline product is obtained from the chromatography, raising the total yield to 50-58g. (49%-57%) of nearly pure benzyl *trans*-1,3-butadiene-1-carbamate, a pale yellow solid, m. p. 70-73℃.

第六章

氧化反应 (Oxidation Reaction)

氧化反应是一类使底物（原料）增加氧或失去氢的反应，使底物中有关碳原子周围的电子云密度降低，即碳原子失去电子或氧化态升高，因此，氧化反应也可以认为是一类使有机分子中氧原子增加或氢原子消除的反应。

虽然有些反应（如卤化、硝化、磺化等）在反应过程中底物有关碳原子周围的电子云密度降低，有关碳的氧化态也有所升高，但习惯上这些反应不归属于氧化反应，所以，本章内容不包括形成 C—X、C—N 和 C—S 键的反应。

虽然催化脱氢和典型的氧化反应有所差异，但习惯上却常把它们和氧化反应同时讨论。

氧化反应是药物合成中的一类基本反应。利用氧化反应可以制备各种含氧化合物，如：醇、醛、酮、羧酸、酚、醌、环氧化合物等；也可以制备各种不饱和芳香化合物、不饱和烃类等。氧化反应通过各种氧化剂来实现，使用不同氧化剂可得到不同氧化程度、不同氧化位置或者不同立体异构的氧化产物。

氧化反应可分为化学氧化、生物氧化、电解氧化、催化氧化。本章重点讨论化学氧化。适当涉及催化氧化。

第一节　氧化反应机理

氧化剂不同，氧化反应机理也不尽相同。总结归纳各种氧化反应，机理一般可归纳为电子型或自由基型。其中，电子型又包括亲电型或亲核型机理。

一、电子反应机理

1. 亲电反应

(1) 亲电加成

碘和湿羧酸银氧化烯键成 1,2-二醇的反应属亲电加成反应机理。

羧酸银和碘反应形成碘正离子，后者与双键形成环状碘化物，乙酰氧负离子由碘桥三元环的背面进攻，形成五元环状正离子，进一步水解成顺式 1,2-二醇单乙酰酯。

该反应结果使富电子烯键打开，分别在两个碳原子上加上一个羟基，形成 1,2-二醇化合物，为亲电加成反应。

$$>C{=}C< + I{-}I + Ag^{\oplus}\,{}^{\ominus}O{-}C(=O){-}CH_3 \xrightarrow{-AgI} \text{(碘鎓三元环)} + {}^{\ominus}O{-}C(=O){-}CH_3 \longrightarrow {-}C(I){-}C(OC(=O)CH_3){-}$$

$$\xrightarrow{Ag^{\oplus}} \text{(五元环状正离子, } CH_3C^{\oplus}\text{)} \longrightarrow \text{(}H_3C{-}C(O{-}H)\text{ 环)} \longrightarrow H_3C{-}C(=O){-}O{-}C{-}C{-}OH$$

(2) 亲电取代

二氧化硒（SeO_2）氧化烯丙位烃基生成烯丙醇的反应属亲电取代反应机理。

SeO_2 作为亲烯组分与具有烯丙位氢的烯发生亲电烯反应（ene reaction），脱水，[2,3]-σ 迁移重排，恢复原来的双键，硒酯裂解，得到烯丙醇。该反应结果使烯键 α-质子被羟基取代，反应机理为亲电取代反应。

$$SeO_2 + H_2O \longrightarrow (HO)_2Se^{\oplus}{-}O^{\ominus} \longleftrightarrow (HO)_2Se{=}O \xrightarrow[\text{ene reaction}]{H\text{-烯丙基}} (HO)_2Se(OH){-}CH_2CH{=}CH_2$$

$$\xrightarrow{-H_2O} HO{-}Se^{\oplus}(O^{\ominus}){-}CH_2CH{=}CH_2 \xrightarrow{[2,3]\text{-}\sigma\text{迁移}} HO{-}Se{-}O{-}CH_2CH{=}CH_2 \xrightarrow{H_2O} HO{-}CH_2CH{=}CH_2 + Se(OH)_2$$

(3) 亲电消除

① 铬酸氧化醇成醛或酮的反应使醇羟基上的质子和其相邻碳原子上的质子被消除，形成羰基（碳氧双键），为亲电消除反应。伴随着碳原子上质子的消除，碱性条件对该反应有利。

$$>CH{-}OH + H_2CrO_4 \rightleftharpoons >CH{-}O{-}Cr(=O)_2{-}OH + H_2O \longrightarrow >C{=}O + Cr(\text{IV})$$

铬酸和醇作用，形成铬酸酯，后者发生酯断裂，生成醛或酮。就酯断裂而言，有分子内断裂和分子间断裂的两种解释。

分子内断裂：

$$>C(H){-}O{-}Cr(=O)_2{-}OH \longrightarrow >C{=}O + Cr(\text{IV})$$

分子间断裂：

$$H_2\ddot{O}: + >C(H){-}O{-}CrO_3H \longrightarrow >C{=}O + H_3O^{\oplus} + Cr(\text{IV})$$

② SeO_2 选择性脱去酮羰基的 α,β-氢，得到 α,β-不饱和酮的反应属亲电消除反应机理。酮的烯醇式和二氧化硒形成硒酸酯，经［2,3］-σ 迁移重排，β-消除，最后形成 α,β -不饱和酮。该反应结果使酮羰基的 α,β-质子被消除，形成烯键（碳碳双键），为亲电消除反应。

$$RCH_2(H)C{=}C(OH)R + SeO_2 \longrightarrow \cdots \longrightarrow \cdots \longrightarrow R{-}CH{=}CH{-}C(R){=}O + H_2O + SeO$$

二氧化硒脱氢与二氧化硒氧化羰基 α 位活性亚甲基成 α-二酮（参见本章第二节的相关内容），具有类似的中间体，这两个反应相互竞争，同时存在。当反应条件和底物结构有利于 α -消除时，生成 α -二酮。含水二噁烷，乙醇作溶剂时有利于 α -消除；当反应条件和底物有利于 β -消除时，生成 α,β-不饱和酮，叔丁醇和芳香化合物作溶剂时对 β -消除有利。

2. 亲核反应

(1) 亲核消除

二甲基亚砜（DMSO）氧化醇成醛或酮的反应属亲核消除反应机理。

亲电试剂（E）活化 DMSO，生成活性锍盐（sulfonium salt），与醇反应形成烷氧基锍盐，发生消除反应，生成醛或酮和二甲硫醚。

常用的强亲电试剂 E 有：DCC、Ac_2O、$(CF_3CO)_2O$、$SOCl_2$、$(COCl)_2$ 等。

如 DMSO-DCC 氧化使醇羟基上的质子和其相邻碳上的质子被消除，形成羰基（碳氧双键），为亲核消除反应。在酸催化下，DCC 和 DMSO 生成活性锍盐，再和醇作用得烷氧锍盐；在碱催化下，失去质子，同时 S—O 键断裂，得醛或酮和二甲硫醚。

$$C_6H_{11}{-}N{=}C{=}N{-}C_6H_{11} + H_3C{-}\overset{O}{S}{-}CH_3 \xrightarrow{H^{\oplus}} C_6H_{11}{-}NH{-}C(O{-}\overset{\oplus}{S}(CH_3)_2){=}N{-}C_6H_{11} \xrightarrow[-(C_6H_{11}NH)_2C=O]{R_2CHOH}$$

$$\longrightarrow (H_3C)_2\overset{\oplus}{S}{-}O{-}CH R^1R^2 \xrightarrow{碱} \longrightarrow (H_3C)_2S + R^1R^2C{=}O$$

(2) 亲核加成

过氧化物（ROOH）氧化 α,β-不饱和酮形成 α,β-环氧化酮的反应使缺电子烯键变成环氧，为亲核加成反应机理。

ROO^- 对 α,β-不饱和酮的缺电子烯进行亲核加成，然后形成环氧化合物。在此过程中，α,β-不饱和双键有形成单键的可能，故链状化合物中双键构型变换是可能的，其趋势是由不太稳定的构型变为稳定的构型。

$$-C{=}C{-}C{=}O \xrightarrow{ROO^{\ominus}} \left[-C(O{-}OR){-}C{=}C{-}O^{\ominus}\right] \longrightarrow -C\overset{O}{-}C{-}C(=O) + RO^{\ominus}$$

(3) 亲核取代

四醋酸铅［$Pb(OAc)_4$］氧化羰基 α 位活性 C—H 键生成 α-醋酸酯酮的反应属亲核取代

反应机理。

$$R-\overset{O}{\overset{\|}{C}}-CH_2R' \rightleftharpoons \underset{R}{\overset{HO}{}}C=C\underset{R'}{\overset{H}{}} \xrightarrow[-AcOH]{Pb(OAc)_4} \underset{R}{\overset{Pb(OAc)_3-O}{}}C=C\underset{R'}{\overset{H}{}} \xrightarrow{AcOH} \underset{R}{\overset{(AcO)Pb(OAc)_2-O}{}}C=C\underset{R'}{\overset{H}{}}\ (^{\ominus}OAc)$$

$$\longrightarrow R-\overset{O}{\overset{\|}{C}}-\underset{R'}{\underset{|}{CH}}-OAc + Pb(OAc)_2 + {}^{\ominus}OAc$$

二、自由基反应机理

1. 自由基加成

O_2 氧化酮羰基 α 位氢成 α-羟基的反应为自由基加成机理。

首先是酮烯醇化，然后被氧化成自由基，进行单电子的转移，生成的过氧化物被还原剂如 $P(OC_2H_5)_3$ 有效地还原成醇。其历程可表示如下：

$$R\overset{O^{\ominus}}{\overset{|}{C}}=CR_2 + O_2 \longrightarrow R\overset{O}{\overset{\|}{C}}-\dot{C}R_2 + \dot{O}_2^{\ominus}$$

$$R\overset{O}{\overset{\|}{C}}-\dot{C}R_2 + O_2 \longrightarrow R\overset{O}{\overset{\|}{C}}-\underset{O-O\cdot}{\underset{|}{CR_2}} \xrightarrow{还原} R\overset{O}{\overset{\|}{C}}-\underset{OH}{\underset{|}{CR_2}}$$

链传递：

$$R\overset{O^{\ominus}}{\overset{|}{C}}=CR_2 + R\overset{O}{\overset{\|}{C}}-\underset{O-O\cdot}{\underset{|}{CR_2}} \longrightarrow R\overset{O}{\overset{\|}{C}}-\dot{C}R_2 + R\overset{O}{\overset{\|}{C}}-\underset{O-O^{\ominus}}{\underset{|}{CR_2}}$$

2. 自由基取代

过氧酸酯氧化烯丙位烃基成 α-烯酯的反应使富电子烯键 α-质子被烷酰氧基取代，为自由基取代反应。

该氧化反应为单电子转移过程。溴化亚铜与过酸叔丁酯作用生成叔丁氧基自由基，后者与底物的烯丙位氢作用，产生烯丙基自由基，烯丙基自由基与二价铜离子作用生成烯丙正离子，此烯丙正离子和羧酸负离子作用，完成烯丙位酰氧基化，生成 α-烯酯。

$$R-\overset{O}{\overset{\|}{C}}-O-O-C(CH_3)_3 \xrightarrow{Cu^{\oplus}} (CH_3)_3C-\dot{O} + RCOO^{\ominus} + Cu^{2+}$$

$$\text{环己烯} + (CH_3)_3C-\dot{O} \longrightarrow [\text{环己烯基自由基} \longleftrightarrow \text{环己烯基自由基}] + (CH_3)_3C-OH$$

$$[\text{环己烯基自由基} \longleftrightarrow \text{环己烯基自由基}] \xrightarrow{RCOO^{\ominus}/Cu^{2+}} [RCOO^{\ominus} + \text{环己烯基正离子} + Cu^{\oplus}] \longrightarrow \text{3-(R-C(=O)-O)-环己烯} + Cu$$

3. 自由基消除

用 Fremy 盐在稀碱水溶液中将酚（和芳胺）氧化成醌的反应为自由基消除机理。

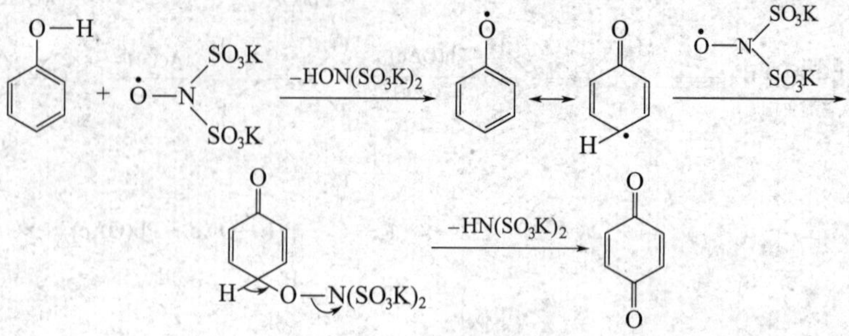

以 t-BuOOH 作氧化剂，CrO_3 作催化剂，氧化亚甲基为酮的反应使与两个芳环相连的亚甲基变为羰基（亚甲基上的两个质子消除变为氧），为自由基消除反应机理，其中铬经历了 Cr(Ⅵ) →Cr(Ⅴ) →Cr(Ⅵ) 的循环过程。以下图式具体表达：

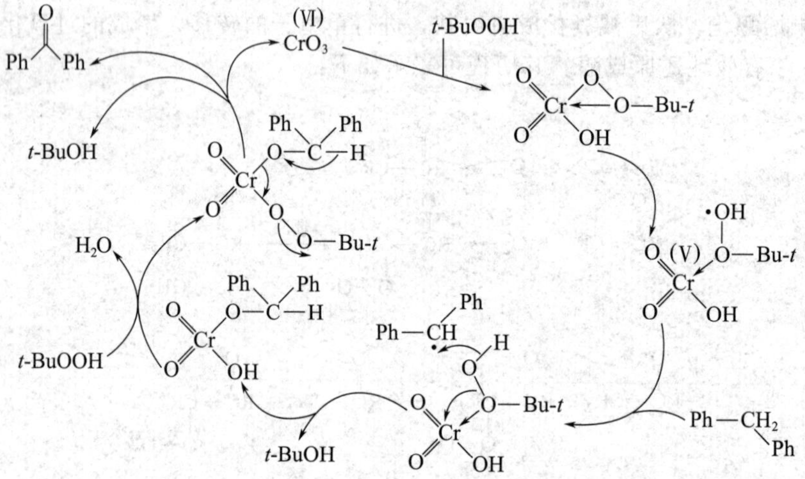

第二节　烃类的氧化反应

饱和脂肪烃中 C—H 键的氧化，由于反应条件激烈、产物复杂、不易控制和收率低等原因，在药物合成中意义不大，叔碳原子上的 C—H 键比其他饱和 C—H 键易于氧化，本节作简单讨论。苄位和烯丙位 C—H 键及羰基 α-活性氢的氧化较为常见，故本节重点讨论。

一、烷烃的氧化

1. 叔丁烷氧化成叔丁基过氧醇

选择性地对饱和烃分子中的碳氢键进行氧化相当困难，这是由于在催化剂的作用下，初期形成的氧化产物通常比原料更易被氧化，同时各阶段的氧化产物又会发生分子间的反应，造成产物复杂，甚至树脂化，故而在合成中应用的例子不多。但具有特殊结构形式的叔丁烷可在催化剂量的 HBr 作用下利用空气中的氧，被氧化成稳定性较好、收率较高的叔丁基过氧醇[1]。

(1) 反应通式

$$(CH_3)_3CH \xrightarrow[163℃]{O_2,HBr} t\text{-BuOOH} \quad 70\%$$ [1]

(2) 反应机理

以氧气作为氧化剂，氢溴酸为催化剂氧化叔丁烷为叔丁基过氧醇的过程属自由基反应机理，见第一节中自由基机理。

(3) 应用特点

叔丁基过氧醇（t-BuOOH）是一个有着较广应用值的过氧化物，可直接与醇类发生反应，生成 t-BuOOCR^{1}R^{2}R^3 形式的过氧化物。

$$t\text{-BuOOH} + HOC(CH_3)_2R \xrightarrow[0\sim20℃]{H_2SO_4(80\%)} t\text{-BuOO—C(CH_3)_2—R}$$ [2]

(57%～80%)

[R=Me, Et, Pr, $PhCH_2$, $ClCH_2$]

2. 环烷烃的氧化

(1) 反应通式

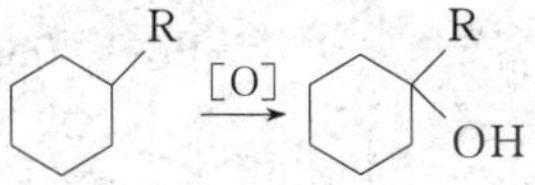

$$\text{环己基-R} \xrightarrow{[O]} \text{1-R-环己醇（R, OH）}$$

(2) 反应机理

以铬酸作为氧化剂，对环烷烃 C—H 键的氧化过程属亲电消除反应机理，见第一节中电子反应机理。

(3) 应用特点

对于金刚烷的氧化，一般都是以铬酸和铬酸酯为氧化剂或催化剂，反应条件温和，选择性高，主产物是 1-金刚烷醇，只产生很少的 2-金刚烷酮（在 7%以下）。

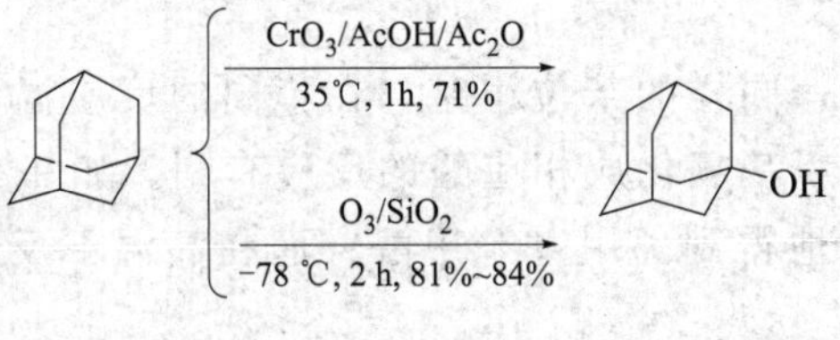

$$\text{金刚烷} \xrightarrow[35℃,\ 1h,\ 71\%]{CrO_3/AcOH/Ac_2O} \text{1-金刚烷醇（OH）}$$ [3]

$$\text{金刚烷} \xrightarrow[-78\ ℃,\ 2\ h,\ 81\%\sim84\%]{O_3/SiO_2} \text{1-金刚烷醇（OH）}$$ [4]

二、苄位 C—H 键的氧化

苄位 C—H 键被氧化生成相应的芳香醇、醛、酮或羧酸，氧化反应的产率较高，形成醇的反应常需经卤代、水解两步反应得到。当用氧化剂直接氧化时，产物往往不能停留在羟基化合物阶段，而会进一步氧化，或是两者的混合物。用铑络合物做催化剂，将芳烃进行空气氧化时，根据反应条件不同，苄位亚甲基可被氧化成相应的醇或酮。

1. 氧化生成醛

苄位甲基可被氧化成相应的醛基。由于醛基易被进一步氧化，使氧化反应停留在醛基阶段比较困难，故需用选择性氧化剂。较好的氧化剂有三氧化铬-醋酐（CrO_3-Ac_2O），硝酸铈铵[$(NH_4)_2Ce(NO_3)_6$，CAN][5]。

(1) 反应通式

$$ArCH_3 \xrightarrow{[O]} ArCHO$$

(2) 反应机理

① 硝酸铈铵（CAN）作为氧化剂

氧化机理为单电子转移过程，中间经过苄醇，反应需水参与[6]：

$$ArCH_3 + Ce^{4+} \longrightarrow Ar\dot{C}H_2 + Ce^{3+} + H^{\oplus}$$

$$Ar\dot{C}H_2 + H_2O + Ce^{4+} \longrightarrow ArCH_2OH + Ce^{3+} + H^{\oplus}$$

$$ArCH_2OH + 2Ce^{4+} \longrightarrow ArCHO + 2Ce^{3+} + 2H^{\oplus}$$

② 铬酰氯（CrO_2Cl_2）作为氧化剂（Etard 反应）

氧化机理有离子型和自由基型。

离子型：

$$C_6H_5CH_3 + CrO_2Cl_2 \rightleftharpoons [\text{中间体}] \longrightarrow C_6H_5CH_2OCrCl_2OH \xrightarrow{CrO_2Cl_2} C_6H_5CH(OCrCl_2OH)_2 \xrightarrow{H_2O} C_6H_5CHO + 2H_2CrO_3$$

(Etard复合物)

自由基型：

$$ArCH_3 + CrO_2Cl_2 \longrightarrow Ar\dot{C}H_2 + HO\dot{C}rOCl_2 \longrightarrow ArCH_2OCrCl_2OH$$

$$ArCH_2OCrCl_2OH + CrO_2Cl_2 \longrightarrow Ar\dot{C}HOCrCl_2OH + HOCrOCl_2$$

$$\longrightarrow ArCH(OCrCl_2OH)_2 \xrightarrow{H_2O} ArCHO + 2H_2CrO_3$$

(Etard 复合物)

(3) 影响因素

① 反应温度的影响

用硝酸铈铵为氧化剂，同样的苄位甲基，在不同的反应温度下，可得到不同的氧化产物。较低的温度对苄位甲基氧化成相应醛的反应有利。如邻二甲苯在 50～60℃下用硝酸铈铵氧化，可接近定量地得到邻甲基苯甲醛；而在高温下反应，则主要得到邻甲基苯甲酸。

$$\text{邻二甲苯} \xrightarrow[50\sim60℃]{Ce^{4+}} \text{邻甲基苯甲醛 (CHO, CH}_3)$$

$$\text{邻二甲苯} \xrightarrow[\text{高温}]{Ce^{4+}} \text{邻甲基苯甲酸 (COOH, CH}_3)$$

[7]

② 电子效应的影响

芳环上存在硝基、氯等吸电子基团时，对苄位甲基氧化成相应醛的反应不利，收率降低。如间硝基甲苯和间氯甲苯用铈盐氧化时，产物间硝基苯甲醛和间氯苯甲醛的收率都为 50％～60％。

(4) 应用特点

① 硝酸铈铵作为氧化剂

硝酸铈铵对苄位 C—H 键氧化选择性好，操作简便，收率高。反应在酸性介质中进行。

$$\text{PhCH}_3 \xrightarrow[40^\circ\text{C},80\text{min}]{(NH_4)_2Ce(NO_3)_6/HClO_4} \text{PhCHO} \quad (92\%) \qquad [8]$$

用硝酸铈铵氧化多甲基芳烃时仅一个甲基被氧化。例如：

$$3,5\text{-}(H_3C)_2C_6H_3CH_3 \xrightarrow[80^\circ\text{C},120\text{min}]{(NH_4)_2Ce(NO_3)_6/50\%HOAc} 3,5\text{-}(H_3C)_2C_6H_3CHO \quad (\text{定量}) \qquad [6]$$

② 三氧化铬-醋酐作为氧化剂

用三氧化铬-醋酐作为氧化剂氧化苄位甲基成醛基，需在 H_2SO_4 或 $H_2SO_4/AcOH$ 混合介质中进行，甲基先被转化成醛的二醋酸酯，再水解得醛。由于形成二醋酸酯，使得醛不被进一步氧化成酸。如对硝基甲苯被氧化成对硝基苯甲醛。

$$p\text{-}O_2NC_6H_4CH_3 \xrightarrow{CrO_3\text{-}Ac_2O} p\text{-}O_2NC_6H_4CH(OAc)_2 \xrightarrow{H_2SO_4/H_2O} p\text{-}O_2NC_6H_4CHO \quad (65\%\sim66\%) \qquad [9]$$

2. 氧化形成酮、羧酸

(1) 反应通式

苄位亚甲基被氧化成相应的酮。常用的氧化剂或催化剂有：铈的络合物和铬(Ⅵ)的氧化物或铬酸盐[8]。

$$ArCH_2CH_3 \xrightarrow{[O]} ArCCH_3(=O)$$

强氧化剂可氧化苄位甲基成相应的芳烃甲酸，常用的氧化剂有 $KMnO_4$、$Na_2Cr_2O_7$、Cr_2O_3 和稀硝酸等。

$$ArCH_3 \xrightarrow{[O]} ArCOOH$$

(2) 反应机理

以 t-BuOOH 作为氧化剂，CrO_3 作为催化剂，氧化亚甲基为酮的过程属自由基反应机理。其中铬经历了 Cr(Ⅵ)→Cr(Ⅴ)→Cr(Ⅵ) 的过程循环。见第一节中自由基机理。

(3) 应用特点：苄位亚甲基或甲基化合物氧化生成相应酮或羧酸

苄位亚甲基被氧化形成相应的酮。用硝酸铈铵作氧化剂时，收率较高；用三氧化铬作氧化剂时，收率略低。

$$\text{四氢萘} \xrightarrow[30^\circ\text{C},90\text{min} \ (76\%)]{CAN/HNO_3} \text{1-四氢萘酮}; \quad \text{四氢萘} \xrightarrow[20^\circ\text{C},(55\%)]{CrO_3/HOAc} \text{1-四氢萘酮} \qquad [10]$$

$KMnO_4$、$Na_2Cr_2O_7$、Cr_2O_3 和稀硝酸等可氧化苄位甲基成相应的芳烃甲酸。也可用于稠环和芳香氮杂环侧链的氧化。

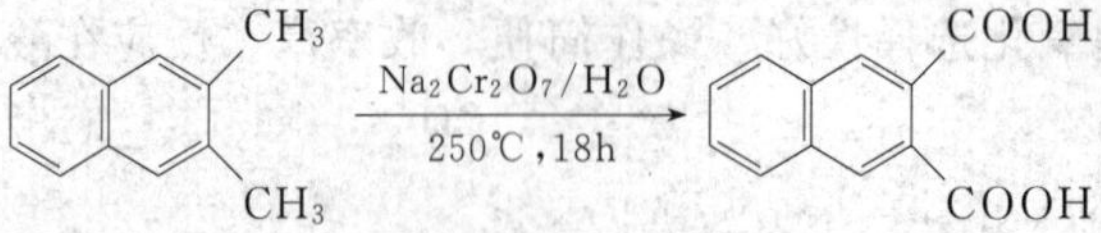

$$\text{2,3-二甲基萘} \xrightarrow[250℃,18h]{Na_2Cr_2O_7/H_2O} \text{萘-2,3-二甲酸 (COOH, COOH)} \quad (87\%\sim93\%)$$ [11]

三、羰基 α 位活性 C—H 键的氧化

1. 形成 α-羟酮

(1) 反应通式

羰基 α 位的活性烃基可被氧化成 α-羟酮，当用四醋酸铅（LTA）或醋酸汞作为氧化剂时，先在 α 位上引入乙酰氧基，然后水解生成 α-羟酮。

$$R-\overset{O}{\overset{\|}{C}}-CH_3 \xrightarrow{Pb(OAc)_4} R-\overset{O}{\overset{\|}{C}}-CH_2OC(=O)-CH_3 \xrightarrow{水解} R-\overset{O}{\overset{\|}{C}}-CH_2OH$$

(2) 反应机理

四醋酸铅［$Pb(OAc)_4$］氧化羰基 α 位活性 C—H 键生成 α-醋酸酯酮的反应属亲核取代反应机理（见第一节）。

(3) 影响因素

反应的速率决定步骤是酮的烯醇化，烯醇化的位置决定了产物的结构。三氟化硼（BF_3）可催化酮的烯醇化并对动力学控制的烯醇化作用有利，有利于羰基 α 位活性 C—H 键的氧化。

(4) 应用特点：α-羟酮的制备

羰基 α 位活性甲基、亚甲基或次甲基均会发生上述类似反应，故当初始原料分子中同时含有这些活性 C—H 键时，产物将是多种 α-羟酮的混合物，应用价值不大。但在反应中加入三氟化硼时，对活性甲基的乙酰氧基化有利。如 3-乙酰氧基孕甾-20-酮在 BF_3 存在时，主要被氧化成 3,21-二乙酰氧基孕甾-20-酮。

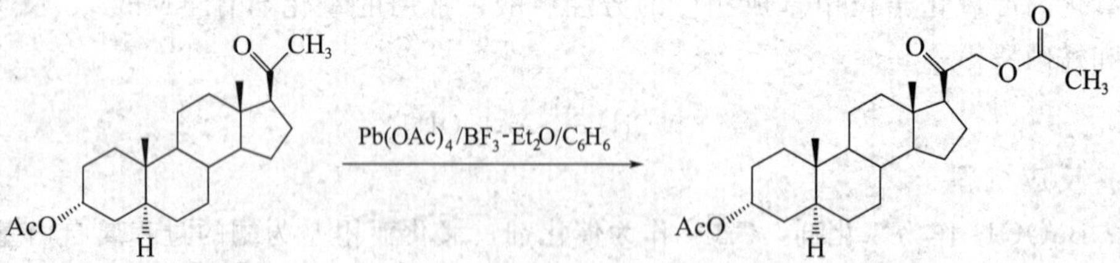

$$\text{3-乙酰氧基孕甾-20-酮 (AcO, H, O=C-CH}_3) \xrightarrow{Pb(OAc)_4/BF_3\text{-}Et_2O/C_6H_6} \text{3,21-二乙酰氧基孕甾-20-酮 (AcO, H, O=C-CH}_2OC(=O)CH_3)$$ [12]

2. 形成 1,2-二羰基化合物

二氧化硒（SeO_2）或亚硒酸（H_2SeO_3）可以将羰基 α 位活性 C—H 键氧化成相应的羰基化合物[13]。

(1) 反应通式

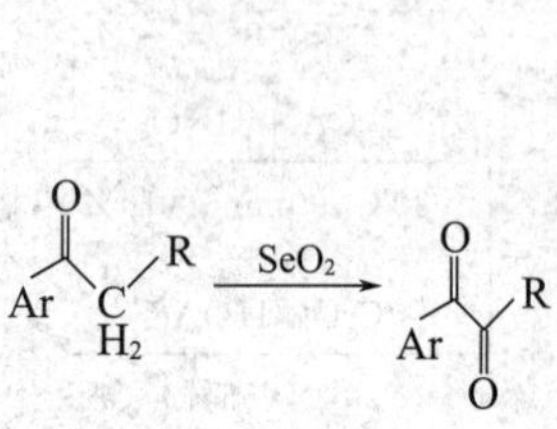

$$Ar-C(=O)-CH_2-R \xrightarrow{SeO_2} Ar-C(=O)-C(=O)-R$$

（2）反应机理

二氧化硒将羰基 α 位活性亚甲基氧化成羰基的反应为亲核消除反应机理。

SeO_2 和酮的烯醇式发生亲电性进攻形成硒酸酯，进而发生［2,3］-σ 迁移重排，形成 1,2-二羰基化合物，而 SeO_2 则被还原成单质硒：

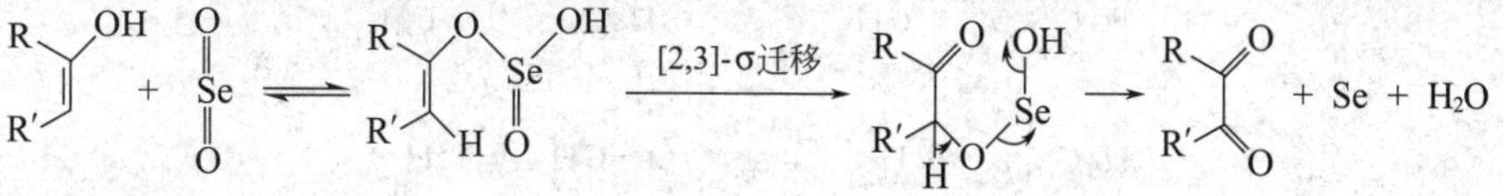

［13］

（3）影响因素

SeO_2 是较温和的氧化剂，常用二噁烷、乙酸、乙酐、乙腈作溶剂，在溶剂回流温度下反应。如果 SeO_2 用量不足，会将羰基 α 位的活性 C—H 键氧化成醇，这时若以乙酐作溶剂，则生成相应的酯，使进一步氧化困难。所以一般 SeO_2 用量稍过量；若溶剂中存有少量的水，会使氧化反应加速，这可能是亚硒酸在起作用。

（4）应用特点

① 1,2-二酮的制备

由于二氧化硒对羰基两边 α-活性 C—H 键的氧化缺乏选择性，所以，只有当羰基仅有一边存在 α-活性 C—H 键或两边的 α-活性 C—H 键处于相似位置时，这类氧化才有合成意义。例如：

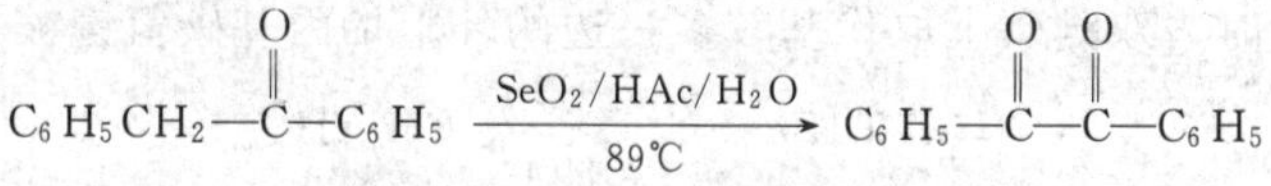

$$C_6H_5CH_2-\overset{O}{\overset{\|}{C}}-C_6H_5 \xrightarrow[89℃]{SeO_2/HAc/H_2O} C_6H_5-\overset{O}{\overset{\|}{C}}-\overset{O}{\overset{\|}{C}}-C_6H_5 \qquad [14]$$

SeO_2 剧毒且腐蚀皮肤，故应用范围受到了极大限制。

② α-酮酸的制备

羰基 α 位的活性甲基可被氧化成羧基，生成 α-酮酸。反应过程常伴有脱羧等进一步氧化产物。但控制好反应条件也可几乎定量地得到 α-酮酸。

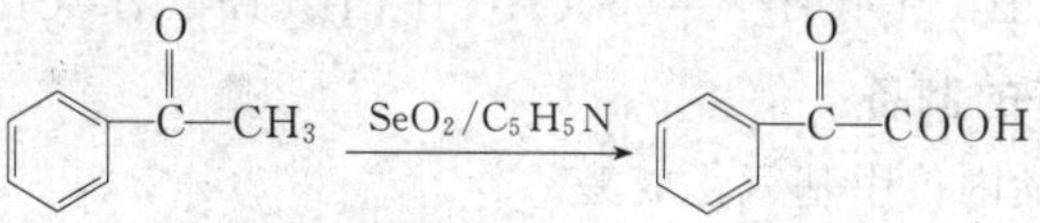

$$C_6H_5-\overset{O}{\overset{\|}{C}}-CH_3 \xrightarrow{SeO_2/C_5H_5N} C_6H_5-\overset{O}{\overset{\|}{C}}-COOH \quad (99\%) \qquad [15]$$

四、烯丙位活性 C—H 键的氧化

选择合适的氧化剂，可把烯丙位甲基、亚甲基或次甲基可氧化成相应的醇、醛或酮而不破坏双键。

1. 用二氧化硒氧化

（1）反应通式

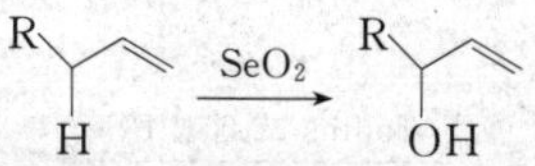

$$R-CH(H)-CH=CH_2 \xrightarrow{SeO_2} R-CH(OH)-CH=CH_2$$

（2）反应机理

SeO_2 氧化烯丙位氢为羟基的反应属 ene 反应和［2,3］-σ 迁移重排机理，为亲电取代反应机理。见第一节中电子反应机理。

（3）影响因素

① SeO_2 可将烯丙位的活性 C—H 键氧化成相应的醇，进一步氧化，可生成相应的羰基

化合物，通常氧化产物是醛或酮。如要得到醇，氧化反应需在醋酸溶液中进行，产物以醋酸酯形式分离，然后再水解得到醇。

② 当化合物中有多个烯丙位活性 C—H 键存在时，SeO_2 氧化的选择性规则如下[16]：

i. 首先氧化双键碳上取代基较多一边的烯丙位活性 C—H 键。

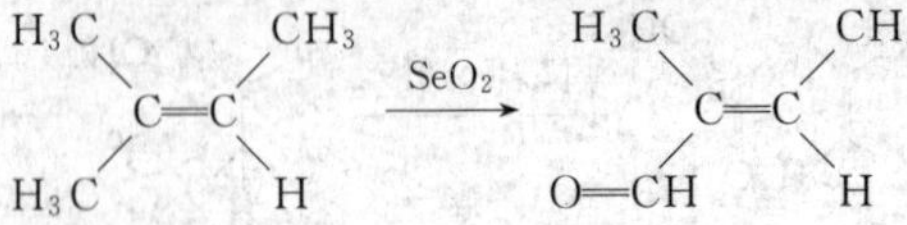

$$(H_3C)_2C{=}CH{-}CH_3 \xrightarrow{SeO_2} (H_3C)(O{=}CH)C{=}CH{-}CH_3 \qquad [17]$$

ii. 在不违背上述规则的条件下，氧化顺序是 $CH_2 > CH_3 > CHR_2$。

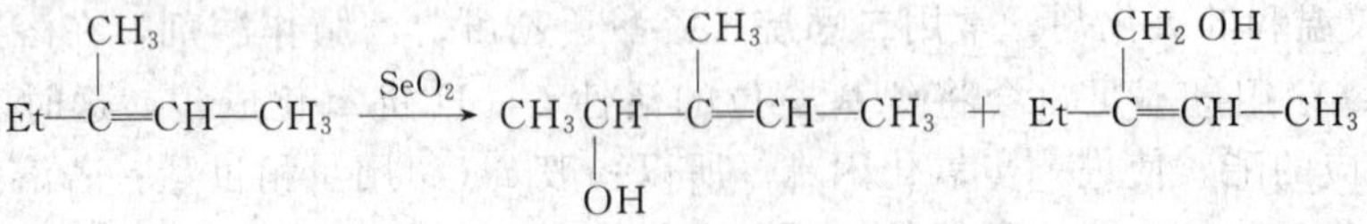

$$Et{-}C(CH_3){=}CH{-}CH_3 \xrightarrow{SeO_2} CH_3CH(OH){-}C(CH_3){=}CH{-}CH_3 + Et{-}C(CH_2OH){=}CH{-}CH_3 \qquad [18]$$

34 ： 1

iii. 当上述两规则有矛盾时，一般遵循规则 i。

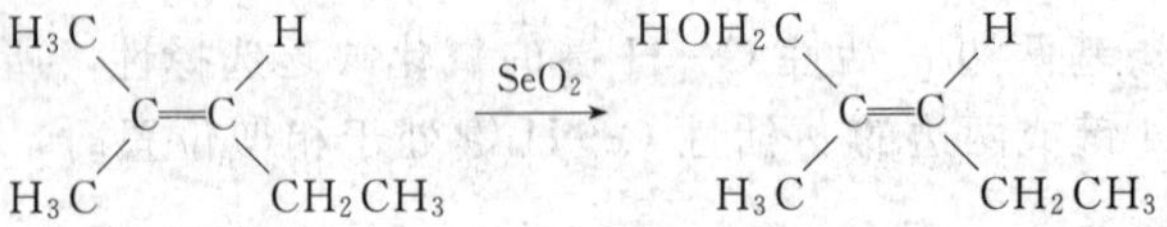

$$(H_3C)_2C{=}CH{-}CH_2CH_3 \xrightarrow{SeO_2} (HOH_2C)(H_3C)C{=}CH{-}CH_2CH_3 \qquad [19]$$

iv. 双键在环内时，双键碳上取代基较多一边的环上烯丙基碳氢键被氧化。

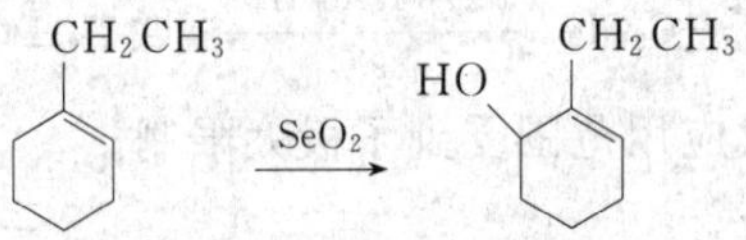

$$\text{1-乙基环己烯} \xrightarrow{SeO_2} \text{2-乙基环己-2-烯-1-醇} \qquad [16]$$

v. 末端双键在氧化时，常会发生烯丙位重排，羟基引入末端。

$$CH_3CH_2CH_2CH_2CH{=}CH_2 \xrightarrow{SeO_2} CH_3CH_2CH_2CH{=}CH{-}CH_2OH \qquad [20]$$

(4) 应用特点：烯丙醛的制备

用 SeO_2 在乙醇中可使烯丙位甲基氧化成醛。

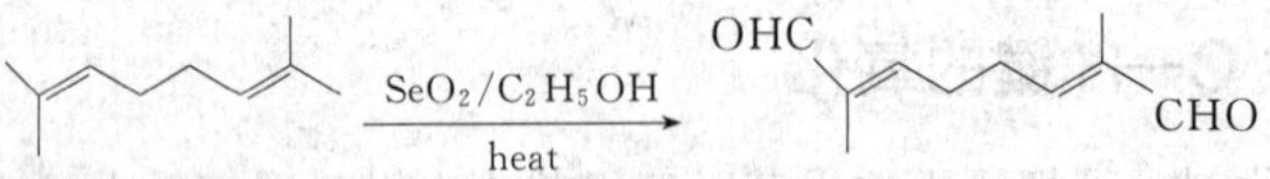

$$\xrightarrow[\text{heat}]{SeO_2/C_2H_5OH} \quad \text{(OHC, CHO)} \qquad [21]$$

2. 用 CrO_3-吡啶络合物（Collins 试剂）和铬的其他络合物氧化

Collins 试剂是 $CrO_3(Py)_2$ 结晶溶解在 CH_2Cl_2 中的溶液，是选择性氧化剂，对双键、硫醚等不作用，选择性将烯丙位亚甲基氧化成酮，结果较好[22]。

(1) 反应通式

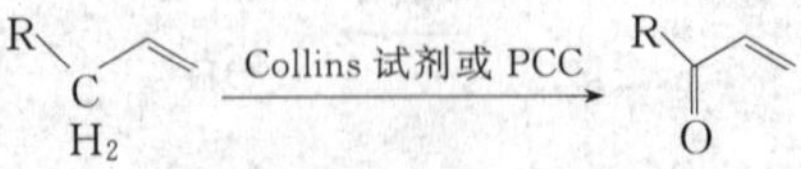

$$R{-}CH_2{-}CH{=}CH_2 \xrightarrow{\text{Collins 试剂或 PCC}} R{-}C({=}O){-}CH{=}CH_2$$

(2) 反应机理

Collins 试剂氧化烯丙位亚甲基的反应属自由基消除反应机理。见第一节中自由基机理。

(3) 应用特点：烯丙酮的制备

用 Collins 试剂在二氯甲烷中可使烯丙位亚甲基氧化成为酮：

$$\text{(octahydronaphthalene substrate, } CH_3\text{, } CH_3\text{, =}CH_2\text{, } CH_3\text{)} \xrightarrow[CH_2Cl_2,\ r.t.]{Collins试剂(15equiv.)} \text{(enone product, O=, } CH_3\text{, } CH_3\text{, =}CH_2\text{, } CH_3\text{)}\ (95\%)$$ [23]

有时，用 Collins 试剂氧化的同时会发生烯丙双键的移位，机理是由于中间体烯丙基自由基转位，造成双键移位[23]：

$$\text{(4-(cyclohex-2-enyl)phenyl)-F} \xrightarrow[5min]{CrO_3(Py)_2/CH_2Cl_2} \text{3-(4-fluorophenyl)cyclohex-2-enone}\ (84\%)$$ [24]

3. 用过（氧）酸酯氧化

过（氧）酸酯在亚铜盐催化下，可在烯丙位 α-碳上引入酰氧基，经水解得烯丙醇类。由于酰氧基不会被继续氧化，不存在进一步氧化产物，可用于合成烯丙醇类化合物。

常用试剂是过醋酸叔丁酯和过苯甲酸叔丁酯[25]。

（1）反应通式

$$CH_2{=}CH{-}CH(H){-}R \xrightarrow[Cu^{\oplus}]{R'{-}C(=O){-}O{-}O{-}C(CH_3)_3} CH_2{=}CH{-}CH(R){-}O{-}C(=O){-}R' \xrightarrow{水解} CH_2{=}CH{-}CH(R){-}OH$$

（2）反应机理

过氧酸酯氧化烯丙位 α 活性 C—H 键为羟基的反应属自由基取代反应机理。

（3）应用特点：含烯丙酰氧基化合物的制备

环己烯在溴化亚铜存在下和过苯甲酸叔丁酯反应，生成相应的 3-苯酰氧基环己烯：

$$\text{环己烯} \xrightarrow{C_6H_5C(=O){-}O{-}O{-}C(CH_3)_3/CuBr} \text{3-}(O{-}C(=O){-}C_6H_5)\text{环己烯}\ (77\%)$$ [26]

脂肪族烯烃发生此氧化反应时，常发生异构化。如 1-丁烯或顺式和反式 2-丁烯在溴化亚铜催化下和过氧酸叔丁酯反应，得到由 90％的 3-酰氧基-1-丁烯和 10％的 1-酰氧基-2-丁烯组成的混合物。

$$\left.\begin{array}{l} CH_3CH_2CH{=}CH_2 \\ CH_3CH{=}CH{-}CH_3 \end{array}\right\} \xrightarrow{RCOOOC(CH_3)_3/CuBr} \underset{(90\%)}{CH_3CH(O{-}C(=O){-}R)CH{=}CH_2} + \underset{(10\%)}{CH_3CH{=}CHCH_2{-}O{-}C(=O){-}R}$$ [27]

反应中可能存在亚铜离子和烯的配位作用。具有末端双键的烯烃和亚铜离子所形成的配位化合物比中间双键的烯烃所形成的类似配位化合物稳定，各自相应的烯丙自由基有类似情况，这可能是导致 1-丁烯和 2-丁烯类化合物在氧化时得到相同组成混合物的原因。

$$R{-}C(=O){-}O{-}O{-}C(CH_3)_3 \xrightarrow{Cu^{\oplus}} (CH_3)_3C{-}\dot{O} + RCOO^{\ominus} + Cu^{2+}$$ [28]

$$\left[\begin{array}{c}RCH_2CH\overset{}{=}CH_2 \\ \quad Cu^{\oplus} \\ \text{或} \\ RCH\overset{}{=}CHCH_3 \\ Cu^{\oplus}\end{array}\right] + (CH_3)_3C\dot{O} \longrightarrow RCH_2CH\overset{}{=}CH_2\ (Cu^{\oplus}) \longleftrightarrow RCH\overset{}{=}CHCH_3\ (Cu^{\oplus}) \xrightarrow{R'COO^{\ominus}/Cu^{2+}} R-\underset{}{\overset{OOCR'}{CH}}-CH\overset{}{=}CH_2\ (Cu^{\oplus}) + Cu^{\oplus}$$

四醋酸铅和醋酸汞亦可用于烯丙位乙酰氧基化，但反应较复杂，产物收率不高。

第三节 醇类的氧化反应

醇类的氧化反应较为常见。不同醇的氧化，根据所选氧化剂不同，氧化程度不同，得到的产物也不同，可以是醛、酮或羧酸。几乎所有的氧化剂都可用于醇类的氧化，包括各种金属氧化物和盐类（如铬酸及其衍生物、高锰酸钾、二氧化锰）、硝酸、过碘酸、二甲亚砜等[29]。

一、伯、仲醇被氧化成醛、酮

1. 用铬化合物氧化

用六价铬化合物使伯醇氧化成醛、仲醇氧化成酮，这种氧化方法非常常用。这些六价铬化合物包括：氧化铬（铬酐，CrO_3）、重铬酸盐、氧化铬-吡啶络合物（Collins 试剂）、氯铬酸吡啶鎓盐（PCC）等，在酸性条件下反应[30]。

(1) 反应通式

$$\gt CH-OH \xrightarrow{\text{铬化合物}} \gt C=O$$

(2) 反应机理

醇的铬酸氧化反应属亲电消除反应机理。见第一节中电子反应机理。

(3) 影响因素

醇羟基位阻小的化合物，形成铬酸酯的速率很快，之后的酯分解速率则成为反应速率的控制步骤；当醇羟基位阻增大时，形成铬酸酯的立体障碍加大，而之后的酯分解使得立体张力解除，因而加速了酯的分解，使氧化反应速率加快；只有在醇羟基位阻非常大时，形成铬酸酯的速率才有可能变为速率决定步骤[31]。

(4) 应用特点

① 铬酸（H_2CrO_4）作氧化剂

铬酸将仲醇氧化成酮，收率较高。其实际使用形式为重铬酸盐或三氧化铬的酸性水溶液。常用溶剂为醋酸。为防止反应产物进一步氧化，常用其他有机溶剂（乙醚、二氯甲烷、苯）形成非均相体系及低温下进行，使氧化生成的酮立即萃取进入有机相，避免了与水相中氧化剂的长时间接触。有时在反应中需加入少量还原剂（如 Mn^{2+}），以除去反应生成的 Cr^{5+} 及 Cr^{4+}。例如：

$$\text{HO-(环戊烯)-OH} \xrightarrow[-5\sim0℃]{H_2CrO_4/CH_2Cl_2/H_2O} \text{O=(环戊烯)=O}\ (67\%\sim79\%)\qquad[32]$$

用铬酸将伯醇氧化成醛的反应并不常见，因为很难控制氧化的程度，使其停留在醛的阶段而不继续氧化成酸。有时也可利用醛沸点低，将生成的醛从反应液中蒸出，或通氮气、CO_2 等惰性气体将醛赶出，避免继续氧化，但这样制得的醛收率较低。

② Jones 氧化法

Jones 氧化法（CrO_3-H_2SO_4-丙酮）即将化学计量的 CrO_3 硫酸水溶液，在 0～20℃时滴加到被氧化的醇的丙酮溶液中进行氧化。该法可选择性地将仲醇氧化成酮，而不影响其他敏感基团（如醚基、氨基、不饱和键、能成烯醇的酮基、烯丙位碳氢键等），亦不引起双键的重排，收率良好。该法特别适合于结构中存在上述敏感基团的醇。如：

$$\text{环辛醇(OH)} \xrightarrow[H_2O,\ \text{丙酮}]{CrO_3,\ H_2SO_4} \text{环辛酮(=O)} \qquad [33]$$

③ Collins 氧化法

用 Collins 氧化法可得较高收率的醛或酮。

$$CH_3(CH_2)_5CH_2OH \xrightarrow{CrO_3(Py)_2/CH_2Cl_2} CH_3(CH_2)_5CHO \quad (70\%\sim84\%) \qquad [34]$$

Collins 试剂的缺点是：容易吸潮，不稳定，不易保存，需无水反应，为使氧化反应加快和反应完全，需用相当过量（约 6 倍于化学计量比）的试剂，配制时容易着火等。

④ 氯铬酸吡啶鎓盐（PCC）氧化法

PCC 法目前已成为使用最广泛的伯醇和仲醇氧化成醛和酮的方法。用稍过量的氯铬酸吡啶鎓盐（PCC）（将吡啶加到三氧化铬的盐酸溶液中制得），在二氯甲烷中氧化伯醇或仲醇，可得到高收率的醛或酮。PCC 法基本弥补了 Collins 法的所有缺点，如 PCC 吸湿性不高，易于保存[35]。

$$\text{(二氧戊环)-CH(CH_3)CH_2OH} \xrightarrow[CH_2Cl_2]{PCC/NaOAc} \text{(二氧戊环)-CH(CH_3)CHO} \quad (85\%) \qquad [36]$$

但在氧化烯丙位羟基时，PCC 选择性不高，收率较低。而 Collins 试剂选择性好，收率较高。

2. 用锰化合物氧化

(1) 反应通式

$$\rangle CH—OH \xrightarrow{\text{锰化合物}} \rangle C=O$$

(2) 反应机理

活性 MnO_2 将羟基氧化为羰基的反应为亲电消除反应机理。

$$\rangle CH—OH + O=\overset{IV}{Mn}=O \longrightarrow [\text{C(H)—O—}\overset{IV}{Mn}(OH)(=O)] \longrightarrow \rangle=O + \overset{II}{Mn}(OH)_2$$

(3) 应用特点

① 高锰酸盐做氧化剂

高锰酸盐的强氧化性使伯醇直接氧化成酸，仲醇氧化成酮。当所生成酮的羰基 α-碳原子上有氢时，遇碱可被烯醇化，进而被氧化断裂，从而降低酮的收率。只有当氧化所生成酮的羰基 α-碳原子上没有氢时，用高锰酸盐氧化，可得较高收率的酮。加酸或加镁盐以除去反应中生成的碱，可得到高收率的酮。

$$\text{PhCH(OH)-(4-pyridyl)} \xrightarrow{KMnO_4} \text{PhC(=O)-(4-pyridyl)} \quad \text{(约 100\%)}$$ [37]

② **活性二氧化锰（MnO_2）做氧化剂**

活性二氧化锰（MnO_2）为选择性高的氧化剂，已广泛应用于烯丙位和苄位羟基的氧化[38]。氧化时，不饱和键不受影响、双键构型不受影响，且收率较高，反应条件温和。常用溶剂：水、苯、石油醚、氯仿等中性溶剂。MnO_2 的活性是反应的关键，活性二氧化锰的制法不同，得到的二氧化锰的活性不同[39]。为获得高活性，必须特殊制备。在碱存在时，高锰酸钾和硫酸锰反应，获得含水二氧化锰的活性较高。

当分子中存在多个羟基时，MnO_2 可选择性地氧化烯丙位（或苄位）羟基。

$$\text{(3,11,17-三羟基甾体)} \xrightarrow[\text{r.t.}]{MnO_2/CH_2Cl_2} \text{(3-酮-11,17-二羟基甾体)} \quad (62\%)$$ [40]

3. 用二甲基亚砜氧化

二甲基亚砜加入强亲电试剂（E），在质子供给体存在下，生成活性锍盐（sulfonium salt），后者极易和醇反应形成烷氧基锍盐，进而生成醛或酮。反应条件温和，收率较好[41]。

(1) 反应通式

$$R^1R^2CHOH \xrightarrow{\text{DMSO-强亲电试剂}} R^1R^2C{=}O$$

(2) 反应机理

该氧化反应属亲核消除反应机理。

$$(H_3C)_2S{\rightarrow}O + E \longrightarrow (H_3C)_2\overset{\oplus}{S}{-}O{-}E \xrightarrow[-E]{R^1R^2CHOH} (H_3C)_2S{-}O{-}CHR^1R^2 \longrightarrow R^1R^2C{=}O + H_3C{-}S{-}CH_3$$

(3) 应用特点

需与强亲电试剂（E）配合使用。常用的有 DCC、Ac_2O、$(CF_3CO)_2O$、$SOCl_2$、$(COCl)_2$ 等。

① **DMSO-DCC**（Pfitznor-Moffat 氧化法）

DMSO-DCC 氧化反应已广泛用于甾体、生物碱、糖类的氧化。该法反应条件温和，不氧化双键，也不发生双键的移位，收率高。质子供给体常为磷酸或三氟乙酸吡啶盐。

$$\text{(5'-HO-3'-OAc-胸苷)} \xrightarrow[\text{r.t.}]{DMSO\text{-}DCC/H_3PO_4} \text{(5'-OHC-3'-OAc-胸苷)} \quad (90\%)$$ [42]

本法不适于立体位阻大的羟基的氧化。

具有 DCC 类似结构的化合物，如 $Ph_2C{=}C{=}NC_6H_4CH_3$、$CH_3{-}C{\equiv}CN(C_2H_5)_2$ 等可代替 DCC 应用于本氧化反应。

质子供给体一般是弱酸，若酸性过强，则会发生 Pummerer 转位生成醇的甲硫基甲醚的副反应（参见 DMSO-Ac_2O 法）。

② DMSO-Ac_2O 法（Albright-Goldman 法）

本法用 Ac_2O 作亲电试剂。其机理类似于 DCC 法。

$$(CH_3)_2S{=}O + H_3C{-}\underset{\|}{\overset{}{C}}{-}O{-}\underset{\|}{C}{-}CH_3 \longrightarrow (CH_3)_2\overset{\oplus}{S}{-}O{-}\underset{\|}{C}CH_3 + CH_3COO^{\ominus}$$

$$\xrightarrow{R^1R^2CHOH} (CH_3)_2\overset{\oplus}{S}{-}O{-}CHR^1R^2 \xrightarrow{Py} \overset{\ominus}{C}H_2(CH_3)\overset{\oplus}{S}{-}O{-}CHR^1R^2 \longrightarrow (CH_3)_2S + O{=}CR^1R^2$$

试剂中醋酐常可发生羟基的乙酰化副反应，特别是位阻小的羟基。醇的甲硫基甲醚的形成是本法的另一个副反应，此副反应的生成是中间体烷氧锍盐以另一种方式断裂的结果。

$$R_2CH{-}O{-}\overset{\oplus}{S}(CH_3){-}\overset{\ominus}{C}H_2 \longrightarrow R_2CH{-}O{-}CH_2{-}S{-}CH_3 \text{ (Pummerer转位反应)}$$

用甲磺酸酐［$(MeSO_2)_2O$］代替醋酸酐，在六甲磷酸酰胺中反应，可降低副反应的发生。如：

$$\text{雄甾-4-烯-3,17-二酮} \xleftarrow[(70\%)]{DMSO\text{-}Ac_2O} \text{睾酮} \xrightarrow[(99\%)]{DMSO\text{-}(MeSO_2)_2O} \text{雄甾-4-烯-3,17-二酮}$$

［43］

4. Oppenauer 氧化

(1) 反应通式

$$R^1R^2CHOH \xrightarrow[\text{负氢受体}]{\text{三烷氧基铝}} R^1R^2C{=}O$$

(2) 反应机理

该氧化反应属亲电消除反应机理。醇和三烷氧基铝［如 $Al(OPr\text{-}i)_3$］中的一个烷氧基交换，在负氢受体（丙酮）的作用下，使醇脱去一个氢（C—H），生成的酮和铝脱离，丙酮转变成烷氧基与铝的偶联物，恢复成 $Al(OPr\text{-}i)_3$：

$$R_2CHOH + Me_2CHO\text{-}Al(OCHMe_2)_2 \rightleftharpoons R_2CHOAl(OCHMe_2)_2 + Me_2CHOH\text{(需蒸出)}$$

$$(i\text{-}PrO)_2Al(O{=}C(CH_3)_2)(O{-}CHR_2) \rightleftharpoons (i\text{-}PrO)_2Al{-}O{-}CH(CH_3)_2 + O{=}CR_2$$

(3) 应用特点：α,β-不饱和酮的制备

Oppenauer 氧化已广泛应用于甾醇的氧化，特别适用于将烯丙位的仲醇氧化成 α,β-不饱和酮。反应选择性好，对其他基团无影响。但甾体 β,γ-位双键常移位到 α,β-位成共轭酮。

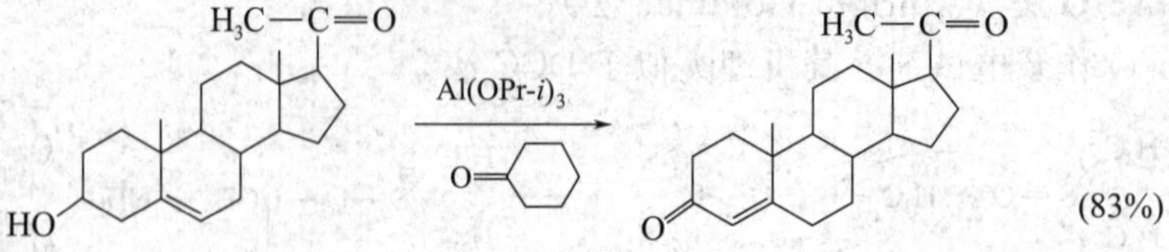

$$\text{(3-hydroxy-5-ene steroid with } H_3C-C=O\text{)} \xrightarrow[\text{cyclohexanone}]{Al(OPr\text{-}i)_3} \text{(4-en-3-one steroid with } H_3C-C=O\text{)}\ (83\%) \qquad [44]$$

二、醇被氧化成羧酸

伯醇可直接被氧化成羧酸，常用氧化剂为六价铬化合物、高锰酸钾、硝酸[45]。

1. 反应通式

$$R-CH_2OH \xrightarrow{\text{氧化剂}} R-COOH$$

2. 反应机理

该氧化反应属亲电消除反应机理。

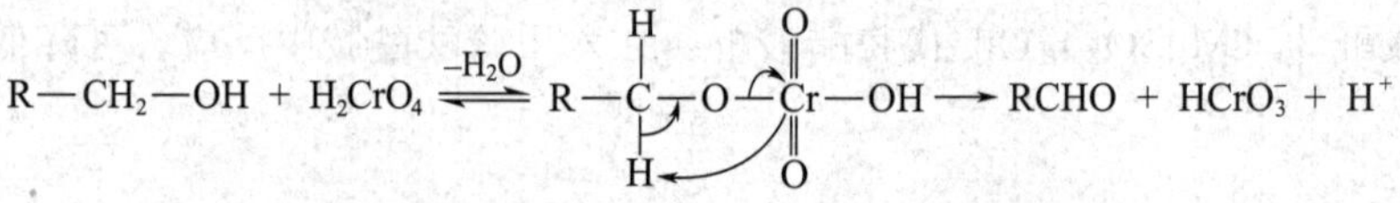

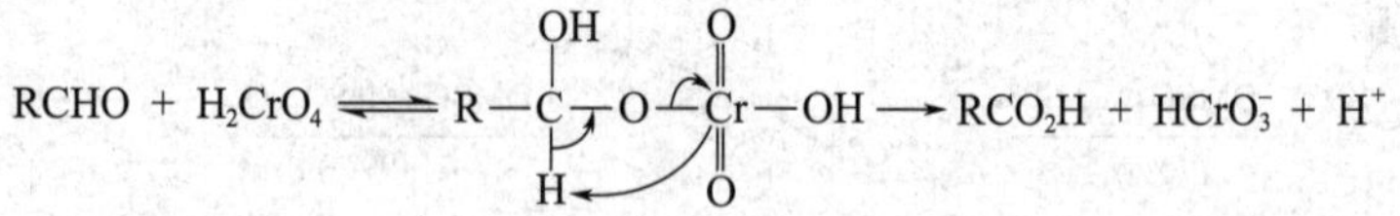

$$R-CH_2-OH + H_2CrO_4 \underset{}{\overset{-H_2O}{\rightleftharpoons}} R-CH_2-O-CrO_2-OH \longrightarrow RCHO + HCrO_3^- + H^+$$

$$RCHO + H_2CrO_4 \rightleftharpoons R-CH(OH)-O-CrO_2-OH \longrightarrow RCO_2H + HCrO_3^- + H^+$$

3. 应用特点：醇氧化制备羧酸

铬酸氧化伯醇为羧酸。如正丙醇被氧化成丙酸：

$$CH_3CH_2CH_2OH \xrightarrow{CrO_3/H_2SO_4/H_2O} CH_3CH_2COOH \quad (65\%) \qquad [45]$$

高锰酸钾氧化伯醇为羧酸。若中间体生成的醛较易烯醇化，则容易产生烯醇式双键被氧化断裂的副反应。中性或酸性高锰酸钾氧化速率较慢，常用碱性高锰酸钾溶液，如 2-甲基丙醇用碱性高锰酸钾氧化可得 2-甲基丙酸，收率较高：

$$(H_3C)_2CH-CH_2OH \xrightarrow{KMnO_4/H_2O/NaOH} (H_3C)_2CH-COOH \quad (84\%) \qquad [46]$$

硝酸为强氧化剂，稀硝酸的氧化能力强于浓硝酸。硝酸氧化反应剧烈，选择性不高，腐蚀性强，常伴有硝化副反应。但由于价廉，工业上常有应用，用于不易硝化的伯醇氧化成为羧酸：

$$ClCH_2CH_2CH_2OH \xrightarrow{HNO_3} ClCH_2CH_2COOH \quad (78\%\sim79\%) \qquad [47]$$

如将糖类伯醇羟基选择性地氧化为羧酸，则用铂催化的空气氧化较好。

三、1,2-二醇的氧化

1,2-二醇的氧化涉及碳-碳键的断裂，形成两分子相应的羰基化合物。常用氧化剂为四醋酸铅［$Pb(OAc)_4$］、高碘酸、铬酸等。

1. 反应通式

$$\begin{array}{c} -\overset{|}{C}-OH \\ -\underset{|}{C}-OH \end{array} \xrightarrow{\text{氧化剂}} \begin{array}{c} -\overset{|}{C}=O \\ -\underset{|}{C}=O \end{array}$$

2. 反应机理

四乙酸铅氧化 1,2-二醇的反应属亲电消除反应机理。四乙酸铅氧化反式 1,2-二醇，可能经历非环状中间体的碱或酸催化的消除机理：

$$B\!:\; + H-O-\overset{|}{\underset{|}{C}}-\overset{|}{\underset{|}{C}}-O-\overset{OAc}{\underset{OAc}{Pb}}-OAc \longrightarrow BH + O=C\langle \; + \; \rangle C=O + Pb(OAc)_2 + AcO^{\ominus}$$

$$H-O-\overset{|}{\underset{|}{C}}-\overset{|}{\underset{|}{C}}-O-\overset{OAc}{\underset{OAc}{Pb}}-O-\overset{O}{\overset{\|}{C}}-CH_3 + H^{\oplus} \longrightarrow O=C\langle \; + \; \rangle C=O + Pb(OAc)_2 + AcOH$$

高碘酸 H_5IO_6（或 HIO_4+2H_2O）氧化 1,2-二醇的反应也属亲电消除反应机理。高碘酸不氧化刚性环状 1,2-二醇的反式异构体，说明高碘酸的氧化可能经历环状中间体机理：

$$\begin{array}{c} -\overset{|}{C}-OH \\ -\underset{|}{C}-OH \end{array} \xrightarrow[-H_2O]{H_5IO_6} \begin{array}{c} -\overset{|}{C}-O \\ -\underset{|}{C}-O \end{array}\!\!\!\!\!\!>\overset{OH}{\underset{OH}{I}}\!\!\begin{array}{l}-OH\\ =O\end{array} \longrightarrow \begin{array}{c} -\overset{|}{C}=O \\ -\underset{|}{C}=O \end{array} + HIO_3 + H_2O$$

3. 应用特点

(1) 用 $Pb(OAc)_4$ 氧化

几乎所有 1,2-二醇均能被 $Pb(OAc)_4$ 氧化。五元或六元环状 1,2-二醇的顺式异构体比反式异构体更易被氧化。如反式-9,10-二羟基十氢萘用四醋酸铅氧化成相应的 1,6-环癸二酮。

$$\text{反式-9,10-二羟基十氢萘} \xrightarrow{Pb(OAc)_4/TFA} \text{1,6-环癸二酮}\ (60\%) \qquad [48]$$

另外，1,2-氨基醇、α-羟基酸、α-酮酸、α-氨基酸、乙二胺等都可被四醋酸铅氧化，发生类似的反应。

(2) 用高碘酸氧化

高碘酸（H_5IO_6）氧化 1,2-二醇，常在缓冲水溶液中室温反应，操作简便，收率高。特别适用于水溶性 1,2-二醇（如糖类）的氧化降解。水溶性小的 1,2-二醇则常用醇类和二噁烷的混合溶剂作为反应溶剂。

1,2-环己二醇的顺式异构体比反式异构体易被高碘酸氧化，速率约快 30 倍；刚性环状 1,2-二醇反式异构体和高碘酸不反应。

高碘酸氧化三元醇或多元醇（只要两个羟基处于相邻的两个碳上）成相应的羰基化合物。如：

$$\text{—}\overset{\overset{\large H}{|}}{\underset{\underset{\large OH}{|}}{C}}\text{—}\overset{\overset{\large H}{|}}{\underset{\underset{\large OH}{|}}{C}}\text{—}\overset{\overset{\large H}{|}}{\underset{\underset{\large OH}{|}}{C}}\text{—} \xrightarrow{HIO_4} \text{—}\overset{\overset{\large H}{|}}{\underset{\underset{\large O}{\|}}{C}} + O{=}\overset{\overset{\large O}{\|}}{C}\text{—}OH + \overset{\overset{\large H}{|}}{\underset{\underset{\large O}{\|}}{C}}\text{—} \qquad [49]$$

1,2-氨基醇、α-羟酮、α-二羟基化合物都可和高碘酸发生类似的反应。

第四节 醛、酮的氧化反应

一、醛的氧化

1. 反应通式

醛易被氧化成羧酸。常用的氧化剂有铬酸、高锰酸钾和氧化银等。

$$R\text{—}CHO \xrightarrow{[O]} R\text{—}COOH$$

2. 反应机理

过氧酸氧化反应为自由基取代反应机理。当芳环上醛基的对位（或邻位）有供电子基团时，芳基电子云较丰富，有利于“b”重排，形成甲酸酯，再经水解形成羟基；没有取代基或供电子基在间位或有吸电子基团时，则按“a”式重排，形成羧酸。

$$Ar\text{—}\overset{\overset{\large O}{\|}}{C}\text{—}H + H_3C\text{—}\overset{\overset{\large O}{\|}}{C}\text{—}O\text{—}OH \longrightarrow Ar\text{—}\overset{\overset{\large O\text{—}H}{|}}{\underset{\underset{\large O\text{—}O\text{—}\overset{\large O}{\overset{\|}{C}}\text{—}CH_3}{|}}{C}}\text{—}H \longrightarrow Ar\text{—}\overset{\overset{\large O^{\ominus}}{|}}{\underset{\underset{\large O^{\oplus}}{|}}{C}}\text{—}H + CH_3COOH$$

$$Ar\text{—}\overset{\overset{\large O^{\ominus}}{|}}{\underset{\underset{\large O^{\oplus}}{|}}{C}}\text{—}H \begin{cases} \xrightarrow{a} Ar\text{—}\overset{\overset{\large O}{\|}}{C}\text{—}OH \\ \xrightarrow{b} Ar\text{—}O\text{—}\overset{\overset{\large O}{\|}}{C}\text{—}H \end{cases}$$

当有氰离子和醇存在时，活性二氧化锰可氧化 α,β-不饱和醛得到相应的 α,β-不饱和羧酸酯。该反应为亲核取代反应机理。

$$\gt C{=}C\lt_{CHO} \xrightarrow[ROH]{CN^{\ominus}} \gt C{=}C\lt_{CH(OH)CN} \xrightarrow{MnO_2} \gt C{=}C\lt_{C(=O)CN} \xrightarrow{ROH} \gt C{=}C\lt_{C(=O)OR}$$

3. 应用特点

(1) 醛氧化制备羧酸

铬酸（重铬酸钾的稀硫酸溶液）氧化糠醛为糠酸：

$$\text{糠醛(2-CHO-呋喃)} \xrightarrow[100℃]{\text{铬酸}} \text{糠酸(2-COOH-呋喃)} \quad (75\%) \qquad [50]$$

高锰酸钾的酸性、中性或碱性溶液都能氧化芳香醛和脂肪醛成羧酸，收率较高：

$$C_6H_5\underset{\displaystyle OH}{\underset{|}{C}}H(CH_2)_3CHO \xrightarrow[r.t.]{KMnO_4,NaOH,H_2O} C_6H_5\underset{\displaystyle O}{\underset{\|}{C}}(CH_2)_3COOH \quad (90\%) \qquad [51]$$

氧化银（新鲜制备）的氧化能力较弱，选择性较高，不影响易氧化基团（如双键、酚羟基），适用于易氧化醛的氧化。特别适用于不饱和醛及一些易氧化芳香醛的氧化：

$$\text{4-HO-3-}CH_3O\text{-}C_6H_3CHO \xrightarrow[2)\,HCl]{1)\,Ag_2O,NaOH} \text{4-HO-3-}CH_3O\text{-}C_6H_3CO_2H \quad (83\%\sim95\%) \qquad [52]$$

(2) Dakin 反应

有机过氧酸氧化醛基邻、对位有羟基等供电子基的芳香醛，经甲酸酯中间体，得到羟基化合物（Dakin 反应）。如：

$$\text{2-HO-}C_6H_4CHO \xrightarrow{C_6H_5COOOH} \text{2-HO-}C_6H_4\text{-O-}\overset{\displaystyle O}{\overset{\|}{C}}\text{-H} \longrightarrow \text{2-HO-}C_6H_4OH \quad (81\%) \qquad [53]$$

(3) α,β-不饱和羧酸酯的制备

活性二氧化锰一般只氧化烯丙醇成 α,β-不饱和醛。但当存在氰离子和醇时，可得到相应的 α,β-不饱和羧酸酯，收率较高，该反应实质上是 α,β-不饱和醛的氧化。如：

$$C_6H_5\text{-}CH{=}CH\text{-}CHO \xrightarrow{MnO_2/MeOH/CN^{\ominus}} C_6H_5\text{-}CH{=}CH\text{-}\overset{\displaystyle O}{\overset{\|}{C}}\text{-}OCH_3 \quad (>95\%) \qquad [54]$$

此反应仅适用于 α,β-不饱和醛的氧化，且双键的构型不变。而用氧化银氧化时，由于碱性条件，常伴有双键构型的改变及其他副反应。

二、酮的氧化

(1) 反应通式

铬酸或高锰酸钾氧化酮，在剧烈的反应条件下，相邻羰基的碳碳键断裂，得到羧酸。

$$R^1\text{-}\overset{\displaystyle O}{\overset{\|}{C}}\text{-}\overset{\displaystyle O}{\overset{\|}{C}}\text{-}R^2 \xrightarrow{[O]} R^1\text{-}COOH + R^2\text{-}COOH$$

(2) 反应机理

该氧化反应为亲核取代反应机理。见第一节中电子反应机理。

(3) 应用特点：酮氧化制备羧酸

可从 9,10-菲醌合成 2,2′-联苯二羧酸。

$$\text{9,10-菲醌} \xrightarrow[105\sim110℃]{Na_2Cr_2O_7/H_2SO_4} \text{2,2′-(HOOC)}_2\text{联苯} \quad (70\%\sim85\%) \qquad [55]$$

甲基酮衍生物可在碱性条件下经卤代（常用 Br_2 作卤代剂），水解，发生碳-碳键断裂，生成相应的羧酸和卤仿（即卤仿反应），反应条件温和，收率高，可用于制备某些结构的羧酸（参加第一章卤化反应中的相关内容）。

第五节　含烯键化合物的氧化

一、烯键环氧化

烯键可被氧化成环氧化物。随烯键邻近结构的不同，选用的氧化剂不同。

1. α,β-不饱和羰基化合物的环氧化

α,β-不饱和羰基化合物中与羰基共轭的碳碳双键，一般在碱性条件下用过氧化氢或叔丁基过氧化氢（*t*-BuOOH）使之环氧化得到α,β-环氧基酮[56]。

(1) 反应通式

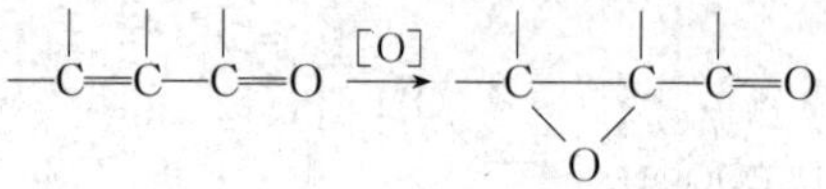

$$-\overset{|}{C}=\overset{|}{C}-\overset{|}{C}=O \xrightarrow{[O]} -\overset{|}{C}\underset{O}{-}\overset{|}{C}-\overset{|}{C}=O$$

(2) 反应机理

α,β-不饱和酮的环氧化反应属亲核加成反应机理。见第一节中电子反应机理。

(3) 影响因素

① pH值的影响

对于α,β-不饱和醛的环氧化，pH值不同，产物的结构可能不同。如桂皮醛在碱性过氧化氢作用下，得到环氧化的酸，而调节pH值为10.5，用*t*-BuOOH氧化，生成物为环氧化的醛。

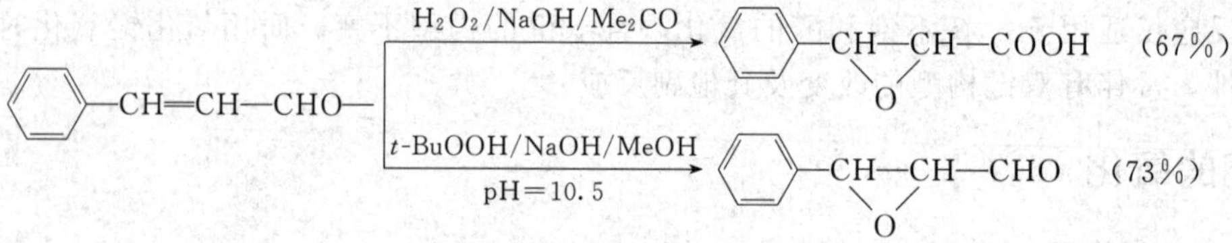

$$PhCH=CH-CHO \xrightarrow{H_2O_2/NaOH/Me_2CO} PhCH\underset{O}{-}CH-COOH\quad(67\%)\quad[57]$$

$$PhCH=CH-CHO \xrightarrow[pH=10.5]{t\text{-}BuOOH/NaOH/MeOH} PhCH\underset{O}{-}CH-CHO\quad(73\%)\quad[58]$$

对于不饱和酯的环氧化，控制pH值可使酯基不被水解，如下例中的酯在pH8.5～9.0时，环氧化可得到较高收率的环氧化合物，酯基不被水解。

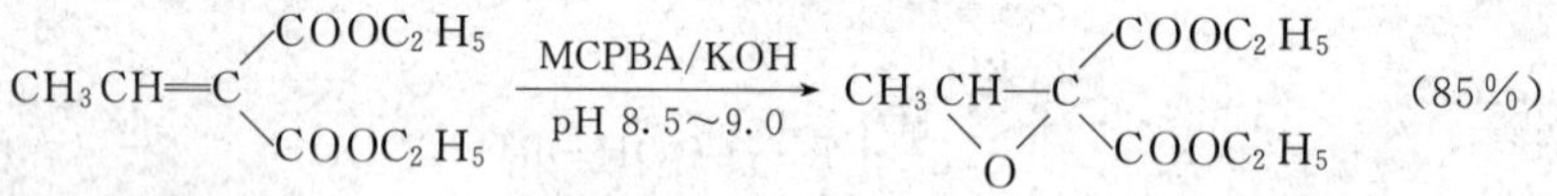

$$CH_3CH=C(COOC_2H_5)_2 \xrightarrow[pH\ 8.5\sim9.0]{MCPBA/KOH} CH_3CH\underset{O}{-}C(COOC_2H_5)_2\quad(85\%)\quad[59]$$

② 立体效应的影响

在环氧化反应过程中，双键的构型可能由不太稳定的构型变为稳定的构型。如下例中*Z*和*E*型的3-甲基戊-3-烯-2-酮经碱性过氧化氢处理，氧化得到相同的*E*构型的环氧化合物：

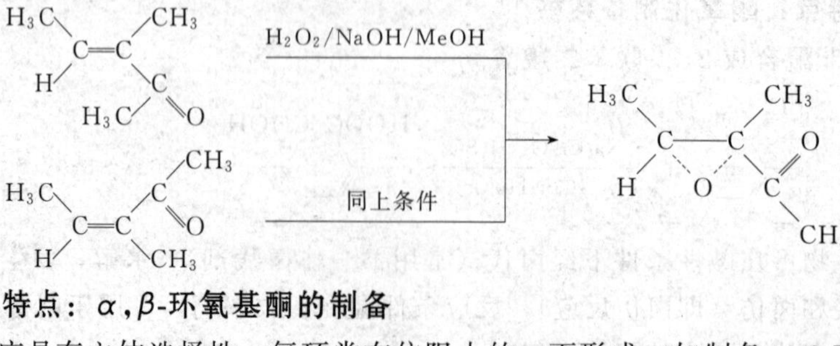

$$(Z)\text{-}H_3C(H)C=C(CH_3)COCH_3 \xrightarrow{H_2O_2/NaOH/MeOH};\ (E)\text{-}H_3C(H)C=C(CH_3)COCH_3 \xrightarrow{同上条件} (E)\text{-}H_3C(H)C\underset{O}{-}C(CH_3)COCH_3$$

(4) 应用特点：α,β-环氧基酮的制备

环氧化反应具有立体选择性，氧环常在位阻小的一面形成。如制备α,β-环氧基酮：

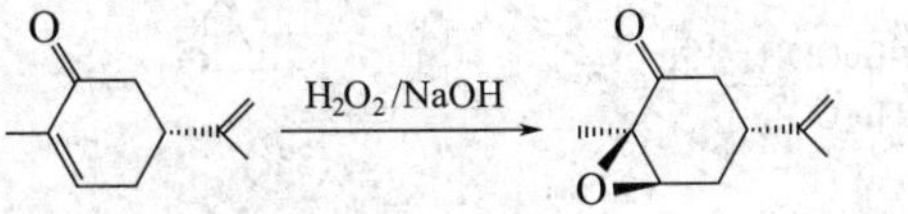

$$\xrightarrow{H_2O_2/NaOH} \quad (90\%)$$ [60]

2. 不与羰基共轭的烯键的环氧化

这类烯烃的电子云较丰富，它们的环氧化常具有亲电性特点。常用氧化剂为过氧化氢、烷基过氧化氢、有机过氧酸等[61]。

(1) 反应通式

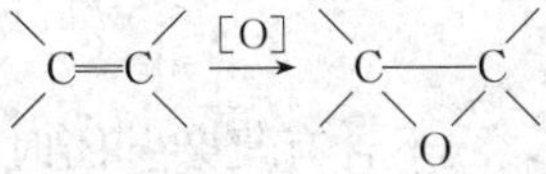

$$\gt C{=}C\lt \xrightarrow{[O]} \gt C\overset{O}{—}C\lt$$

(2) 反应机理

在腈存在时，碱性过氧化氢可使富电子双键发生环氧化。实际上，起作用的是腈和碱性过氧化氢生成的过氧亚氨酸（peroxy carboximidic acid），为亲电性环氧化剂。其机理如下：

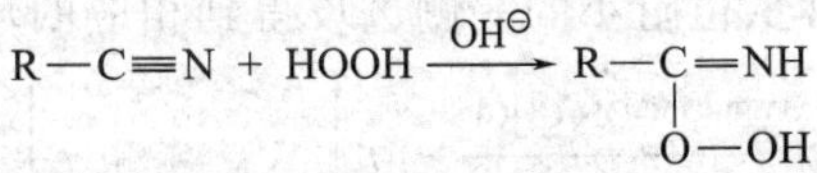

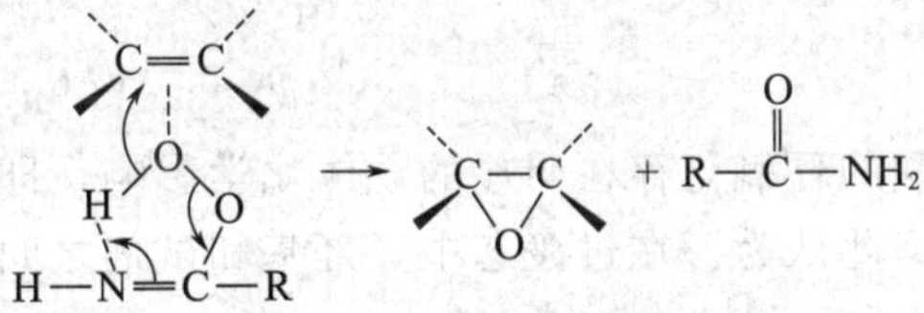

$$R—C{\equiv}N + HOOH \xrightarrow{OH^{\ominus}} R—C(=NH)—O—OH$$

$$\longrightarrow \quad + \ R—C(=O)—NH_2$$

由有机过氧酸亲电性进攻双键而发生的环氧化反应为自由基加成反应机理：

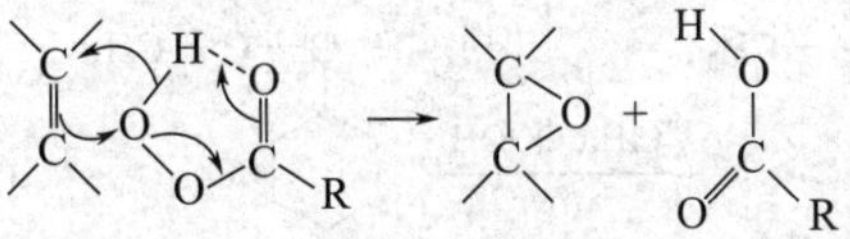

$$\longrightarrow \quad + \ H—O—C(=O)—R$$

(3) 影响因素

① 溶剂的影响

常用烃类溶剂，醇和酮作溶剂有可能抑制反应。

② 过氧化物结构的影响

烷基过氧化氢的结构可影响反应速率，烷基上有吸电子基团，可增加环氧化速率，如用 $Mo(CO)_6$ 作催化剂，使 2-辛烯环氧化时，不同的烷基过氧化氢有不同的反应速率，存在下列规律。

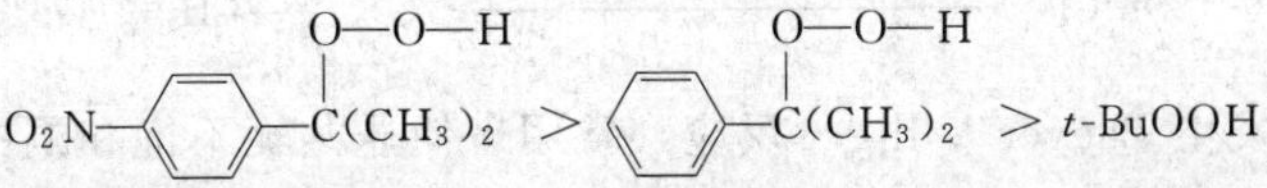

$$O_2N—C_6H_4—C(CH_3)_2—O—O—H > C_6H_5—C(CH_3)_2—O—O—H > t\text{-}BuOOH$$

有机过氧酸分子中存在吸电子基可加速环氧化反应。三氟过氧醋酸是最强的过氧酸。

③ 电子效应的影响

烯键碳上有给电子基（如烃基），可使烯键电子云密度增大，亦可增加环氧化速率。在多烯烃中，常常是连有较多给电子基的双键被优先环氧化。当仅使其中一个双键环氧化时，甲基取代的烯键常优先反应[62]：

$$\text{(Z)-1,4-hexadiene} \xrightarrow[\text{Mo(CO)}_6]{t\text{-BuOOH}} \text{(92\%)} + \text{(8\%)}$$

$$\xrightarrow[\text{Mo(CO)}_6]{t\text{-BuOOH}} \text{(80\%)} + \text{(20\%)}$$

$$\xrightarrow{m\text{-ClC}_6\text{H}_4\text{COOOH/CHCl}_3} \quad (68\%\sim78\%)$$

④ **立体效应的影响**

环烯烃的环氧化一般较易发生，当不含有复杂基团时，环烯烃环氧化的立体化学由立体因素决定。如1-甲基-4-异丙基环己烯被环氧化时，氧环在位阻较小的侧面形成。

$$\xrightarrow{\text{Mo(CO)}_6\text{, ROOH}}$$

在环烯烃中，过氧酸通常从位阻小的一侧进攻得到相应的环氧化合物。

$$\xrightarrow{\text{PhCOOOH/CHCl}_3} \quad 94 : 6$$

烯丙位的羟基对过氧酸的环氧化存在明显的立体化学影响，即羟基和所形成的氧环处在同侧的化合物为主产物，据此认为：在过渡态中，羟基和试剂之间形成氢键，有利于在羟基同侧环氧化[63]。

$$\xrightarrow[0^\circ\text{C}]{\text{C}_6\text{H}_5\text{COOOH}} \quad \text{(主产物)}$$

$$\xrightarrow[0^\circ\text{C}]{\text{C}_6\text{H}_5\text{COOOH}} \quad (80\%)$$

(4) 应用特点

① **过氧化氢或烷基过氧化氢作氧化剂**

碱性过氧化氢在腈存在时，可使富电子双键发生环氧化：

$$\text{=CH}_2 \xrightarrow{\text{PhCN/H}_2\text{O}_2\text{/K}_2\text{CO}_3\text{/CH}_3\text{OH}} \text{CH}_2 \quad (73\%) \qquad [64]$$

该试剂不和酮发生 Baeyer-Villiger 反应，常用来使非共轭不饱和酮中的双键环氧化。在非共轭不饱和酮中，双键富电子，碱性过氧化氢选择性地作用于双键，而不影响酮羰基；而用过氧乙酸时，则会发生 Baeyer-Villiger 氧化。

$$\xleftarrow[(54\%)]{\text{H}_2\text{O}_2\text{/C}_6\text{H}_5\text{CN/KHCO}_3\text{/MeOH}} \qquad \xrightarrow[(44\%)]{\text{CH}_3\text{COOOH}} \qquad [65]$$

过渡金属络合物催化过氧化氢或烷基过氧化氢对烯键的环氧化反应。这类络合物包括由钒（V）、钼（Mo）、钨（W）、铬（Cr）、锰（Mn）和钛（Ti）所构成的络合物。

$Mo(CO)_6$ 和 Salen-锰络合物是非官能化烯键环氧化最有效的催化剂。以 $Mo(CO)_6$ 作催化剂时，常用烷基过氧化氢作氧化剂。

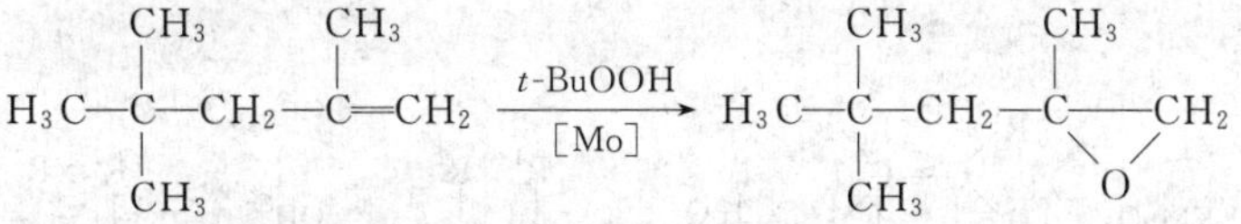

$$H_3C-C(CH_3)_2-CH_2-C(CH_3)=CH_2 \xrightarrow[\text{[Mo]}]{t\text{-BuOOH}} H_3C-C(CH_3)_2-CH_2-\underset{\diagdown O \diagup}{C(CH_3)-CH_2}$$ [66]

本类过渡金属络合物催化剂对烯丙醇的双键环氧化，有明显的选择性。如下例两个烯烃中各含有两个双键，在过渡金属络合物催化下，用烷基过氧化氢作氧化剂，能选择性地环氧化烯丙醇双键：

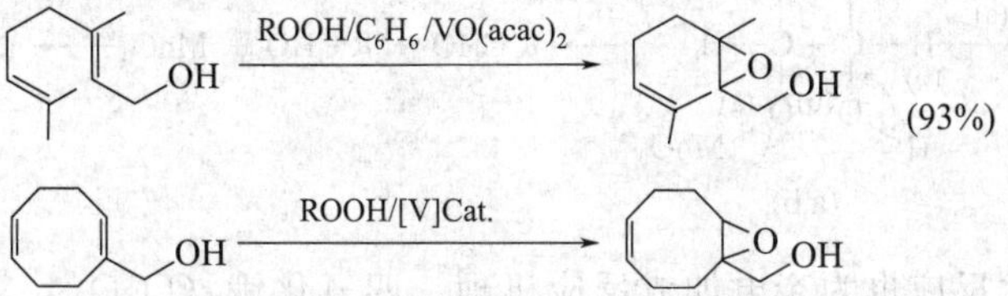

$$\xrightarrow{ROOH/C_6H_6/VO(acac)_2} \quad (93\%)$$

$$\xrightarrow{ROOH/[V]Cat.}$$ [67]

氧环和羟基处于顺式的异构体在反应产物中占绝对优势：

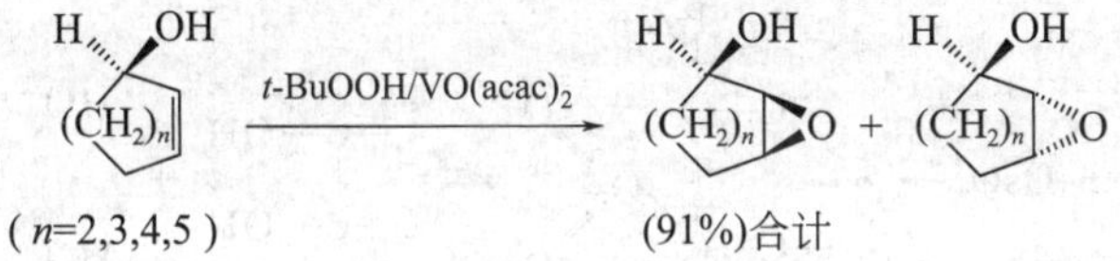

$$(CH_2)_n \xrightarrow{t\text{-BuOOH/VO(acac)}_2} (CH_2)_n \ \text{O} + (CH_2)_n \ \text{O}$$ [68]

(n=2,3,4,5)　　(91%)合计

② 有机过氧酸为环氧化剂

常用的过氧酸有间氯过氧苯甲酸、过氧苯甲酸、单过氧邻苯二甲酸、过氧甲酸、过氧乙酸、三氟过氧醋酸等。其中，间氯过氧苯甲酸比较稳定，是烯双键环氧化的较好试剂。而其余试剂不太稳定，一般在使用前新鲜制备。过氧苯甲酸、单过氧邻苯二甲酸和间氯过氧苯甲酸较适合于合成环氧化合物。其他过氧酸（如过氧乙酸）需在缓冲剂（如AcONa）存在下，才能得到环氧化合物。否则，酸性破坏氧环形成邻二醇的单酰基化合物或其他副产物。

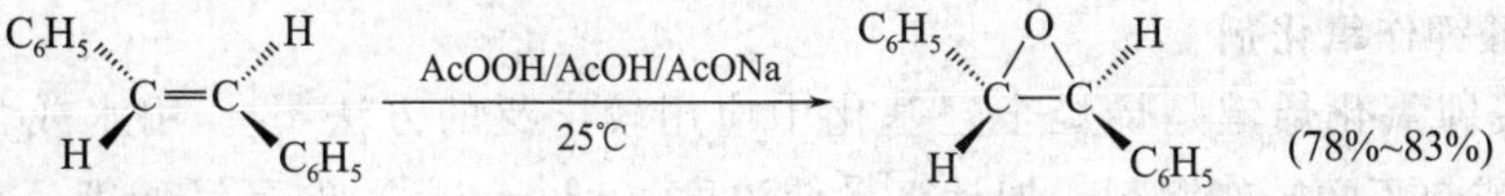

$$C_6H_5(H)C=C(H)C_6H_5 \xrightarrow[25℃]{AcOOH/AcOH/AcONa} C_6H_5(H)\underset{O}{C-C}(H)C_6H_5 \quad (78\%\sim83\%)$$ [69]

二、烯键氧化成1,2-二醇

烯键被氧化成1,2-二醇，即烯键的全羟基化作用（Perhydroxylation），在分子降解和全合成方面十分有用。可选用的氧化剂较多，且具有不同的立体化学特性[70]。

1. 顺式羟基化

(1) 反应通式

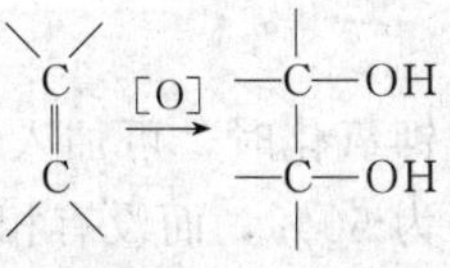

$$>C=C< \xrightarrow{[O]} -\overset{|}{C}(OH)-\overset{|}{C}(OH)-$$

(2) 反应机理

高锰酸钾氧化反应为亲电加成反应机理。中间生成的酯经水解生成邻二醇还是进一步氧化，取决于反应介质的 pH 值，pH 值在 12 以上，有利于水解生成邻二醇；pH 值低于 12，则有利于进一步氧化，生成 α-羟酮或断键的产物。高锰酸钾过量或浓度过高都对进一步氧化有利。

$$R^1CH{=}CHR^2 \xrightarrow{KMnO_4} \text{(环状锰酸酯)} \xrightarrow{H_2O} H-CR^1(OH)-CR^2(OMnO_2)-H \xrightarrow{OH^{\ominus}} H-CR^1(OH)-CR^2(OH)-H$$

$$H-CR^1(OH)-CR^2(OMnO_2)-H \xrightarrow{KMnO_4} \text{(a,b)}$$

$$H-CR^1(OH)-C(=O)-R^2 \xleftarrow{(a)} \text{(a,b)} \xrightarrow{(b)} R^1CHO + R^2CHO + MnO_3 \longrightarrow R^1COOH + R^2COOH \quad [69]$$

四氧化锇的氧化反应也为亲电加成反应机理。四氧化锇（OsO_4）氧化机理与高锰酸钾类似，形成环状的锇酸酯：

$$>C{=}C< + OsO_4 \xrightarrow{Py} \text{(环状锇酸酯·Py}_2) \rightleftharpoons -C(OH)-C(OH)- + (HO)_2OsO_2$$

锇酸酯不稳定，常加入叔胺（如吡啶）组成络合物，以稳定锇酸酯，并加速反应。之后水解生成邻二醇。锇酸酯的水解是可逆反应，常加入一些还原剂，如 Na_2SO_3、$NaHSO_3$ 等使锇酸还原成金属锇而沉淀析出，以打破平衡，完成反应。

碘和湿羧酸银氧化烯键成 1,2 二醇的反应属亲电加成反应机理。

(3) 应用特点

烯键被氧化成 1,2-二醇，常用氧化剂为高锰酸钾、四氧化锇及碘-湿乙酸银。

① 高锰酸钾作氧化剂

用高锰酸钾氧化烯键是烯烃全羟基化中应用较广泛的方法[71]。用水或含水有机溶剂（丙酮、乙醇或叔丁醇）作溶剂，加计算量低浓度（1%～3%）的高锰酸钾，在碱性条件下（pH12 以上）低温反应，需仔细控制反应条件，以免进一步氧化。不饱和酸在碱性溶液中溶解，本法特别适于不饱和酸的全羟基化，收率也高。如油酸的全羟基化的收率达 80%。

$$H_3C(H_2C)_7CH{=}CH(CH_2)_7COOH \xrightarrow[pH>12]{KMnO_4/H_2O/NaOH} H_3C(H_2C)_7CH(OH)-CH(OH)(CH_2)_7COOH \ (80\%) \quad [72]$$

$$\xrightarrow[pH=9]{KMnO_4/H_2O/H_2SO_4} H_3C(H_2C)_7-CH(OH)-C(=O)-(CH_2)_7COOH \ \text{(两种产物的混合物)} \ (75\%) \quad [73]$$

对于不溶于水的烯烃，用高锰酸钾氧化时，可加入相转移催化剂。如顺式环辛烯的全羟基化，在相转移催化剂存在时，收率为 50%，而没有相转移催化时，收率仅 7%。

$$\text{cyclooctene} \xrightarrow{KMnO_4/H_2O/NaOH/C_6H_5\overset{\oplus}{N}(CH_3)_3Cl^{\ominus}} \text{cyclooctane-1,2-diol}\ (50\%) \qquad [74]$$

② 四氧化锇作氧化剂

用四氧化锇（OsO_4）使烯烃双键全羟基化，得到顺式羟基，在位阻小的一面形成1,2-二醇，收率较高[75]。四氧化锇价贵且有毒，实验中常用催化量的四氧化锇和其他氧化剂，如与氯酸盐、碘酸盐、过氧化氢等共用。反应中，催化量的四氧化锇先与烯烃生成锇酸酯，进而水解成锇酸，再被共用的氧化剂氧化，又生成四氧化锇而参与反应。所以，和单独使用四氧化锇效果一样，生成顺式1,2-二醇。并且可使三取代或四取代双键氧化成1,2-二醇，而单独用氯酸盐或过氧化氢一般是不可能的。此法的优点是可以减少四氧化锇的用量，但缺点是可能产生进一步氧化的产物。

$$\xrightarrow{OsO_4/Ba(ClO_3)_2 \cdot H_2O} \quad (84\%) \qquad [76]$$

③ 碘和湿羧酸银作氧化剂（Woodward 法）

由碘的四氯化碳溶液和等物质的量的醋酸银或苯甲酸银所组成的试剂，称 Prevost's 试剂，该试剂可氧化烯键成1,2-二醇，产物结构随反应条件不同而异，当有水存在时（Woodward 反应），得到顺式1,2-二醇的单酯，进而得顺式加成的1,2-二醇；在无水条件下（Prevost 反应），则得到反式1,2-二醇的双酯化合物（参见本节2）。

$$CH_3COO^-Ag^+ \xrightarrow[-AgI]{I_2} CH_3COO^-I^+ \longrightarrow \cdots \xrightarrow[-AgI]{CH_3COO^-Ag^+} \cdots \xrightarrow{H_2O} \cdots \xrightarrow{H_2O} \text{HO–CH(R}^1\text{)–CH(R}^2\text{)–OH}$$

该试剂的价值在于它的专一性，具有温和的反应条件。游离碘在所用的条件下，不影响分子中的其他敏感基团。

比较用四氧化锇（OsO_4）及碘和湿羧酸银作氧化剂，由于反应机理不同，二者立体化学特点正好相反，在刚性分子的双键氧化中特别有利用价值。

$$\xleftarrow{OsO_4} \qquad \xrightarrow{\text{1) } I_2/AcOAg/AcOH/H_2O;\ \text{2) } KOH/MeOH} \qquad [77]$$

2. 反式羟基化

(1) 反应通式

$$>C=C< \xrightarrow{[O]} \text{HO}-\overset{|}{\underset{|}{C}}-\overset{|}{\underset{|}{C}}-\text{OH}$$

(2) **反应机理**

过氧酸氧化反应为自由基加成反应机理。过氧酸氧化烯键成环氧化合物，羧基负离子从烯键平面的另一侧进攻，再水解形成反式 1,2-二醇：

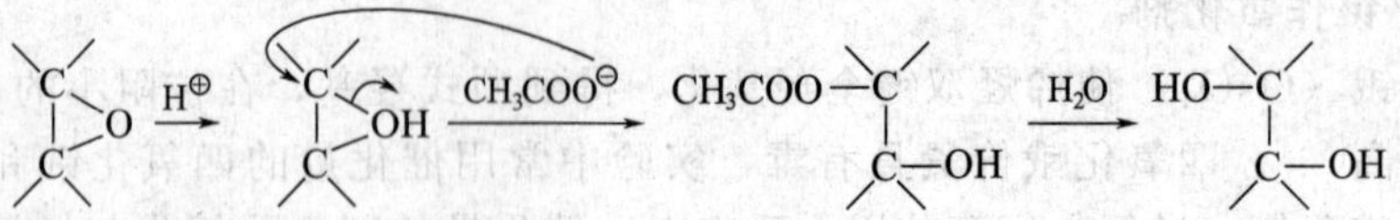

碘和湿羧酸银氧化烯键机理为亲电加成反应。Prevost 反应机理和 Woodward 反应类似，中间体都是环状正离子，不同的是：在无水条件下，酰氧负离子从另一平面侧面进攻环状正离子，由此形成反式 1,2-二醇的双酰基衍生物。

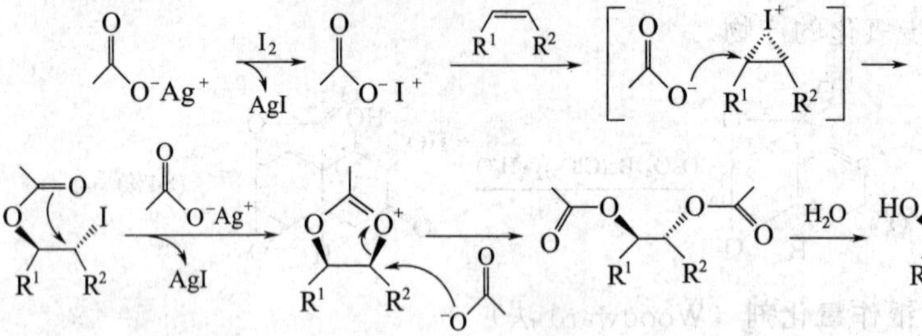

(3) **应用特点**

烯键的反式羟基化主要是过氧酸法、碘和湿羧酸银法。

① 过氧酸为氧化剂

过氧酸氧化烯键可生成环氧化合物（参见本节“一、烯键环氧化”），亦可形成 1,2-二醇。主要取决于反应条件。过氧酸与烯键反应先形成环氧化合物，当反应中存在可使氧环开裂的条件（如酸）时，则氧环即被开裂成反式 1,2-二醇。过氧乙酸和过氧甲酸常用于从烯烃直接制备反式 1,2-二醇。

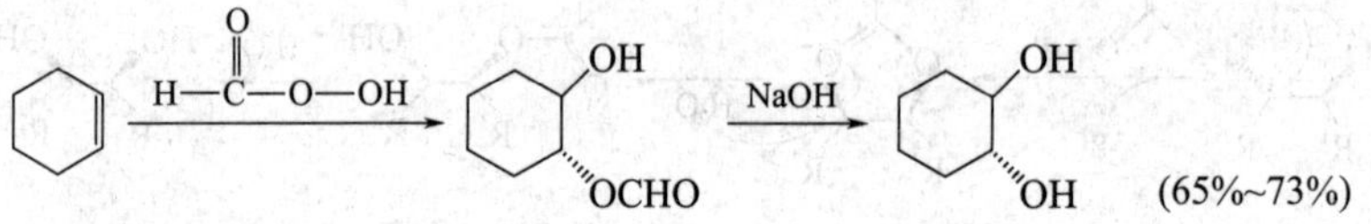

(65%~73%) [78]

反应也可分两步进行，先用过氧酸氧化烯键成环氧化合物，分离后加酸分解。该法较广泛地用于反式 1,2-二醇的制备。如：

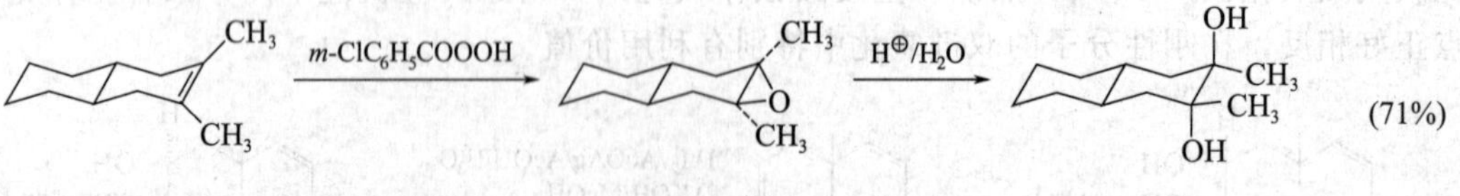

(71%) [79]

② 碘和湿羧酸银作氧化剂（Prevost 反应）

以碘和羧酸银试剂，在无水条件下，和烯键作用可获得反式 1,2-二醇的双乙酰衍生物，此反应称 Prevost 反应。生成物进而水解得反式 1,2-二醇。本反应条件温和，不会影响其他敏感基团。

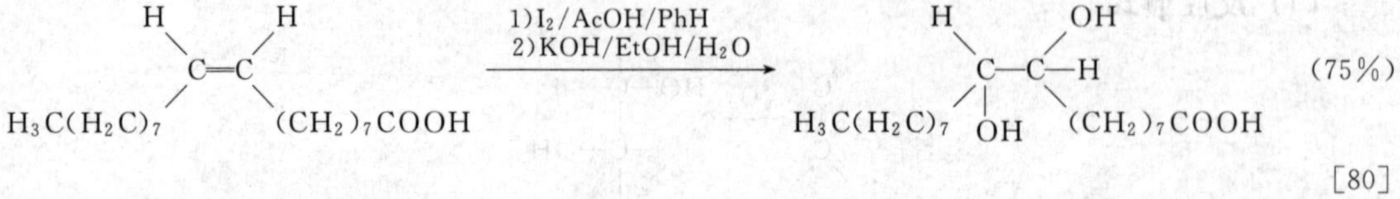

$$\mathrm{H_3C(H_2C)_7CH{=}CH(CH_2)_7COOH} \xrightarrow[\text{2) KOH/EtOH/H}_2\text{O}]{\text{1) I}_2\text{/AcOH/PhH}} \mathrm{H_3C(H_2C)_7CH(OH){-}CH(OH)(CH_2)_7COOH}\quad (75\%)$$

[80]

三、烯键的断裂氧化

1. 用高锰酸盐氧化

(1) 反应通式

在适宜条件下，高锰酸钾可直接氧化烯键，使之断裂成相应的羰基化合物或羧酸。

$$R^1—CH{=}CH—R^2 \xrightarrow{KMnO_4} R^1—COOH + R^2—COOH$$ [81]

(2) 反应机理

高锰酸钾氧化反应为亲电加成反应机理。见第一节中电子反应机理。

(3) 应用特点

水不溶性烯烃用 $KMnO_4$ 水溶液氧化时，由于溶解度差，收率甚低，加入相转移催化剂（如冠醚），可提高产物收率。如二苯乙烯或 α-蒎烯在用 $KMnO_4$ 水溶液氧化时，不加冠醚，收率 40% ~60%；加入冠醚，收率提高到 90%以上。加冠醚的反应一般在室温下进行，温度过高会使冠醚-高锰酸钾络合物分解。

$$PhCH{=}CHPh \xrightarrow[\text{r.t.,2h}]{KMnO_4/\text{冠醚}/PhH} PhCOOH\ (97\%)$$

KMnO₄/冠醚/PhH, r.t. → COOH (90%) [82]

单用高锰酸钾氧化，反应选择性差（其他易氧化基团也可同时被氧化），污染大，生成大量 MnO_2 增加了后处理的困难，同时吸附大量产物，也增加了产物被进一步氧化的危险。

改用含高锰酸钾的高碘酸钠溶液作氧化剂（$NaIO_4 : KMnO_4 = 6 : 1$）（Lemieux 试剂）氧化双键使之断裂的方法称为 Lemieux-von Rudloff 法。此法没有单用高锰酸钾的缺点。其原理是：高锰酸钾先氧化双键成 1,2-二醇，接着过碘酸钠氧化 1,2-二醇成碳-碳键断裂产物，同时，高碘酸钠将五价的锰氧化成高锰酸盐再继续反应。本法条件温和，收率高。例如：

CH_2 $\xrightarrow[5\sim10℃]{KMnO_4/NaIO_4/(CH_3)_2CO/H_2O}$ O (100%) [83]

2. 臭氧分解

(1) 反应通式

臭氧分解是烯键和臭氧反应生成臭氧化物，随后该臭氧化物分裂的过程。该法是氧化断裂烯键的常用方法[84]。

$$R^1—CH{=}CH—R^2 \xrightarrow{O_3} R^1—\underset{}{CH}\overset{O—O}{}\underset{O}{}CH—R^2 \xrightarrow[\text{还原}]{\text{氧化或}} \begin{matrix} R^1—COOH + R^2—COOH \\ R^1—CHO + R^2—CHO \end{matrix}$$

(2) 反应机理

该反应机理为亲电加成反应。

$$R^1(H)C{=}C(H)R^2 + O{=}\overset{+}{O}—O^- \longrightarrow R^1—C—C—H\ (\text{H}, R^2) \longrightarrow R^1—C(H){=}\overset{+}{O}—O^- + H—C(=O)—R^2$$

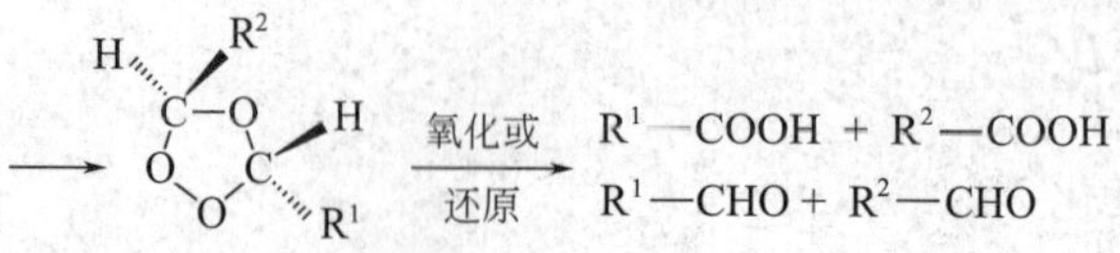

$$\longrightarrow \text{(臭氧化物)} \xrightarrow[\text{还原}]{\text{氧化或}} \begin{matrix} R^1\!-\!COOH + R^2\!-\!COOH \\ R^1\!-\!CHO + R^2\!-\!CHO \end{matrix}$$

(3) 影响因素

臭氧是亲电试剂，和烯键反应形成臭氧化物。后者可被氧化或还原断裂成羧酸、酮或醛。产物取决于所用方法和烯烃的结构。反应常在二氯甲烷或甲醇等溶剂中低温下通入含2%～10% O_3 的氧气中进行。生成的粗臭氧化物不经分离，直接用过氧化氢或其他试剂氧化分解成羧酸或酮。四取代烯得二分子酮，三取代烯得一分子酸和一分子酮，对称二取代烯得二分子酸。生成的粗过氧化物用还原剂还原分解可得醛和酮。常用的还原方法有催化氢化、锌粉和酸的还原、亚磷酸三甲（乙）酯还原等，用二甲硫醚在甲醇中和臭氧化物反应，也可得到很好的还原效果，反应选择性高，分子内的羰基和硝基不受影响，在中性条件下反应。

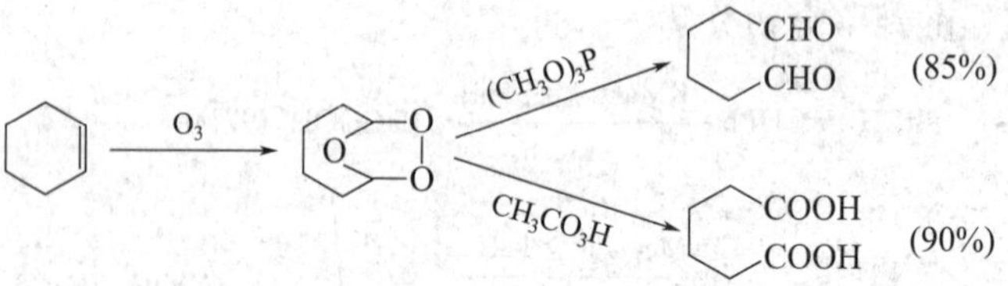

$$\xrightarrow{O_3} \text{(臭氧化物)} \begin{cases} \xrightarrow{(CH_3O)_3P} \text{CHO, CHO} \quad (85\%) \\ \xrightarrow{CH_3CO_3H} \text{COOH, COOH} \quad (90\%) \end{cases}$$

[85]

(4) 应用特点

臭氧分解广泛应用于分子降解和从烯合成醛、酮、酸。如环酮开环合成 2-酮庚酸。用氢化钠、三甲基氯硅烷使 2-甲基环已酮变成烯醇式硅醚，进而臭氧化、还原得到目标产物。

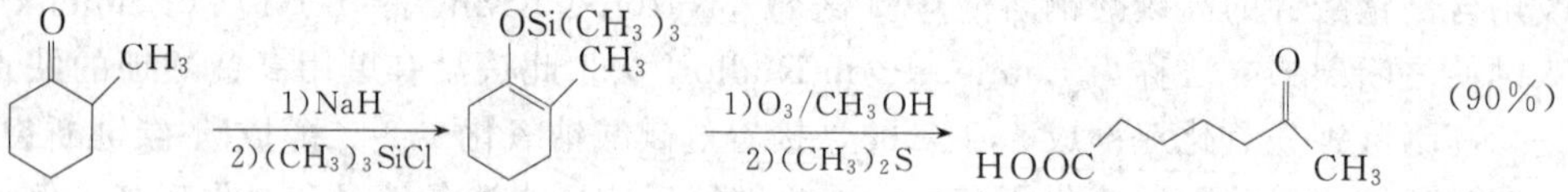

$$\xrightarrow[2)(CH_3)_3SiCl]{1)NaH} \text{(OSi(CH}_3)_3\text{, CH}_3) \xrightarrow[2)(CH_3)_2S]{1)O_3/CH_3OH} HOOC\text{—}\cdots\text{—}C(=O)CH_3 \quad (90\%)$$

[86]

第六节 芳烃的氧化反应

一、芳烃的氧化开环

1. 反应通式

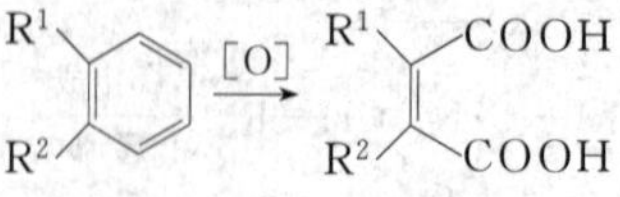

$$\xrightarrow{[O]} \begin{matrix} R^1 & COOH \\ R^2 & COOH \end{matrix}$$

2. 反应机理

该反应机理为亲电加成反应。见第一节中电子反应机理。

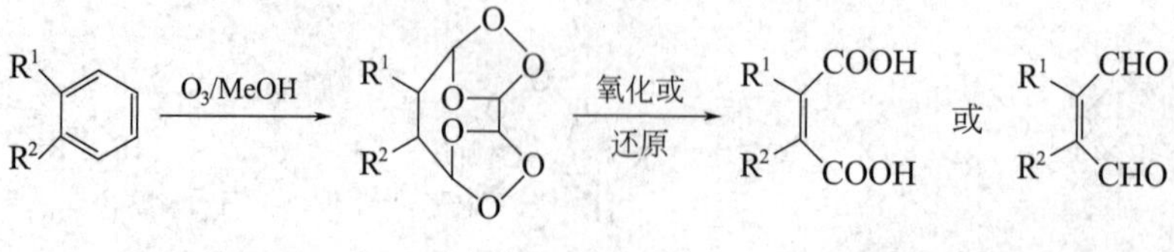

$$\xrightarrow{O_3/MeOH} \text{(臭氧化物)} \xrightarrow[\text{还原}]{\text{氧化或}} \begin{matrix} R^1 & COOH \\ R^2 & COOH \end{matrix} \text{ 或 } \begin{matrix} R^1 & CHO \\ R^2 & CHO \end{matrix}$$

3. 应用特点

(1) 稠环和稠杂环氧化开环——制备芳酸

芳烃对于一般氧化剂（如高锰酸钾）相对稳定，而其苄位碳-氢键易被氧化。但当芳环上连有供电基团（如氨基、羟基）时，苯环易被氧化，但反应激烈，产物复杂，一般没有合成意义。但稠环和稠杂环化合物被氧化时，稠环中的一个苯环可以被氧化开环成芳酸，被氧化开环的苯环常带有给电子基，电子云密度较高，可用此反应来合成某些芳酸。如：

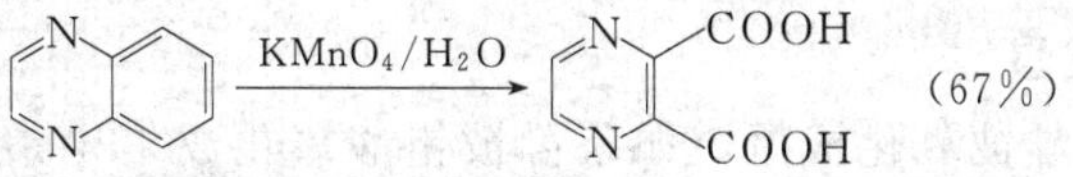

$KMnO_4/H_2O$ (67%) [87]

(2) 环己基苯氧化成环己基甲酸

用催化量的四氧化钌（RuO_4）和高碘酸组成的试剂可选择性进攻苯环，而不影响侧链烷基。如环己基苯的氧化产物是环己基甲酸：

—Ph $\xrightarrow[\text{r.t.},24h]{RuO_4/NaIO_4/MeCN/CCl_4}$ —COOH (94%) [88]

(3) 邻苯二酚氧化成己二烯二酸单甲酯

用氯化亚铜和吡啶组成催化剂，在甲醇溶液中经空气氧化，可使邻苯二酚、邻苯醌，甚至苯酚开环成己二烯二酸单甲酯。

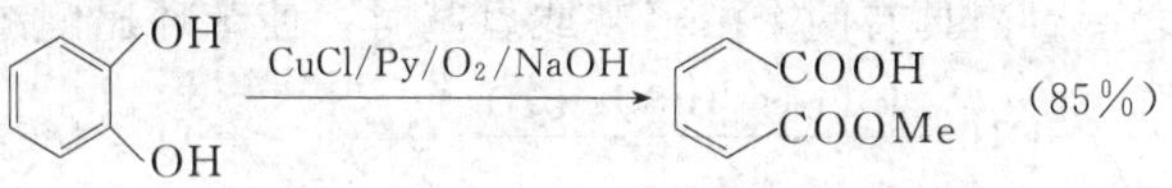

OH OH $\xrightarrow{CuCl/Py/O_2/NaOH}$ COOH COOMe (85%) [89]

(4) 萘环的氧化

萘环较苯环易被臭氧开环氧化，中间生成的臭氧化物经不同的处理可得到不同的氧化产物。

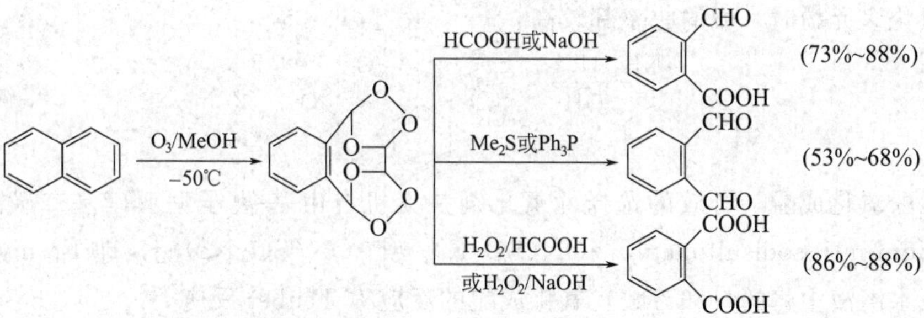

O_3/MeOH, −50℃; HCOOH或NaOH: CHO, COOH (73%~88%); Me_2S或Ph_3P: CHO, CHO (53%~68%); H_2O_2/HCOOH 或H_2O_2/NaOH: COOH, COOH (86%~88%) [90]

二、氧化成醌

1. 反应通式

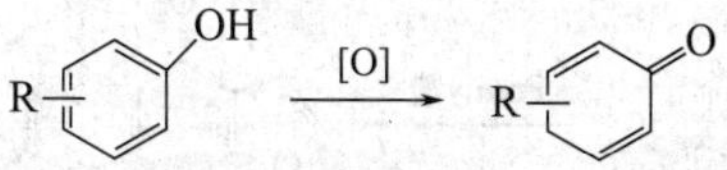

R, OH $\xrightarrow{[O]}$ R, O

2. 反应机理

用 Fremy 盐在稀碱水溶液中将酚（和芳胺）氧化成醌的反应为自由基消除机理。见第一节中自由基机理。

3. 影响因素

许多氧化剂都可将芳烃氧化成醌，选择氧化剂时，要与所氧化的芳烃的氧化态相适应，大致规律是：芳烃的氧化态越高，则氧化剂强度（或氧化能力）应越弱和越温和，这样才能得到收率较好的醌。芳烃的氧化态的高低和芳烃取代基的原子的电负性相关，同样也和取代基的数量相关，一般的氧化态递升的次序是：芳烃（即无取代基的苯环、芳稠环和它们的烷基芳烃）、苯酚类（包括单取代的酚、芳醚、苯胺类和相应的烷基取代苯酚类）、对二苯酚及邻苯二酚等[91]。

4. 应用特点

(1) 由芳烃氧化成醌

由于苯和烃基苯很难被氧化成醌，如萘可被铬酸氧化成 1,4-萘醌，但收率不高。而蒽和菲的 9,10-位易被氧化成醌，可得到较高收率的 9,10-蒽醌或菲醌。

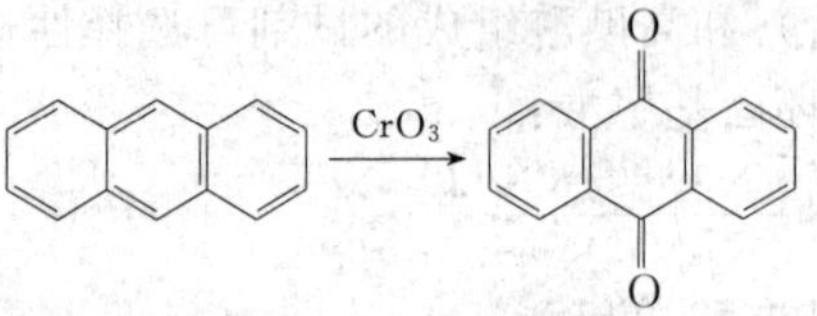

$$\xrightarrow{CrO_3} \quad (91\%) \qquad [92]$$

(2) 由酚、苯胺和芳醚等氧化成醌

酚类和芳胺，特别是多元酚中的苯环，较易被铬酸氧化成对苯醌。苯胺被铬酸氧化成对苯醌是苯醌工业制法之一。当具有两个酚羟基或氨基时，使苯环比侧链更易被氧化。如：

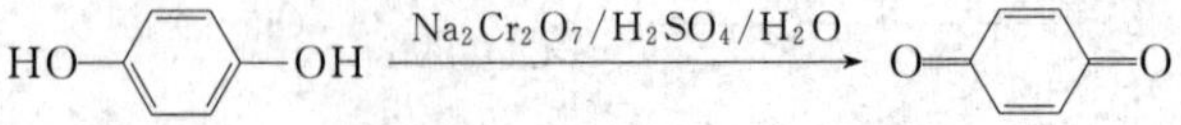

$$HO-C_6H_4-OH \xrightarrow{Na_2Cr_2O_7/H_2SO_4/H_2O} O=C_6H_4=O \quad (86\%\sim92\%) \qquad [93]$$

由于多羟基（或氨基）苯的苯环易被氧化，用铬酸时，铬酸的强氧化性常使反应产物中伴有进一步氧化的产物，降低醌的收率。所以，一般改用弱氧化剂，如高价铁盐［$FeCl_3$、$K_3Fe(CN)_6$］。三氯化铁一般在酸性介质中反应；高价氰化钾一般在中性或碱性介质中反应。两者氧化多元酚时，醌的收率都较高：

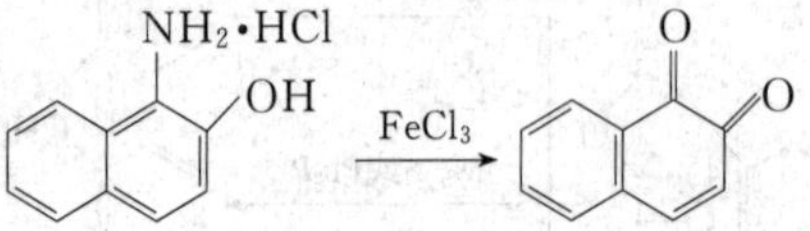

$$NH_2\cdot HCl,\ OH \xrightarrow{FeCl_3} \quad (82\%) \qquad [94]$$

将一元酚氧化成醌，有效的选择性氧化剂是无机自由基-离子型亚硝基二磺酸钾（钠）盐［potassium nitrosodisulfonate，$\cdot ON(SO_3K)_2$ 或 $\cdot ON(SO_3Na)_2$］，即 Fremy 盐。用此试剂在稀碱水溶液中将酚（和芳胺）氧化成醌的反应称 Teuber 反应[95]。

酚环上有吸电子基时会抑制反应，给电子基则促进反应。酚羟基对位无取代基时，氧化产物是对醌；当对位有取代基而邻位没有取代基时，氧化产物是邻醌；当对位和邻位同时有取代基时，氧化产物仍是对醌。如：

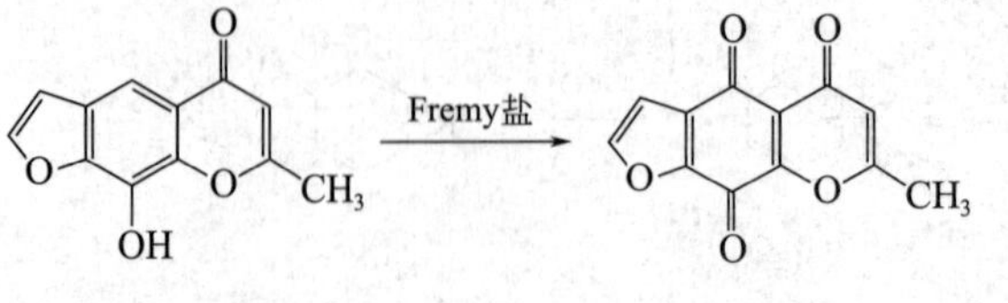

$$\xrightarrow{\text{Fremy盐}} \quad (75\%) \qquad [96]$$

三、芳环的酚羟基化

在芳环上通过氧化引入酚羟基的方法主要是 Elbs 氧化，即过二硫酸钾在冷碱溶液中将酚类氧化，在原有酚羟基的邻对位引入酚羟基[97]。

1. 反应通式

$$HO-C_6H_5 \xrightarrow[2)H_2O/H^{\oplus}]{1)K_2S_2O_8/NaOH} HO-C_6H_4-OH$$

2. 反应机理

该反应为亲电取代反应机理。

$$\text{PhOH} \xrightarrow{OH^{\ominus}} \text{PhO}^{\ominus} \longleftrightarrow \text{(carbanion)} + {}^{\ominus}O-SO_2-O-O-SO_2-O^{\ominus} \longrightarrow {}^{\ominus}O-C_6H_4-OSO_3^{\ominus} \xrightarrow[H_2O]{OH^{\ominus}} HO-C_6H_4-OH$$

3. 应用特点

Elbs 氧化反应一般发生在酚羟基的对位，对位有取代基时，则在邻位氧化，例如：

$$HO-C_6H_5 \xrightarrow{K_2S_2O_8/NaOH} HO-C_6H_4-OSO_3K \xrightarrow{H_2O/H^{\oplus}} HO-C_6H_4-OH \quad [98]$$

此法收率不高，但是酚类苯环上引入酚羟基的重要方法。如可用此法在 4-甲基-5,7-二甲氧基香豆素的 6-位上引入酚羟基，用其他方法较困难。

$$\text{4-甲基-5,7-二甲氧基香豆素} \xrightarrow{NaOH} \text{(CH}_3\text{O)}_2\text{C}_6\text{H}_2\text{(ONa)-C(CH}_3\text{)=CHCOONa} \xrightarrow[20℃]{K_2S_2O_8/NaOH}$$

$$\text{(CH}_3\text{O)}_2\text{(KO}_3\text{SO)C}_6\text{H(ONa)-C(CH}_3\text{)=CHCOONa} \xrightarrow{H^{\oplus}} \text{6-羟基-4-甲基-5,7-二甲氧基香豆素} \quad [99]$$

羟基取代的杂环也可发生类似反应，如 2-羟基吡啶可被过二硫酸钾氧化成 2,5-二羟基吡啶，同时含有少量 2,3-二羟基吡啶。

$$\text{2-羟基吡啶} \xrightarrow[20h]{K_2S_2O_8/NaOH/FeSO_4} \text{5-}KO_3SO\text{-2-羟基吡啶} + \text{3-}OSO_3K\text{-2-羟基吡啶} \xrightarrow{H_2SO_4} \text{2,5-二羟基吡啶 (42\%)} + \text{2,3-二羟基吡啶 (少量)} \quad [100]$$

第七节　脱氢反应

在分子中消除一对或几对氢形成不饱和化合物的反应称为脱氢反应。可分为催化剂存在下的催化脱氢、氧化剂参与的脱氢等。此外，先卤代后消除卤化氢而达成的脱氢过程也可归属于脱氢反应。从参与脱氢的化合物来分，较重要的有羰基的 α,β-脱氢和脂环化合物或部分氢化的芳香化合物的脱氢芳构化。

一、羰基的 α,β-脱氢反应

1. 二氧化硒为脱氢剂

(1) 反应通式

$$R^1—CH_2—CH_2—\overset{O}{\overset{\|}{C}}—R^2 \xrightarrow{SeO_2} R^1—CH═CH—\overset{O}{\overset{\|}{C}}—R^2$$

(2) 反应机理

SeO_2 脱氢反应为亲核消除反应机理。见第一节中电子反应机理。

(3) 应用特点

甾酮类常用二氧化硒脱氢，在羰基的 α,β-位引入双键。如 3-酮基甾体化合物和 12-酮基甾体化合物，用 SeO_2 脱氢，可在 A 环引入 1,2-双键、4,5-双键，或在 C 环引入 9,11-双键：

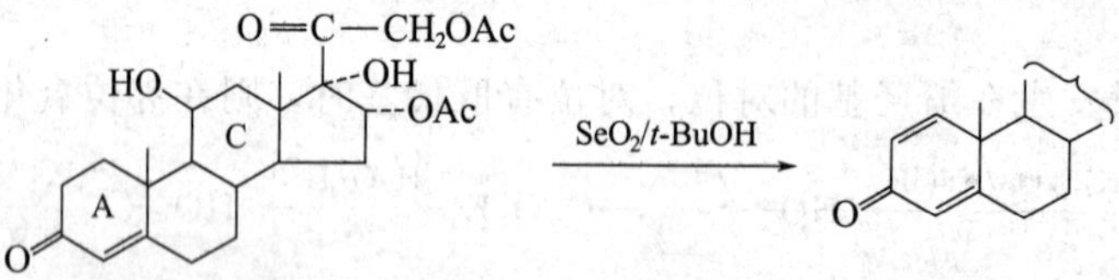

$\xrightarrow{SeO_2/t\text{-}BuOH}$ (65%) [101]

当脂环化合物在两个羰基之间存在亚（次）乙基时，用二氧化硒作脱氢剂可在两羰基间形成双键：

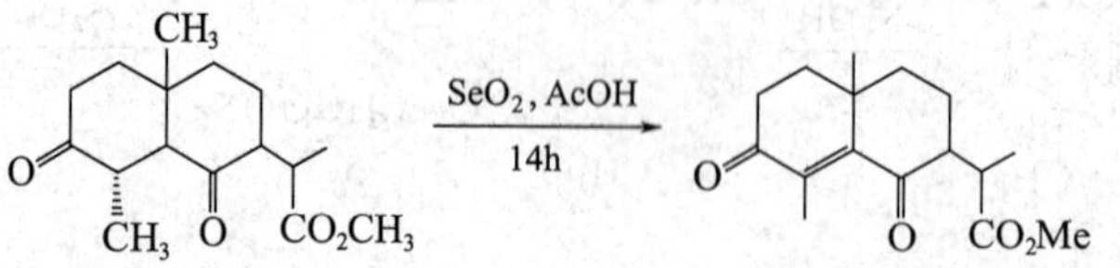

$\xrightarrow[14h]{SeO_2, AcOH}$ (50%) [102]

2. 醌类作氢接受体

苯醌是最早用于脱氢反应的醌类化合物，但其脱氢能力甚差。当分子中引入吸电子基团，如氯、氰基等，则脱氢能力大大增强。常用的有四氯-1,4-苯醌（氯醌，chloranil）和 2,3-二氯-5,6-二氰苯醌（DDQ）等[103]。

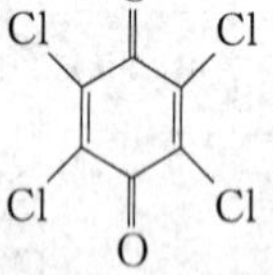

（氯醌） 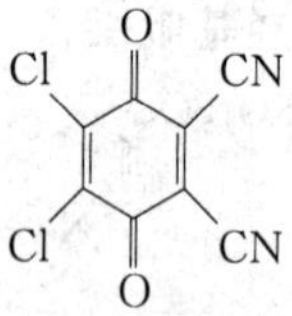　　（DDQ）

(1) 反应通式

该反应为亲核消除反应机理。

$\xleftarrow{氯醌}$　$\xrightarrow{DDQ}$

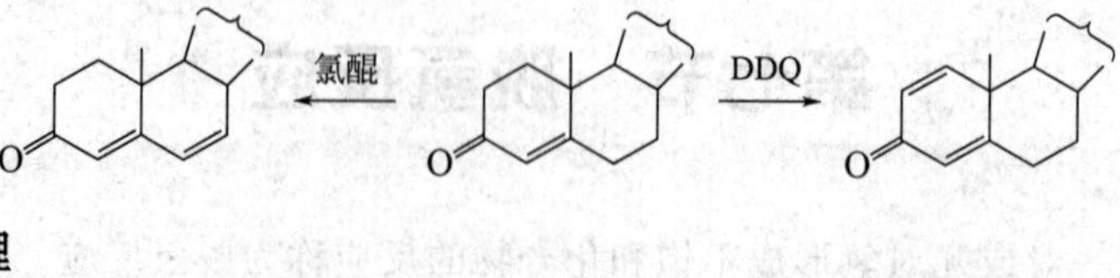

(2) 反应机理

4-烯-3-酮甾体化合物可形成两种烯醇Ⅰ和Ⅱ。在苯和二噁烷溶剂中，无催化剂存在时回流加热，Ⅰ比Ⅱ生成得更快，但Ⅰ的稳定性比Ⅱ差。DDQ 反应活性高，可很快有效地将Ⅰ脱氢成 1,4-二烯-3-酮甾体化合物。氯醌反应活性低、生成速率快但不稳定（存在时间短）

的Ⅰ很难与之反应。相反，生成较慢但却稳定（存在时间长）的Ⅱ能和氯醌反应而生成4，6-二烯-3-酮甾体化合物。

$-Q_1H_2$ 快 (Ⅱ) (Ⅰ) $-Q_1H_2$ (Q_1=DDQ；Q_2=氯醌）

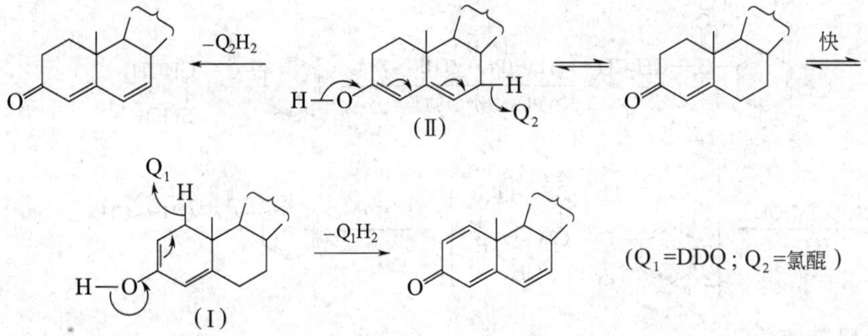

(3) 影响因素

4-烯-3-酮甾体化合物用醌类脱氢，一般可生成1,4-二烯-3-酮甾体化合物和4,6-二烯-3-酮甾体化合物，激烈反应还可生成1,4,6-三烯-3-酮甾体化合物。脱氢的位置取决于在该反应条件下两种烯酮式形成的相对速率、稳定性和该烯醇与醌类脱氢剂的反应速率。

反应中若有强酸催化，同样以二噁烷为溶剂，则Ⅱ的形成加快，且较稳定，是主要的烯醇产物[104]。所以，即使采用DDQ脱氢剂也主要得到4,6-二烯-3-酮甾体化合物。如雄甾-4-烯-3,17-二酮用DDQ作脱氢剂，在苯中无催化时，得雄甾-1,4-二烯-3,17-二酮；当有强酸（HCl或PTS）催化时，产物是雄甾-4,6-二烯-3,17-二酮。

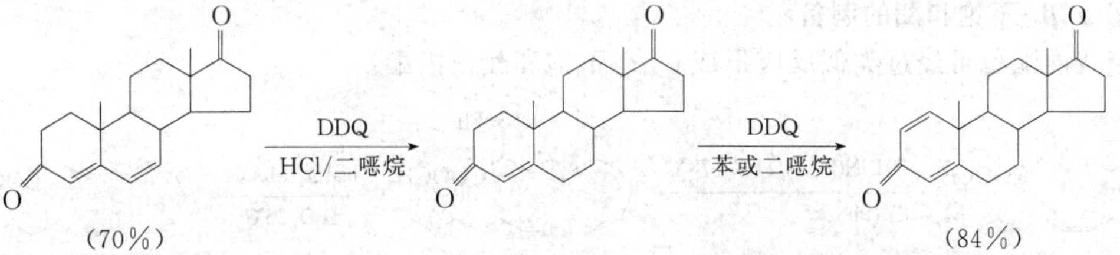

DDQ / HCl/二噁烷 (70%) DDQ / 苯或二噁烷 (84%) [105]

(4) 应用特点

这些醌类和二氧化硒类似，也主要用于甾酮的脱氢，其他脂环酮的脱氢也可应用。

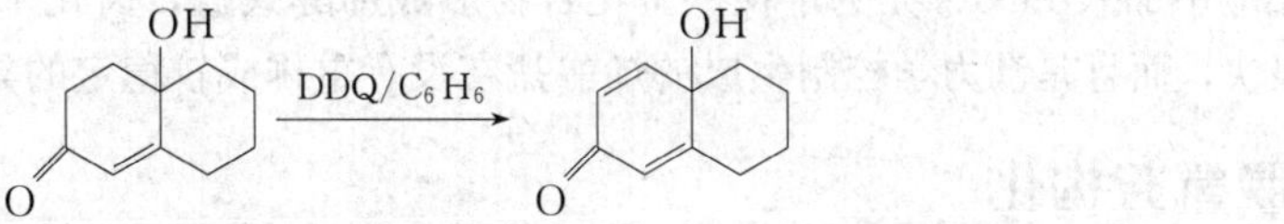

DDQ/C_6H_6 [106]

用DDQ作脱氢剂，常用的溶剂为苯和二噁烷，因DDQ起脱氢作用后的生成物$DDQH_2$（即相应的氢醌），在上述溶剂中溶解度小，有利于反应的进行。

SeO_2和醌类都可用作脱氢剂，使羰基的α,β-位脱氢，但这两个方法都不够满意，有时收率不高，缺少选择性。

3. 有机硒为脱氢剂[107]

(1) 反应通式

$$R^1-CH_2-CH_2-\overset{O}{\overset{\|}{C}}-R^2 \xrightarrow{\text{有机硒}} R^1-CH=CH-\overset{O}{\overset{\|}{C}}-R^2$$

(2) 反应机理

卤化苯基硒在室温下和羰基化合物反应，以及羰基化合物相应的烯醇式盐和卤化苯基硒或者二苯基二硒，于−78℃反应，都可得到α-苯硒代羰基化合物（α-phenylseleno carbonyl compound），进而用过氧化氢或高碘酸钠氧化，生成相应的氧化硒化合物，该化合物立即经顺式 β -消除，形成反式 α,β-不饱和酮。反应为亲核消除反应机理[108]。

$$PhCOCH_2CH_3 \xrightarrow[2)\ PhSeBr,\ -78℃]{1)\ LiN(Pr\text{-}i)_2/THF,\ -78℃} PhCOCH(SePh)CH_3$$

$$\xrightarrow[H_2O]{NaIO_4/MeOH} \left[PhCOCH(CH_2H)\text{—}Se^{\oplus}(Ph)\text{—}O^{\ominus} \right] \xrightarrow{15\sim25℃} PhCOCH{=}CH_2 \quad (89\%)$$

(3) 应用特点

① 3-羟基甾体的脱氢

此法收率高，选择性好，分子内同时存在醇羟基、酯基和烯键均不受影响。这类脱氢剂常用于 3-酮甾和 3-羟基甾体的脱氢，收率均较高。

1）$ArIO_2/(PhSe)_2$ Tol，回流，15min；2）C_6H_6，回流，24h （81%） [109]

② α,β -不饱和酯的制备

酯或内酯也可经过类似反应形成 α,β -不饱和酯或内酯。

$COOCH_3$ $\xrightarrow[2)\ (PhSe)_2]{1)\ LiN(Pr\text{-}i)_2/THF,\ -78℃}$ SePh, $COOCH_3$ $\xrightarrow[H_2O,\ 25℃]{NaIO_4/MeOH}$ $COOCH_3$ (80%)

[110]

反应中加入 $LiNR_2$ 是为了使羰基化合物形成烯醇式盐，卤化苯基硒和烯醇盐于－78℃反应，反应很快，而且是动力学控制生成的烯醇盐在没有重排成较稳定的异构体的情况下立即反应。

二、脱氢芳构化

含有一个或两个双键的六元环化合物，常易于脱氢形成芳烃或芳杂环，芳构化的同时伴有氢或其他基团的消除或分子内重排，催化剂或脱氢剂可加速芳构化[111]。

1. 反应通式

R^1, R^2 —脱氢→ R^1, R^2

2. 反应机理

DDQ 作为芳构化试剂为亲电消除反应机理。

$$AH_2 + Q \longrightarrow [AH_2\text{-}Q]$$

$$AH_2 + Q \xrightarrow{慢} AH^+ + QH^-$$

$$AH^+ + QH^- \xrightarrow{快} A + QH_2$$

3. 应用特点

(1) 催化脱氢

催化脱氢是催化加氢（氢化）的逆过程，用作催化氢化催化剂的贵金属，如铂、钯、铑等也可用作催化脱氢的催化剂。

已存在一个双键的六元环较易被催化脱氢芳构化，而完全饱和的环较难被芳构化。

$$\xrightarrow[\text{heat}]{\text{Pd-C/decalin}} \quad (50\%\sim52\%) \qquad [112]$$

部分氢化的含氮杂环亦能被贵金属催化脱氢芳构化，但同时某些基团也可被氢化或氢解。如氮原子上的苄基常被氢解，苄位羰基被还原氢解成亚甲基，苄位双键被氢化以及脱氯等。

$$COCH_3 \xrightarrow[295\sim314℃,10h]{\text{Pd-C}} COCH_3\ (51\%) + CH_2CH_3\ (29\%)$$

(2) DDQ 为脱氢剂

醌类化合物也常作为脱氢芳构化试剂，常用的醌类化合物是脱氢能力较强的 DDQ，较少用氯醌。完全饱和的脂环化合物不能脱氢。如十氢萘不能用醌类化合物脱氢，而八氢萘可用 DDQ 脱氢成萘。

具有季碳原子的碳环化合物，用醌类化合物脱氢芳构化时，可使取代基发生移位，而不失去碳原子。

$$H_3C\ \ CH_3 \xrightarrow[2h]{\text{DDQ}} CH_3,\ CH_3 \quad (76\%) \qquad [113]$$

(3) 氧化剂为脱氢剂

过量二氧化锰可使环己烯和环己二烯衍生物脱氢芳构化，且不影响其他易氧化基团。不饱和稠杂环化合物亦可发生类似脱氢芳构化反应生成稠杂芳烃。此法操作简便。

$$\xrightarrow[81℃]{\text{过量 } MnO_2/PhH} \quad (79\%) \qquad [114]$$

第八节　胺的氧化反应

胺分子中的氮原子是氮的最低氧化态，可被氧化剂氧化。胺分子中氮原子的结合状态不同，选用氧化剂不同，反应条件不同，氧化产物也不同。

一、伯胺的氧化[115]

1. 反应通式

胺的氧化可经历以下过程（硝基还原的逆过程）：

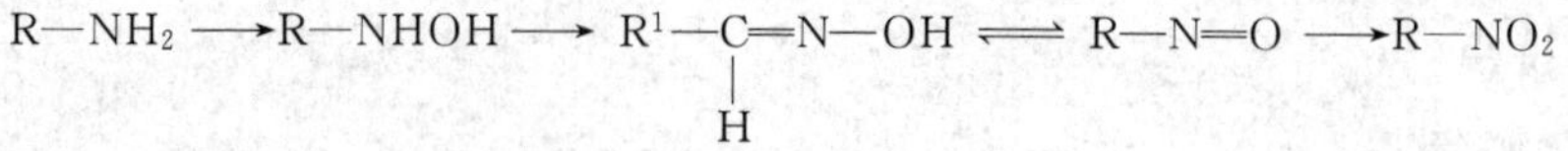

$$R—NH_2 \longrightarrow R—NHOH \longrightarrow R^1—\underset{H}{C}=N—OH \rightleftharpoons R—N=O \longrightarrow R—NO_2$$

2. 反应机理

有机过氧酸作为氧化剂为自由基消除反应机理。

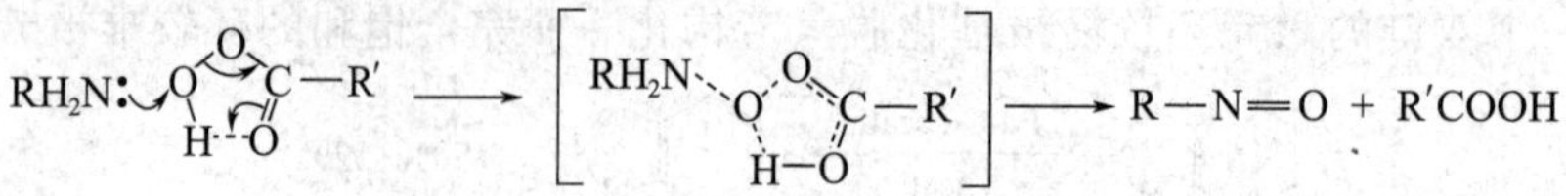

$$RH_2N: \; O—O—C(=O)—R' \; (H) \longrightarrow \left[RH_2N \cdots O \cdots O=C(—R')—O—H \right] \longrightarrow R—N=O + R'COOH$$

3. 影响因素

(1) 氧化剂的影响

用过氧乙酸在冷却条件下氧化苯胺，如过氧乙酸过量，产物为亚硝基苯；若过氧乙酸不过量，则产物为氧化偶氮苯。

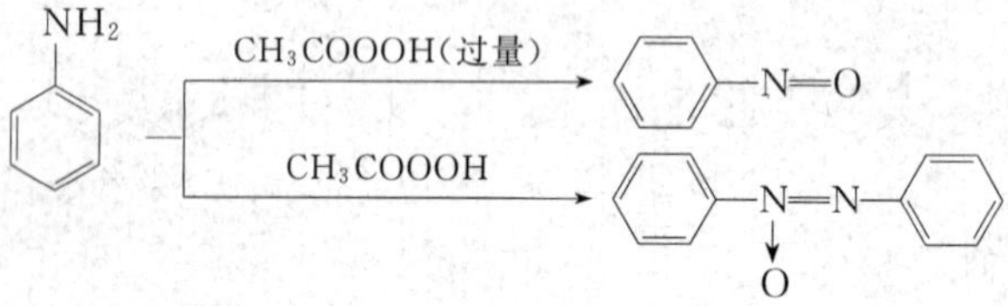

$$PhNH_2 \xrightarrow{CH_3COOOH(过量)} Ph—N=O$$
$$PhNH_2 \xrightarrow{CH_3COOOH} Ph—N(\rightarrow O)=N—Ph \quad [116]$$

(2) 电子效应的影响

2，6-二吸电子基取代的苯胺用过氧苯甲酸或过氧化氢氧化，得相应的亚硝基化合物，收率较高。

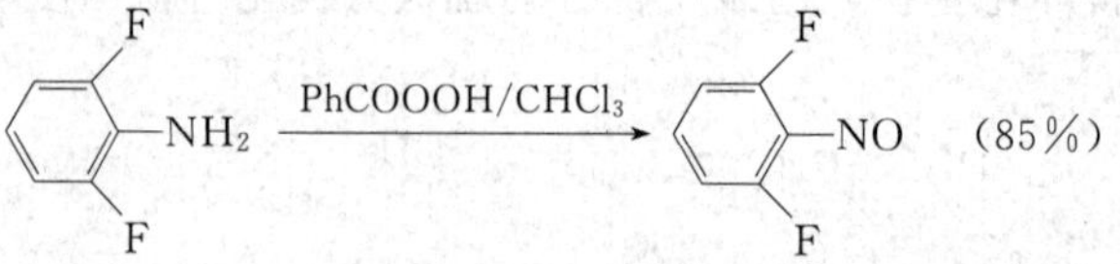

$$2,6\text{-}F_2C_6H_3NH_2 \xrightarrow{PhCOOOH/CHCl_3} 2,6\text{-}F_2C_6H_3NO \quad (85\%) \quad [117]$$

4. 应用特点：伯胺氧化——制备硝基化合物

一般碱性较弱的苯胺，用氧化能力强的过氧酸，可直接将它们氧化成硝基化合物；氧化能力弱的过氧酸，则只能将它们氧化成亚硝基化合物。将伯胺氧化成硝基化合物，对一些较难合成的硝基化合物很有意义。如：

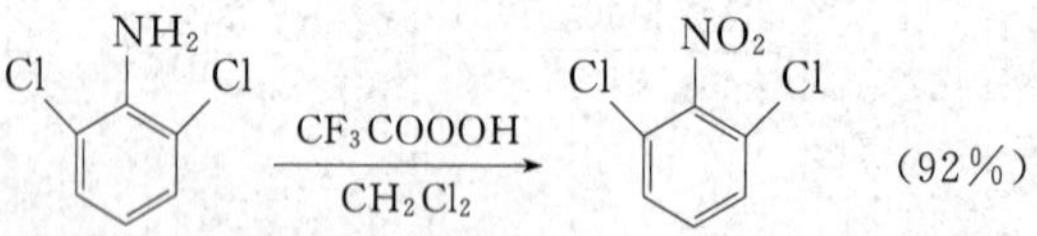

$$2,6\text{-}Cl_2C_6H_3NH_2 \xrightarrow[CH_2Cl_2]{CF_3COOOH} 2,6\text{-}Cl_2C_6H_3NO_2 \quad (92\%) \quad [118]$$

脂肪族伯胺用适当试剂在碱性介质中氧化，产物一般是醛亚胺、醛肟等。在酸性介质中，产物则是醛或酮。反应机理是：脂肪族伯胺的氨基所在的碳上有氢，伯胺的氧化产物——亚硝基化合物，与其互变为醛肟或酮肟，肟类接着水解生成醛酮[119]。

二、仲胺的氧化

1. 反应通式

仲胺可被过氧化物（如 H_2O_2）、过氧酸等氧化，产物一般是烃基羟胺、硝酮（nitrone）或氧化胺（amine oxide）以及它们的缩合产物，可表述为：

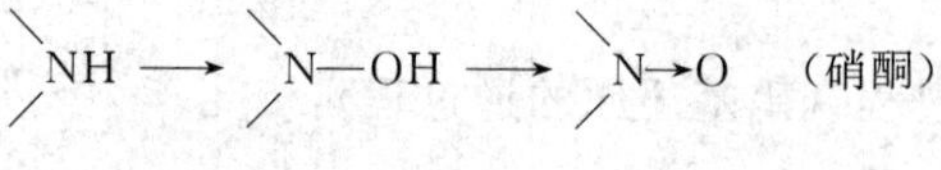

$$>NH \longrightarrow >N—OH \longrightarrow >N\rightarrow O \quad (硝酮)$$

$$RCH_2NHR^1 \longrightarrow RCH_2-\underset{\displaystyle OH}{\underset{|}{N}}-R^1 \longrightarrow RCH=\underset{\displaystyle O}{\underset{\downarrow}{N}}-R^1 \quad (\text{氧化胺})$$

2. 反应机理

有机过氧酸作为氧化剂为自由基消除反应机理：

$$R_2HN: + O(-O-C(=O)-R')\cdots H \longrightarrow \left[R_2HN\cdots O\cdots O-C(-R')\cdots H-O\right] \longrightarrow R_2HN\rightarrow O + R'COOH$$

3. 应用特点

(1) 羟胺和硝酮化合物的制备

脂肪族仲胺用过氧化氢氧化得到羟胺，收率低。当产物中氮原子的 α-碳上有氢时，可被进一步氧化，得到硝酮化合物，收率一般较高。

$$(RH_2C)(R^1H_2C)NH \xrightarrow[55\sim60℃\ (20\%\sim24\%)]{30\%\ H_2O_2} (RH_2C)(R^1H_2C)N-OH \xrightarrow[25\sim50℃\ (76\%\sim80\%)]{t\text{-BuOOH/PhH}} RHC=\underset{\displaystyle O}{\underset{\downarrow}{N}}-CH_2R^1$$

环状仲胺 α-碳上没有氢时，用过氧化氢或过氧酸氧化，则得到羟胺和氮氧化物。

$$\text{2,2,6,6-四甲基-4-哌啶酮 (N-H)} \xrightarrow[CHCl_3]{\text{间氯过氧苯甲酸(MCPBA)}} \underset{(40.7\%)}{\text{N-OH}} + \underset{(76.2\%)}{\text{N}\rightarrow\text{O}} \quad [120]$$

(2) 甲酰苯胺的制备

仲胺也可用活性二氧化锰氧化，产物一般是混合物，但 N-甲基苯胺和 MnO_2 反应，主要是 N-甲基被氧化，氧化产物为甲酰苯胺，收率甚高，可超过 80%。芳环上取代基对反应速率有影响，给电子基促进反应的进行，而吸电子基（如对位硝基）在室温时，完全抑制反应。

$$C_6H_5-NHCH_3 \xrightarrow{MnO_2} C_6H_5-NH\overset{\displaystyle O}{\overset{\|}{C}}H \quad (80\%) \quad [121]$$

三、叔胺的氧化

1. 反应通式

氧化试剂不同，叔胺的氧化产物也不同。

活性 MnO_2 氧化叔胺有三种常见的氧化方式，主要都是氮烃基被氧化，其通式如下：

(a) $$>N-CH_3 \xrightarrow{MnO_2} >N-CH_2OH \xrightarrow{MnO_2} >N-\overset{\displaystyle O}{\overset{\|}{C}}H$$

(b) $$>N-CH_2R \longrightarrow >N-\overset{\displaystyle OH}{\overset{|}{C}}HR \longrightarrow >NH + RCHO$$

(c) $$>N-CH_2CH_2R \longrightarrow \left[>N-CH=CH-R\right] \longrightarrow >N-CHO + RCHO$$

2. 反应机理

有机过氧酸和叔胺反应的机理类似于双键和过氧酸的环氧化反应。增加过氧酸的亲电性，或者增加叔胺的亲核性，都可加快氧化反应。为自由基消除反应机理：

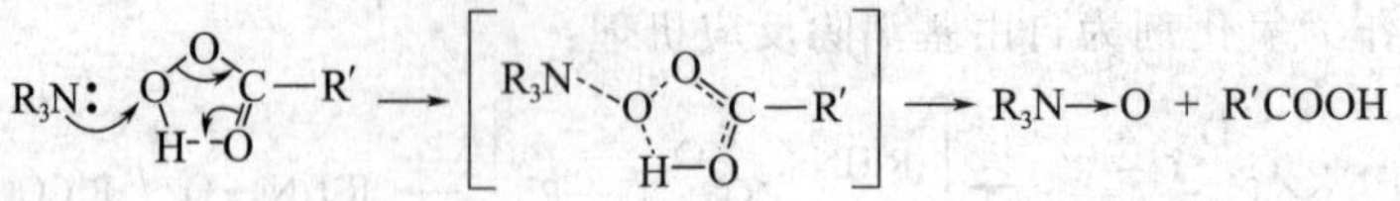

$$R_3N: + \text{(peroxy acid, } O-O-C(=O)-R'\text{, H-bonded)} \longrightarrow [R_3N\cdots O\cdots O-C(-R')\cdots H-O] \longrightarrow R_3N\rightarrow O + R'COOH$$

3. 应用特点

(1) 叔胺氧化成醛

用活性 MnO_2 氧化叔胺主要是氮烃基被氧化：

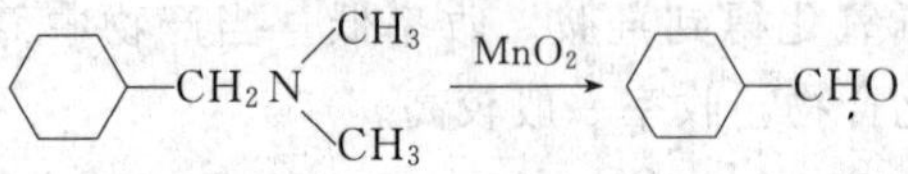

$$C_6H_{11}-CH_2N(CH_3)_2 \xrightarrow{MnO_2} C_6H_{11}-CHO \qquad [121]$$

其他烃基比甲基更易被 MnO_2 氧化。因为活性 MnO_2 氧化是自由基历程，其他烃基自由基比甲基自由基易于形成。

(2) 胺氧化物的制备

脂肪叔胺非常易于和过氧化氢水溶液或醇溶液，以及在金属催化剂存在下和烃基过氧氢反应，主要生成氧化胺（amine oxide）。如：

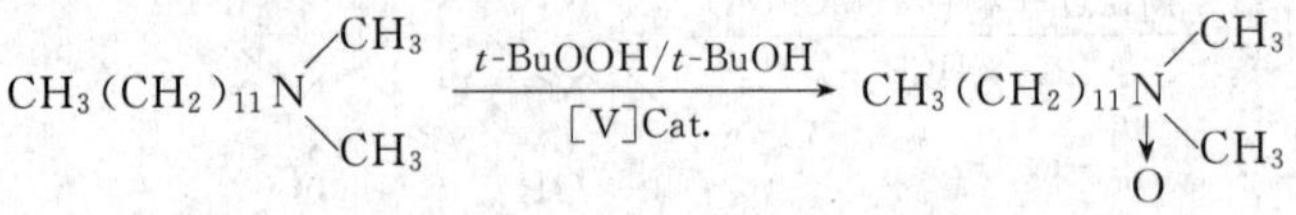

$$CH_3(CH_2)_{11}N(CH_3)_2 \xrightarrow[\text{[V]Cat.}]{t\text{-BuOOH}/t\text{-BuOH}} CH_3(CH_2)_{11}N(\rightarrow O)(CH_3)_2 \quad (76\%\sim83\%) \qquad [122]$$

第九节 其他氧化反应

一、卤化物的氧化

1. 反应通式

卤代烃类在某些情况下比烃类易被氧化，可被氧化成醛或酮等羰基化合物。

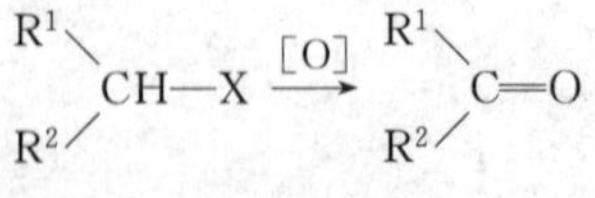

$$R^1R^2CH-X \xrightarrow{[O]} R^1R^2C=O$$

2. 反应机理

二甲基亚砜（DMSO）是活性卤代烃的选择性氧化剂，先反应形成烷氧基锍盐中间体，然后在碱的作用下进行 β-消除得到羰基化合物。为亲核消除反应机理：

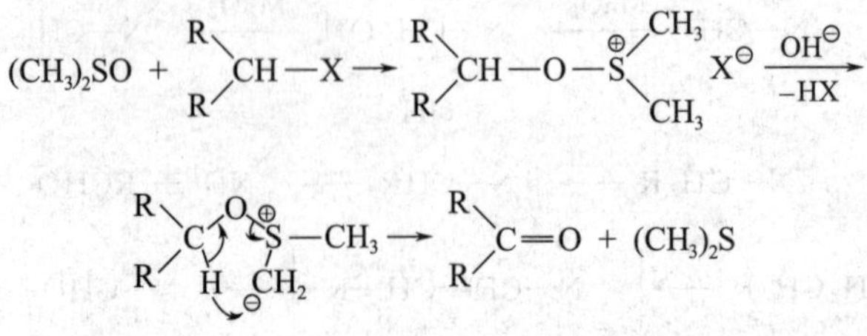

$$(CH_3)_2SO + R_2CH-X \longrightarrow R_2CH-O-\overset{\oplus}{S}(CH_3)_2\ X^{\ominus} \xrightarrow[-HX]{OH^{\ominus}}$$

$$R_2C(H)-O-\overset{\oplus}{S}(CH_3)-\overset{\ominus}{C}H_2 \longrightarrow R_2C=O + (CH_3)_2S$$

3. 影响因素

就卤化物而言，碘化物最易被 DMSO 氧化，溴化物次之，氯化物最难被氧化。反应常在碱性条件下进行。常用的碱为 $NaHCO_3$、2-甲基-4-乙基吡啶等。碱的作用除了中和酸，以防止副反应外，也是反应本身所必需的，它夺取反应中间体烷氧基锍盐分子中甲基上的氢，促使进一步分解以完成反应。

4. 应用特点：*α*-酮醛的制备

α-溴代酮可被 DMSO 氧化成 *α*-酮醛，收率很高，一般不被进一步氧化成酮酸。其他如 *α*-卤代酮、*α*-卤代酸、苄卤等都能被氧化成相应的羰基化合物。如：

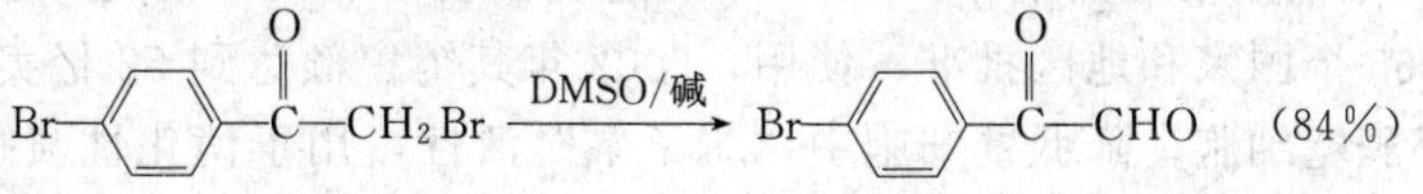

$$Br-C_6H_4-CO-CH_2Br \xrightarrow{DMSO/碱} Br-C_6H_4-CO-CHO \quad (84\%)$$ [123]

二、磺酸酯的氧化

1. 反应通式

伯醇和仲醇的磺酸酯均可被二甲基亚砜氧化成羰基化合物，生成的醛一般不被进一步氧化，而且反应较快，收率也很好。

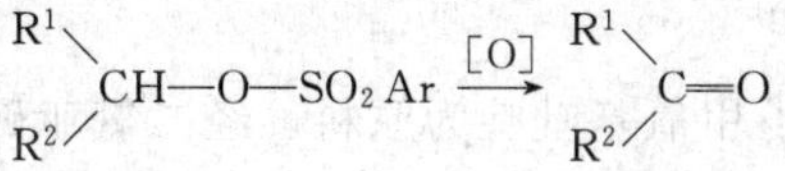

$$R^1R^2CH-O-SO_2Ar \xrightarrow{[O]} R^1R^2C=O$$

2. 反应机理

反应机理与卤代烃的氧化类似，先形成中间体烷氧基锍盐，再分解为羰基化合物。为亲核消除反应机理：

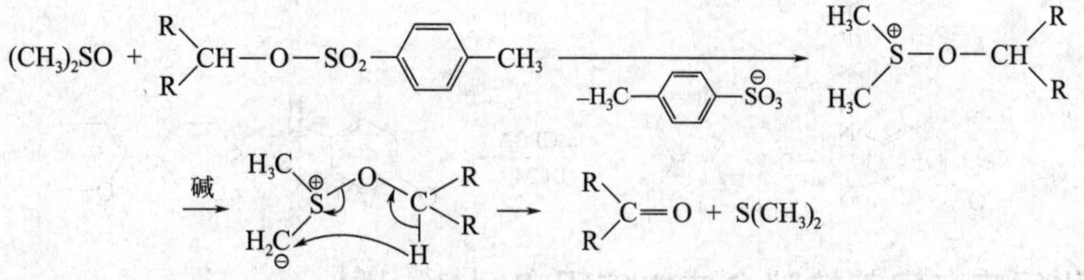

$$(CH_3)_2SO + R_2CH-O-SO_2-C_6H_4-CH_3 \xrightarrow[-H_3C-C_6H_4-SO_3^{\ominus}]{} (H_3C)_2\overset{\oplus}{S}-O-CHR_2$$

$$\xrightarrow{碱} H_3C(\overset{\ominus}{C}H_2)\overset{\oplus}{S}-O-CR_2H \longrightarrow R_2C=O + S(CH_3)_2$$

3. 应用特点：磺酸酯氧化制备羰基化合物

某些醇类，在用其他氧化剂氧化不利时，可先将其转化成磺酸酯，再用 DMSO 氧化。一些不太活泼的卤化物，在用 DMSO 较难氧化或收率不高时，可先将其转化成磺酸酯，再以 DMSO 氧化。反应在碱中进行，常用的碱有 $NaHCO_3$、*N*-甲基吡啶、三乙胺等。

例如，为使利血平酸甲酯的 C-18 上羟基转为羰基，可先形成磺酸酯，然后用二甲基亚砜氧化，收率可达 60%。

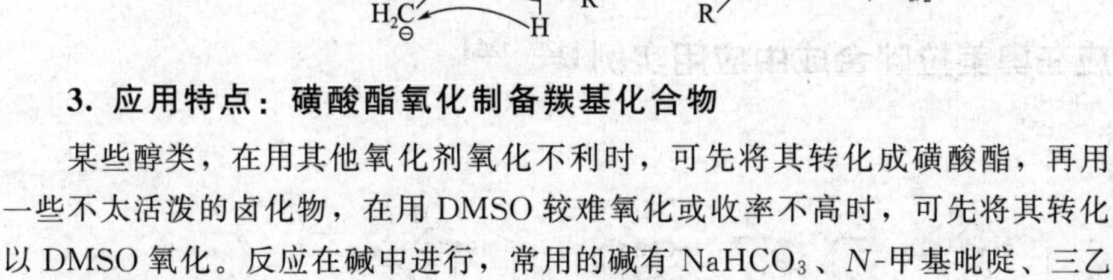

$$\text{(利血平酸甲酯 18-OTs-}p\text{; }H_3CO, H_3COOC, OCH_3) \xrightarrow[28h]{DMSO/NaHCO_3} \text{(18-酮; }H_3CO, H_3COOC, OCH_3) \quad (60\%)$$ [124]

第十节　氧化反应在化学药物合成中应用实例

一、化学药物奥美拉唑简介

1. 抗溃疡药奥美拉唑的发现、上市和临床应用

奥美拉唑（Omeprazole）是世界上首例上市的质子泵抑制剂，由阿斯利康（AstraZeneca）公司研发，1988年首先在瑞典上市，1989年通过美国食品和药品管理局批准在美国上市，到1992年已有65个国家和地区批准、使用，2002年其销售额达到52亿美元。奥美拉唑特异性作用于胃黏膜壁细胞，降低壁细胞中“质子泵”活性，用于消化性溃疡、食管反流病、胃泌素瘤综合征和幽门螺杆菌的治疗。

2. 奥美拉唑的化学名、商品名和结构式

奥美拉唑的化学全称为5-甲氧基-2{[(4-甲氧基-3,5-二甲基-2-吡啶基)甲基]亚磺酰基}-1*H*-苯并咪唑，国外商品名为洛赛克（Losec），结构式见下合成路线，最终产物即为奥美拉唑。

3. 奥美拉唑的合成路线

以3,5-二甲基-2-羟甲基-4-甲氧基吡啶为原料，经二氯亚砜氯化，与2-巯基-5-甲氧基苯并咪唑缩合生成硫醚，最后经间氯过氧苯甲酸（*m*-CPBA）氧化制得奥美拉唑[125]。

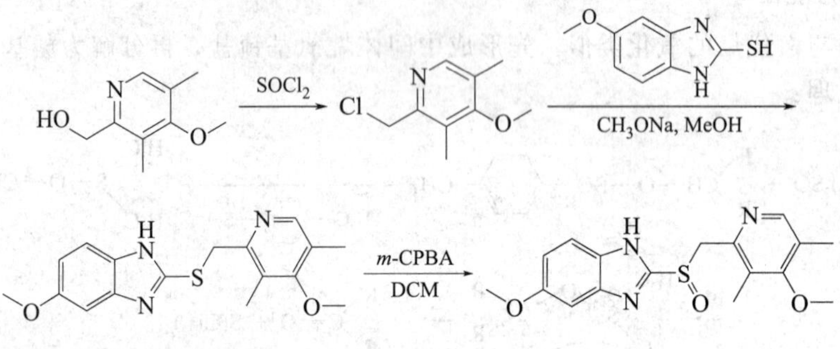

$SOCl_2$

CH_3ONa, MeOH

m-CPBA
DCM

二、氧化反应在奥美拉唑合成中应用实例[125, 126]

1. 反应式

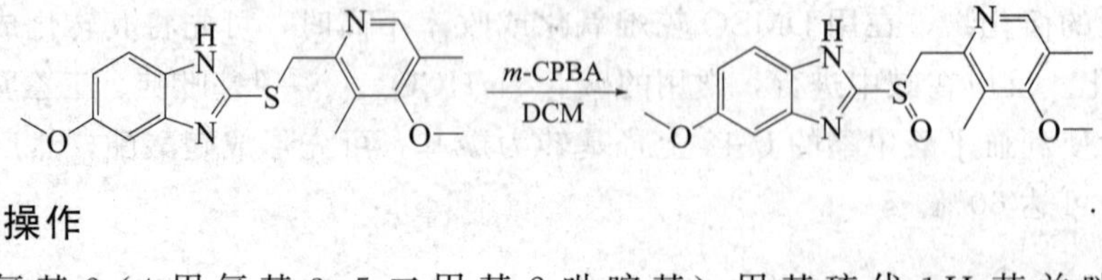

m-CPBA
DCM

2. 反应操作

将5-甲氧基-2-(4-甲氧基-3,5-二甲基-2-吡啶基)甲基硫代-1*H*-苯并咪唑（33.0g，100mmol）溶于350mL二氯甲烷中，置于－25℃干冰中冷却①，搅拌下缓慢滴加间氯过氧苯甲酸（17.2g，100mmol）的二氯甲烷溶液（100mL）②，约2h滴完③，继续在－25℃下反应3h。室温下加入Na_2CO_3水溶液（500mL，5%），搅拌0.5h④。静置分层，有机层用水（300mL×3）洗涤，无水$MgSO_4$干燥。过滤，滤液浓缩后加入200mL乙腈，冰箱静置

析晶，有白色固体析出。抽滤，并用乙腈洗涤滤饼，得白色粉状晶体奥美拉唑 29.5g，收率 86%，m.p. 150～151℃，纯度 99.5%。

3. 操作原理和注解

(1) 原理

间氯过氧苯甲酸的用途广泛，是医药中间体合成常用的氧化剂。在有机合成中可用于环氧化反应、拜尔-维利格氧化反应、*N*-氧化反应、硫醚的氧化。硫醚可以被间氯过氧苯甲酸氧化为亚砜，亚砜可进一步氧化为砜，通过氧化剂剂量的调整可以控制获得亚砜或者砜。

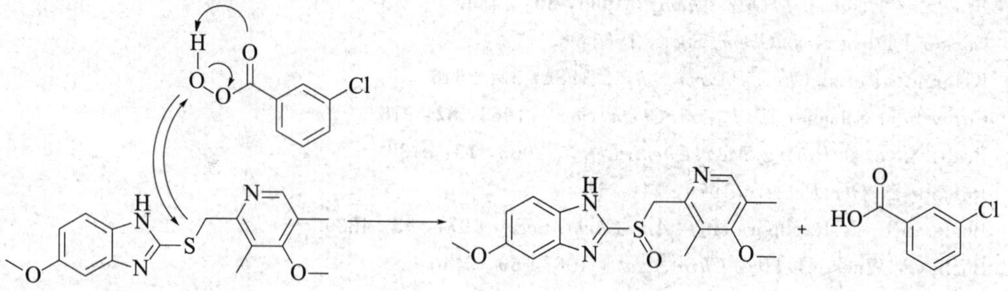

(2) 注解

① 硫醚氧化反应适宜在较低的温度下进行，温度过高易发生过氧化反应，反应液很快变黑，杂质增多，纯化困难，收率降低。

② 为了避免硫原子被过氧化为砜（过氧化产物为奥美拉唑砜），间氯过氧苯甲酸实际使用量略低于理论当量，间氯过氧苯甲酸经二氯甲烷稀释后缓慢滴加，低温反应，实时监测可以有效地减少过氧化物的生成。

③ 间氯过氧苯甲酸滴加时间对反应的进行有重要影响，在间氯过氧苯甲酸比例一定的情况下，滴加时间过短，滴加速度过快，搅拌不够充分，易使硫醚发生局部过氧化，从而导致奥美拉唑收率降低，间氯过氧苯甲酸滴加时间以 2h 为宜。

④ 在分离纯化的过程中，氧化反应仍有可能继续进行，因此在纯化前使用 Na_2CO_3 溶液将反应淬灭。

主要参考书

[1] 华维一．氧化反应．//闻韧主编．药物合成反应．北京：化学工业出版社，1988：328～398；华维一，姚其正．氧化反应．//闻韧主编．药物合成反应．第 2 版．北京：化学工业出版社，2002：288～353；华维一，吉民．氧化反应．//闻韧主编．药物合成反应．第 3 版．北京：化学工业出版社，2010：209～249.

[2] Carey F A，et al. "Advanced Organic Chemistry"，4th ed.（part B），Kluwer Academic/Plenum Publishers，2000. 747～820.

[3] Kurti L，et al. "Strategic Application of Named Reactions in Organic Synthesis"，Academic Press/Elsevier Science，2005.

[4] House H O. Modern Synthetic Reaction. 2nd ed. Benjamin W A. Inc. **1972**. 257～421.

[5] Carruthers W. Some Modern Methods of Organic Synthesis. 2nd ed. Cambridge University Press. 1978. 330～406.

[6] Hudlicky M. Oxidations in Organic Chemistry. Washington DC：American Chemical Society，**1990**. 1～263.

[7] Smith MB. Organic Sythesis：Theory，Reactions and Methode. New York，London，Singapore，Sydney，Tokyo etc：Mc-Graw _ Hill，Inc，**1994**. 213～342.

[8] Brandsma L，et al. Application of Transition Metal Catalysts in Organic Sythesis. Berlin，Heidelberg：Springer-verlag，**1998**. 67～84.

参考文献

[1] Rust F F，Vaughan W E. *Ind Eng Chem.*，1949，**41**：2595.

[2] Matsuyama K，Higuchi Y. *Bull Chem Soc Jpn.*，1991，**64**：259.

[3] Schmidt H J, Schaefer H J. *Angew Chem Int Ed Engl.*, 1979, **18**: 68.
[4] Cohen Z, et al. *Org Synth* . 1988, Collective Volumc. **6**: 43.
[5] Trahanov Ws, Young LB. *J. Org. Chem.*, 1966, **31**: 2033.
[6] Dust L A, Gill EW. *J Chem Soc C*, 1970: 1630.
[7] Kirch L, Orchin M. *J. Am. Chem. Soc.*, 1958, **80**: 4428.
[8] Syper L. *Tetrahedron Lett.*, 1966: 4493.
[9] Nishimura T. *Org. Synth. Coll.*, 1963, Vol. **4**: 713.
[10] Burnham J W, et al. *J. Org. Chem.*, 1974, **39**: 1416.
[11] Friedman L, et al. *J. Org. Chem.*, 1965, **30**: 1453.
[12] Cocker J D, et al. *J. Chem. Soc.*, 1965: 6.
[13] Kishimoto, et al. *Chem Pharm Bull.*, 1984, **32**: 2646
[14] Corey E J, Schaefer JP. *J. Am. Chem. Soc.*, 1960, **82**: 918.
[15] Beebe X, et al. *Bioorg. Med. Chem. Lett.*, 2003, **13**: 3133.
[16] Rabjohn N. *Org React.*, 1976, **24**: 261
[17] Bhalerao U T, Rapoport H. *J. Am. Chem. Soc.*, 1971, **93**: 4835.
[18] Buchi G, Wuest H. *Helv Chin Acta.*, 1967, **50**: 2440
[19] Bilas W, et al. *Journal fuer praktische chemie Leipzig.*, 1982, **324**: 125.
[20] Frankel E N, et al. *J C S Perkin Trans* 1., **1982**: 2715.
[21] Buchi G, Wuest H. *Helv. Chim. Acta*, 1967, **50**: 2440.
[22] Rathore R, et al. *Synth Commun.*, 1986, **16**: 1493.
[23] Dauben W G, et al. *J. Org. Chem.*, 1969, **34**: 3587.
[24] Rathore R, et al. *Synth. Commun.*, 1986, **16**: 1493.
[25] Pedersen K, et al. *Org Synth Coll. Vol.*, 1973, **5**: 70
[26] Kharasch M S, et al. *J. Am. Chem. Soc.*, 1959, **81**: 5819.
[27] Kochi J K, Mains HE. *J. Org. Chem.*, 1965, **30**: 1862.
[28] Kochi J K, Bemis A. *Tetrahedron*, 1968, **24**: 5099.
[29] Muzart J. *Tetrahedron Lett.*, 1987, **28**: 2133.
[30] Kanemoto S, et al. *Tetrahedron Lett.*, 1983, **24**: 2185.
[31] Smith M B. *Organic Synthesis: Theory, Reaction and Methode.*, **1994**: 224.
[32] Rasmusson G H, et al. *Org. Synth. Coll.*, 1973, Vol. **5**: 324.
[33] Eisenbraum E J. *Org. Synth. Coll.*, 1973, Vol. **5**: 310.
[34] Collins J C, et al. *Org. Synth. Coll.*, 1988, Vol. **6**: 644.
[35] Guziec F S, Luzzio F A. *J Org Chem.*, 1982, **47**: 1789
[36] Corey E J, Suggs J W. *Tetrahedron Lett.*, 1975: 2647.
[37] Okimoto M, et al. *Synthetic Commun.*, 2011, **41**: 3134.
[38] Fatiadi A J. *Synthesis-stuttgart*, 1976: 133.
[39] Fatiadi A J. *Synthesis*, 1976, **2**: 65.
[40] Rosenkranz G, et al. *Recent Prog. Horm. Res.*, 1953, **8**: 1.
[41] Mancuso A J, Swern D. *Synthesis-stuttgart*, 1981: 165.
[42] Pfitzner K E, Moffatt J G. *J. Am. Chem. Soc.*, 1963, **85**: 3027.
[43] Albright J D. *J. Org. Chem.*, 1974, **39**: 1977.
[44] Eastham J F, et al. *Org. Synth. Coll.*, 1963, Vol. **4**: 192.
[45] Einhorn C, et al. *Tetrahedron Lett.*, 1993, **31**: 4129.
[46] Joshua L, et al. CAP 2861524 (2014).
[47] Moureu C, et al. *Org. Synth.*, 1928, **8**: 54.
[48] Roberts BW, et al. *J. Am. Chem. Soc.*, 1968, **90**: 5264.

[49] Zhang Z, et al. *Green Chem.*, 2012, **14**: 2150.
[50] Hurd C D, et al. *J. Am. Chem Soc.*, 1933, **55**: 1082.
[51] Smith C W, et al. *J. Am. Chem. Soc.*, 1951, **73**: 5273.
[52] Pearl I A. *Org. Synth. Coll.*, 1963, Vol. **4**: 972.
[53] Ogata Y, Sawaki Y. *J. Am. Chem. Soc.*, 1972, **94**: 4189.
[54] Corey E J, et al. *J. Am. Chem. Soc.*, 1968, **90**: 5616.
[55] Bischoff F, et al. *J. Am. Chem Soc.*, 1923, **45**: 1031.
[56] Arai S, et al. *Tetrahedron Lett.*, 1998, **39**: 7563.
[57] Choi J K, et al. *Tetrahedron Lett.*, 1988, **29**: 1967.
[58] Payne G B. *J. Org. Chem.*, 1960, **25**: 275.
[59] Payne G B. *J. Org. Chem.*, 1959, **24**: 2048.
[60] Hatakeyama S, et al. *J. Org. Chem.*, 1989, **54**: 3515.
[61] Hosoya N, et al. *Syn Lett.* 1993: 261
[62] Sheng M N, Zajacek J G. *J. Org. Chem.*, 1970, **35**: 1839.
[63] Mckittrick B A, Ganem B. *Tetrahedron Lett.*, 1985, **26**: 4895.
[64] Payne G B. *Tetrahedron*, 1962, **18**: 763.
[65] Grant R K, *Organic reaction*, 1993, **43**.
[66] Mariana G T, et al. *Appl. Catal.*, 2005, **281**: 157.
[67] a) Sharples K, Michaels R. *J. Am. Chem. Soc.*, 1973, **95**: 6136;
b) Itoh T, et al. *J. Am. Chem. Soc.* 1979, **101**: 159.
[68] Marshall J A, Robinson E D. *Tetrahedron Lett.*, 1989, **30**: 1055.
[69] Reif D J, et al. *Org. Synth. Coll.*, 1963, Vol. **4**: 860.
[70] Wang Z M, et al. *Tetrahedron Lett.*, 1993, **34**: 2267.
[71] Lohray B B, et al. *Tetrahedron Lett.*, 1989, **30**: 2041.
[72] Wiberg K B, Saegebarth KA. *J. Am. Chem. Soc.*, 1957, **79**: 2822.
[73] Coleman J E, et al. *J. Am. Chem. Soc.*, 1956, **78**: 5342.
[74] Weber W P, Shepherd J P. *Tetrahedron Lett.*, 1972: 4907.
[75] Hentges S G, Sharpless K B. *J Am Chem Soc.*, 1980, **102**: 4263
[76] Danishefsky S, et al. *J. Am. Chem. Soc.*, 1977, **99**: 6066.
[77] Knowles W S, Thompson Q E. *J. Am. Chem.*, *Soc.* 1957, **79**: 3212.
[78] Roebuck A, et al. *Org. Synth. Coll.*, 1955, Vol. **3**: 217.
[79] Rickborn B, Murphy D K. *J. Org. Chem.*, 1969, **34**: 3209.
[80] Gunstone F D, Morris L J. *J. Chem. Soc.*, 1957: 487.
[81] a) Starks C M. *J. Am. Chem. Soc.*, 1971, **93**: 195;
b) Krapcho AP, et al. *J. Org. Chem.* 1977, **42**: 3749.
[82] Sam D J, Simmons H E. *J. Am. Chem. Soc.*, 1972, **94**: 4024.
[83] Pelletie S W, et al. *J. Org. Chem.*, 1970, **35**: 3535.
[84] Sternbach D D, Ensiger C L. *J. Org. Chem.*, 1990, **55**: 2725
[85] Pappas J J, et al. *J. Org. Chem.*, 1968, **33**: 787.
[86] Clark R D, Heathcock C H. *J. Org. Chem.*, 1976, **41**: 1396.
[87] Sausville J W, et al. *J. Am. Chem. Soc.*, 1941, **63**: 3153.
[88] Carlsen P H J, et al. *J. Org. Chem.*, 1981, **46**: 3936.
[89] Rogic M M, Demmin T R. *J. Am. Chem. Soc.*, 1978, **100**: 5472.
[90] Villabos A, Danishefsky S T. *J Org Chem.*, 1990, **55**: 2776.
[91] Perisamy M, Bhatt M V. *Synthesis.*, **1977**: 330.
[92] Pletcher D, Tait S J D. *J Chem Soc Perk T*, 2 1979: 788.

[93] Vliet E B. *Org. Synth. Coll.*, 1951, Vol. **1**: 482.
[94] Fieser L F. *Org. Synth. Coll.*, 1943, Vol. **2**: 430.
[95] Wehrei D A, Pigott F. *Org Synth.*, 1972, **52**: 83.
[96] Danny O, et al. *Chem. Ber.*, 1960, **93**: 2829.
[97] Boyland E, et al. *J Chem Soc*, 1953, **36**: 23.
[98] Schock R U, Tabern, D L. *J. Org. Chem.*, 1951, **16**: 1772.
[99] Behrman E J. *Organic reaction*, 1988, **35**.
[100] Behrman E J, Pitt B M. *J. Am. Chem. Soc.*, 1958, **80**: 3717.
[101] Bernstein S, Littell R. *J. Am. Chem. Soc.*, 1960, **82**: 1235.
[102] Meystre C, et al. *Helv. Chim. Acta*, 1956, **39**: 734.
[103] Ali S M, et al. *J C S Perkin Trans* 1, **1976**: 407.
[104] Ringold H J, et al. *Tetrahedron Lett.*, 1962: 835.
[105] Turner A B, Ringold H J. *J Chem Soc C*, 1967: 1720.
[106] Ried W, et al. *Chemische Berichte*, 1957, **90**: 2553.
[107] Reich H J, et al. *J. Am. Chem. Soc.*, 1973, **95**: 5813.
[108] Sharpless K B, et al. *J. Am. Chem. Soc.*, 1973, **95**: 6137.
[109] Barton D H R, et al. *J Chem Soc Chem Comm*, 1981: 1044.
[110] Reich H J, et al. *Organic Reaction*, 1993, **44**.
[111] House H O, Bashe R W. *J. Org. Chem.*, 1967, **32**: 784.
[112] Ainsworth S. *Org. Synth. Coll.*, 1963, Vol. **4**: 536.
[113] Braude E A, et al. *J. Chem. Soc.*, 1960: 3123.
[114] Bartke M, Pfleiderer W. *Pteridines.*, 1989, **1**: 45.
[115] Schroeder M, Griffith W P. *Chem Commun*, 1979: 58.
[116] Emmons W D. *J. Am. Chem. Soc.*, 1957, **79**: 5528.
[117] Rawalay S S, Shechter H. *J. Org. Chem.*, 1967, **32**: 3129.
[118] Pagane A S, et al. *Org. Synth.*, 1969, **49**: 47.
[119] Clarke T G, et al. *Tetrahedron Lett.*, 1968, **9**: 5685.
[120] Brik M E, *Synthetic Commun.*, 1990, **20**: 597.
[121] Henbest H B, Thomas A. *J. Chem. Soc.*, 1957: 3032.
[122] Sheng N N, et al. *Org. Synth.*, 1970, **50**: 56.
[123] Kornblum N, et al. *J. Am. Chem.*, *Soc.* 1957, **79**: 6562.
[124] Robison M M, et al. *J. Org. Chem.*, 1963, **28**: 768.
[125] Junggren U, et al. USP 4255431A (1981)
[126] Anonymous, Drugs of the Future. 1999, **24**: 1178.

习 题

1. 根据以下指定原料、试剂和反应条件，写出其合成反应的主要产物。

(1) 四氢萘 $\xrightarrow[CH_3CO_2H]{CrO_3}$

(2) $C_6H_5COCH_3$ $\xrightarrow{SeO_2}$

(3) 薄荷醇 $\xrightarrow[丙酮]{H_2CrO_4}$

(4) HO ... CO_2CH_3 $\xrightarrow{PCC}$

(5) CO_2CH_3 $\xrightarrow{CrO_3(Py)_2}$

(6) O, OH $\xrightarrow{MnO_2}$

(7) O $\xrightarrow{CF_3CO_3H}$

(8) OH $\xrightarrow[ClCOCOCl]{DMSO}$

(9) H, O, HOH_2C $\xrightarrow[t\text{-}BuOOH]{Mo(CO)_6}$

(10) O $\xrightarrow[2)\ KOH/MeOH]{1)\ I_2/AcOAg/AcOH/H_2O}$

(11) COOH $\xrightarrow[2)\ NaOH]{1)\ HCO_2H,\ H_2O_2}$

(12) H $\xrightarrow[MeOH]{H_2SO_4}$

(13) $\xrightarrow[CH_3OH,\ KHCO_3]{H_2O_2,\ CH_3CN}$

(14) $\xrightarrow[丙酮]{KMnO_4}$

(15) CH_2, N, O $\xrightarrow[2)\ Me_2S]{1)\ O_3}$

2. 在下列指定原料和产物的反应式中分别填入必需的化学试剂（或反应物）和反应条件。

(1) Cl $\longrightarrow$ CO_2H, Cl

(2) OH $\longrightarrow$ O

(3) $\longrightarrow$ O

(4)

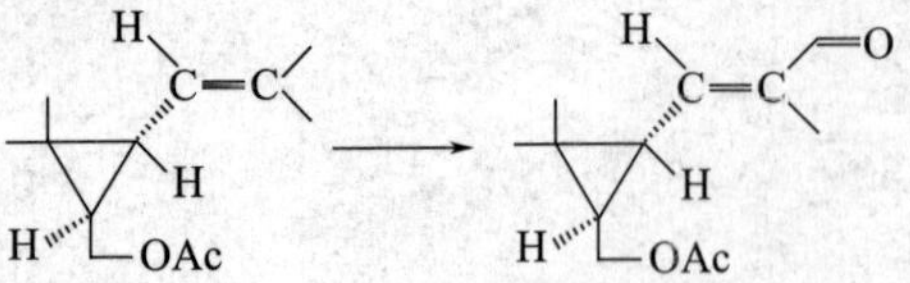

(5)

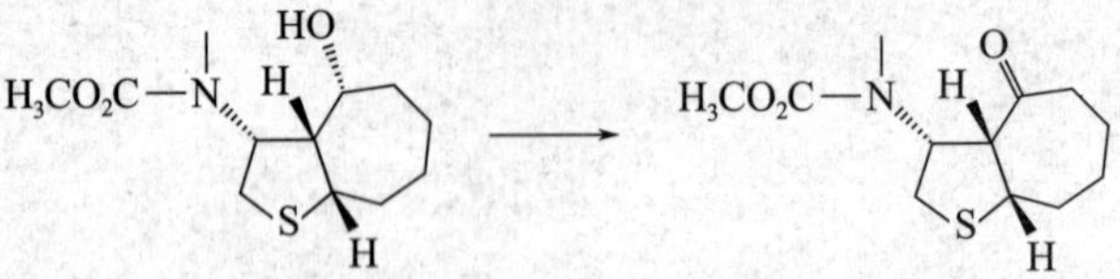

(6)

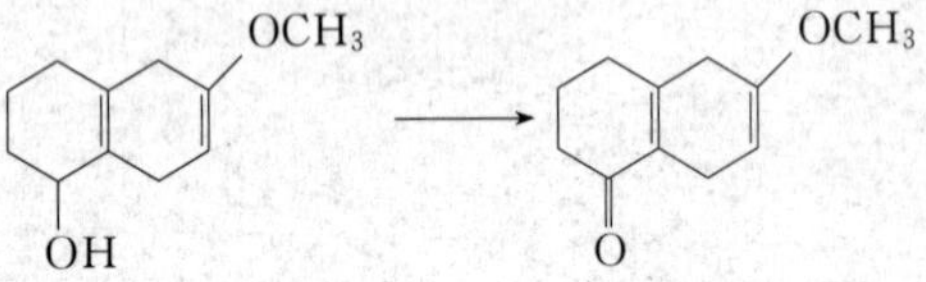

(7)

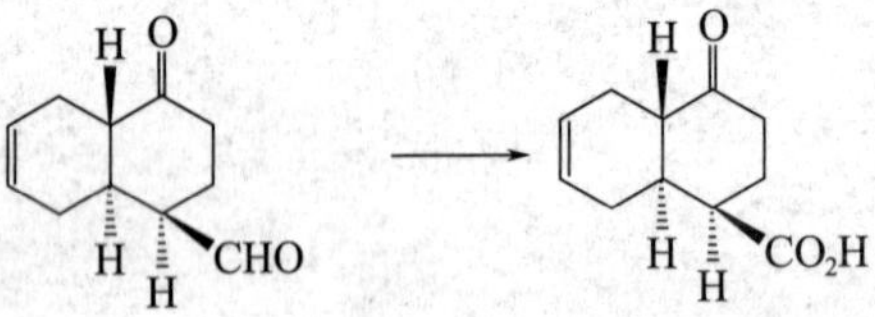

(8)

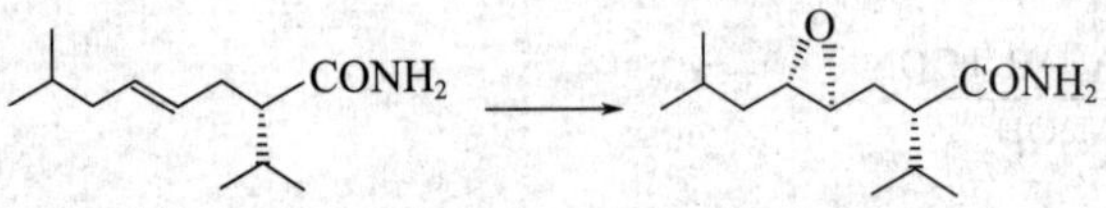

(9)

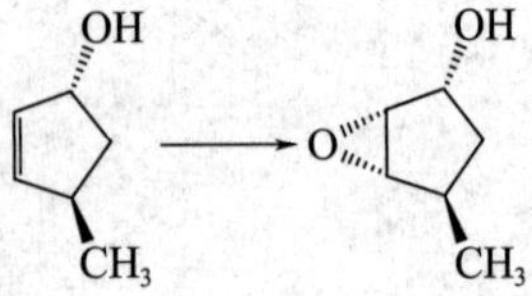

(10)

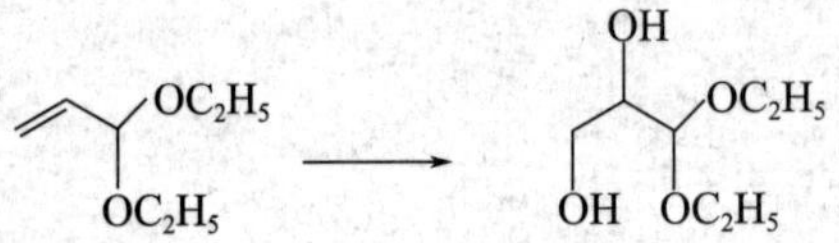

(11)

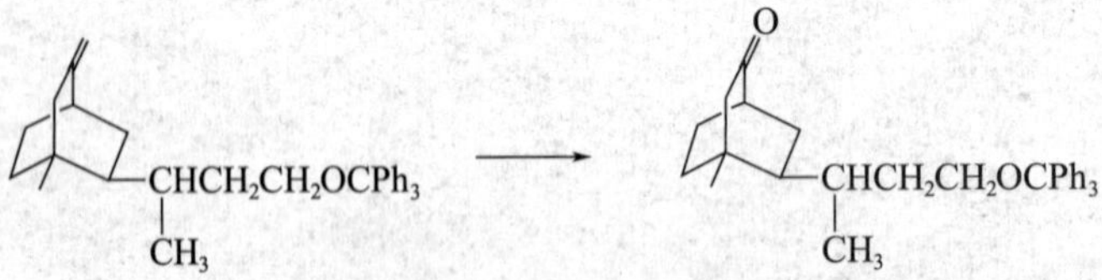

(12)

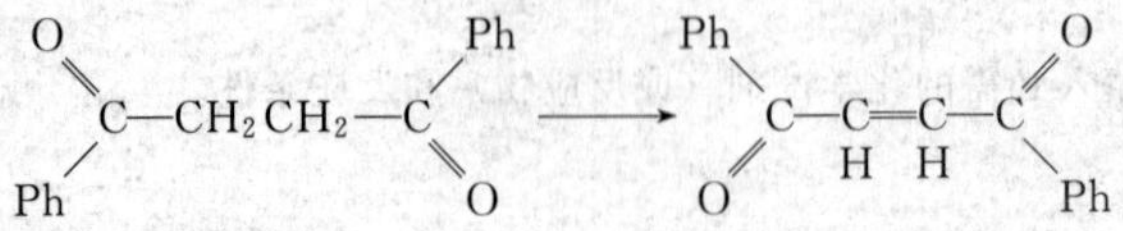

3. 阅读（翻译）以下有关反应操作的原文，请在理解基础上写出：(1) 此反应的完整反应式（原料、试剂和主要反应条件）；(2) 此反应的反应机理（历程）。

A mixture of 100g (0.65mol) of acenaphthene, 5g of ceric acetate, and 800mL of glacial acetic acid is placed in a stainless-steel beaker arranged for external cooling with cold water. A thermometer and a powerful stirrer are inserted, and 325g (1.1mol) of sodium bichromate dihydrate is added over a period of 2h, the temperature being kept at 40℃. Stirring is then continued at room temperature for an additional 8h; during this time the reaction mixture becomes quite thick, owing to the separation of the quinone and chromium salts.

The suspension is diluted with 1.5L of cold water, and the solid is collected on a Büchner funnel and washed free from acid.

The solid is next digested on the steam bath for 30min with 500mL. of a 10% sodium carbonate solution, and is filtered and washed. The solid is then extracted for 30min at 80℃ with 1L of 4% sodium bisulfite solution. The extraction is repeated, and the combined filtrates are acidified at 80℃ with constant stirring, to Congo red paper, with concentrated hydrochloric acid (50-60mL). The temperature is maintained at 80℃ for 1h with constant stirring. The acenaphthenequinone separates as a bright yellow crystalline solid; it is collected on a Büchner funnel and washed with water until free from acid. The yield is 45-70g (38%-60%); m.p. 256-260℃.

第七章

还原反应（Reduction Reaction）

在化学反应中，使有机物分子中碳原子总的氧化态（oxidation state）降低的反应称还原反应。即在还原剂作用下，能使有机分子得到电子或使参加反应的碳原子上的电子云密度增加的反应。直观地讲，可视为在有机分子中增加氢或减少氧的反应。

根据采用的还原方法不同，还原反应分为三大类：①化学还原反应，使用化学物质作为还原剂进行的反应；②催化氢化反应，在催化剂存在下，反应底物与分子氢进行的加氢反应；③生物还原反应，使用微生物发酵或活性酶进行底物中特定结构的还原反应。

催化氢化反应中，催化剂自成一相（固相）者称非均相催化氢化，其中以气态氢为氢源者称多相催化氢化（heterogeneous hydrogenation）；以有机物为氢源者称催化转移氢化（transfer hydrogenation）；催化剂溶解于反应介质中者称均相催化氢化（homogeneous hydrogenation）。

化学还原反应按照使用还原剂的差异，有亲核、亲电和自由基反应机理。

第一节 还原反应机理

一、电子反应机理

1. 亲核反应

（1）亲核加成

以金属氢化合物、烷氧基铝、甲酸及其衍生物、水合肼等为还原剂，对羰基化合物及其衍生物（包括醛、酮、酰氯、酯、酰胺、腈、羧酸、酸酐等）、硝基/亚硝基化合物、肟和环氧化物等，进行还原或还原胺化反应均属于亲核性的氢负离子加成反应。

① 金属复氢化物对羰基化合物的还原

金属复氢化物（metal hydride）类还原剂为碱金属氢化物与第三族元素硼、铝等的氢化物之间所形成的复盐。常用者为氢化铝锂（$LiAlH_4$）、氢化硼锂（$LiBH_4$）、氢化硼钾（KBH_4）及其衍生物，如：三仲丁基硼氢化锂{$[C_2H_5CH(CH_3)]_3BHLi$}、硫代硼氢化钠（$NaBH_2S_3$）等。

金属复氢化物具有四氢铝离子（$AlH_4^{\ominus}$）或四氢硼离子（$BH_4^{\ominus}$）的复盐结构，这种复合负离子具有亲核性，可向极性不饱和键（羰基、氰基等）中带正电荷的碳原子进攻，继而氢负离子转移至带正电荷的碳原子上形成络合物离子，与质子结合后完成加氢还原过程。

$$H-\overset{H}{\underset{H}{M^{\ominus}}}-H + \underset{R'}{\overset{R}{>}}C^{\delta\oplus}=O^{\delta\ominus} \longrightarrow MH_3 + RR'CH-O^{\ominus} \rightleftharpoons RR'CH-O\overset{\ominus}{M}H_3 \xrightarrow{3\ RR'C=O}$$

$$(RR'CH-O)_4\overset{\ominus}{M} \xrightarrow{2H_2O} 4\ RR'CH-OH + MO_2^{\ominus}$$

② 金属复氢化物对含氮化合物的还原

脂肪族硝基化合物能被 $LiAlH_4$ 或 $LiAlH_4/AlCl_3$ 混合物还原为氨基物；而芳香族硝基化合物用 $LiAlH_4$ 还原通常得偶氮化合物，如与 $AlCl_3$ 合用则仍可还原成胺。硝基化合物一般不被硼氢化钠所还原，但在催化剂（如硅酸盐、钯、二氯化钴等）存在下，可将硝基化合物还原为胺，硫代硼氢化钠是还原芳香族硝基化合物为胺的有效还原剂，而不影响分子中存在的氰基、卤素和烯键。亚硝基化合物用 $LiAlH_4$ 还原通常也得偶氮化合物。金属复氢化物可将肟还原为胺，若反应温度较低可得羟胺。

③ 烷氧基铝对羰基化合物的还原

利用烷氧基铝将羰基化合物还原为醇的反应，称为 Meerwein-Ponndorf-Verley 反应，常用异丙醇铝/异丙醇还原体系。异丙醇铝还原羰基化合物时，首先是异丙醇铝的铝原子与羰基的氧原子以配位键结合，形成六元环过渡态，然后，异丙基上的氢原子以氢负离子的形式从烷氧基转移到羰基碳原子上，得到一个新的醇-酮配位化合物，铝-氧键断裂，生成新的醇-铝衍生物，经醇解后得醇。

④ 甲酸及其衍生物对羰基化合物的还原胺化

在过量甲酸及其衍生物存在下，羰基化合物与氨、胺的还原胺化反应称 Leuckart 反应。若在过量甲酸作用下，甲醛与伯胺或仲胺反应，生成甲基化胺的反应称为 Eschweiler-Clarke 甲基化反应。其反应的历程一般认为最初的中间产物为 Shiff 碱，然后经六元环过渡态将来源于甲酸的负氢离子转移至亚胺碳上，得还原胺化产物。

⑤ 水合肼在碱性条件下对醛酮的还原

在强碱性条件下，水合肼向醛、酮羰基亲核进攻，缩合为腙，进而形成氮负离子，电子转移后形成碳负离子，经质子转移而放氮分解，最后与质子结合转变为甲基或亚甲基化合物。

(2) 亲核取代

用金属氢化物进行脱卤氢解、脱硫氢解的反应，一般都属于亲核取代反应。该类氢解反应属于 S_N2 亲核取代反应。

$$\overset{\ominus}{M}H_4 + \underset{(a)}{>C-X} \longrightarrow \left[\underset{(b)}{H_3\overset{\delta-}{M}-H-C-X^{\delta-}}\right] \longrightarrow \underset{(c)}{>C-H} + MH_3 + X^{\ominus}$$

(M=Al、B)　　(X=F、Cl、Br、I、硫烷基等)

2. 亲电反应：亲电加成

以硼烷、乙硼烷为还原剂，对不饱和键化合物，包括烯烃、醛、酮、羧酸及其衍生物、环氧化合物、腈和肟进行的还原反应均属于亲电性的氢负离子加成反应。

硼烷可由硼氢化钠与三氟化硼反应制备；乙硼烷是硼烷的二聚体，系有毒气体，一般溶于四氢呋喃中使用，在四氢呋喃等醚类溶液中，存在着下列平衡：

$$3NaBH_4+4BF_3 \xrightarrow{THF} 2B_2H_6+3NaBF_4 \qquad H_2B(\mu\text{-}H)_2BH_2 + 2\,\text{THF} \rightleftharpoons 2\,\text{THF}^{\oplus}\text{—}BH_3^{\ominus}$$

与金属氢化物不同，硼烷是亲电性氢负离子转移还原剂，它先进攻富电子中心，故易还原羧基；并可与双键发生硼氢化反应，首先加成而得取代硼烷，进而酸水解而得烃。

(1) 硼烷对烯烃的还原

硼烷对碳-碳不饱和键的亲电加成，所形成的烷基取代硼烷加酸水解，使碳-硼键断裂而得饱和烃，从而使不饱和键还原。硼烷对烯烃的硼氢化还原反应的历程如下：

$$>C=C< + BH_3 \xrightarrow{O(CH_2CH_2OCH_3)_2} [>C=C< \cdots H-BH_2] \rightleftharpoons -\underset{H}{C}-\underset{BH_2}{C}-$$

$$\longrightarrow (-\underset{H}{C}-C-)_3B \xrightarrow{H_3^{\oplus}O} 3\,-\underset{H}{C}-\underset{H}{C}- + B(OH)_3$$

在硼烷中的硼原子因极化而带部分正电荷，当与富电子烯烃反应时，硼原子和氢一起加在双键的同侧，即顺式加成，成为四中心过渡态，在此过程中，不经过形成正碳离子中间体过程，因此，底物分子中碳原子上的原子或取代基仍保持原来的相对位置，整个分子的几何形状不发生改变，保持原来的构型。

不对称烯烃用硼烷还原时，在四中心过渡态形成过程中，受底物立体位阻因素影响较大，硼原子主要加成到取代基较少的碳原子上，为反马氏加成规则。

(2) 硼烷对羰基化合物和含氮化合物的还原

羰基化合物及其衍生物可用硼烷还原为醇或胺，此还原反应的历程如下：

$$RR'C=X \xrightarrow{BH_3} RR'C=\overset{\oplus}{X}\cdots\overset{\ominus}{B}H_3 \longrightarrow R-\overset{\oplus}{C}(H)(R')-X-\overset{\ominus}{B}H_2 \longrightarrow R-CH(R')-\overset{\oplus}{X}=\overset{\ominus}{B}H_2 \xrightarrow{H_2O} R-CH(XH)-R'$$

(R'=H、烃基、OR、NR^1R^2 等；X=O、N、NOH等)

硼烷对羰基化合物及其衍生物还原时，首先是缺电子的硼原子与羰基氧原子上未共用电子结合，然后硼烷中的氢原子以负离子形式转移至羰基碳上，经水解后得醇或胺。

醛、酮类化合物可在较温和的反应条件下被硼烷还原为醇。酰卤类化合物因卤素的吸电子效应，降低了羰基氧原子上的电子云密度，使硼烷不能与氧原子结合，因此，酰卤类化合物不能被硼烷还原。硼烷与金属氢化物的不同之处，在于易还原羧基为相应的醇。利用硼烷可将酰胺、腈、肟等底物还原为胺。

二、自由基反应机理

1. 电子转移还原

以活性金属（如锂、钠、钾、钙、镁、锌、锡、铁、金属汞齐、碱金属的液氨溶液和硫化物或含氧硫化物）对含不饱和键化合物（如碳-碳三键、碳-碳双键、醛酮羰基化合物）及其衍生物（包括醛、酮、酰氯、酯、酰胺、腈、羧酸、酸酐等）、硝基/亚硝基化合物、烯烃、炔烃等，含有C—X（X=O、S、N、卤素原子）等键的化合物进行的还原反应或C—X键的氢解反应，均属于电子转移性的自由基反应。

氢化还原历程如下：

$$A{=}B \xrightarrow{e} \left\{ \begin{array}{l} \overset{\ominus}{A}—\overset{\bullet}{B} \\ \overset{\bullet}{A}—\overset{\ominus}{B} \end{array} \right\} \begin{array}{l} \xrightarrow{e} \overset{\ominus}{A}—\overset{\ominus}{B} \xrightarrow{2H^{\oplus}} H—A—B—H \\ \xrightarrow{H^{\oplus}} \overset{\bullet}{A}—BH \xrightarrow{e} \overset{\ominus}{A}—BH \xrightarrow{H^{\oplus}} H—A—B—H \end{array}$$

$$\downarrow$$

$$\overset{\ominus}{B}—A—A—\overset{\ominus}{B} \xrightarrow{H^{\oplus}} HB—A—A—BH$$

电子从金属表面或金属溶液（如：碱金属的液氨溶液）转移至被还原基团形成自由基或负离子，继而与反应介质水、醇或酸等提供的质子结合，结果是氢原子对不饱和键的加成或对C—X键的氢解，从而完成了还原过程。

不饱和键从金属表面接受一个电子形成“负离子自由基”，此时，若遇较强的质子供给剂，则获得质子成为自由基，自由基再从金属表面取得一个电子形成负离子，再从质子供给剂获得质子，而形成加氢还原产物H—A—B—H；若反应体系中无质子供给剂，则可二聚形成“双负离子”，此时，再与供质子剂相遇，则生成“双分子还原”产物HB—A—A—BH。

氢解还原的历程如下：

$$A{=}B \xrightarrow{e} \left\{ \begin{array}{l} A^{\ominus} + B\bullet \\ A\bullet + B^{\ominus} \end{array} \right\} \xrightarrow{e} A^{\ominus} + B^{\ominus} \xrightarrow{2H^{\oplus}} AH + BH$$

$$\downarrow$$

$$A—A$$

当A═B接受一个电子形成“负离子自由基”后，一般不易再接受第二个电子，而是分裂成为负离子$B^{\ominus}$和自由基A•，A•可接受第二个电子形成负离子$A^{\ominus}$或二聚为A—A；负离子$A^{\ominus}$、$B^{\ominus}$和供质子剂相遇，形成氢解还原产物AH和BH。

(1) 碱金属对芳香族化合物的还原

芳香族化合物在液氨或胺中用钠（锂或钾）还原生成非共轭二烯的反应称Birch反应，其反应为电子转移机理。芳香族化合物首先从活泼金属表面获得一个电子，形成负离子自由基，此为不稳定强碱，易从液氨或胺中夺取质子而成为自由基；自由基再从活泼金属表面获得一个电子形成负离子后，从液氨或胺中再夺取质子而还原为非共轭二烯。

(2) 活泼金属对羰基化合物的还原

在酸性条件下，用锌汞齐还原醛、酮为甲基或亚甲基的反应称Clemmensen反应。其反应为碳离子中间体或自由基中间体历程。

用活泼金属还原醛、酮时，首先从活泼金属表面转移一个电子至羰基碳上，形成负离子自由基，此时，若与较强供质子剂相遇，获得质子而成为自由基；自由基从活泼金属表面再获得一个电子形成负离子，从供质子剂获取质子而还原为醇。若形成的负离子自由基不能遇到较强的供质子剂，则发生双分子偶联，成为双负离子，再与供质子剂作用，生成α-二醇（频哪醇，Pinacols）。利用金属钠将羧酸酯还原为醇的Bouveault-Blanc反应或双分子还原偶联的偶姻缩合（acyloin condensation）反应机理与此一致。

(3) 活泼金属对含氮化合物的还原

在含氮化合物（硝基化合物、肟、偶氮化合物等）被活泼金属还原为胺的过程中，被还原物在活泼金属表面进行电子得失的转移过程，活泼金属为电子供给体。

(4) 硫化物或含氧硫化物对含氮化合物的还原

利用硫化物或含氧硫化物来还原硝基或偶氮化合物的反应过程亦发生了电子得失的转移过程，其中，硫化物为电子供给体，水或醇为质子供给体。

(5) 活泼金属作用下的氢解反应

在活泼金属（如锂、钠等）作用下脱卤或脱硫氢解反应历程包括：首先发生电子转移，形成自由基负离子，然后分子裂解成为卤离子和碳自由基，通过再转移一个电子形成碳负离子，最后经质子化而得烃。

2. 自由基取代还原：硅烷还原叠氮基为氨基的反应

硅烷如三乙基硅烷（TES）、$(Me_3Si)_3SiH$ 等将叠氮基还原成氨基时，在引发剂（initiator）如偶氮二环己基甲腈（ACCN）等或加热条件下，同时有巯基化合物如 2-巯基乙醇或叔十二碳硫醇存在下，实际上是在引发剂（In）的作用下产生的巯基自由基使硅烷变为硅自由基，硅自由基取代了叠氮基末端的两个氮原子，脱去一分子氮气，生成氮硅烷自由基，巯基化合物提供质子，生成伯氨基。

$$In\cdot + R'SH \longrightarrow R'S\cdot + InH$$

$$R'S\cdot + R''_3SiH \rightleftharpoons R'SH + R''_3Si\cdot$$

$$R''_3Si\cdot + R-N_3 \xrightarrow{-N_2} R-\dot{N}-SiR''_3$$

$$R-\dot{N}-SiR''_3 + R'S-H \longrightarrow R-N(H)-SiR''_3 + R'S\cdot$$

$$R-N(H)-SiR''_3 \xrightarrow{H_2O} R-NH_2$$

三、催化氢化反应机理

催化氢化根据催化剂是否溶解在反应介质中，分成非均相催化氢化和均相催化氢化。以气态氢为氢源的催化氢化包括多相催化氢化和均相催化氢化；以有机物为氢源的催化氢化又称催化转移氢化，根据催化剂的不同，又分成非均相催化转移氢化和均相催化转移氢化。催化氢化的反应机理目前还不是十分清楚，但活化加氢机理被大多数学者所认同。

1. 非均相催化氢化

非均相催化氢化包括多相催化氢化和非均相催化转移氢化。

非均相催化氢化的反应机理目前还没有完全清楚，但被公认的机理是催化剂加氢机理，即还原剂氢源（多为气态氢）在催化剂表面的活性中心通过化学吸附被活化，还原底物（如烯烃）也在催化剂活性中心通过化学吸附形成σ-络合物而被活化，最后被活化的氢和还原底物发生加成反应后脱吸附完成还原反应历程。

$$H_2 \quad >C=C< \xrightleftharpoons{\text{吸附}} H \quad >C=C< \quad H \rightleftharpoons H \quad -\overset{|}{C}-\overset{|}{C}-H \xrightleftharpoons{\text{脱吸附}} -\underset{H}{\overset{|}{C}}-\underset{H}{\overset{|}{C}}-$$

(1) 多相催化氢化反应

以气态氢（如 H_2、CO-H_2O、CO-H_2）为氢源（又称供氢体），在催化剂如镍（Raney Ni）、钯-碳（Pd-C）、二氧化铂（PtO_2）、铂-碳（Pt-C、RhO_2、RuO_2）等的催化作用下，

对含不饱和键和碳-杂键化合物（羧酸钠盐除外）进行还原氢化，以及对含碳-卤键、碳-硫键和苄基保护基化合物等进行氢解的反应都属于非均相催化氢化反应机理。

(2) 非均相催化转移氢化反应

以有机物（如环己烯、环己二烯、四氢化萘、α-蒎烯、乙醇、异丙醇和环乙醇）、肼、甲酸基甲酸盐、磷酸基磷酸盐等为氢源，在催化剂固态的镍（Raney Ni）、钯-碳（Pd-C）、二氧化铂（PtO_2）、铂-碳（Pt-C）、RhO_2、RuO_2等的催化作用下，对含有不饱和键的化合物（如烯烃、羰基、炔烃、硝基、偶氮基、亚氨基和氰基化合物等）进行还原反应，以及对含碳-卤键、碳-硫键和苄基保护基化合物等进行氢解的反应，都属于非均相催化氢化机理。

非均相转移催化氢化反应的机理比较复杂，但被认为仍然类似于气态氢作氢源的多相催化氢化机理，其中 Johnson 等提出以 Pd 作催化剂的非均相转移氢化反应的活化机理具有一定的代表性，可以解释很多实验事实。

$$H_2D + Pd \longrightarrow H{-}Pd{-}DH$$

$$H{-}Pd{-}DH \longrightarrow \underset{\vdots\atop A}{H{-}Pd{-}DH} \longrightarrow HA{-}Pd{-}DH \longrightarrow H_2A + Pd + D$$

H_2D:供氢体　A:受氢体

2. 均相催化氢化

均相催化氢化是以气态氢为氢源，在能溶解在反应介质中形成均相的催化剂的作用下，对含有碳-碳、碳-氧不饱和键化合物，以及含硝基、氰基的化合物进行的催化氢化还原反应，都属于均相催化氢化反应。常用均相催化剂如 $(Ph_3P)_3RhCl$、$(Ph_3P)_3$-RuClH、$[Co(CN)_5]^{3-}$等。

均相催化氢化的反应机理目前公认的是活化机制，包括氢的活化、底物的活化、氢的转移和产物的生成 4 个基本过程。由于中央金属、配位体及底物等的不同，上述过程可能有不同的途径。

$$\underbrace{M + H_2 \rightarrow M\cdots H}_{氢的活化} \xrightarrow{\underbrace{RCH{=}CHR'}_{底物的活化}} \underbrace{\underset{RCH{=}CHR'}{M{-}H} \longrightarrow \underset{RCH_2CHR'}{M} \xrightarrow{H_2} \underset{RCH_2CHR'}{M{-}H}}_{氢的转移} \longrightarrow \underbrace{RCH_2CH_2R'}_{产物的生成}$$

(M=Rh、Ru、Ir、Co及Pt等的络合物)

第二节　不饱和烃的还原反应

炔、烯和芳烃均可被还原为饱和烃，其中，炔、烯的还原活性大于芳烃。对炔、烯的还原常用催化氢化法，而芳烃的还原，除在较剧烈条件下催化氢化外，常选用化学还原法。

一、炔、烯的还原

炔、烯易于催化加氢，且具有较好的官能团选择性。通常使用的化学还原剂，除硼烷、氢化铝锂等外，一般对炔、烯的还原活性较差，不过有些复合还原剂，如 $NaBH_4/BiCl_3$ 对烯键具有较好的选择性。

1. 非均相催化氢化

(1) 反应通式

$$R^1R^2C{=}CR^3R^4 \xrightarrow[\text{催化剂}]{H_2} R^1R^2CH{-}CHR^3R^4$$

$$R^1{-}C{\equiv}C{-}R^2 \xrightarrow[\text{催化剂}]{H_2} R^1{-}CH_2{-}CH_2{-}R^2 \text{ 或 } R^1(H)C{=}C(H)R^2$$

(2) 反应机理

炔、烯的多相催化还原反应为多相催化剂活性中心加氢机理。

(3) 影响因素

① 常用催化剂

用于氢化还原的催化剂种类繁多，约有百余种。最常用者为金属镍、钯、铂。

i. **镍催化剂** 由于其制备方法和活性的不同，可分为多种类型，主要有 Raney 镍、载体镍、还原镍和硼化镍等。Raney 镍又称活性镍，为最常用的氢化催化剂，系具有多孔海绵状结构的金属镍微粒。在中性或弱碱性条件下，可用于炔键、烯键、硝基、氰基、羰基、芳杂环和芳稠环的氢化及碳-卤键、碳-硫键的氢解；在酸性条件下活性降低，如 pH＜3 时活性消失；对苯环及羧酸基的催化活性甚弱，对酯及酰胺几乎没有催化作用。

ii. **钯和铂催化剂** 金属钯和铂催化剂的共同特点是催化活性大，反应条件要求较低，一般可在较低的温度和压力下还原，适用于中性或酸性反应条件。其应用范围较广泛，除 Raney 镍所能应用范围外，还可用于酯基和酰氨基的氢化还原和苄位结构的氢解。铂催化剂较易中毒，故不宜用于有机硫化物和有机胺类的还原，但对苯环及共轭双键的氢化能力较钯强。钯较不易中毒，如选用适当的催化活性抑制剂，可得到良好选择性还原能力，多用于复杂分子的选择性还原，如用 Lindlar 催化剂（以碳酸钙或硫酸钡作载体的钯催化剂被少量醋酸铅或喹啉钝化）可选择性还原炔为顺式烯烃。

② 影响氢化反应速率和选择性的因素

催化氢化的反应速率和选择性主要由催化剂因素、反应条件和底物结构所决定。属于催化剂因素的有催化剂种类、类型、用量、载体、助催化剂、毒剂或抑制剂的选用；反应条件有反应温度、氢压、溶剂极性和酸碱度、搅拌效果等。现就其主要因素讨论如下。

i. **底物结构的影响** 炔键活性大于烯键，位阻较小的不饱和键大于位阻较大的不饱和键，三取代或四取代烯需在较高的温度（100～200℃）和压力（7.85×10^5～98.11×10^5 Pa）下，反应方能顺利进行。

ii. **催化剂因素的影响** 在催化剂的制备或氢化反应过程中，由于引入少量杂质，使催化剂的活性大大降低或完全丧失，并难以恢复到原有活性，这种现象称为催化剂中毒；如仅使其活性在某一方面受到抑制，经过适当活化处理可以再生，这种现象称为阻化。使催化剂中毒的物质称催化剂毒剂（poisons of catalyst），使其阻化的物质称催化剂抑制剂（inhibitors of catalyst）。

对氢化常用催化剂来说，毒剂主要是指硫、磷、砷、铋、碘等离子以及某些有机硫化物和有机胺类。一般认为这些毒剂能与催化剂的活性中心发生强烈的化学吸附，且不能用通常方法解吸，从而“占据”了活性中心，使底物不能与之发生化学吸附，因而丧失了催化活性，而抑制剂只是使催化剂部分中毒，从而降低了催化活性。但毒剂和抑制剂之间，因使用的条件而异，并无严格的界限。

添加抑制剂虽使催化剂活性降低，反应速率变慢，不利于氢化反应，但在一定条件下却可提高氢化反应的选择性。在钯催化剂中加入适量的喹啉、碳酸钙、硫酸钡等作为抑制剂，降低其催化活性，并在低温下定量地通入氢气，可选择性地将炔键部分氢化为烯键而达到选择性还原的目的。如抗癫痫药物维加巴因中间体（1）的合成，选用 Lindlar 催化剂，将末端炔键部分氢化为烯键，结构中的酯键和酰氨键不受影响。

$$\xrightarrow[\text{CHCl}_3]{5\%\text{Pd/CaCO}_3\text{/PbO}_2\text{,H}_2}$$ **(1)** [1]

ⅲ. 反应条件的影响

(a) 反应压力 氢压增大即氢浓度增大，不仅使反应速率增加，而且有利于平衡向加氢反应的方向移动，有利于氢化反应的进行和完成。但氢压增大，往往会导致还原选择性下降，如炔烃在常压下可部分加氢成烯，若氢压大于 9.81MPa 时，则主要产物为烷。

(b) 反应温度 与一般的化学反应相同，温度增高，反应速率也相应加快；但若催化剂有足够的活性，增高温度以提高反应速率不具有重要意义，反而使副反应增多和反应选择性下降，下例可说明温度对反应选择性的影响。如下列反应物（2）的多相催化氢化还原。

(2) $\xrightarrow[9.81\text{MPa}]{\text{Raney Ni/H}_2}$ 25℃；120℃；260℃

(c) 溶剂及介质的酸碱度 溶剂的极性、酸碱度、沸点、对底物和产物的溶解度等因素，都可影响氢化反应的速率和选择性。常用的溶剂有：水、甲醇、乙醇、乙酸、乙酸乙酯、四氢呋喃、环己烷和二甲基甲酰胺等。选用溶剂的沸点应高于反应温度，并对产物有较大的溶解度，以利于产物从催化剂表面解吸，使活性中心再发挥催化作用。

有机胺或含氮芳杂环的氢化，通常选用醋酸为溶剂，可使碱性氮原子质子化而防止催化剂中毒。介质的酸碱度，不仅可影响反应速率和选择性，而且对产物的构型也有较大的影响。在下例中，酸碱度不同，所得产物顺式和反式的比例各异[2]。

$$\xrightarrow[9.81\times10^4\text{Pa}]{\text{Pd-C/H}_2\text{/溶剂}}$$ [2]

溶剂		
EtOH	53%	47%
EtOH/HCl/H_2O	93%	7%
EtOH/KOH	35%~50%	50%~65%

(4) 应用特点

① 选择性还原炔、烯为饱和烃

炔键及烯键均为易于氢化还原的官能团，通常用钯、铂和 Raney 镍为催化剂，在温和条件下即可反应。除酰卤和芳硝基外，分子中存在其他可还原官能团时，均可用氢化法选择性地还原炔键和烯键。如抗抑郁药物舍曲林（Sertraline）中间体 (**3**) 的制备。

$$\text{3,4-Cl}_2C_6H_3-C(C_6H_5)=CHCH_2COOH \xrightarrow[CH_3COOC_2H_5]{H_2,5\%\ Pd\text{-}C} \text{3,4-Cl}_2C_6H_3-CH(C_6H_5)CH_2CH_2COOH\ (\mathbf{3})\quad (100\%)$$ [3]

② 炔、烯的催化氢化为同向加成

在多相氢化反应中，炔烃、烯烃和芳烃的加氢常得到不同比例的几何异构体。一般认为，底物分子中不饱和结构空间位阻较小的一面，吸附在催化剂的表面，已吸附在催化剂表面的氢，分步转移到作用物分子上进行同向加成（syn addition）。因此，氢化产物的空间构型主要由底物的空间因素和催化剂性质两个方面的条件所决定。

在炔类和环烯烃的加氢产物中，由于同向加成，产物以顺式体如化合物 (**4**)、(**5**) 为主，但由于向更稳定的反式体转化等因素，所以仍有一定量的反式体[4]。

$$HOCH_2C\equiv CCH_2OH \xrightarrow{Raney\ Ni/H_2/EtOH} \textit{cis-}HOCH_2CH=CHCH_2OH\ (79\%) + \textit{trans-}HOCH_2CH=CHCH_2OH\ (21\%)$$

(**4**)

$$\text{1,2-dimethylcyclohexene} \xrightarrow{PtO_2/H_2/AcOH} \textit{cis-}\text{1,2-dimethylcyclohexane}\ (82\%) + \textit{trans-}\text{1,2-dimethylcyclohexane}\ (18\%)$$ [4]

(**5**)

在二苯乙烯类化合物的加氢反应中，*Z*-型 (**6**) 主要得到内消旋体 (**7**)；*E*-型 (**8**) 主要得到外消旋体 (**9**)。这一实验结果，提供了氢为同向加成的有力例证[5]。

$$(\mathbf{6}) \xrightarrow{Pd/H_2} meso\text{-}(\mathbf{7})\ [(R),(S)]$$

$$(\mathbf{8}) \xrightarrow{Pd/H_2} dl\text{-}(\mathbf{9})\ [(R),(R) + (S),(S)]$$

③ 利用非均相催化转移氢化选择性还原炔和烯

由于非均相催化转移氢化的氢源为非气态氢，所以具有安全性高、反应条件温和、设备要求低和选择性高等优点。不同类型的烯键，均能用催化转移氢化加氢，且收率较好。普通烯烃的还原通常采用多相催化剂，氢供体可以是环己烯、甲酸铵、异丙醇等。这类反应具有设备与操作简单、催化剂能回收、反应条件温和、基团还原选择性较好等优点。

在下例反应中环己烯为供氢体（hydrogen donor），底物为肉桂酸，也称受氢体（hydrogen acceptor），反应过程中通过催化剂的作用，氢由供氢体转移到受氢体而完成还原反应。

$$2\ \mathrm{PhCH{=}CHCOOH} + \text{环己烯} \xrightarrow[\text{reflux}]{\mathrm{Pd/C,\ Tol}} 2\ \mathrm{PhCH_2CH_2COOH} + \text{苯} \qquad [6]$$

以甲酸铵为供氢体对 α,β-不饱和酮进行催化转移氢化，共轭烯酮的羰基不受影响。Sabui 等在化学合成由向日葵中分离出的 heliannuol E 时，也成功地使用了该方法。

$$\text{(AcO, CH}_3\text{, CO}_2\text{Et 取代色酮)} \xrightarrow[\mathrm{C_2H_5OH,\ reflux}]{\mathrm{Pd\text{-}C(10\%),\ HCOONH_4}} \text{(AcO, CH}_3\text{, CO}_2\text{Et 取代色满酮)}\quad (70\%) \qquad [7]$$

炔烃类亦可用该法控制加氢部分还原而得烯烃类。如以甲酸为氢源的选择性催化转移氢化还原碳-碳三键的反应，在不同的反应的条件下可以定向地得到顺式、反式烯烃，甚至饱和烃类。

$\mathrm{Ph{-}C{\equiv}C{-}Ph}$ $\xrightarrow[\mathrm{Diox,\ 80℃}]{\mathrm{Pd_2dba_3/L}}$

- $\xrightarrow[\text{80℃,15h}]{\text{1\%(摩尔分数)}\mathrm{Pd_2dba_3}\text{,4\%(摩尔分数)dppb,HCOOH(2equiv)}}$ 顺式 Ph–CH=CH–Ph，Z/E=97/3 (97%)
- $\xrightarrow[\text{80℃,10h}]{\text{1\%(摩尔分数)}\mathrm{Pd_2dba_3}\text{,4\%(摩尔分数)dppb,HCOOH(3equiv)}}$ 反式 Ph–CH=CH–Ph，Z/E<1/99 (98%)
- $\xrightarrow[\text{80℃,3h}]{\text{1\%(摩尔分数)}\mathrm{Pd_2dba_3}\text{,4\%(摩尔分数)}\mathrm{Cy_3P}\text{,HCOOH(3equiv)}}$ $\mathrm{PhCH_2CH_2Ph}$ (96%)

[8]

$\mathrm{Pd_2dba_3}$—三（二亚苄基丙酮）二钯；dppb—1,4-双（二苯基膦）丁烷；$\mathrm{Cy_3P}$—三环己基膦

2. 均相催化氢化

均相催化氢化可以选择性地还原碳-碳不饱和键，实现不对称合成。

(1) 反应通式

$$\mathrm{R^1R^2C{=}CR^3R^4} \xrightarrow[\text{Cat.}]{\mathrm{H_2}} \mathrm{R^1R^2CH{-}CHR^3R^4}$$

(2) 反应机理

烯键的均相催化还原反应为均相催化剂活化加氢机理。参见本章第一节相关内容。

(3) 影响因素

在均相催化氢化反应过程中，金属络合物催化剂及其配体的手性、底物和反应条件都将对反应的立体选择性产生影响，其中催化剂配体的手性影响尤其明显。

① 手性催化剂及手性配体

均相催化氢化对烯烃的不对称还原反应的选择性和效率主要取决于手性催化剂及手性配体。

催化剂中心金属多限于过渡金属，其中 Ru、Rh 和 Ir 应用最多，近年来 Fe 作为非稀有金属的均相催化氢化的中心金属原子也有较多研究。

手性配体目前主要包括手性膦、手性胺、手性硫化合物等，如 DIPAMP、BINAP、DIOP 等。这些配体用于各种含双键化合物的不对称催化氢化反应，特别是在氨基酸的合成

中，显示了独特的优势，并实现了高立体选择性和高催化活性。

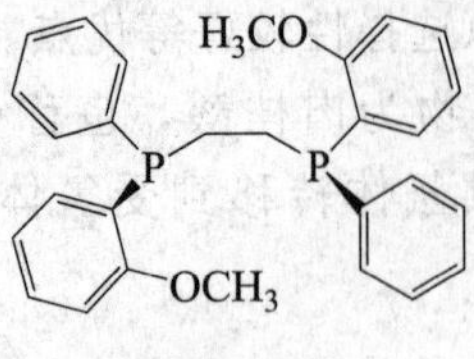

DIPAMP 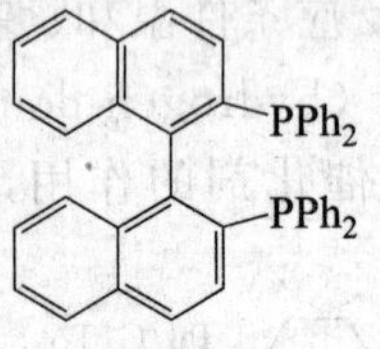　　BINAP 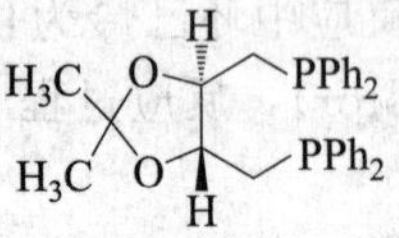　　DIOP

手性双磷配体容易获得高对映选择性，Knowles 等发展的手性双膦配体 DIPAMP 在抗 Parkinson 疾病的药物 L-多巴的中间体的不对称合成中已充分证明手性膦配体的优越性。但却因手性的双膦配体的合成和纯化均比较繁琐，使其发展相对缓慢。

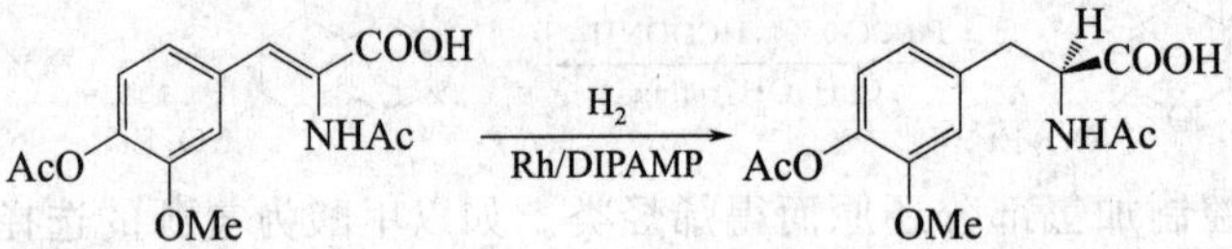

$\xrightarrow[\text{Rh/DIPAMP}]{H_2}$ (94% *e.e.*)　[9]

后来科学家们又发展了一系列易于合成和修饰的单手性亚磷酸酯和亚磷酰胺酯等手性磷配体，如下列单膦手性化合物 A，并在脱氢氨基酸酯、烯酰胺的不对称催化氢化反应中获得了与手性双膦配体相当的对映选择性。

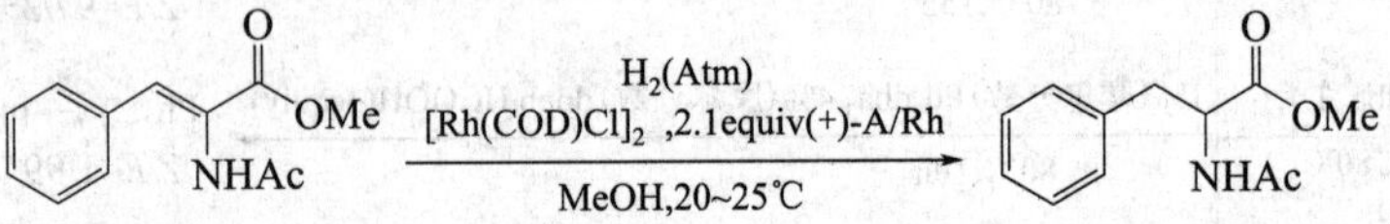

$\xrightarrow[\text{MeOH},20\sim25^\circ\text{C}]{H_2(\text{Atm})\ [\text{Rh(COD)Cl}]_2,\ 2.1\text{equiv}(+)\text{-A/Rh}}$ (82% *e.e.*)　[10]

A:

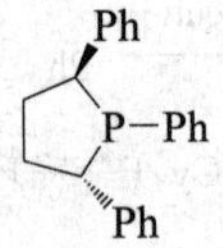

$[\text{Rh(COD)Cl}]_2$：(1,5-环辛二烯)氯铑二聚体

② 底物结构的影响

选用 $(Ph_3P)_3RhCl$ 进行均相催化氢化，对末端双键和环外双键的氢化速率较非末端双键和环内双键大 10～10^4 倍，例如下列反应：

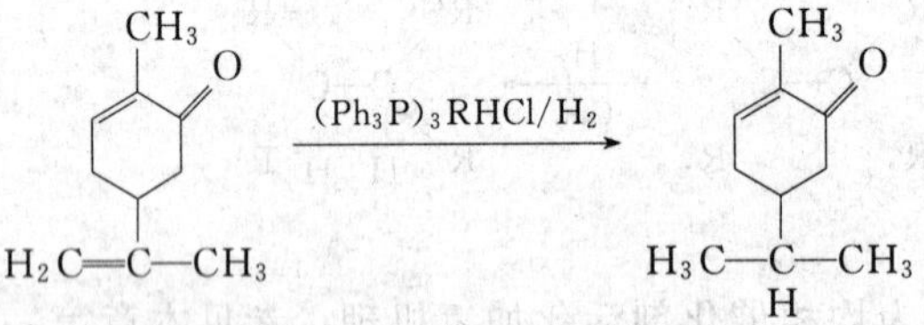

$\xrightarrow{(Ph_3P)_3RHCl/H_2}$ (94%)　[11]

(4) 应用特点

均相催化氢化还原烯烃的优点在于对不同化学环境中的烯键具有较高的选择性：用于烯键还原的不对称合成；对毒剂不敏感，催化剂不易中毒；在多数情况下不伴随发生异构化、氢解等副反应。如 (*S*)-萘普生的中间体 **(10)**，并获得了高立体选择性（*e.e.*≥98%）。

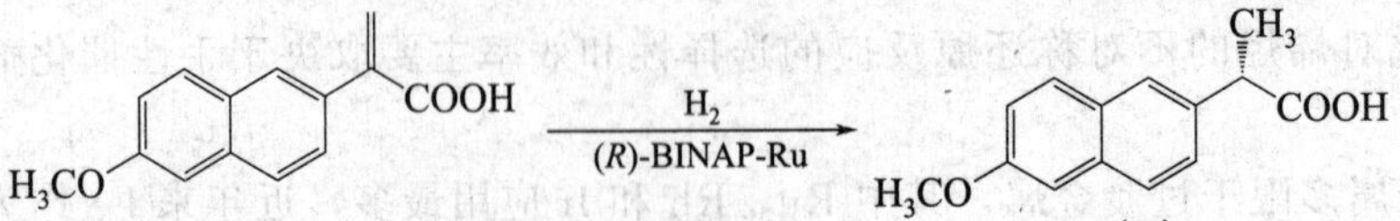

$\xrightarrow[(R)\text{-BINAP-Ru}]{H_2}$ (>98% *e.e.*)　[12]

(10)

3. 二酰亚胺还原

二酰亚胺（diimide，HN═NH）为选择性较好的还原试剂，可有效地还原非极性不饱

和键（如 C═C、C≡C 、N ═N 等），而极性不饱和键（如 C ═N、C≡N 、NO_2等）不受影响；它也可用作氢转移试剂。由于该反应操作简单，应用较广泛。

(1) 反应通式

$$\rm{>C{=}C<} \xrightarrow{HN{=}NH} \rm{-\underset{H}{\overset{|}{C}}-\underset{H}{\overset{|}{C}}-}$$

(2) 反应机理

二酰亚胺的还原作用机理可能为：不饱和键与二酰亚胺通过一个非极性环状过渡态，然后，氢转移至不饱和键并放出氮而完成还原反应，因而其加氢仍为同向加成。

$$\rm{HN{=}NH} + \rm{>C{=}C<} \longrightarrow [\rm{>C{-}C<}\ \ \rm{H\ \ H}\ \ \rm{N{=}N}] \longrightarrow \rm{>\underset{H}{C}{-}\underset{H}{C}<} + \rm{N{\equiv}N}$$

(3) 影响因素

用二酰亚胺来还原烯烃时，末端双键及反式双键的活性较高，因而可用于选择性还原；如：(*E*)-丁烯二酸 (**11**) 的氢化速率大于 (*Z*)-丁烯二酸 (**12**) 3～10 倍，且产率较高。双键上取代基增多，位阻增大，氢化速率和产率明显下降[13]。

$$\underset{\textbf{(11)}}{\rm{HOOC{-}CH{=}CH{-}COOH}} \xrightarrow{NH_2{-}NH_2/K_3Fe(CN)_6} \rm{CH_2{-}COOH \atop |\ \ CH_2{-}COOH} \quad (80\%)$$

$$\underset{\textbf{(12)}}{\rm{H{-}C{-}COOH \atop \| \atop H{-}C{-}COOH}} \xrightarrow{NH_2{-}NH_2/K_3Fe(CN)_6} \rm{CH_2{-}COOH \atop |\ \ CH_2{-}COOH} \quad (41\%)$$

[13]

(4) 应用特点

① 二酰亚胺的制备

由于二酰亚胺是极不稳定的化合物，通常在反应中用肼类化合物为原料，加入适当催化剂（如 Cu^{2+}）和氧化剂（空气、过氧化氢、氧化汞等）制备，不经分离直接参加反应。

$$\rm{PhCH{=}CHPh} \xrightarrow[(88\%)]{H_2N{-}NH_2/Cu^{2+}/空气} \rm{Ph{-}CH_2CH_2{-}Ph} + \rm{HN{=}NH} \qquad [14]$$

该类反应也可直接使用取代苯磺酰肼或偶氮二甲酸，通过在反应体系中加热分解，释放出二酰亚胺，再进行还原反应。

$$\rm{PhC({=}CH_2)COOMe} \xrightarrow[K_3PO_4,MeCN,r.t.,18h]{2\text{-}NO_2C_6H_4SO_2NHNH_2} \rm{PhCH(CH_3)COOMe}\ (94\%) \qquad [15]$$

② 烯键的选择性还原

二酰亚胺催化转移氢化还原烯键具有较好的选择性，不影响分子中其他易还原官能团，如硝基、羰基等。如：化合物 (**13**) 在用二酰亚胺还原时，可选择性地还原烯键而不会导致二硫键的氢解，若用其他还原方法多导致二硫键断裂[16]。

$$\underset{\textbf{(13)}}{\rm{H_2C{=}CH{-}CH_2{-}S{-}S{-}CH_2{-}CH{=}CH_2}} \xrightarrow[heat]{C_7H_7SO_2NHNH_2} \rm{C_3H_7{-}S{-}S{-}C_3H_7} \quad (93\%) \quad [16]$$

4. 硼氢化反应

(1) 反应通式

$$\text{>C=C<} \xrightarrow{BH_3} (-\overset{|}{\underset{H}{C}}-\overset{|}{\underset{|}{C}}-)_3B \xrightarrow{H_3^{\oplus}O} 3-\overset{|}{\underset{H}{C}}-\overset{|}{\underset{H}{C}}-$$

(2) 反应机理

硼烷对烯烃的硼氢化反应为硼烷的亲电加成机理，见第一节还原反应机理相关内容。

(3) 影响因素

① 取代基立体位阻对反应的影响

硼烷对碳-碳双键的加成速率，受到反应物与硼烷取代基立体位阻的影响，随着烷烃取代基数目的增加而降低，如：下式中还原活性 (a)>(b)>(c)。应用此性质可制备各类硼烷的单取代和双取代物作为还原剂，它们比硼烷具有更高的选择性。

$$\underset{(a)}{BH_3} \xrightarrow{n\text{-}BuCH=CH_2} \underset{(b)}{n\text{-}BuCH_2CH_2BH_2} \xrightarrow{n\text{-}BuCH=CH_2} \underset{(c)}{(n\text{-}BuCH_2CH_2)_2BH} \xrightarrow{n\text{-}BuCH=CH_2} (n\text{-}BuCH_2CH_2)_3B$$

② 还原底物对反应的影响

硼烷与不对称烯烃加成时，硼原子主要加成到取代基较少的碳原子上，如：对位取代苯乙烯 (**14**) 与硼烷加成，生成取代硼烷 (**15**) 和 (**16**)，其中 (**15**) 是优势产物；当 X 为给电子基时，则更有利于 (**15**) 的生成。

$$\underset{(\mathbf{14})}{X\text{-}C_6H_4\text{-}CH=CH_2} \xrightarrow{2BH_3/O(CH_2CH_2OCH_3)_2} \underset{(\mathbf{15})}{X\text{-}C_6H_4\text{-}CH_2CH_2B<} + \underset{(\mathbf{16})}{X\text{-}C_6H_4\text{-}\underset{\underset{B<}{|}}{C}HCH_3} \quad [17]$$

	(**15**)	(**16**)
$X=OCH_3$	91%*	9%*
$X=H$	82%*	18%*

若烯烃碳原子上取代基数目相等，则取代基的位阻对反应结果影响较大，位阻大的位置生成的硼加成物较少；若选用位阻很大的二（2-甲基丙基）硼烷为试剂，则选择性更高，生成的优势产物可达 95%以上。

$$(i\text{-}Pr)HC=CH(CH_3) \xrightarrow{试剂/O(CH_2CH_2OCH_3)_2} i\text{-}PrCH_2\underset{\underset{B<}{|}}{C}HCH_3 + i\text{-}Pr\underset{\underset{B<}{|}}{C}HCH_2CH_3$$

试剂		
$2BH_3$	57%*	43%*
$[(Me)_2CHCH_2]_2BH$	95%*	5%*

(4) 应用特点：醇的制备

用硼烷试剂还原不饱和键，与催化氢化相比，除选择性较高外，并无显著优点。但有价值的是利用硼烷与不饱和键的加成反应生成烷基取代硼烷后，不经分离，直接进行氧化，即可得到相应的醇，进而可氧化为酮。醇羟基的位置与取代硼烷中硼原子的位置一致。如下列反应[18]：

$$3n\text{-}C_8H_{17}CH{=}CH_2 \xrightarrow[25℃]{2BH_3/O(CH_2CH_2OCH_3)_2} (n\text{-}C_8H_{17}CH_2CH_2)_3B$$

$$\xrightarrow{H_2O_2/NaOH/H_2O/O(CH_2CH_2OCH_3)_2} 3n\text{-}C_8H_{17}CH_2CH_2OH \quad (95\%) \qquad [18]$$

二、芳烃的还原

1. 催化氢化法

(1) 反应通式

$$R\text{-C}_6H_5 \xrightarrow{[H]} R\text{-C}_6H_{11}$$

(2) 反应机理

芳烃的催化还原为非均相催化活性中心加氢反应机理。参见本章第一节相关内容。

(3) 影响因素

① 底物结构对反应的影响

苯为难于氢化的芳烃，芳稠环如：萘、蒽、菲的氢化活性大于苯环；取代苯（如：苯酚、苯胺）的活性也大于苯，在乙酸中用铂作催化剂时，取代基的活性顺序为：ArOH＞$ArNH_2$＞ArH＞ArCOOH＞$ArCH_3$。

② 催化剂对反应活性的影响

不同的催化剂有不同的活性次序，用铂、钌、铑催化剂可在较低温度和压力下氢化，而钯则需较高的温度和压力。

(4) 应用特点

① 环己烷类化合物的制备

4-异丙基苯甲酸在二氧化铂的催化下，可在较温和条件下还原为糖尿病治疗药物那格列奈（Nateglinide）中间体——4-异丙基环己甲酸[19]。

$$4\text{-}(CH_3)_2CH\text{-}C_6H_4\text{-}COOH \xrightarrow[0.5MPa,\ r.t.]{H_2/PtO_2/HOAc} cis\text{-}4\text{-}(CH_3)_2CH\text{-}C_6H_{10}\text{-}COOH + trans\text{-}4\text{-}(CH_3)_2CH\text{-}C_6H_{10}\text{-}COOH \quad (92\%) \qquad [19]$$

(*cis*:*trans*=3:1)

② 环己酮类化合物的制备

酚类氢化可得环己酮类化合物，这是制备取代环己酮类简捷的方法，如：2,4-二甲基苯酚氢化得 2,4-二甲基环己酮。

$$2,4\text{-}(CH_3)_2C_6H_3OH \xrightarrow{Pd\text{-}C/H_2} 2,4\text{-}(CH_3)_2C_6H_8{=}O \qquad [20]$$

2. 化学还原法：Birch 反应

芳香族化合物在液氨-金属（钠、锂或钾）中还原，生成非共轭二烯的反应称 Birch 反应。

(1) 反应通式

$$R\text{-C}_6H_5 \xrightarrow{Li(Na,K)/NH_3(l)} \text{R-(1,4-环己二烯-1-基)} \text{ 或 } \text{R-(2,5-环己二烯-1-基)}$$

(2) 反应机理

Birch 反应为典型自由基反应机理的芳烃还原反应。

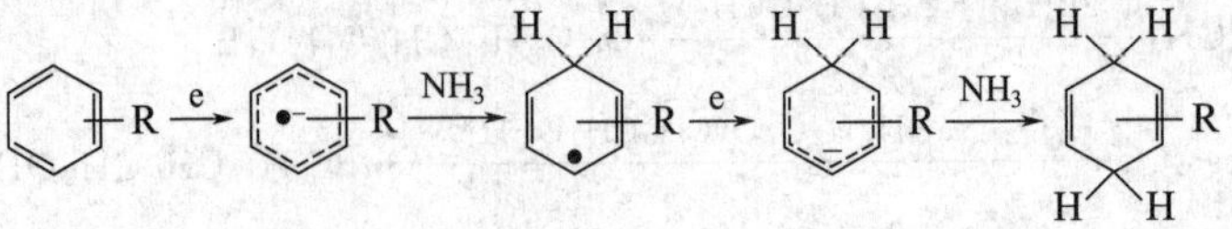

$$\text{C}_6\text{H}_5\text{R} \xrightarrow{e} [\text{C}_6\text{H}_5\text{R}]^{\cdot -} \xrightarrow{NH_3} \cdot\text{C}_6\text{H}_6\text{R} \xrightarrow{e} [\text{C}_6\text{H}_6\text{R}]^{-} \xrightarrow{NH_3} \text{C}_6\text{H}_7\text{R}$$

(3) 影响因素

Birch 反应历程为电子转移类型，当环上具有吸电子基时，能加速反应；具有给电子基时，则阻碍反应进行。当苯环上同时有给电子基团和吸电子基团时，Birch 还原的选择性主要取决于吸电子基。对于单取代苯，若取代基为给电子基，则生成 1-取代-1,4-环己二烯；若为吸电子基，则生成 1-取代-2,5-环己二烯。

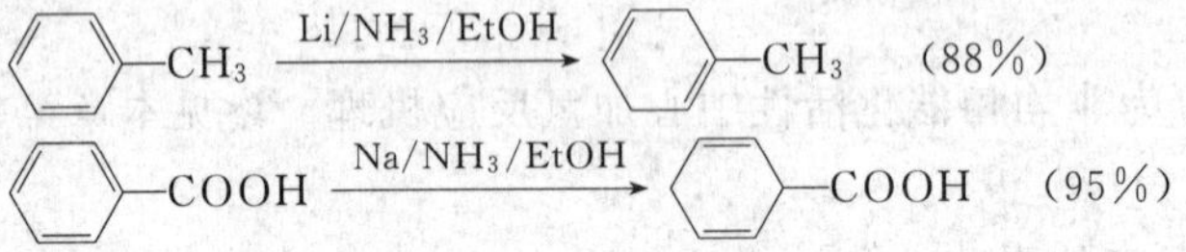

$$\text{C}_6\text{H}_5\text{—CH}_3 \xrightarrow{\text{Li/NH}_3\text{/EtOH}} \text{C}_6\text{H}_7\text{—CH}_3 \quad (88\%)$$

$$\text{C}_6\text{H}_5\text{—COOH} \xrightarrow{\text{Na/NH}_3\text{/EtOH}} \text{C}_6\text{H}_7\text{—COOH} \quad (95\%) \qquad [21]$$

(4) 应用特点：环己酮类化合物的制备

孕激素类药物炔诺酮（Norethindrone）中间体 **(17)** 的制备。

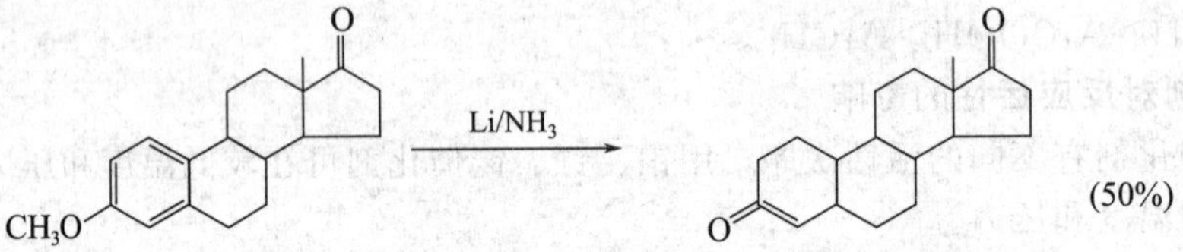

$$\text{CH}_3\text{O—(甾体)} \xrightarrow{\text{Li/NH}_3} \textbf{(17)} \quad (50\%) \qquad [22]$$

利用苯甲醚和苯胺的 Birch 反应，可用于合成环己酮衍生物。

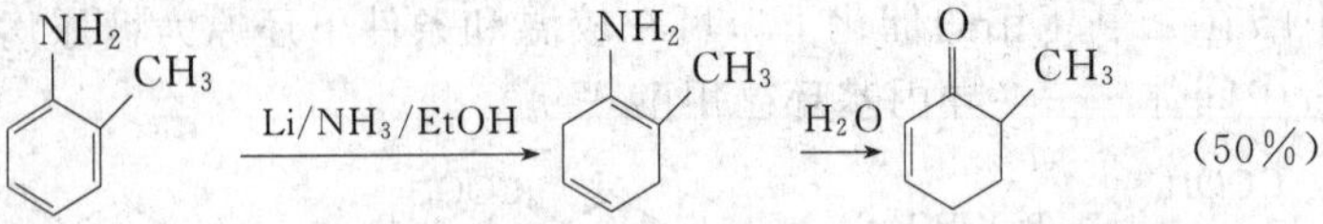

$$\text{(NH}_2\text{, CH}_3\text{)} \xrightarrow{\text{Li/NH}_3\text{/EtOH}} \text{(NH}_2\text{, CH}_3\text{)} \xrightarrow{H_2O} \text{(O, CH}_3\text{)} \quad (50\%) \qquad [23]$$

第三节 羰基（醛、酮）的还原反应

醛、酮通过还原反应可直接得到烃、醇，是合成烷烃、芳烃、醇和酚类化合物的常用方法；它还可通过还原胺化反应，转变羰基为氨基或取代氨基。

一、还原成烃的反应

醛、酮可用多种方法还原为烷烃或芳烃。最常用的方法有：在强酸性条件下用锌汞齐直接还原为烃（Clemmensen 反应）；在强碱性条件下，首先与肼反应成腙，然后分解为烃（Wolff-Кижер-黄鸣龙反应）；催化氢化还原和金属氢化物还原。

1. Clemmensen 反应

在酸性条件下，用锌汞齐或锌粉还原醛基、酮基为甲基和亚甲基的反应称为 Clemmensen 反应。锌汞齐是将锌粉或锌粒用 5%～10%的氯化汞水溶液处理后制得；将锌汞齐与羰基化合物在约5%盐酸中回流，醛基还原成甲基，酮基则还原成亚甲基。

(1) 反应通式

$$R-\overset{O}{\overset{\|}{C}}-R'(H) \xrightarrow{Zn\text{-}Hg, H^{\oplus}} R-CH_2-R'(H)$$

(2) 反应机理

Clemmensen 反应历程常见的有两种解释。

① 碳离子中间体历程

$$R(R')C=O \underset{}{\overset{Zn, Cl^{\ominus}}{\rightleftharpoons}} \overset{\ominus\ \oplus}{ClZn}-CRR'-O^{\ominus} \overset{H^{\oplus}}{\rightleftharpoons} ClZn-CRR'-OH \xrightarrow[-H_2O]{H^{\oplus}} ClZn-C^{\oplus}RR'$$

$$ClZn-C^{\oplus}RR' \xrightarrow{2Zn} ClZn-C^{\ominus}RR' \xrightarrow{H^{\oplus}} ClZn-CRR'-H \xrightarrow[-ZnCl]{H^{\oplus}} H-CRR'-H$$

$ClZn-C^{\ominus}RR'$ - - → 不饱和或重排副反应产物

② 自由基中间体历程

$$R(R')C=O \xrightarrow{H^{\oplus}} R(R')C=\overset{\oplus}{O}H \xrightarrow{Zn(e)} R(R')\dot{C}-OH \xrightarrow{Zn, H^{\oplus}} \left[Zn\ \overset{e}{\curvearrowright}\ \cdot CRR'-OH\ \ H^{\oplus}\right]$$

$$Zn^{\oplus}-CRR'\cdot \xrightarrow{Zn(e)} Zn^{\oplus}-C^{\ominus}RR' \xrightarrow{H^{\oplus}} Zn^{\oplus}-CRR'-H \xrightarrow{-Zn^{2+}} {}^{\ominus}CRR'-H \xrightarrow{H^{\oplus}} H-CRR'-H$$

(3) 应用特点

① 应用范围

Clemmensen 还原反应可用于所有芳香酮或脂肪酮的还原，反应易于进行且产率较高。

$$\text{2-HO-}C_6H_4-CO-(CH_2)_5CH_3 \xrightarrow[heat]{Zn\text{-}Hg/HCl} \text{2-HO-}C_6H_4-CH_2-(CH_2)_5CH_3\quad (86\%)\quad [24]$$

② 不同种类羰基存在时的选择性还原

底物分子中有羧酸、酯、酰胺等羰基存在时，可不受影响。

$$\text{邻苯二甲酰亚胺-N-}C_6H_4-CH(C_2H_5)COOH \xrightarrow[HOAc]{Zn} \text{异吲哚啉-1-酮-N-}C_6H_4-CH(C_2H_5)COOH\quad (84\%)\quad [25]$$

③ 对酮酸及其酯的还原

对 α-酮酸及其酯类还原时，只能将酮基还原成羟基；而对 β-或 γ-酮酸及其酯类还原时，则可将酮基还原为亚甲基。

$$Ph-\overset{O}{\overset{\|}{C}}-CH_2CH_2COOH \xrightarrow[heat]{Zn\text{-}Hg/HCl/Tol} Ph-CH_2CH_2CH_2COOH\quad (90\%)\quad [26]$$

$$\text{3,4-(HO)}_2C_6H_3-CH_2-\overset{O}{\overset{\|}{C}}-COOH \xrightarrow[HCl]{Zn\text{-}Hg} \text{3,4-(HO)}_2C_6H_3-CH_2-CH(OH)-COOH\quad [27]$$

④ **对不饱和酮的还原**

对不饱和酮还原时，一般情况下分子中的孤立双键可不受影响，与羰基共轭的双键，则同时被还原，而对具有与酯羰基共轭的双键的化合物还原时，仅双键被还原[28]。

$$Ph—CH═CH—COOEt \xrightarrow[heat]{Zn\text{-}Hg/HCl} PhCH_2CH_2COOEt$$

⑤ **对脂肪酮、醛或脂环酮的还原**

对脂肪醛、酮或脂环酮的 Clemmensen 还原时容易产生树脂化或双分子还原，生成频哪醇（Pinacols）等副产物，一般收率较低。其原因是在较剧烈反应条件下，生成的负离子自由基浓度过高而发生相互偶联的结果。

⑥ **对酸、热敏感底物的还原**

Clemmensen 还原反应一般不适于对酸和热敏感的羰基化合物的还原。若采用较温和的条件，即在无水有机溶剂（醚、四氢呋喃、乙酸酐）中，用干燥氯化氢与锌，于 0℃左右反应，可还原羰基化合物，扩大了本反应的应用范围。如：胆甾烷类化合物 **(18)** 的合成。

C_8H_{17} $\xrightarrow[Et_2O,-20\sim0℃]{Zn,HCl}$ C_8H_{17} (76%~77%) **(18)** [29]

2. Wolff-Кижер-黄鸣龙还原反应

醛、酮在强碱性条件下和水合肼加热反应，还原成烃的反应称 Wolff-Кижер-黄鸣龙反应。

(1) 反应通式

$$RR'C═O \xrightarrow{H_2NNH_2} RR'C═NNH_2 \xrightarrow{NaOEt \text{ 或 } KOH} RR'CH_2 + N_2\uparrow$$

(2) 反应机理

$$RR'C═NNH_2 \xrightleftharpoons{碱} \left[RR'C═N—\overset{\ominus}{N}H \longleftrightarrow RR'\overset{\ominus}{C}—N═NH \right] \rightleftharpoons RR'CH—N═\overset{\ominus}{N} \xrightarrow{-N_2} RR'CH^{\ominus} \xrightarrow{H^{\oplus}} RR'CH_2$$

在强碱性条件下，水合肼向醛、酮羰基亲核进攻，缩合为腙。腙在强碱作用下形成氮负离子，电子转移后形成碳负离子，然后发生质子转移，放氮分解，并形成碳负离子，最后与质子结合生成烃。

(3) 影响因素

① **介质对反应的影响**

本反应最初是将羰基转变为腙或缩氨脲，然后与醇钠置封管中 200℃左右长时间热压分解。该操作过程繁杂，收率较低，缺少实用价值。1946 年，经中国科学家黄鸣龙改进，将醛或酮和 85%水合肼、KOH 混合，在二聚乙二醇等高沸点溶剂中，加热蒸出生成的水，然后升温至 180~200℃常压反应 2~4h，得亚甲基产物。经黄氏改进后的方法，操作简便，收率有所提高（一般为 60%~95%），具有应用价值，如抗心律不齐药物胺碘酮中间体 **(19)** 的制备。

$$\text{2-benzofuranyl}-\overset{O}{\overset{\|}{C}}-CH_2CH_2CH_3 \xrightarrow{NH_2NH_2 \cdot H_2O, KOH} \text{2-benzofuranyl}-CH_2CH_2CH_2CH_3 \ (70\%) \ \mathbf{(19)}$$ [30]

② **介质中含有的水对反应的影响**

腙在分解发生前应尽量除尽水分，否则将使部分腙水解为醛或酮，醛或酮再与剩余的腙反应，生成连氮（═N—N═）副产物而使收率降低；另外，水解生成的醛或酮，在醇钠存在下，还原为醇，使产物不纯。增加水合肼的用量在一定程度上可抑制上述副反应的发生。

(4) 应用特点

① **醛、酮还原为烃**

本反应弥补了 Clemmsensen 还原反应的不足，它能适用于对酸敏感的吡啶、四氢呋喃衍生物；对于甾族羰基化合物及难溶于酸的大分子羰基化合物尤为合适。

还原底物分子中同时有酯、酰胺存在时，在该还原条件下将发生水解；同时有双键、羟基存在时，还原不受影响；位阻较大的羰基也可被还原；但共轭羰基还原时常有双键的位移。

$$\text{(steroid 20-ketone, 3-OH, }\Delta^5) \xrightarrow[180\sim200^\circ C]{85\%H_2NNH_2 \cdot H_2O/KOH/TEG} \text{(steroid, 17-ethyl, 3-OH, }\Delta^5) \quad (99\%)$$ [31]

② **腙还原为烃**

若底物分子中存在对高温和强碱敏感基团时，可先将醛或酮制得相应的腙，然后在25℃左右加入叔丁醇钾的二甲亚砜溶液中，可在温和条件下放氮反应，收率一般在64%～90%之间，但有连氮（═N—N═）副产物生成。

$$C_6H_5-\overset{O}{\overset{\|}{C}}-C_6H_5 \xrightarrow{H_2NNH_2} C_6H_5-\overset{N-NH_2}{\overset{\|}{C}}-C_6H_5 \xrightarrow[DMSO]{t\text{-}BuOK} C_6H_5-CH_2-C_6H_5 \quad (95\%)$$ [32]

羰基化合物与对甲苯磺酰肼生成的腙，可用氰基硼氢化钠或邻苯二氧基硼烷等还原剂，在十分温和的条件下，还原成相应的烃，而酯基、酰氨基、氰基、硝基、氯原子的存在并不受到影响。如 γ-乙酰丁酸正辛酯的对甲苯磺酰腙 **(20)**，在二甲基甲酰胺与环丁砜中，用氰基硼氢化钠还原得相应的酯化合物 **(21)**。

$$\underset{\mathbf{(20)}}{CH_3-\underset{\|}{C}(=NNHSO_2C_6H_4CH_3\text{-}p)-(CH_2)_3COOC_8H_{17}} \xrightarrow[DMF,\ \text{sulfolane}]{NaBH_3CN} \underset{\mathbf{(21)}}{CH_3(CH_2)_4COOC_8H_{17}} \quad (87\%)$$ [33]

3. 金属复氢化物和催化氢化还原

用金属复氢化物和催化氢化对某些羰基物还原，在一定条件下，可进一步氢解，得相应的烃。但其应用范围远不及 Clemmensen 还原和 Wolff-Кижер-黄鸣龙还原那样普遍。

(1) 反应通式

$$R-\overset{O}{\overset{\|}{C}}-R' \xrightarrow[\text{或催化氢化}]{\text{金属复氢化物}} R-CH_2-R'$$

(2) 反应机理

金属复氢化物还原为氢负离子亲核或亲电加成反应机理。参见本章第一节还原反应机理的相关内容。

催化氢化还原为多相催化加氢机理。参见本章第一节还原反应机理相关内容。

(3) 应用特点

① 金属复氢化物还原酮为烃

二芳基酮或烷基芳基酮，在三氯化铝存在下，用氢化铝锂或硼氢化钠还原，可获得良好产率的烃。据推测，$AlCl_3$催化 $NaBH_4$生成活性更高的 $Al(BH_4)_3$参与反应。如降血糖药物达格列净（Dapagliflozin）中间体 **(22)** 的合成。

$$3NaBH_4 + AlCl_3 \longrightarrow Al(BH_4)_3 + 3NaCl$$ [34]

$\xrightarrow[\text{THF}]{NaBH_4, AlCl_3}$ (93%) **(22)** [35]

乙硼烷和三氟化硼能有效地将某些环丙基酮还原成烃。

$$R-CO-C_3H_5 \xrightarrow{B_2H_6/BF_3/THF} R-CH_2-C_3H_5 \quad (70\%\sim80\%)$$ [36]

② 催化氢化还原酮为烃

与脂肪族醛、酮氢化不同，钯是芳香族醛、酮氢化十分有效的催化剂。在加压或酸性条件下，所生成的醇羟基能进一步被氢解，最终得到甲基或亚甲基。氢化法是还原芳酮为烃有效方法之一。如平喘药马来酸茚达特罗（Indacaterol Maleate）中间体 **(24)** 的合成，是采用了催化氢化将酮羰基化合物还原为醇 **(23)**，再进一步还原成烃的方法。

$\xrightarrow[\text{AcOEt}]{10\%Pd\text{-}C, H_2}$ **(23)** $\longrightarrow$ **(24)** (85%)

[37]

二、还原成醇的反应

用金属复氢化物和催化氢化是目前还原羰基为羟基最常用的方法，特别是对具有前手性的羰基化合物的还原，可能涉及不对称还原，因此这两类还原方法在当前的手性药物合成中具有重要的作用。此外，还可用醇铝、活泼金属、含氧硫化物和氢化离子对试剂等还原。

1. 金属复氢化合物为还原剂

金属复氢化物是还原羰基化合物为醇的首选试剂。该方法具有反应条件温和、副反应少、产率高等优点，特别是某些烃基取代金属化合物，显示出对官能团的高度选择性和较好的立体选择性。最常用者为氢化铝锂（$LiAlH_4$）、硼氢化钾（钠、锂）[$K(Na、Li)BH_4$]；另外，还发现了一些化学和立体选择性好的硼氢化试剂，如硫代硼氢化钠（$NaBH_2S_3$）、三仲丁基硼氢化锂{$[C_2H_5CH(CH_3)]_3BHLi$} 等。

(1) 反应通式

$$R-\overset{O}{\overset{\|}{C}}-R'(H) \xrightarrow[\text{或 } M(BH_4)_n]{LiAlH_4} R-\overset{OH}{\overset{|}{CH}}-R'(H) \quad (\text{M 为 Li、Na、K、Zn 等})$$

(2) 反应机理

羰基化合物用金属复氢化物还原为醇的反应为氢负离子对羰基的亲核加成反应机理。

$$H-\overset{\ominus}{M}H_3 + \underset{R'}{\overset{R}{}}\!\!>C^{\delta\oplus}=O^{\delta\ominus} \longrightarrow RR'CH-O\overset{\ominus}{M}H_3 \xrightarrow{3\ RR'C=O} (RR'CH-O)_4\overset{\ominus}{M} \xrightarrow{2H_2O} RR'CH-OH$$

(M=Al 或 B)

(3) 影响因素

① 还原剂性质

不同的金属复氢化物，具有不同的反应特性。这类还原剂的还原活性，以 $LiAlH_4$ 最高，可被还原的功能基范围最广泛，因而选择性较差；$LiBH_4$ 次之，$NaBH_4$ 和 KBH_4 还原活性较小，一般还原能力较小的还原剂往往选择性较好。

由于四氢铝离子或四氢硼离子都有四个可供转移的负氢离子，还原反应可逐步进行，因此，理论上 1 mol 的氢化铝锂或硼氢化钠可还原 4mol 的羰基化合物。

② 反应条件

氢化铝锂遇水、酸或含羟基、巯基化合物，可分解放出氢而形成相应的铝盐，因而，反应需在无水条件下进行，且不能使用含有羟基或巯基的化合物作溶剂。常用无水乙醚或无水四氢呋喃作溶剂，其在乙醚中的溶解度为 20%～30%，四氢呋喃中为 17%。

硼氢化钾（钠）在常温下，遇水、醇都较稳定，不溶于乙醚及四氢呋喃，能溶于水、甲醇、乙醇而分解甚微，因而常选用醇类作为溶剂，若反应需在较高温度下进行，可选用异丙醇、二甲氧基乙醚等作溶剂。在反应液中，加入少量碱，有促进反应的作用。

③ 反应的后处理

用氢化铝锂为还原剂时，反应结束后，可加入乙醇、含水乙醚或 10%氯化铵水溶液以分解未反应的氢化铝锂和还原物；用含水溶剂分解时，其水量应近于计算量，使生成颗粒状沉淀的偏铝锂而便于分离。采用硼氢化物为还原剂时，反应后处理一般加稀酸分解还原物，并使剩余的硼氢化物生成硼酸，便于分离。

(4) 应用特点

硼氢化物由于其选择性好，操作简便、安全，已成为羰基化合物还原的首选试剂。在反应时，分子中存在的硝基、氰基、亚氨基、双键、卤素等不受影响。如：抗真菌药物萘替芬（Naftifine）中间体 (**25**) 的合成。

$$\text{1-Naphthyl-}CH_2N(CH_3)CH_2CH_2C(=O)C_6H_5 \xrightarrow{NaBH_4/CH_3OH} \text{1-Naphthyl-}CH_2N(CH_3)CH_2CH_2CH(OH)C_6H_5 \quad (100\%) \qquad [38]$$

(**25**)

脂环酮的立体选择性还原反应可用于合成手性脂环醇类化合物。例如：用于治疗青光眼的碳酸酐酶抑制剂盐酸多佐胺的中间体 (**26**) 的合成。

$$\text{酮（}H_3C\text{，}S(=O)_2\text{，噻吩并环）} \xrightarrow[CH_3OH]{NaBH_4} \text{醇 (OH)} \quad (84\%) \qquad [39]$$

(**26**)

2. 醇铝为还原剂

在异丙醇中，醛、酮等羰基化合物用异丙醇铝还原为相应的醇，同时将异丙醇氧化为丙酮的应称为 Meerwein-Ponndorf-Verley 反应；该反应为 Oppenauer 氧化反应的逆反应。

(1) 反应通式

$$R-\overset{O}{\overset{\|}{C}}-R'(H) \xrightarrow[\text{heat}]{Al(OPr\text{-}i)_3/i\text{-}PrOH} R-\overset{OH}{\overset{|}{C}H}-R'(H) + CH_3-\overset{O}{\overset{\|}{C}}-CH_3$$

(2) 反应机理

羰基化合物用异丙醇铝还原为醇的反应为氢负离子对羰基的亲核加成反应机理。

$$RR'C{=}O + H-C(CH_3)_2-O-Al(OPr\text{-}i)_2 \rightleftharpoons \text{[六元环过渡态]} \rightleftharpoons \text{[六元环中间体]} \rightleftharpoons$$

$$(CH_3)_2CO + RR'CH-O-Al(OPr\text{-}i)_2 \underset{}{\overset{i\text{-}PrOH}{\rightleftharpoons}} RR'CHOH + Al(OPr\text{-}i)_3$$

(3) 影响因素

① 还原剂用量及移出生成的丙酮对反应的影响

本反应为可逆反应，因而，增大还原剂用量及移出生成的丙酮，均可缩短反应时间，使反应完全。由于新制异丙醇铝是以三聚体形式与酮配位，因此，酮类与醇-铝的配比应不少于 1∶3，方可得到较高的收率。

② 三氯化铝的影响

反应中加入一定量的三氯化铝，生成的部分氯化异丙醇铝与羰基氧原子形成六元环的过渡态较快，使氢负离子转移较易，可加速反应并提高收率。

$$2Al(OPr\text{-}i)_3 \xrightarrow{AlCl_3} 3ClAl(OPr\text{-}i)_2$$

$$RR'C{=}\overset{\delta\ominus}{O} + \overset{\delta\ominus}{Cl} \longleftarrow \overset{\delta\oplus}{Al}(OPr\text{-}i)_2 \rightleftharpoons \text{[六元环过渡态：Cl-Al(OPr-}i\text{)]}$$

③ 底物中含有的酸性基团对反应的影响

β-二酮、*β*-酮酯等易于烯醇化的羰基化合物，或含有酚羟基、羧基等酸性基团的羰基化合物，其羟基或羧基易与异丙醇铝形成铝盐，使还原反应受到抑制，不能采用本法还原；含有氨基的羰基化合物，也易与异丙醇铝形成复盐而影响还原反应进行，可改用钠盐为还原剂。

④ 底物结构对反应立体选择性的影响

醇铝还原的立体选择性与底物结构有关，如：氯霉素中间体（**27**）酮基 *α*-位的 C-2 上有一羟甲基，可与异丙醇铝先形成过渡态环状物（**28**），限制了 C-1 和 C-2 间单键的自由旋转，因此，氢负离子转移到羰基原子上的方向主要发生在结构中立体位阻较小一边，即从环状物的下方转移，形成（**29**），水解后得 96%的苏型产物（**30**），赤型产物仅占 4%。

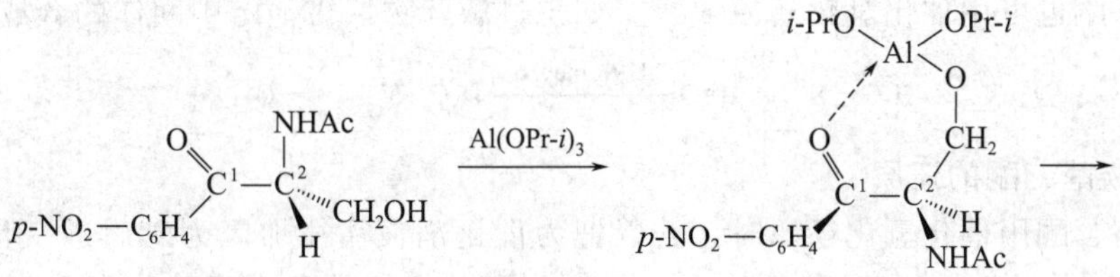

(27) (28) 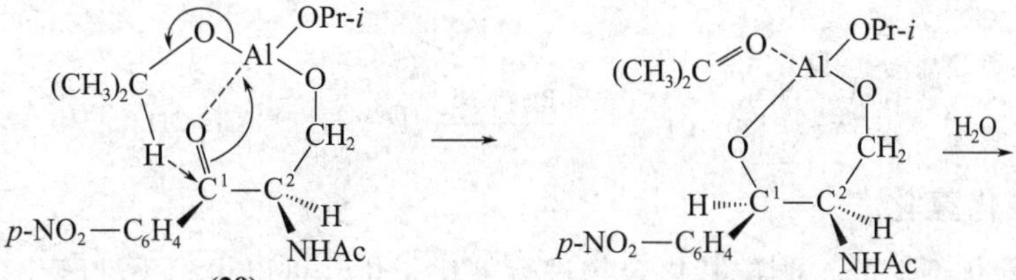 (29) 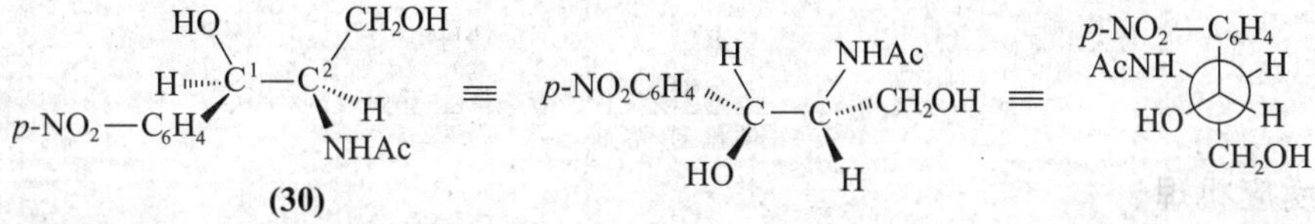 (30)

(4) 应用特点

异丙醇铝是脂肪族和芳香族醛、酮类的选择性还原剂，对分子中含有的烯键、炔键、硝基、氰基及卤素等官能团无影响。例如

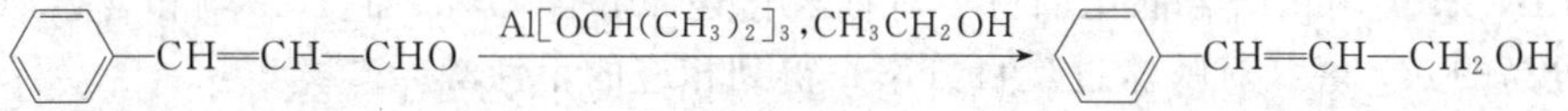

$$C_6H_5-CH=CH-CHO \xrightarrow{Al[OCH(CH_3)_2]_3,\ CH_3CH_2OH} C_6H_5-CH=CH-CH_2OH \quad (85.5\%)\ [40]$$

3. 多相催化氢化还原

(1) 反应通式

$$R-\overset{O}{\overset{\|}{C}}-R'(H) \xrightarrow[\text{催化剂/溶剂}]{H_2} R-\overset{OH}{\overset{|}{CH}}-R'(H)$$

(2) 反应机理

羰基化合物的多相催化氢化，参见本章第一节还原反应机理相关内容。

(3) 应用特点

① 还原剂种类

醛和酮的氢化活性通常大于芳环而小于不饱和键，醛比酮更容易氢化。醛和酮的催化氢化还原常用的催化剂为：Raney 镍、铂、钯等过渡金属。

② 脂肪族醛、酮的还原

脂肪族醛、酮的氢化活性较芳香族醛、酮为低，通常用 Raney 镍和铂为催化剂，而钯催化剂效果较差，一般需在较高的温度和压力下还原。如由葡萄糖氢化得山梨醇（Sorbitol）。

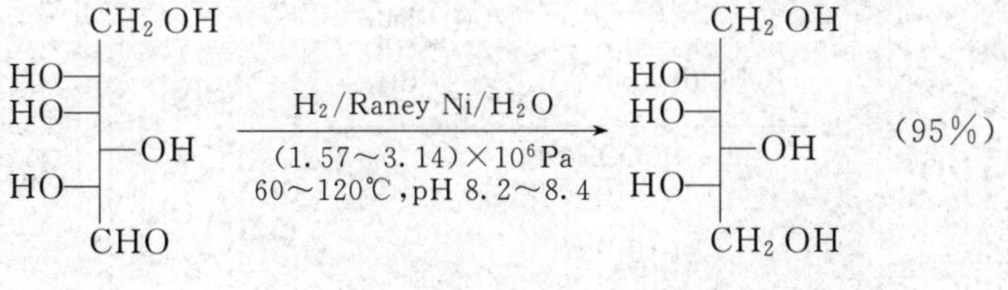

$$\text{葡萄糖 (CHO)} \xrightarrow[\substack{(1.57\sim3.14)\times10^6\,Pa \\ 60\sim120^\circ C,\ pH\ 8.2\sim8.4}]{H_2/Raney\ Ni/H_2O} \text{山梨醇 } (CH_2OH) \quad (95\%) \qquad [41]$$

杂环脂环酮也可用催化氢化还原成醇。如抗过敏药物氯雷他定中间体的合成。

$$H_3C-N\langle\rangle{=}O \xrightarrow{H_2/RaneyNi} H_3C-N\langle\rangle{-}OH$$ [42]

③ **芳香族醛、酮的还原**

芳香族醛、酮用催化氢化还原时，若以钯为催化剂，往往加氢为醇后进一步氢解为烃。选用 Raney 镍为催化剂，在温和条件下，可得到醇。如抗帕金森病药物左旋多巴中间体的制备。

$$\text{(3,4-亚甲二氧基苯)}-CHO \xrightarrow{H_2/Raney\text{-}Ni} \text{(3,4-亚甲二氧基苯)}-CH_2OH$$ [43]

4. 均相催化氢化

采用均相催化剂对醛、酮羰基化合物进行催化氢化，可以得到手性醇化合物。

(1) 反应通式

$$R-\overset{O}{\overset{\|}{C}}-R'(H) \xrightarrow[\text{催化剂/溶剂}]{H_2} R-\overset{OH}{\overset{|}{C}H}-R'(H)$$

(2) 反应机理

羰基化合物的均相催化氢化机理参见本章第一节还原反应机理相关内容。

(3) 应用特点

醛、酮羰基的均相催化氢化还原剂多采用 Ru、Ir 等过渡金属与有机膦配体形成的络合物。如有机膦 BINAP 类均相络合催化剂可不对称氢化还原 β-酮酸酯、1,2-二酮和含杂原子的酮，并以十分高的 *ee*. 值（对映体过量百分率）得到相应的手性醇。

$$RCOCH_2COOR' \xrightarrow[H_2]{Ru\text{-}(R)\text{-}BINAP} RCH(OH)CH_2COOR' \quad (94\%\sim97\%\ e.e.)$$ [44]

$$H_3CCOCOCH_3 \xrightarrow[H_2]{Ru\text{-}(R)\text{-}BINAP} H_3CCH(OH)CH(OH)CH_3 \quad (86\%\sim93\%\ e.e.)$$ [45]

$$\xrightarrow[H_2]{[Ir(cod)BINAP]BF_4}$$ [46]

X=N 84%~86% *e.e.*
X=CH_2 94%~95% *e.e.*
X=O 84%~93% *e.e.*
X=S 84%~87% *e.e.*

利用催化转移氢化也可对醛、酮羰基化合物进行不对称还原，生成手性醇。如下列化合物 (**31**) 和 (**32**) 的不对称合成。

$$PhCOCH_2COOEt \xrightarrow[i\text{-}PrOH/i\text{-}PrOK]{[Ru(p\text{-}cymene)Cl_2]_2/\ PhCH(HO)CH(CH_3)NHCH_3} PhCH(OH)CH_2COOEt \quad (94\%\ e.e.)$$ [47]

(**31**)

$$PhCOCH(CH_3)_2 \xrightarrow[HCOOH/NEt_3]{RuHCl(PPh_3)_3/\ \text{2-吡啶基}CH_2NHC^*H(Ph)CH_3\ (R)} Ph\overset{*}{C}H(OH)CH(CH_3)_2\ (S) \quad (86\%\ e.e.)$$ [48]

(**32**)

三、还原胺化反应

1. 羰基的还原胺化反应

在还原剂存在下，羰基化合物与氨、伯胺或仲胺反应，分别生成和羰基化合物相同碳原子的伯胺、仲胺或叔胺，此反应称为羰基的还原胺化反应。如以胺作为底物，此反应成为胺的还原烃化，见第二章烃化反应。

(1) 反应通式

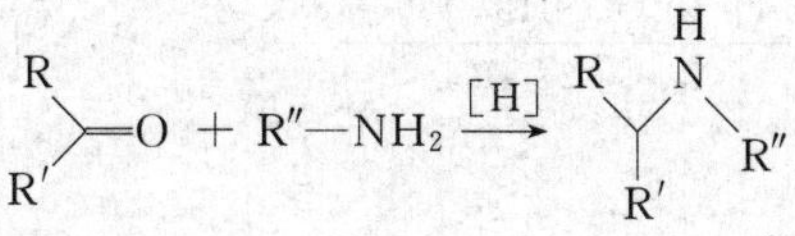

$$RR'C{=}O + R''{-}NH_2 \xrightarrow{[H]} RR'CH{-}NH{-}R''$$

(2) 反应机理：亲核加成反应机理

羰基化合物与氨、伯胺或仲胺反应，生成相应 Schiff 碱（亚胺），然后被不同还原剂还原成胺。

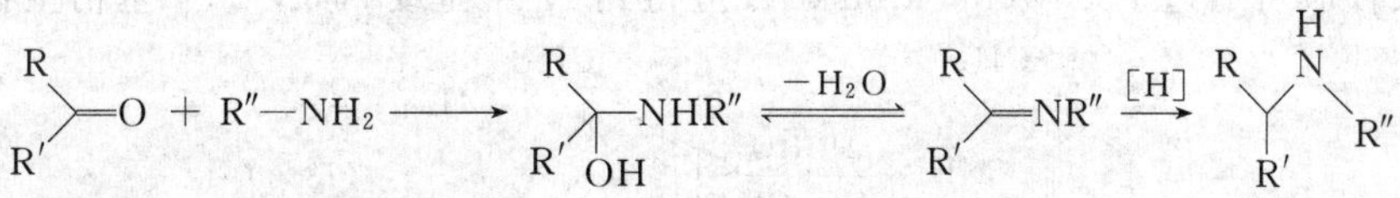

$$RR'C{=}O + R''{-}NH_2 \longrightarrow RR'C(OH){-}NHR'' \overset{-H_2O}{\rightleftharpoons} RR'C{=}NR'' \xrightarrow{[H]} RR'CH{-}NH{-}R''$$

(3) 影响因素

此反应常用还原剂为：催化氢化、活泼金属与酸、金属氢化物、甲酸及其衍生物等；当用甲酸类为还原剂时，反应称为 Leuckart 胺烷基化反应。

(4) 应用特点

通过还原胺化反应可用于制备伯、仲、叔胺，相关内容可参见烃化反应。

2. Leuckart-Wallach 反应和 Eschweiler-Clarke 反应

在过量甲酸及其衍生物存在下，羰基化合物与氨、胺的还原胺化反应称 Leuckart-Wallach 反应；若在过量甲酸作用下，甲醛与伯胺或仲胺反应，生成甲基化胺的反应称为 Eschweiler-Clarke 甲基化反应，此二者反应机理相同。

(1) 反应通式

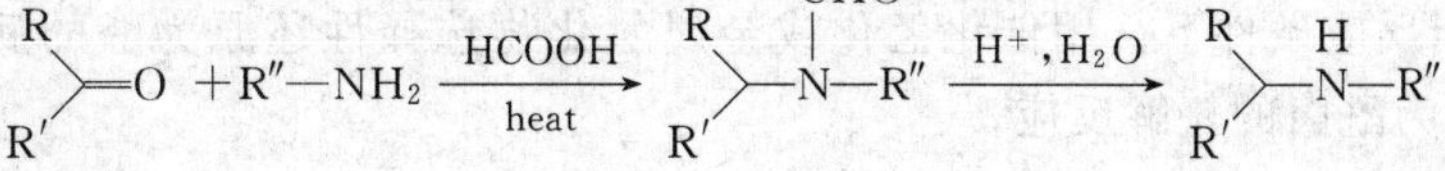

$$RR'C{=}O + R''{-}NH_2 \xrightarrow[heat]{HCOOH} RR'CH{-}N(CHO){-}R'' \xrightarrow{H^+,\ H_2O} RR'CH{-}NH{-}R''$$

(2) 反应机理

Leuckart-Wallach 反应机理参见第二章中“还原烃化”，即最初中间产物为 Shiff 碱，然后来源于甲酸的负氢离子转移至亚胺碳上，得还原胺化产物。

(3) 影响因素

① 还原剂及介质

Leuckart-Wallach 反应中常用的还原剂为：甲酸、甲酸铵或甲酰胺等衍生物；还原剂一般过量（每摩尔羰基物需 2～4mol 甲酸衍生物）。

② 反应条件

该反应一般不用溶剂，但对于高级醛，特别是酮，水存在时产率明显下降，因此，酮的还原胺化常在 150～180℃进行，通过蒸馏将反应体系中的水除去。由于反应在较高温度下进行，反应产物一般为伯胺或仲胺的甲酰化衍生物，需进一步水解游离出氨基。

(4) 应用特点：有机胺类化合物的制备

与氢化还原胺化相比，Leuckart-Wallach 反应具有较好的选择性，一些易还原基团（如硝基、亚硝基、碳碳双键等）不受影响；且可能引起催化剂中毒的底物也能发生还原胺化。不溶于水的脂肪酮、芳香酮及杂环酮，用甲酸铵或甲酰胺还原水解，得产率良好的伯胺；若用仲胺或叔胺的甲酰胺代替甲酸铵，则可得仲胺或叔胺，如化合物 **(33)** 和 **(34)** 的合成。

CH_3O, O, CH_3 —1) $HCOONH_4$，180～185℃ 2) HCl→ CH_3O, NH_2, CH_3 (66%) [49]

(33)

O —$HCON(CH_3)_2/HCOOH$→ N, CH_3, CH_3 (75%) [50]

(34)

伯胺或仲胺可通过 Eschweiler-Clarke 反应得到 *N*-甲基或 *N*,*N*-二甲基衍生物。

CH_3, NH_2 —HCHO / HCOOH→ CH_3, N, CH_3, CH_3 (73%) [51]

第四节　羧酸及其衍生物的还原反应

羧酸及其衍生物酰卤、酯、酰胺及酸酐，均具有较高的氧化状态，易被还原为醛，并可进一步还原为醇；由羧酸及其衍生物合成醛，需用选择性还原剂并控制适当的反应条件；腈可视为羧酸的前体，易水解得羧酸，可被还原成胺。

一、酰卤还原为醛

酰卤在适当反应条件下，用催化氢化或金属氢化物选择性还原为醛的反应称为 Rosenmund 反应；此为酰卤的氢解反应。

1. 反应通式

R–CO–X —催化氢化 或金属氢化物→ R–CO–H

2. 反应机理

用催化氢化或金属氢化物还原酰卤成醛的反应，分别为多相催化氢化机理或氢负离子转移的亲核反应机理，参见本章第一节相关内容。

3. 应用特点

(1) 催化氢化还原

在 Rosenmund 反应中，酰卤与加有活性抑制剂（如硫脲、喹啉-硫）的钯催化剂或以硫酸钡为载体的钯催化剂，于甲苯或二甲苯中，控制通入的氢量使略高于理论量，即可使反应停止在醛的阶段，得到收率良好的醛。在此条件下，分子中存在的双键、硝基、卤素、酯基等可不受影响，如药物中间体三甲氧基苯甲醛 **(35)** 的合成。

$$3,4,5\text{-}(CH_3O)_3C_6H_2\text{—}COCl \xrightarrow{H_2/Pd\text{-}BaSO_4/Tol/\text{喹啉-硫}} 3,4,5\text{-}(CH_3O)_3C_6H_2\text{—}CHO \ (\mathbf{35}) \quad (84\%) \qquad [52]$$

2,6-二甲基吡啶也可作为钯催化剂的抑制剂。在钯催化下，将氢通入等化学计量比的酰氯及 2,6-二甲基吡啶的四氢呋喃溶液中，室温下反应，即可以良好的产率得到醛。本法条件温和，特别适用于对热敏感的酰氯的还原。如：8-壬酮酰氯 **(36)** 用本法还原时，羰基可不受影响。

$$\underset{(\mathbf{36})}{CH_3\text{—}\overset{O}{\overset{\|}{C}}\text{—}(CH_2)_6\overset{O}{\overset{\|}{C}}Cl} \xrightarrow[25℃]{H_2/Pd\text{-}BaSO_4/THF/2,6\text{-二甲基吡啶}} CH_3\text{—}\overset{O}{\overset{\|}{C}}\text{—}(CH_2)_6\overset{O}{\overset{\|}{C}}H \quad (85\%) \qquad [53]$$

(2) 金属氢化物还原

酰卤亦可被金属氢化物还原成醛，但一般用只含有一个氢的复氢化物还原，否则反应生成的醛将继续被复氢化物还原，所以，含多氢的复氢化物不适合还原酰卤成醛。三丁基锡氢（Bu_3SnH）、氢化三（叔丁氧基）铝锂（$LiAlH[OC(CH_3)_3]$）为适宜还原剂。在低温下对芳酰卤及杂环酰卤还原收率较高，且不影响分子中的硝基、氰基、酯键、双键、醚键。

$$4\text{-}O_2N\text{—}C_6H_4\text{—}CH{=}CH\overset{O}{\overset{\|}{C}}Cl \xrightarrow[(CH_3OCH_2CH_2)_2O,\ -50℃\sim r.t.]{LiAlH(OC_4H_9\text{-}t)_3} 4\text{-}O_2N\text{—}C_6H_4\text{—}CH{=}CH\overset{O}{\overset{\|}{C}}H \quad (84\%) \qquad [54]$$

Rosenmund 反应常用于制备一元脂肪醛、一元芳香醛或杂环醛；而二元羧酸的酰卤通常不能得到较好产率的二醛。

二、酯及酰胺的还原

1. 酯还原成醇

有多种方法可将羧酸酯还原为相应的伯醇。常用金属氢化物或金属钠来还原。

(1) 反应通式

$$R\text{—}\overset{O}{\overset{\|}{C}}\text{—}OR' \xrightarrow{[H]} R\text{—}CH_2OH + R'\text{—}OH$$

(2) 反应机理

① 金属氢化物为还原剂

用金属氢化物还原酯的机理属于亲核加成。

$$\underset{R'O}{\overset{R}{>}}C{=}\ddot{\underset{..}{O}} + H\text{—}M^{\ominus} \longrightarrow R(R'O)\overset{H}{\overset{|}{C}}\text{—}\ddot{\underset{..}{O}}\text{—}M \xrightarrow{H^{\oplus}} R(R'O)\overset{H}{\overset{|}{C}}\text{—}OH \xrightarrow{-R'OH}$$

$$\underset{H}{\overset{R}{>}}C{=}O \xrightarrow{H\text{—}M^{\ominus}} R(H)\overset{H}{\overset{|}{C}}\text{—}O\text{—}M \xrightarrow{H^{\oplus}} R\text{—}CH_2OH$$

② 金属钠为还原剂（Bouveault-Blanc 反应）

用金属钠还原酯属于电子转移类的自由基加成机理。

$$\mathrm{R(R'O)C{=}\ddot{O}} \xrightarrow[e]{Na} \mathrm{R(R'O)\dot{C}{-}O^{\ominus}} \xrightarrow{C_2H_5OH} \mathrm{R(R'O)\dot{C}{-}OH} \xrightarrow{e} \mathrm{R(H)(R'O)C{-}O^{\ominus}} \xrightarrow{-R'O^{\ominus}}$$

$$\mathrm{R(H)C{=}O} \xrightarrow{e} \mathrm{R(H)\dot{C}{-}O^{\ominus}} \xrightarrow{H^{\oplus}} \mathrm{R(H)\dot{C}{-}OH} \xrightarrow{e} \mathrm{R(H)_2C{-}O^{\ominus}} \xrightarrow{H^{\oplus}} \mathrm{RCH_2OH}$$

(3) 应用特点

① 金属复氢化物为还原剂

i. 氢化铝锂 羧酸酯用 0.5mol 的氢化铝锂还原时，可得伯醇；若仅用 0.25mol 并在低温下反应或降低氢化铝锂的还原能力，可使反应停留在醛的阶段。

为提高氢化铝锂还原的选择性，可降低其还原能力，一般加入不同比例的无水三氯化铝或加入计算量的无水乙醇，以取代氢化铝锂中 1～3 个氢原子而成铝烷或烷氧基氢化铝锂。如，采用铝烷可选择性地还原 α,β-不饱和酯为不饱和醇，若单用氢化铝锂还原，则得饱和醇。

$$3LiAlH_4 + AlCl_3 \longrightarrow 3LiCl + 4AlH_3$$

$$\mathrm{PhCH{=}CHCOOEt} \xrightarrow{LiAlH_4\text{-}AlCl_3(3:1)/Et_2O} \mathrm{PhCH{=}CH_2CH_2OH} \quad (90\%)$$

ii. 硼氢化钠 单纯使用硼氢化钠对酯还原的效果较差，若在 Lewis 酸（如三氯化铝、无水 $ZnCl_2$ 等）存在下，还原能力大大提高，可顺利还原酯为醇，甚至可还原某些羧酸，据推测，$AlCl_3$ 催化 $NaBH_4$ 生成活性更高的 $Al(BH_4)_3$ 参与反应，对羰基碳进行亲核加成反应。如：对硝基苯甲酸酯选择性还原为对硝基苯甲醇。

$$O_2N\text{-}C_6H_4\text{-}COOR \xrightarrow[(CH_3OCH_2CH_2)_2O]{NaBH_4/AlCl_3} O_2N\text{-}C_6H_4\text{-}CH_2OH \quad (84\%) \qquad [55]$$

由硼氢化钠和酰基苯胺在 α-甲基吡啶中反应生成的酰苯胺硼氢化钠（sodium anilido-borohydride）是还原酯的有效试剂。其优点为：反应操作简便、不需无水条件、反应选择性好，一些易被氢化铝锂、氢化硼钠-三氯化铝还原的基团（如酰氨基、氰基等）均不受影响。

$$N{\equiv}C\text{-}C_6H_4\text{-}COOCH_3 \xrightarrow[100^\circ C,5h]{NaBH_4/RCONHC_6H_5/\text{2-甲基吡啶}} N{\equiv}C\text{-}C_6H_4\text{-}CH_2OH \quad (89\%) \qquad [56]$$

内酯也可用硼氢化钠在醇液中直接还原成醇。如抗疟药蒿甲醚的半合成中间体二氢青蒿素可以由天然提取物青蒿素还原得到。

青蒿素 $\xrightarrow{NaBH_4}$ 二氢青蒿素 (92%) [57]

② 金属钠为还原剂

金属钠和无水醇将羧酸酯直接还原成相应伯醇的反应称为 Bouveault-Blanc 反应，该反应主要用于高级脂肪酸酯的还原。由于催化氢化和氢化铝锂的广泛应用，此法在实验室中已少采用，但因其简便易行，在工业上仍较广泛选用。如癸二醇 (**37**) 的制备。

$$EtOOC(CH_2)_8COOEt \xrightarrow[EtOH]{Na} \underset{(\mathbf{37})}{HOCH_2(CH_2)_8CH_2OH} \quad (88\%) \qquad [58]$$

2. 酯和酰胺还原为醛

羧酸酯及酰胺可用多种金属氢化物还原成醛。

(1) 反应通式

$$R-\overset{O}{\overset{\|}{C}}-XR' \xrightarrow{[H]} R-\overset{O}{\overset{\|}{C}}-H + R'-XH \qquad (X=O、NH)$$

(2) 反应机理

$$\underset{R'X}{\overset{R}{>}}C=\ddot{O} + H-M^{\ominus} \longrightarrow \underset{R'X}{\overset{R}{>}}\overset{H}{C}-\ddot{O}-M \xrightarrow{H^{\oplus}} \underset{R'X}{\overset{R}{>}}\overset{H}{C}-OH \xrightarrow{-R'XH} \underset{H}{\overset{R}{>}}C=O$$

(3) 应用特点

① 羧酸酯还原为醛

氢化二异丁基铝（DIBAH）可使芳香族及脂肪族酯以较好的产率还原成醛，对分子中存在的卤素、硝基、烯键等均无影响。

$$o\text{-}C_6H_4(COOC_4H_9\text{-}n)_2 \xrightarrow{AlH(i\text{-}C_4H_9)_2} o\text{-}C_6H_4(CHO)_2 \qquad (86\%) \qquad [59]$$

② 酰胺还原为醛

氢化二乙氧基铝锂、氢化三乙氧基铝锂可使脂肪、脂环，芳香和杂环酰胺以60%～90%的产率还原成相应的醛。反应具有较好的选择性，由于酰胺很难用其他方法还原成醛，因而本法更具有合成价值。

$$Cl-C_6H_4-CON(CH_3)_2 \xrightarrow{LiAlH_2(OC_2H_5)_2} Cl-C_6H_4-CHO \qquad (86\%) \qquad [60]$$

3. 酯的双分子还原偶联反应

羧酸酯在非质子溶剂（如醚、甲苯、二甲苯）中与金属钠发生还原偶联反应，生成α-羟基酮的反应称为偶姻缩合（acyloin condensation）。本方法是合成脂肪族α-羟基酮的重要方法。

(1) 反应通式

$$R-\overset{O}{\overset{\|}{C}}-OR' + R-\overset{O}{\overset{\|}{C}}-OR' \xrightarrow{Na} R-\overset{OH}{\overset{|}{CH}}-\overset{O}{\overset{\|}{C}}-R$$

(2) 反应机理

金属钠的电子转移形成羧基碳自由基，然后发生双分子偶联，脱去烷氧基后而得二酮，再进一步还原，而得α-羟基酮。

$$\underset{R'O}{\overset{R}{>}}C=\ddot{O} \xrightarrow{Na,\ e} \underset{R'O}{\overset{R}{>}}\dot{C}-\ddot{O}^{\ominus} \xrightarrow{二聚} \begin{matrix} R'O-C(R)-O^{\ominus} \\ | \\ R'O-C(R)-O^{\ominus} \end{matrix} \xrightarrow{-2R'O^{\ominus}} \begin{matrix} R-C=O \\ | \\ R-C=O \end{matrix} \xrightarrow{2e} \begin{matrix} R-C-O^{\ominus} \\ \| \\ R-C-O^{\ominus} \end{matrix} \xrightarrow{2H^{\oplus}} \begin{matrix} R-C=O \\ | \\ R-CH-OH \end{matrix}$$

(3) 影响因素

① 还原剂

偶姻缩合常用的还原剂为：金属钠、锂、镁-碘化镁等；如在甾族α-羟基酮的合成中，往往采用均相的钠-液氨-乙醚的还原体系，可得到较好的效果。

$$\xrightarrow[2)\ H_3\overset{\oplus}{O}]{1)\ Na/液氨/Et_2O}$$ [61]

(96%)

② 反应溶剂

偶姻缩合反应需在非质子溶剂（如醚、甲苯、二甲苯）中进行，这样还原生成的负离子自由基才可二聚形成双负离子，再与供质子剂作用，即形成偶姻缩合产物。若该还原反应在强供质子溶剂中进行，则得单分子还原产物（Bouveault-Blanc 反应）。

(4) 应用特点：环状 α-羟基酮的制备

利用二元羧酸酯进行分子内的还原偶联反应，可有效地合成五元以上的环状化合物，对于大环化合物的合成具有十分重要的意义。

$$(CH_2)_{32}\begin{matrix}COOC_2H_5\\COOC_2H_5\end{matrix} \xrightarrow[2)\ AcOH,140℃]{1)\ Na/二甲苯} (CH_2)_{32}\begin{matrix}C{=}O\\CH{-}OH\end{matrix}$$ [62]

4. 酰胺还原为胺

酰胺还原可得伯、仲、叔胺；在某些反应条件下，常伴以碳-氮键的断裂而生成醛。

(1) 反应通式

$$R-\overset{O}{\overset{\|}{C}}-N\begin{matrix}R'\\R''\end{matrix} \xrightarrow{[H]} R-CH_2-N\begin{matrix}R'\\R''\end{matrix}$$

(2) 反应机理

$$R-\overset{O}{\overset{\|}{C}}-N\begin{matrix}R'\\R''\end{matrix} \xrightarrow{1/4LiAlH_4} \left[\begin{matrix}\overset{\ominus}{O}-AlH_3\\R-CH-N\begin{matrix}R'\\R''\end{matrix}\end{matrix}\right] \xrightarrow{-\overset{\ominus}{O}-\overset{\ominus}{A}lH_3} R-CH=\overset{\oplus}{N}\begin{matrix}R'\\R''\end{matrix} \xrightarrow{1/4LiAlH_4} R-CH_2-N\begin{matrix}R'\\R''\end{matrix}$$

$$\left[\begin{matrix}\ddot{O}-\overset{\ominus}{A}lH_3\\R-CH-N\begin{matrix}R'\\R''\end{matrix}\end{matrix}\right] \xrightarrow{-H_3\overset{\ominus}{Al},\ -N\begin{matrix}R'\\R''\end{matrix}} R-\overset{O}{\overset{\|}{C}}H$$

(3) 应用特点

① 氢化铝锂

酰胺不易用活泼金属还原，催化氢化法还原酰胺要求在高温、高压下进行，因此，金属氢化物是还原酰胺为胺的主要还原剂，氢化铝锂更为常用，可在较温和的条件进行反应。如：抗肿瘤药物三尖杉酯碱（Harringtonine）中间体 **(38)** 的合成。

$$\xrightarrow[heat,\ 1\sim2h]{LiAlH_4/THF}$$ (100%) [63]

(38)

② 酰氧硼氢化钠

单独使用硼氢化钠不能还原酰胺为胺，但由乙酸与硼氢化钠形成的酰氧硼氢化钠却是十分有效的还原剂，如将乙酸与1,4-二氧六环慢慢加至硼氢化钠和苯甲酰胺的1,4-二氧六环溶液中，然后回流反应，可得苄胺。

$$C_6H_5-\overset{O}{\overset{\|}{C}}-NH_2 + [CH_3COO^{\ominus}BH_3Na^{\oplus}] \xrightarrow[\text{heat}]{\text{Diox/HOAc}} C_6H_5-CH_2NH_2 \quad (76\%) \qquad [64]$$

③ 乙硼烷

乙硼烷是还原酰胺的良好试剂，还原反应常在四氢呋喃中进行，产率极佳。还原反应速率 N,N-二取代酰胺>N-单取代>未取代；脂肪族酰胺>芳香族酰胺。与氢化铝锂还原不同，用乙硼烷作还原剂时，没有成醛的副反应，且不影响分子中存在的硝基、烷氧羰基、卤素等基团，但如有烯键存在，则同时被还原。

$$O_2N-C_6H_4-\overset{O}{\overset{\|}{C}}-N(CH_3)_2 \xrightarrow[\text{heat,1h}]{B_2H_6/THF} O_2N-C_6H_4-CH_2N(CH_3)_2 \quad (97\%) \qquad [65]$$

三、腈的还原

腈可由卤烃制备，易水解为羧酸并还原为伯胺，是间接引入羧基及氨基的常用方法。

腈的还原主要使用催化氢化和金属氢化物还原法。由于腈易水解为羧酸，故而不宜采用活泼金属与酸的水溶液作为还原体系。

1. 反应通式

$$R-C\equiv N \xrightarrow{[H]} R-CH_2-NH_2$$

2. 反应机理

$$RC\equiv N \xrightarrow{H_2} R-CH=NH \xrightarrow{H_2} RCH_2NH_2$$

$$R-CH=NH + RCH_2NH_2 \rightleftharpoons RCH_2NHCHR(NH_2) \xrightleftharpoons{-NH_3} R-CH_2-N=CH-R \xrightarrow{H_2} RCH_2NHCH_2R$$

3. 影响因素

(1) 还原剂

腈的催化氢化可用钯或铂为催化剂，在常温、常压下或在加压下用活性镍作催化剂。

(2) 还原副反应

腈的催化氢化还原产物中除伯胺外，通常还含有较多的仲胺，这是由于所生成的伯胺与反应中间物——亚胺发生缩合反应的结果。为了避免生成仲胺的副反应，可采用以下方法：(a) 用钯、铂或铑为催化剂，在醋酸或酸性溶剂中还原，使产物伯胺形成铵盐，从而阻止缩合副反应的进行；(b) 用镍为催化剂，在溶剂中加入过量的氨，阻止脱氨从而减少副反应。

4. 应用特点

(1) 催化氢化还原

在药物合成中，常用催化氢化腈来制备伯胺。如：降血脂药物阿伐他汀 (Atorvastatin) 中间体 **(39)** 的合成。

$$NC-CH_2-(\text{acetonide diol})-CH_2COOBu\text{-}t \xrightarrow[NH_3,MeOH]{H_2,\text{Raney Ni}} H_2N-CH_2CH_2-(\text{acetonide diol})-CH_2COOBu\text{-}t \quad (98.2\%) \qquad [66]$$

(39)

(2) 复氢化物还原

氢化铝锂可还原腈成伯胺，为使反应进行完全，通常加入过量的氢化铝锂。硼氢化钠通常不能还原氰基，但加入活性镍、氯化钯时，反应可顺利进行。

$$\text{2-Me-C}_6\text{H}_4\text{-C}\equiv\text{N} \xrightarrow[\text{heat}]{\text{LiAlH}_4/\text{Et}_2\text{O}} \left[\text{2-Me-C}_6\text{H}_4\text{-CH}=\overset{\ominus}{\text{N}}-\text{AlH}_3\right] \xrightarrow[2)\ \text{H}_3^{\oplus}\text{O}]{1)\ \text{LiAlH}_4} \text{2-Me-C}_6\text{H}_4\text{-CH}_2\text{NH}_2 \quad (88\%) \quad [67]$$

$$\text{C}_6\text{H}_5\text{-CN} \xrightarrow[\text{r. t.}]{\text{KBH}_4/\text{PdCl}_2/\text{MeOH}} \text{C}_6\text{H}_5\text{-CH}_2\text{NH}_2 \quad (90\%) \quad [68]$$

乙硼烷可在温和条件下还原腈为胺，分子中的硝基、卤素等可不受影响，如下列化合物 **(40)** 的合成。

$$\text{3-NO}_2\text{-C}_6\text{H}_4\text{-CN} \xrightarrow[25℃]{\text{B}_2\text{H}_6/\text{THF}} \underset{\textbf{(40)}}{\text{3-NO}_2\text{-C}_6\text{H}_4\text{-CH}_2\text{NH}_2} \quad (80\%) \quad [69]$$

四、羧酸及酸酐的还原

1. 羧酸的化学还原

(1) 反应通式

$$\text{R}-\overset{\text{O}}{\overset{\|}{\text{C}}}-\text{OH} \xrightarrow{[\text{H}]} \text{R}-\text{CH}_2-\text{OH}$$

(2) 反应机理

在羧酸的还原过程中，可能是先生成三酰氧基硼烷 **(41)**，然后酰氧基中氧原子上未共有电子与缺电子的硼原子之间可能发生相互作用，生成中间物 **(42)** 而使酰氧基硼烷中的羰基较为活泼，进一步按羰基还原的方式得到相应的醇。

$$3\,\text{R}-\overset{\text{O}}{\overset{\|}{\text{C}}}-\text{OH} \xrightarrow{\text{BH}_3} \underset{\textbf{(41)}}{\left[\left(\text{R}-\overset{\text{O}}{\overset{\|}{\text{C}}}-\ddot{\text{O}}\right)_3\text{B}\right]} \longrightarrow \underset{\textbf{(42)}}{\text{R}-\overset{\text{O}}{\overset{\|}{\text{C}}}-\overset{\oplus}{\ddot{\text{O}}}=\overset{\ominus}{\text{B}}<} \xrightarrow{\text{BH}_3} \text{R}-\overset{\text{H}_3\overset{\ominus}{\text{B}}---\overset{\oplus}{\text{O}}}{\overset{\|}{\text{C}}}-\overset{\oplus}{\ddot{\text{O}}}=\overset{\ominus}{\text{B}}<$$

$$\longrightarrow \text{R}-\overset{\text{H}_2\overset{\ominus}{\text{B}}-\text{O},\ \text{H}}{\overset{\oplus}{\text{C}}}-\overset{\oplus}{\ddot{\text{O}}}=\overset{\ominus}{\text{B}}< \longrightarrow \text{R}-\text{CH}\begin{matrix}\text{OBH}_2\\ \overset{\oplus}{\ddot{\text{O}}}=\overset{\ominus}{\text{B}}<\end{matrix} \xrightarrow{\text{H}_2\text{O}} \text{R}-\overset{\text{O}}{\overset{\|}{\text{C}}}-\text{H} \xrightarrow{\text{BH}_3} \text{R}-\text{CH}_2-\text{OH}$$

(3) 应用特点

① 氢化铝锂

氢化铝锂是还原羧酸为伯醇的最常用试剂，反应可在十分温和的条件下进行，一般不会停止在醛的阶段；即使位阻较大的酸，亦有较好的收率，因而得到广泛的应用。

$$(\text{CH}_3)_3\text{C}-\text{COOH} \xrightarrow[\text{heat}]{\text{LiAlH}_4/\text{Et}_2\text{O}} (\text{CH}_3)_3\text{C}-\text{CH}_2\text{OH} \quad (92\%) \quad [70]$$

② 硼氢化钠

硼氢化钠通常不能还原羧酸，但在三氯化铝存在下，则其还原能力大大提高，可还原羧酸为醇。如：对硝基苯甲醇（**43**）的制备。

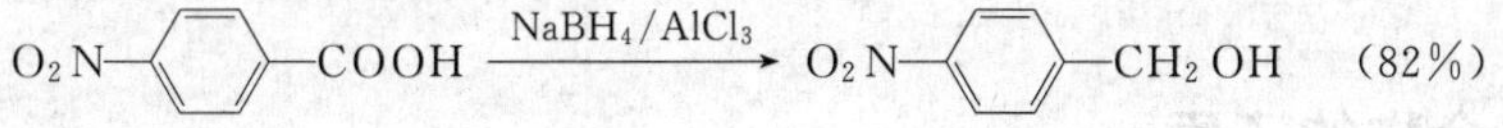

$$O_2N-C_6H_4-COOH \xrightarrow{NaBH_4/AlCl_3} O_2N-C_6H_4-CH_2OH \quad (82\%) \quad \textbf{(43)} \qquad [71]$$

③ 硼烷

硼烷是选择性地还原羧酸为醇的优良试剂，条件温和，反应速率快。其还原羧酸的速率为：脂肪酸大于芳香酸、位阻小的羧酸大于位阻大的羧酸，但羧酸盐则不能还原。对脂肪酸酯的还原速率一般较羧酸慢，对芳香酸酯几乎不发生反应，这是由于芳环与羰基的共轭效应，降低了羰基氧上的电子云密度，使硼烷的亲电进攻难以进行[72]。

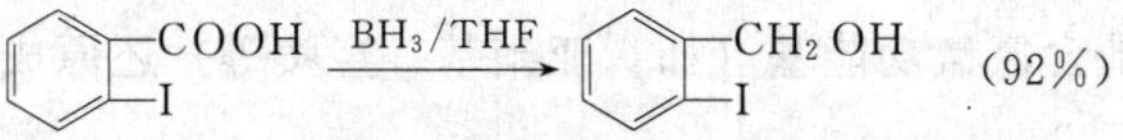

$$o\text{-}I-C_6H_4-COOH \xrightarrow{BH_3/THF} o\text{-}I-C_6H_4-CH_2OH \quad (92\%) \qquad [72]$$

由于硼烷为亲电性还原剂，其还原羧基的速率比还原其他基团为快，因此，当羧酸衍生物分子中有硝基、酰卤键、卤素、氰基、酯基或醛、酮羰基等基团时，若控制硼烷用量并在低温反应，可选择性地还原羧基为相应的醇，而不影响其他基团。

$$HOOC(CH_2)_4COOEt \xrightarrow[-18^\circ C,10h]{2BH_3/THF} HOCH_2(CH_2)_4COOEt \quad (88\%) \qquad [73]$$

2. 酸酐的化学还原

链状酸酐可被氢化铝锂或硼氢化锂还原成两分子醇，但环状酸酐可还原成二醇或内酯。

(1) 反应通式

$$R-\overset{O}{\overset{\|}{C}}-O-\overset{O}{\overset{\|}{C}}-R' \xrightarrow{[H]} R-CH_2-OH + HO-CH_2-R'$$

(2) 反应机理

金属复氢化合物对酸酐的还原反应机理与还原醛、酮相似，为氢负离子转移的亲核反应机理。

(3) 应用特点

① 醇和二醇类化合物的制备

氢化铝锂可还原链状酸酐为两分子醇，还原环状酸酐为二醇。

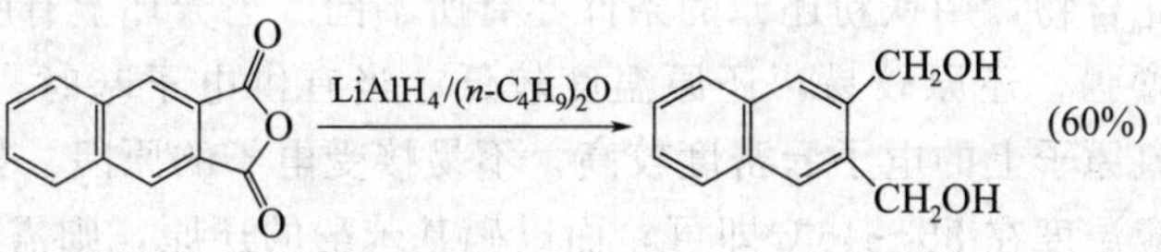

$$\text{2,3-萘二甲酸酐} \xrightarrow{LiAlH_4/(n\text{-}C_4H_9)_2O} \text{2,3-双(羟甲基)萘 (}CH_2OH, CH_2OH\text{)} \quad (60\%) \qquad [74]$$

② 内酯的制备

硼氢化钠不能还原链状酸酐，但可还原环状酸酐为内酯；锌-醋酸、钠汞齐等也可还原环状酸酐为内酯。

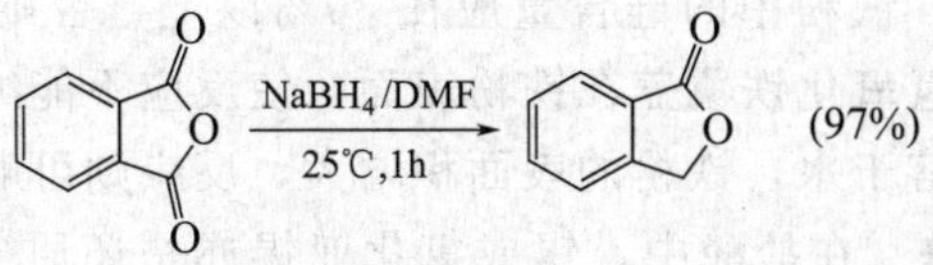

$$\text{邻苯二甲酸酐} \xrightarrow[25^\circ C,1h]{NaBH_4/DMF} \text{苯酞} \quad (97\%) \qquad [75]$$

第五节　含氮化合物的还原反应

一、硝基化合物的还原

硝基化合物还原成胺，通常是通过亚硝基、羟胺、偶氮化合物等中间过程，因而用于还原硝基化合物成胺的方法，也适用于上述中间过程各化合物的还原。还原硝基化合物常用的方法有活泼金属还原法、硫化物还原法、催化氢化法以及复氢化物还原法。

1. 活泼金属为还原剂

活泼金属在酸性、碱性或中性盐类电解质的水溶液中具有强的还原能力，可将芳香族硝基、脂肪族硝基或其他含氮氧功能基（如：亚硝基、羟胺等）还原成相应的氨基。

(1) 反应通式

$$R-NO_2 \xrightarrow{\text{活泼金属}} R-NH_2$$

(2) 反应机理

$$Ph-\overset{\oplus}{N}(=O)-O^{\ominus} \xrightarrow{Fe(+e)} Ph-\dot{N}(O^{\ominus})-O^{\ominus} \xrightarrow{H^{\oplus}} Ph-\overset{\oplus}{N}(OH)-O^{\ominus} \xrightarrow{Fe(+e)} Ph-\dot{N}(OH)-O^{\ominus}$$

$$\xrightarrow[-H_2O]{H^{\oplus}} Ph-N=O \xrightarrow{Fe(+e)} Ph-\dot{N}=O^{\ominus} \xrightarrow{H^{\oplus}} Ph-\dot{N}-OH \xrightarrow{Fe(+e)}$$

$$Ph-N^{\ominus}-OH \xrightarrow{H^{\oplus}} Ph-NH-OH \xrightarrow[-H_2O]{Fe(+e)/H^{\oplus}} Ph-\dot{N}H \xrightarrow{Fe(+e)} Ph-\ddot{N}H^{\ominus} \xrightarrow{H^{\oplus}} Ph-NH_2$$

以铁粉为还原剂时，其还原机制为硝基化合物在铁粉表面进行电子得失的转移过程，铁粉为电子供给体。1mol 硝基化合物应得到 6 个电子才能还原为氨基化合物，铁粉给出电子后若转化为 Fe^{2+}，则需 3mol 铁；若转化为 Fe^{3+}，则需 2mol 铁。但在实际反应中，生成既有 Fe^{2+} 又有 Fe^{3+} 的四氧化三铁（俗称铁泥），因此，1mol 硝基化合物还原成氨基化合物，理论上需要 2.25mol 铁。

(3) 影响因素

① 底物结构类型的影响

对不同的硝基化合物，用铁粉还原的条件亦有所不同。当芳环上有吸电子基时，由于硝基氮原子的亲电性增强，还原较易，还原温度较低；当有供电子基时，则反应温度要求较高，这可能是硝基氮原子上的电子云密度较高，不易接受电子的原因。如：对硝基苯甲酸甲酯用铁粉还原，反应温度在 35～45℃即可，而以硝基苯酚的还原，则需在 100℃左右进行。

② 活泼金属种类的影响

ⅰ. **铁粉**　还原铁粉应选用含硅的铸铁粉，熟铁粉、钢粉及化学纯的铁粉效果较差；即使是铸铁粉，因所含杂质成分不同，活性亦有差异，因此，在使用前应先作小样试验。如：用铁粉还原氧化偶氮苯时，铁粉中的硅含量应在 30％以上，否则，反应不能顺利进行；因为在碱性条件下，生成的氢氧化铁覆盖在铁粉表面，使反应不能继续进行；但如铁粉中含有硅，则与碱生成硅酸钠而溶于水，铁粉的表面积增大，反应则可顺利完成。

ⅱ. **锡、氯化亚锡和锌**　在盐酸中，锡或氯化亚锡亦是还原硝基化合物常用的还原剂；

锌可在酸性、中性或碱性条件下还原硝基化合物。如升血压药物托伐普坦（Tolvaptan）中间体（**44**）的合成。

$$\text{Cl, COOCH}_3\text{-}C_6H_3\text{-}NO_2 \xrightarrow[\text{HCl,EtOH}]{SnCl_2 \cdot 2H_2O} \text{Cl, COOCH}_3\text{-}C_6H_3\text{-}NH_2 \quad (89\%)$$ [76]

(**44**)

iii. **反应介质的酸碱性** 用铁粉还原时，常加入少量稀酸，使铁粉表面的氧化铁形成亚铁盐而作为催化电解质，亦可加入亚铁盐、氯化铵等电解质使铁粉活化。

用锌粉还原芳香族硝基化合物时，反应介质的酸碱性影响反应的还原程度，通过控制反应液pH值，可使反应停留在某一阶段，生成需要的产物。如：硝基苯在中性或微碱性条件下用锌粉还原生成苯羟胺，在碱性条件下还原，则发生双分子还原反应，生成偶氮苯或氢化偶氮苯。

$$PhNO_2 \xrightarrow{2Zn/4NH_4Cl/3H_2O} Ph\text{—}NHOH + 2ZnCl_2 + 4NH_4OH$$

$$2PhNO_2 \xrightarrow{4Zn/8NaOH} PhN{=}NPh + 4Na_2ZnO_2 + 4H_2O$$

$$2PhNO_2 \xrightarrow{5Zn/10NaOH} PhNH\text{—}NHPh + 5Na_2ZnO_2 + 4H_2O$$

(4) 应用特点：芳胺类化合物的制备

在铁粉的还原反应中，一般对卤素、烯基等基团无影响，可用于选择性还原。如：消炎镇痛药苯噁洛芬（Benoxaprofen）中间体（**45**）的制备。

$$O_2N\text{-}C_6H_4\text{-}CH(CH_3)CN \xrightarrow[95℃, 1.5h]{Fe, NH_4Cl} H_2N\text{-}C_6H_4\text{-}CH(CH_3)CN \quad (96\%)$$ [77]

(**45**)

2. 含硫化合物为还原剂

以含硫化合物为还原剂，可将硝基化合物还原为相应的氨基。此类还原剂包括：①硫化物（如硫化物、硫氢化物和多硫化物）；②含氧硫化物［如连二亚硫酸钠（保险粉）、亚硫酸钠和亚硫酸氢钠等］；一般在碱性条件下使用。

(1) 反应通式

$$R\text{—}NO_2 \xrightarrow{\text{含硫化合物}} R\text{—}NH_2$$

(2) 反应机理

硫化物或含氧硫化物还原硝基的反应，为电子转移自由基还原反应机理。参见本节活泼金属还原硝基化合物机理。其中，硫化物为电子供给体，水或醇为质子供给体。

(3) 应用特点

① 硫化物为还原剂

用硫化物为还原剂时，硫化物是电子供给体，水或醇是质子供给体，在反应过程中，硫化物被氧化为硫代硫酸盐。

$$4PhNO_2 \xrightarrow{6Na_2S/7H_2O} 4Ph\text{—}NH_2 + 3Na_2S_2O_3 + 6NaOH$$

$$PhNO_2 \xrightarrow{Na_2S_2/H_2O} Ph\text{—}NH_2 + Na_2S_2O_3$$

$$PhNO_2 \xrightarrow{NaS_x/H_2O} Ph\text{—}NH_2 + Na_2S_2O_3 + S\downarrow$$

使用硫化钠反应后有氢氧化钠生成，使反应液碱性增大，易产生双分子还原产物，而且产物中常带入有色杂质。为避免此副反应的发生，可在反应液中添加氯化铵以中和生成的碱；也可加入过量还原剂，使反应迅速进行，不致停留在中间体阶段。以二硫化钠还原可避免生成氢氧化钠。多硫化钠还原虽无碱生成，但易析出胶体硫而使分离困难。

以硫化物为还原剂的另一特点是可选择性还原二硝基苯衍生物的一个硝基，得硝基苯胺衍生物。

$$\text{2,4-}(O_2N)_2C_6H_3OH \xrightarrow[80\sim85℃]{Na_2S/NH_4Cl} \text{2-}H_2N\text{-4-}O_2N\text{-}C_6H_3OH\quad(61\%)\qquad[78]$$

② **含氧硫化物为还原剂**

连二亚硫酸钠（亦称次亚硫酸钠、保险粉）还原能力较强，可还原硝基、重氮基及醌基等。其性质不稳定，易变质，当受热或在水溶液中，特别是酸性溶液中往往迅速剧烈分解，使用时应在碱性条件下临时配制。如抗肿瘤药物吉非替尼中间体（**46**）的合成用连二亚硫酸钠还原硝基，结构中的氰基不受影响。

$$\text{(吗啉-N-丙氧基)}(H_3CO)C_6H_2(CN)(NO_2) \xrightarrow[50℃]{Na_2S_2O_4/H_2O} \text{(吗啉-N-丙氧基)}(H_3CO)C_6H_2(CN)(NH_2)\ (\mathbf{46})\quad(95\%)\qquad[79]$$

3. 催化氢化还原

催化氢化法也是还原硝基化合物常用的方法。

（1）反应通式

$$R—NO_2 \xrightarrow{\text{催化氢化}} R—NH_2$$

（2）反应机理

催化氢化法还原硝基化合物的反应机理与还原烯烃类似，为多相催化氢化机理，参见第一节还原反应机理相关内容。

（3）应用特点

① **催化剂**

活性镍、钯、铂等均是最常用的催化剂。通常，使用活性镍时，氢压和温度要求较高，而钯和铂可在较温和的条件下进行。例如平喘药物卡布特罗（Carbuterol）中间体（**47**）的合成。

$$C_6H_5CH_2O\text{-}C_6H_3(NO_2)\text{-}COCH_3 \xrightarrow{H_2/10\%Pd\text{-}C} C_6H_5CH_2O\text{-}C_6H_3(NH_2)\text{-}COCH_3\ (\mathbf{47})\quad(75\%)\qquad[80]$$

② **选择性还原**

由于催化氢化还原活性与催化剂及反应条件有关，因而可根据需要，调控反应活性，使反应停留在中间阶段。如：选择合适的氢化条件，可使硝基苯的还原反应停留在生成苯胺阶段，然后在酸性条件下转位得对氨基酚。这是生产药物中间体对氨基酚的最简捷的路线。

$$C_6H_5NO_2 \xrightarrow[75℃,4.9\times10^5Pa]{Pt\text{-}C/CHCl_3} C_6H_5NHOH \xrightarrow{H_2SO_4} HO\text{-}C_6H_4\text{-}NH_2\quad(80\%)\qquad[81]$$

③ **转移氢化还原**

硝基化合物还可采用转移氢化法还原，常用供氢体为肼、环己烯、异丙醇等，其中，肼最为常用。反应设备及操作均十分简便，只需将硝基化合物与过量的水合肼溶于醇中，然后加入镍、钯等氢化催化剂，在十分温和的条件下，反应即可完成。分子中存在的羧基、氰基、非活化的烯键均不受影响。如抗高血压药物阿齐沙坦（Azilsartan）中间体（**48**）的合成[82]。

$$\text{3-NO}_2\text{-2-[(2'-cyanobiphenyl-4-yl)methylamino]-C}_6\text{H}_3\text{CO}_2\text{CH}_3 \xrightarrow[\text{FeCl}_3/\text{C, THF, MeOH}]{\text{H}_2\text{NNH}_2 \cdot \text{H}_2\text{O}} \text{3-NH}_2\text{-2-[(2'-cyanobiphenyl-4-yl)methylamino]-C}_6\text{H}_3\text{CO}_2\text{CH}_3\ \mathbf{(48)}\ (64\%\sim79\%)$$ [82]

用价廉易得的无水甲酸铵作为供氢体，可广泛用于脂肪及芳香硝基物的还原，简单快速，收率高，如下列化合物 **(49)** 的合成。

$$HOOC\text{-}C_6H_4\text{-}NO_2 \xrightarrow[\text{r.t.}]{HCOONH_4/Pd\text{-}C/CH_3OH} HOOC\text{-}C_6H_4\text{-}NH_2\ \mathbf{(49)}\quad (93\%)$$ [83]

4. 金属复氢化物为还原剂

(1) 反应通式

$$R—NO_2 \xrightarrow{\text{金属复氢化物}} R—NH_2$$

(2) 反应机理

用金属复氢化物还原硝基化合物的反应属于亲核反应机理，参见本章第一节相关内容。

$$2RNO_2+3LiAlH_4 \longrightarrow (RN)_2LiAl+2LiAlO_2+6H_2$$

$$2ArNO_2+2LiAlH_4 \longrightarrow ArH{=}NAr+2LiAlO_2+4H_2$$

$$2Ar—N{=}N(\rightarrow O)—Ar+LiAlH_4 \longrightarrow 2ArN{=}NAr+LiAlO_2+2H_2$$

(3) 应用特点

$LiAlH_4$或 $LiAlH_4/AlCl_3$混合物均能有效地还原脂肪族硝基化合物为氨基物；芳香族硝基化合物用 $LiAlH_4$还原时，通常得偶氮化合物，如与 $AlCl_3$合用，则仍可还原成胺。

$$CH_3CH(NO_2)CH_2CH_3 \xrightarrow{LiAlH_4/Et_2O} CH_3CH(NH_2)CH_2CH_3\quad (85\%)$$ [84]

硝基化合物一般不被硼氢化钠所还原，若在催化剂如硅酸盐、钯、二氯化钴等存在下，则可还原硝基化合物为胺。硫代硼氢化钠是还原芳香族硝基化合物十分有效的还原剂，而不影响分子中存在的氰基、卤素和烯键，如下列化合物 **(50)** 的合成。

$$3\text{-}(H_2C{=}HC)C_6H_4NO_2 \xrightarrow[\text{heat}]{NaBH_2S_3/THF} 3\text{-}(H_2C{=}HC)C_6H_4NH_2\ \mathbf{(50)}\quad (85\%)$$ [85]

二、其他含氮化合物的还原

1. 偶氮化合物的还原

偶氮、氧化偶氮和氢化偶氮等化合物，通过氮-氮键的还原氢解，均可还原为伯胺。

(1) 反应通式

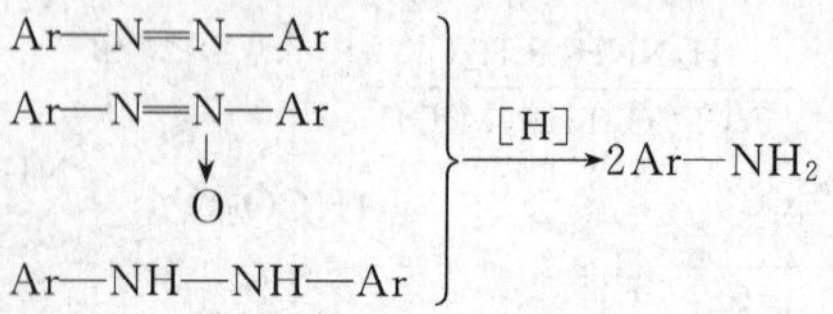

$$\left.\begin{array}{l} Ar-N=N-Ar \\ Ar-N=\underset{\downarrow}{N}-Ar \\ \quad\quad\quad\; O \\ Ar-NH-NH-Ar \end{array}\right\} \xrightarrow{[H]} 2Ar-NH_2$$

(2) 反应机理

偶氮化合物的还原类似于硝基化合物。用活泼金属来还原偶氮物的机理，是在金属表面进行电子得失的转移过程。催化氢化也可通过活化机理还原偶氮基为氨基。

(3) 影响因素

催化氢化法、活泼金属以及连二亚硫酸钠是最常用的还原剂；硼烷可在温和条件下还原偶氮化合物而不影响分子中的硝基；金属氢化物通常不能还原偶氮化合物。

(4) 应用特点——芳胺的制备

由于偶氮化合物易由活泼的芳香族化合物与重氮盐偶合反应而得，因此，本合成法提供了一个间接的定位引入氨基至活泼芳香族化合物上的方法，得到不混入位置异构体的纯粹芳胺。如：在 Pd-C 催化下，用肼作为供氢体可得到化合物 **(51)**。

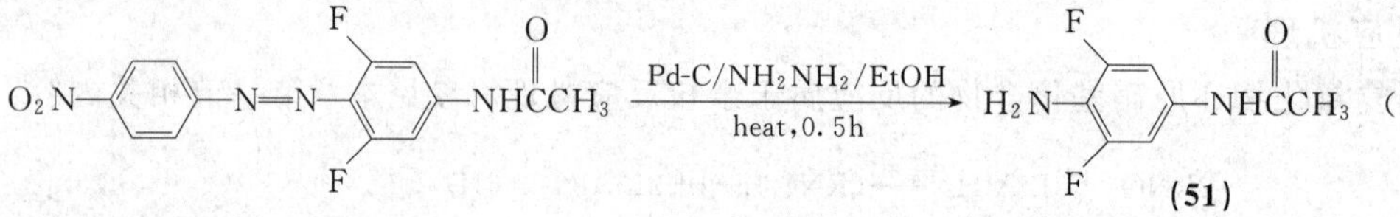

$O_2N-C_6H_4-N=N-C_6H_2F_2-NHCOCH_3 \xrightarrow[\text{heat, 0.5h}]{Pd\text{-}C/NH_2NH_2/EtOH} H_2N-C_6H_2F_2-NHCOCH_3$ (72%) [86]

(51)

2. 叠氮化合物的还原

叠氮化合物可被多种还原剂还原为伯胺，催化氢化、金属氢化物、三苯基膦、硅烷等是最常用的还原方法或还原剂。

(1) 反应通式

$$R-N_3 \xrightarrow{[H]} R-NH_2$$

(2) 反应机理

叠氮化合物的还原过程经历了氮氮不饱和键的还原、氢解或者自由基取代过程。

(3) 应用特点

催化氢化还原中，常用催化剂为活性镍和钯。如降压药贝那普利（Benazepril）中间体 **(52)** 的制备。

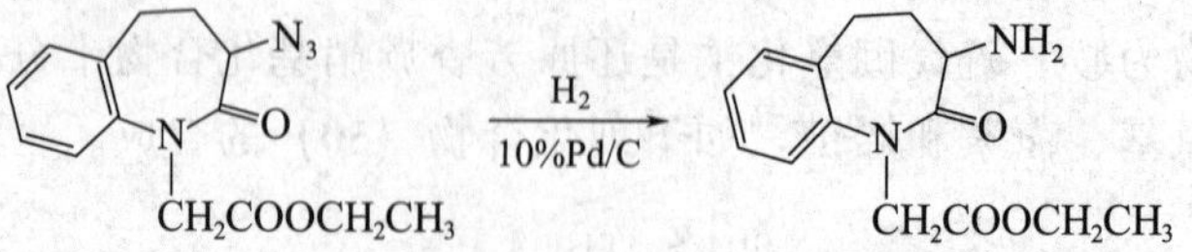

3-叠氮-1-($CH_2COOCH_2CH_3$)-苯并氮杂䓬-2-酮 $\xrightarrow[10\%Pd/C]{H_2}$ 3-氨基-1-($CH_2COOCH_2CH_3$)-苯并氮杂䓬-2-酮 [87]

(52)

氢化铝锂、硼氢化钠、乙硼烷等均能使叠氮化合物还原为胺。通常，用氢化铝锂还原时，反应较易进行，但选择性不好，分子中的羰基同时被还原，如下列止吐药左舒必利（Levosulpiride）中间体的合成。

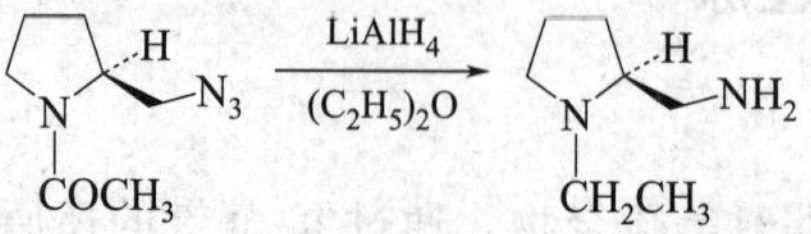

N-$COCH_3$-2-(CH_2N_3)吡咯烷 $\xrightarrow[(C_2H_5)_2O]{LiAlH_4}$ N-CH_2CH_3-2-(CH_2NH_2)吡咯烷 [88]

若选用硼氢化钠或乙硼烷对叠氮基进行还原，选择性较好，分子中的羰基不受影响。

$$\text{R}'\text{-}C_6H_3(\text{COR})(N_3) \xrightarrow{NaBH_4/EtOH} \text{R}'\text{-}C_6H_3(\text{COR})(NH_2) \quad (74\%) \qquad [89]$$

用三苯膦还原叠氮化合物的 Staudinger 还原反应，若反应体系中存在水，还原产物为伯胺；该反应具有反应条件温和、选择性好等特点。抗病毒药物奥司他韦（Oseltamivir）最后一步的合成便采用了该方法。

$$\text{(叠氮中间体, }N_3\text{)} \xrightarrow[THF,H_2O]{PPh_3} \text{(奥司他韦, }NH_2\text{)} \quad (98\%) \qquad [90]$$

三乙基硅烷（TES）在巯基化合物存在下，有偶氮二环己基甲腈（ACCN）作自由基引发剂时，也可将叠氮基还原成氨基，将芳香叠氮化合物还原成芳伯胺转化率很高。

$$R\text{-}C_6H_4\text{-}N_3 \xrightarrow[tert\text{-}C_{12}H_{25}SH]{Et_3SiH/ACCN} [R\text{-}C_6H_4\text{-}NHSiEt_3] \xrightarrow{H_2O} R\text{-}C_6H_4\text{-}NH_2 \quad (>98\%) \qquad [91]$$

$(R=OCH_3、CH_3、H、CN、F、Cl)$

第六节　氢解反应

氢解反应通常是指在还原反应中碳-杂键（或碳-碳键）断裂，由氢取代离去的杂原子（碳原子）或基团而生成相应烃的反应。氢解反应主要应用催化氢化法，在某些条件下，也可用化学还原法完成。

一、脱卤氢解

1. 反应通式

$$\text{—}\overset{|}{\underset{|}{C}}\text{—}X \xrightarrow[\text{或 化学还原}]{\text{催化氢化}} \text{—}\overset{|}{\underset{|}{C}}\text{—}H + HX \quad (X=\text{卤原子})$$

2. 反应机理：利用催化氢化的脱卤氢解

利用催化氢化的脱卤氢解反应机理为：卤代烃通过氧化加成机理与活性金属催化剂形成有机金属络合物，再按催化氢化机理反应得氢解产物。

$$R\text{—}X + Pd^0 \longrightarrow R\text{—}PdX \xrightarrow{H_2} R\text{—}\overset{H}{\underset{H}{Pd}}X \longrightarrow R\text{—}H + HX + Pd^0$$

化学还原的脱卤氢解反应机理参见本章第一节相关内容。

3. 影响因素

卤代烃的氢解活性由两方面因素所决定，即卤原子活性和卤原子在分子中所处的位置。

(1) 卤原子活性

从取代的卤原子来看，活性顺序为碘＞溴＞氯≫氟。

(2) 卤原子在分子中所处的位置

酰卤、α-位有吸电子基的卤原子、苄位或烯丙位卤原子和芳环上电子云密度较小位置的卤原子易发生氢解。酮、腈、硝基、羧酸、酯和磺酸基等的α-位卤原子，均易发生氢解。

4. 应用特点

(1) 脱卤氢解常用方法

① 催化氢化

催化氢化是脱卤氢解最常用的方法，钯为首选催化剂，镍因易受卤素离子的毒化，一般需增大用量比。氢解后的卤素离子，特别是氟离子，可使催化剂中毒，故一般不用于C—F键的氢解。在还原过程中，通常用碱中和生成的卤化氢，否则氢解反应速率将减慢甚至停滞。

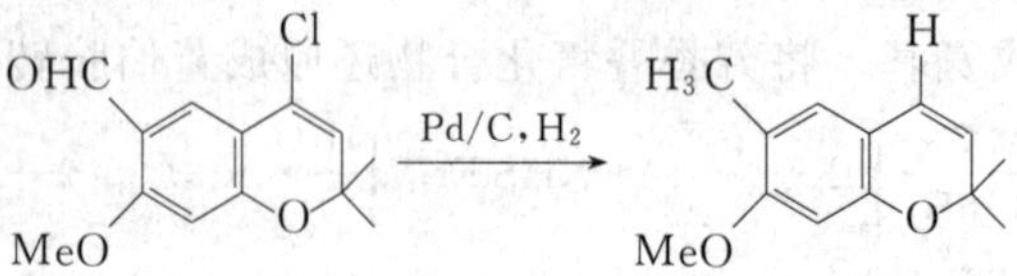

Cl, OHC, MeO —($Pd/C, H_2$)→ H, H_3C, MeO (92%) [92]

② 活泼金属还原

活泼金属（如锌粉、Al-Ni合金等）在一定反应条件下，也可发生脱卤氢解。

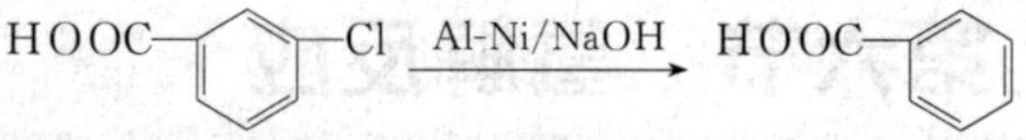

HOOC—C₆H₄—Cl —(Al-Ni/NaOH)→ HOOC—C₆H₅ (100%) [93]

③ 金属复氢化物还原

氢化铝锂、硼氢化钠等金属氢化物，在非质子溶剂中，可用于卤代烃的氢解。其中，氢化铝锂具有更强的还原能力，可用于C-F键的氢解。

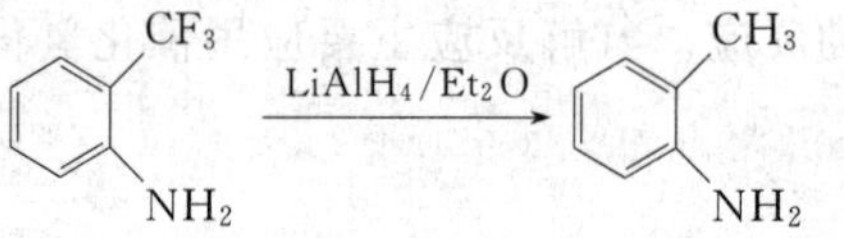

CF_3, NH_2 —($LiAlH_4/Et_2O$)→ CH_3, NH_2 (80%) [94]

(2) 反应的选择性

在不饱和杂环化合物中，相同卤原子的选择性氢解往往与卤原子的位置有关，如2-羟基-4,7-二氯喹啉（**53**）的氢解，其分子中有两个氯原子，因为吡啶环上氮原子的吸电子作用，使4位的电子云密度降低，其相对氢解活性较7位大，故能选择性地氢解4位的氯而生成2-羟基-7-氯喹啉（**54**）。

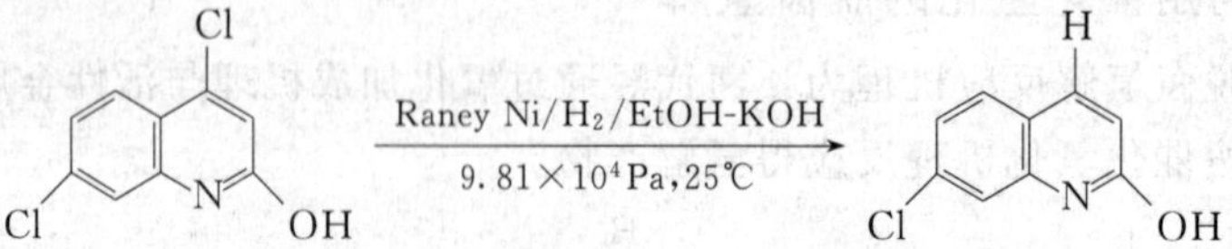

Cl, Cl, N, OH (**53**) —($Raney\ Ni/H_2/EtOH\text{-}KOH$; $9.81\times10^4Pa, 25℃$)→ H, Cl, N, OH (**54**) (93%) [95]

二、脱苄氢解

苄基或取代苄基与氧、氮或硫连接而成的醇、醚、酯、苄胺、硫醚等，均可通过氢解反应脱去苄基生成相应的烃、醇、酸、胺等化合物，此反应称脱苄反应（debenzylation reaction）。

1. 反应通式

$$\text{PhCH(R)—X—R'} \xrightarrow{\text{Pd-C/H}_2} \text{PhCH}_2\text{(R)} + \text{HX—R'}$$

($R=H、CH_3$ 等;X=O、N、S;$R'=H、CH_3、AcO$ 等)

2. 反应机理

催化脱苄氢解反应机理与脱卤氢解相似，见本章第六节脱卤催化氢解的相关内容。

3. 影响因素

在脱苄氢解反应中，底物化学结构对氢解速率有较大影响。如：苄基与氮或氧相连时，脱苄反应的活性因结构不同而有如下顺序：

$$\text{PhCH}_2\text{—N}^{\oplus}\text{<} > \text{PhCH}_2\text{O—} > \text{PhCH}_2\text{—N(R)R'} > \text{PhCH}_2\text{—NH—R}$$

利用其活性差异，可进行选择性脱苄。如：孤啡肽受体（nociceptin receptor）激动剂中间体（**55**）的制备。

$$\xrightarrow[\text{MeOH}]{\text{Pd(OH)}_2\text{, HCOONH}_4}$$ [96]

(**55**)

4. 应用特点

脱苄反应可在中性条件下氢解脱保护基，不致引起肽键或其他对酸、碱水解敏感结构的变化，因而在小分子药物、多肽药物和天然药物的合成中得到广泛应用。如治疗青光眼药物倍他洛尔（Betazon）中间体（**56**）的制备。

$$\xrightarrow[\text{EtOH}]{\text{Pd/C,H}_2}$$ [97]

(**56**)

控制好反应条件，也可一步同时脱多部位保护基。如降血糖药物米格列醇（Miglitol）合成中的最后一步采用催化氢化一步脱 4 个部位的苄基。

$$\xrightarrow[\text{C}_2\text{H}_5\text{OH,CHCl}_3]{10\%\text{Pd(OH)}_2\text{/C,H}_2}$$ (91%) [98]

三、脱硫氢解

硫醇、硫醚、二硫化物、亚砜、砜、含硫杂环化合物等在一定条件下可使 C—S 键断裂，发生氢解脱硫。

1. 反应通式

$$\begin{matrix}\text{R—S—R'} \\ \text{R—S—S—R'}\end{matrix} \xrightarrow[\text{或化学还原}]{\text{催化氢化}} \begin{matrix}\text{R—H+HS—R'} \\ \text{R—SH+HS—R'}\end{matrix}$$ ($R,R'=H$、烷基、芳基等)

2. 反应机理

利用催化氢化或化学还原法的脱硫氢解反应机理与脱卤氢解相似，见本章第六节脱卤还原反应机理相关内容。

3. 影响因素

脱硫氢解可用化学还原法（如复氢化物、锌-乙酸、三苯基膦等）或催化氢化法，其中催化氢化常用新制备的含大量氢的活性镍，钯和铂等贵金属催化剂易受硫化物毒化，一般很少使用。

(1) 催化氢化法

2位无取代的嘧啶衍生物常用氢解脱硫方法合成。

$$\xrightarrow{\text{Raney Ni}/H_2} \quad (75\%) \qquad [99]$$

(2) 化学还原法

采用化学还原法来还原氢解二硫化物是制备硫醇的最常用方法。常用锌-乙酸、复氢化物等还原剂。如化合物 **(57)** 在锌-乙酸作用下，氢解还原得邻巯基苯甲酸 **(58)**。

$$\textbf{(57)} \xrightarrow[\text{heat}]{\text{Zn/HOAc}} \textbf{(58)} \quad (84\%) \qquad [100]$$

三苯膦亦是二硫化物的温和还原剂，芳环上存在的硝基不受影响。

$$O_2N-C_6H_4-S-S-C_6H_4-NO_2 \xrightarrow[25℃]{Ph_3P/H_2O/Diox} 2O_2N-C_6H_4-SH \quad (77\%) \qquad [101]$$

4. 应用特点

(1) 将羰基化合物转化为烷烃

硫缩酮氢解脱硫，是将羰基转变为亚甲基的常用方法之一；特别是 α,β-不饱和酮及 α-杂原子取代酮的选择性还原，条件温和、收率较好。如化合物 **(59)** 与乙二硫醇反应生成硫缩酮 **(60)**，在活性镍存在下，于乙醇中回流，氢解脱硫而得烃。

$$\textbf{(59)} \xrightarrow[0℃]{HSCH_2CH_2SH/BF_3\text{-}Et_2O} \textbf{(60)} \xrightarrow[\text{reflux}]{\text{Raney Ni/EtOH}} \quad (74\%) \qquad [102]$$

(2) 硫醇类化合物的制备

二硫化物可还原氢解为二分子硫醇，是制备硫醇的最常用方法。如降血脂药物普罗布考中间体的合成。

$$\xrightarrow{\text{Zn/HCl}} \quad (94.5\%) \qquad [103]$$

第七节　还原反应在化学药物合成中应用实例

一、化学药物拉米夫定简介

1. 抗病毒药物拉米夫定的发现、上市和临床应用

拉米夫定（Lamivudine，又称3TC），是由加拿大Biochem Pharma公司研制的胞嘧啶核苷类似物抗病毒药物，对RNA逆转录酶和DNA聚合酶有抑制作用。由葛兰素威康公司（Glaxo Wellcome）于1995年首次在美国以抗艾滋病药物批准上市。1996年在英国上市，临床用于治疗慢性乙型肝炎。该药是第一个被批准的治疗慢性乙型肝炎的口服药。中国食品药品监督管理局（SFDA）及美国FDA于1998年底批准拉米夫定用于治疗慢性乙型肝炎。

1996年，拉米夫定在我国启动Ⅰ至Ⅱ期临床试验，1998年12月被我国SFDA批准为一类新药。1999年在中国注册上市，并获得在中国生产的证书。开发公司（葛兰素史克公司）也于2001年11月起将其主要产品贺普丁（拉米夫定）放在中国苏州生产，实现贺普丁的国产化并应用于临床。

拉米夫定同时具有抗HIV及HBV的作用，并与其他抗病毒药物或蛋白酶抑制剂联合用药，可更有效治疗艾滋病，成为目前治疗艾滋病的一线药物，在WHO推荐的艾滋病鸡尾酒疗法中，拉米夫定是其中必需成员。

2. 拉米夫定的通用名、商品名、化学名和结构式

通用名：拉米夫定（Lamivudine，又称3TC）；商品名：贺普丁（Epivir，Heptodin，Heptovir，Zeffix）；化学名：（2*R*-顺式）-4-氨基-1-(2-羟甲基-1,3-氧硫杂环戊-5-基)-1*H*-嘧啶-2-酮。结构式见以下拉米夫定合成路线的最终产物。

3. 拉米夫定的合成路线

拉米夫定的合成方法报道较多，目前较为可行的方法为以L-薄荷醇及乙醛酸为原料，经过酯化、环合、酰化、偶合、还原总共5步反应得到最终产物拉米夫定[104~107]。

(—)-Menthol
浓H_2SO_4/Heptane
HOAc/Tol
$SOCl_2$
DMF
HMDS
$LiAlH_4$
THF
拉米夫定

二、还原反应在拉米夫定合成中应用实例[104]

1. 反应式

$$\mathbf{1} \xrightarrow[\text{THF}]{\text{LiAlH}_4} \mathbf{2}$$

2. 反应操作

将 19mg（0.5mmol）氢化铝锂① 和 2.0mL 无水四氢呋喃② 加入干燥的反应瓶中。室温下搅拌，在氩气保护下滴加 67mg（0.18mmol）的化合物 1 溶于 1.0mL 无水四氢呋喃的溶液③。滴完后继续搅拌 30min。反应完成后，向反应液中依次加入 3.0mL 甲醇④ 和 0.5g 硅胶，于室温继续搅拌 30min，将反应液用装有硅藻土和硅胶的短柱纯化，用 50mL 洗脱液（乙酸乙酯-正己烷-甲醇＝1∶1∶1）。收集洗脱液，减压浓缩，浓缩物再次经硅胶柱纯化（洗脱液：乙酸乙酯-正己烷-甲醇＝1∶1∶1），收集洗脱液并减压浓缩，用甲苯共沸脱水，冷却后析出 38.0g 固体 2（94%）。再用乙酸乙酯-甲醇重结晶，得白色晶体 2。$[\alpha]_D^{22}$-135°（*c* 1.01，MeOH）；m. p. 158～160℃⑤。

3. 操作原理和注解

(1) 操作原理

羧酸酯与 $LiAlH_4$ 的还原反应机理是负氢离子的亲核加成反应。

$$R-C(=O)OR' + \overset{\ominus}{A}lH_3(H) \longrightarrow R-CH(OR')-O\overset{\ominus}{A}lH_3 \longrightarrow R-CH=O + R'O\overset{\ominus}{A}lH_3$$

a：$$R-CH=O + H\overset{\ominus}{A}lH_2OR' \longrightarrow RCH_2O-\overset{\ominus}{A}lH_2OR' \xrightarrow{RCHO} \xrightarrow{RCHO} RCH_2O-\overset{\ominus}{A}l(OR')(OCH_2R)_2 \xrightarrow[\text{或 } H_2O]{CH_3OH} 3RCH_2OH$$

b：$$R-CH=O + H\overset{\ominus}{A}lH_3 \longrightarrow RCH_2O-\overset{\ominus}{A}lH_3 \xrightarrow{RCHO} \xrightarrow{RCHO} \xrightarrow{RCHO} RCH_2O-\overset{\ominus}{A}l(OCH_2R)_3 \xrightarrow[\text{或 } H_2O]{CH_3OH} 4RCH_2OH$$

(2) 注解

① 还原试剂的选择：氢化铝锂（$LiAlH_4$）是络合金属氢化物中作用最强的还原剂，其应用广泛，可将羧酸酯快速还原为醇。

② 反应溶剂的选择：因氢化铝锂遇水、酸或含羟基、巯基等化合物时可迅速分解放出氢而形成相应的铝盐，所以采用了无水和没有这些官能团的四氢呋喃作溶剂。

③ 反应体系的防水处理：装置要作无水干燥的预处理。在反应中通氩气先排空反应体系中的空气，又在氩气保护下反应，这样可有效地防止空气中的水分对还原剂的破坏。

④ 后处理方式的适当选择：反应后用甲醇处理。一方面醇解中间体烷氧铝负离子，得到最终醇化合物拉米夫定；另一方面，过量的甲醇可处理未反应完的 $LiAlH_4$ 试剂。如用含水试剂后处理，则生成颗粒状

的偏铝酸，不便于柱色谱分离。

⑤ 还原试剂的选择：氢化铝锂在金属复氢化物中还原活性是最强的，收率可能也较高，很适合于实验室小规模的研究性反应。但因其参与的还原反应具体操作要求非常严格，特别是在无水操作方面，且价格也较贵，工业上实施起来难度较大，成本较高，所以工业上药物合成常采用活性稍低、价格较便宜、更易操作（无需无水操作）和安全的硼氢化物还原酯成醇。拉米夫定的工业生产实际多采用 $NaBH_4$ 还原酯成醇，可参考文献［105］。

主要参考书

［1］（a）钟裕国．还原反应．//闻韧主编．药物合成反应．北京：化学工业出版社，1988.399-466；（b）钟裕国，严忠勤．还原反应．//闻韧主编．药物合成反应．第 2 版．北京：化学工业出版社，2003.354-415；（c）钟裕国，邓勇．还原反应．//闻韧主编．药物合成反应．第 3 版．北京：化学工业出版社，2010.250-292.

［2］ Kurti L, et al. "Strategic Application of Named Reactions in Organic Synthesis", Academic Press/Elsevier Science, 2005.

［3］ Francis A C, et al. Advanced Organic Chemistry, 4th ed. (part B), Kluwer Academic/Plenum Publishers, 2000. 249-329.

［4］ 钱延龙，陈新滋．金属有机化学与催化．北京：化学工业出版社，1997.233-264.

［5］ 李正化．有机药物合成原理．北京：人民卫生出版社，1985.163-186，832-932.

［6］ 王葆仁．有机合成反应：上册．北京：科学出版社，1981.102～250.

参考文献

［1］ METCALF B W, et al. US, patent, 3960927 (1976-06-01)

［2］ Augustine R L. *J. Org. Chem.*, 1958, **23** (12): 1853-1856

［3］ WELCH JR WILLARD M, et al. *US*, *patent*, 4536518 (1985-08-20)

［4］ Siegel S, Gerard V S. *J. Am. Chem. Soc.*, 1960, **82**: 6082

［5］ Collins D. *J. Austra. J. Chem.*, 1983, **36**: 619

［6］ Braude E A, Mitchell H. *J. Chem. Soc.*, 1954, 3578

［7］ Sabui S K, Venkateswaran R V. *Tetrahedron.*, 2003, **59** (42): 8375-8381

［8］ Shen R, et al. *J. Am. Chem. Soc.*, 2011, **133** (42): 17037-17044

［9］ Knowles W S, Sabacky M J. *J Chem Soc*, *Chem Comm.*, 1968, **7**: 942-945.

［10］ Guillen F, Fiaud J C. *Tetrahedron Lett.*, 1999, **40**, 2939.

［11］ Miguel A E, Luis A O. *Chem Rev.*, 1998, **98**: 577

［12］ Chan A S C. US, *Patent*, 4994607, 1991

［13］ Hunig S, et al. *Tetra. Lett.*, 1961: 353

［14］ Corey E J, et al. *J. Am. Chem. Soc.*, 1961, **83**: 2957

［15］ Barrie J, David R. *J. Org. Chem.*, 2009, **74**: 3186-3188

［16］ Van Tamelen E E, et al. *J. Am. Chem. Soc.*, 1961, **83**: 4302

［17］ Brown H C, Sharp R L. *J. Am. Chem. Soc.*, 1966, **88**: 5851

［18］ Brown H C, Subba Rao B C. *J. Am. Chem. Soc.*, 1959, **81**: 6432

［19］ Hisashi S, et al. *J. Med. Chem.*, 1989, **32**: 1436

［20］ Francis J, et al. *J. Am*, *Chem. Soc.*, 1964, **86**: 118

［21］ Ziminermen H E. *Tetrahedron.*, 1961, 16: 169

［22］ Djerassi C L, et al. *J. Am. Chem. Soc.*, 1954, **76**: 4092

［23］ Stork G, William N M. *J. Am. Chem. Soc.*, 1956, **78**: 4606

［24］ Read R R, et al. *Org. Synth.*, 1955, **CV 3**: 444

［25］ Xue-Min Gao, et al. *Chinese J Pharmaceuticals.*, 1989, **20** (11): 486-48

[26] Martin E L. *Org. Synth.*, 1943, **CV 2**: 499
[27] Bubl EC, et al. J Am Chem Soc., 1951, **73** (10): 4972
[28] Mme Iréne Elphimoff-Felkin, Pierre Sarda. *Tetrahedron Letters.*, 1969, **35**: 3045～3048
[29] Yamamura S, et al. *Org. Synth.*, 1988, **CV 6**: 289
[30] BUN HOI NGUYEN PHUC; CAMILLE BEAUDET. US, Patent, 3012042 (1961-12-05)
[31] Lechtfouse E, Albrecht P. *Tetrahedron.*, 1994, **50**: 1731
[32] Groundon M F. *J. Chem. Soc.*, 1963: 1855
[33] Hutchins R O, et al. *J. Am. Chem. Soc.*, 1973, **95**: 3662
[34] Nystrom R F, Berger C R. *J. Am. Chem . Soc.*, 1958, **80**: 2896
[35] Liu J, et al. W O, *patent*, 2010022313 (2010-02-25)
[36] Breuer E. *Tetra. Lett.*, 1967, **20**: 1849
[37] Prashad M, et al. *Org Process Res Dev.*, 2006, **10** (1): 135-141
[38] Berney D. US, patent, 4282251 (1981-08-04)
[39] Silva Guisasola LO, et al. EP, *patent*, 2128161 (2009)
[40] Meerwein H, Schmidt R. Ann., 1925, **444**: 221
[41] Karabinos J V, Hudson C S. *J Am. Chem. Soc.*, 1953, **75**: 4324
[42] Mc Elvain, Rorig K. *J Am. Chem. Soc.*, 1948, **70**: 1828
[43] Yamada S, et al. *Chem. Pharm. Bull.*, 1962, **10**: 680 \
[44] Noyori R. *Tetrahedron.*, 1994, **50**: 4259
[45] Noyori R. *Science.*, 1990, **248**: 1194
[46] Xiaoyong Zhang, et al. *J. Am. Chem. Soc.*, 1993, **115**: 3318
[47] Everaere K, et al. *Tetrahedron: Asymmetry.*, 1998, **9**: 2971-2974
[48] Mizushima E, et al. *Journal of Molecular Catalysis A: Chemical*. 1999, **149**: 43-49
[49] Bin H, et al. *Eur, J. Med. Chem.*, 2001, **36**: 265
[50] Bach R D. *J. Org. Chem.*, 1968, **33**: 1647
[51] Franck S, et al. *Org. Lett.*, 2002, **4**: 3619
[52] Rachin A L, et al. *Org. Synth.*, 1971, **51**: 8
[53] Burgstahler A W, et al. *Synthesis.*, 1976: 767
[54] Andrew S K, et al. *Org. React.*, 1988, **36**: 285
[55] Brown H C, et al. *J. Am. Chem. Soc.*, 1956, **78**: 2582
[56] Kikugawa Y, et al. *Chem. Lett.*, 1975: 1029
[57] ALMET CORP, et al. WO, *patent*, 2008087666A1 (2008-07-24)
[58] Manske R H. *Org. Synth.* 1943, Coll., **2**: 154
[59] Zakharkin L I, et al. *Tetra. Lett.*, 1963: 2087
[60] Weissman P M, et al. *J. Org. Chem.*, 1966, **31**: 283
[61] Sheehan J C, et al. *J. Am. Chem. Soc.*, 1953, **75**: 6231
[62] Wasserman E, *J. Am. Chem. Soc.*, 1960, **82**: 4433
[63] Weinreb S M, Auerbach J. *J Am Chem Soc.*, 1975, **97**: 2503
[64] Umino W, et al. *Tetra. Let.*, 1969: 4555
[65] Brown H C, et al. *J. Org. Chem.*, 1973, **38**: 912
[66] Chopra T J, et al. WO, patent, 2008075165 (2008)
[67] Nystrom R F, et al. *J. Am. Chem. Soc.*, 1948, **70**: 3738
[68] Maurice P, et al. *Bull. Soc. Chim. Franc.*, 1959: 1996
[69] Brown H C, et al. *J. Am. Chem. Soc.*, 1960, **82**: 681
[70] Sarel S, et al. *J. Am. Chem. Soc.*, 1956, **78**: 5416
[71] Brown H C, et al. *J. Am. Chem. Soc.*, 1956, **78**: 2582

[72] Walker E R, et al. *Chem. Soc. Rev.*, 1976, **5**: 23
[73] Yoo N M, et al. *J. Org. Chem.*, 1973, **38**: 2786
[74] Lane C F. *Chem. Rev.*, 1976, **76**: 769
[75] Bailey D M, et al. *J. Org. Chem.*, 1970, **35**: 3574
[76] K. Kondo et al. *Bioorg. Med. Chem.*, 1999, **7**: 1743～1754
[77] Dunwell D W, et al. *J. Med. Chem.*, 1975, **18**: 53
[78] Hartman W W, et al. *Org. Syn. Coll.*, 1955, **3**: 82
[79] Venkateshappa C, et al. *Organic Process Research & Development*. 2007, **11**: 813-816
[80] Larsen AA, et al. *J Med. Chem.*, 1969, **10** (3): 462-472
[81] Brown B B, Schilling Fredericr A E. US, patent, 3535382 (1970-10-20)
[82] Kubok, et al. *J Med. Chem.*, 1993, **36** (15): 2182-2195
[83] Ram S, et al. *Tetra. Lett.*, 1984, **25**: 3415
[84] Nystrom R F, et al. *J. Am. Chem Soc.*, 1948, **70**: 3738
[85] Lalancette T M, et al. *Can. J. Chem.*, 1971, **49**: 2990
[86] Ichikawa H, et al. *J. Org. Chem.*, 1965, **30**: 3878
[87] Watthey W H, et al. *J. Med. Chem.*, 1985, **28**: 1511
[88] KAPLAN JEAN-PIERRE, et al. DE, patent, 2735036, 1978
[89] Nabih L, et al. *J. Pharm. Soc.*, 1971, **60**: 156
[90] Ko J S, et al. *J. Org. Chem.*, 2010, **75**: 7006
[91] Luisa B, et al. *J. Org. Chem.*, 2005, **70**: 3046
[92] Eszenyi T, et al. *Syn. Commun.*, 1990, **20**: 3219
[93] Schwenk E, et al. *J. Org. Chem.*, 1944, **9**: 1
[94] Glilman N, et al. *J. Chem. Soc. Chem. Commun.*, 1971, 465
[95] Lutz R E., et al. *J. Am. Chem. Soc.*, 1946, **68**: 1322
[96] Ginny D H, et al. *Bioorg. & Med. Chem. Lett.*, 2007, **17**: 3028
[97] HONGMIN LIU, JINGYU ZHANG. CN, patent, 101085742A, 2007
[98] Zhen-Xing Z, et al. *Tetrahedron Lett.*, 2011, **52** (29): 3802-3804
[99] Boailand M P V, et al. *J. Chem. Soc.*, 1951: 1218
[100] Yokota K. US, patent, 20040116734
[101] Overman L E. *Synthesis.*, 1974: 59
[102] Sondheimer F, et al. *Can. J. Chem.*, 1959, **37**: 1870
[103] Fujisawa T, et al. *Synthesis*, 1973: 38
[104] Jin H, et al. *J Org Chem.*, 1995, **60**: 2621-2623
[105] Goodyear M D, et al. WO, patent, 9529174A1 (1995-11-02)
[106] Goodyear M D, et al. *Tetrahedron Letters.*, 2005, **46** (49): 8535-8538
[107] Mansour T, et al. US, patent, 5696254 (1997)

习　题

1. 根据以下指定原料、试剂和反应条件，写出其合成反应的主要产物。

(1) 1-环己烯基甲基酮 + $C_6H_5NH_2$ $\xrightarrow{NaBH_4\text{-}H_3BO_3}$

(2) C_6H_5COOH $\xrightarrow[2)\text{aq. HCl}]{1)\text{Na/液氨,EtOH}}$

(3) 4-OH-3-OCH_3-C_6H_3-CHO $\xrightarrow[KOH]{Zn\text{-}Hg}$

(4) 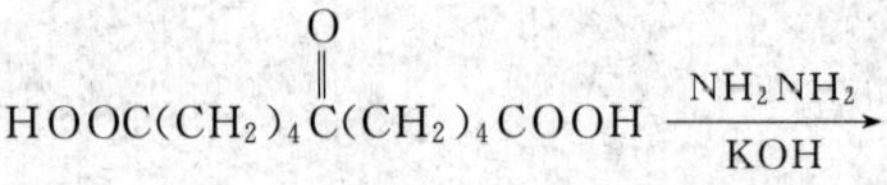 $HOOC(CH_2)_4\overset{O}{\overset{\|}{C}}(CH_2)_4COOH \xrightarrow[KOH]{NH_2NH_2}$

(5) 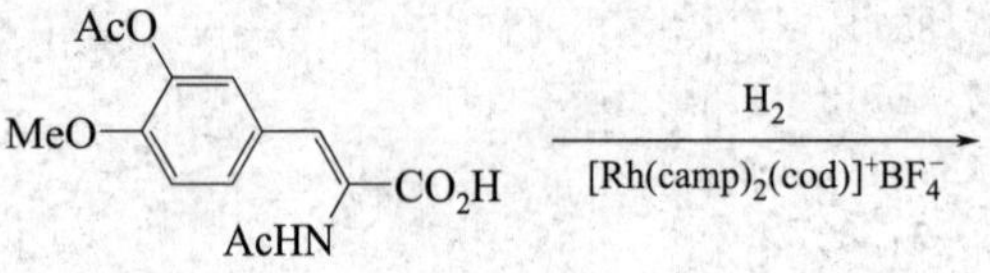 AcO, MeO, AcHN, CO_2H $\xrightarrow[[Rh(camp)_2(cod)]^+BF_4^-]{H_2}$

(6) 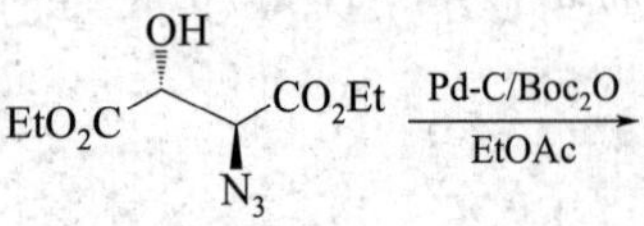 OH, EtO_2C, CO_2Et, N_3 $\xrightarrow[EtOAc]{Pd\text{-}C/Boc_2O}$

(7) 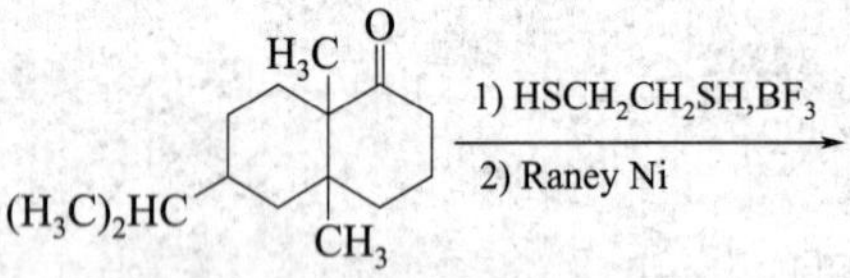 O, H_3C, $(H_3C)_2HC$, CH_3 $\xrightarrow[2)\ Raney\ Ni]{1)\ HSCH_2CH_2SH, BF_3}$

(8) 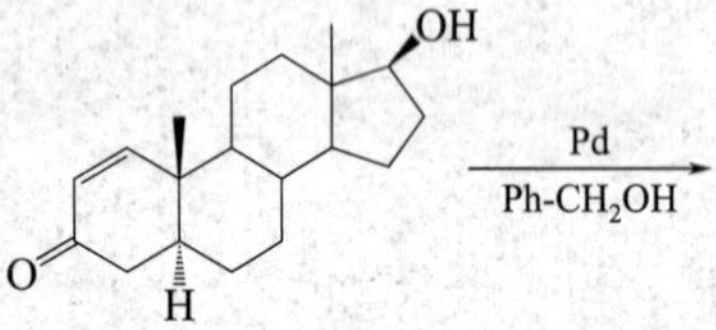 OH, O, H $\xrightarrow[Ph\text{-}CH_2OH]{Pd}$

(9) 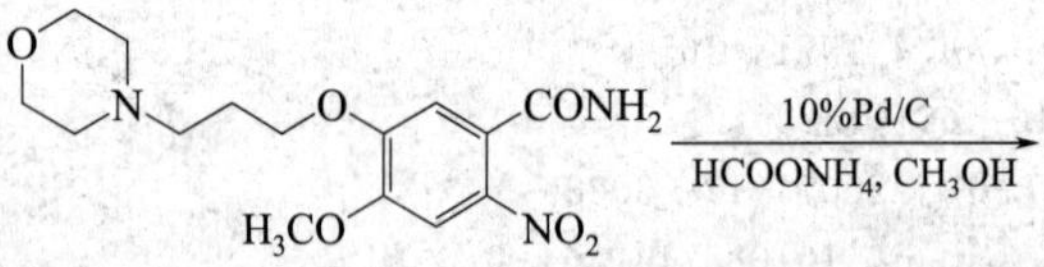 O, N, O, $CONH_2$, H_3CO, NO_2 $\xrightarrow[HCOONH_4,\ CH_3OH]{10\%Pd/C}$

(10) Br, $COOCH_3$ $\xrightarrow[PhNHCH_3, THF]{NaBH_4/ZnCl_2}$

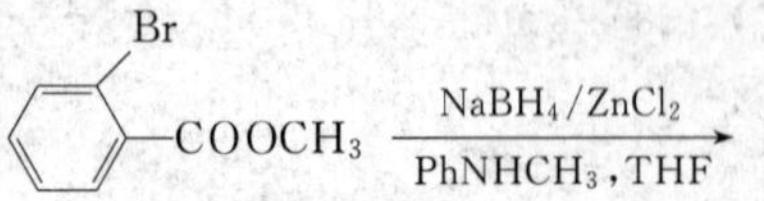

2. 在下列指定原料和产物的反应式中填入必需的化学试剂（或反应物）和反应条件。

(1) 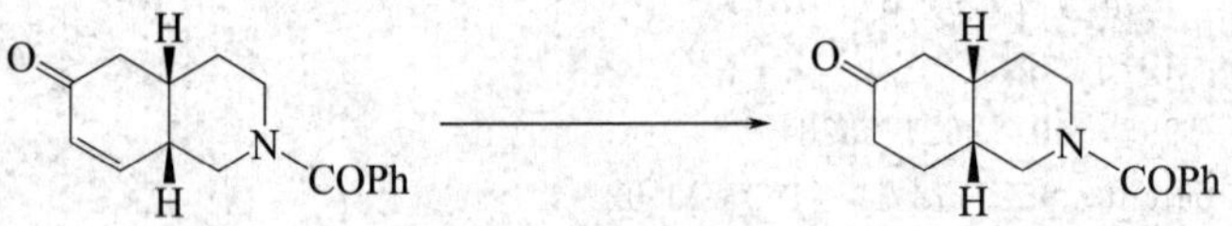 O, H, N, COPh, H $\longrightarrow$ O, H, N, COPh, H

(2) 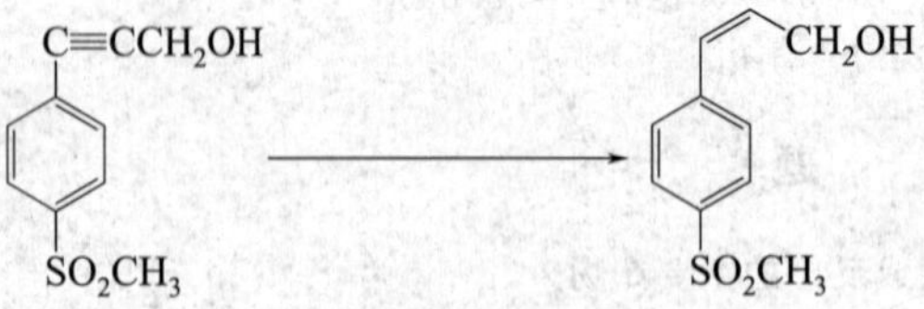 $C{\equiv}CCH_2OH$, SO_2CH_3 $\longrightarrow$ CH_2OH, SO_2CH_3

(3) COOH, OH $\longrightarrow$ COOH, OH

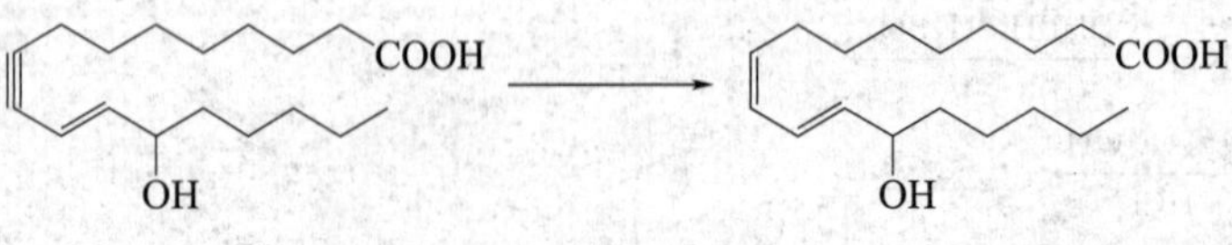

(4) 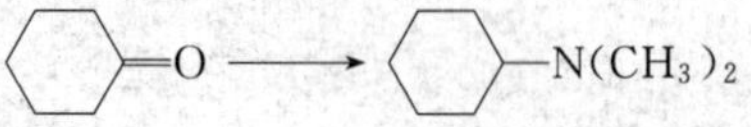 O $\longrightarrow$ $N(CH_3)_2$

(5) 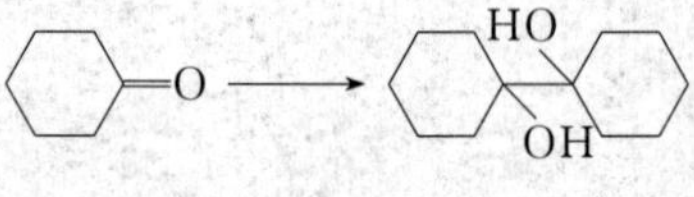 O $\longrightarrow$ HO, OH

(6) 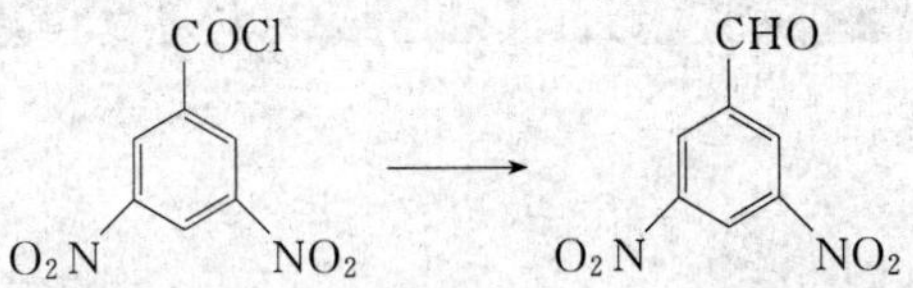 COCl, O_2N, NO_2 → CHO, O_2N, NO_2

(7) 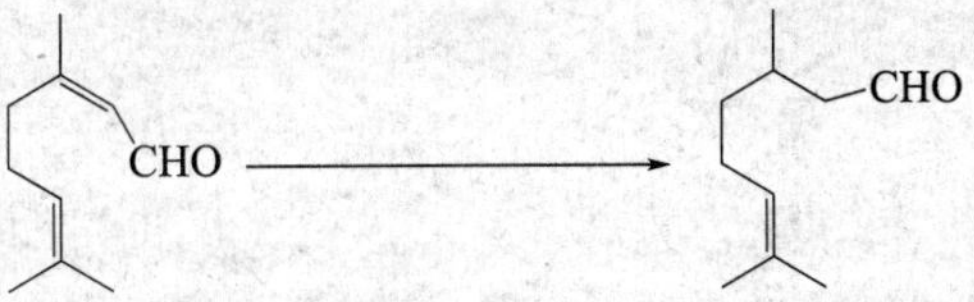 CHO → CHO

(8) 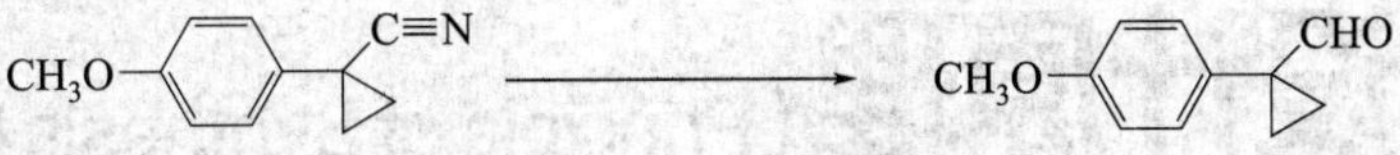 CH_3O, C≡N → CH_3O, CHO

(9) 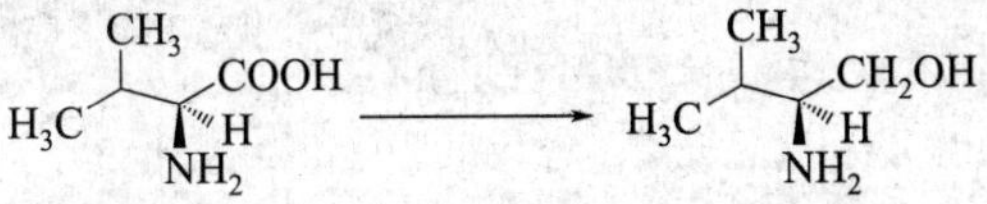 CH_3, H_3C, COOH, H, NH_2 → CH_3, H_3C, CH_2OH, H, NH_2

(10) 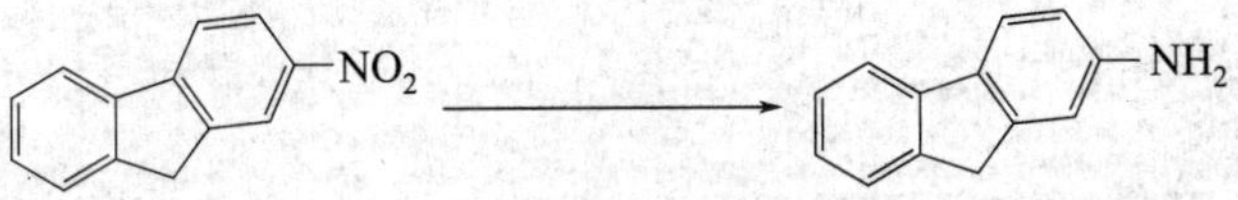 $-NO_2$ → $-NH_2$

3. 阅读（翻译）以下有关反应操作的原文，请在理解的基础上写出：(1) 此反应的完整反应式（原料、试剂和主要反应条件）；(2) 此反应的反应机理（历程）。

A dry, 2L, one-necked, round-bottomed flask is equipped with a 1L pressure-equalizing funnel and a large magnetic stirring bar. The system is flame-dried under an internal atmosphere of dry nitrogen. The flask is charged with 300mL of anhydrous tetrahydrofuran and 100g of monoethyl fumarate. The solution is then stirred under nitrogen and brought to about −5℃ using an ice-salt/methanol bath (−10℃). A 1mol/L solution of 700mL (0.70mol) of borane-tetrahydrofuran complex is cautiously added dropwise (rapid H_2 evolution occurs) with rigorous temperature control to avoid an exothermic reaction. The ice-salt bath is maintained in position throughout the 90min of addition. The stirred reaction mixture is then gradually allowed to warm to room temperature over the next 8-10h. The reaction is carefully quenched at room temperature by dropwise addition of 1∶1 water: acetic acid (ca. 20mL) with stirring until no more gas evolution occurs. The reaction is concentrated at room temperature and water pump pressure to a slurry by removal of most of the tetrahydrofuran. The slurry is carefully poured over a 20min period into 300mL of ice-cold, saturated sodium bicarbonate solution with mechanical stirring to avoid precipitation of solids, and the product is extracted with 300 mL of ethyl acetate. The aqueous layer is again extracted with 100mL of ethyl acetate. The organic layers are combined, washed once with 200mL of saturated sodium bicarbonate, then dried well with anhydrous magnesium sulfate. Solvent removal at reduced pressure gives 61g (67% yield) of essentially pure ethyl hydroxycrotonate.

第八章

合成设计原理（Principle of Synthesis Design）

“合成设计”，是指在有机合成的具体研究工作中对拟采用的种种方法进行评价和比较，从而确定一条最经济有效的合成路线；合成设计的思想方法和原理包括了对已知合成方法的归纳、演绎、分析和综合等逻辑思维形式，以及对研究中意外出现的结果所作的创造性思维方式。

合成路线的评价标准为：①合成效率，尽可能减少反应步数和提高反应收率，如提高合成路线会聚性、利用多重建架反应、自动连贯式过程和减少官能团转化等策略均可提高合成效率；②原料和试剂的易得性和利用效率；③操作安全上实用和安全程度等[1]。

本章介绍合成设计中的主要内容，包括合成设计中常用术语、逆向合成分析和仿生合成，另外也介绍仿生合成反应在化学药物合成中的具体实例。

第一节　常用术语

一、靶分子及其变换

1. 靶分子

靶分子（target molecule）是指任何所需合成的有机分子，或是有机合成中某一个中间体，或是其最终产物。

绝大多数有机合成是多步反应的过程，即由原料开始，通过一系列化学反应，经过一些中间体，最终得到所需的产物。其中，“原料”、“试剂”和“中间体”都是相对而言的，因为从建立靶分子骨架的本质来看，它们都是组成碳架的部分单元，它们的区别是：“原料”和“试剂”均为市场上容易购得的脂肪族和芳香族化合物，而“中间体”一般需要自行或委托制备。

2. 变换

合成设计的思维方式和正向反应的方式相反，在合成设计中常常由“靶分子”作为出发点向“中间体”和“原料”方向进行逆向思考，这种相反方向上的结构变化称为“变换”（transform）。为了将二者加以区别，一般将有机合成的正向反应用“→”表示，而合成设计中的“变换”用“⟹”来表示，必要时可在原料和中间体下方注明正向反应的主要条件。

靶分子 ⟹ 中间体 1 ⟹ 中间体 2 ⟹ 中间体 3 ⟹……⟹ 原料

（主要反应条件） （主要反应条件） （主要反应条件） （主要反应条件）

例如抗组胺药溴苯那敏（*dl*-Brompheniramine）**(1)** 的合成设计，表示如下：

二、合成子及其等价试剂

1. 合成子

合成子（synthon）是指组成靶分子或中间体骨架的各个单元结构活性形式。根据形成碳-碳键的需要，合成子可以是离子形式，也可以是自由基或周环反应所需的中性分子。

2. 合成子的“等价试剂”

离子型和自由基型的合成子是不稳定的，其实际存在形式称为“等价试剂”（equivalent reagent），周环合成子和其等价试剂在形式上是完全相同的。实际上，等价试剂就是相应的原料、试剂或中间体分子。若把合成一个复杂分子形象地比喻为建筑一座大厦，则“合成砌块”（building block）也可用于表示合成子等价试剂。

3. 合成子的分类

(1) 离子合成子

离子合成子是最常见的一种合成子形式，根据合成子的亲电或亲核性质，把合成子分为“a-合成子（acceptor synthon）”，即亲电性（接受电子的）或还原性；以及“d-合成子（donor synthon）”，即亲核性（供电子的）或氧化性两种，并把“a”、“d”写在合成子或其等价试剂中相应碳原子（或杂原子）上，它们的等价试剂分别称为亲电试剂和亲核。

合成子的表示方法：为了表示合成子中心碳原子和已存在的官能团之间相对位置，在“a”或“d”的右上角标上不同的数字。若官能团本身所处的碳原子是活性的，称为 d^1-或 a^1-合成子；若官能团相邻 C-2 原子是活性的，称为 d^2-或 a^2-合成子，这样依此类推。没有官能团的烃基合成子，称为“烃化合成子”（alkylating synthon），用 R_d-或 R_a-合成子表示（其中 d 和 a 的含义同上）。另外，能和 d^n-或 a^n-合成子形成碳杂原子键的、具有正电荷或负电荷的杂原子，称为 a^0-或 d^0-合成子。

① **d-合成子及其分类**

大多数 d-合成子是不同形式的碳负离子。在复杂有机分子的合成中，R_d-、$d^{1,2}$-、d^1-和 d^2-合成子等价试剂均为最广泛应用的、重要的原料和试剂。

i. **R_d-合成子** R_d-合成子主要是烃基碳负离子，其主要等价试剂为相应的有机金属化合物（R—M，M＝MgX、Na、Li、Cu、Hg 等）。

合成子类型	例 子	等 价 试 剂
R_d-合成子	$R^{\ominus}$	$RM(RX/M$ 或 $RM/M^1X)$ $(M=Na、Li、MgX、Cu$ 等$)$

ii. **d^1-合成子** 主要有硝基烷烃、氢氰酸在碱性条件下失去质子后形成的经典 d^1-合成子，和其他杂原子直接相连的 d^1-合成子（如烷基硅烷、亚砜、砜、1,3-二噻烷等中的碳负离子）。

合成子类型	例 子	等 价 试 剂
d^1-合成子	$^{\ominus}CH_2NO_2$	$R—CH_2NO_2/R'ONa(NaOH)$
	$^{\ominus}CN$	$HCN/NaOH$
	$(Z)—\overset{\ominus}{C}(H)—Z$	$Me_3SiCH_2X/Mg, Me_3SiCH_2SMe/n\text{-}BuLi$
		$Me—S(=O)—Me/NaH$，R—(1,3-二噻烷-2-基)/n-BuLi

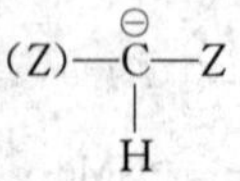

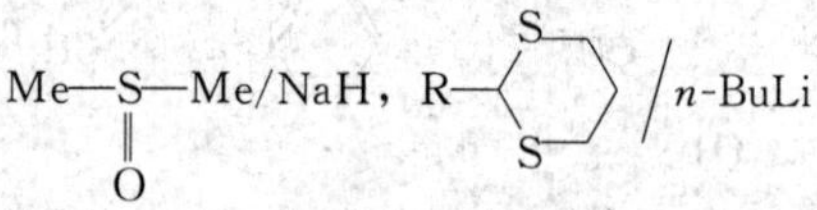

iii. **d^2-合成子**最常见的 d^2-合成子为羰基衍生物的 α-碳负离子，它的等价试剂包括羰基化合物及其烯胺、烯醇或亚胺金属盐等。

合成子类型	例 子	等 价 试 剂
d^2-合成子	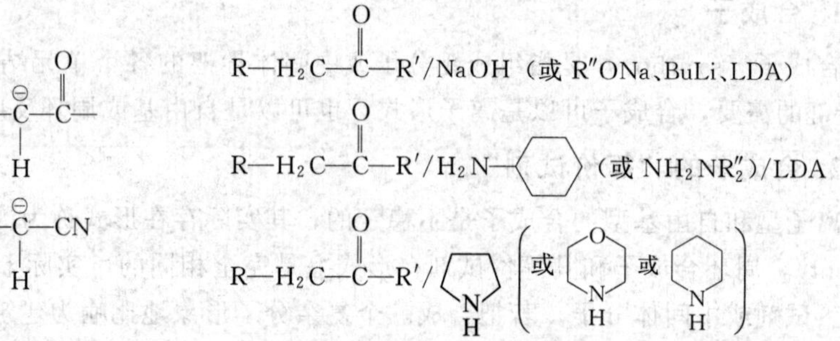 $—\overset{\ominus}{C}(H)—C(=O)—$	$R—H_2C—C(=O)—R'/NaOH$（或 $R''ONa$、BuLi、LDA）
		$R—H_2C—C(=O)—R'/H_2N$—环己基（或 $NH_2NR''_2$）/LDA
	$—\overset{\ominus}{C}(H)—CN$	$R—H_2C—C(=O)—R'$/吡咯烷（或 吗啉 或 哌啶）

iv. **d^3-合成子** 烯丙硫醇、1,4-二羰基化合物、丙炔酸酯和烯丙醇硅醚等在碱性条件下失去质子，以及某些具给电子或吸电子取代基的环丙烷在碱或酸催化下开环都成为相应的 d^3-合成子。

合成子类型	例 子	等 价 试 剂
d^3-合成子	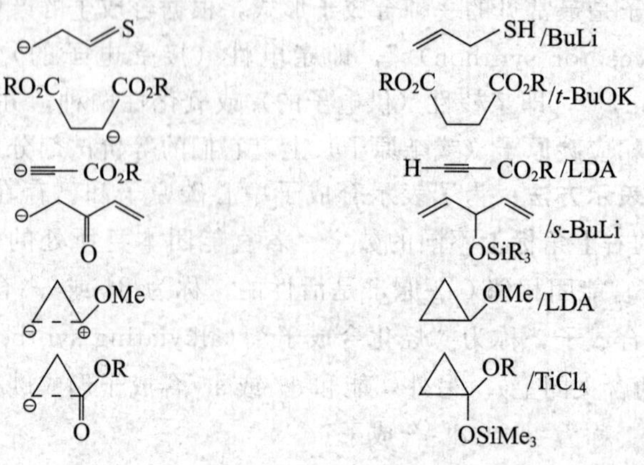 $^{\ominus}CH_2—CH=CH—S$	$CH_2=CH—CH_2—SH/BuLi$
	$RO_2C—CH_2—CH_2—\overset{\ominus}{C}H—CO_2R$	$RO_2C—CH_2CH_2—CO_2R/t\text{-}BuOK$
	$^{\ominus}C≡C—CO_2R$	$H—C≡C—CO_2R/LDA$
	$^{\ominus}CH_2—CH=C(O)—CH=CH_2$	$CH_2=CH—CH(OSiR_3)—CH=CH_2/s\text{-}BuLi$
	$^{\ominus}CH_2—CH_2—\overset{\oplus}{C}H—OMe$	环丙基—OMe/LDA
	$^{\ominus}CH_2—CH_2—C(=O)—OR$	1-OR-1-$OSiMe_3$-环丙烷/$TiCl_4$

v. $d^{1,2}$-合成子　不饱和烃、芳烃负离子，在反应后仍保留不饱和键，成为 $d^{1,2}$-合成子。

合成子类型	例子	等价试剂
$d^{1,2}$-合成子	R—CH═$\overset{\ominus}{C}$H R—C≡$C^{\ominus}$	R—CH═CH—M，R—CH═CH—M/M^1X R—C≡CH/$NaNH_2$（BuLi 或 R^1MgX）

vi. **其他 d-合成子**　α，β-不饱和羰基化合物在 2mol 强碱作用下所形成的双负离子是 d^5-合成子；其他 d^n-合成子（$n>5$），一般均少见。

合成子类型	例子	等价试剂
d^5-合成子	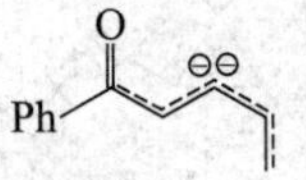 PhC(=O)–双负离子（⊖⊖）	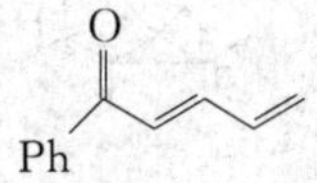 PhC(=O)CH=CH–CH=CH_2 /KH/*s*-BuLi

② a-合成子及其分类

a-合成子的最主要形式是各种不同形式的碳正离子和带部分正电荷的碳原子。

i. **R_a-合成子**烷基卤化物、烷基磺酸酯、硫酸烷基酯、磷酸烷基酯、硫鎓或氧鎓化合物、卤化物和路易斯酸的复合物等常见烃化剂都是 R_a-合成子的等价试剂。

合成子类型	例子	等价试剂
R_a-合成子	$R^{\oplus}$	R—X(X＝Cl、Br、I、OToS、OMeS、OTfMeS、FSO_3 等) $(RO)_2SO_2$，$(RO)_3PO$，$(RO)_3PO$，$Me_3O^{\oplus}BF_4^{\ominus}$

ii. **a^1-合成子**　羰基化合物、Vilsmeier 试剂、原酸酯以及羧酸衍生物和路易斯酸的复合物等为常见的 a^1-合成子等价试剂。

合成子类型	例子	等价试剂
a^1-合成子	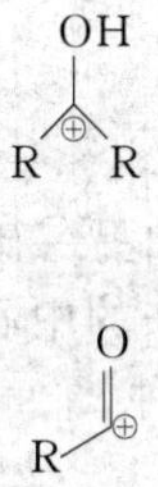 $R_2\overset{\oplus}{C}$—OH $R\overset{\oplus}{C}$=O	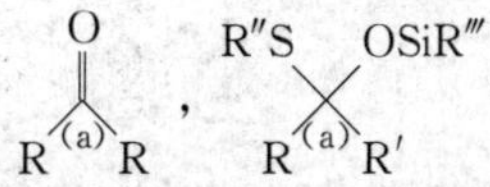 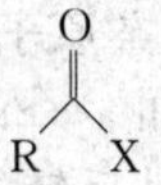 $R\overset{(a)}{C}(=O)R$，$R''S$—$\overset{(a)}{C}(RR')$—$OSiR'''$ RC(=O)X (X＝Cl、OAc、SR′、OR′)， 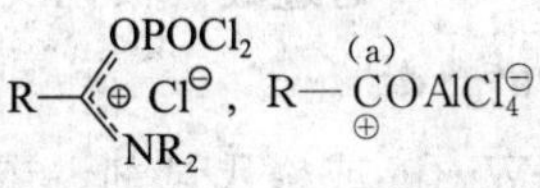 R—C($OPOCl_2$)=$\overset{\oplus}{N}R_2$ $Cl^{\ominus}$，R—$\overset{(a)}{\underset{\oplus}{C}}OAlCl_4^{\ominus}$

iii. **a^2-合成子**　a^2-合成子等价试剂包括 α 位具吸电子基的羰基衍生物、硝基乙烯、环氧乙烷等。

合成子类型	例子	等价试剂
a^2-合成子	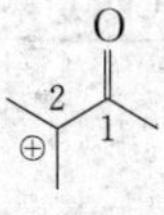 α-碳正离子酮（C2 带⊕，C1 为羰基） α-碳正离子醇（C2 带⊕，C1 带 OH）	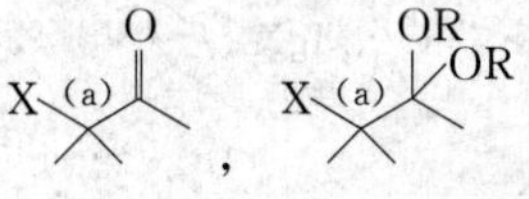 X—C(a)—C(=O)—，X—C(a)—C(OR)(OR)— (X＝Br、OTs、OMeS 等) 硝基烯 ⟷ ⊕/$NO_2^{\ominus}$ 共振式，X—C(a)—C—OH，环氧化合物 (a)(a)

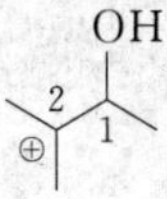

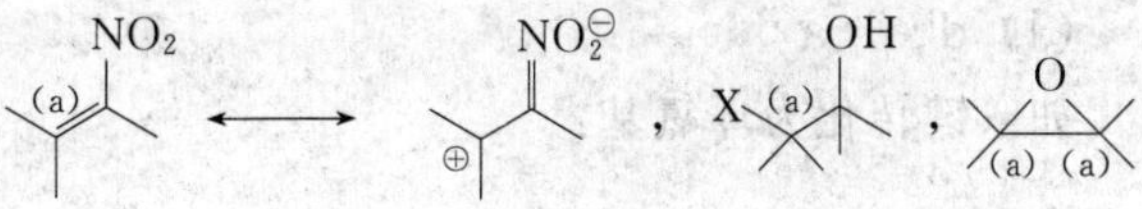

iv. **a^n-合成子**　α,β-不饱和羰基化合物、烯丙基卤化物或其磺酸酯、环丙烷等均是 a^3-合成子等价试剂。而具有共轭双键的不饱和羰基化合物或环丙烷结构可转化成相应的 a^n-合成子。

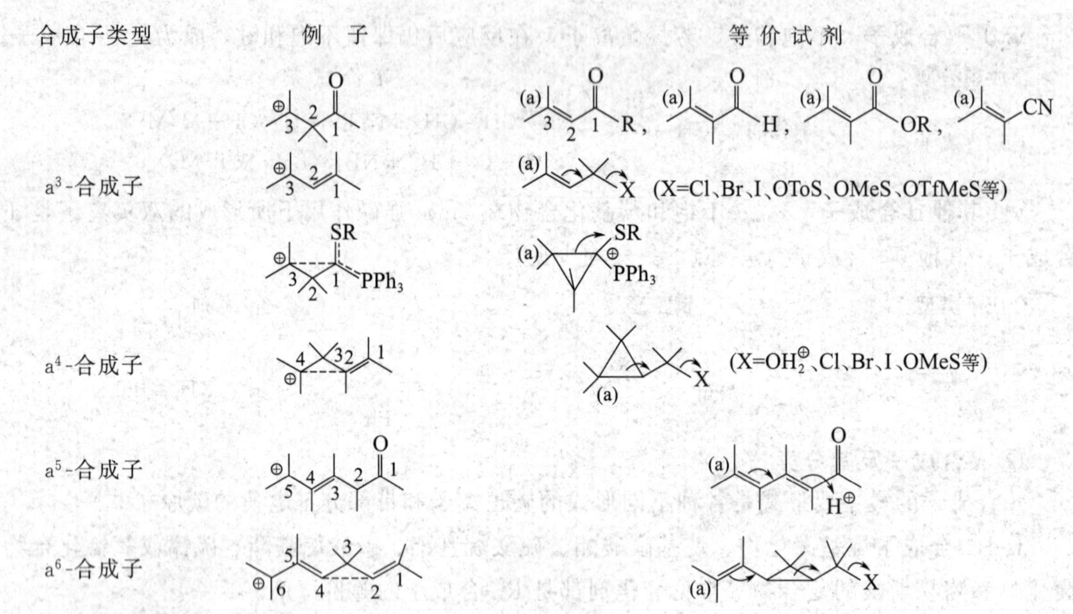

(2) 自由基合成子

自由基合成子（radical synthon）是通过自由基反应而形成的碳-碳键所需的自由基活性形式，以 r-合成子表示。

(3) 周环反应合成子

在周环反应中形成碳-碳键所需的合成子，是实际存在的中性分子，即周环反应合成子（electrocyclic synthon）以 e-合成子表示，如在 Diels-Alder 反应中二烯和亲二烯试剂均为 e-合成子。

三、极性反转

"极性反转"（umpolung）是指通过杂原子的交换，引入或添加另一碳基团，将某一合成子的正常极性转化成为其相反性质（如 $a^1 \rightarrow d^1$），或将电荷从原来的中心碳原子迁移到另一个碳原子上（如 $a^3 \rightarrow a^4$）的过程。极性反转的主要方法有以下三种。

1. 交换杂原子 $a^1 \rightarrow d^1$

如卤代物转化为 Wittig 或格氏试剂、羰基转化为 1,3-二硫环己基或四羰基铁酰基等。

$$\text{(H)(Br)}{}^{a^1}\text{C} \xrightarrow[\text{2) BuLi}]{\text{1) Ph}_3\text{P}} {}^{d^1}\overset{\ominus}{\text{C}}-\overset{\oplus}{\text{P}}\text{Ph}_3 \qquad -\overset{a^1}{\text{C}}\text{H}=\text{O} \xrightarrow[\text{2) H}^+]{\text{1) HS(CH}_2)_3\text{SH}} -\overset{\ominus}{\text{C}}{}^{d^1}\text{(1,3-二硫环己基)}$$

$$-\overset{a^1}{\text{C}}-\text{X} \xrightarrow{\text{Mg}} -\overset{d^1}{\text{C}}-\text{MgX} \qquad \text{R}\overset{a^1}{\text{C}}(=\text{O})\text{X} \xrightarrow{[\text{Fe(CO}_4)]^{2-}} \text{R}\overset{d^1}{\text{C}}(=\text{O})\overset{\ominus}{\text{Fe}}\text{(CO)}_4$$

2. 引入杂原子

(1) $d^{1,2} \rightarrow a^{1,2}$

如双键转化为环氧基：

$$\text{C}=\text{C} \xrightarrow{\text{RCO}_3\text{H}} \text{C}\overset{\text{O}}{-}\text{C}$$

(2) $d^2 \rightarrow a^2$

如羰基 α-CH 卤代成相应 α-卤代羰基：

$$\overset{d^2}{H-\underset{|}{\overset{|}{C}}}-\overset{O}{\overset{\|}{C}}- \xrightarrow{Br_2} \overset{a^2}{Br-\underset{|}{\overset{|}{C}}}-\overset{O}{\overset{\|}{C}}-$$

(3) $a^3 \rightarrow d^3$

如 α,β-不饱和羰基化合物转化为相应 β-砜基取代烃：

$$\overset{a^3}{HC}=\underset{|}{C}-Z \xrightarrow[2)[O];3)H^+]{1)RSH} RSO_2-\overset{d^3}{\underset{\ominus}{C}}-CH-Z$$

$$(Z=CHO、COR、CO_2R、CN)$$

3. 添加碳原子

(1) $a^1 \rightarrow d^1$

如添加氰基，即醛和氰化氢反应生成相应的氰醇：

$$Ar-\overset{a^1}{CHO} \xrightarrow{CN^{\ominus}} Ar-\overset{\ominus}{C}^{d^1}(OH)(CN)$$

(2) $a^1 \rightarrow d^3$

如添加末端炔基，即炔基负离子对醛基亲核加成，继而氧化成酰基炔烃：

$$R-\overset{a^1}{CHO} \xrightarrow[2)[O];3)H^+]{1)\ CH\equiv C^{\ominus}} RCO-C\equiv\overset{d^3}{C^{\ominus}}$$

(3) $a^1 \rightarrow a^3$

如添加乙烯基，即乙烯格氏试剂对酮反应生成相应的丙烯醇：

$$\overset{a^1}{RCOR'} \xrightarrow[2)H^+]{1)\ CH_2=CH-MgX} RR'C(OH)-CH=\overset{a^3}{CH_2}$$

(4) $a^3 \rightarrow a^4$

如添加碳环，即碳烯和 α,β-不饱和羰基化合物反应生成相应三碳环化合物：

$$\overset{a^3}{>C}=\underset{|}{C}-COR \xrightarrow{[CH_2:]} {}^{a^4}C(-CH_2-)C-COR \text{（三元环）}$$

四、等电性反应和半反应组合

在建架反应中最重要的一大类为广义的离子型缩合反应，其反应的共同本质为 d-合成子和 a-合成子之间的反应，生成新的 C—C 键。等电性反应（isohypsic reaction）是指在缩合反应前后参与反应的两个合成子等价试剂的氧化态变化值总和为零的反应。对于每个合成子而言，却经历了两个性质相反的“半反应”（half-reaction）：d-合成子的反应为氧化（亲核）半反应，而 a-合成子的反应为还原（亲电）半反应。在以上概念基础上，结合所有离子型缩合反应的机理，可将上述半反应组合方式归纳成表 8-1。其中，以“行”排序的 A、B、C、D、E、F 为所有 d-合成子及其等价试剂；而以“列”排序的 a、b、c、d、e 为所有 a-合成子及其等价试剂，任何“行”和“列”的交叉，即为 d-合成子和 a-合成子的组合，生成新的缩合产物，如 Aa 为 $R^1R^2R^3C-CH_2R$，Bb 为 $RCH=CRR'$等，C 与 C 之间粗线化学键表明成键位置。

重要合成子及其半反应组合见表 8-1。

表 8-1　重要合成子及其半反应组合

d-合成子及其等价试剂 ＼ 缩合反应产物类型（粗线为新键） ＼ a-合成子及其等价试剂	a	b	c	d	e
	RCH_2X (X=Cl、Br、I、OTs、OMs) ($RCH_2^{\oplus}$)	RCHO、RCOR′ [HCHO + HCl] [HCHO + HN<] [$\overset{\oplus}{C}$—OH] [$\overset{\oplus}{C}$—Cl(HN<)]	$RCOX$、RCO_2R'、RCN ($\overset{\oplus}{RCO}$)	CO_2、$ClCO_2R$、CO(OR) ($\overset{\oplus}{C}(=O)$—OH)	—CH=C—C(=O)— ; —CH=C—CN [$\overset{\oplus}{C}H$—CH—C(=O)— ; $\overset{\oplus}{C}H$—CH—CN]
A　RM(M=Na、Li、MgX、Cu、Zn) $>C^{\ominus}$	$>C$—CH_2R	$>C$—C(OH)<	$>C$—C(=O)—R ; ($>C$)$_2$C(OH)—R	$>C$—$CO_2H(R)$	$>C$—CH—CH—C(=O)— ; $>C$—CH—CH—CN
B　$\overset{\ominus}{C}H$—$\overset{\oplus}{P}Ph_3$	Ph_3P=C—CH_2R	—HC=C(R)<	Ph_3P=C—C(=O)—R		
C　—C(=O)—CH— [—C(=O)—$\overset{\ominus}{C}$<]	—C(=O)—C—CH_2R	—C(=O)—C—C(OH)— ; —C(=O)—C—C(N<)— ; —C(=O)—C=C—	—C(=O)—C—C(=O)—R	—C(=O)—C—$CO_2H(R)$	—C(=O)—C—CH—CH—C(=O)— ; —C(=O)—C—CH—CH—CN
D　—C≡CH (—C≡$C^{\ominus}$)	—C≡C—CH_2R	—C≡C—C(OH)< ; —C≡C—C(N<)<	—C≡C—C(=O)—R	—C≡C—$CO_2H(R)$	
E　MCN (M=K、Na) (N≡$C^{\ominus}$)	NC—CH_2R	NC—C(OH)< ; NC—C(N<)<	NC—C(=O)—R		NC—CH—CH—C(=O)—
F　C_6H_5—H	C_6H_5—CH_2R	C_6H_5—C(OH(Cl, HN<))<	C_6H_5—C(=O)—R		
反应类型	烃化、芳烃化	α-羟烷基化 α-氨烷基化 α-氯烷基化	酰化	羧化	β-羰烷基化

注：本表编译自“Pine S H，Hendrickson J B，et al. **Organic Chemistry**. McGraw-Hill Book Company，1980. p707”。

五、跨距

“跨距”（span）是指产物中形成新化学键的两端之间、或在一个官能团和另一个官能团之间、或一个官能团和化学键形成的另一端之间的不同碳原子数。

以 6-甲基-2-庚酮为例，其合成方法可以有三种合理的半反应组合方式：

目标分子　　跨距　　半反应组合

在第 **1** 种反应组合中，官能团碳原子和另一成键碳原子是直接连接的，跨距为 2，属于典型的简单亲核加成反应，在碳-碳键形成过程中原有的两个官能团都发生变化（一个氰基变为羰基，另一官能团被除去）。在第 **2** 种反应组合中，跨距为 3，属于典型的对烯醇进行亲电反应，在键形成过程中只有一个官能团发生变化。在第 **3** 种反应组合中，跨距为 4，属于亲核加成反应，添加一个 2 个碳原子的碳链。表 8-2 归纳了跨距、合成子配对和缩合类型之间的关系。

表 8-2　跨距、成键位置、合成子配对和缩合反应类型之间的关系

跨距	成键位置	合成子配对	缩合反应类型
2	C▬C	(R_d+R_a)	Aa
	C^*▬C	(R_d+a^1)，(d^1+R_a)	Ab Ac Ad Ba Ea Fa
	C^*▬C^*	(d^1+a^1)	Bb Bc Eb Ec Fb Fc
3	C^*—C▬C	(d^2+R_a)，$(d^{1,2}+R_a)$	Ca Da
	C^*—C▬C^*	(d^2+a^1)，$(d^{1,2}+a^1)$	Cb Cc Cd Db Dc Dd
4	C^*—C—C▬C	(a^3+R_d)	Ae
	C^*—C—C▬C^*	(a^3+d^1)	Ee
5	C^*—C—C▬C—C^*	(a^3+d^2)	Ce

六、逆向切断、逆向连接和逆向重排

逆向切断、逆向连接和逆向重排广泛应用于逆向分析，是改变碳架的靶分子变换方法。

1. 逆向切断

逆向切断（antithetical disconnection）是指用切断化学键的方法把靶分子骨架剖析成不同性质的合成子，分为以下四种。在被切断的位置上画一条曲线表示，并在二端碳原子上标上合成子的性质（a，d，r 或 e）。

(1) 逆向单-基团切断

如以下化合物 **(2)** 的逆-格氏反应变换[3]：

(a) OH

(d)

(2)

(a) OH

H

H_2C

(d)

CHO

MgCl

(retro-Grignard transform)

1) 0℃ (ether); 2) NH_4Cl

(2) 逆向双-基团切断（异裂方式）

如（**3**）的逆-醛醇缩合（aldol）变换[4]：

OH O

(a)

(d)

(3)

(a) OH

H

(d)

O

CHO

O

(retro-Aldol transform)

NH_3 / CH_3OH

(3) 逆向双-基团切断（均裂方式）

如（**4**）的逆-酮醇缩合（acyloin）变换[5]：

(r) O

(r) OH

(r) O

(r) OH

COOMe

COOMe

(4) (retro-acyloin transform)

Na/Xylene

(4) 逆向电环切断

如（**5**）的逆-双烯加成（Diels-Alder）变换[6]：

(e) CO_2Me

(e)

(e)

(e) CO_2Me

(5)

(e)

(e)

CO_2Me

(e)

(e)

CO_2Me

（合成子≡试剂）

(retro-Diels-Alder transform)

Dioxane

2. 逆向连接

逆向连接（antithetical connection）是指将靶分子中两个适当碳原子用新化学键连接起来。这种连接是实际氧化断裂反应或重排反应的逆向过程。如（**6**）的逆-臭氧化（ozonolysis）变换[7]：

CHO

CHO

(1) O_3/MeOH; 2) Ph_3P)

(6)

(retro-ozonolytic transform)

3. 逆向重排

逆向重排（antithetical rearrangement）是指把靶分子骨架拆开和重新组装。这种变换为实际合成中重排反应的逆向过程。如下例的逆-Beckmann 重排变换[8]：

O

NH

N—OH

(H_2SO_4/heat)

(7)

(retro-Beckmann transform)

七、逆向官能团变换

逆向官能团变换是指在不改变靶分子基本骨架的前提下变换官能团的性质或所处位置的方法，有以下三种。

1. 逆向官能团互换（antithetical functional group interconversion，简称 FGI）

如以下甲基酮羰基（**8**）变换成羟基（**9**）[9]或极性反转的 1,3-二噻烷基（**10**）[10]或末端炔基（**11**）[11]：

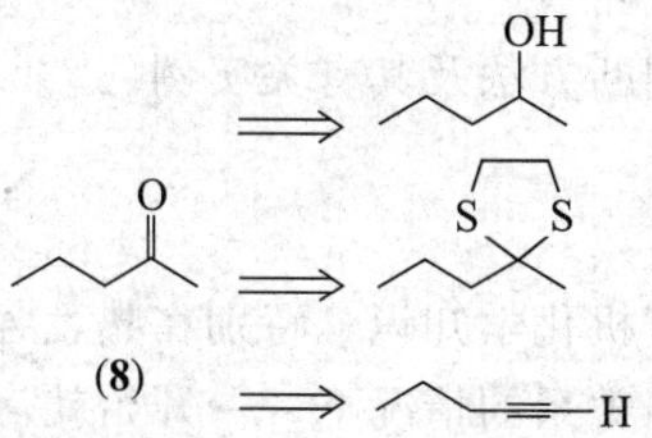

OH

(9) $K_8[Y\text{-}SiW_{10}O_{36}]\cdot 13H_2O$ / H_2O_2

O　S　S

(10) SeO_2 / HOAc

(8)　H

(11) $HgSO_4$ / H_2SO_4 / HOAc

2. 逆向官能团添加（antithetical functional group addition，简称 FGA）

如以下靶分子（**12**）羰基的 α 位逆向添加羧基[12]，或 α,β-位逆向添加双键[13]：

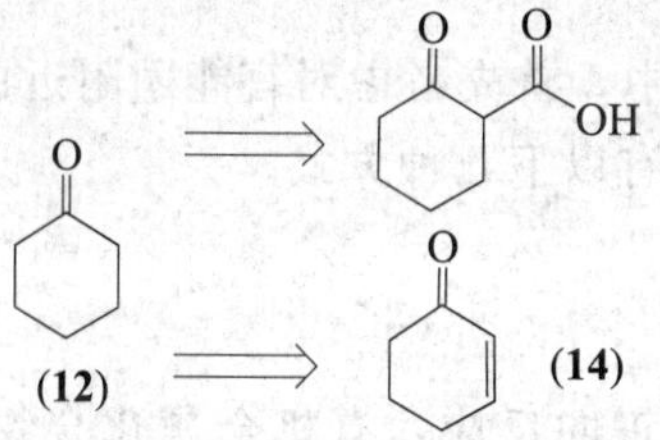

O　O　OH

(13)　Al_2O_3, H_2O, Dioxane

O　O

(12)　**(14)**　H_2/Pd-C/ACN

3. 逆向官能团除去（antithetical functional group removal，简称 FGR）

如以下靶分子（**15**）羰基 α 位羟基的逆向除去[14]：

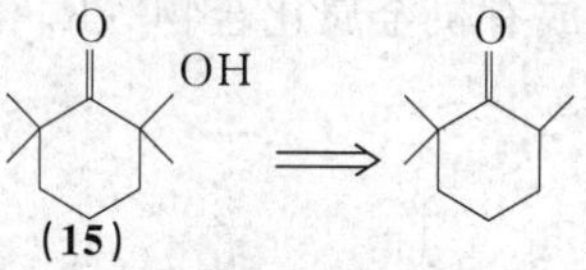

O　OH　O

(15)　(Cu_2O, hppH, DMSO, O_2)

逆向官能团变换的主要目的如下：

(1) 将靶分子变换成在合成上比母体化合物更容易制备的前体化合物。这个前体结构成了新的靶分子，又可称为“变换靶分子”(alternative target molecule)；

(2) 为了作逆向切断、连接、重排等变换，必须将靶分子上原来不适合的官能团变换成所需要的形式，或暂时添加某些必要的官能团；

(3) 添加某些活化基、保护基、阻断基或诱导基，以提高化学、区域和立体选择性。

第二节　逆合成分析法

逆合成分析（retro-synthetic analysis），也称为反合成分析（antisynthesis），即由靶分

子出发，用逆向切断、连接、重排和官能团互换、添加、除去等方法，将其变换成若干中间产物或原料，然后重复上述分析，直到中间体变换成所有价廉易得的合成子等价试剂为止。但对于实施一个真正有实际意义的药物或天然产物合成设计而言，还需要包括以下两方面内容。

① 对上述分析推断而得出的若干可能的合成路线，从原料到靶分子的方向，全面审查每步反应的可行性和选择性等，在比较基础上选定少数被认为最好的合成方法及路线；

② 在具体实验过程中验证并不断完善所设计的各步反应条件、操作、选择性与收率等，最后确立一条较为理想的、切合实际需要的合成路线。

这一节将重点介绍逆合成分析中的思维、判断方法及其有关实例。

一、单官能团和双官能团化合物的变换

在逆向合成分析中，一般可利用已掌握的有机化学知识，特别在熟悉各合成子的性质及其形成以及半反应组合与跨距（见第一节）之间关系的情况下，一开始就淘汰那些不切实际的原料、试剂及其反应，这样，避免了不必要的变换操作，只需对关键性的化学键作逆向切断或进行其他变换，从而简化了逆向思维过程。

1. 单官能团化合物

在具单个杂原子官能团的靶分子的变换中，首先考虑对官能团附近的碳-碳键进行切断，以靶分子 2-乙基戊酸 **(16)** 为例，其切断可有以下几种方式。

(1) α-切断（跨距为 2）

① 特点

(d^1+R_a) 和 (a^1+R_d) 合成子配对。正向反应：有机金属化合物的 α-羟烷基化、酰化、羧化等。

② 应用

(16) 用 α-切断，经 Ad（逆-羧化）可变换成有机金属化合物（R_d-合成子）和 CO_2 或碳酸乙酯 (a^1)[15]：

β α CO_2H 2 3 **(16)** —α-切断，A_d（逆-羧化）⟹ (d) M + (a) CO_2 或 (a) $CO(OEt)_2$ —FGI⟹ X **(17)**

对于不同有机金属化合物的羧化来说，虽然有机锂试剂一般比格氏试剂活泼，但前者反应条件要求严格，故在实际工作中常将卤代烃 **(17)** 先转化成格氏试剂，然后在冷却下通入 CO_2 进行反应。

(2) β-切断（跨距为 3）

① 特点

(d^2+R_a) 合成子配对。正向反应：羰基化合物的 α-烃化等。

② 应用

由于上述 **(17)** 为不易得到的仲卤代烃，故仍需继续进行变换。首先经 FGI 得变换靶分子 **(18)**，然后用 β-切断得不同碳原子数的格氏试剂和醛，这是单羟基化合物的最常见变换方式之一。

(17) $\overset{FGI}{\Longrightarrow}$ (18) $\overset{Ab}{\Longrightarrow}$ (d) MgBr + (a) CHO；$\overset{Ab}{\Longrightarrow}$ (d) MgBr + (a) CHO

以（**16**）为例：（**16**）或其变换靶分子（酯或腈）经 β-切断，可变换成羧酸（或酯、腈）(d^1）和伯卤代烃（R_a），它们均是易得的原料。

CO_2H（或—CO_2R、—CN） $\overset{Ca}{\Longrightarrow}$ (d) CO_2H（或—CO_2R、—CN） + (a) Br；$\overset{Ca}{\Longrightarrow}$ (d) CO_2H（或—CO_2R、—CN） + (a) Br

对于羧酸的 α-烃化来说，需用 2mol LDA 使其在 THF 和 HMPT 中形成羧酸二锂盐，再与卤代烃于低温下进行反应[16]；而羧酸酯的 α-烃化，只需 1mol LDA，在相似条件下和卤代烃进行反应[17]。

(3) 逆向添加后 β-切断

① 特点

先逆向添加 FGA 以活化 d^2-合成子，再（d^2+R_a）合成子配对。正向反应：二羰基化合物的 α-烃化和脱羧（酯）基反应。

② 应用

上述 2-乙基戊酸（**16**）的 α-或 β-切断，其正向反应都有一个明显的局限性，即必须采用有机金属化合物和易燃的非质子溶剂以及严格的反应条件。若在其变换靶分子（其羧酸酯）的 α-碳原子上逆向添加（FGA）一个烷氧羰基后进行 β-切断，则可变换成丙二酸酯（d^2-合成子等价试剂）和两个伯卤代烃（R_a-合成子等价试剂）：

CO_2H $\overset{FGI}{\Longrightarrow}$ CO_2Et $\overset{FGA}{\Longrightarrow}$ CO_2Et / CO_2Et

$\overset{2\times Ca}{\Longrightarrow}$ (a) Br + Br (a) + (d) CO_2Et / CO_2Et (d)

由于丙二酸酯的亚甲基上氢原子比羧酸或酯的 α 位氢原子的活性大，故其 C-烃化不需用 LDA 等强碱，一般可在醇钠的乙醇溶液中先后和两个不同的卤代烃一起加热反应，即可制得二烃基取代的丙二酸酯[18]。该酯易被水解和脱羧，生成单羧酸，或用 NaCN/DMSO[19]、NaCl/湿 DMSO[20]、Me_3Si[21] 等法直接脱去一个烷氧羰基而生成单羧酸酯，继后水解成羧酸。因此，对于 1-烷基羧酸而言，从原料和反应条件来看，最后一个合成路线在工业制备方面具有较大实用性。

2. 1,2-双官能团化合物

(1) 特点

1,2-双官能团（跨距为 2）化合物的最重要变换方式是将接有官能团的两个碳原子之间化学键进行逆向切断，得到（a^1+d^1）或（r+r）合成子配对。正向反应为羰基化合物的亲核加成、亚甲基化、Benzoin缩合或还原偶联（如Pinacol合成、Acyloin缩合）以及芳烃的酰化、α-羟（卤或氨）甲基化等。

(2) 应用

例如非甾体消炎药布洛芬（Ibuprofen）**(19)** 的以下两种不同变换方式中，Eb、Fc、Ea、Fb为1,2-双官能团的切断，而Ca为单官能团类型的β-切断。正向反应均是工业制备方法[22]。

i-Bu, CO_2H, (19); FGA; i-Bu, OH, CN, (HI/P); Eb; i-Bu, O, +NaCN, (a); Fc; i-Bu, (d), +, O, (a) Cl, ($AlCl_3$); FGI; i-Bu, CN, (NaCN); Ca; i-Bu, (d), CN, +MeI, ($NaNH_2$); Ea; i-Bu, (a), Cl, (d) + NaCN; Fb; i-Bu, (d), (a) + HCHO + HCl, ($ZnCl_2$)

3. 1,3-双官能团化合物

(1) 特点

一般1,3-双官能团（跨距为3）化合物最常见的变换方式是羰基化合物α-碳原子上的羟烷基化（Aldol缩合)(Cb)、酰化（Cc）或羧化（Cd）的逆向过程，均得到（d^2+a^1）合成子配对。而2,4-二酮化合物（跨距为3）的变换，有时以单官能团β-切断（Ca)(逆羰基α-碳烃化）更为实际有效。

(2) 应用

例如以下α-羟甲基取代戊醛可变换（Cb）成两个醛，其正向反应是Aldol缩合反应[23]：

CHO, OH; Cb; (d) CHO, +, (a), HCHO, (NaOH/H_2O/MeOH); FGI; OH, [Al(OPr-i)$_3$/Ph_2CO]; FGI; CO_2H, (DIBAL/THF)

而对于2，4-二酮化合物 **(20)** 来说，第一个变换Cc得到的原料是一个长碳链酰卤和一个丙酮，由于长碳链酰卤来之不易，当丙酮与其反应时，很可能发生羰基两边都酰化的副反应；而改用单官能团类型的β-切断（Ca)，得到的原料是容易得到的溴丁烷和乙酰丙酮，另外采用2mol碱使乙酰丙酮生成双负离子，使C-5比C-3更具亲核性，反应可选择性地在末端甲基上烃化[24]。所以，第二个逆合成分析Ca比第一个Cc更合理。

O, O, 5, 4, 3, 2, 1, (20); Cc; O, (a) Cl, +, O, (d), (NaOEt/EtOH); Ca; (a), Br, +, O, O, (d), (2mol $NaNH_2$/Liq.NH_3 或2mol LDA/THF)

4. 1,4-双官能团化合物

(1) 特点

1,4-双官能团（跨距为4）的化合物不同于上述各类型化合物，除采用逆向 Michael 加成（Ee）变换外，一般经官能团之间碳-碳键的逆向切断，均得到不同类型的极性反转合成子（d^1、d^3或 a^2等）。其基本变换方式有以下三种：

Z, R^1, 1, 2, 3, Z, R^2

1 ⟹ R^1–C(=Z)$^{\oplus}$ + $^{\ominus}$C(=Z)–R^2 (a^2+d^2)

2 ⟹ R^1–C(=Z)$^{\oplus}$ + $^{\ominus}CH_2$–C(=Z)–R^2 (a^1+d^3)

3 ⟹ R^1–C(=Z)–$CH_2^{\oplus}$ + $^{\ominus}$C(=Z)–R^2 (a^3+d^1)

(2) 应用

以医药产品、食品和日用化学品的重要原材料（*Z*）-茉莉酮（**21**）为例，其 α,β-不饱和环戊酮经 Cb 逆-开环后的1,4-二羰基化合物（**22**）是全合成的关键前体，以下重点介绍其变换和正向反应[25]。

(21) Cb ⟹ **(22)** (NaOH/H_2O/EtOH)

① a^2+d^2合成子配对的变换

（**22**）经 FGA 和逆-*C*-酰化变换后可得 α-卤代丙酮（作为极性反转的 a^2-合成子），以及 β-酮酯（**23**）（作为正常极性的 d^2-合成子）。由于（**23**）易由天然叶醇（**25**）转化成的酰氯（**24**）和乙酰乙酸乙酯进行反应而得，而且各步反应均不需采用特殊条件或试剂，故这条路线已成为工业制备（*Z*）-茉莉酮（**21**）的经典方法[26,27]。

(22) (C_5H_9) FGA ⟹ EtO_2C … C_5H_9 (1) NaOH/H_2O 2) HCl/heat) ⟹ { EtO_2C (d) … C_5H_9 **(23)** + Br (a) … } Cc ⟹ { X (a) … C_5H_9 **(24)** + … CO_2Et (d) (MeONa/MeOH) } ⟹ HO … C_5H_9 ($SOCl_2$) ⟸ NC … C_5H_9 (H_2O/HCl) ⟸ HO … **(25)** (1)PBr_3/Py 2)NaCN)

② a^1+d^3合成子配对的变换

（**22**）的第二种变换方式，可得 β-硝基缩酮（**27**）（作为极性反转的 d^3-合成子），以及醛（**26**）（作为典型的 a^1-合成子），其正向反应（缩合和氧化）均在十分温和的条件下进行。由于该路线采用了易得的叶醇（**25**）和甲基乙烯基酮作为起始原料，而且各步反应收率良好、中间体分离容易，故也可能成为工业制备方法[28]。

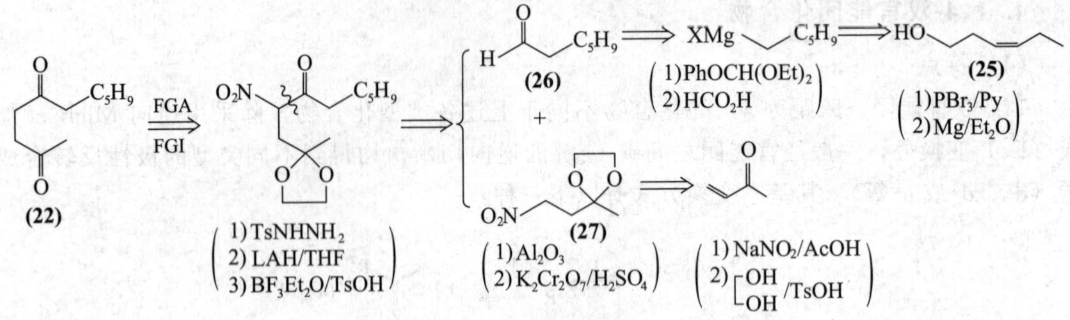

③ a^3+d^1合成子配对的变换

(22) 的第三种变换方式利用了硝基化合物 **(29)** 作为“隐蔽”酰基负离子（d^1-合成子）的等价试剂，以及甲基乙烯基酮作为 a^3-合成子等价试剂，其正向反应为 Michael 加成。加成物（28）在用含水 $TiCl_3$ 处理（Nef reaction）后，即可得到 1,4-二酮 **(22)**[27]。若用 Stetter 缩合反应[29]，由不饱和醛 **(26)** 在噻唑内鎓盐（thiazolium ylide）催化下对甲基乙烯基酮进行加成，则可直接得到 **(22)**[30]。这条路线具有原料易得、方法简便和收率较好等优点，也很有发展前途。

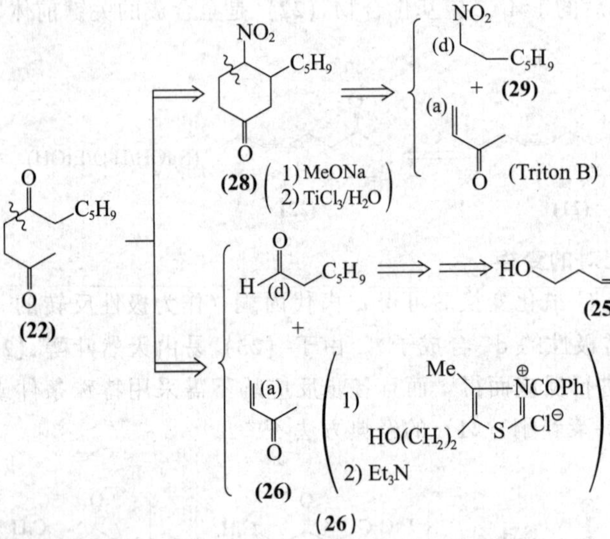

5. 1,5-双官能团化合物

(1) 特点

1，5-双官能团（跨距为 5）化合物很容易用逆向 Michael 加成（Ce）进行变换，得到（d^2+a^3）的合成子配对。

(2) 应用

例如靶分子 **(30)** 经两次 Ce 变换，找到易得的原料丁醛和丙烯酸甲酯[31]。在此正向反应中，为了避免醛自身发生 Aldol 缩合和提高醛 α-碳原子的亲核活性，须先将丁醛转化成相应的烯胺，然后在质子溶剂中与 2mol 丙烯酸甲酯反应。

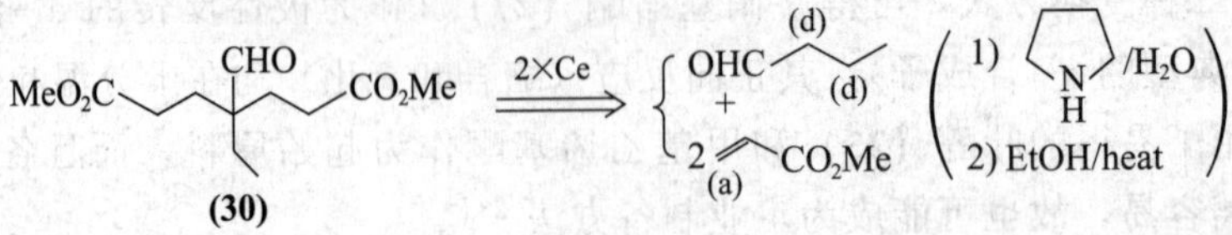

6. 1,6-双官能团化合物

(1) 特点

① 逆向连接

对于1,6-二羰基化合物而言，若用（d^3+a^3）的逆向切断方式，则一般难以找到适宜的合成子等价试剂及其成功的反应。由于环己烯易氧化断裂成1,6-二羰基化合物，故逆向连接为此类化合物的最常见变换方式。同样，此方式亦可用于1,5-二羰基化合物的变换。

② 氧化断裂反应

双键氧化断裂的最常见方法是烯烃的臭氧化，即在甲醇或二氯甲烷中低温通入臭氧，生成的臭氧化物在其他氧化剂作用下断裂成1,6-二羧酸或1,6-酮酸；若在还原剂作用下，则断裂成1,6-二酮（醛）或1,6-二酮（醛）酯。对于具多个双键的化合物来说，臭氧断裂选择性地发生在比较活性的、电子云密度较高的双键上。另外，采用四氧化钌（RuO_4）和高碘酸钠混合试剂亦可把脂环中α,β-不饱和酮氧化断裂成二羰基化合物。

(2) 应用

① 1,2-二甲酰甲基环己烷[32]

CHO CHO $\xRightarrow{con}$ ［NMO/OsO₄/PhI(OAc)₂/2,6-二甲基吡啶/丙酮/H₂O］

② 2-甲基-5-酮基己酸[33]

O CO₂H $\xRightarrow{con}$ (O_3/H_2O_2)

③ 4-甲基-6-羟基-3-烯己酸甲酯（31）

靶分子（31）经以下变换方式可方便地找到起始原料——易得的对甲氧基甲苯，其正向反应由对甲氧基甲苯起，经Birch还原、臭氧化和$NaBH_4$还原而得（31）[33]：

CO₂Me OH (31) $\xRightarrow{FGI}$ CO₂Me CHO $\xRightarrow{con}$ OCH₃ CH₃ $\xRightarrow{FGA}$ OCH₃ CH₃

($NaBH_4$/EtOH)　(O_3/Me_2S/MeOH)　(Li/Liq.NH_3+MeOH)

二、脂环和杂环化合物的变换

1. 三元脂环

(1) 特点

常用插入反应的逆向切断，将三元脂环变换成相应的烯烃和碳烯试剂。

$\Longrightarrow$ + :C　($RCHN_2$或$RCHX_2$/Cu-Zn)

(2) 碳烯的制备方法

碳烯可用下列方法来生成。

① 卤代烷在碱作用下消除一分子卤化氢。

$$CHBr_3 \xrightarrow[-25℃/2h]{KOBu\text{-}t/Pentane} [:CBr_2] \xrightarrow{CH_2=CHOMe} \text{Br, Br, OMe-cyclopropane} \quad (58\%)$$

② 偕多卤代烷在甲基锂作用下失去卤素分子。

$$Cl_2CH(OMe) \xrightarrow[-20℃,1.5h]{MeLi/Et_2O} [:C(OMe)H] \xrightarrow{CH_2=CHBr} \text{Br, OMe-cyclopropane} \quad (44\%)$$

③ 重氮化合物在铜或其盐催化下分解。

$$N_2CHCO_2Et \xrightarrow[heat]{Cu/CuMe} [:CHCO_2Et] \xrightarrow{Me_2C=CHOMe} \text{cyclopropane}(CO_2Et, OMe)\ (35\%) + \text{cyclopropane}(CO_2Et, OMe)\ (15\%)$$

④ 偕多碘代烃在锌和铜（或锌和银）催化下还原消除碘分子。

$$CH_2I_2 \xrightarrow[Et_2O/heat]{Zn/Ag} [:CH_2] \xrightarrow{CH_2=C(OSiMe_3)CH=CH_2} \text{cyclopropyl-}C(OSiMe_3)\text{-}CH=CH_2 \quad (75\%)$$

(3) 与羰基相连的环丙烷

① 特点

与羰基相连的环丙烷，经逆向切断，得到 α,β-不饱和羰基化合物和另一个亲核性的碳烯化合物等价试剂-硫鎓化合物。

$$\text{cyclopropyl-}COR \Longrightarrow \left\{ \begin{array}{l} Me_2\overset{\oplus}{S}(=O)\overset{\ominus}{C}H_2 \quad (Me_2\overset{\oplus}{S}\text{---}\overset{\ominus}{C}H_2 \text{ 或 } Ph\overset{\oplus}{S}O_2\text{---}\overset{\ominus}{C}H_2) \\ Me_2C=CHCOR \\ (t\text{-BuOK}) \end{array} \right.$$

硫鎓试剂仅对具吸电子取代基的烯键进行加成，而无取代的或具有给电子取代基的烯烃均不反应。另外，由于硫鎓试剂中硫-碳键比碳-碳键长，硫原子距碳负离子较远，故在加成反应中一般不存在立体障碍，收率良好[36]。

$$Me_2CHCH=C(CO_2Et)_2 + \overset{\ominus}{C}H_2\text{—}\overset{\oplus}{S}(O)Me_2 \longrightarrow [\ \text{intermediate}\ ] \xrightarrow{(-Me_2SO_4)} \text{1,1-di}(CO_2Et)\text{-2-isopropylcyclopropane}$$

② 应用

例如，天然杀虫剂除虫菊酯中菊酸（*trans*-Chrysanthemic acid）（**32**）[37]，可用以上两种变换方式，分别得到二烯（**33**）和重氮乙酸酯（**34**），或者 α,β-不饱和酯（**35**）和亲核性砜化合物（**36**）作关键中间体[38]。

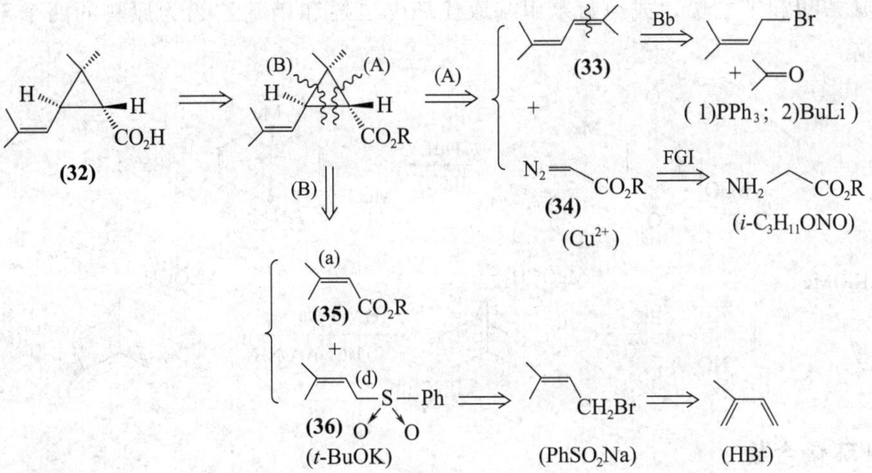

(32) ⟹ (A) → (33) + (34); (B) → (35) + (36)

Bb: (33) ⟹ Br + =O (1)PPh_3；2)BuLi)

FGI: N_2=CO_2R (34) (Cu^{2+}) ⟹ NH_2 CO_2R (i-$C_5H_{11}ONO$)

(a) (35) CO_2R + (d) S—Ph (36) (t-BuOK) ⟹ CH_2Br ($PhSO_2Na$) ⟹ (HBr)

2. 四元脂环

(1) 特点

常用光聚合反应的逆向切断，可得到两个烯烃合成子：

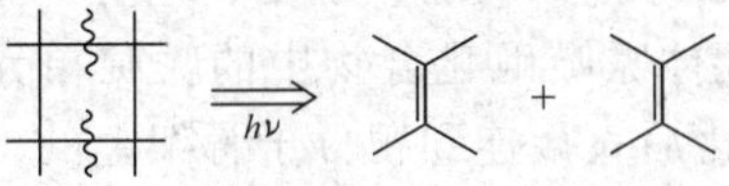

$h\nu$

(2) 应用

例如双层船式结构的靶分子（**37**）经两次逆向光聚合变换，找到了以二氢吡啶衍生物（**38**）为原料的合成路线[39]。

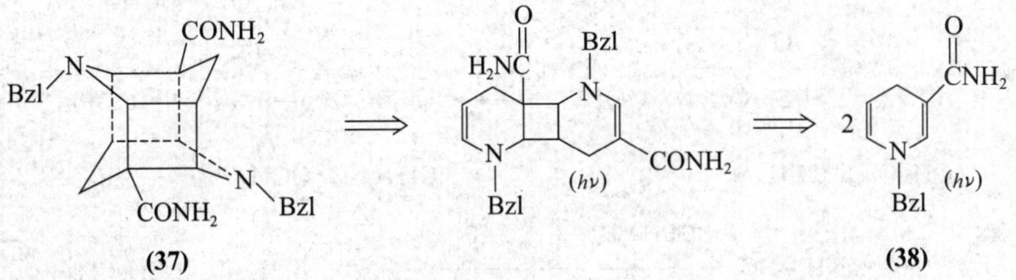

(37) ⟹ ($h\nu$) ⟹ 2 (38) ($h\nu$)

3. 六元脂环

(1) 特点

若环己烯双键对侧边链上具吸电子基，则直接用逆向电环切断，得到一个二烯和另一个亲二烯试剂。

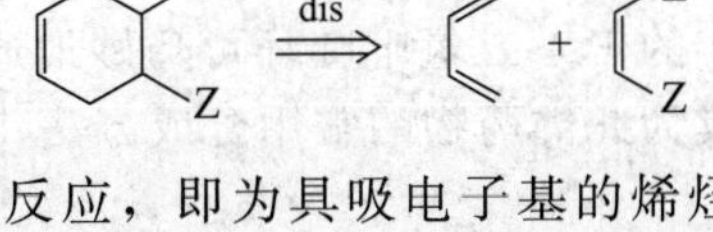

dis

其正向反应为 Diels-Alder 反应，即为具吸电子基的烯烃和二烯的热［2＋4］环加成。若二烯上具有吸电子基，加成速率减慢，则必须提高反应温度。烯烃和二烯之间加成属同面/同面性质，具高度立体选择性。若亲二烯试剂为环内双键，则优先生成顺联构型的二稠环；如果二烯为一个脂环化合物，则得到的主要产物为内向构型的桥环化合物。

(2) 应用

如以下两个反应产物稠环和桥环化合物的逆向变换均为逆向电环切断。正向合成即以

2,5-二甲基苯醌和丁二烯，或甲氧基甲基取代环戊二烯和硝基乙烯为原料的两个不同 Diels-Alder 反应。

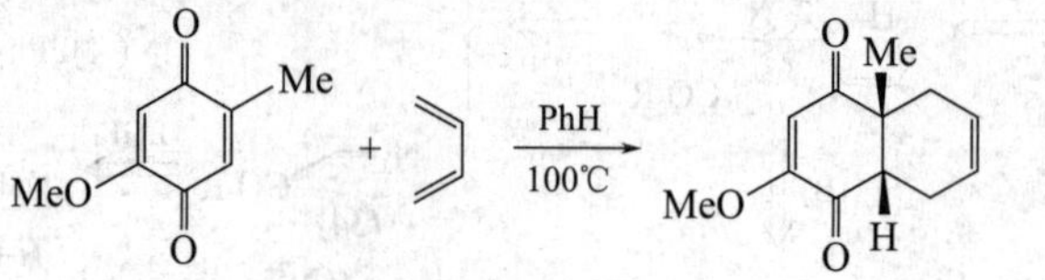

(86%) [40]

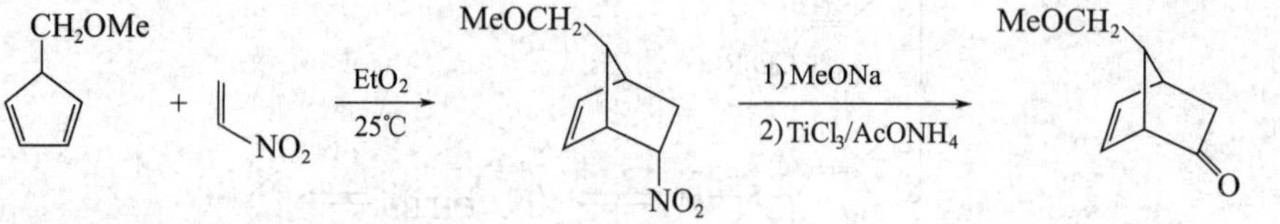

(60%) [41]

4. 杂环化合物

杂环是许多化学药物、天然药物中常见的母体结构，在合成设计中考虑的主要方法如下。

(1) 以杂环分子作为原料

将靶分子变换成易得的杂环分子，可省去合成杂环母核的步骤，提高效率。具某些取代基、含单杂原子的五元或六元杂环，如呋喃、吡啶、噻吩、哌啶等衍生物都是很好的合成原料。例如以下 5-HT_{2A}选择性配体哌啶砜化合物中的哌啶单元是由购买来的 *N*-取代-4-哌啶醇作为原料，经适当官能团转化后直接连到靶分子骨架上的。

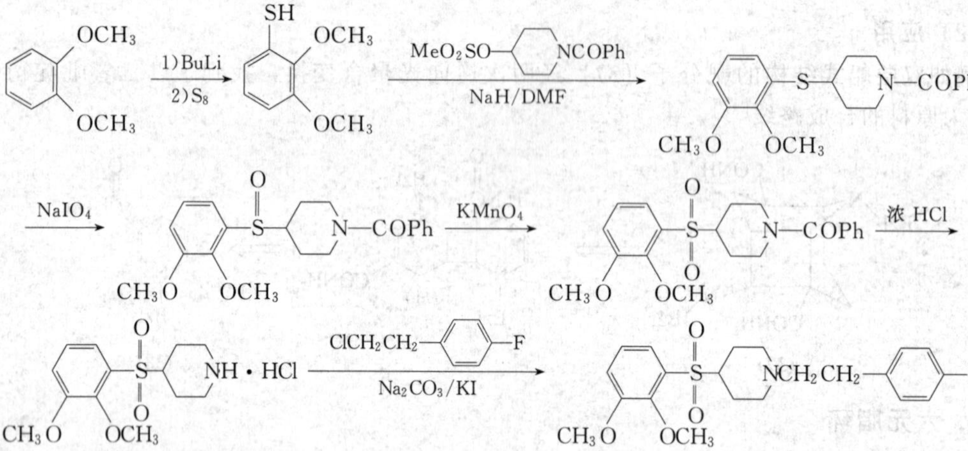

[42]

(2) 杂环的合成

当没有合适的杂环原料时，则考虑如何建立杂环骨架，包括 C—Z 键和 C—C 键生成的问题。若 C—C 键的逆向切断，可得（$d^n+a^{n'}$）合成子配对；若 C—Z 键的逆向切断，则得到（d^0+a^n）合成子配对，其中 d^0-合成子为杂原子及其官能团，a^n-合成子为碳亲电试剂。例如：硝苯地平（抗心绞痛药）的 1,4-二氢吡啶环可巧妙地通过（d^0+a^1）和（d^2+a^1）的合成子配对方式构建，该法已成为此类药物的常用合成方法[43]。

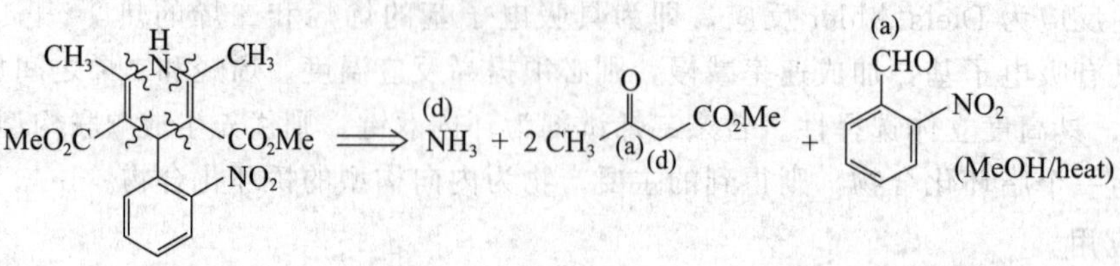

Nifedipine(antianginal)

三、简化方法

利用靶分子的结构特点，巧妙应用变换方法，以最少的、最有效的分析步骤，将靶分子变换成原料分子，这是简化设计的主要目的。

1. 官能团变换的应用

(1) 官能团互换（FGI）

由于羰基是建架反应中一个十分重要的官能团，且许多原料本身或衍生物含有羰基，所以把靶分子的某些官能团变换成羰基，常可简化合成设计。

① 羟基变换为羰基

在变换中将羰基的还原形式——羟基变换成羰基是一个最常见的方法。例如在化合物(**39**)的逆合成分析中，首先将醇变换为酯，然后方便地利用逆-羰基 α-烃化变换（Ca），将稠环简化成环己烯双酯（**40**）和二溴丙烷[44]。

(39) ⟹ (LAH/THF) ⟹ (40) + Br(a)–CH₂CH₂CH₂–Br(a) (LDA/THF/−10℃)

② 胺变换为羰基

胺类常由醛或酮的还原胺化，或由酰胺、腈、硝基的还原而得，故在胺类以及某些含氮杂环化合物的合成分析中，可将胺变换成上述前体化合物。例如抗心律失常药物安搏律定(Aprindine)（**41**）中叔氨基，经碳-氮键的逆向切断，变换成原料茚酮（**42**）[45]。

(41) ⟹ 茚满-NH—Ph (d) + X(a)–CH₂CH₂CH₂–NEt₂ ($NaNH_2$) ⟹ (42) + NH_2Ph ($NaBH_4$)

又如生物碱长春胺中六氢吡啶环均为环状叔胺，在变换成内酰胺（**43**）后，就可方便地作 C—N 键的逆向切断，找到色胺和化合物（**30**）作为关键中间体[46]。

⟹ (43) ⟹ 色胺 (d) NH_2 (d) + (30) (a) CHO，MeO_2C (a)，CO_2Me (a)

1) P_2S_5
2) Raney Ni/THF
3) p-$NO_2C_6H_4NMe_2/Ph_3CNa$
4) aq.HCl

③ 甲基酮或顺式双键变换成炔键

炔烃易在汞盐存在下水解成甲基酮，或被催化氢化还原成（Z）-烯烃，同时炔烃可生成活性的 $d^{1,2}$-或 a^2-合成子，因此，若把甲基酮变换为末端炔键，或把顺式双键变换成炔键，则常常可以简化以后的逆合成分析。例如化合物（**44**）的逆向变换[47]：

(44) ⟹(FGI) (HgO/aq.H_2SO_4) ⟹ Br—≡—TMS (a) ⟹ Br—≡—H (1) EtMgBr 2) Me_3SiCl) + (d) CO_2Me (NaH/BuLi) ⟹ CO_2Me (H_2/Pd/$BaSO_4$) ⟹ (d) CO_2Me + (a) Br

④ **烯键变换成羟基或其他离去基团**

由于消除反应为生成烯烃的主要方法，故常将烯键变换成羟基或其他离去基团。例如己烯雌酚（Diethylstibestrol）（**45**）变换成（**46**），然后经两次逆向切断，就找到原料脱氧茴香偶姻（**47**）[48]。

MeO—Ar—C(Et)=C(Et)—Ar—OMe (45) ⟹ MeO—Ar—CH(Et)—C(HO)(Et)—Ar—OMe ((1) TsOH; 2)KOH/heat) (46) ⟹

MeO—Ar—CO—CH(Et)—Ar—OMe + (d) EtMgBr ⟹ MeO—Ar—CO—(d)—CH₂—Ar—OMe (47) + EtI (a) (NaOMe/MeOH)

另外，在羰基 α 位引入苯硒基（或苯硫基），后经氧化消除，可有效地在羰基 α,β-位引入双键，且羰基易被还原除去，故对于某些烯烃的合成设计来说，将其转化为其羰基前体结构，可极大地简化骨架建立的问题。如将生物碱 Tabersonine 先变换成相应内酰胺（**48**），然后经逆向切断可得到 2-羟基色胺和化合物（**30**）作为关键中间体[49,50]。

(12) ⟹ (48) (1) PhSeCl/LDA 2) MCPBA/heat 3) $LiAlH_4$/THF) ⟹ 2-羟基色胺 (NH_2) (1) PhH/heat 2) HOAc/heat 3) $Me_3O^{\oplus}BF_4^{\ominus}$ 4) DMSO/NaH) + OHC, CO_2Me, CO_2Me (30)

(2) 官能团添加（FGA）和除去（FGR）

在靶分子上添加官能团的目的是为了找到逆向变换位置及相应合成子，但同时应考虑到在正向反应中这些合成子必须含有这样的官能团或能转化成这样官能团的前体基团，它们也应该在下步反应中容易除去。

① **添加羟基**

羟基常常是羰基（a^1-合成子）参与建架反应后的变化形式，又易通过消除-还原等反应除去，因此，在适当位置（如氰基、羧基的 α 位；羰基、硝基的 β 位；烯基、炔基的 α 位；或仲、叔碳原子上等）添加羟基，常可简化逆合成分析。例如，在血管扩张药西替地尔（Cetiedil）（**49**）中

间体 (**50**) 中，羧基的 α 位引入羟基后用逆向切断，可方便地找到（d^1+a^1）合成子等价试剂 (**51**) 和 (**52**)[51]。

S CH O O N (**49**) FGI ⟹ S CH O OH (**50**) + X N FGA ⟹ S OH CO_2H ⟹ CO_2H O (**52**) + S Li (**51**)

② 添加双键

当环己烷的一边碳链具有一个或两个吸电子基（或其前体基团）时，则在对侧添加双键后，常可方便地进行逆 Diels-Alder 变换，找到相应的二烯和亲二烯试剂[52]。例如：

NHEt Ph FGI ⟹ NH_2 Ph + CH_3CHO (H_2/PtO_2) FGI FGA ⟹ NO_2 Ph (H_2/Pd-C) dis ⟹ (e) (e) + (e) NO_2 (e) Ph

对于 1,5-二取代七氢茚和 1,6-二取代八氢萘类稠环而言，若在适当位置添加双键后，则可利用逆-Robinson 变换，得到原料 1,3-环二酮和不饱和羰基化合物（见以下"策略性"键中有关例子）。

2. 寻找特殊结构成分

若靶分子具有某些易得的原料或中间体的基本结构和官能团成分，则可利用此特殊成分作为变换的线索，常可找到一条以相应分子骨架为原料的合成路线。例如光学活性靶分子 (**53**) 可用此法变换成易得的天然(*R*)-(+)-香茅醛 (**54**) 作为原料[53]。

H CO_2H CH_2OH (**53**) ⟹ H CO_2H ⟹ H CHO (**54**)

(1)O_3/MeOH 2)$NaBH_4$/MeOH) (Ag_2O/H_2O)

3. 寻找"策略性"键

根据合成策略所考虑的关键性化学键称为"策略性"键（"strategic" bond)。它们在逆合成分析中又常常成为首先切断或连接的对象。

(1) 简单靶分子策略键的确定

对于 1,2-、1,6-双官能团、或三元、六元脂环等简单靶分子来说，用半反应分析或其他变换分析，可直接确定哪些是策略性键。

(2) 杂环靶分子策略键的确定

对于杂环靶分子来说，建环的 C—C 键和 C—Z 键也成为策略性键。

(3) 复杂稠环靶分子策略键的确定

对于复杂稠环的逆合成分析而言，应首先考虑如何最大可能地简化环系结构。为此，环系之间的“共同原子”成为寻找“策略性”键的线索。

例如，桥烃分子（**55**）中有 C-1、C-2、C-6、C-7 四个“共同原子”，在五种不同的逆向切断方式中，只有①和②两种切断“共同原子”之间键的方式能得到最大简化的中间体（**56**）和（**57**）。由于（**56**）比（**57**）制备容易，可直接采用 Robinson 增环策略得到，所以，2,7-（或 1,2-）碳-碳键成为“策略性”键。

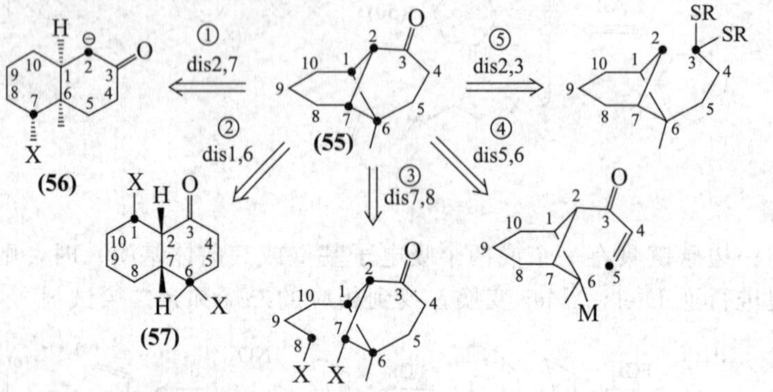

① dis2,7 ② dis1,6 ③ dis7,8 ④ dis5,6 ⑤ dis2,3

H ⊖ O X (**56**) (**55**) SR SR X H O H X (**57**) X X M

关键中间体（**56**）经逆向官能团变换和逆向官能团添加，再经逆向切断，最终找到以简单的 2-甲基间苯二酚为原料的合成路线[54~56]。

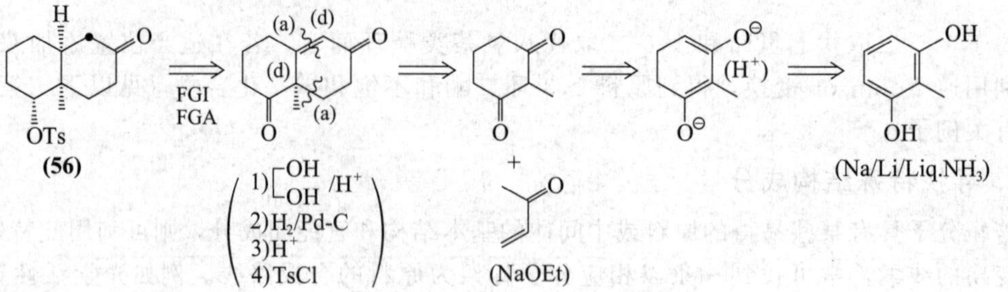

H O OTs (**56**) ⟹ FGI FGA (a) (d) (d) (a) O O ⟹ O O ⟹ O⊖ (H^+) O⊖ ⟹ OH OH ($Na/Li/Liq.NH_3$)

1) HO–CH₂CH₂–OH/H^+ 2) H_2/Pd-C 3) H^+ 4) TsCl

\+ O (NaOEt)

4. 对称性应用[57]

利用靶分子结构的对称性（symmetry），可把合成简化为多重建架反应（如鲨烯的合成）。另外，还可以利用“潜在对称性”来简化合成设计。例如：地衣酸（Usnic acid）（**58**）的结构中，表面上没有明显的对称性，但根据其生物合成途径推断它是由 2 分子的 3-甲基-2,4,6-三羟基苯乙酮（**59**）的氧化偶联而成，（**59**）可由（**60**）和（**61**）起经缩合、水解、脱羧、酰化而得[58,59]。这样的合成路线，由于“会聚”的两个部分，包括原料、中间体和反应是完全相同的，故又称为“自反性”（reflexive）合成，是十分经济的策略。

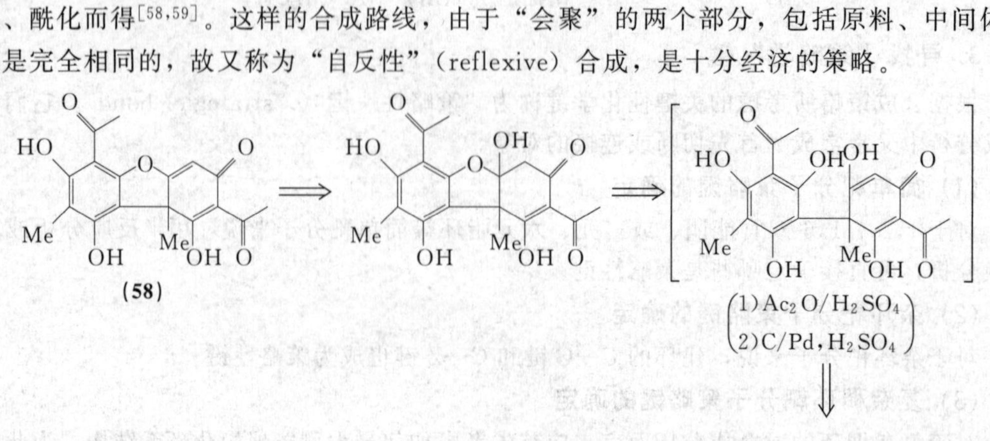

O HO O O Me OH Me OH O (**58**) ⟹ O HO OH O O Me OH Me OH O ⟹ [O HO OH OH O Me OH Me OH O]

(1) Ac_2O/H_2SO_4 (2) $C/Pd, H_2SO_4$ ⟹

2 (HO, OH, Me, OH) ⟸ 2 (59) ⟸ […]

HO　OH　HO　OH　Me　OH　(59)　O　HO　O　HO　O　Me　H　Me　OH　OH　O

(1) $MeCN/ZnCl_2/HCl$
(2) $NH_3 + H_2O$/heat

[$K_3Fe(CN)_6$/aq. Na_2CO_3]

⇓

2 EtO_2C OH CO_2Et HO OH Me ⟹ 2 { EtO_2C O CO_2Et (60) ＋ Cl OEt O O Me (61) }

(1) 1.5% KOH/heat
(2) HCl/heat

(1) Na/Et_2O/heat
(2) NaOEt/EtOH/heat

5. 重排反应的应用

在不需要特殊试剂的重排反应中，原料分子的碳架（和官能团）发生重排而生成新化合物，但不导致碳原子的损失。从合成效率来看，重排反应是有效而经济的建架反应。例如，Claisen 重排[60]具有高度区域和立体选择性，能有效地延长碳链、建立（E）-烯键或季碳原子中心，故在天然物质合成上应用日益广泛（如第二节中有关鲨烯合成的例子）。

另外，利用 Wagner-Meewein 重排进行扩环或缩环，亦可作为合成稠环的重要策略之一。例如化合物 Kessane（**62**）用逆 Wagner-Meewein 变换，找到十氢萘衍生物（**63**）为起始原料[61]。

(62) ⟹ ⟹ ⟹ OMs ⟹ (FGI)

Me　H　10　9　8　3　4　5　6　Me　H　(62)　Me　2　1　5　$O^{\ominus}$　Me　10　3　4　5　6　Me　H　OMs　Me　OH　Me　H　(AcOK/HOAc)

OH　Me　OH　Me　H　(MsCl) ⟹ AcO　Me　CO_2H　Me　H ⟹ (FGI) AcO　Me　CHOMe　Me　H ⟹ AcO　Me　O　Me　H

(1) CH_2N_2
(2) MeLi

(1) aq.HCl
(2) CrO_3/H_2SO_4

($Ph_3PCHOMe/Me_2SO$)

(63)

四、选择性控制

对于逆合成分析来说，尤其在正向反应审查时，必须考虑选择性控制的问题，其包括：①化学选择性（chemoselectivity），它取决于不同官能团的反应差异；②区域选择性（regioselectivity），它取决于活性基团周围不同位置的反应性差异；③立体选择性（stereoselectivity），它涉及产物分子的相对或绝对立体化学问题。

1. 化学选择性和区域选择性

在一个分子中存在多官能团时，可利用官能团转化（FGI）来临时保护某个基团而避免不应发生的反应，可提高某些反应的化学选择性；另外，为了活化所需结构部位的化学活性或有意阻断某个结构部位的反应性，可利用官能团添加（FGA)（活化基、阻断基）来提高某些反应的区域选择性。

(1) 利用保护基提高化学选择性

如醛、酮的羰基在化学反应中是较活性的基团，保护羰基的最常用方法是通过其和1,2-乙二醇或2-巯基乙醇的反应，生成相应的1,3-二氧戊环或1,3-氧硫戊环衍生物。一般在非质子溶液中用酸催化或脱水方法使缩醛或缩酮生成完全。利用二氧戊环交换反应，也可将小分子二氧戊环上乙二醇部分转移到大分子酮的羰基上，同时蒸出低沸点的酮。以上保护基在大多数碱性和中性条件下是稳定的，在进行有关反应后，常在丙酮或其他溶剂中用强酸处理而脱去上述缩醛或缩酮基，其脱除难易程度和生成情况相平行。1,3-氧硫戊环衍生物比1,3-二氧戊环衍生物更活性，用中性或弱碱性的丙酮或醇溶液，即可脱保护基；若用Raney Ni，则效果更好。例如化合物 **(64)** 中有两个羰基，为了将环外甲基羰基转化成甲酸酯而不影响环上羰基，先将后者转化（保护）成二氧戊环基，这样，侧链羰基α位可进行选择性Aldol缩合，再氧化断裂、酯化成甲酸酯基。

1) OH/OH /TsOH
2) (furan)CHO aq.NaOH
1) O_3-O_2/H_2O_2
2) 10%HCl/THF
3) CH_2N_2/Et_2O
H (64) H H CO_2Me (41%)

(2) 利用活化基和阻断基提高区域选择性

① 活化基

对于在反应中心不同位置上存在几个相同性质的合成子的有机分子来说，利用某些活化基可起到控制区域选择性的作用。常用的活化基是甲酰基、乙氧羰基、硝基等吸电子基。例如在2,5-二取代环乙酮 **(65)** 中C-2和C-6均能和甲基乙烯基酮（MVK）发生Michael加成。为了制备化合物 **(66)**，可先在6位引入甲酰基来活化此C—H键，然后和甲基乙烯基酮（MVK）加成，用碱水解脱出甲酰基，再环合成所需的 **(66)**。

(65) HCO_2Et / MeONa → OHC … 1) MVK 2) 20% K_2CO_3-EtOH 3) Pyrcolidine → (66)

② 阻断基

在某些不具官能团的位置上可添加某些基团来阻断不需要的反应，从而提高区域选择性，这种特殊形式的保护基又可称为阻断基。例如化合物 **(67)** 用一般方法进行羰基α-烃化，主要得到2-甲基取代产物，若先用烷硫亚甲基（R—SCH ═）阻断2位后再烃化，则可顺利地得到收率良好的9-甲基取代化合物 **(68)**。

(67) t-BuOK/t-BuOH, MeI → CH_3 产物
(67) 1) HCO_2Et/EtONa 2) n-BuSH/TsOH → CHSBu 产物 → 1) t-BuOK/t-BuOH/MeI 2) KOH/H_2O → Me (68) (78%)

2. 立体选择性

在合成设计中，立体选择性控制涉及手性目标分子的合理合成设计及其正向反应的实施，所以在逆合成设计中要充分考虑到如何很好地控制立体选择性。

(1) 非对映选择性和对映选择性合成的概念

非对映选择性合成（diastereoselective synthesis），即控制生成的手性中心之间、或者（以及）它们和分子中原有手性中心之间的相对立体化学关系，在反应后得到的非对映异构体混合物中，某一对非对映异构体比例应该高于其他异构体。如以下 Aldol 反应中 *threo* 构型的外消旋物（93%）远高于 *erythro* 构型的外消旋物。

$PhCH_2CO_2H$ —— 1) $K^{\oplus}$（萘负离子）；2) 18-冠-6 r.t., 1h ——→ [H, Ph, $O^{\ominus}$, $O^{\ominus}$] —— *t*-BuCHO, THF/−50℃, 10min ——→ HO, H, CO_2H, H, Ph (93%)

(97%*threo*)
(*R*,*S*)+(*S*,*R*)

对映选择性合成（enantioselective synthesis），指利用反应物的不对称因素、在反应中控制产物分子的绝对立体化学关系，生成两个不等量的对映异构体。如以下对映选择性烃化反应的主要产物为绝对构型（*R*）-光学活性对映体。

环己酮 —— NH_2 (*R*)-$PhCH_2CHCH_2OMe$, PhH, ($-H_2O$) ——→ $PhCH_2$, H, C—CH_2OMe, N= 环己基 —— 1) LDA/THF; 2) Me_2SO_4; 3) aq.HCl ——→ O, Me, (*R*), H (72%)

(82% *e.e.*)

(2) 逆合成分析中立体选择性控制

① 由非对映选择性合成发展成对映选择性合成

在对映选择性合成中，必须使用光学活性原料、或手性催化剂等，才能使前手性分子转化为光学活性物质；而在非对映选择性合成中，在非光学活性试剂或催化剂作用下由非手性或外消旋分子转化为外消旋产物。但是，这两类合成方法是紧密联系的，若在非对映选择性合成的基础上，采用光学活性原料、试剂或催化剂，就成为一个很实用的对映选择性合成。在天然产物的逆合成分析及其全合成中，常常可以见到这样的策略（见以下反-1,3-二取代四氢咔啉合成实例）。

② 通过反应物结构、或过渡态中立体电子效应来控制立体选择性

利用结构上因素（原料中已存在的、或临时添加的、或反应中形成的结构因素）、试剂或催化剂，或通过立体电子效应（stereoelectronic effects）(包括官能团之间相互作用、氢键、金属离子螯合等）来控制或扩大反应中不同的非对映、或对映异构体所需过渡态之间能量上的差异，就能达到“不对称诱导”和提高立体选择性的目的（见以下反-1,3-二取代四氢咔啉和天然利血平合成实例）。

3. 实例：反-1,3-二取代四氢咔啉和天然降压药 *l*-(—)-利血平

(1) 反-1,3-二取代四氢咔啉的逆合成分析和立体选择性控制

在合成*β*-四氢咔啉化合物的逆合成分析中，可有逆 Pictet-Spengler 反应和 Bischler-Napieralski 反应两种不同方式。Pictet-Spengler 反应因其操作简便而被重视，原料是易得的色胺和苯甲酸酯或苯甲醛两个合成子（d，a）等价试剂。

CO₂Me Pictet-Spengler N H N CO₂Me ⟹ H NH₂ CO₂Me + CHO

NH Bischer-Napieraiski CO₂Me NH O ⟹ NH₂ CO₂Me + COOH

若色氨酸甲酯（**69**）和水杨醛（**70**）反应，只能得到顺式和反式 1,3-二取代产物混合物（**71**）和（**72**）；若先在色氨酸的 N_b 上接上取代基苄基（**73**），则可得 97%收率的外消旋（rac）反式 1,3-二取代产物（**74a**）。同样，若用光学活性（o. p.）的 N_b-苄基色氨酸甲酯作原料，则可得光学纯的反式 1,3-二取代四氢咔啉（**74b**），经氢解，可得所需的光学活性产物（**75b**）。

CO_2Me NH_2 **(69)**；OR CHO **(70)** heat (Pictet-Spengler)；CO_2Me NH OR **(71)** + CO_2Me NH OR **(72)**

(R=H: MeOH/H_2O/TsOH (3.7%)；R=Ac:PhH (40%))

CO_2Me NH CH_2Ph **(73)** a: rac. b: o.p.；OH CHO Tol, heat 2h(97%)；CO_2Me N Ph OH **(74)** a: rac. b: o.p.；1)Pd/C 2)MeOH (75%)；CO_2Me NH **(75)** a: rac. b: o.p.

根据 Pictet-Spengler 反应的机理，上述立体选择性控制可能通过以下过程：在亚胺过渡态（**76**）中，吲哚 C-2 可从 C═N$^+$ 的上方或下方向其进攻，得到（**77**）或（**78**）；但只有过渡态（**77**）中甲氧羰基和苄基均处于平伏键，而在（**78**）中，CH_2Ph 处于竖键方向，且吲哚 N—H 和 1 位取代基（R）发生在 $A^{(1,2)}$ 张力，它比（**77**）不稳定。于是，反应优先生成反式-1,3-二取代的 β-四氢咔啉（**79**）。当苄基用接触氢解除去以及 3-酯基水解脱羧后，即得到消旋或光学活性的 1-取代-四氢咔啉衍生物。

H R N⊕ CO_2Me H Ph HN **(76)**；从C═N 下方进攻；HN ⊕ H H R N CO_2CH_3(e) (a) Ph (e) **(77)**；$-H^+$；HN H H R N H CO_2CH_3 (e) (a) Ph (e) (1,3-*trans*) **(79)**

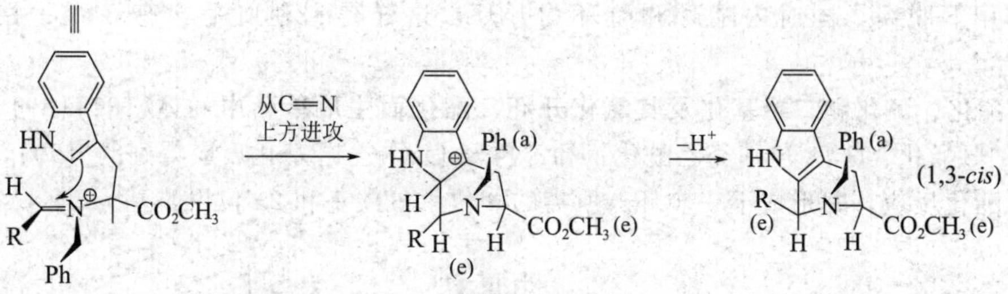

从C═N
上方进攻

$-H^+$

Ph (a)

(1,3-*cis*)

CO_2CH_3 (e)

(78)

(2) *l*-(−)-利血平的逆合成分析和正向反应解析

① 利血平的逆合成分析

天然降压药 *l*-(−)-利血平［*l*-(−)-Reserpine］(**80**) 具有六个手性中心的吲哚生物碱，其 C-D-E 为顺-反-顺-三联稠环。为了解决全合成中立体化学选择性，著名化学家 Woodward 巧妙地设计了 6-甲氧基色胺 (**81**) 和一个预先具有所需 5 个手性中心（C-15、C-16、C-17、C-18、C-20）的非色胺的单萜化合物 (**82**) 进行装配成异利血平骨架分子、后通过差向异构化建立最后一个 C-3 手性中心的路线。*l*-(−)-利血平的逆合成分析如下：

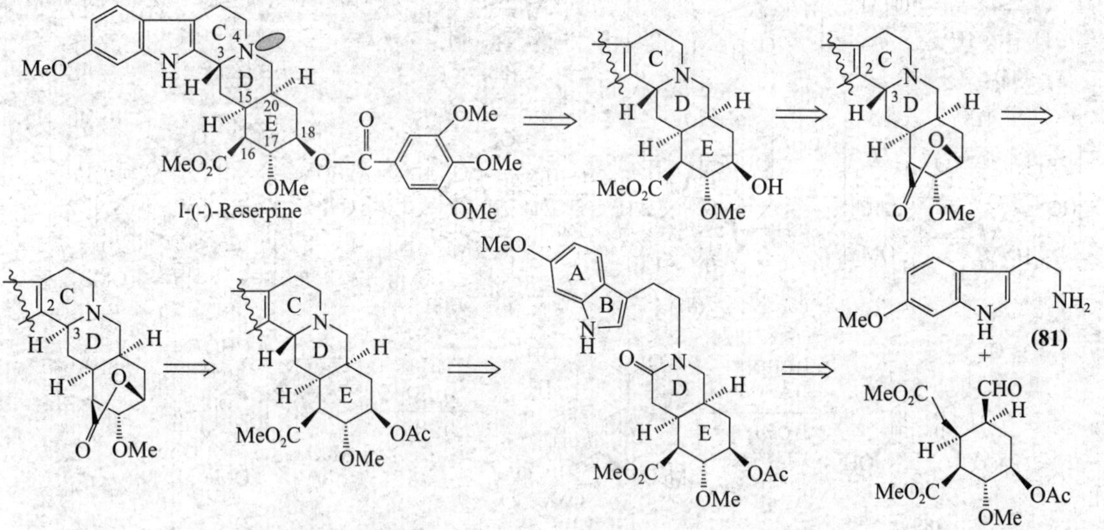

l-(-)-Reserpine

(81)

(82)

② 利血平的 Woodward 全合成解析及其选择性控制[69]

i. 关键单萜中间体 (82) 的合成

(a) Diels-Alder 反应　由对醌和顺型-乙烯基丙烯酯反应生成 *cis*-十氢萘 (**83**)，建立 C-15、C-16 和 C-20 三个手性中心，也首先建立了 D/E 顺联稠环构型。

(b) 立体选择性还原-内酯化固定 C-14 和 C-16 构型　在 (**83**) 顺式稠环中，处于船式凸出一边（*α*-方向）位阻较小，故 C-14 和 C-21 上羰基还原均生成 *β* 位醇羟基；而 14*β*-OH 和 16*β*-酯基易发生酯交换得到内酯 (**84**)，从而固定了手性中心 C-16 构型。

(c) 烯键立体选择性溴醇化及其烃化反应建立固定 C-18 和 C-17 构型　溴正离子优先从 (**84**) 烯键 *α* 方向进攻，然后 21*β*-OH 从 *β*-方向进攻形成溴代的环醚 (**85**)，固定了 18*β*-醇的碳原子构型。(**85**) 上溴被甲醇负离子亲核取代而得到所需 C-17 位 OMe 的 (**86**)。

(d) 烯键立体选择性溴醇化、醇羟基氧化、脱卤和开环反应　(**86**) 的烯键与 NBS 的立体选择性溴醇化后得到 *β*-溴醇 (**87**)，其醇羟基经过 CrO_3-H_2SO_4 氧化得到酮 (**88**)。经 Zn/

HOAc 作用下脱溴，同时内酯环和醚环均开环，这样得到利血平含有 5 个手性中心的 **(89)**。

(e) 酯化、酰化和二羟基化及其氧化开环、酯化而生成单萜中间体 (82) **(89)** C-16 羧酸用 CH_2N_2 酯化、C-18 羟基经乙酰化、烯键再经 OsO_4 全羟基化反应得到的 **(90)**，再经氧化断裂、酯化反应，并形成下一步环合所需的 3 位甲氧羰基和 21 位甲酰基。

PhH, heat → **(83)**; $Al(OPr\text{-}i)_3$, i-PrOH/heat

(84) Br_2/MeOH, r.t., 45min (80%) → **(85)** MeONa, r.t., 2.5h → **(86)** NBS/H_2O, $HClO_4$, 80~90℃, 0.5h

→ **(87)** CrO_3/H_2SO_4, r.t., 10h (60%) → **(88)** Zn/HOAc (79%) →

(89) 1) CH_2N_2 2) Ac_2O/Py 3) OsO_4 (38%) → **(90)** 1) HIO_4 2) CH_2N_2 → **(82)**

ii. 6-甲氧基色胺 (81) 和单萜化合物 (82) 环合后，经还原和 C-3 差向异构化等生成 *dl*-利血平，再经不对称拆分后得到和天然产物完全相同的合成利血平。

(81) + **(82)** → NaBH₄/MeOH →

(91) $\xrightarrow{POCl_3}$ $\xrightarrow{NaBH_4}$ (92) $\xrightarrow{KOH,MeOH}$ $\xrightarrow{DCC,Py}$ (93) $\xrightarrow[heat]{t\text{-}BuCO_2H}$ (94) $\xrightarrow[heat]{NaOMe,MeOH}$ (95) $\xrightarrow[Py]{}$ $\xrightarrow{1)\ MeOH/CHCl_3,\ (+)\text{-}CSA;\ 2)\ 拆分;\ 3)\ 1mol/L\ NaOH}$ (–)-利血平

第三节　仿生合成法

一、次生代谢产物的生物合成

1. 初生代谢与次生代谢

初生代谢（primary metabolism）指在植物、昆虫或微生物体内的生物细胞通过光合作用、碳水化合物代谢和柠檬酸代谢，生成生物体生存繁殖所必需的化合物，如糖类、氨基酸、脂肪酸、核酸及其聚合衍生物（多糖类、蛋白质、酯类、RNA、DNA）、乙酰辅酶 A

等的代谢过程，这些化合物称为初生代谢产物。初生代谢过程对于各种生物来说，基本上是相同的，其代谢产物广泛分布于生物体内。而次生代谢是以某些初生代谢产物作为起始原料，通过一系列特殊生物化学反应而生成似乎对生物本身无用的次生代谢产物，如萜类、甾体、生物碱、多酚类等，即为人们熟知的天然产物。次生代谢及其产物对于不同族、种的生物来说，常具有不同的特征，而且，次生代谢产物的体内分布具有局限性，不像初生代谢产物那样分布广泛。一般认为次生代谢产物是非滋养性化学物质，其控制周围环境中其他生物的生态学，在生物群共同生存和演变过程中发挥重要作用。

2. 次生代谢产物生物合成途径

次生代谢产物是初生代谢的继续，二者又是互相联系的。根据不同的起始原料，可分为以下五类：①莽草酸（Shkimic acid）途径，生成芳香化合物（Aromatics）(酚、氨基酸等)；②β-多酮（Polyketides）途径，生成聚炔类（Polyalkynes）、多酚(Polyphenol)、前列腺素（Prostaglandins，PGs）、四环素（Tetracyclins）、大环抗生素(Macrolide)；③甲瓦龙酸（Mevolonic acid）途径，生成萜类（Terpenoids）、甾体(Steroids)；④氨基酸（Amonoacid）途径，生成青霉素（Peniciline）、头孢菌素（Cephloxine）、生物碱（Alkaloids)；⑤混合途径，如由氨基酸和甲瓦龙酸生成吲哚生物碱(Indole Alkaloids)，由β-多酮和莽草酸生成黄酮类（Flavonoids）。上述途径见参考文献[70]，可归纳为图 8-1。

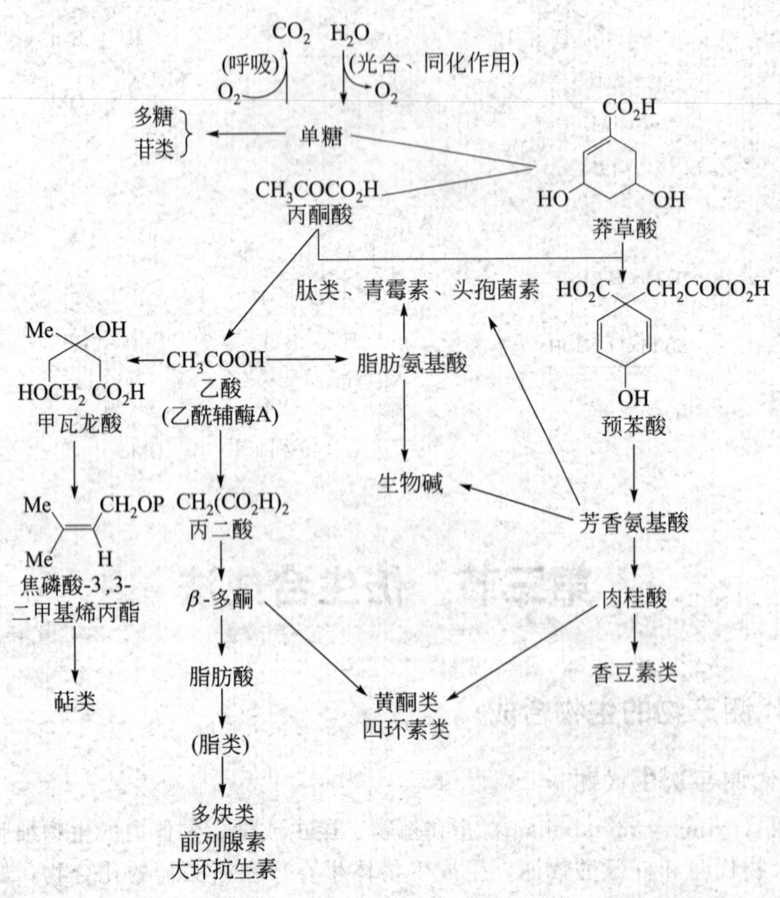

图 8-1　次生代谢的主要途径

二、仿生合成

天然产物的生物合成过程，是完全在正常的自然条件下进行的，其合成的高效率、高立体特异性是体外任何一个化学合成方法所不可比拟的，而且没有任何难以忍受的化学污染，因此，这种天然的合成方法，可成为可以借鉴的“理想的合成”。“仿生合成”（biomimetic synthesis）是以模拟次生代谢产物生物合成作为合成策略的设计方法。在仿生合成中所模拟的对象（生物合成催化酶、中间体、反应机理或反应条件、试剂等），大部分是实际存在的，但也包括那些假设性而尚未证实的，或仅仅为了理解而提出的生物合成过程。

1. 模拟酶催化单碳片段转移（one carbon-fragment transfer）的仿生合成

（1）生物单碳片段转移机理

许多天然产物含有 *N*-甲基、*O*-甲基或芳性 *C*-甲基，这种生物甲基化反应，绝大多数在 ATP 参与下，蛋氨酸（Methionine）**（96）** 首先 *S*-腺苷化，然后活化了的 *S*-甲基被转移到有关亲核试剂分子上。

现已证明在生物体内，首先摄取单碳片段和发挥转移作用的，并非蛋氨酸 **（96）**，而是辅酶四氢叶酸（Tetrahydrofolic acid)(THF) **（97）**。四氢叶酸可分别和甲醛、甲酸衍生物反应，生成 5,10 亚甲基四氢叶酸 **（98）** 和 5-甲基四氢叶酸 **（99）**。**（99）** 经 NADH 还原作用，生成 *N*(5) -甲基四氢叶酸 **（100）**，再在维生素 B_{12} 参与下将 *N*(5)-甲基转移到高半胱氨酸（Homocycteine）**（101）** SH 基上，生成蛋氨酸 **（96）**。

$$HSCH_2CH_2CH(NH_2)CO_2H \xrightarrow{(100)/\text{维生素 } B_{12}} MeSCH_2CH_2CH(NH_2)CO_2H$$

（101） **（96）**

但是，尿苷酸（Uridylic acid）(UMP）**(102)** 生物转化为胸腺嘧啶核苷酸（Thymidylic acid）(TMP）**(104)** 的过程中所需的 5-甲基，是从四氢叶酸的另一个单碳衍生物 5,10-(CH_2)-THF **(98)** 直接转移而来的。在这个反应中，**(98)** 在酸性下开环成亲电性 N^+(5)-(CH_2)-THF **(103)**，然后在另一个酶蛋白（Enz-SH）的帮助下，将 **(103)** 中 N^5 上亚甲基转移到 UMP **(102)** 的 C-5 位上，再经脱甲基-THF 中负氢转移还原，生成 TMP **(104)**。

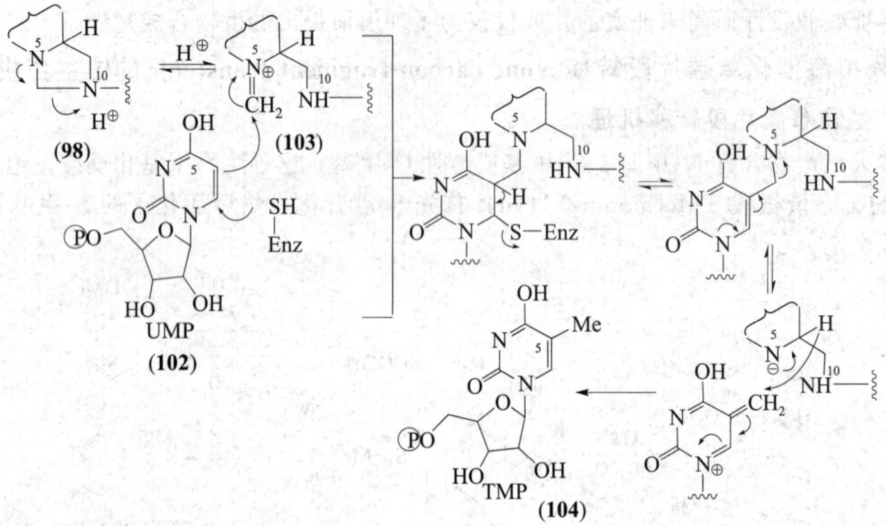

(2) 仿生单碳片段转移的合成方法

辅酶四氢叶酸摄取和转移一个单碳片段，可简单地视为咪唑烷的形成和开环的两个过程，其开环的容易程度和立体选择性，主要取决于四氢叶酸的 5,10 位两个氮原子碱性具有明显差别的性质。四氢叶酸的作用，也可归结为贮存和提供一个“隐蔽”的 R_a-合成子。Paudit[71] 在上述叶酸辅酶及其转移一个碳原子的原理，设计并合成了多取代咪唑烷化合物(imidazolidine) **(105)** 作为 5,10-(CH_2)-THF 模拟试剂，将其中 C-2 及其所连接的基团或侧链一起转移到另一分子中具亲核性质的位置上。利用这些仿生模型试剂成功地合成了一系列吲哚生物碱，包括 β-咔啉、育亨宾、Aspidosperma 和 Eburnamine 等生物碱衍生物[72~77]。他们设计的 1-酰基-3-甲基-4,4-二甲基的咪唑烷化合物中，4 位两个甲基取代可提高此五元杂环的稳定性，而 1 位和 3 位分别引入酰基和甲基是为了增加两个氮原子的碱性差别，如同四氢叶酸 N^5 和 N^{10} 那样（pK_a 值分别是 4.8～5.5 和 −1.3）。

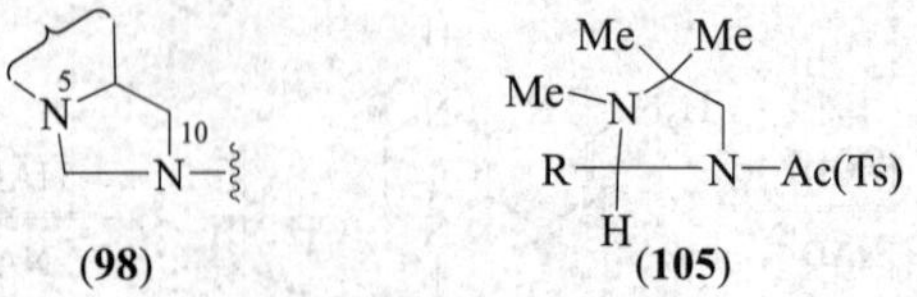

(105) 的制备如下：首先由 1,1-二甲基乙二胺 **(106)** 和甲酸酯生成相应的咪唑啉化合物 **(107)**，然后引入酰基和甲基而得到 N,N'-二取代咪唑啉 **(108)**，其经还原生成 2-取代咪唑烷 **(109)**；若与不同的亲核试剂反应，则可得到不同的 2-取代咪唑烷 **(105)**，如和格氏试剂反应生成 **(110)**。

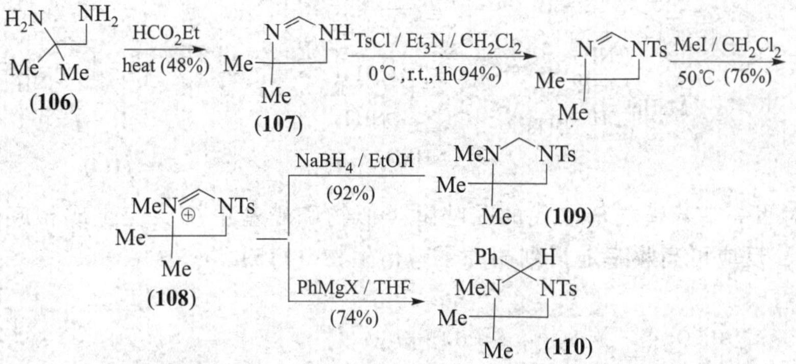

当1,3-二甲基-6-氨基尿嘧啶（**111**）可作为尿嘧啶和SH-酶蛋白的模拟组合分子，和咪唑烷化合物（**109**）进行反应时，结果发生类似于生物合成的单碳片段转移过程，生成尿嘧啶的二聚物（**112**）。其反应历程如下：

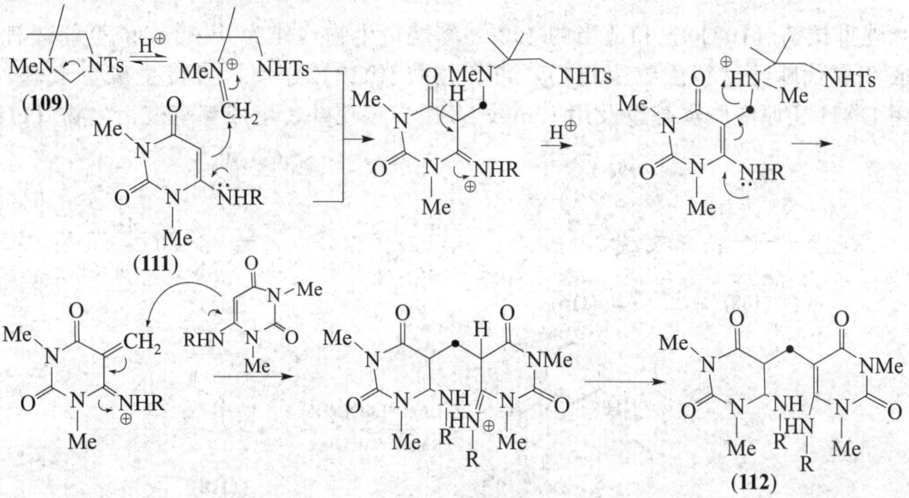

与Pictet-Spengler反应相比，仿生单碳片段转移反应具以下优点：①制备咪唑啉化合物（**108**）较容易，其为结晶较稳定，可作为实验室保存的试剂；②当（**108**）和各种d-合成子反应时，可方便地得到相应的2-取代咪唑烷化合物，其相当于一个“隐蔽”的Pictet-Spengler反应所需的较大醛分子，而后者常常在合成中难以直接得到；③在Pictet-Spengler反应时常需设法除去反应中生成的水而使反应完全，而咪唑烷仿生单碳片段转移反应是在非水介质中进行的，其操作和后处理比前者方便。

(3) 仿生单碳片段转移的合成实例

① 仿生合成吲哚生物碱 利用咪唑烷化合物（**105**）和色胺（**113**）进行单碳片段转移，得到β-四氢咔啉衍生物（**114**）。

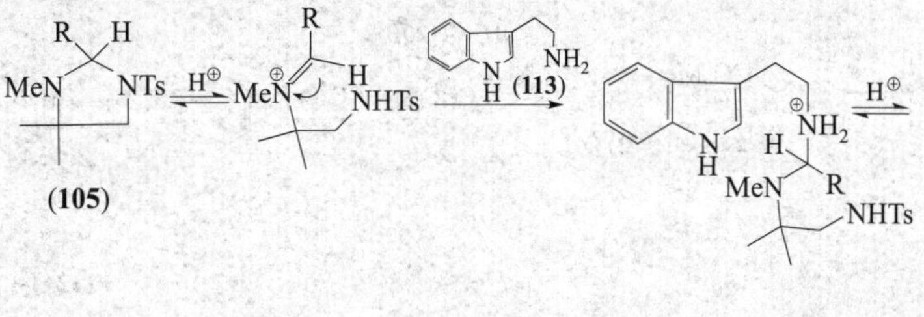

NH, H, R, MeHN⊕, H, NHTs, H　⇌　NH⊕, H, H, R, +, NHTs, NHMe　→　NH, H, H, R

(114)　[75]

如用1-对甲氧基苯磺酰基取代的咪唑啉类似物和硝基甲烷反应生成相应的咪唑烷，其与色胺（**113**）反应可高收率地得到胡秃子碱衍生物（**115**）。

N-H, H, NH_2　1) H_3CO–C6H4–SO_2N N$^{\oplus}CH_3I^{\ominus}$ $MeNO_2/NaH/THF$ (92%)　2) $CH_3CN/AcOH/reflux$ 0.5h (94%)　→　NH, N, H, H_3C, CH_2NO_2　⇌　N···H, H, O, N, H, H_3C, N, O

(115)　[78]

若咪唑啉试剂（**108**）先和适当的1,3-二噻烷衍生物（作为d^1-合成子等价试剂）（**116**）反应生成2-取代咪唑烷衍生物（**117**），再和色胺（**113**）作用，直接生成育亨烷骨架化合物，后用LAH还原酰胺羰基以及用Raney Ni脱二噻烷基，生成育亨烷衍生物（**118**）。

(a) Me–N⊕, NTs, $I^{\ominus}$ (108)　+　MeO_2C, S, S, OMe (116)　n-BuLi, THF, −78℃ (77%)　→　S, S, CO_2Me, Me–N, NTs, OMe (117)　NH_2, H, CH_3CN / HOAc, △, 3h (54%)

[75，79]

NH, N, O, S, S, OMe　1) LAH / Et_2O(65%)　2) Raney Ni / Diox　→　N, H, H, N, OMe (118)

② 其他实例　Pandit[80,81]和Singh[82~85]也分别发展了其他含两个杂原子的五元或六元杂环作为四氢叶酸模型结构如苯并咪唑、六氢嘧啶、噁唑和噁嗪化合物等的仿生合成方法。

N, H, NH_2　N–H (119), O, Ph　TFA (56%)　→　N, H, N–H, Ph　[84]

又如用六氢嘧啶化合物（**120**）和色氨酸甲酯反应，可方便地将六氢嘧啶环的C2及其所接侧链一起接到色氨酸的氨基N原子上，后环合成β-咔啉生物碱（**121**）等。

N, H, CO_2Me, NH_2　1) NH, HN (120), $CH_2COC(Me)_2CO_2Et$　2) OH^-；3) H^+　→　CO_2Me, N, O, N, H, H, O (121)　[80]

2. 模拟 β-多酮代谢途径

(1) 生物 β-多酮（Polyketide）途径

在次生代谢中，乙酰辅酶 A 在维生素 H 和 ATP 参与下经 α-羧化，转化成活泼的丙二酸单酰辅酶 A，再在乙酰辅酶 A 的作用下发生脱羧和酰化，生成乙酰乙酰辅酶 A：它再依次和丙二酸单酰辅酶 A 反复作用，生成 β-多酮的活性形式（**122**）。当（**122**）经历分子内醛醇缩合或杂原子参与的环合等生化过程，就可生成相应的多酚类黄木灵（Xanthoxylin）、四环素（Tetracyclin）或含氧杂环橘霉素（Citrinin）等天然产物。

O S—CoA CO_2 / ATP 维生素 H O O=C S—CoA O S—CoA O $-CO_2$ -HS—CoA O O S—CoA HO_2C S—CoA O n

O O O S—CoA (**122**) n (β-九酮, n=7) S—CoA O O O O O O O O CONH$_2$ (β-四酮, n=2) (β-五酮, n=3)

O OH O CoA—S O O O O S CoA O Cl MeO OH H NMe$_2$ OH CONH$_2$ OH O OH OH O (Tertacyclin)

Me Me Me O O CO$_2$H (Citrinin) OH COMe HO OH OH (Xanthoxylin)

(2) 模拟β-多酮的仿生合成实例

① 仿生合成天然酚类或其生物碱

模拟生物 β-多酮途径可以仿生合成天然酚类或其生物碱衍生物[84~86]。如模拟 β-四酮仿生合成了以下酚类衍生物：

O NMe$_2$ NMe$_2$ O 1) O CO$_2$Me NaH/n-BuLi 2) $BF_3 \cdot OEt_2$/THF O O CO$_2$Me O O CO$_2$Me 1mol/L HCl r.t., 3h (69%) O OH CO$_2$Me CO$_2$Me

又如以下天然多酚类 Landomycinone angucyclinone 前体（**123**）的模拟 β-多酮仿生合成：

CO$_2$Me O CH$_3$ OMe O O OMe K_2CO_3 (66%) CO$_2$Me HO CH$_3$ OMe OMe (**123**)

② 仿生合成某些萘环或异喹啉

如采用通常的β-三羰基衍生物和丙酮α-碳负离子之间的Claisen缩合反应来得到β-五酮，由于丙酮单碳负离子的活性不够而不能得到预期产物；如提高反应温度，不仅引起该试剂的分解，且易发生丙酮的自身缩合。若应用高度亲核性的对称酮α,α'-双碳负离子（酮先用过量KH处理，后再在TMEDA中和1mol n-BuLi反应而生成），则可在极温和条件下顺利地进行酮羰基α-烃化或酰化反应，亦很少有α,α'-双缩合副产物。例如：

[80，89]

因此，由β-三酮衍生物（**124**）或其氨化物（**125**）和丙酮双负离子进行双度C-酰化反应，生成β-五酮（**126**）或其氨化物（**127**），其不经分离直接环合，再经甲基化或/和环合等反应，得到生物合成假设中的酚性中间体（**128**）、（**129**）和（**130**）[90]。这亦成为仿生合成某些萘环或异喹啉天然产物的新方法。

3. 模拟氨基酸代谢途径

(1) 生物氨基酸代谢途径

许多重要异喹啉或氢化异喹啉生物碱，都由芳香族氨基酸（苯丙氨酸或酪氨酸）的代谢所产生，如以下吗啡生物碱的生物合成：

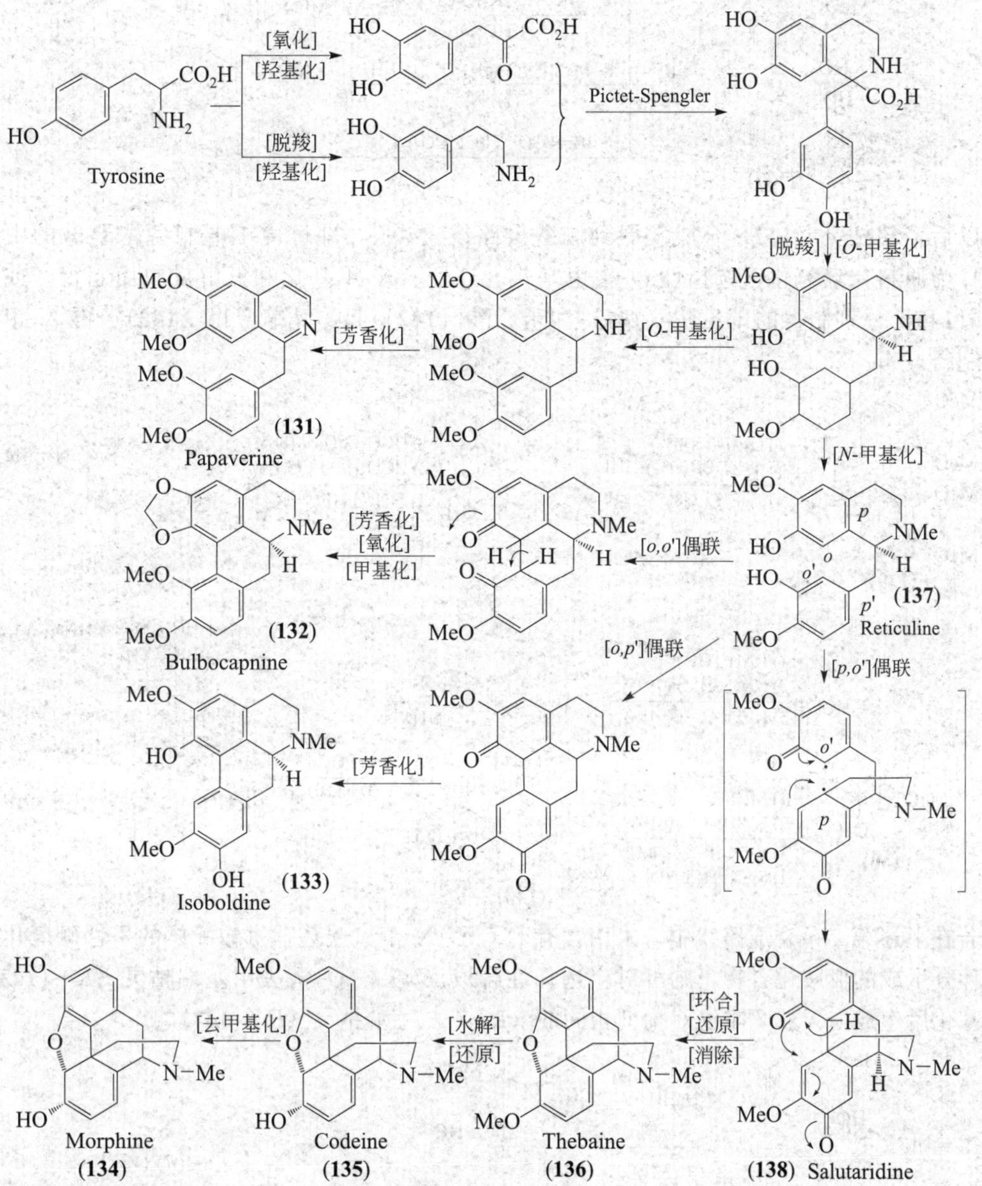

以上过程的主要特点为：①芳香族氨基酸的芳核羟基化、脱羧和 O-甲基化、生成酚羟基化的 β-芳乙胺；②β-芳乙胺与适当羰基化合物进行 Pictet-Spengler 缩合反应；③酚性氧化偶联反应；最后分别生成罂粟（Papaverine）**(131)**、阿朴吗啡生物碱（Aporphinoid）**(132)**、**(133)**，吗啡生物碱-吗啡（Morphine）**(134)**、可待因（Codeine）**(135)** 和蒂巴因（Thebaine）**(136)**[70b]。

(2) 吗啡生物碱的仿生合成实例

在吗啡生物碱的仿生合成研究中，首先在体外实现的模拟性氧化偶联反应是 Barton 采用了铁氰化钾作为氧化剂，将瑞枯灵（Reticuline）**(137)** 转化为吗啡二烯酮化合物（Salutaridine）**(138)**，可惜收率太低（0.03%）[91]。若用四醋酸铅作为氧化剂时，得到 2.7%的 **(138)** 和 14%的 o,p'-偶联副产物 Isoboldine **(133)**[92]；若 N-酰化去甲瑞枯灵在三氟乙酸铊（TTFA）的作用下，偶联收率明显提高[93]。

MeO
HO
p
N—R
HO
o′
MeO
(**137**)

R=Me : $K_3Fe(CN)_6$
(0.03%)
R=Me : $Pb(OAc)_4$ / CCl_3CO_2H
(2.7%)
R=R'CO : $Tl(CF_3CO_2)_3$
(16%~35%)

MeO
HO
N—R
MeO
O
(**138**)

以后，瑞枯灵（**137**）合成发展到制备量路线[94~98]，即可由工业制备罂粟碱的中间体（**139**）为原料，经氧化、选择性 *O*-去甲基化、还原、*N*-甲基化和氢解反应而制得，或由香草醛（**140**）分别制得的苯乙胺（**141**）和苯乙酸（**142**）起，经缩合得（**143**）、再 *N*-甲基化反应制得。

MeO
MeO
N
MeO
MeO
(**139**)

1) O_2 / $h\nu$(>70%)
2) 48%HBr(60%)
3) $NaBH_4$(72%)

MeO
HO
NH
HO
OH
MeO

1) HCO_2Et/DMF(88%)
2) HCO_2H/Pd-C(75%)
3) BH_3/THF(97%)

MeO
HO
N—Me
HO
MeO
(**137**)

1)HCO_2Et / MeONa
2)BH_3 / THF

CHO
MeO
OH
(**140**)

1) LAH/THF
2) NaCN/DMF(79%)
3) H_2/Pd-C (91%)

MeO
HO
NH_2
(**141**)

1) Me_2SO_4
2) H_2SO_4 (61%)
3) KCN/$H^{\oplus}$ (90%)
4) $SnCl_2$/HCl (90%)

HO
MeO
CO_2H
(**142**)

1) heat (90%)
2) $POCl_3$
3) $NaBH_4$ (81%)

MeO
HO
NH
HO
MeO
(**143**)

若在上述第二条合成路线中，采用含有 D-(+)-*N*-苄氧羰基脯氨酸配体的手性硼氢化钠来还原环合生成的亚胺化合物，则可对应选择性合成（*R*)-(+)-*N*-去甲基瑞枯灵[(*R*)-(**143**)]，经甲基化后生成与天然吗啡绝对构型相同的（*R*)-(+)-瑞枯灵[(*R*)-(**137**)]。

MeO
HO
N
MeO
OH

NaBH [(D)- N $CO_2^{\ominus}$ CO_2Bzl]$_3$
MeOH

MeO
HO
N—H
H
MeO
OH

→ (*R*)-(**137**)

[99]

另外，可巧妙地利用其分子对称性特点，由二分子异香草醛经 McMurry 还原偶联反应成对称二苯乙烯化合物，再经 Sharpless 不对称双羟基化、开环氨基化以及 Pomeranz-Fritsch 环合等反应的不对称合成路线得到（*R*)-(**137**)[100]。

HO
O
N
CH_3
HO
Morphine

⟹

MeO
HO
N
CH_3
MeO
O
Salutaridine

⟹

MeO
HO
N
CH_3
OH
OMe
(*R*-**137**)
(*R*)-Reticuline

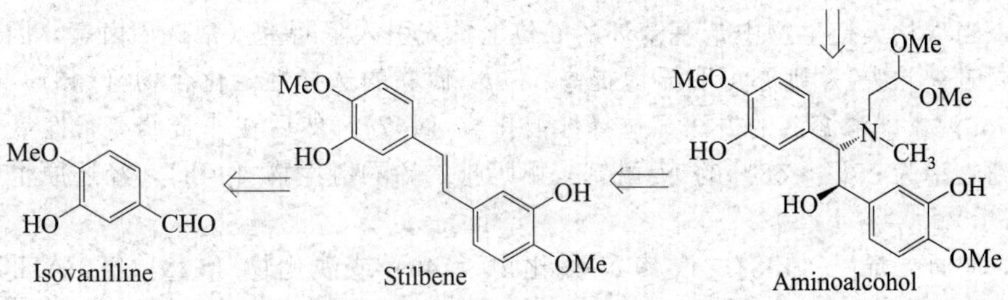

另一方面，蒂巴因（**136**）转化为可待因（**135**）和吗啡（**134**）的反应早已成为工业上较成熟的吗啡生物碱的制备方法[101,102]，故在吗啡的全合成策略中，瑞枯灵（**137**）氧化偶联反应日益受到重视，并成为仿生合成吗啡中的一个关键问题。

在上述仿生的酚性氧化偶联反应中，均须采用能转移两个电子的氧化剂（如 Tl^{3+}-Tl^{+}、Pb^{4+}-Pb^{2+}、I^{3+}-I^{+}、I^{+}-I^{-} 等）。Szantay[103] 成功地发现某些非金属离子性氧化剂，如双（三卤乙酰氧基）碘苯 $PhI(OCOCX_3)_2$，或四乙基铵的双（三卤乙酰氧基）碘酸盐 $Et_4N^+[I(OCOX_3)_2]^-$ 等，其氧化偶联效果比金属离子型氧化剂为好。另外，当 *N*-去甲基瑞枯灵（**144**）中 N 原子用酰基保护后，其氧化偶联选择性地与酰基的立体化学有关。例如，*N*-酰基去甲瑞枯灵（**145**）在四醋酸铅和三氯乙酸作用下氧化偶联成 *N*-酰基去甲吗啡二烯酮（**146**）时，其收率随着 R 基的位阻的增大而提高，这可能由于体积较大的酰基迫使 1-苄基移向四氢异喹啉环的假直立键方向，于是 *p*,*o*′-偶联反应优先发生，提高了选择性。上述 *N*-酰基，可用不同还原方法，或用酸性水解、再甲基化等而转化成 *N*-甲基，例如，化合物（**145**）→瑞枯灵（Reticuline）（**137**），或（**147**）→吗啡二烯酮（Salutaridine）（**138**）。

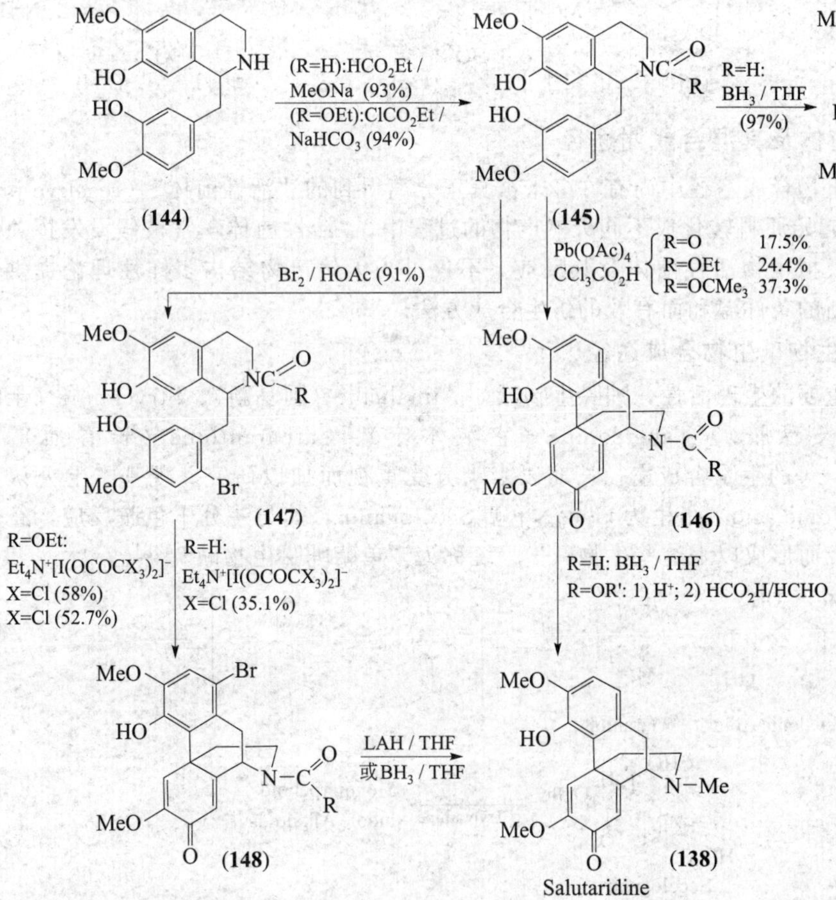

另外，当瑞枯灵衍生物中苄基苯环的6位上预先引入阻断基（常选用卤素，因以后还原反应中能同时被除去），则亦可明显地提高 *o*，*p*′-偶联的选择性。化合物（**145**），可选用慢慢滴入1mol溴素醋酸溶液的方法，选择性溴化成（**147**），然后在非金属离子性氧化剂的作用下，得到收率为35%～58%的 *N*-酰基去甲吗啡二烯酮衍生物（**148**），经还原生成（**138**）（如上式所示）。

最后，吗啡二烯酮（**138**）、或其 *N*-酰化物（**146**）或溴化物（**148**）经LAH还原（和脱卤），得到二烯醇（**149**），再在 $SOCl_2$/Py 作用下，发生消除-加成反应，生成蒂巴因（**136**）；用汞盐和甲酸切断（**136**）的烯醇醚键，生成 α,β-和 β,γ-不饱和酮（**150**）、（**151**）的混合物，经卤化氢加成和消除反应后得到纯（**151**），再经还原得到可待因（**135**），经 *O*-去甲基化，生成吗啡（**134**）。

MeO HO N—R MeO O R=Me: Salutaridine

LAH / THF

MeO HO N—Me MeO HO H (**149**)

1) $SOCl_2$ / Py /−15℃ 2) aq. NaOH(80%)

MeO O N—Me MeO (**136**)

$Hg(OAc)_2$ HCO_2H

[101～104]

MeO O N—Me O (**150**) 1) HCl-Et_2O 2) aq. NaOH MeO O N—Me O (**151**)

$NaBH_4$

MeO O N—Me HO (**135**)

1) $BBr_3/CHCl_3$ 2) NH_4OH (91%)

HO O N—Me HO (**134**)

4. 模拟活性前体及其混合代谢途径

在天然产物的生物合成途径中尚有许多未被真正分离得到的“活性前体”（reactive precusors），但在相同起始原料转化成不同天然产物的过程中，“活性前体”常被假设发挥关键作用，因研究这些模拟生物活性前体及其反应，不仅可为天然产物结构多样性理论提供依据，也可能发展成新的条件温和而有效的仿生合成方法。

（1）单萜吲哚生物碱生物合成途径

由于具广泛和重要的生理活性，吲哚生物碱如Ajmalicine（阿马新）、Strychnine（士的宁）、Vincamine（长春胺）、Tabersonine（它波水宁）、Catharanthine（长春质）和Hirsutine（叶苏啶）等的生物合成途径长期以来十分受重视而加以研究。现基本上公认为由甲瓦龙酸（Mevolonic acid）衍生为 C_9-C_{10} 单萜Secologanin，其与一分子色胺反应，经体内不同生物转化反应而形成以上这些生物碱——统称为“单萜吲哚生物碱”[105]。

Me OH HO_2C OH (3*R*)-Mevalonic Acid → OH Garaniol →

CHO H OGlu H HO_2C O Secologanin —Tryptamine→ Monoterpenoid Indole Alkaloids

在自然界同一种植物经转化环节中活性前体及其立体选择性反应，可以生成完全不同结构的生物碱。如经体外仿生研究后假设：Tabersonine 可通过其 7-21 链断裂机理，或者以逆 Diels-Alder 机理形成不同活性前体，后转化成 Catharantine 或 Vincadifformine-Tabersonine 等重要吲哚生物碱。这个假设已被以下实例所证实。

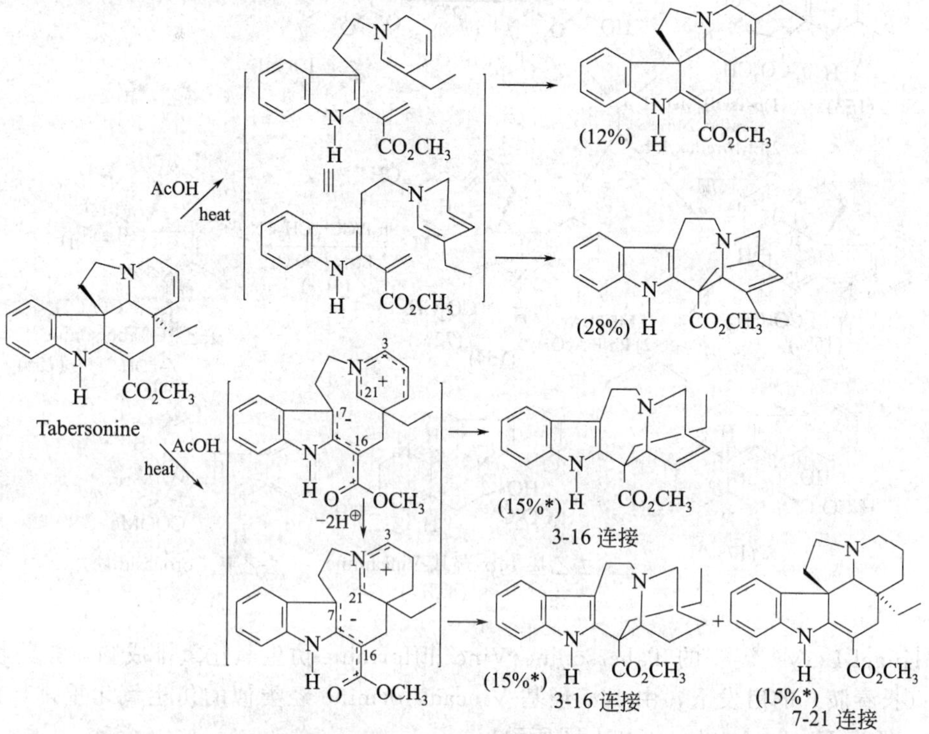

(2) 基于活性前体的吲哚生物碱仿生合成实例

Potier[106]用 Tabersonine 类似物 Vindoline 和 Catharanthine 进行仿生偶联反应，首先成功地半合成了天然抗癌药长春碱（Vinblastine）及其衍生物，同时激起了对资源丰富 Tabersonine 类结构如何转化成桥环的 Catharanthine 的仿生合成研究。

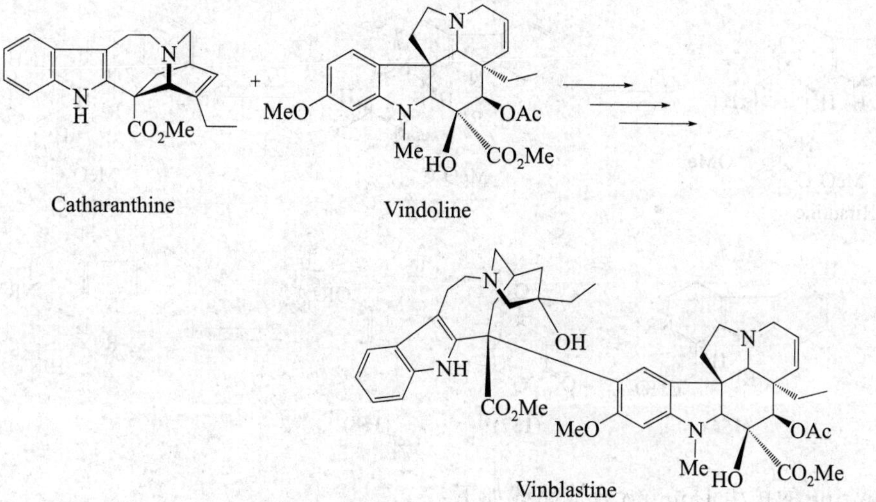

非天然的去乙基-tabersonine（**152**）也能进行类似的仿生转化。首先，由 Indolazepine

（**153**）和四氢呋喃两个合成砌块经 Kuehre 仿生反应制得 14-羟基-Tabersonine，然后 14β-羟基异构体（**154**）经脱水成去乙基-Tabersonine（**155**）。将去乙基-Tabersonine（**155**）在醋酸存在下加热反应，结果生成 Catharanthine 类似物去乙基-Coronaridine 等[107]。

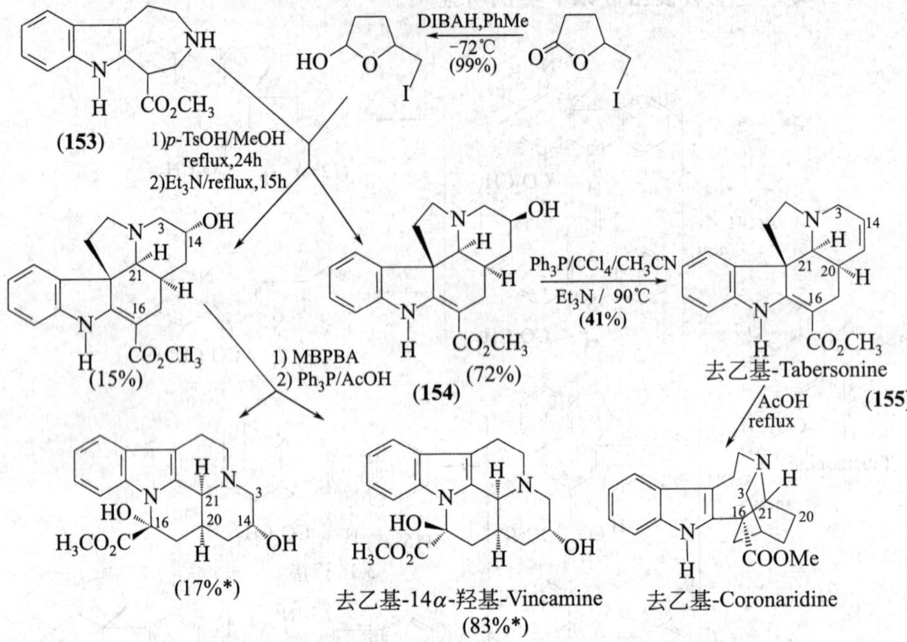

在 Hugel-Levy[108,109]的 Tabersonine/Vincadifformine 仿生氧化重排成脑血栓药物 Vincamine（长春胺）的启发下，由 14α-羟基-Vincadifformine 经类似的仿生氧化重排，也可以得到 14α-羟基-Vincamine[110]（如上图所示）。

Tietze 等发展了一种基于模拟活性前体的、多重建架和自动连贯式的 Domino 反应，并成功地应用在许多生物碱的仿生立体选择性合成中[111]。在仿生合成天然抗病毒药物——吲哚生物碱 Hirsutine 中基于活性前体的 Hirsutine 的逆合成分析，可推断出三个组分的 Domino 反应的原料（**156**）、（**157**）和（**158**）[112]。

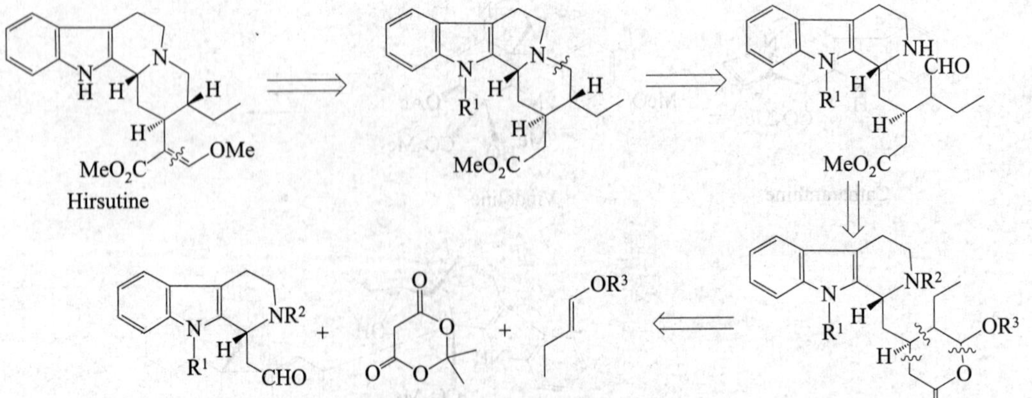

Hirsutine 的仿生 Domino 合成路线如下：

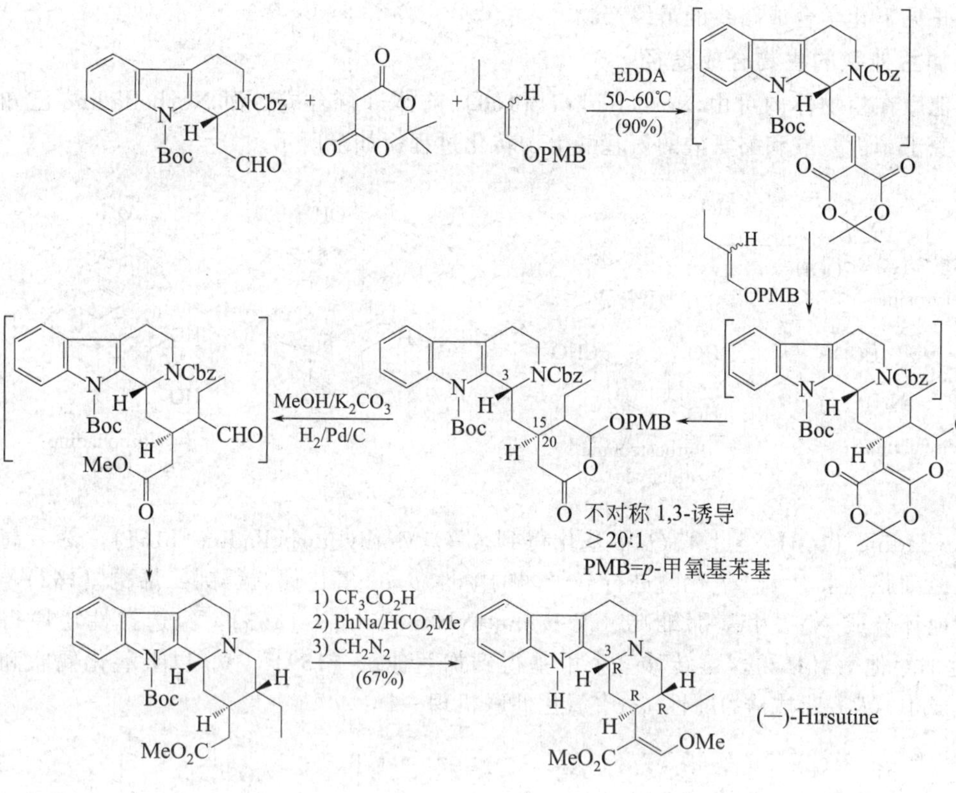

EDDA
50~60℃
(90%)

MeOH/K_2CO_3
H_2/Pd/C

不对称 1,3-诱导
＞20:1
PMB=*p*-甲氧基苯基

1) CF_3CO_2H
2) PhNa/HCO_2Me
3) CH_2N_2
(67%)

(−)-Hirsutine

第四节　合成设计在化学药物合成中应用实例

一、化学药物加兰他敏简介

1. 天然抗 AD 药物加兰他敏的发现、上市和临床应用

加兰他敏（Galanthamine，**159**）是石蒜科植物石蒜提取得到的天然生物碱，20 世纪 50 年代首先由前苏联学者所发现的可逆性乙酰胆碱酯酶（AChE）抑制剂[113]，用于治疗逆转神经肌肉阻滞、重症肌无力和幼儿脑型麻痹症等。后 Bonnie Davis 发现加兰他敏具有改善阿尔茨海默病（Alzheimer disease，AD）症状的作用，于 1986 年申请了其治疗阿尔茨海默病的专利[114]，在 2003 年，Marek Samochocki 等研究证明加兰他敏具有抑制乙酰胆碱酯酶及调节烟碱受体的双重作用机制[115]；欧盟（2000 年）、美国 FDA（2001 年）以及其他 20 多个国家先后批准加兰他敏作为治疗轻度至重度阿尔茨海默病药物上市。临床上用其氢溴酸盐形式，可改善早老性痴呆患者的认知能力，也用于治疗脊髓灰质炎（小儿麻痹症）后遗症、肌肉萎缩及重症肌无力等。

2. 加兰他敏的化学名、商品名、结构式和生物合成途径

(1) 加兰他敏的化学名、商品名和结构式

化学全称为 4a，5，9，10，11，12-六氢化-3-甲氧基-11-甲基-6*H*-苯并呋喃［3*a*，3，2-*ef*］［2］苯并氮杂䓬-6-醇氢溴酸盐，美国的商品名为 Razadyne，国内商品名为氢溴酸加兰他敏

片。结构式见下化学合成路线的最终产物。

(2) 加兰他敏的生物合成途径

加兰他敏在植物体内可由 Norbelladine（**160**）前体进行合成，而 Norbelladine 已知在生物体内源于苯丙氨酸和酪氨酸的氨基酸生物转化过程，如下所示。

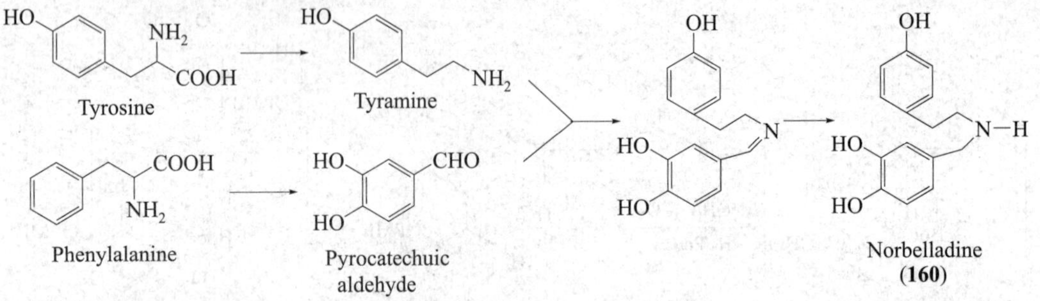

Tyrosine　Tyramine　Phenylalanine　Pyrocatechuic aldehyde　Norbelladine (**160**)

Norbelladine（**160**）经过 4′-*O*-甲基化得到 4′-*O*-Methylnorbelladine（**161**），然后高度选择性地经细胞色素 P-450 氧化酶进行分子内的酚性 *p*,*o*′-氧化偶联得到二烯酮（**162**），二烯酮自发地环合成 *N*-去甲基那维啶（*N*-Demethylnarwedine）（**163**），经选择性还原得到 *N*-去甲基加兰他敏（**164**），再转移一个甲基得到加兰他敏（**159**）[116]。以上氧化偶联和吗啡生物合成中（*R*）-瑞枯林的酚性 *p*,*o*′-氧化偶联机理一样。

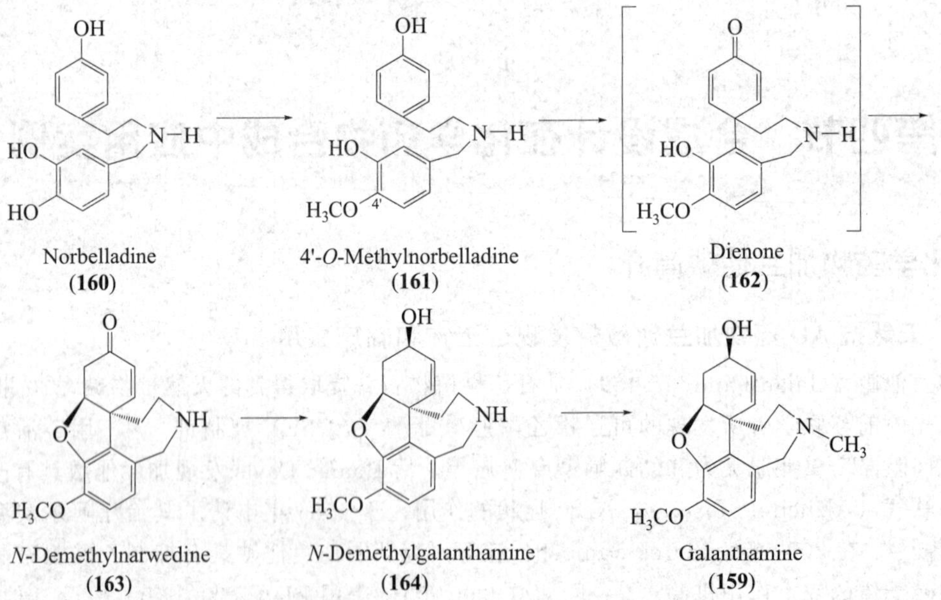

Norbelladine (**160**)　4'-*O*-Methylnorbelladine (**161**)　Dienone (**162**)

N-Demethylnarwedine (**163**)　*N*-Demethylgalanthamine (**164**)　Galanthamine (**159**)

3. 氢溴酸加兰他敏的合成路线

以 3,4-二甲氧基苯甲醛为原料经溴化（溴作为阻断剂）、脱甲基得到 2-溴-4-甲氧基-5-羟基苯甲醛，与酪胺反应，经还原氨化、甲酰化，得到 *N*-(4-羟基苯乙基)-*N*-(2-溴-5-羟基-4-甲氧基苄基）甲酰胺（**165**），然后用仿生氧化偶联反应环合成加兰他敏骨架（**166**），在其酮基保护后，用氢化铝锂将 *N*-甲酰基还原成 *N*-甲基和同时脱溴，再脱保护基得到（±）-那维啶（Narwedine）（**167**），向其加入（−）-那维啶晶种，经诱导结晶得到（−）-那维啶（**168**），最后经还原和成盐后得到氢溴酸加兰他敏[117]。

Br_2　H_2SO_4　1) HO-C6H4-CH2CH2NH2　2) $NaBH_4$

HCOOEt　**(165)**　$K_3[Fe(CN)_6]$, K_2CO_3 / Tol, H_2O　**(166)**

1) $LiAlH_4$ 2) HCl 3) NaOH　**(167)** (±)-Narwedine　手性拆分

(168) (—)-Narwedine　1) $LiB[CH(CH_3)C_2H_5]_3H$ 2) HBr　**(159)** Galanthamine hydrobromide

二、仿生芳香偶联反应在加兰他敏合成中应用实例[117]

1. 反应式

$K_3[Fe(CN)_6]$, K_2CO_3 / Tol, H_2O

2. 反应操作（工业规模制备）

在一个 800L 的不锈钢反应器中加入甲苯（600L）和水（120L），然后再加入铁氰化钾(48kg，66.8mol）和碳酸钾（2kg）①。将反应器加热至 50℃，一次性地②加入 *N*-(4-羟基苯乙基)-*N*-(2-溴-5-羟基-4-甲氧基苄基)甲酰胺（12kg，31.5mol），所得两相混合液在 50～60℃下搅拌 1h。将硅藻土（30kg）③加入反应液中，所得混合物分 12 份减压过滤。滤液转移至分液器中，分去下层水液，甲苯层用水洗（2×40L）后加到 500L 反应器中。原有800L 反应器用甲苯洗后，过滤、分层，甲苯层也加入到 500L 反应器中。将合并的甲苯层蒸馏浓缩至 50L。在搅拌下，趁热将浓缩液快速（5min 内）加到石油醚（60L，沸点 80～

100℃）中。冷却至10～20℃后得到的晶体经过压滤，石油醚洗（2×5L）后，于80℃和40mbar下干燥得到4.75kg（40%）的产物，m.p.200～205℃。光谱数据和对照品相符。

3. 操作原理

在酚性氧化偶联反应中，酚羟基的邻位或对位都可能发生不同位置的偶联反应。在加兰他敏合成中采用铁氰化钾作为氧化剂，并预先在 p' 位引入溴以阻止 p,p'-偶联），使所需的 p,o'-酚性氧化偶联环合收率提高到工业化规模（反应机理见下）。另外，在反应中利用两相反应（甲苯-水），可以增加原料的溶解度以及提高反应的选择性。

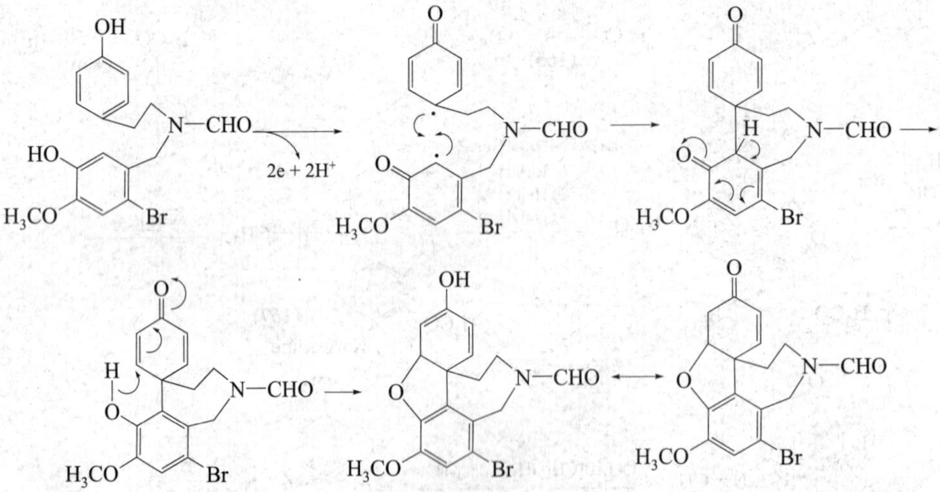

4. 注解

① 先加入氧化剂和溶剂，后加原料，使偶联反应在较稀浓度介质中进行，此时收率较高。如浓度太高，则后处理时过滤耗时长，可能因反应中形成较多的多聚副产物之故。

② 分次与一次性加料的收率无显著差别，但在原料加入时需不断搅拌，使两相混合更好。

③ 硅藻土的加入有利于吸附副产物，加快过滤速度。

主要参考书

[1] (a) 闻韧，合成设计原理．//闻韧主编．药物合成反应．北京．化学工业出版社，1988.467～524；(b) 闻韧，合成设计原理．//闻韧主编．药物合成反应．第2版．北京．化学工业出版社，2003.416～481；(c) 闻韧，郑剑斌，合成设计原理．//闻韧主编．药物合成反应．第3版．北京．化学工业出版社，2010.293～331.

[2] Warren S. Designing Organic Synthesis（A Programmed Introduction to Synthon Approach）. John Wiley & Sons Ltd，1978；S. 沃伦著．丁新腾，林子森译．有机合成设计．上海：上海科学技术文献出版社，1981.1～253.

[3] Turner S. The Design of Organic Synthesis. Elsevier Scientific Publishing Company，1976；S. 特纳著．罗宣德译．有机合成设计．北京：化学工业出版社，1984.1～123.

[4] Pine S H，Hendrickson J B，et al. Organic Chemistry. 4th ed. McGraw-Hill，1980.698～732.

[5] Carey F A，Sundberg R J. Advanced Organic Chemistry，Part B：Reactions and Synthesis，5nd ed. Springer Publishing，2007，1163～1173.

[6] Fuhrhop J，Penzlin G. Organic Synthesis（Concepts，Methods，Starting Materials）. 2nd ed. Weinheim，1994.1～19，171～214.

[7] Lindberg T. Strategies and Tactics in Organic Synthesis. Academic Press，Inc，1984.

[8] Nicolaou K C，Sorensen E J. Classics in Total Synthesis（Targets Strategies Methods）. VCH Verlags-

gesellschaft, Weinheim, 1996.
[9] Torsell K B G. Natural Product Chemistry: a mechanistic, biosynthetic and ecological approach. 2nd ed. Swedish Pharmaceutical Press, 1997.

参考文献

[1] Hendrickson J B, et al. *Tetrahedron*, 1981, **37 S1**: 359.
[2] Buschauer A. *Arch. Pharm.* (*Weinheim*), 1989, **322**: 165.
[3] Choukchou-Braham N, et al. *Synth. Commun*, 2005, **35**: 169.
[4] Feng L, et al. *Tetrahedron Lett.*, 2005, **46**: 8685.
[5] Hurd C D, Saunders W H. *J. Am. Chem. Soc.*, 1952, **74**: 5324.
[6] DiFrancesco D, Pinhas A R. *J. Org. Chem.*, 1986, **51**: 2098.
[7] Knowles W, Thompson Q. *J. Org. Chem.*, 1960, **25**: 1031.
[8] Marvel C S, Eck J C. *Org. Synth.*, 1937, **17**: 60.
[9] Ma B, et al. *Catal. Commun.*, 2010, **11**: 853.
[10] Haroutounian S A. *Synthesis*, 1995, **1**: 39.
[11] Thomas R J, et al. *J. Am. Chem. Soc.*, 1938, **60**: 718.
[12] Greene A E, et al. *Tetrahedron Lett.*, 1976, **31**: 2707.
[13] Mori K, et al. *Chem. Commun.*, 2012, **48**: 8886.
[14] Tsang A S K, et al. *J. Am. Chem. Soc.*, 2016, **138**: 518.
[15] Gilman H, Kirby R H. *Org. Synth. Coll.*, 1951, **1**: 361.
[16] Preffer P E, et al. *J. Org. Chem.*, 1972, **37**: 451.
[17] Cregg R J, et al. *Tetrahedron Lett.*, 1973, **14**: 2425.
[18] Allen C F, Kalm M J. *Org. Syn. Coll.*, 1963, **4**: 618.
[19] Krapcho A P, et al. *Tetrahedron Lett.*, 1967, **8**: 215.
[20] Krapcho A P, Lovey A. *Tetrahedron Lett.*, 1974, **15**: 1091.
[21] Ho Tse-Lok. *Synth. Commun.*, 1979, **9**: 233.
[22] Kteemann A, Engel J. Pharmazeutische Wirkstoffe--Synfhesen Patente, Anwendungen. 2nd ed. Thieme, 1982. 482.
[23] Nerdel F, et al. *Chem. Ber.*, 1968, **101**: 1850.
[24] Hampton K G, et al. *Org. Synth. Coll.*, 1973, **5**: 848.
[25] Theimer E T. Fragrance Chemistry--The Science of the Sense of Smell. Academic Press, 1982. 362~366.
[26] Crombie L, Harper S H. *J. Chem. Soc.*, 1952, 869.
[27] Ellison R A. *Synthesis.*, 1973, 397.
[28] Rosini G, et al. *Tetrahedron.*, 1983, **39**: 4127.
[29] Ho Tse-Lok, Liu S H. *Synth. Commun.*, 1983, **13**: 1125.
[30] Stetter H, Kuhl. mann H. *Synthesis.*, 1975, 379.
[31] Kuehne M E. *Lloydia.*, 1964, **27**: 435.
[32] Nicolaou K C, et al. *Org. Lett.*, 2010, **12**: 1552.
[33] Corey E J, et al. *J. Am. Chem. Soc.*, 1968, **90**: 5618.
[34] Corey E J, Ulrich P. *Tetrahedron Lett.*, 1975, **43**: 5685.
[35] Ernest W, et al. *J. Am. Chem. Soc.*, 1970, **92**: 7428.
[36] Landor S R, Punja N. *J. Chem. Soc. C.*, 1967, 2495.
[37] Aratani T, et al. *Tetrahedron Lett.*, 1977, **30**: 2599.
[38] Martel J, Huynh C. *Bull. Soc. Chim. Fr.*, 1967, 985.
[39] Adembri G, et al. *Tetrahedron Lett.*, 1983, **24**: 5399
[40] Woodward R B, et al. *J. Am. Chem. Soc.*, 1952, **74**: 4223.

[41] Ranganathan S, et al. *J. Am. Chem. Soc.*, 1974, **96**: 5261.
[42] 王浩，闻韧．药学学报，2001，**36**：2741.
[43] Loev B., et al. *J. Med. Chem.*, 1974, **17**: 956.
[44] Wilkening D, Mundy B P. *Synth. Commun.*, 1983, **13**: 959.
[45] Vanhoof P M, Clarebout P M. US3923813. 1975.
[46] Kuehne M E. *J. Am. Chem. Soc.*, 1964, **86**: 2946.
[47] Sum P E, Weilen L. *Can. J. Chem.*, 1976, **56**: 2301.
[48] Dodds E C, et al. *Nature*, 1938, **141**: 247.
[49] Laronze J Y, et al. *Tetrahedron Lett.*, 1974, **15**: 491.
[50] Levy J, et al. *Tetrahedron Lett.*, 1978, **19**: 1579.
[51] Roxburgh C J, et al. *J. Pharm. Pharmacol.*, 1996, **48**: 851.
[52] Thesing J, et al. *Ger Offen*, 1110159. 1961.
[53] Overberger C G, Kaye H. *J. Am. Chem. Soc.*, 1967, **89**: 5640.
[54] Heathcock C H. *Tetrahedron Lett.*, 1966, **7**: 2043.
[55] Ramachandran S, Newman M S. *Org. Synth. Coll.*, 1973, **5**: 486.
[56] Mekler A B, et al. *Org. Synth. Coll.*, 1972, **5**: 743.
[57] Bertz S H. *J. Chem. Soc. Chem. Commun.*, 1984, 218.
[58] Barton D H R, et al. *J. Chem. Soc.*, 1956, 530.
[59] Curd F H, Robertson A. *J. Chem. Soc.*, 1933, 437.
[60] Ziegler F E. *Acc. Chem. Res.*, 1976, **10**: 227.
[61] Kato M, et al. *J. Chem. Soc. Chem. Commun.*, 1970, 934.
[62] Hortmann A G, Martinelli J E. *J. Org. Chem.*, 1969, **34**: 732.
[63] Laduwa P H, et al. *Chem. Ind.*, 1968, 1601.
[64] Carruthers W. Some Modern Methods of Organic Synthesis. 2nd ed. Cambridge Uni. Press, 1978. 18.
[65] Mulzer J, et al. *J. Am. Chem. Soc.*, 1979, **101**: 7723.
[66] Meyers A I, et al. *J. Am. Chem. Soc.*, 1976, **98**: 3032.
[67] Soerens D, Cook J M, et al. *J. Org. Chem.*, 1979, **44**: 535.
[68] (a) Ungemach F, et al. *J. Am. Chem. Soc.* 1980, **102**: 6976; (b) Ungemach F, et al. *J. Org. Chem.* 1981, **46**: 164.
[69] Woodward R B, et al. *Tetrahedron.*, 1958, **2**: 1.
[70] (a) Torssell K B G. Natural Product Chemistry-A Mechanistic and Biosynthetic Approach to]Secondary Metabolism. New York: John Wiley & Sons Limited, 1983. 17; (b) ibid. 281.
[71] Pandit U K. *Pure Appl. Chem.*, 1994, **66**: 759.
[72] Bieraugel H, et al. *Heterocycles.*, 1979, **13**: 221.
[73] Hiemstra H C, et al. *Tetrahedron Lett.*, 1982, **23**: 3301.
[74] Bieraugel H, et al. *Tetrahedron.*, 1983, **39**: 3971.
[75] Hiemstra H C, et al. *Tetrahedron.*, 1983, **39**: 3981.
[76] Huizenga R H, et al. *Tetrahedron Lett.*, 1989, **30**: 7105.
[77] Stoit A R, Pandit U K. *Tetrahedron.*, 1989, **45**: 849.
[78] Xia C, et al. *Synth. Commun.*, 2002, 32: 2979.
[79] Stott A R, Pandit U K. *Tetrahedron.*, 1985, **41**: 3355.
[80] Stott A R, Pandit U K. *Tetrahedron.*, 1988, **44**: 6187.
[81] Huizenga R H, Pandit U K. *Tetrahedron.*, 1992, **48**: 6521.
[82] Singh H, et al. *J. Chem. Res. Synop.*, 1988, **10**: 322.
[83] Singh H, et al. *Heterocycles.*, 1985, **23**: 107.
[84] Singh H, et al. *Tetrahedron.*, 1988, **44**: 5897.

[85] Singh H，et al. *Indian. J. Chem. B.*，1989，**28**：802.
[86] Yamaguchi M，et al. *Chem. Lett.*，1985，**14**：1145.
[87] Krohn K，et al. *Tetrahedron.*，2000，**56**：1193.
[88] Bringmann G. *Tetrahedron Lett.*，1982，**23**：2009.
[89] Hubbard J S，Harrts T M. *J. Am Chem. Soc.*，1980，**102**：2110.
[90] Bringmann G. *Angew. Chem.*，1982，**94**：205.
[91] Barton D H R，et al. *J. Chem. Soc.*（C），1967，128.
[92] Szantay Cs，et al. *J. Org. Chem.*，1982，**47**：594.
[93] Schwartz M A，Mami I S. *J. Am. Chem. Soc.*，1975，**97**：1239.
[94] Dornyei G，Szantay C，et al. *Tetrahedron Lett.*，1982，**23**：2913.
[95] Rice K C，Brossi A. *J. Org. Chem.*，1980，**45**：592.
[96] Schwartz M A，et al. *J. Org. Chem.*，1976，**41**：2502.
[97] Brossi A，et al. *J. Org. Chem.*，1967，**32**：1269.
[98] Grewe R，Fischer H. *Chem. Ber.*，1963，**96**：1520.
[99] Yamada K，et al. *Tetrahedron Lett.*，1981，**22**：3869.
[100] Hirsenkom R. *Tetrahedron Lett.*，1990，**31**：7591.
[101] Dauben W G，et al. *J. Org. Chem.*，1979，**44**：1567.
[102] Rice K C. *J. Med. Chem.*，1977，**20**：164.
[103] Szantay Cs，et al. *Planta Medica.*，1983，**48**：207.
[104] Sohar P，et al. US 3894026. 1975 [C. A. 84：5226x（1976）].
[105] Saxton J E. Indoles Part 4—The Monoterpenoid Indole Alkaloids. John Wiley & Sons，1983.
[106] Mangeney P，et al. *J. Am. Chem. Soc.*，1979，**101**：2243.
[107] Wen R，et al. *Heterocycles.*，1984，**22**：1061.
[108] Hugel G，et al. *C. R. Acad. Sc. Paris.*，1972，**274**：1350.
[109] Rolland Y，et al. *Ger. Offen.* 2652165. 1977 [C. A. 87：102510e（1977）].
[110] Wen R，et al. *Acta Academiae Medicinae Shanghai.*，1991，**18**：123.
[111] Brewster D，et al. *J. Chem. Soc. Perkin I.*，1973，2796.
[112] Tietze L F，Zhou Y F. *Angew. Chem. Int. Ed.*，1999，**38**：2045.
[113] Mashkovsky M D. *Farmakologia Toxicologia.*，1951，**14**：27.
[114] Davis B. US4663318. 1986.
[115] Samochocki M，et al. *J. Pharmacol. Exp. Ther.*，2003，**305**：1024.
[116] Eichorm J，et al. *Phytochemistry*，1998，**49**：1037.
[117] Küenburg B，et al. *Org. Process Res. Dev.* 1999，**3**：425.

习　题

1. 在下列反应中各原料（试剂）分子的中心原子上标明相应合成子的性质（a^n，d^n，r，e）。

(1) 环己酮 + PhCOCl ⟶ 2-苯甲酰基环己酮

(2) Ph—C≡CH $\xrightarrow{EtMgBr/BrCH_2C≡CH}$ PhC≡CCH$_2$C≡CH

(3) + $\xrightarrow{AlCl_3}$

(4)

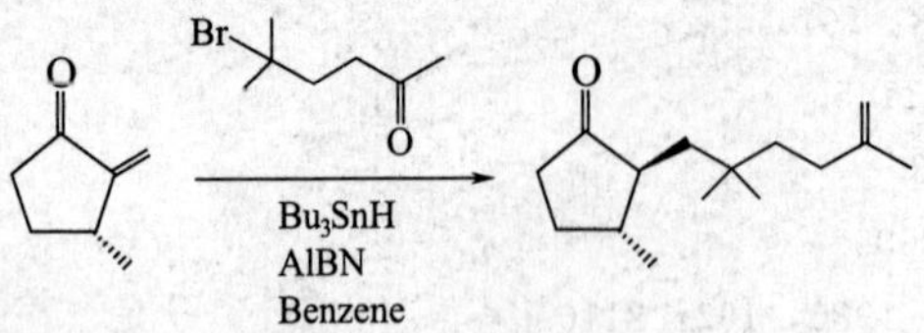

Br

O

O

Bu$_3$SnH
AIBN
Benzene

O

2. 根据下列全合成路线，写出其相应的逆合成分析过程，并分别注明变换方式（切断位置和 FGI、FGA、FGR 等）。

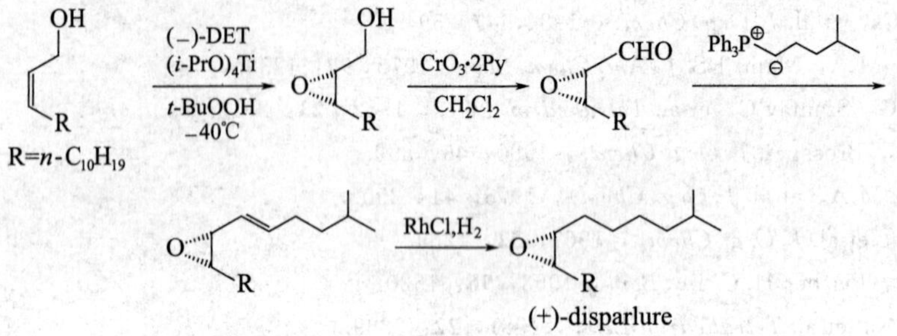

OH

R

R=n-$C_{10}H_{19}$

(–)-DET
$(i\text{-}PrO)_4Ti$
t-BuOOH
–40℃

OH

O

R

$CrO_3 \cdot 2Py$
CH_2Cl_2

CHO

O

R

$Ph_3P^{\oplus}$ $\ominus$

O

R

$RhCl, H_2$

O

R

(+)-disparlure

3. 写出目标分子 O O 几种可能的逆合成分析及其变换方式，并比较哪种方式最好。

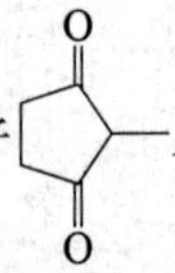

习题答案

第一章　卤化反应

1.（1）$(CH_3)_2NCH_2CH_2OH \xrightarrow{SOCl_2} ((CH_3)_2NCH_2CH_2Cl)$ （*Org. Synth.*，1963，Coll. Vol. 4：333）

（2）蒽 $\xrightarrow[CCl_4,\ reflux]{CuCl_2}$ [9-氯蒽（Cl）] （*Org. Synth.*，1973，Coll. Vol. 5：206）

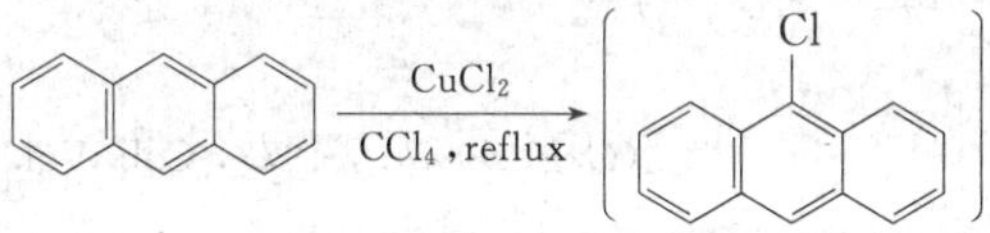

（3）$(H_3C)_2CHCOOH \xrightarrow[100℃]{P,\ Br_2}$ [$H_3C-C(Br)(CH_3)-C(=O)-Br$] （*Org. Synth.*，1963，Coll Vol 4：348）

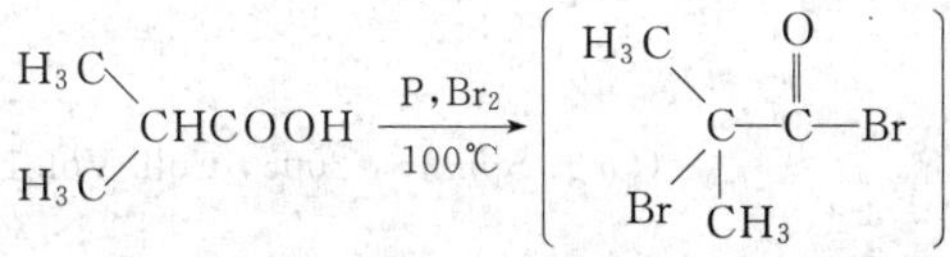

（4）$CH_2=CHCOOCH_3 \xrightarrow[Et_2O,\ r.t.]{干燥\ HBr} (BrCH_2-CH_2COOCH_3)$ （*Org. Synth.*，1955，Coll. Vol. 3：576）

（5）$CH_3CH_2CH_2CH_2CH_2COOH \xrightarrow[CCl_4,\ 65℃]{SOCl_2} \xrightarrow[CCl_4,\ 85℃]{NBS}$ [$CH_3CH_2CH_2CH_2CH(Br)COCl$]

（*Org. Synth.*，1988，Coll. Vol. 6：190）

（6）3-甲基噻吩（CH_3，S） $\xrightarrow[C_6H_6,\ reflux]{NBS,\ Bz_2O_2}$ （3-溴甲基噻吩（CH_2Br，S）） （*Org. Synth.*，1963，Coll. Vol. 4：921）

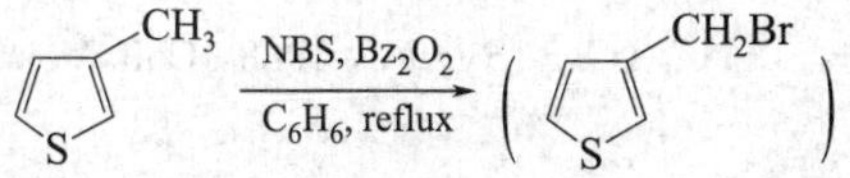

（7）$H_3C(H)C=C(H)CH_3 \xrightarrow[CH_3OH,\ 0\sim25℃]{NBA,\ H_2SO_4}$ （$H_3C-CH(Br)-CH(OCH_3)-CH_3$） （*Org. Synth.*，1964，44：30）

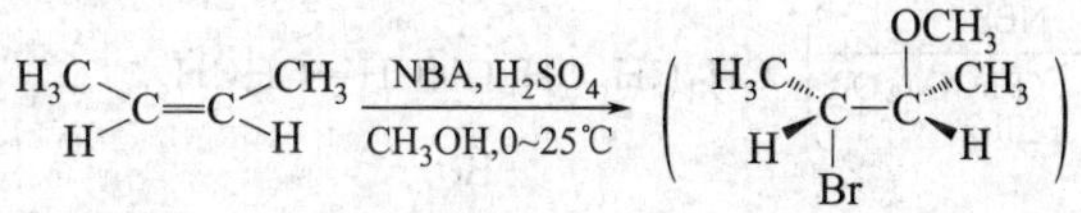

（8）对甲基乙酰苯胺（$NHCOCH_3$，CH_3） $\xrightarrow[50\sim55℃]{Br_2,\ CH_3COOH}$ [2-溴-4-甲基乙酰苯胺（$NHCOCH_3$，Br，CH_3）] （*Org. Synth.*，1944，Coll. Vol. 1：111）

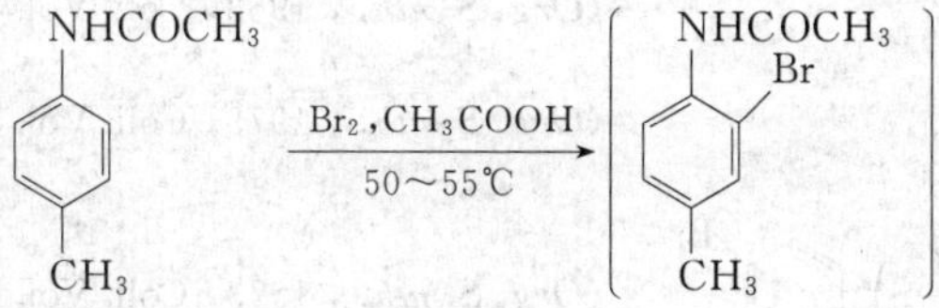

（9）1-（1-甲基乙烯基）环己醇（OH，$C=CH_2$，CH_3） $\xrightarrow[50℃]{t\text{-}BuOCl,\ CHCl_3}$ （2-甲基-2-氯甲基环庚酮（O，CH_3，CH_2Cl）） （*J. Org. Chem.*，1964，29：3320）

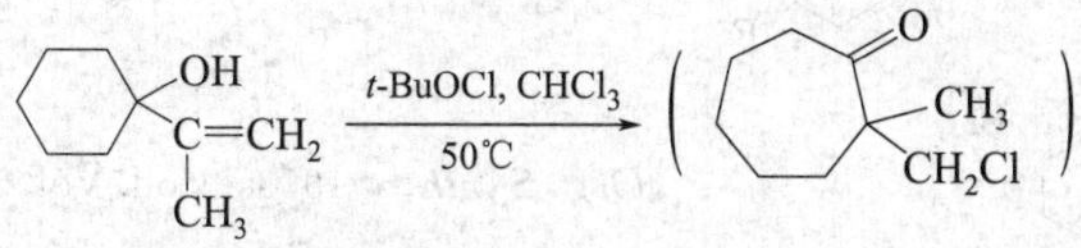

(10) HO … H $\xrightarrow{NCS,\ (C_6H_5)_3P}$ (Cl … H) (*Tetra Lett*, 1973, 3937)

(11) $\xrightarrow{KI,\ H_3PO_4}$ (I) (*Org. Synth.*, 1963, Coll. Vol. 4: 543)

(12) $H_5C_6(H)C{=}C(H)COCH_3$ $\xrightarrow[10\sim20℃]{Br_2,\ CCl_4}$ ($C_6H_5CH(Br)—CH(Br)COCH_3$)

(*Org. Synth.*, 1955, Coll. Vol. 3: 105)

(13) $CH_3—CH{=}CH—CH_3 \xrightarrow[CH_3COOH,\ H_2O]{Ca(ClO)_2}$ ($CH_3—CH(OH)—CH(Cl)—CH_3$)

(*J. Am. Chem. Soc.*, 1936, 58: 2396)

(14) $(CH_3)_3C—CH_2OH \xrightarrow[100℃,\ 封管]{HBr}$ ($(CH_3)_2C(Br)—CH_2CH_3$) (*J. Chem. Soc.* B, 1968, 664)

(15) $\xrightarrow[Br_2,\ \triangle]{P}$ (Br) (*Org. Synth.*, 1973, Coll. Vol. 5: 255)

(16) $\xrightarrow[CH_2Cl_2,\ 20℃]{NBS,\ Et_3N\cdot 3HF}$ (Br F) (*Org. Synth.*, 2005, Coll. Vol. 10: 128)

(17) EtO(O)C—C≡C—H $\xrightarrow[CCl_4,\ 70℃]{Br_2}$ (EtO(O)C(Br)C=CH(Br)) (*Org. Synth.*, 1998, Coll. Vol. 9: 117)

(18) $\xrightarrow[-10\sim0℃]{2Br_2,\ PBr_3(Cat.)}$ (Br Br) (*Org. Synth.*, 1988, Coll. Vol. 6: 512)

2\. (1) $CH_3CH_2CH_2CH_2CH{=}CHCH_3$ ($\xrightarrow[CCl_4,\ (PhCO)_2O\ \text{reflux}]{NBS}$) $CH_3CH_2CH_2CH(Br)CH{=}CHCH_3$

(*Org. Synth.*, 1963, Coll. Vol. 4: 108)

(2) —COOH ($\xrightarrow[CHCl_2CHCl_2]{Br_2,\ HgO}$) —Br (*Org. Synth.*, 1973, Coll. Vol. 5: 126)

(3) Br NH_2 ($\xrightarrow[2)\ HPF_6]{1)\ NaNO_2,\ HCl,\ H_2O}\xrightarrow{165℃}$) Br F (*Org. Synth.*, 1973, Coll. Vol. 5: 133)

(4) OH ($\xrightarrow[CH_3CN]{Ph_3P,\ Br_2}$ Br (*Org. Synth.*, 1973, Coll. Vol. 5: 142)

(5) 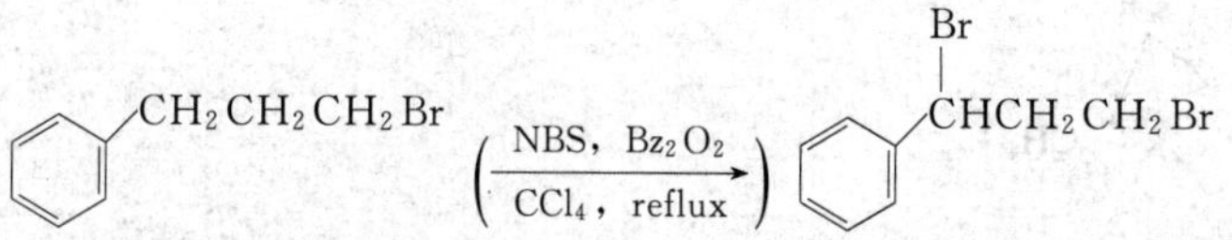 $C_6H_5CH_2CH_2CH_2Br$ $\xrightarrow[CCl_4,\ reflux]{NBS,\ Bz_2O_2}$ ($C_6H_5CHBrCH_2CH_2Br$)

(*J. Am. Chem. Soc.*, 1943, 65: 2196)

(6) 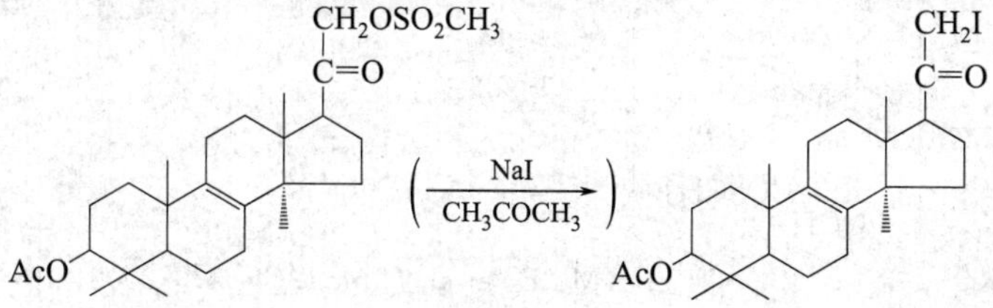 [steroid: $CH_2OSO_2CH_3$–C=O side chain, AcO] $\xrightarrow[CH_3COCH_3]{NaI}$ ([steroid: CH_2I–C=O side chain, AcO])

(*J. Am. Chem. Soc.*, 1963, 85: 3971)

(7) $(CH_3)_3C—CH_2OH$ $\xrightarrow[DMF]{Ph_3P,\ Br_2}$ ($(CH_3)_3C—CH_2Br$) (*J. Am. Chem. Soc.*, 1964, 86: 964)

(8) 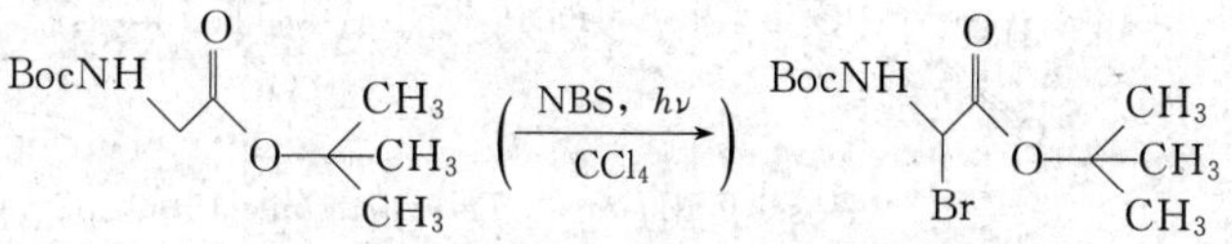 $BocNHCH_2COOC(CH_3)_3$ $\xrightarrow[CCl_4]{NBS,\ h\nu}$ ($BocNHCH(Br)COOC(CH_3)_3$)

(*Org. Synth.*, 1998, Coll. Vol. 9: 526)

(9) 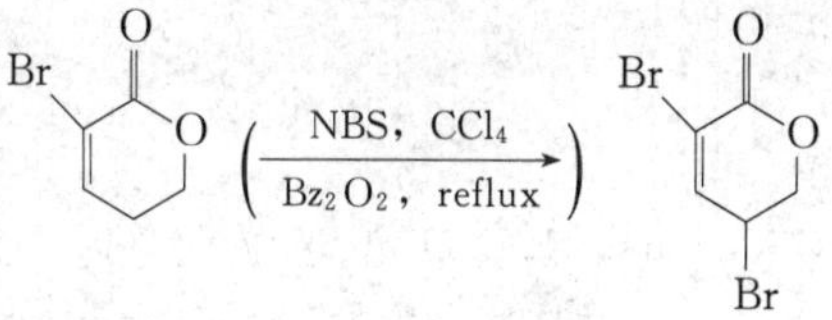 [3-bromo-5,6-dihydro-2H-pyran-2-one] $\xrightarrow[Bz_2O_2,\ reflux]{NBS,\ CCl_4}$ ([3,5-dibromo-5,6-dihydro-2H-pyran-2-one]) (*Org. Synth.*, 1998, Coll. Vol. 9: 112)

3. (1) 反应式

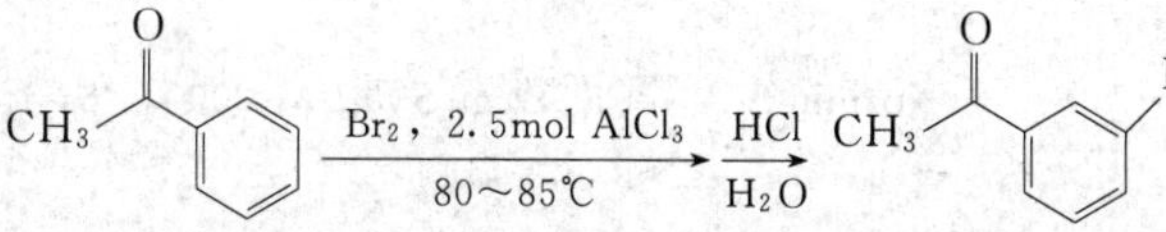

$CH_3COC_6H_5$ $\xrightarrow[80\sim85℃]{Br_2,\ 2.5mol\ AlCl_3}$ $\xrightarrow[H_2O]{HCl}$ CH_3CO-C_6H_4-Br(m) (70%～75%)

(2) 反应历程

$CH_3COC_6H_5$ $\xrightarrow{AlCl_3}$ $CH_3C(=OAlCl_3)C_6H_5$ + $Br—Br^{\delta+}$······$AlCl_3^{\delta-}$ ⟶ [σ-complex (⊕, Br, H)] $\xrightarrow{-H^+}$ $CH_3C(=OAlCl_3)C_6H_4Br$ $\xrightarrow[H_2O]{HCl}$ $CH_3COC_6H_4Br$

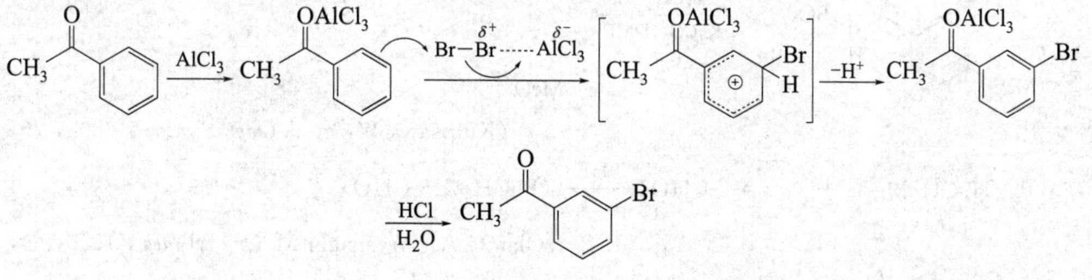

(*Org. Synth*, 1973, Coll. Vol. 5: 117)

第二章　烃化反应

1. (1) 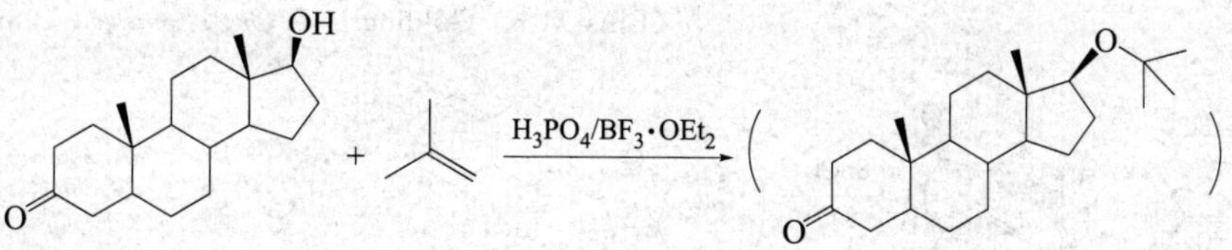 [17β-hydroxy-3-keto steroid] + [isobutylene] $\xrightarrow{H_3PO_4/BF_3\cdot OEt_2}$ ([17β-tert-butoxy-3-keto steroid])

(Ireland R E, et al. *Org. Synth.*, 1983, 61, 116.)

(2) Br Br CH₃ CH₃ $\xrightarrow[\text{ether}]{CH_3Li}$ (CH_3 CH_3)

(Tayler R E, Paquette L A. *Org. Synth.*, 1983, 61, 39.)

(3) NO_2 CH_2Br CO_2CH_3 OCH_3 $\xrightarrow[Et_2N/MeOH]{R-NH_2}$ [NO_2 NHR CO_2CH_3 OCH_3]

(Mu F, et al. *J. Med. Chem.*, 2002, 45, 4774.)

(4) O N(K) O + Ph OMs HN O O $\xrightarrow{DMF}$ (O Ph N O HN O O) $\xrightarrow[\text{EtOH, 60℃}]{H_2NNH_2 \cdot H_2O}$ (Ph NH_2 HN O O)

(Rossi F M, et al. *Tetrahedron*, 1996, 52, 10279.)

(5) I NH_2 + O $\xrightarrow{\text{DABCO, DMF}}$ [H N]

(Chen C Y, Larsen R D. *Org. Synth.*, 2000, 78, 36.)

(6) MeO MeO O $\xrightarrow[\text{r.t.}]{Me_2NH, MeOH}$ (Me_2N O)

(Kozmin S A, et al. *Org. Synth.*, 2000, 78, 152.)

(7) MeO N H SO_2 NO_2 $\xrightarrow[K_2CO_3, DMF]{Ph(CH_2)_3Br}$ (MeO N SO_2 NO_2 Ph)

(Kurosawa W, et al. *Org. Synth.*, 2002, 79, 186.)

(8) $PhCH_2CH_2MgBr$ + N—CHO $\xrightarrow{THF}$ ($PhCH_2CH_2CHO$)

(Olan G A, Arvanaghi M. *Org. Synth*, 1986, 64, 114.)

(9) OAc Me Br H $\xrightarrow[2)\ C_5H_{11}OH]{1)\ C_5H_{11}O^-K^+}$ (Me O H)

(Ellis M K, Golding B T. *Org. Synth.*, 1985, 63, 140.)

(10) Et + O O OMe Br $\xrightarrow[0℃]{SnCl_4}$ (O O Et OMe)

(Patil M L, et al. *Tetrahedron Lett.*, 1999, 40, 4437.)

2. (1) (1. Na, THF 中, N_2, 1atm, -10℃) (2. $BrCH_2COOMe$, THF, N_2, 1atm, -78℃) CH_2CO_2Me

(Partridge J J, et al. *Org. Synth.*, 1985, 63, 44.)

(2) (1. LDA) (2. RX) R HO O O HO

(Seebach D, et al. *Org. Synth.*, 1985, 63, 115.)

(3) $CH_2(CO_2Et)_2$ ($BrCH_2CH_2Br$, TEBA, NaOH, 水中, 25℃) CO_2H CO_2H

(Singh R K, Danishefsky S. *Org. Synth.*, 1981, 60, 66.)

(4) HOH_2C CH_2OH O O (NaH, BnBr, THF 中, r.t.) PhH_2COH_2C CH_2OCH_2Ph O O

(Mash E A, et al. *Org. Synth.*, 1989, 68, 92.)

(5) OH NO_2 (BnCl, K_2CO_3, DMF 中, 90℃) OCH_2Ph NO_2

(Batcho A D, Leimgruber W. *Org. Synth.*, 1985, 63, 214.)

(6) OTf Cl + H N Me Ph [(±)-BINAP, Cat. $Pd(OAc)_2$, Cs_2CO_3] (THF, 70℃) Me N Ph Cl

(Wolfe J P, Buchwald S L. *Org. Synth.*, 2000, 78, 23.)

(7) O SO_2Ph (PhC≡CH, *i*-PrMgCl) ($ZnBr_2$, THF中, r.t.) O Ph

(Brown D S, Ley S V. *Org. Synth.*, 1992, 70, 157.)

(8) N CHO OH (MeI, NaH, THF中, -50~-60℃) N CHO OCH_3

(Enders D, et al. *Org. Synth.*, 1987, 65, 173.)

(9) O EtO (1. LDA, THF 中, -78℃) (2. MeI, 25℃) O Me EtO

(Kende A S, Fludzinski P. *Org. Synth.*, 1986, 64, 68.)

(10) Me Br MeO [NH_2Hex, (±)-BINAP, Cat. $Pd_2(dba)_3$, *t*-BuONa] (Tol, 80℃) Me H N Hex MeO

(Wlife J P, Buchwald S L. *Org. Synth.*, 2000, 78, 23.)

3. （1）反应式

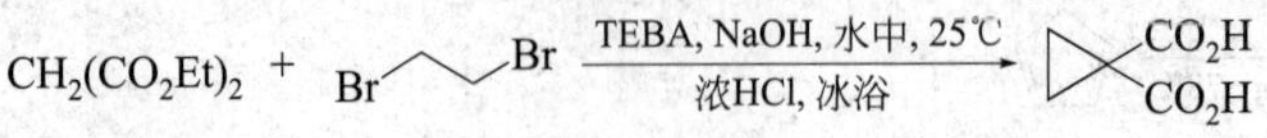

$$CH_2(CO_2Et)_2 + BrCH_2CH_2Br \xrightarrow[\text{浓HCl, 冰浴}]{\text{TEBA, NaOH, 水中, 25℃}} \text{(cyclopropane-1,1-dicarboxylic acid)}$$

（2）反应机理

EtOOC COOEt H ⊖OH

[EtOOC ⊖ COOEt, Br Br] —$-Br^{\ominus}$→ EtOOC COOEt Br —⊖OH→ [EtOOC ⊖ COOEt Br] → CO_2Et CO_2Et —⊖OH 及 HCl→ CO_2H CO_2H

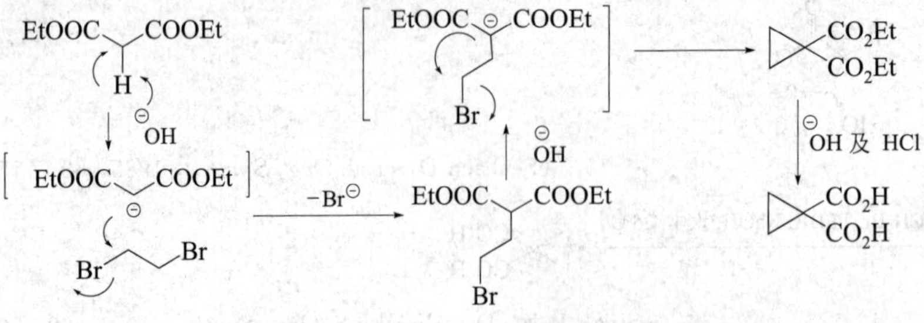

（Singh R K，Danishefsky S. *Org. Synth.*，1981，60，66.）

第三章　酰化反应

1. （1）(tert-butanol)OH + (malonic anhydride) —AcONa→ （tert-butyl hydrogen malonate, OH）

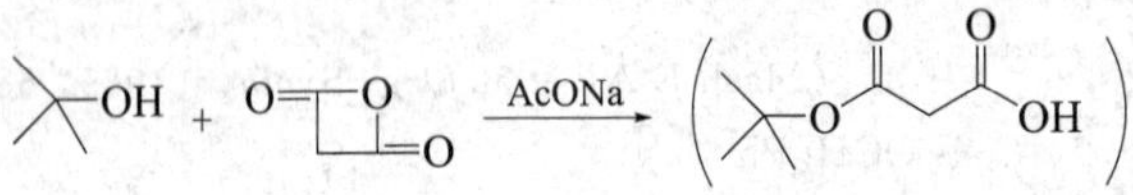

（*Organic Syntheses*，1973，Coll. Vol. 5：155）

（2）$C_{17}H_{35}COOC_2H_5 + (COOC_2H_5)_2 \xrightarrow[C_2H_5OH]{C_2H_5ONa} \xrightarrow{heat} [C_{16}H_{33}CH(COOC_2H_5)_2]$

（*Organic Syntheses*，1963，Coll. Vol. 4：141）

（3）2 H_2N (valinol) OH + Cl(O)C–C(CH₃)₂–C(O)Cl —Et_3N/CH_2Cl_2→ （HO … N H … N H … OH）

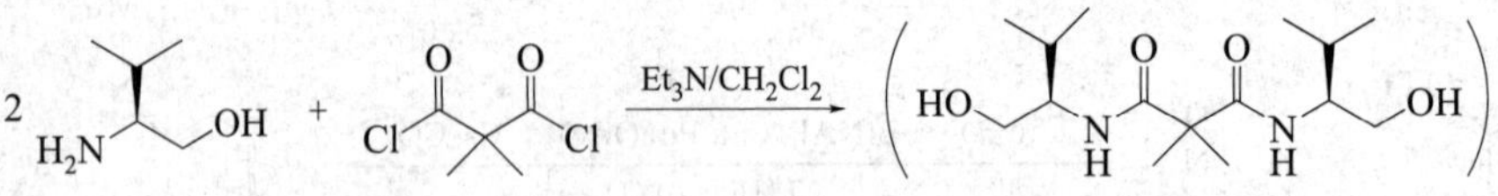

（*Organic Syntheses*，2006，Vol. 83：90）

（4）(catechol) OH OH + Cl(C=O)Cl —NaOH→ （catechol carbonate, O O O）

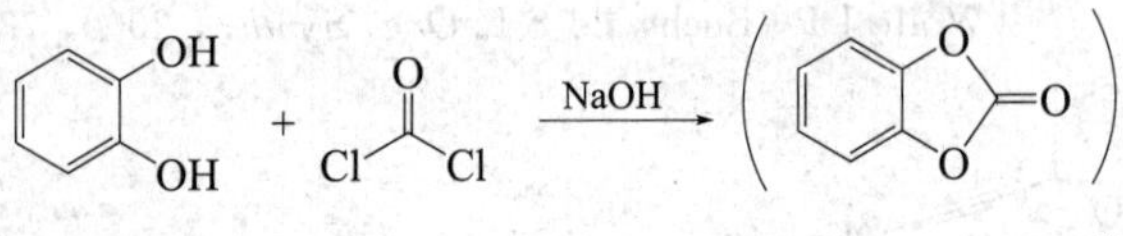

（*Organic Syntheses*，1963，Coll. Vol. 4：788 ）

（5）(thiophene) S + Ph—N(CH_3)—CHO —$POCl_3$→ （thiophene-2-carbaldehyde, S, H, O）

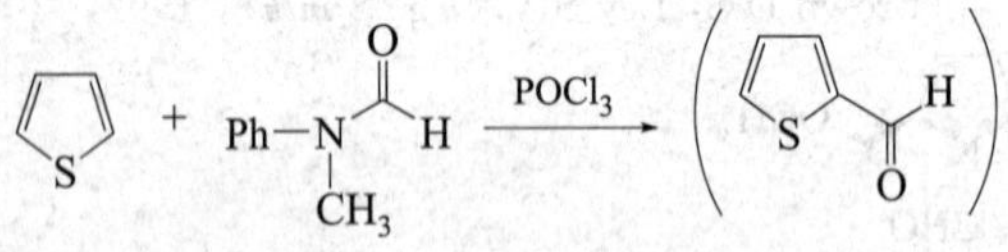

（*Organic Syntheses*，1963，Coll. Vol. 4：915）

（6）HO, OH, OH, OH, NHAc, O —CH_3COCl / $CHCl_3$→ （AcO, OH, OH, OH, NHAc, O）

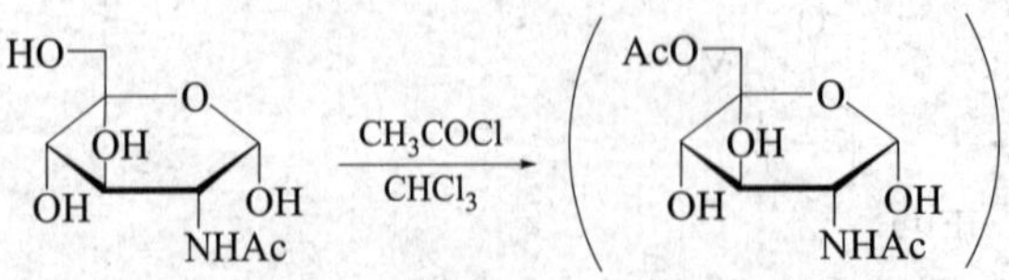

（*Organic Syntheses*，1973，Coll. Vol. 5：1）

（7）HO(steroid) —Ac_2O/Py→ （AcO(steroid)）

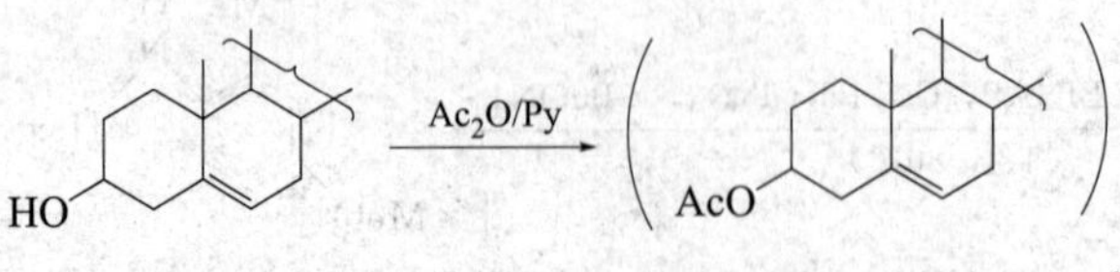

（*Organic Syntheses*，1973，Coll. Vol. 5：8 ）

(8) cyclooctanone + C_2H_5O–CO–OC_2H_5 $\xrightarrow{NaH/PhH}$ (2-($COOC_2H_5$)cyclooctanone)

(*Organic Syntheses*, 1973, Coll. Vol. 5: 198)

(9) N-Boc-proline (OH) + HN(isoindoline) $\xrightarrow{DCC/CH_2Cl_2}$ (N-Boc-prolyl isoindoline amide)

(*Organic Syntheses*, 2006, Vol. 83: 70)

(10) Br–C(CH₃)₂–COBr + NH_4OH ⟶ (Br–C(CH₃)₂–CONH_2)

(*Organic Syntheses*, 2007, Vol. 84: 325)

2. (1) 2-hydroxyacetophenone (OH, CH_3) ($\xrightarrow{PhCOCl/Py}$) OCOPh, CH_3 ($\xrightarrow[heat]{glycerol}$) flavone

(*Organic Syntheses*, 1963, Coll. Vol. 4: 478)

(2) (2 $CO_2C_2H_5$–CH₂CH₂–$CO_2C_2H_5$) $\xrightarrow[C_2H_5OH]{C_2H_5ONa}$ 2,5-bis($CO_2C_2H_5$)cyclohexane-1,4-dione ($\xrightarrow[heat]{H_2O}$) O=cyclohexane=O

(*Organic Syntheses*, 1973, Coll. Vol. 5: 288)

(3) H_3CO, H_3CO–C₆H₃–CH₂CH₂–NH_2 (hexahydrophthalic anhydride (H, H) $\xrightarrow{HOAc}$) N-substituted imide (H, H, O, O, N) –CH₂CH₂–C₆H₃(OCH_3)(OCH_3)

(*Organic Syntheses*, 2007, Vol. 84: 306)

(4) 2-naphthol (OH) ($\xrightarrow[POCl_3]{DMF}$) 1-CHO-2-naphthol (CHO, OH)

(*Organic Syntheses*, 1955, Coll. Vol. 3: 463)

(5) isoquinoline (N) ($\xrightarrow[KCN/H_2O]{PhCOCl}$) N–COPh (H, CN) ($\xrightarrow[Et_2O]{PhLi/CH_3I}$) N–COPh (H_3C, CN) ($\xrightarrow[heat]{KOH/H_2O}$) 1-methylisoquinoline (N, CH_3)

(*Organic Syntheses*, 1963, Coll. Vol. 4: 641)

(6) cyclooctanone (O) (HN(pyrrolidine) $\xrightarrow{p\text{-TsOH}}$) enamine (N) ($\xrightarrow[Et_2O]{HC\equiv C-CO_2CH_3}$) [cyclobutane adduct (N, CO_2CH_3)] ⟶

(N) CO_2CH_3 ring-expanded enamine ($\xrightarrow{H_2O/H^{\oplus}}$) (O) CO_2CH_3 cyclodecenone

(*Organic Syntheses*, 1973, Coll. Vol. 5: 277)

(7) 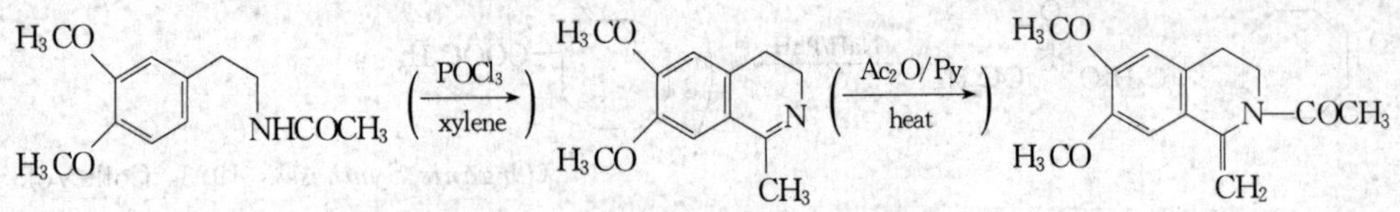 H_3CO ... NHCOCH$_3$ ($\xrightarrow[\text{xylene}]{POCl_3}$) ... ($\xrightarrow[\text{heat}]{Ac_2O/Py}$) ... N—COCH$_3$ ... CH_2

(*Organic Syntheses*, 1978, Coll. Vol. 6: 1)

(8) 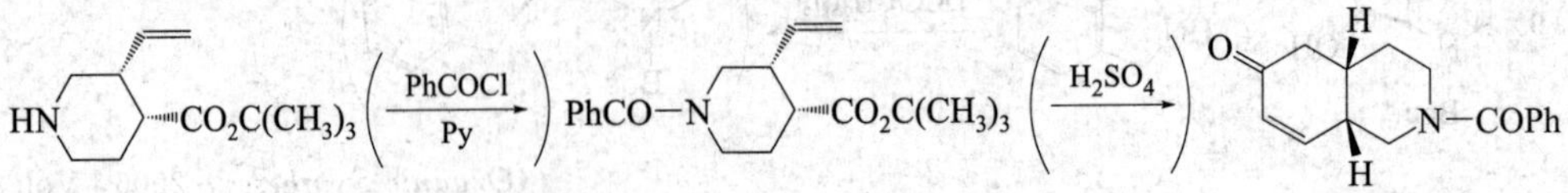 HN ... $CO_2C(CH_3)_3$ ($\xrightarrow[\text{Py}]{PhCOCl}$) PhCO—N ... $CO_2C(CH_3)_3$ ($\xrightarrow{H_2SO_4}$) O ... N—COPh

(*Organic Syntheses*, 1998, Coll. Vol. 10: 35)

(9) 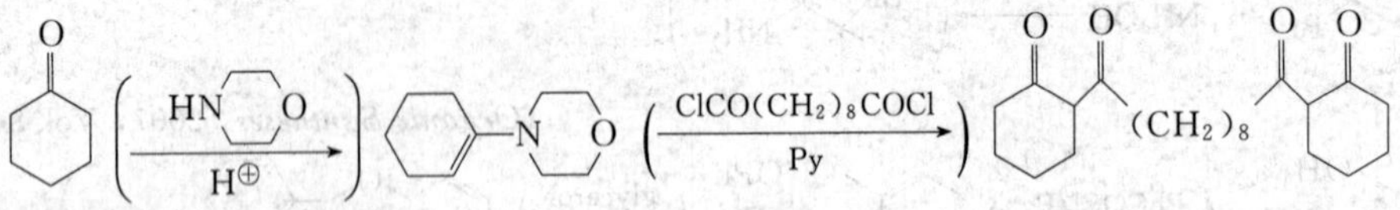 ($\xrightarrow[H^{\oplus}]{HN\quad O}$) ($\xrightarrow[\text{Py}]{ClCO(CH_2)_8COCl}$) $(CH_2)_8$

(*Organic Syntheses*, 1973, Coll. Vol. 5: 984)

(10) 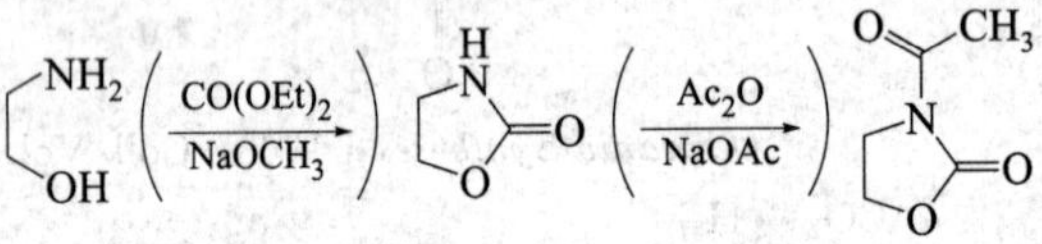 NH_2 / OH ($\xrightarrow[NaOCH_3]{CO(OEt)_2}$) ($\xrightarrow[NaOAc]{Ac_2O}$) CH_3

(*Organic Syntheses*, 1990, Coll. Vol. 7: 4)

3. 反应式

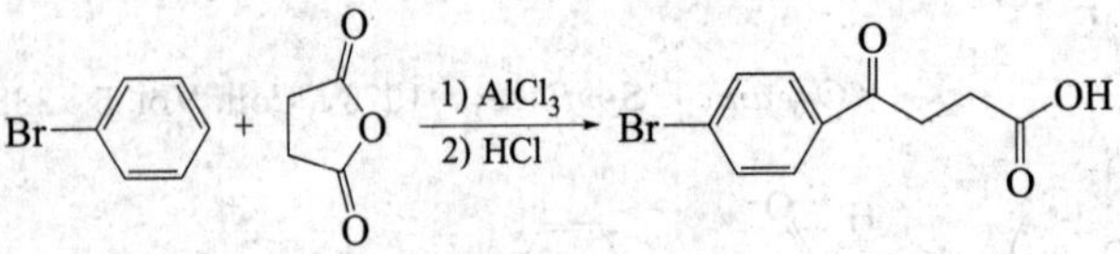

Br-C$_6$H$_5$ + 丁二酸酐 $\xrightarrow[\text{2) HCl}]{\text{1) AlCl}_3}$ Br-C$_6$H$_4$-CO(CH$_2$)$_2$COOH

反应机理

$\xrightleftharpoons{AlCl_3}$ [O···AlCl$_3$ 或 O···AlCl$_3$] ⇌ [⊕ ... O$\overset{\ominus}{A}$lCl$_3$] $\xrightarrow{\text{Br-C}_6\text{H}_5}$

[Br ... ⊕ ... OAlCl$_3^{\ominus}$] $\xrightarrow{HCl}$ Br-C$_6$H$_4$-CO(CH$_2$)$_2$COOH

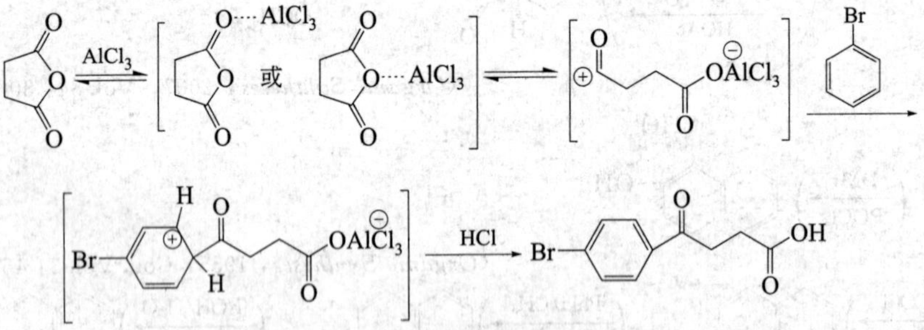

(*Organic Syntheses*, 2004, Coll. Vol. 10: 125)

第四章 缩合反应

1. (1) 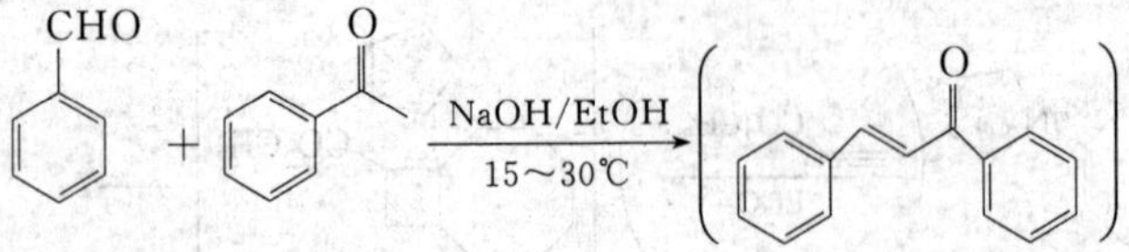 CHO ... + ... $\xrightarrow[15\sim30℃]{NaOH/EtOH}$ (...)

(Kohler E P, et al. *Org. Synth*. 1941, 1: 78)

(2) 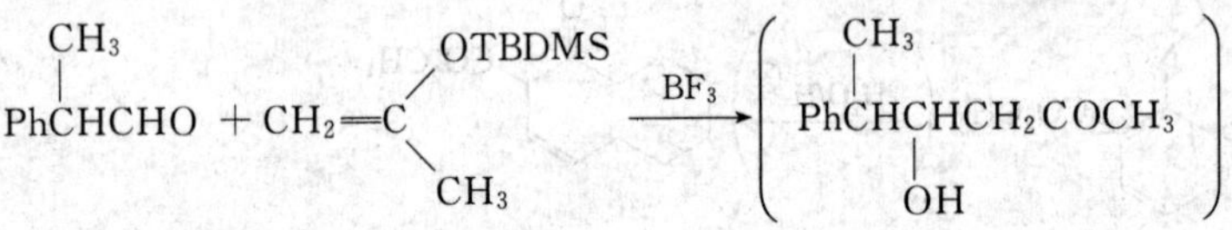 PhCH(CH$_3$)CHO + CH$_2$=C(OTBDMS)CH$_3$ $\xrightarrow{BF_3}$ (PhCH(CH$_3$)CH(OH)CH$_2$COCH$_3$)

(Heathcock C H, et al. *J. Am. Chem. Soc.*, 1983, 105: 1667)

(3) ArCHO + PPh_3=CHCOCH$_3$ $\xrightarrow{H_2O}$ (ArCH=CHCOCH$_3$)

(El-Batta A, et al. *J. Org. Chem.*, 2007, 72: 5244)

(4) 2-methylcyclohexanone ⟶ enamine (pyrrolidine) $\xrightarrow[\text{2) HOAc/NaOAc, } H_2O]{\text{1) } CH_2=CHCOCH_3}$ (bicyclic enone)

(Stork G, et al. *J. Am. Chem. Soc.*, 1963, 85: 207

(5) RCHO + NC–CH$_2$–COOEt $\xrightarrow{0.2\text{equiv } PPh_3,\ 80℃}$ (RCH=C(CN)COOEt)

(Yadav J S, et al. *Eur. J. Org. Chem.*, 2004, 3: 546)

(6) PhCHO + CH$_2$(COOEt)$_2$ ⟶ (RCH=C(COOEt)$_2$)

(Allen C F H, et al. *Org. Synth.*, 1955, 3: 377)

(7) $2C_6H_5CHO \xrightarrow[\text{pH } 7\sim8]{NaCN/EtOH/H_2O}$ ($C_6H_5COCH(OH)C_6H_5$)

(Alde W S, et al. *Org. React.*, 1950, 4: 269)

(8) $Zn + BrCH_2COOC_2H_5$ + cyclohexanone $\xrightarrow{(C_2H_5)_2O}$ (1-hydroxycyclohexyl-CH$_2$COOEt)

(Rieke R D, et al. *J. Org. Chem.*, 1981, 46: 4323)

(9) salicylaldehyde (OH, CHO) + $(CH_3CO)_2O \xrightarrow{NaOAc}$ (coumarin)

(10) ethyl acetoacetate + propylene oxide $\xrightarrow{Na,\ EtOH}$ (α-acetyl-γ-methyl-γ-butyrolactone)

(Hopf H, et al. *Eur. J. Org. Chem.*, 2001, 21, 4009)

2.

(1) 2-ethynylphenol (OH) + HN(piperazine)N–Ph $\xrightarrow[CuI/Al_2O_3]{(CH_2O)_n}$ 2-[(4-phenylpiperazin-1-yl)methyl]-2,3-dihydrobenzofuran (N, N, Ph)

(Kabalka G W, et al. *Tetrahedron Lett.*, 2001, 42: 6049)

(2) ethyl 2-oxocyclopentanecarboxylate + (methyl vinyl ketone) $\xrightarrow[\text{2\%(摩尔分数)(无溶剂)}]{FeCl_3\cdot6H_2O}$ Michael adduct

(Christoffers, et al. *Org. Synth.*, 2004, 10: 588)

(3) Ph–CH=CH–C(=NOH)CH$_3$ + ($CH_3COCH_2COOC_2H_5$) $\xrightarrow[150\sim160℃,\ 4h]{FeCl_3}$ N, O, O

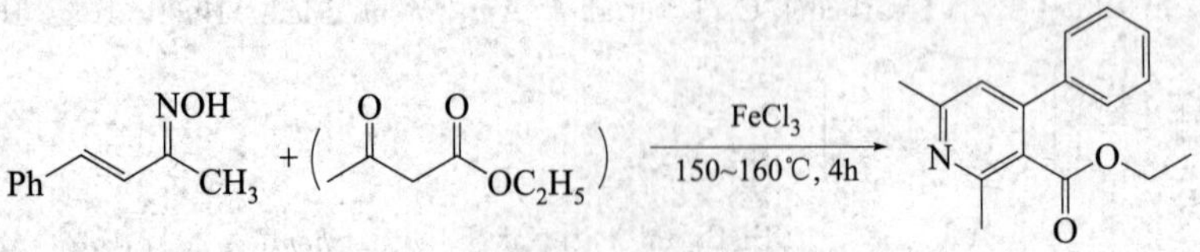

(Chibiryaev A M, et al. *Tetrahedron Lett.*, 2000, 41: 8011)

(4) C_2H_5(H$_3$C)C=O + ($NCCH_2COOC_2H_5$) $\xrightarrow[heat]{AcONH_4/PhH}$ C_2H_5O–CO–C(CH_3)=C(C_2H_5)CH_3

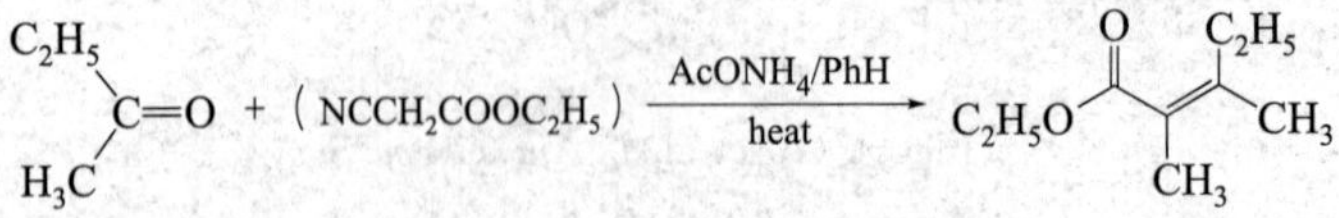

(Prout F S, et al. *Org. Synth.*, 1963, 4: 93)

(5) ( ) + CH_2=CHNO_2 $\xrightarrow{20℃}$ NO_2

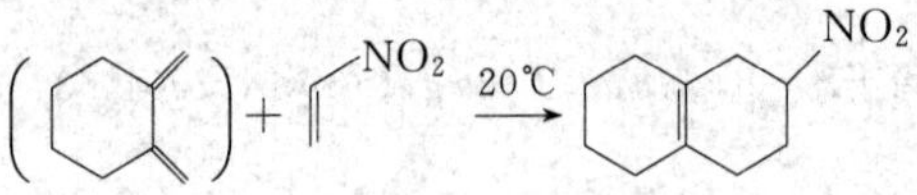

(Katz T J, et al. *J. Am. Chem. Soc.*, 1964, 84: 249)

(6) $ClCH_2COOCH_3$ + (O) $\xrightarrow{NaOAc,\ pyridine}$ O, $COOCH_3$

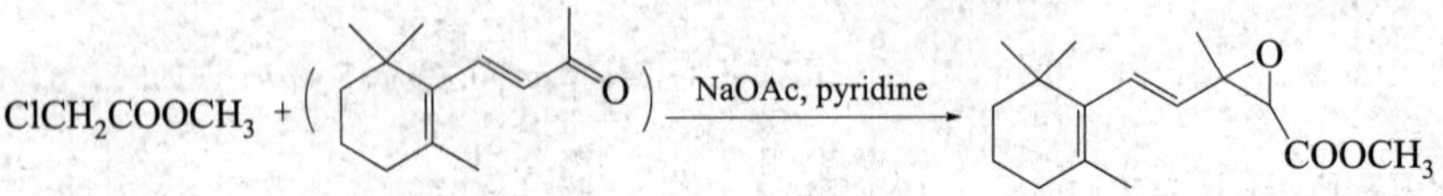

(Surmatis J D, et al. *J. Org. Chem.*, 1958, 23: 157-62)

(7) ( ) + O, O, O $\xrightarrow[heat]{xylene}$ O, O, O

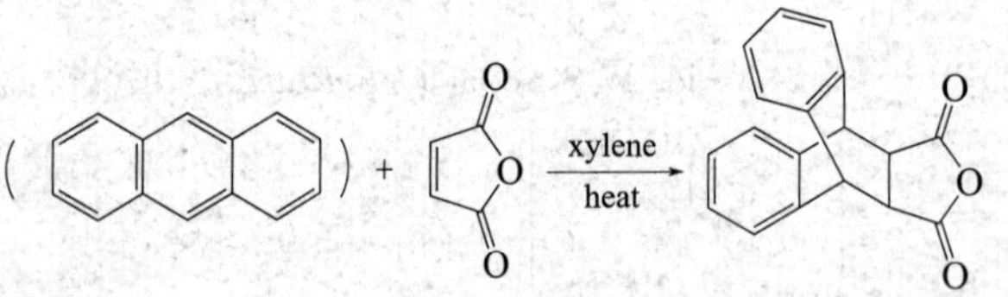

(Wu X Y, et al. *J. Organomet. Chem.*, 2009, 694: 2981)

(8) N^+ Br^-, O, C_2H_5, O + (Ph, Ph, O) $\xrightarrow[heat]{CrO_3\text{-}Et_3N/DMF}$ COPh, Ph, N, O, C_2H_5–O

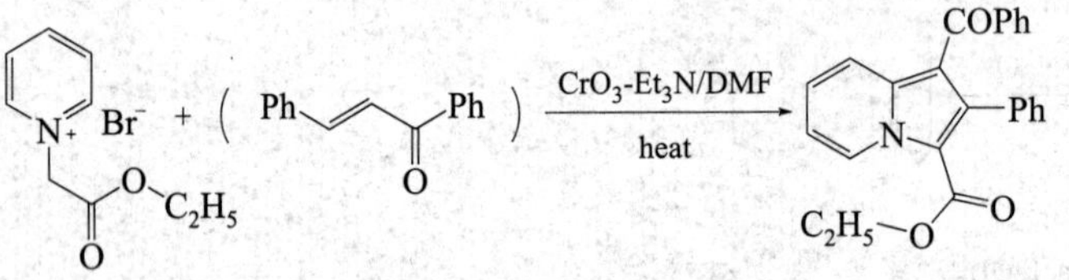

(Wang B X, et al. *Chin. J. Chem.*, 2006, 24: 279)

(9) CH_3CHO + (NH_4Cl) + (NaCH) $\xrightarrow{H_2O}$ CH_3CHCN (NH_2)

(Guillemin J C, et al. *Tetrahedron*, 1988, 44: 4431)

(10) CH_2=$CHCOCH_3$ + (O) $\xrightarrow{C_2H_5ONa}$ O

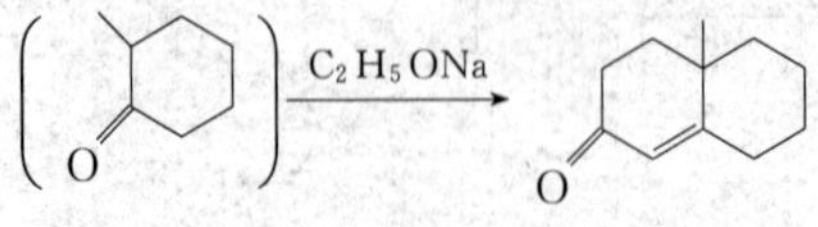

(Janaki S, et al. *Indian J. Chem.*, *Sect. B*, 1988, 27B: 505)

3. (1) 反应式

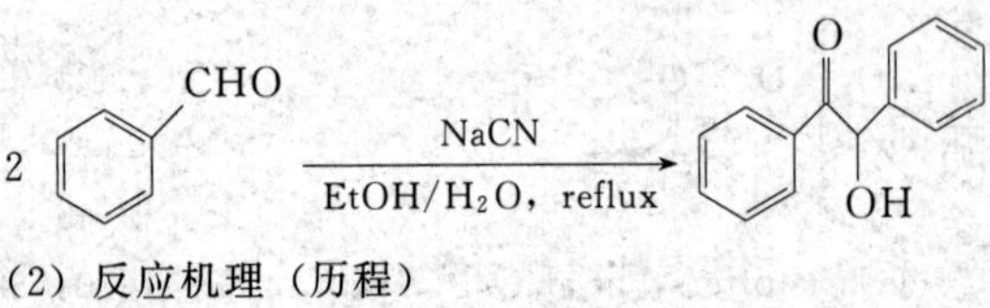

2 CHO $\xrightarrow[EtOH/H_2O,\ reflux]{NaCN}$ O, OH

(2) 反应机理（历程）

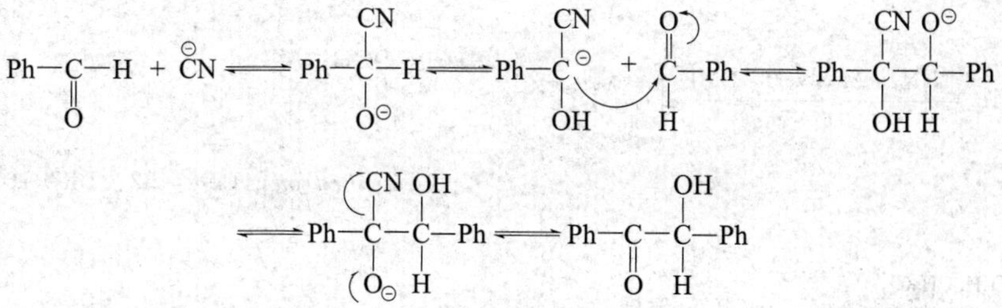

(Roberts R M. Modern Experimental Organic Chemistry, 3rd ed. Holt, Rinehart and Winston. 1979. 299.)

第五章　重排反应

1. (1) $BF_3 \cdot OEt_2$, CH_2Cl_2

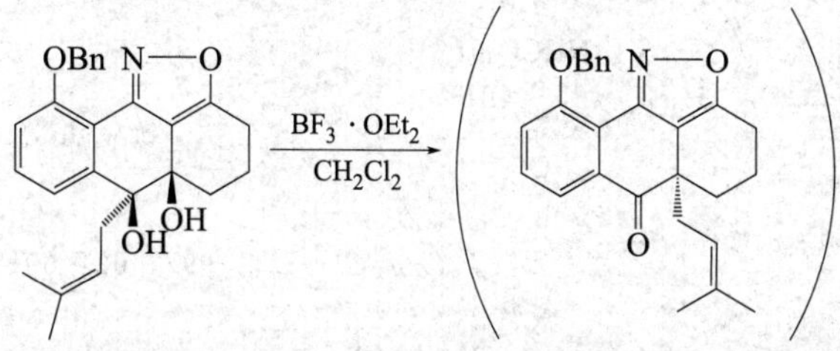

(*Angew. Chem. Int. Ed.*, 2007, 46: 3252-3254)

(2) HO OH; CH_3COOH, H_2SO_4

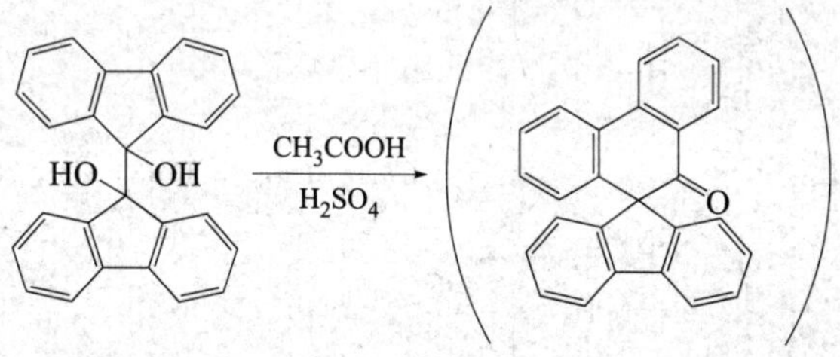

(*J. Org. Chem.*, 1998, 63: 7168-7171)

(3) EtO_2C, N_2, O, N Me; $C_5H_{11}CONH_2$, $Rh_2(OAc)_4$; (C_5H_{11}, HN, O, O, CO_2Et, N Me)

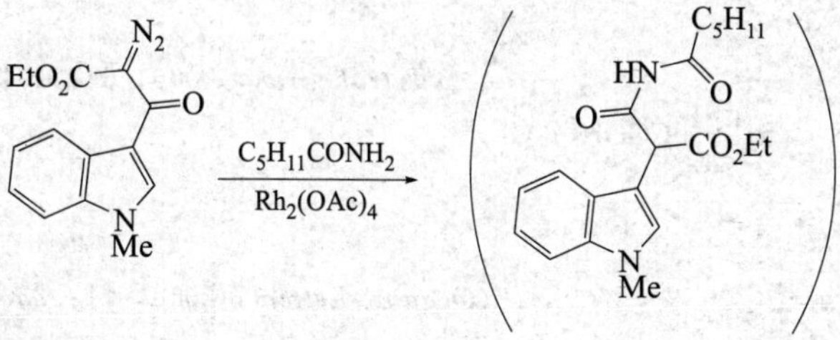

(*J. Org. Chem.*, 2005, 70: 5840-5851)

(4) EtO_2C, N_2, O, N Boc; $Rh_2(OCOCF_3)_4$, CH_2Cl_2, MeOH; (OMe, O, CO_2Et, N Boc)

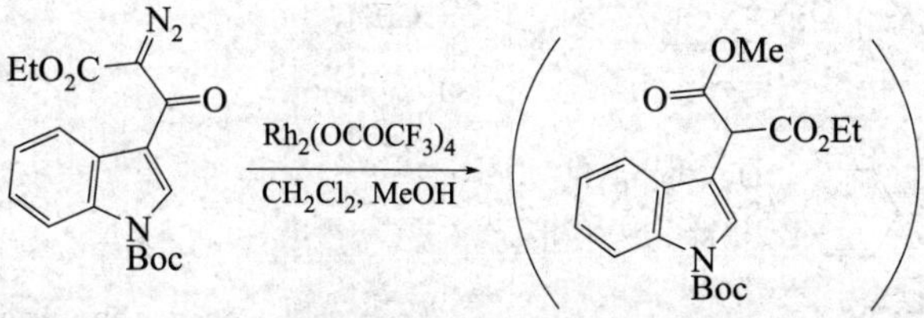

(*J. Org. Chem.*, 2005, 70: 5840-5851)

(5) *p*-TsO, N, O, Me, OMe, Me, Ph; 80% *i*-PrOH, NEt_3, reflux; (Me, H N, O, OMe, O, Me, Ph) + (N-O, Me, O, Me, Ph)

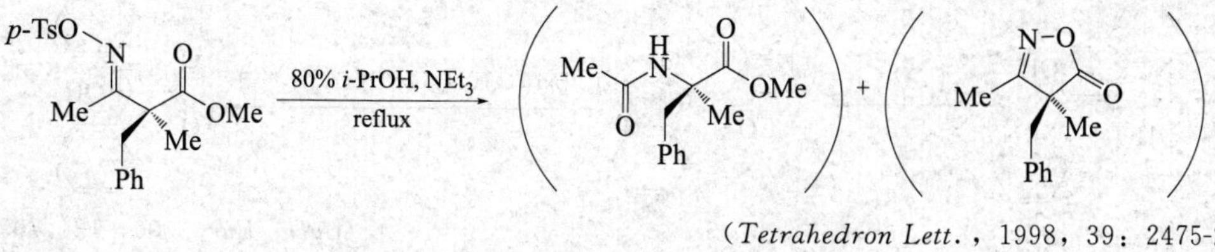

(*Tetrahedron Lett.*, 1998, 39: 2475-2478)

(6) $\xrightarrow[-30℃\sim r.t.]{NaN_3,\ MeSO_3H,\ DME}$ (NH—$COCH_3$)

(*Tetrahedron*, 1996, 52: 1609-1616)

(7) $\xrightarrow[Na_2HPO_4]{CF_3CO_3H,\ CH_2Cl_2}$ (O)

(*J. Am. Chem. Soc.*, 1997, 119: 7483-7498)

(8) O NHCO$_2$Et H_2N OH O $\xrightarrow[aq.\ MeCN,\ 15℃,\ 30min]{PhI(OAc)_2}$ (NHCO$_2$Et H_2N OH O)

(*J. Org. Chem.*, 1997, 62: 6918-6920)

(9) O Br NHOH NH$_2$ Br $\xrightarrow[heat]{HCONH_2}$ (H Br N O N H Br)

(*J. Chem. Eng.*, 1983, 28: 281-282)

(10) O CH_3 Ph $\overset{\oplus}{N}$—CH_3 $Br^{\ominus}$ Ph $\xrightarrow{aq.\ NaOH}$ (O CH_3 Ph N—CH_3 Ph)

(*Tetrahedron*, 2006, 62: 1043-1062)

2. (1) O Br Br $\xrightarrow{(KOH,DMSO)}$ H COOH

(*Organic Letters*, 2008, 11: 2303-2305)

(2) O_2N O_2 S N H R^1 R^2 Cl O $\xrightarrow[(CH_2Cl_2/0℃)]{(CH_2N_2)}$ O_2N O_2 S N R^1 R^2 CHN_2 O

$\xrightarrow[(1,4\text{-dioxane}/H_2O,\ r.t)]{(PhCO_2Ag/NEt_3)}$ O_2N O_2 S N R^1 R^2 O OH

(*J. Org. Chem.* 2007, 72: 4798-4802)

(3) N OH HO N $\xrightarrow{(O_2)}$ N O O N $\xrightarrow{([Ni\{(C_5H_4N)_2C(OH)(CO_2)\}_2])}$ O $^{\ominus}$O OH

(*Chem. Eur.* 2006, 12: 7095-7102)

(4) （Lewis 酸）

（*Angew. Chem. Int. Ed.*，2007，46：3252-3254）

(5) Ph-cyclopropyl-COOH （1) $ClCO_2Et/Et_3N$ / 2) NaN_3） Ph-cyclopropyl-CON_3 （1)甲苯/90℃,3h / 2) *t*-BuOH /reflux,16h） Ph-cyclopropyl-$NHCO_2Bu$-*t*

（1mol/L HCl） Ph-cyclopropyl-NH_2 · HCl

（*Synth. Commun.*，1999，29 (4)：567-72 [64a]）

(6) （1)$ClCO_2Et/(i\text{-}Pr)_2NEt$ acetone,0℃ / 2)NaN_3,H_2O,0℃） （$PhCH_2OH$ / Tol, heat） $NHC(=O)-O-CH_2Ph$

（*Organic Syntheses*，(1988) *Coll.* Vol. 6：95.）

(7) （$HONH_2HCl$ / NaOAc, MeOH） （*p*-TsCl, DMAP / dichloroethane/Py） （80% *i*-PrOH, NEt_3 / reflux）

（*Tetrahedron Lett.*，1998，39：2475-2478）

(8) （Br⁀⁀Ph） （NaH, PhH-DMF） +

（*Tetrahedron*，2006，62：1043-1062）

(9) （1)$NaNO_2$/HCl / 2)$MeCH(COOEt)_2$/KOH） （TsCl/Py） （PPA / heat）

（*Tetrahydron*，1998，54：45）

3. （1）反应式

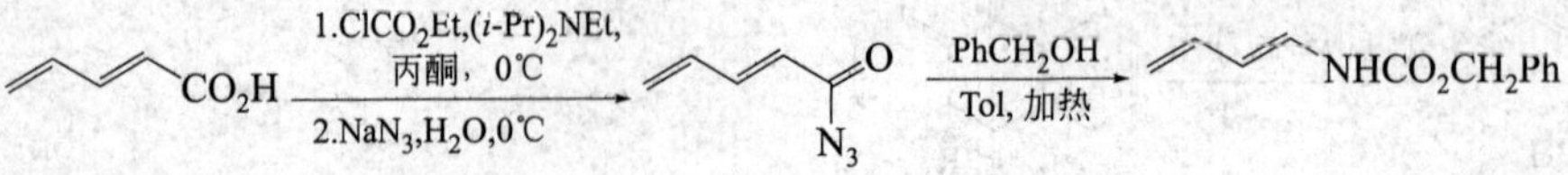

1.$ClCO_2Et,(i\text{-}Pr)_2NEt$, 丙酮，0℃；2.$NaN_3,H_2O$,0℃；$PhCH_2OH$, Tol, 加热

CO_2H → N_3 → $NHCO_2CH_2Ph$

（2）反应机理

$-N_2$ → → $PhCH_2-O-H$ → $NHCO_2CH_2Ph$

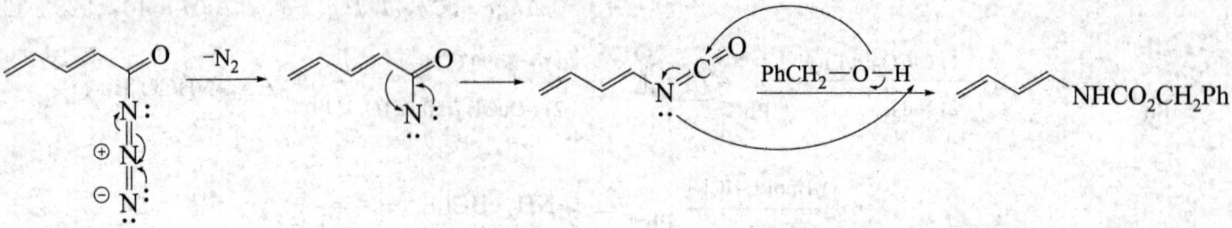

（*Organic Syntheses*，（1979），59：1.）

第六章　氧化反应

1. （1）CrO_3 / CH_3CO_2H

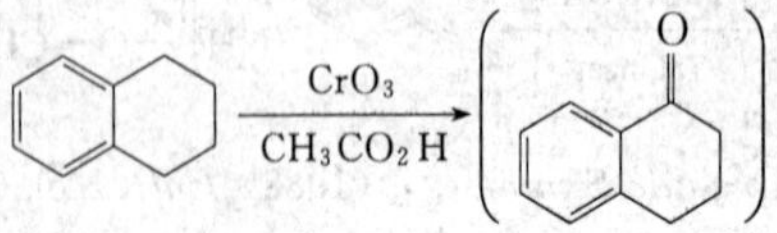

（*J. Org. Chem.*，1974，39：1416）

（2）CCH_3 —SeO_2→ COOH

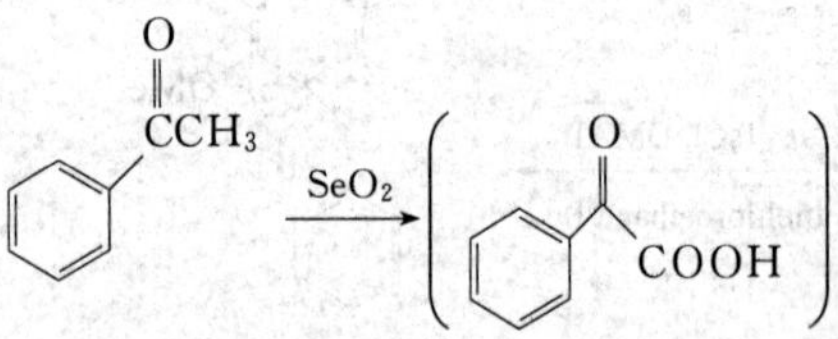

（*Org. Synth.*，1943，Coll. Vol. 2：509）

（3）OH —H_2CrO_4 / 丙酮→

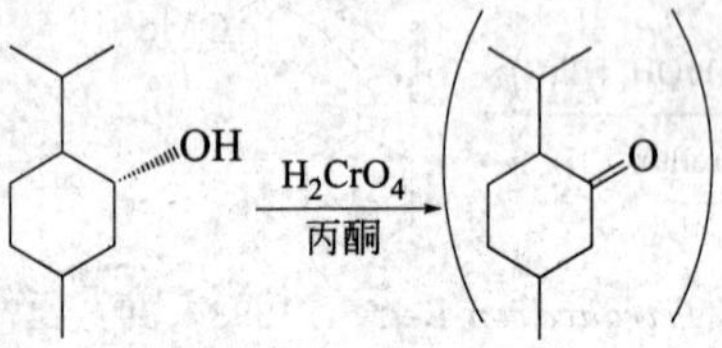

（*J. Org. Chem.*，1971，36：387）

（4）HO…CO_2CH_3 —PCC→ OHC…CO_2CH_3

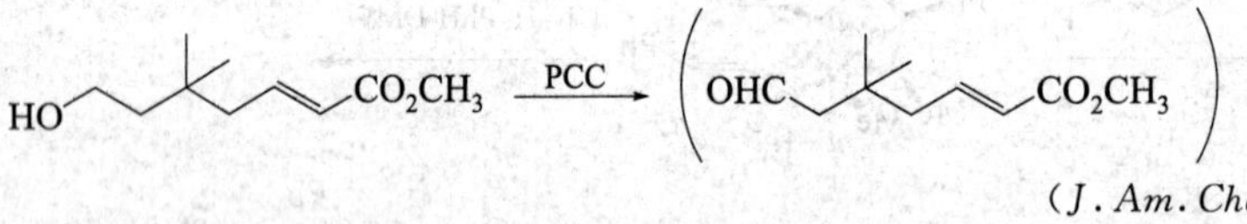

（*J. Am. Chem. Soc.*，1981，103：2744）

（5）CO_2CH_3 —$CrO_3(Py)_2$→ CO_2CH_3

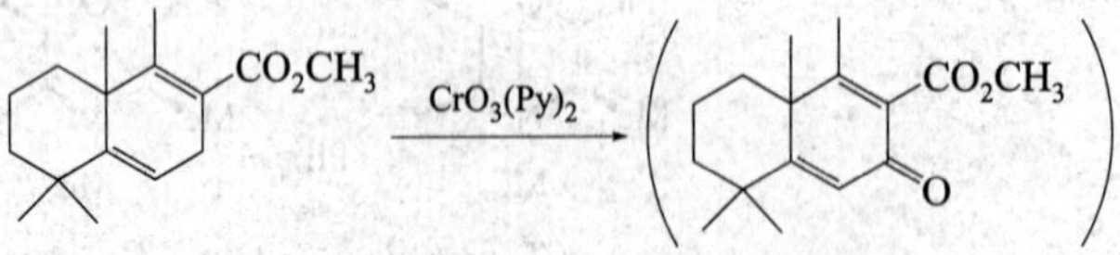

（*J. Am. Chem. Soc.*，1979，101：4398）

（6）OH —MnO_2→

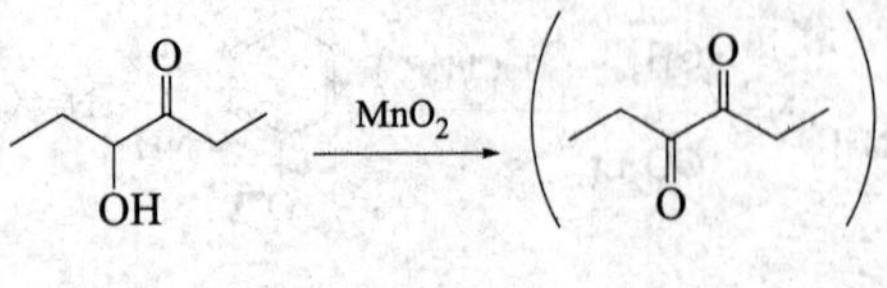

（*J. Org. Chem.*，1966，31：615）

（7）—CF_3CO_3H→

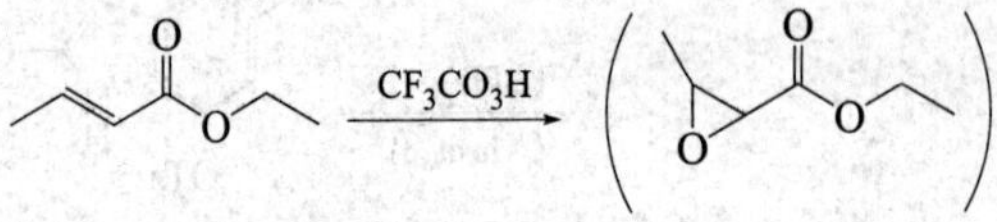

（*J. Am. Chem. Soc.*，1955，77：89）

(8) OH $\xrightarrow[\text{ClCOCOCl}]{\text{DMSO}}$ (CHO)

(*J. Am. Chem. Soc.*，1980，102：1390)

(9) $\xrightarrow[t\text{-BuOOH}]{Mo(CO)_6}$ (HOH_2C)

(*J. Org. Chem.*，1980，45：4825)

(10) $\xrightarrow[\text{2) KOH/MeOH}]{\text{1) } I_2/AcOAg/AcOH/H_2O}$ (OH OH)

(*J. Am. Chem. Soc.*，1954，76：5014)

(11) COOH $\xrightarrow[\text{2) NaOH}]{\text{1) } HCO_2H,\ H_2O_2}$ (OH OH COONa)

(*J. Org. Chem.*，1972，37：3393)

(12) $\xrightarrow[\text{MeOH}]{H_2SO_4}$ (OH —O)

(*J. Am. Chem. Soc.*，1952，74：1160)

(13) $\xrightarrow[CH_3OH,\ KHCO_3]{H_2O_2,\ CH_3CN}$ (O)

(*Org. Synth.*，1981，60：63)

(14) $\xrightarrow[\text{丙酮}]{KMnO_4}$ (H_3C COOH H_3C COOH)

(*J. Org. Chem.*，1974，39：1535)

(15) CH_2 N O $\xrightarrow[\text{2) } Me_2S]{\text{1) } O_3}$ (O N O)

(*J. Am. Chem. Soc.*，1972，94：3877)

2. (1) Cl ($\xrightarrow[\text{HCl}]{KMnO_4,\ H_2O}$) CO_2H Cl

(*Org. Synth*，1943，*Coll. Vol.* 2：135)

(2) OH （MnO_2，苯） O

(*J. Org. Chem.*，1969，34：1979)

(3) （CrO_3-$(Py)_2$） O

(*J. Org. Chem.*，1969，34：3587)

(4) H C=C H H OAc （SeO_2） H C=C O H H OAc

(*J. Org. Chem.*，1979，44：2441)

(5) H_3CO_2C—N HO H S H （DMSO，Ac_2O） H_3CO_2C—N O H S H

(*J. Am. Chem. Soc.*，1980，102：1954)

(6) OCH_3 OH （$Al(OiPr)_3$，PhMe，丙酮） OCH_3 O

(*Org. Lett.*，2003，5：3049)

(7) O H H H CHO （Ag_2O） O H H H CO_2H

(*J. Am. Chem. Soc.*，1958，80：5006)

(8) $CONH_2$ （*m*-CPBA） O $CONH_2$

(*J. Org. Chem.*，1992，57：6696)

(9) OH CH_3 （*t*-BuOOH） OH O CH_3

(*J. Org. Chem.*，1987，52：4898)

(10) OC_2H_5 OC_2H_5 （$KMnO_4$） OH OC_2H_5 OH OC_2H_5

(*Org. Synth*，1943，*Coll. Vol.* 2：307)

(11) 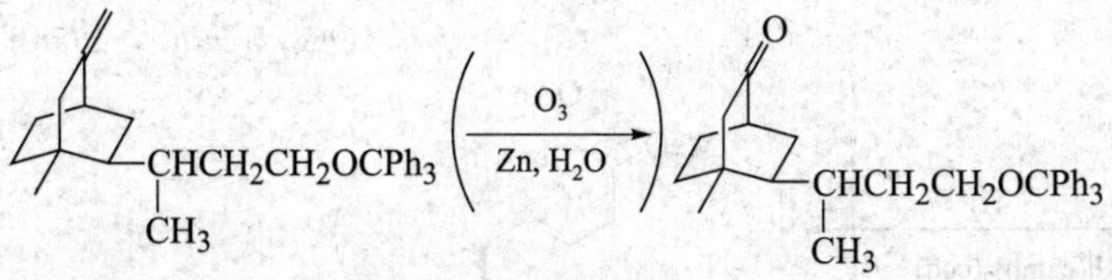 —CHCH$_2$CH$_2$OCPh$_3$, CH$_3$ ($\xrightarrow[\text{Zn, } H_2O]{O_3}$) —CHCH$_2CH_2$OCPh$_3$, CH$_3$

(*J. Org. Chem.*, 1972, 37: 2877)

(12) 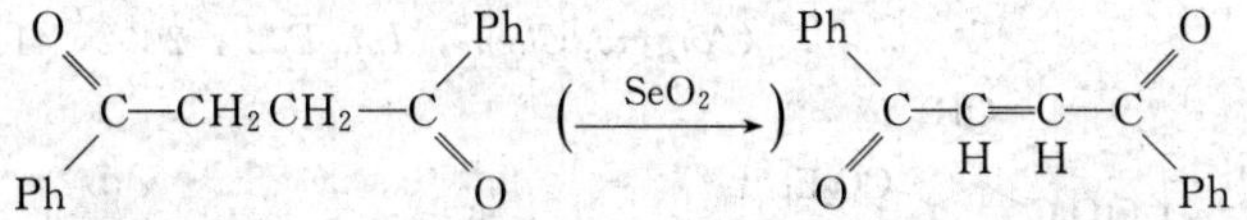 PhC(=O)—CH$_2$CH$_2$—C(=O)Ph ($\xrightarrow{SeO_2}$) PhC(=O)—CH=CH—C(=O)Ph

(*J. Am. Chem. Soc.*, 1962, 84: 713)

3.（1）反应式

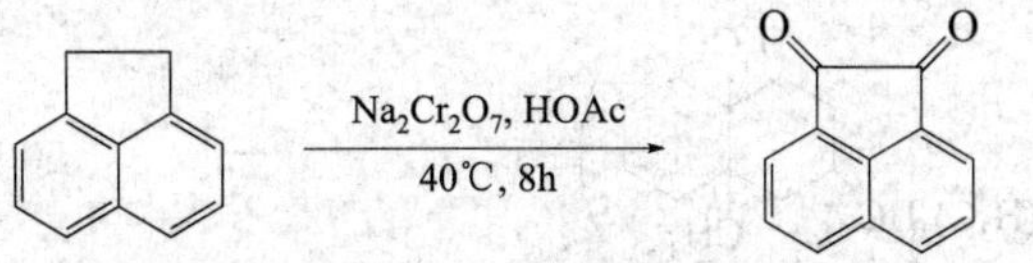

$\xrightarrow[\text{40℃, 8h}]{Na_2Cr_2O_7\text{, HOAc}}$

（2）反应机理

$\xrightarrow[\text{HOAc}]{Na_2Cr_2O_7}$ $\longrightarrow$ C(OCrOHOH)$_2$O

$\xrightarrow{H_2O}$ + 2H$_2$CrO$_3$ $\xrightarrow[\text{HOAc}]{Na_2Cr_2O_7}$

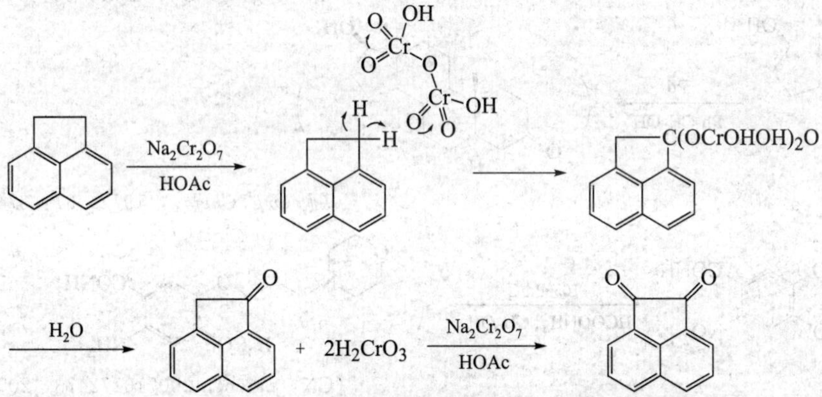

(*Organic Syntheses*, (1955) *Coll. Vol.* 3: 1; (1944) *Coll Vol.* 24: 1.)

第七章　还原反应

1.（1） 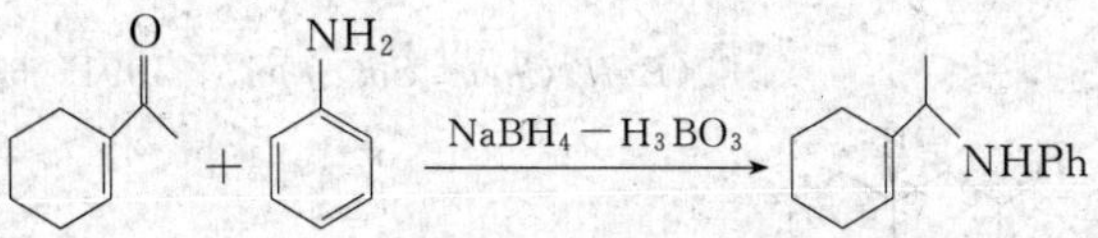 + NH$_2$ $\xrightarrow{NaBH_4-H_3BO_3}$ NHPh

(*Tetrahedron.*, 2005, 61: 5725)

（2） 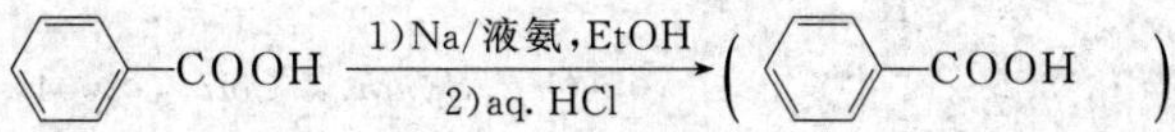 COOH $\xrightarrow[\text{2) aq. HCl}]{\text{1) Na/液氨, EtOH}}$ (COOH)

(*Org. Synth.*, 1963, 43: 22)

（3） OH, OCH$_3$, CHO $\xrightarrow[\text{KOH}]{\text{Zn-Hg}}$ (OH, OCH$_3$, CH$_3$ 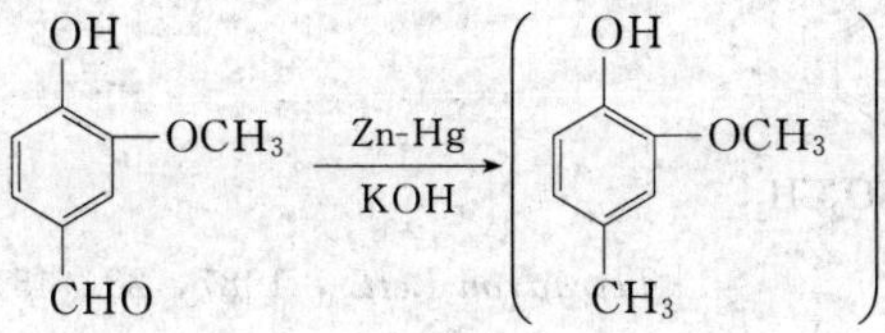)

(*Org. Synth.*, 1953, 33: 17)

（4） HOOC(CH$_2$)$_4$C(=O)(CH$_2$)$_4$COOH $\xrightarrow[\text{KOH}]{NH_2NH_2}$ (HOOC(CH$_2$)$_9$COOH)

(*Org. Synth.*, 1958, 38: 34)

(5) $\xrightarrow[\text{[Rh(camp)}_2\text{(cod)]}^+\text{BF}_4^-]{H_2}$ ( )

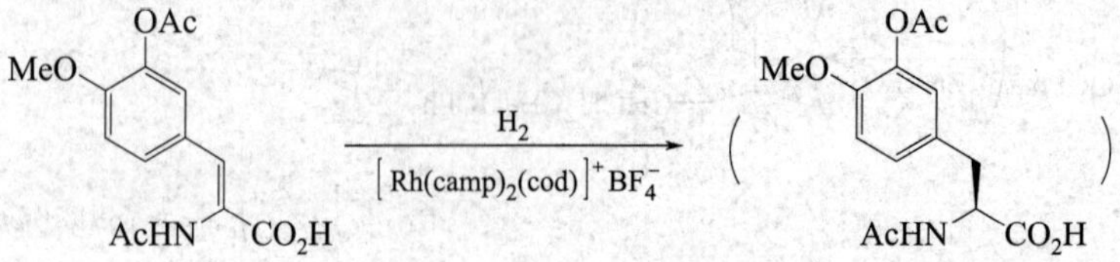

(*Angew. Chem*, *Int. Ed.*, 2002, 41: 1998.)

(6) $\xrightarrow[\text{EtOAc}]{\text{Pd-C/Boc}_2\text{O}}$ ( )

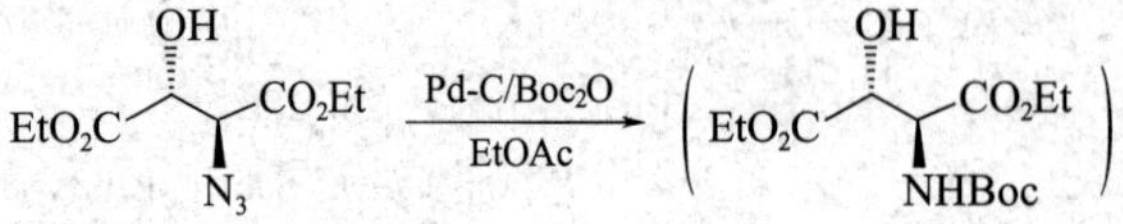

(*Org. Synth.*, 1996, 73: 184)

(7) $\xrightarrow[\text{2) Raney Ni}]{\text{1) HSCH}_2\text{CH}_2\text{SH,BF}_3}$ ( )

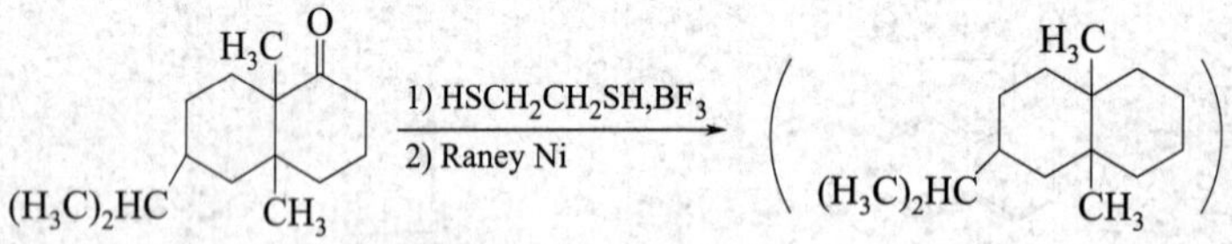

(*J. Org. Chem.*, 1971, 36: 2426)

(8) $\xrightarrow[\text{Ph-CH}_2\text{OH}]{\text{Pd}}$ ( )

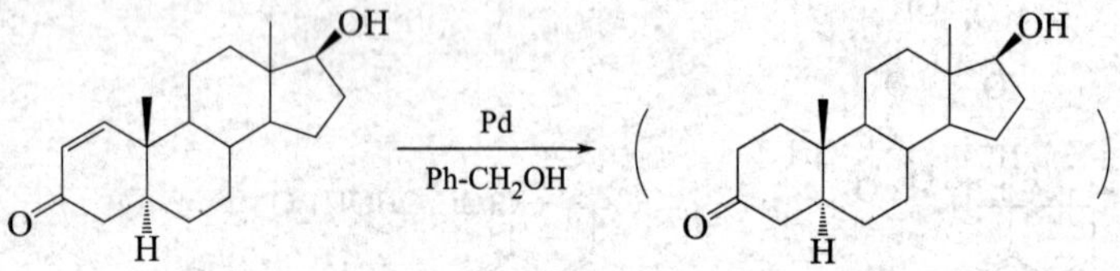

(*J. Org. Chem.*, 1972, 37: 3745)

(9) $\xrightarrow[\text{HCOONH}_4\text{, CH}_3\text{OH}]{\text{10\%Pd/C}}$ ( )

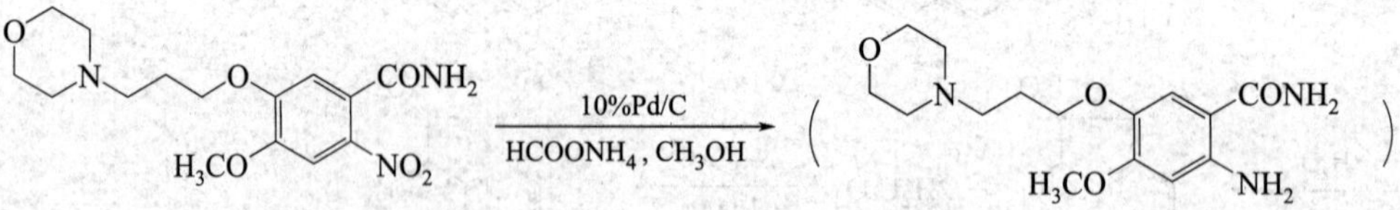

(CN, patent, 200710172473, 2007)

(10) $\xrightarrow[\text{PhNHCH}_3\text{, THF}]{\text{NaBH}_4\text{/ZnCl}_2}$ ( )

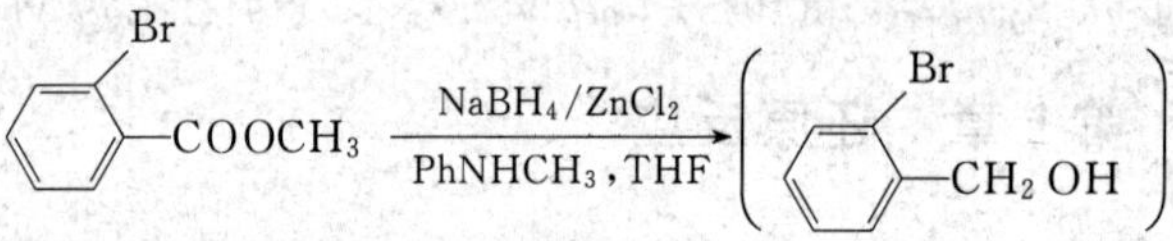

(*Bull. Chem. Soc. Jpn.*, 1991, 64: 2730)

2. (1) (H_2/Pd-C,EtOH)

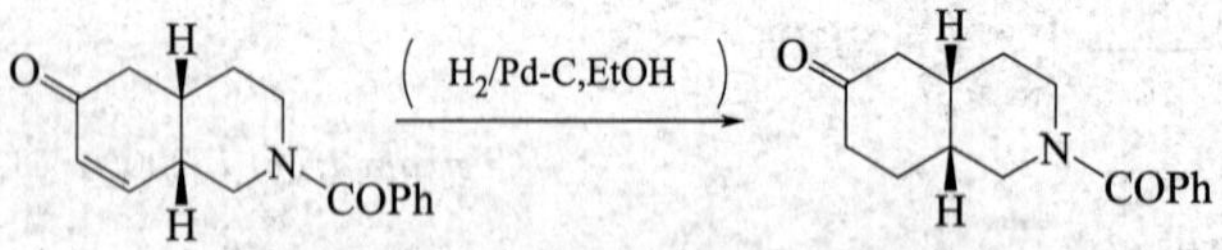

(*Org. Synth.*, *Coll.*, 2004, 10: 35)

(2) (Zn,HOAc, MeOH,65℃,4h)

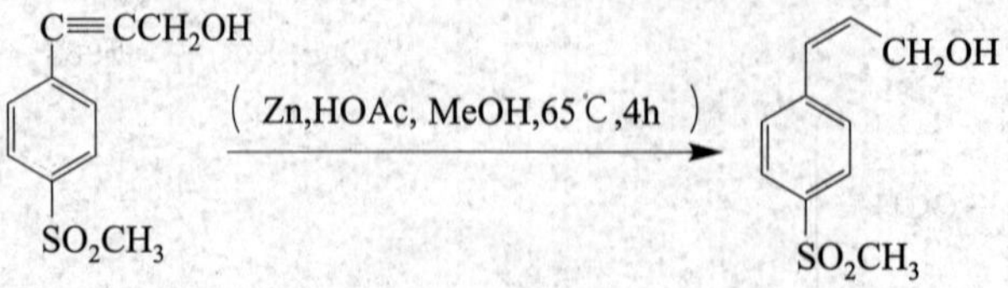

[*Tetradron Lett.*, 1987, 28 (45): 5395]

(3) (H_2,Pd-$BaSO_4$,EtOH, 喹啉)

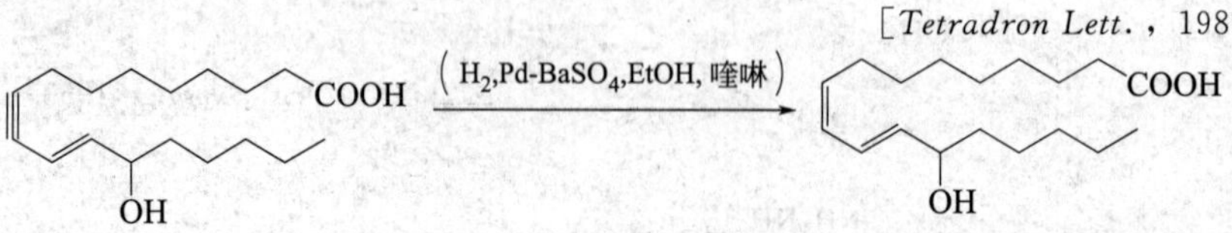

[*J. Org. Chem.*, 1986, 51 (22): 4158]

(4) [cyclohexanone] $\xrightarrow{[NH(CH_3)_2/NaBH_3CN/KOH/MeOH]}$ [cyclohexyl]$-N(CH_3)_2$

(*Org. Synth.*, 1972, 52: 124)

(5) [cyclohexanone] $\xrightarrow{[Mg(Hg)\ /TiCl_4]}$ [1,1'-bicyclohexyl-1,1'-diol, HO, OH]

(*J. Org. Chem.*, 1976, 41: 260)

(6) [3,5-dinitrobenzoyl chloride: COCl, O_2N, NO_2] $\xrightarrow{[LiAlH(O\text{-}t\text{-}Bu)_3/dglyme\text{-}78℃]}$ [3,5-dinitrobenzaldehyde: CHO, O_2N, NO_2]

(*Org. Synth.*, 1973, 53: 52)

(7) [citral, CHO] $\xrightarrow{(Pd/C,\ HCOO^-HNEt_3^+)}$ [citronellal, CHO]

(*J. Org. Chem.*, 1978, 43 (20): 3985)

(8) CH_3O–[C₆H₄]–[cyclopropyl]–$C\equiv N$ $\xrightarrow{[(i\text{-}C_4H_9)_2AlH,H_2SO_4]}$ CH_3O–[C₆H₄]–[cyclopropyl]–CHO

(*J. Org. Chem.*, 1972, 37: 2138)

(9) $(CH_3)_2CH$–C(H)(NH_2)–COOH $\left(\dfrac{LiAlH_4/THF}{\text{或 } BH_3/SMe_2/\ BF_3/Et_2O}\right)$ $(CH_3)_2CH$–C(H)(NH_2)–CH_2OH

(*Org. Synth.*, 1985, 63: 136)

(10) [2-nitrofluorene, NO_2] $\xrightarrow{(Pd/C,H_2NNH_2,EtOH)}$ [2-aminofluorene, NH_2]

(*Org. Synth.*, *Coll.* 1973, 5: 30)

3. (1) 反应式

C_2H_5OOC–CH=CH–COOH $\xrightarrow[-10℃\sim r.t.]{BH_3/THF}$ C_2H_5OOC–CH=CH–CH_2OH

(2) 反应机理：硼烷还原羧酸成醇

$3(C_2H_5OOC$–CH=CH–COOH$)$ $\xrightarrow{BH_3}$ $\left[\left(C_2H_5OOC\text{–CH=CH–}\overset{O}{\overset{\|}{C}}\text{–}\ddot{O}\right)_3B\right]$ $\longrightarrow$ C_2H_5OOC–CH=CH–$\overset{O}{\overset{\|}{C}}$–$\overset{\oplus}{\ddot{O}}$=$\overset{\ominus}{B}$< $\xrightarrow{BH_3}$

$H_3\overset{\ominus}{B}\cdots\overset{\oplus}{O}$=C(–$\ddot{O}$=$\overset{\ominus}{B}$<)–CH=CH–$COOC_2H_5$ $\longrightarrow$ $H_2\overset{\ominus}{B}$(–H)$\cdots\overset{\oplus}{O}$=C(–$\ddot{O}$=$\overset{\ominus}{B}$<)–CH=CH–$COOC_2H_5$ $\longrightarrow$ BH_2–O–CH(–$\ddot{O}$=$\overset{\ominus}{B}$<)–CH=CH–$COOC_2H_5$

$\xrightarrow{H_2O}$ C_2H_5OOC–CH=CH–$\overset{O}{\overset{\|}{C}}$–H $\xrightarrow{BH_3}$ H–$\overset{\oplus}{C}$=O$\cdots\overset{\ominus}{B}H_2$(–H)–CH=CH–$COOC_2H_5$ $\longrightarrow$

C_2H_5OOC–CH=CH–CH_2–O–BH_2 $\xrightarrow{H_2O}$ C_2H_5OOC–CH=CH–CH_2–OH

(*Organic Syntheses*, *Coll.* 1990, 7: 221)

第八章　合成设计原理

1. (1) O, d^2 + O, a^1, Cl ⟶ O O

(Clayden J, et al. Organic Chemistry. Oxford University Press. 2000, 796.)

(2) Ph—C≡CH ($d^{1,2}$) $\xrightarrow{EtMgBr/BrCH_2C≡CH\ (a^3)}$ PhC≡CCH_2C≡CH

(Taniguchi H, et al. *Org. Synth.*, 1970, 50: 97.)

(3) e, e + e, e, O $\xrightarrow{AlCl_3}$ O

(Mayelvaganan T, et al. *Tetrahedron*, 1997, 53: 2185.)

(4) O, r + Br, r, O $\xrightarrow{Bu_3SnH,\ AIBN,\ Benzene}$ O

(Cossy J, et al. *Tetrahedron*, 1999, 55: 11289.)

2. O, R; R=n-$C_{10}H_{19}$ $\xRightarrow{FGA}$ O, R $\xRightarrow{Wittig反应}$ O, CHO, R $\xRightarrow{FGI}$ OH, O, R $\xRightarrow{不对称环氧化}$ OH, R

(Wyatt P, Warren S. Organic Synthesis: Strategy and Control. John Wiley & Sons, Ltd. 2007, 532.)

3.

A ⟹ H_2N, O, N, H, N, O, O ⟹ O, O, O ⟹ O, O, O, O, O, O, O ⟹ O, CO_2Et, O, O, CO_2Et ⟹ O + CO_2Et, CO_2Et

O, O — B ⟹ O, O, O ⟹ O, O, O + OAc, H_3C, CH_3

C ⟹ O, OH, OH, O + C_2H_5COCl

A路线比较长，总收率较低；B路线简单，但原料2-乙酰氧基-2-丁烯需自行制备；C路线简单且原料便宜、易得，故为较佳合成路线。

(a) John J P, et al. *Org. Synth.*, 1967, 47: 83; b) Grenda V J, et al. J. *Org. Chem.*, 1967, 32: 1236; c) Meister P G, et al. *Org. Synth.*, 1992, 70: 226.)

附 录
常用化学英文缩略语及其中译名

a	electron-pair acceptor site	电子对受体(a-合成子)位置
Ac	acetyl(e. g. AcOH＝acetic acid)	乙酰基(如 AcOH＝乙酸)
Acac	acetylacetonate	乙酰丙酮
Ac_2O	acetic anhydride	乙酸酐,醋酐
AcOEt	ethyl acetate	乙酸乙酯
AcOH	acetic acid	乙酸,醋酸
AcOOH	ethaneperoxoic(peracetic)acid	过氧乙酸
Adams' Cat.	pre-hydrogenated platinum dioxide＝Pt on PtO_2	预氢化的氧化铂(氢化催化剂)
addn	addition	加入
ADP	adenosine 5′-diphosphate	二磷酸腺苷,腺苷-5′-二磷酸
AIBN	α,α'-azobisisobutyronitrile	α,α'-偶氮二异丁腈
Alc	alcohol	乙醇
Aliph	aliphatic	脂肪(族)的
Alk	alkaline	碱性的
Am	amyl＝pentyl	戊基
AMP	adenosine monophosphate	单磷酸腺苷,5′-腺嘌呤核苷酸
anh.	anhydrous	无水的
aq.	aqueous	水性的/含水的
Ar	aryl,heteroaryl	芳基,杂芳基
Arom	aromatic	芳香(族)的
Asym	asymmetric	不对称的
Atm	atmosphere(unit)	大气压(单位)
ATP	adenosine triphosphate	三磷酸腺苷
az dist	azeotropic distillation	共沸蒸馏
9-BBN	9-borobicyclo[3,3,1] nonane	9-硼双环[3. 3. 1]壬烷
BINAP	(*R*)-(＋)-2,2′-Bis(diphenylphosphino)-1,1′-binaphthyl	(*R*)-(＋)-2,2′-二(二苯基磷)-1,1′-二萘
Bn,Bzl	benzyl	苄基
Boc	*t*-butoxycarbonyl	叔丁氧羰基
b. p.	boiling point	沸点
$BTEA^+$	benzyltriethylammonium,$BzlNEt_3{}^+$	三乙基苄胺正离子
$BTMA^+$	benzyltrimethylammonium,$BzlNMe_3{}^+$	三甲基苄胺正离子
BTMSA	*N*,*O*-bis(trimethylsilyl)acetimidate	*N*,*O*-双三甲基硅基乙酰胺
Bu	butyl	丁基
i-Bu	*iso*-butyl＝(2-methylpropyl)	异丁基(2-甲基丙基)
s-Bu	*sec*-butyl＝(1-methylpropyl)	仲丁基(1-甲基丙基)

t-Bu	*tert*-butyl=(1,1-dimethylethyl)	叔丁基(1,1-二甲基乙基)
t-BuOOH	*tert*-butyl hydroperoxide	叔丁基过氧醇
n-BuOTs	*n*-butyl tosylate	对甲苯磺酸正丁酯
Bz	benzoyl	苯甲酰基
Bz_2O_2	dibenzoyl peroxide	过氧化苯甲酰
BzOH	benzoic acid	苯甲酸
BzOOH	benzenecarboperoxoic acid	过氧苯甲酸
Cal.	calorie(unit)	卡路里(单位)
cAMP	adenosine cyclic 3′,5′-phosphate	环磷酸腺苷
CAN	cerium ammonium nitrate	硝酸铈铵
Cat.	catalyst	催化剂
Cb,Cbz	benzoxycarbonyl	苄氧羰基
CC	column chromatography	柱色谱(法)
CD	circular dichroism	圆二色性
CDI	*N*,*N*′-carbonyldiimidazole	*N*,*N*′-碳酰二咪唑
Ce	2-cyanoethyl	2-氰乙基
Cet	cetyl=hexadecyl	十六烷基
Ch	cyclohexyl	环己烷基
CHPCA	cyclohexaneperoxycarboxylic acid	环己基过氧酸
Ci	curie(unit)	居里(单位)
Cod	1,5-cyclooctadiene	环辛二烯
compd.	compound	化合物
conc.	concentrated	浓的
Cot	1,3,5,7-cyclooctatetraene	环辛四烯
Cp	cyclopentyl,cyclopentadienyl	环戊基,环戊二烯基
CP	chemically pure	化学纯
12-crown-4	1,4,7,10-tetraoxacyclododecane	12-冠-4
cryst.	crystalline	结晶的
CSA	D-camphorsulfonic acid	D-(+)-10-樟脑磺酸
CSI	chlorosulfonyl isocyanate,$ClSO_2NCO$	氯磺酸异氰酸酯
CTEAB	cetyltriethylammonium bromide	溴代十六烷基三乙基铵
CTMAB	cetyltrimethylammonium bromide	溴代十六烷基三甲基铵
d	dextrorotatory	右旋的
d	electron-pair donor site	电子对供体(d-合成字)位置
△	reflux,heat	回流/加热
DABCO	1,4-diazabicyclo[2,2,2]octane	1,4-二氮杂二环[2.2.2]辛烷
DBN	1,5-diazabicyclo[4,3,0]non-5-ene	1,5-二氮杂二环[4.3.0]壬烯-5
DBPO	dibenzoyl peroxide	过氧化二苯甲酰
DBU	1,8-diazabicyclo[5,4,0]undec-7-ene	1,8-二氮杂二环[5.4.0]十一碳-7-烯
o-DCB	ortho dichlorobenzene	邻二氯苯
DCC	dicyclohexyl carbodiimide	二环己基碳二亚胺
DCE	1,2-dichloroethane	1,2-二氯乙烷
DCM	dichloromethane	二氯甲烷
DCU	1,3-dicyclohexylurea	1,3-二环己基脲
DDQ	2,3-dichloro-5,6-dicyano-1,4-benzoquinone	2,3-二氯-5,6-二氰基对苯醌

DEAD	diethyl azodicarboxylate	偶氮二羧酸乙酯
d.e.	diastereomeric excess	非对映体过量
Deae	2-(diethylamino)ethyl	2-(二乙氨基)乙基
Dec	decyl	癸基,十碳烷基
DEG	diethylene glycol=3-oxapentane-1,5-diol	二甘醇
deriv	derivative	衍生物
DET	diethyl tartrate	酒石酸二乙酯
DHP	3,4-dihydro-2*H*-pyran	3,4-二氢-2*H*-吡喃
DHQ	dihydroquinine	二氢奎宁
DHQD	dihydroquinidine	二氢奎尼定
DIBAH,DIBAL	diisobutylaluminum hydride=hydrobis (2-methylpropyl)aluminum	氢化二异丁基铝
DIC	*N*,*N*′-diisopropylcarbodiimide	*N*,*N*′-二异丙基碳二亚胺
diglyme	2,5,8-trioxanonane	二甘醇二甲醚
dil	dilute	稀(释)的
diln	dilution	稀释
Diox	dioxane	二噁烷/二氧六环
DIPEA,DIEA	*N*,*N*-diisopropylethylamine	*N*,*N*-二异丙基乙基胺(Hünig 碱)
DIPT	diisopropyl tartrate	酒石酸二异丙酯
DISIAB	disiamylborane=di-sec-isoamylborane	二-仲异戊基硼烷
Dist	distillation	蒸馏
dl	racemic mixture of dextro and levorotatory form	(右旋体和左旋体的)外消旋混合物
DMA	*N*,*N*-dimethylacetamide	*N*,*N*-二甲基乙酰胺
	N,*N*-dimethylaniline	*N*,*N*-二甲基苯胺
DMAP	4-dimethylamiopyridine	4-二甲氨基吡啶
DMAPO	4-dimethylamiopyridine oxide	4-二甲氨基吡啶氧化物
DME	1,2-dimethoxyethane=glyme	甘醇二甲醚
DMF	*N*,*N*-dimethylformamide	*N*,*N*-二甲基甲酰胺
DMP	*N*,*N*-dimethylpropanamide	*N*,*N*-二甲基丙酰胺
DMS	dimethyl sulfide	二甲硫醚
DMSO	dimethyl sulfoxide	二甲亚砜
$Dmso^-$	anion of DMSO,"dimsyl"anion	二甲亚砜的碳负离子
(+)-DMT	dimethyl L-tartrate	L-酒石酸二甲酯
Dnp	2,4-dinitrophenyl	2,4-二硝基苯基
DNPH	(2,4-dinitrophenyl)hydrazine	2,4-二硝基苯肼
Dod	dodecyl	十二烷基
DODAC	dioctadecyldimethylammonium chloride	氯化二(十八烷基)二甲基铵
DPPA	diphenylphosphoryl azide	二苯基邻酰叠氮
DTEAB	decyltriethylammonium bromide	溴代癸基三乙基铵
DTT	dithiothreitol	二硫苏糖醇
EDA	ethylene diamine	1,2-乙二胺
EDC,EDCI	1-ethyl-3-(3-dimethylaminopropyl)carbodiimide	1-乙基-(3-二甲基氨基丙基)碳酰二亚胺
EDTA	ethylene diamine-*N*,*N*,*N*′,*N*′-tetraacetate	乙二胺二乙酸
e.e.	enantiomeric excess(0%*e.e.*=racemization, 100%*e.e.*=	对映体过量

(*e.e.*)	stereospecific reaction)	
EG	ethylene glycol=1,2-ethanediol	1,2-亚乙基乙醇,乙二醇
E.I.	electrochem induced	电化学诱导的
en	ethylenediamine	乙二胺
equiv	equivalent	等当量的,相当的
ESI	electrospray ionization	电喷雾电离
Et	ethyl(e.g. EtOH,EtOAc)	乙基
Et_2O	diethyl ether	乙醚
evap	evaporate	蒸发
ext	extract	萃取,提取
Fmoc	9-fluorenylmethoxycarbonyl	9-芴甲氧羰基
g	gram(unit)	克(单位)
Gas	gaseous	气体的
GC	gas chromatography	气相色谱(法)
Gly	glycine	甘氨酸
Glyme	1,2-dimethoxyethane(=DME)	甘醇二甲醚
GTP	guanosine-5′-triphosphate	三磷酸鸟苷
h	hour	小时
Hal	halo,halide	卤素,卤化物
HATU	2-(7-aza-1*H*-benzotriazole-1-yl)-*N*,*N*,*N*′,*N*′-tetramethyluronium hexafluorophosphate	2-(7-偶氮苯并三氮唑)-*N*,*N*,*N*′,*N*′-四甲基脲六氟磷酸酯
HBTU	2-(1*H*-benzotriazol-1-yl)-*N*,*N*,*N*′,*N*′-tetramethyl uronium hexafluorophosphate	*O*-(1*H*-苯并三唑-1-基)-*N*,*N*,*N*′,*N*′-四甲基异脲六氟磷酸酯
Hep	heptyl	庚基
Hex	hexyl	己基
HCA	hexachloroacetone	六氯丙酮
HMDS	hexamethyldisilazane=bis(trimethylsilyl)amine	双(三甲硅基)胺
HMPA,HMPTA	*N*,*N*,*N*′,*N*′,*N*″,*N*″-hexamethylphosphoramide=hexamethylphosphotriamide=tris(dimethylamino) phosphinoxide	六甲基磷酰胺
HOBt	hydroxybenzotriazole	1-羟基苯并三唑
hν	irradiation	光照(紫外线)
HOMO	highest occupied molecular orbital	最高已占分子轨道
HPLC	high-pressure liquid chromatography	高效液相色谱
HRMS	high resolution mass spectra	高分辨质谱
HTEAB	hexyltriethylammonium bromide	溴代己基三乙基铵
Hunig base	1-(dimethylamino)naphthalene	1-二甲氨基萘
i-	iso-(e.g. *i*-Bu=isobutyl)	异-(如 *i*-Bu=异丁基)
Im	1*H*-imidazole	1*H*-咪唑
ImH^+	imidazolium cation	咪唑正离子
inh	inhibitor	抑制剂
IPC	isopinocamphenyl	异莰烯基
Jones' ox.	CrO_3/H_2SO_4/acetone oxidant	三氧化铬/硫酸/丙酮氧化剂
IR	infra-red(absorption)spectra	红外(吸收)光谱
Irradn	irradiation	照射,放射

KHMDS	potassium bis(trimethylsilyl)amide	二(三甲基硅基)氨基钾
L	ligand	配(位)体
	liter(unit)	升(单位)
l	levorotatory	左旋的
LAH	lithium aluminum hydride	氢化铝锂
LDA	lithium diisopropylamide	二异丙基(酰)胺锂
Leu	leucine	亮氨酸
LHMDS,LiHMDS	lithium bis(trimethylsilyl)amide	二(三甲基硅基)氨基锂
Liq	liquid	液体
Ln	lanthanide	稀土金属
LTA	lead tetraacetate	四乙酸铅
LTEAB	lauryltriethylammonium bromide (dodecyltriethylammonium bromide)	溴代十二烷基三乙基铵
LUMO	lowest unoccupied molecular orbital	最低空分子轨道
M	metal	金属
	transition metal complex	过渡金属配位化合物
MBK	methyl isobutyl ketone	甲基异丁基酮
MCPBA	*m*-chloroperbenzoic acid	间氯过苯甲酸
Me	methyl(e. g. MeOH,MeCN)	甲基
MEM	methoxyethoxymethyl	甲氧乙氧甲基
Me_2Py	dimethylpyridines	二甲基吡啶
Me_3Py	trimethylpyridines	三甲基吡啶
Mes,Ms	mesyl＝methanesulfonyl	甲磺酰基
min	minute	分
mixt	mixture	混合物
mol	mole	摩尔(量)
MOM	methoxymethyl	甲氧甲基
m. p.	melting point	熔点
MS	mass spectra	质谱
MW	microwave	微波
n-	normal	正-
NBA	*N*-bromo-acetamide	*N*-溴代乙酰胺
NBS	*N*-bromo-succinimide	*N*-溴代丁二酰亚胺
NBP	*N*-bromo-phthalimide	N-溴代酞酰亚胺
NCS	*N*-chloro-succinimide	*N*-氯代丁二酰亚胺
NIS	*N*-iodo-succinimide	*N*-碘代丁二酰亚胺
NMO	*N*-methylmorpholine *N*-oxide	*N*-甲基吗啉氧化物
NMP	*N*-methyl-2-pyrrolidinone	N-甲基-2-吡咯烷酮
NMR	nuclear magnetic resonance spectra	核磁共振光谱
Non	nonyl	壬基
Nu	nucleophile	亲核试剂
obsd	observed	实测的,观察到的
Oct	octyl	辛基
o. p.	optical purity(0%*o. p.* ＝racemate, 100%*o. p.* ＝pure enantiomer)	光学纯度

OTEAB	octyltriethylammonium bromide	溴代辛基三乙基铵
p	pressure	压力
Pc	phthalocyanine	酞菁
PCC	pyridinium chlorochromate	氯铬酸吡啶镓盐
PDC	pyridinium dichromate	重铬酸吡啶镓盐
PE	petrol ether＝light petroleum	石油醚
PEG	polyethylene glycol	聚乙二醇
PFC	pyridinium fluorochromate	氟铬酸吡啶镓盐
Pen	pentyl	戊基
Ph	phenyl(e. g. PhH＝benzene，PhOH＝phenol)	苯基(PhH＝苯，PhOH＝苯酚)
PhH	benzene	苯
$PhNH_2$	benzenamine	苯胺
PhOH	phenol	苯酚
Phth	phthaloyl＝1，2-phenylenedicarbonyl	邻苯二甲酰基
Pin	3-pinanyl	3-蒎烷基
PMB	*p*-methoxybenzyl	对甲氧基苄基
polym	polymeric	聚合的
PPA	polyphosphoric acid	多磷酸
PPE	polyphosphoric ester	多聚磷酸酯
ppm	parts per million(unit)	百万分率
PPSE	polyphosphoric acid trimethylsilyl ester	多聚磷酸三甲硅酯
PPTS	pyridinium *p*-toluenesulfonate	对甲苯磺酸吡啶盐
Pr	propyl	丙基
prep	prepare	制备
Prot	protecting group	保护基
Psi	pounds per square inch(unit)	磅/平方英寸
Py	pyridine	吡啶
PyBOP	benzotriazol-1-yl-oxytripyrrolidinophosphonium hexafluorophosphate	1*H*-苯并三唑-1-基氧三吡咯烷基磷六氟磷酸盐
R	alkyl	烷基
rac	racemic	外消旋的
Raney Ni	Ni-Al alloy treated with aq. NaOH(reductant)	氢氧化钠处理的镍-铝合金(还原剂)
r. t.	room temperature＝20～25°C	室温(20～25℃)
s-	*sec*-	仲
SAMP	(*S*)-2-(methoxymethyl)-1-pyrrolidinamine	(*S*)-1-氨基-2-(甲氧甲基)吡咯烷
satd	saturated	饱和的
sec	second	秒
sens	sensitizer	敏化剂，增感剂
sepn	separation	分离
SFS	sodium formaldehyde sulfoxylate	甲醛次硫酸钠
Sia	*sec*-isoamyl＝1，2-dimethylpropyl	仲-异戊基＝1，2-二甲基丙基
sol	solid	固体
soln	solution	溶液
sym	symmetric	对称的
t-	*tert*-	叔-

T	thymine	胸腺嘧啶
TBA	tribenzylammonium	三苄基胺
TBAB	tetrabutylammonium bromide	溴代四丁基铵
TBAHS	tetrabutylammonium hydrogensulfate	四丁基硫酸氢铵
TBAI	tetrabutylammonium iodide	碘代四丁基铵
TBAC	tetrabutylammonium chloride	氯代四丁基铵
TBATFA	tetrabutylammoniumtrifluoroacetate	四丁胺三氟醋酸盐
TBDMS,TBS	tert-butyldimethylsilyl	叔丁基二甲基硅烷基
Tbe	2,2,2-tribromoethyl	2,2,2-三溴乙基
Tbeoc	(2,2,2-tribromoethoxy)carbonyl	2,2,2-三溴乙氧羰基
TCC	trichlorocyanuric acid	三氯氰尿酸
Tce	2,2,2-trichloroethyl	2,2,2-三氯乙基
Tceoc	(2,2,2-trichloroethoxy)carbonyl	2,2,2-三氯乙氧羰基
TCQ	tetrachlorobenzoquinone	四氯苯醌
TEA	triethylamine	三乙(基)胺
TEBA	triethylbenzylammoniun salt	三乙基苄基铵盐
TEBAB	triethylbenzylammonium bromide	溴代三乙基苄基铵
TEBAC	triethylbenzylammonium chloride	氯代三乙基苄基铵
TEG	triethylene-glycol	三甘醇,二缩三(乙二醇)
temp	temperature	温度(CA)
TEMPO	2,2,6,6-tetramethyl-1-piperidinyloxy	2,2,6,6-四甲基哌啶氧化物
Tf	trifluoromethanesulfonyl＝triflyl	三氟甲磺酰基
TFA	trifluoroacetic acid	三氟醋酸
TFAc	trifluoroacetyl	三氟乙酰基
TFAcOOH	trifluoroethaneperoxoic acid	过氧三氟乙酸
TFMeS	trifluoromethanesulfonyl＝triflyl	三氟甲磺酰基
TFSA	trifluoromethanesulfonic acid	三氟甲磺酸
Thex	1,1,2-trimethylpropyl	1,1,2-三甲基丙基
THF	tetrahydrofuran	四氢呋喃
THP	tetrahydropyranyl	四氢吡喃基
TLC	thin-layer chromatography	薄层色谱
TMAB	tetramethylammonium bromide	溴代四甲基铵
TMEDA	*N*,*N*,*N*′,*N*′-tetramethyl-ethylenediamine (1,2-bis(dimethylamino)ethane)	*N*,*N*,*N*′,*N*′-四甲基乙二胺
TMS	trimethylsilyl	三甲硅烷基
TMSCl	trimethylchlorosilane＝Tms chloride	三甲基氯硅烷
TMSI	trimethylsilyl iodide	碘代三甲基硅烷
TOMAC	trioctadecylmethylammonium chloride	氯代三十八烷基甲基铵
Tol	toluene	甲苯
TOMAC	trioctylmethylammonium chloride	氯代三辛基甲基铵
TPAB	tetrapropylammonium bromide	溴代四丙基铵
TPAP	tetrapropylammonium perruthenate	四丙基铵过钌酸盐
TPS	2,4,6-triisopropylbenzenesulfonyl chloride	2,4,6-三异丙基苯磺酰氯
Tr	trityl	三苯甲基
triglyme	2,5,8,11-tetraoxadodecane	三甘醇二甲醚

Triton B	benzyltrimethylammonium hydroxide	氢氧化三甲基苄胺
Ts	tosyl＝4-toluenesulfonyl	对甲苯磺酰基
TsCl	tosyl chloride(*p*-Toluenesulfonyl chloride)	对甲苯磺酰氯
TsH	4-toluenesulfinic acid	对甲苯亚磺酸
TsOH, PTSA	*p*-toluenesulfonic acid	对甲苯磺酸
TsOMe	methyl *p*-toluenesulfonate	对甲苯磺酸甲酯
TTFA	thalium(3＋)trifluoroacetate	三氟乙酸铊(3＋)
TTN	thalium(3＋)trinitrate	三硝酸铊(3＋)
Und	undecyl	十一烷基
UV	ultraviolet spectra	紫外光谱
X, Y	mostly halogen, sulfonate, etc(leaving group in substitutions or eliminations)	大多数指卤素，磺酸酯基等（在取代或消除反应中的离去基团）
Xyl	xylene	二甲苯
Z	mostly electron-withdrawing group, e. g. CHO, COR, COOR, CN, NO	大多数指吸电子基，如 CHO、COR、CO_2R、CN、NO
Z＝Cbz	benzoxycarbonyl protecting group	苄氧羰基

重要化学试剂及人名反应索引

下列英汉对照索引是本书各章中的重要化学试剂和人名反应,包括正文中所涉及的有关中译名或缩写,也收集了在反应实例等处出现的相应反应式或化学结构等形式。化学试剂的英文名(按英文字顺顺序),主要参考了国际上普遍使用的化学试剂目录《ALDRICH》,其中译名,则以中国化学会《化学命名原则》(1984 年)和《英汉化学化工词汇》(第四版)(2000 年)为准。为便于查阅同一个试剂或反应在不同章节中的应用,在对照页数前均用圆括号内阿拉伯数字注明了有关章序数,如(1)表示第一章卤化反应,(3)表示第三章酰化反应等。考虑到目前同类中文书刊中有关音译方式尚未完全统一,故在下列索引中人名反应的外国人姓氏均不译成中文,以避免混淆或相互矛盾。

potassium hydroxide	氢氧化钾,KOH	(5) 199,209
potassium iodide	碘化钾	(1) 28
potassium(or sodium) dichromate	重铬酸钾(或钠)	(8) 346
potassium permanganate	高锰酸钾,$KMnO_4$	(6) 243,248,250,252,254,255,260,263,265;(8) 350
potassium persulfate	过二硫酸钾	(6) 266,267
potassium *t*-butoxide	叔丁醇钾	(2) 53;(8) 348,349,356
Prevost reaction	Prevost 反应	(1) 7;(6) 261,262
primary alcohol sulfonate	伯醇磺酸酯	(2) 78
Prins reaction	Prins 反应	(4) 144,149,150
propanal	丙醛	(4) 155,170
1,3-propanedithiol	1,3-丙二硫醇	(8) 336
propionic anhydride	丙酸酐	(3) 106,107,116
propionyl chloride	丙酰氯	(3) 117
pyridine	吡啶	(3) 106,107,109,111,112,117,119,127～130;(4) 162,168,172;(6) 248,249,260,265
pyridinium chlorochromate	氯铬酸吡啶鎓盐,PCC	(6) 248,249
pyrrole	吡咯	(3) 125
4-pyrrolidinopyridine	4-吡咯烷基吡啶,PPY	(3) 100,106
quasi-Favorskii rearragement	准-Favorskii 重排	(5) 200
quaternary ammonium base	季铵碱	(4) 162
quaternary ammonium salt	季铵盐	(2) 85,87
quaternary arsenium salt	季钟盐,$R_4As^+X^-$	(2) 85
quaternary phosphonium salt	季鏻盐,$R_4P^+X^-$	(2) 85
Raney nickel	Raney 镍	(2) 62,63,66,67;(7) 288,292,305;(8) 356,366
reductive alkylation	还原烃化	(2) 50～63,68,67
Reformatsky reaction	Reformatsky 反应	(4) 151,152
Reimer-Tiemann reaction	Reimer-Tiemann 反应	(3) 125,126
rhodium(2+) acetate	醋酸铑,$Rh_2(OAc)_4$	(5) 204,219
Robinson annelation	Robinson 增环	(4) 148;(8) 353,354
Rosenmund reaction	Rosenmund 反应	(7) 308
ruthenium (8+) oxide	四氧化钌,RuO_4	(6) 265;(8) 347
salen-Mn complex	salen-锰络合物	(6) 259
Sandmeyer reaction	Sandmeyer 反应	(1) 40
Schiemann reaction	Schiemann 反应	(1) 18,40
Schmidt reaction	Schmidt 反应	(5) 189,212～214
Schotten-Baumann reaction	Schotten-Baumann 反应	(3) 135
selenious acid	亚硒酸,H_2SeO_3	(6) 244,245
selenium dioxide	二氧化硒,SeO_2	(6) 237,238,244～246,268,269;(8) 341
semipinacol rearrangement	semi-pinacol 重排	(5) 196
Sharpless asymmetric dihydroxylation	Sharpless 不对称双羟基化	(8) 370
[3,3]-σ tropic rearrangement	[3,3]-σ 迁移重排	(5) 191
silver acetate	乙酸银	(1) 7;(6) 260
silver benzoate	苯甲酸银	(5) 203;(6) 261

tris(triphenylphosphine) rhodium(I) chloride	三(三苯基膦)氯铑，$(Ph_3P)_3RhCl$	(7) 294
1,3,5-trithiane	1,3,5-三噻烷	(3) 133
Triton B (*N*-benzyltrimethyl-ammonium hydroxide)	三通 B (*N*-苄基三甲基铵氢氧化物)	(8) 346
trityl lithium	三苯甲基锂	(2) 81,82
trityl sodium	三苯甲基钠，$NaCPh_3$	(3) 128～130;(4) 169
Ullmann reaction	Ullmann 反应	(2) 50,65～67
vanadium acetylacetonate	乙酰丙酮合钒，$VO(acac)_2$	(6) 259
Vesley method	Vesley 方法	(3) 100
Vilsmeier-Haack reaction	Vilsmeier-Haack 反应	(1) 31;(3) 124,125
Wagner-Meerwein rearrangement	Wagner-Meerwein 重排	(5) 189,191,193;(8)355
Williamson synthesis	Williamson 反应	(2) 49,51,53,54
Wittig-Horner reaction	Wittig-Horner 反应	(4) 166,167
Wittig reaction,Wittig reagent	Wittig 反应，Wittig 试剂	(4) 141,143,163～165,166,168
Wittig rearrangement	Wittig 重排	(5) 220,221
Wolff rearrangement	Wolff 重排	(5) 189,202～204
Wolff-КижеР-Huang Ming Long reaction	Wolff-КижеР-黄鸣龙反应	(7) 300
Woodward reaction	Woodward 反应	(6) 261,262
zinc	锌	(4) 151,152;(7) 300
zinc-acetic acid	锌-乙酸	(7) 324;(8) 359,360
zinc amalgam	锌汞齐	(7) 298
zinc(2＋) chloride	氯化锌，$ZnCl_2$	(1) 16,29,36;(3) 106,123,124;(4) 149,152,154,175;(5) 226,227
zinc-copper (or silver)	锌-铜(或银)	(8) 348
zinc(2＋) halide	卤化锌，ZnX_2	(1) 29;(4) 143,151;(8) 344,355;(2) 71